Helmut Wannenwetsch

Vernetztes Supply Chain Management

Helmut Wannenwetsch

Vernetztes Supply Chain Management

SCM-Integration über die gesamte Wertschöpfungskette

Mit 157 Abbildungen

Prof. Dr. Helmut Wannenwetsch
Dr. -Hepp-Str. 7
67434 Neustadt
hwannenwetsch@aol.com

ISBN 3-540-23443-8 Berlin Heidelberg New York
ISBN 978-3-540-23443-2 Berlin Heidelberg New York

Bibliografische Information der Deutschen Bibliothek
Die Deutsche Bibliothek verzeichnet diese Publikation in der Deutschen Nationalbibliografie; detaillierte bibliografische Daten sind im Internet über http://dnb.ddb.de abrufbar.

Springer ist ein Unternehmen von Springer Science+Business Media

springer.de

Printed in Germany

Umschlaggestaltung: medionet AG, Berlin
Satz: Digitale Druckvorlage des Autors

Gedruckt auf säurefreiem Papier 68/3020/M - 5 4 3 2 1 0

Geleitwort

Supply Chain Management: Den Wandel als Chance begreifen

Die gesamte Prozesskette der Beschaffung ist verstärkt in den Fokus der Unternehmensleitung gerückt. Einkauf und Logistik übernehmen aktiv gestaltende Funktionen im Unternehmen. Hier sind – zumindest bei erfolgreichen Unternehmen – entscheidende Schnittstellen angesiedelt. Strategien wie Spend Management und Controlling, Lieferantenmanagement, Outsourcing, E-Collaboration und nicht zuletzt die Organisation der Supply Chain haben sich zu entscheidenden Werttreibern entwickelt.

Das komplexe Management der Supply Chain bedeutet einen der größten Erfolgsfaktoren in den Unternehmen. Dahinter verbirgt sich zugleich auch eine der größten Herausforderungen. Wollen Unternehmen in einem komplexen Logistics Network entlang der Wertschöpfungskette (Vorlieferant – Lieferant – Hersteller/Original Equipment Manufacturer – Handel – Endverbraucher) den Güter-, Informations- und Geldfluss projekt- und sinnhaft steuern, dann bedarf es einer konsequenten netzwerkweiten Informationspolitik. Und nur ein Collaborate Planning mit einem aussagekräftigen Controlling führt am Ende zu reduzierten Sicherheitsbeständen und verkürzten Durchlaufzeiten respektive zur Gewinnsteigerung entlang der gesamten Wertschöpfungskette.

Die zögerliche Bereitstellung der Daten für Lieferanten und Kunden ist ebenso kontraproduktiv wie die mangelnde Verfügbarkeit und Qualität von Daten. Ein Netzwerk ist nur so gut wie die Basisinformationen, die die einzelnen Partner einzugeben bereit sind.

Insbesondere im Mittelstand besteht noch großer Nachholbedarf. KMU werden sich als Part (globaler) horizontaler Netzwerke verstehen müssen, wollen sie in Zukunft im Wettbewerb bestehen. Den notwendigen Wandel sollten indes alle Unternehmen als Chance begreifen. Das vorliegende Buch bietet wertvolle Hinweise und Anregungen.

Dr. Holger Hildebrandt, Hauptgeschäftsführer Bundesverband Materialwirtschaft, Einkauf und Logistik e.V. (BME), Frankfurt/Main

**Vernetztes Supply Chain Management:
Kostensenkung durch Optimierung der Wertschöpfungskette**

Supply Chain stellt mit einem Anteil von 75% der operativen Kosten in der Wertschöpfungskette in der Regel den größten Kostenblock dar. Gemeinsam durchgeführte Studien von Accenture, INSEAD und der Universität Standford mit mehr als 600 weltweit führenden Unternehmen belegen den direkten Zusammenhang zwischen der Leistungsfähigkeit der Supply Chain und dem finanziellen Leistungserfolg.

Das Buch „Vernetztes Supply Chain Management" zeigt, wie durch das optimale Zusammenspiel aller Bereiche die Kosten gesenkt und die Wettbewerbsfähigkeit erhöht wird. Dabei wird jeder Unternehmensbereich mit einbezogen, von Einkauf und Entwicklung über Produktion, Logistik, Marketing, Sales und Controlling. Dies umfasst sowohl die Lieferantenkette wie auch die Kunden und zwar weltweit.

Neben den Materialflüssen kommt den Informationsflüssen hierbei eine besondere Bedeutung zu. Anhand von Praxisbeispielen wird anschaulich dargestellt, wie Wettbewerbsvorteile durch vernetzte Informationsflüsse erzielt werden können. Hierbei stellen die aktuellen SCM- und SAP-Anwendungen, welche weltweit in Klein-, Mittel- und Großbetrieben eingesetzt werden, einen wesentlichen Bestandteil innerhalb der Supply Chain dar. Das praxisorientierte Buch stellt die Thematik umfassend und anschaulich dar.

Ich wünsche dem Herausgeber mit seinem Buch den Erfolg, dem auch seine bisherigen Bücher zuteil wurden, sowie die Aufnahme und die Anerkennung in der interessierten Fachwelt und Öffentlichkeit.

Prof. Dr. Claus E. Heinrich, Vorstand SAP AG, Walldorf

Vorwort

Wer die Zukunft gestalten will, muss seiner Zeit voraus sein.
Wer seiner Zeit voraus sein will, muss neue Wege gehen.

Die Supply Chain hat sich zu einem unternehmensübergreifenden und weltumspannenden Netzwerk entwickelt. Die Gewinner dieser Entwicklung sind Unternehmen – egal welcher Branche und Größe –, die sowohl ihre internen Unternehmensbereiche als auch ihre Lieferketten auf die verschärfte Wettbewerbsposition ausrichten und kostensenkend optimieren können. So werden z.B. in der Automobilindustrie teilweise 80 bis 90 Prozent der Wertschöpfung eines Pkws von den Zulieferern erbracht. Dabei setzen die Hersteller (OEMs) stillschweigend voraus, dass die Lieferanten und Unterlieferanten in den Ländern mit den niedrigsten Arbeitskosten, z.B. in der Ukraine, in Polen oder in China, produzieren.

Das stark praxisorientierte Buch zeigt die erfolgreiche, vernetzte Zusammenarbeit interner Unternehmensbereiche wie Einkauf, Entwicklung und Marketing sowie Produktion, Vertrieb und Controlling. Es wird dargestellt, wie die Optimierung des Informations- und Materialflusses zwischen Lieferant–Systemlieferant-Hersteller und Kunde Wettbewerbs- und Kostenvorteile bringt.

Die Kapitel enthalten zahlreiche Tabellen und Grafiken. Viele Fallbeispiele aus der Unternehmenspraxis dienen der Vertiefung des Wissens folgender Inhalte:

- aktuelle SAP-Anwendungen, vernetzte PPS- und SCM-Systeme,
- Optimierung und Anwendung von CRM, SRM, PLM,
- flexible Beschaffungs- und Produktionsstrategien,
- eLogistik, Internetanwendungen, Content-Management,
- Vernetzung von Marketing, Vertrieb und Verkehrslogistik, 3PL, 4PL, RFID,
- Qualitäts- und Umweltmanagementsysteme wie ISO TS16949 und EMAS,

- kennzahlenorientiertes SCM-Controlling mit Balanced-Scorecard-Anwendungen,
- Einführung und Anwendung von SCM-Strategien für Klein- Mittel- und Großbetriebe.

Jedem Kapitel sind Wiederholungsfragen mit Lösungen angefügt. Das umfangreiche Sachverzeichnis ermöglicht ein schnelles Nachschlagen der Begriffe.

Das Buch ist ein „Muss" für Praktiker und Führungskräfte in Klein-, Mittel- und Großbetrieben, um in Zukunft erfolgreich bestehen zu können. Es soll als elementare Grundlage für Studierende, Dozenten und Professoren an Universitäten, Fachhochschulen und Akademien dienen und Rüstzeug für alle Diplom-, Bachelor (BA)- und Masterstudiengänge (MA) sowie den Master of Business Administration (MBA) sein.

Mein herzlicher Dank gilt der Programmplanung Technik des Springer-Verlags, Herrn Dipl.-Ing. Thomas Lehnert und seinem Team Frau Sigrid Cuneus, Frau Sabine Hellwig und Frau Kathleen Doege. Für die engagierte Mitarbeit von Frau Dipl.-Ing. Elke Illgner, die wiederum bei der Erstellung des Manuskripts mit Rat und Tat zur Seite stand, möchte ich mich herzlich bedanken.

Mannheim, im Januar 2005 *Prof. Dr. Helmut Wannenwetsch*

Inhaltsverzeichnis

1 Supply Chain Management – Erfolgsinstrument im weltweiten Wettbewerb

Unter vernetztem Supply Chain Management versteht man die erfolgreiche Zusammenarbeit der Wertschöpfungskette über den gesamten Produktlebenszyklus.

Die Wertschöpfungskette beginnt bei der Erzeugung des Rohstoffes und reicht bis zum Endkunden. Hierbei werden alle Stufen, vom Lieferanten über den Hersteller bis zum Kunden, mit einbezogen.

Aber auch innerhalb des Unternehmens muss die Zusammenarbeit reibungslos funktionieren. Die einzelnen Bereiche wie Entwicklung, Einkauf, Produktion, Qualitätssicherung, Vertrieb und Controlling müssen integrativ und vorausschauend miteinander zusammenarbeiten.

Die Marktforschungsgesellschaft Forrester erwartet, dass allein in den Vereinigten Staaten zwischen den Jahren 2003 und 2008 insgesamt 19 Mrd. Dollar für die Verbesserung der Wertschöpfungskette ausgegeben werden.

Praxisbeispiel IBM

Die IBM-Unternehmenssparte Integrated Supply Chain (ISC) hat 19.000 Mitarbeiter in 59 Ländern und ein Jahresbudget von 40 Mrd. Dollar. Durch Verbesserungen in der Wertschöpfungskette wurden im Jahr 2002 ca. 5,6 Mrd. Dollar und im Jahr 2003 ca. sieben Mrd. Dollar eingespart. Von den 5,6 Mrd. Dollar wurden drei Mrd. Einsparungen selbst erarbeitet und 2,6 Mrd. Dollar durch Preissenkungen bei Lieferanten erzielt.

Der Umsatz von IBM durch Beratung anderer Unternehmen zum Thema Wertschöpfungsketten betrug im Jahr 2003 ca. 2,5 Mrd. Dollar. Dies zeigt das Interesse der Unternehmen an der Verbesserung der Supply Chain sowie potenzielle Einsparmöglichkeiten.[1] Folgende interne und externe Entwicklungen haben entscheidenden Einfluss auf die Gestaltung und Optimierung der Wertschöpfungskette.

[1] Vgl. FAZ (10.02.2004) S. 16

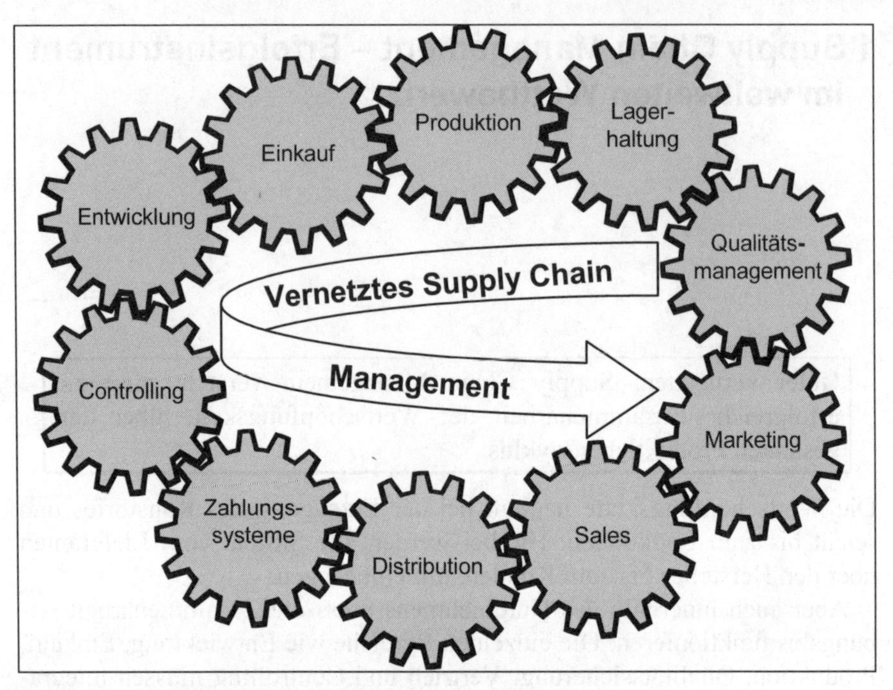

Abb. 1.1. Vernetztes Supply Chain Management

1.1 Aufbau einer weltweiten vernetzten Zusammenarbeit

Um konkurrenzfähig zu bleiben werden jährlich ca. 100.000 Arbeitsplätze in das Ausland verlagert. Mittlerweile sind dadurch weltweit ca. eine Million Arbeitsplätze außerhalb der Bundesrepublik Deutschland entstanden.[2] Bereits heute ist jeder fünfte der 45.000 Siemens-VDO Arbeitsplätze in einem Niedriglohnland – mit steigender Tendenz. Der Robert Bosch Konzern in Stuttgart beschäftigt von seinen ca. 232.000 Mitarbeitern bereits über 129.000 Mitarbeiter im Ausland. Auch der im Ausland erwirtschaftete Umsatz soll langfristig von jetzt 32% auf 50% anwachsen.[3]

Der Drang von großen und mittleren Unternehmen, Teile des Unternehmens in das Ausland wie z.B. nach Osteuropa oder nach Asien zu verlagern, hält an. Ausgelagert wird nicht nur die Produktion sondern auch Entwicklung, Transport und sonstige Dienstleistungen. Tabelle 1.1. zeigt die Kosten je geleistete Arbeitsstunde (Industrie und Dienstleistungen) in Euro im Vergleich der einzelnen Länder.

---

[2] Vgl. Mihm, Knop, in: FAZ (22.03.2004) S. 14
[3] Vgl. FAZ (23.04.2004) S. 20

Tabelle 1.1. Kosten je geleistete Arbeitsstunde in Europa

Land	Kosten je Arbeitsstunde in Euro
Westdeutschland	26,50
Ostdeutschland	22,70
Zypern	10,70
Slowenien	9,00
Polen	4,50
Tschechische Republik	3,90
Ungarn	3,80
Slowakische Republik	3,10
Estland	3,00
Litauen	2,70
Lettland	2,40

In Ungarn sind z.B. 80% des investierten Kapitals der Kraftfahrzeugindustrie in ausländischer Hand. Hierbei sind 80% der Unternehmen Hersteller von Originalteilen zur Erstausstattung (OEM = Original Equipment Manufacturer). Bisher stellen nur 20% der Hersteller Ersatzteile her. Aber auch Ungarn stellt in der Wertschöpfungskette für einige Hersteller nur eine Zwischenlösung dar.

Durch die steigende Nachfrage nach Arbeitskräften steigen auch die Löhne in Ungarn. Dadurch nimmt die Konkurrenzfähigkeit der ungarischen Unternehmen gegenüber andern Ostblockländern wieder ab und ausländische Firmen wandern weiter nach Litauen oder Lettland. Wie in der Bundesrepublik muss sich dann auch Ungarn vermehrt auf die Fertigung von Teilen und Baugruppen mit höherem technischen Anspruch spezialisieren. Die Fertigung von einfachen Teilen und Baugruppen wird zunehmend auf Länder mit noch niedrigeren Lohnkosten verlagert.

Die zum US-Konzern Tenneco gehörende Heinrich Gillet GmbH mit Sitz in Edenkoben/Pfalz, ein bedeutender Automobilzulieferer mit ca. 1.500 Beschäftigten, unterhält in Polen bereits ein Entwicklungszentrum. Während im Jahre 1990 erst 26,5% der Autoproduktion deutscher Hersteller im Ausland erfolgten, wurden im Jahr 2003 bereits 44,5% aller deutschen Autos im Ausland produziert.[4]

Bereits 36% der im Jahre 2003 in China gefertigten Pkws entfallen auf deutsche Hersteller. Der VW-Konzern setzte im Jahre 2003 mehr Pkws in China ab als in der Bundesrepublik Deutschland. Der PKW-Absatz in China stieg vom Jahre 2002 auf 2003 um 75% auf 1,97 Mio. Einheiten.[5] Die Gesamtkapazität in China soll in 2004/2005 bei 6,4 Mio. Einheiten

[4] Vgl. Rheinpfalz (03.05.2004)

[5] Vgl. FAZ (16.09.2004a) S. 12

jährlich liegen, davon 3,2 Mio. Personenwagen. China will spätestens im Jahre 2005 die Bundesrepublik Deutschland als drittgrößtes Automobilland ablösen.

Im ersten Halbjahr 2004 wurden Waren aus China im Wert von 13,9 Mrd. Euro eingeführt (+19,6%), gleichzeitig wurden Waren im Wert von 10,9 Mrd. Euro (+27%) nach China ausgeführt.[6]

Welche Auswirkungen haben nun diese Entwicklungen auf die vernetzte Supply Chain? Innerhalb der gesamten Wertschöpfungskette vom Einkauf über Entwicklung bis zu Verkauf und Transport gewinnt die Internationalisierung immer mehr an Bedeutung. Die einzelnen Prozessglieder der Supply Chain werden umfangreicher und komplizierter. Durch die Fertigung in verschiedenen Werken in unterschiedlichen Ländern und Erdteilen nimmt die Komplexität zu. Informations- und Kommunikationsflüsse müssen aufgebaut und unterhalten werden.

Nach Ansicht von Prof. Dr. Claus E. Heinrich, Vorstand für SCM-Systeme bei der SAP AG Walldorf, müssen Unternehmen heutzutage vorrangig folgende drei Herausforderungen bewältigen, um erfolgreich agieren zu können:

- Aufbau adaptiver Liefernetzwerke,
- Gewinnung und Bindung neuer Kunden,
- Innovation als Treiber von Wachstum.

Nur ca. 33% aller deutschen Unternehmen haben bisher unternehmensübergreifende SCM-Lösungen im Einsatz. Unabhängig von der Größe der Unternehmen bringt nach Ansicht von Experten der Einsatz von SCM folgende Vorteile:

- Reduzierung der Prozesskosten um bis zu 90%,
- Reduktion der Lieferzeit um bis zu 30%,
- Senkung der durchschnittlichen Durchlaufzeit in der Produktion um 10 %,
- Senkung der Bestände um 20%,
- Erhöhung der Kapazitätsauslastung um 10%,
- Kosteneinsparung im Einkauf von ca. 10%.

Durch eine ausgefeilte Beschaffungsstrategie will der IBM-Konzern Einsparungen in Höhe von 276 Mio. US Dollar allein in der Beschaffung produktionsrelevanter Teile erzielen.[7]

In der Distribution gewinnen durch den weltweiten Transport der Güter die Anwendung der Telematik (GPS, Tracing und Tracking, Sendungsver-

[6] Vgl. Rheinpfalz (09.09.2004)
[7] Vgl. Heinrich (2004) S 221ff

folgung, RFID) immer mehr an Bedeutung. Kosteneinsparungen in der Auslandsproduktion dürfen aber nicht durch lange Lieferzeiten, hohe Transportkosten und Kommunikationsprobleme wieder zunichte gemacht werden. Die Unternehmen wollen einen Systemspediteur („one focus to the customer") der den gesamten Warentransport erledigt. Der Spediteur allein ist verantwortlich für Straßen-, Schienen-, Luft- und Schiffstransport. Internationale Speditionen und Transportdienstleister, die weltweit tätig sind, wie z.B. DHL, Schenker und Dachser, haben hier entscheidende Wettbewerbsvorteile. Die Anforderungen an die Mitarbeiter bezüglich Sprachkenntnissen und Verhandlungsführung mit unterschiedlichen Kulturen nimmt dabei zu.[8]

Trotz der Verlagerung von Produktionsstätten in das Ausland erwartet der Kunde ein Produkt von hoher Qualität. Qualität und Kundenservice dürfen nicht schlechter werden, da die ausländische Konkurrenz immer bessere Qualitätsprodukte einführt. Beim Kauf eines Pkws ist der Kunde mittlerweile ab einer Preisdifferenz von 1.500 Euro bereit, die bisherige Automarke gegen ein Konkurrenzprodukt zu tauschen.

Abb. 1.2. zeigt die Produktionsstätten von General Motors in Europa. Die einzelnen Orte sind durch eine Vernetzung des Material- und Informationsflusses untereinander gekennzeichnet. Gleichzeitig stehen die einzelnen Werke teilweise aber auch in Konkurrenz zueinander.

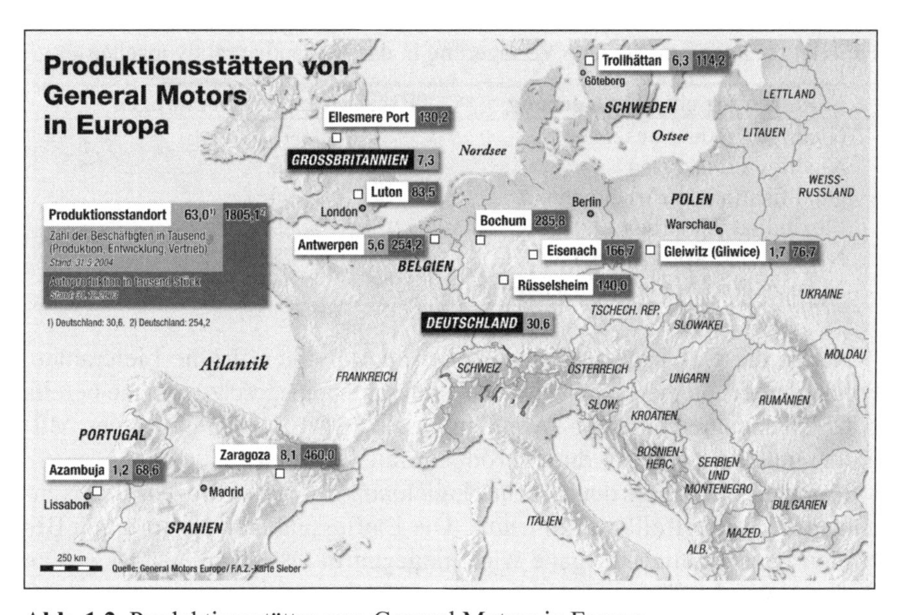

Abb. 1.2. Produktionsstätten von General Motors in Europa

[8] Vgl. Wannenwetsch (2004b)

Die Qualität der Produkte wird nicht mehr beim Hersteller sondern bereits bei den Lieferanten und Unterlieferanten geprüft. Ein immer größerer Anteil der Mitarbeiter der Qualitätssicherung der OEM prüft nicht mehr im eigenen Unternehmen sondern „im Außendienst" bei den Zulieferern.

1.2 Die Schlüsselrolle der System-Lieferanten

Bei den Automobilherstellern sind 15% aller Kosten Personalkosten, während bei den Zulieferern 25% aller Kosten aus Personalkosten bestehen. Damit reagieren die Zulieferer sensibler auf niedrige Personalkosten.

Umfragen der Beratungsgesellschaft Ernst & Young im Juni/Juli 2004 unter 200 deutschen Firmen aus der Zulieferbranche bezüglich der Produktionsverlagerung in das Ausland brachten folgende Ergebnisse: von den befragten Unternehmen (36% erzielen mehr als 100 Mio. Euro Jahresumsatz) planen aktuell 39% eine Verlagerung ins osteuropäische Länder, weitere 23% wollen nach China gehen.

Ein Pkw der Mittelklasse setzt sich heute aus Zulieferteilen zusammen, die aus bis zu 80 verschiedenen Ländern kommen.[9] Von den 1.300 Zulieferfirmen in der Pkw-Branche haben bereits rund 500 Firmen ihre Produktionsstätten in Ost- und Zentraleuropa.

Tabelle 1.2. Faktoren, die eine Verlagerung in das Ausland attraktiv machen

Faktoren für eine Verlagerung	Prozentsatz der Nennungen
Niedrige Produktionskosten	97 %
Niedrige Lohnkosten	96 %
Qualifikation der Arbeitnehmer	90 %
Flexibilität der Arbeit	89 %
Nähe zu den Absatzmärkten	78 %
Nähe zu den (Automobil)Herstellern	75 %

Neben diesen Chancen bestehen aber auch Risiken für die Lieferanten. Folgenden Problemen sehen sich die Lieferanten ausgesetzt, welche bereits in China engagiert sind (s.a. Wannenwetsch, 2004b). In China werden Milliardenumsätze (in Euro) durch Produktpiraterie erzielt.

In Osteuropa spielt der „Technologieklau" mit neun Prozent der Nennungen nicht die Rolle wie in China. Die Einflussnahme vor Ort durch Behörden oder staatliche Organe wird hingegen in Osteuropa als das größte Risiko angesehen.[10]

---

[9] Vgl. Rheinpfalz (05.03 2004)

[10] Vgl. FAZ (14.09.04)

Tabelle 1.3. Risikofaktoren bei der Produktion im Ausland

Risikofaktoren	Prozentsatz der Nennungen
Technologieklau	96 %
Sprachbarrieren	90 %
Korruption	80 %

Eine weitere Tendenz ist die drastische Reduzierung der Anzahl der Lieferanten durch die Hersteller. Der japanische Sony-Konzern will die Zahl seiner Lieferanten von derzeit 4.700 auf 1.000 verringern.[11]

Nach Ansicht der Unternehmensberatung PriceWaterhouseCoopers (PwC) wird die Zahl der direkten Zulieferer („Tier1" genannt) von 800 im Jahre 2002 auf 35 im Jahre 2010 abnehmen. Die zweite Stufe der indirekten Zulieferer bzw. Sublieferanten (Tier 2) wird sich auf einen Bruchteil der heute ca. 10.000 präsenten Zulieferer reduzieren.[12]

Die Fertigungstiefe in der Automobilindustrie, der Anteil am Gesamtprodukt welche die Hersteller noch selbst fertigen, liegt im Durchschnitt bei 35%. Die Eigenleistung der Hersteller pro Pkw liegt im Durchschnitt bei ca. 4.000 Euro. Nach Untersuchung der Unternehmensberatung Mercer Management und dem Fraunhofer Institut wird der Eigenanteil bis zum Jahre 2015 auf ca. 23% sinken. Dies entspricht einem Wert von 2.670 Euro pro PKW.

Teilweise übernehmen Systemlieferanten schon die komplette Fertigung der Produkte. Der Sportwagenhersteller Porsche lässt einen Teil der Produktion des Porsche Boxster vom finnischen Systemlieferanten Valmet bauen. Der kanadische Systemlieferant Magna (15,3 Mrd. Umsatz im Jahr 2003) hat das ehemalige Daimler-Chrysler Werk im österreichischen Graz übernommen und fertigt dort den Minivan Chrysler Voyager den BMWX3 sowie das Saab Cabriolet. Zukünftig lässt DaimlerChrysler auch den Chrysler 300C durch Magna in Graz fertigen.[13]

Praxisbeispiel: Kooperationen unter Lieferanten

Der japanische Zulieferer Yazaki (Umsatz 4,2 Mrd. Dollar), führender Hersteller von Kabelbäumen, kooperiert mit dem Siemens-Konzern, welcher elektronische Teile an die Autoindustrie liefert. Durch die Kooperation bei Entwicklung und Vertrieb verschaffen sich beide Partner eine wesentlich breitere Markt- und Kundenpräsenz bei geringem zusätzlichem Kapitaleinsatz.[14]

---

[11] Vgl. FAZ (03.11.2003) S. 18
[12] Vgl. FAZ (19.08.2002), s.a. Wannenwetsch (2004a) S. 6
[13] Vgl. FAZ (28.10.2004) S. 20
[14] Vgl. FAZ (19.08.2002) S. 21

Die bisherige Supply Chain wird in den nächsten Jahren immer stärker vernetzt werden. Hierbei werden die Systemlieferanten, die bis zum Jahre 2015 ca. 80–90% des Automobils entwickeln, immer mehr an Bedeutung gewinnen. Beim Porsche Geländewagen Cayenne stellt die Firma Porsche nur noch ca. zehn Prozent selbst her. Damit tragen die Zulieferer ca. 90% zum Wert des Pkws bei.[15]

Die gestiegene Bedeutung der Systemlieferanten hat für diese aber nicht immer nur Vorteile. Dadurch, dass die 1-Tier Lieferanten immer mehr in die Entwicklung mit einbezogen werden, sind erhebliche finanzielle Vorleistungen der Lieferanten notwendig. Die Systemlieferanten müssen damit über ausreichende finanzielle Ressourcen verfügen. Werden von manchen Systemlieferanten gleich mehrere Modelle entwickelt, so sind umfangreiche Vorleistungen notwendig , die erst zu einem späteren Zeitpunkt wieder vom Hersteller bezahlt werden.

Der Pkw-Hersteller Porsche hatte im Jahr 2002 eine Spitzenumsatzrendite vor Steuern von 17%. Bei dem Systemlieferanten Magna betrug die Marge aufgrund der Vorleistungen für dem BMWX3 und das Saab 9-3 Cabriolet nur 1,7%.[16]

In Tabelle 1.4. sind die Umsatzrenditen der Automobilhersteller im Vergleich aufgezeigt. Es wird hierbei unterschieden zwischen Fokussierte Unternehmen und Mehrmarken-Unternehmen.

Tabelle 1.4. Umsatzrenditen der Automobilhersteller

Fokussierte Unternehmen	Umsatzrendite (Durchschnitt 1998 bis 2003)	Mehrmarken-Unternehmen	Umsatzrendite (Durchschnitt 1998 bis 2003)
Honda	7,7 %	Daimler-Chrysler	3,0 %
Toyota	7,6 %	Volkswagen	2,9 %
Hyundai	7,0 %	Ford	1,3 %
BMW	6,3 %	General Motors	1,2 %
Renault	3,0 %		
Peugeot/Citroen	3,0 %		

Umsatzrendite: Operating Profit/Ergebnis vor Zinsen und Steuern (Ebit) bezogen auf den Konzernumsatz (Quelle: IFA/Global Insight in FAZ)

Im Gesamtdurchschnitt 1998 bis 2004 hat wahrscheinlich der PKW-Hersteller Porsche die höchste Umsatzrendite.

Abbildung 1.3. zeigt den Umfang der Internationalisierung der Automobilkonzerne bei der Produktion am Beispiel China. Alle großen Automo-

[15] Vgl. Financial Times (07.12.2002), s.a. www.aol.de finanzen (07.12.2002)
[16] Vgl. Köhn (2004), in: FAZ (02.09.2004) S. 14

bilkonzerne haben Fertigungsstätten in China mit teilweise höheren Absatzzahlen als in Ihren Heimatländern.[17]

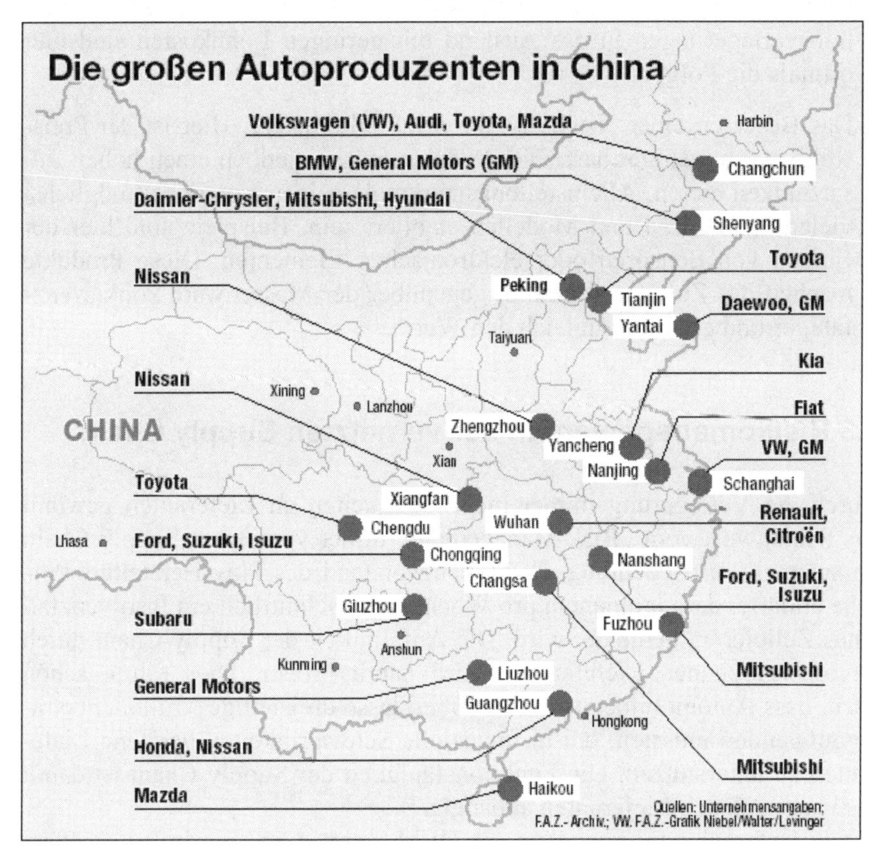

Abb. 1.3. Die großen Autoproduzenten Chinas

Nach Ansicht von Gerald Heine von PwC müssen sich die Zulieferer zwischen drei Alternativen entscheiden, wenn Sie in der Supply Chain überleben wollen.[18]

- Die Lieferanten müssen in der Zuliefererhierarchie der Hersteller aufsteigen und komplette Module und Systeme anbieten. Dies erfordert entweder die Integration bereits produzierter Komponenten oder strategische Akquisitionen und Partnerschaften – d.h. vernetzte Supply Chains. Die Autohersteller haben damit weniger Einzelkomponenten, weniger Zulieferer und somit weniger Beschaffungskosten.

[17] Vgl. Niebel, Walter, Levinger, in: FAZ (16.09.2004a) S. 12
[18] Vgl. FAZ (19.08.2002) S. 21

- Die zweite Alternative ist die Positionierung als Massenhersteller. Dies erfordert eine hohe Effizienz und eine schlanke Kostenstruktur. Ein höherer Gewinn ist hier nur durch größere Volumen zu erzielen. Produktionsverlagerungen in das Ausland mit geringen Lohnkosten sind hier oftmals die Folge.
- Das Besetzen einer Nische ist die dritte Alternative. Hier ist der Preiswettbewerb weniger hart. Die Produkte müssen jedoch einen hohen Zusatznutzen bieten, Alleinstellungsmerkmale zeigen, sowie bei möglichst vielen Herstellern und Modellen etabliert sein. Beispiele sind hier der Einbau von Sensoren oder elektronischen Elementen. Diese Produkte machen das Zulieferprogramm gegenüber der Massenware konkurrenzfähiger und erhöhen zugleich den Wert.

1.3 Risikomanagement in der vernetzten Supply Chain

Durch die Verlagerung immer mehr Tätigkeiten an Lieferanten gewinnt das Schlagwort vom „Risk-Management" in der vernetzten Supply Chain immer mehr an Bedeutung. Der Finanzvorstand des Pkw-Herstellers Porsche erklärte, dass momentan pro Woche durchschnittlich ein Insolvenzfall eines Zulieferers gemeldet wird. Die Anfälligkeit der Supply Chain durch unvorhergesehenen Lieferausfall wird damit größer. Dies führte schon dazu, dass Automobilhersteller der Oberklasse dreistellige Millionenbeträge aufwenden mussten, um in finanzielle Schwierigkeiten geratene Lieferanten zu unterstützen. Die Funktionsfähigkeit der Supply Chain ist damit vom schwächsten Lieferanten abhängig.

Die Unternehmen, vor allem die OEM, geraten in eine immer größere Abhängigkeit zu den 1st-Tier Lieferanten. Heute werden 80–90% der Wertschöpfung eines Pkws von den Zulieferern erbracht. Die Leistungsfähigkeit der Zulieferer gilt als entscheidender Faktor für den Erfolg des Endproduktes.

Obwohl das Qualitätsmanagement teilweise nur noch Fehlerquoten von 50 ppm (parts per million), also 50 zugelassene Fehler pro einer Millionen gelieferter Teile zulässt, nimmt die Anzahl der Rückrufaktionen zu. Viele Rückrufaktionen haben ihre Ursache in der mangelnden Abstimmung zwischen Hersteller und Lieferant. Die Vernetzung der Supply Chain weist Lücken und Mängel auf.[19] Tabelle 1.5. zeigt die Anzahl der Rückrufaktionen der Pkw Hersteller in der Bundesrepublik in den letzten Jahren.[20]

---

[19] Vgl. Financial Times (07.12.2004), s.a. www.finanzen.aolsvc.de

[20] Vgl. Köhn, in: FAZ (20.08.2002, 02.09.2004) S. 14 u. Rheinpfalz (29.04.2004)

Tabelle 1.5. Anzahl der Rückrufaktionen der Pkw-Hersteller in der BRD

Jahr	PKW-Rückrufaktionen in der Bundesrepublik Deutschland
1993	35
1997	58
1998	82
1999	85
2000	94
2001	113
2003	144

Betroffen von den Rückrufaktionen sind fast alle in- und ausländischen Pkw-Hersteller. Die Liste der Mängel umfasst fast alle Teile eines Pkws wie z.B. mangelhafte Dichtungen, fehlerhafte Steuergeräte, Befestigungsmuttern, elektronische Bremssysteme, Probleme mit den Reifen oder den Airbags. Von den einzelnen Rückrufaktionen sind oft mehrere hunderttausend Fahrzeuge betroffen. Die Kosten dieser Aktionen können dreistellige Millionenbeträge erreichen. Der Imageschaden ist dabei noch gar nicht eingerechnet.[21] Hinzu kommt, dass die Hersteller ihre Lieferanten unter erheblichen Preisdruck setzen.

Praxisbeispiel: Preisreduzierung bei Lieferanten

Opel verlangte an den deutschen Standorten einen Preisnachlass von 20%, DaimlerChrysler und der VW-Konzern fordern 15% von ihren Lieferanten. Der Ford-Konzern strebt über drei Jahre insgesamt 18% Preisnachlass von seinen Lieferanten an. Die Zulieferer erreichten nach ihrer Aussage pro Jahr drei Prozent Rationalisierungsgewinne und geben diese an die Hersteller weiter. Eine vernetzte Supply Chain erfordert auch, dass zukunftsfähige Gewinnmargen auf Hersteller- wie auf Lieferantenseite möglich sind, um das notwendige Kapital für den Kauf neuer Maschinen, Anlagen und die Qualifizierung von Mitarbeitern zu haben.[22]

US Trade Act

Aufgrund der Bestimmungen des amerikanischen Trade Act sind seit Dezember 2003 für deutsche Automobilhersteller und Lieferanten weitere Kosten- und Risikofaktoren entstanden. Deutsche Autohersteller und Zulieferer, deren Produkte in den USA verkauft werden, sind verpflichtet, auftretende Mängel bei Fahrzeugen an die US-Sicherheitsbehörde NHTSA (National Highway Traffic Safety Administration) zu melden. Unternehmen, die gegen diese Berichtspflicht verstoßen drohen Bußgelder bis zu

[21] Vgl. FAZ (16.09.2004b) S. 15 u. ADACmotorwelt (08/2004) S. 16
[22] Vgl. FAZ (13.12.2003)

15 Mio. Dollar und Freiheitsstrafen bis 15 Jahren. Hohe Strafen drohen vor allem dann, wenn schwere Unfälle, die auf entwicklungs- oder produktionsbedingte Fehler zurückgehen, nicht gemeldet werden. Als schwere Unfälle gelten nach der Tread Act Vorfälle mit Todesfolge und Verletzungen sowie Schäden über 1.000 Dollar.[23]

Ausländische Hersteller und Lieferanten haben gemäß der Tread Act folgende Berichtspflichten.

Pflichten für Hersteller

Die „umfassende Berichtspflicht" betrifft Autohersteller, Hersteller von Anhängern, Reifen und Kindersitzen.

Pflicht zur vierteljährlichen Ablieferung von Berichten über Gewährleistungsfälle sowie zu Sachschäden und Kundenbeschwerden an die NHTSA. Zu melden sind Unfälle mit Toten und Verletzten, die möglicherweise auf Entwicklungs- oder Produktionsmängel zurückzuführen sind

Pflichten für Zulieferer

Für Zulieferer gilt die eingeschränkte Berichtspflicht.

Vierteljährliche Meldung über Unfälle mit Toten und Verletzten, wenn der Verdacht besteht, dass der Unfall auf Produktionsversagen zurückzuführen ist. Die Berichtspflicht gilt nur dann, wenn ein gleiches oder ähnliches Bauteil des Zulieferers auch in den USA verkauft wird

Rückrufaktionen

Hersteller und Zulieferer aus dem Bereich der Automobilindustrie sind verpflichtet, Rückrufaktionen innerhalb von fünf Tagen an die US-Behörde NHTSA zu melden.

Dies gilt ebenfalls, wenn die Rückrufaktion nicht in den USA stattfindet, jedoch gleiche oder ähnliche Fahrzeuge oder Fahrzeugteile betroffen sind, die in den USA verkauft werden.[24]

Durch den hohen Lieferantenanteil am Endprodukt kommt den Zulieferern in der Supply Chain eine besondere Bedeutung zu. Die Zertifizierung der Wertschöpfungspartner durch Qualitätsmanagement-Systeme wie DIN EN ISO 9000:2000 oder TS ISO 16949 wird als Zugangsvoraussetzung angesehen, um bei den Herstellern überhaupt in die potenzielle Lieferantenliste mit aufgenommen zu werden (siehe Abschnitt Qualitätsmanagement).

[23] Vgl. Logistik inside (08/2004) S. 36ff
[24] Vgl. Logistik inside (08/2004) S. 37

1.4 Vorteile durch innerbetriebliche Vernetzung

Die Vernetzung der Supply Chain muss an der Schnittstelle zwischen den Unternehmen, aber auch innerhalb des Unternehmens, optimal sein. Zwischen den Unternehmen ist z.B. ein funktionierender Informations- und Kommunikationsfluss von großer Bedeutung wie z.B. aufeinander abgestimmte EDV-Systeme.

Innerbetrieblich müssen die einzelnen Unternehmensbereiche wie Marketing, Entwicklung, Einkauf, Finanzen und Produktion miteinander reibungslos agieren. In vielen Unternehmen ist innerhalb der Bereiche oftmals mehr Konkurrenzerhalten als notwendige Partnerschaft festzustellen.

1.4.1 Vertrieb und Marketing, Kundendienst, After Sales

Die Ausgaben für Marketing betragen zwischen fünf und zehn Prozent der Gesamtausgaben eines Unternehmens.[25] Die Werbeausgaben der zehn größten Werbetreibenden der Automobilindustrie (Platz drei der werbestärksten Branchen hinter Massenmedien und Handel) im ersten Quartal 2004 zeigt Tabelle 1.6.[26]

Tabelle 1.6. Werbeausgaben der Pkw-Hersteller

Hersteller	**Jahr 2002 Werbung in Mio. Euro**	**Jahr 2003 Werbung in Mio. Euro**	**Jahr 2004 Werbung in Mio. Euro**	**Verkäufe in Deutschland Marktanteil 1. Quartal 2004**
VW	33,3	30,9	35,4	18,3 %
Opel	28,1	31,5	28,1	10,2 %
Ford	23,8	20,0	26,9	7,6 %
Toyota	22,4	19,0	24,1	4,4 %
Renault	26,3	29,5	23,6	5,1 %
Audi	15,2	11,7	20,8	7,1 %
Peugeot	22,3	20,6	20,4	3,5 %
Citroen	20,8	18,6	20,1	2,1 %
BMW-Mini	24,9	20,0	19,0	8,2 %
Mercedes	22,3	24,5	16,8	11,3 %
Summen	**239,4**	**227,2**	**235,2**	–

Nach Untersuchungen des Instituts für Marken- und Kommunikationsforschung der Universität Gießen verpuffen 90% der Werbeausgaben wir-

[25] Vgl. Pulic, in: procurement letter (07/2004) S. 1ff
[26] Vgl. FAZ (07.06.2004) S. 24, B&D Forecast

kungslos, weil die Kunden die Schlüsselbotschaften nicht wahrnehmen oder nicht verstehen.

Für 72,2% der Befragten ist das Image eine wichtige Größe beim Kauf von Logistikdienstleistungen. Nach einer im Jahre 2003 von der Zeitschrift „LOGISTIK Inside“[27] in Auftrag gegebenen Untersuchung sind die drei wichtigsten Einflusskriterien für das Image:

- Kundenorientierung: 95,0 % (Jahr 2002: 91,7 %),
- Preis-Leistungs-Verhältnis: 93,1 % (Jahr 2002: 90,4 %),
- Produktqualität: 92,6 % (Jahr 2002: 91,7 %).

Im Image-Ranking des Jahres 2003 belegten von den 99 Top-Anbietern logistischer Produkte und Dienstleistungen folgende Unternehmen Rang eins bis sieben:

1. Mercedes Benz: Nutzfahrzeuge,
2. MAN: Nutzfahrzeuge,
3. UPS: Logistikdienstleistungen,
4. Still: Lager- und Fördertechnik,
5. Linde: Lager- und Fördertechnik,
6. SSI Schäfer: Lager- und Fördertechnik,
7. Lufthansa Cargo Luftfracht.

Auch hier ist ersichtlich, dass erst die Kombination mehrerer Faktoren, die von unterschiedlichen Unternehmensbereichen „produziert und vernetzt werden“, zum verkaufsfördernden Image führen.

Eines der wichtigsten Aufgaben des Marketing in der vernetzten Supply Chain ist, die Kunden wirkungsvoll anzusprechen, um letztendlich einen hohen Absatz zu erreichen.

Je genauer der Absatz bestimmbar ist, desto besser kann die Produktion und die Beschaffung planen und einkaufen. Vorteilhaft ist es, wenn frühzeitig genaue Informationen über folgende Punkte vorliegen:

- Wann ist mit einem Kundenbedarf zu rechnen (Tag, Woche, Monat)?
- Welche Produkte werden in welcher Menge bestellt?
- Welche Sonderwünsche sind zusätzlich zu berücksichtigen?

Vertrieb und Marketing haben verschiedene Möglichkeiten, um verlässliche Absatz- und Produktionszahlen zu erlangen, wie z.B.:

- Außendienstbefragung, Kundengespräche und Kundenumfragen,
- Marktforschung, Konkurrenzanalysen, Marktanteil,
- Konjunktur, Branche.

[27] Vgl. Kranke, in: Sonderdruck Logistik Inside (15/2003)

Die einzelnen nachgelagerten Bereiche können dann ihre Aktivitäten darauf abstimmen, wie beispielsweise:

Einkauf

- Bündelung des Bedarfs
- Verhandlung mit Lieferanten
- Abschluss von Rahmenverträgen

Produktionsplanung

- Festlegung des Produktionsprogramms
- Bestimmung der Auftragsreihenfolge
- Planung der Kapazitäten

Transport und Distribution

- Bindung der Transportkapazität
- Festlegung der Beladungsreihenfolge
- Tourenplanung

Kundendienst und After Sales

Neben dem Preis sind für den Kunden aber noch andere Faktoren wichtig, für die der After Sales Service die Verantwortung trägt. Dies sind z.B.:

- klare Produktbeschreibung und Dokumentation,
- leichte Reparatur und einfache Bedienbarkeit,
- Schulung für Kundendienst und Kunden,
- Austauschbarkeit der Ersatzteile und schnelle Ersatzteilverfügbarkeit,
- schneller Service rund um die Uhr.

Sind Verkaufsaktionen oder Promotionaktivitäten des Vertriebs für bestimmte Produkte geplant, so sind die Bereiche Lager, Distribution und Produktion zeitgerecht vorher zu informieren. Das Lager muss die Teile bereithalten und schnell kommissionieren. Die Distribution hat die zusätzlichen Transporte einzuplanen und für eine schnelle Auslieferung zu sorgen. Die beste Marketingaktivität verliert ihre Wirkung, wenn die zusätzlichen Aufträge nicht termingerecht bereitgestellt und geliefert werden können.

1.4.2 Entwicklung und Qualitätssicherung

In der Entwicklungsphase werden bis zu 80% der Kosten festgelegt. Entscheidet sich die Entwicklung für ein Produkt teure Materialien von hoher Qualität zu verwenden, so wird das Endprodukt teurer, als wenn billigere Materialien zum Einsatz kommen. Gleichzeitig werden in der Entwicklungsphase aber auch bis zu 70% der späteren Fehler festgelegt.

Durch die Zusammenarbeit von Entwicklung mit Produktion und Qualitätssicherung können folgende Fragen frühzeitig beantwortet werden:

- Erfordern neue Produkte neue zusätzliche Maschinen und Werkzeuge?
- Müssen die Mitarbeiter vorher geschult werden?
- Welche produktionstechnischen und qualitativen Voraussetzungen erfordern die neuen Materialien und Produkte?
- Welche Produkte können standardisiert werden?
- Müssen umweltschonende und wiederverwertbare Produkte entwickelt werden?
- Werden Teile der Produktion outgesourct?

Die Vorgabe bestimmter Qualitätsstandards hat wiederum Auswirkungen auf die Entwicklung und die Materialauswahl. Durch Standardisierung, Gleichteile- oder Plattformstrategie sind weitere Kosteneinsparungen schon in der Entwicklungsphase möglich.

Praxisbeispiel Fahrzeug-Varianten

In der Automobilproduktion sind z.B. bei einem Pkw der BMW-Baureihe aus 20.000 Einzelteilen über zwei Mio. Varianten möglich. Bei der Produktion von Audi in Neckarsulm rechnet man, dass von 100.000 produzierten Pkws nur zwei Pkw völlig identisch sind. Bei DaimlerChrysler in Stuttgart/Sindelfingen wird davon ausgegangen, dass von 430.00 jährlich produzierten Pkws nur 22 Fahrzeuge völlig identisch sind. Bis zu 75% des gesamten Teilespektrums sind dabei Sonderwunschabhängig. Beim Traktoren-Hersteller John Deere in Mannheim werden im Durchschnitt nur alle sieben Jahre zwei genau gleiche Fahrzeuge gefertigt.

1.4.3 Einkauf und Disposition

Je nach Branche bestehen 40–60% der Herstellkosten aus Materialkosten. Die Einsparung von einem Prozent an Materialkosten hat in Branchen wie der Automobilindustrie den gleichen Effekt, wie eine Gewinnerhöhung um 10–20%. Wichtig ist, dass der Einkauf von allen Unternehmensbereichen die Einkaufskompetenz erhält.

Nach den neuesten Umfragen des Enterprise Spend Management-Unternehmens Ariba tappen europäische Einkaufsabteilungen im Dunkeln darüber, wie viel Geld und wofür ihre Marketingabteilungen das Budget ausgeben.[28] Die Umfrage wurde unter 120 Einkaufsleitern der ausgabenstärksten Unternehmen aus allen Branchen der Industrie durchgeführt.

Es wurde festgestellt, das Marketing und Einkauf bei Projekten zwar zusammenarbeiten, die Marketing-Ausgaben sind für 40% der Einkaufsleiter aber nicht transparent. Trotzdem sind 90% der europäischen Einkaufsleiter der Meinung, dass durch eine enge Zusammenarbeit mit der Marketingabteilung bessere Ergebnisse erzielt werden können. Nach Ansicht der Marketingabteilung hat der Einkauf wenig Verständnis für die kreativen Prozesse des Marketing, so die Meinung der Einkaufsleiter.

Die Marketingausgaben betragen ca. 5–10% der Gesamtausgaben eines Unternehmens. Dies bedeutet einen hohen Ausgabenfaktor und erfordert eine enge Zusammenarbeit mit dem Einkauf. Nur 20% der Einkaufsleiter sind der Meinung, dass die Marketing-Abteilung bereit ist, Einkaufspraktiken einzuhalten. In der Praxis sehen 40% der europäischen Unternehmen die Hauptrolle des Einkaufs darin, das Marketing bei Preisen und Verträgen zu beraten. Dagegen sind 40% der Unternehmen der Meinung, die Marketingmitarbeiter sehen im Einkauf nur ein notwendiges Übel.

Oftmals ist beim Einkauf von Marketingleistungen der Preis nachrangig, es wird der „gute Name" einer Agentur bezahlt. Auf der einen Seite sind Ausschreibungsverfahren für Kreativleistungen nicht immer anwendbar, andererseits sind auch Marketingausgaben verhandelbar und beinhalten ein hohes Einsparpotenzial.

Oft verhandeln die Bereiche Entwicklung und Produktion schon im Vorfeld mit den Lieferanten, ohne den Einkauf mit einzubeziehen. Hier ist eine spätere effiziente Preisverhandlung durch den Einkauf nur schwer möglich.

In der vernetzten Supply Chain nimmt der Einkauf teilweise eine koordinierende Funktion ein. Bei der Entwicklung der Produkte muss er dafür Sorge tragen, dass die entwickelten Produkte auf dem Beschaffungsmarkt vorhanden sind. Gleichzeitig muss der Einkauf die Belange von Produktion, Qualitätssicherung und Vertrieb bei der Beschaffung mit berücksichtigen.

Die Materialdisposition kann durch eine genaue und frühzeitige Bedarfsermittlung den Einkauf wirkungsvoll entlasten.

Durch Maverick Buying, Beschaffung außerhalb standardisierter Beschaffungswege, entstehen Unternehmen im Durchschnitt bis zu 15% hö-

[28] Vgl. procurement letter (07/2004)

here Kosten.[29] Infolge schlechter Planung und Bedarfsvorhersagen werden durchschnittlich 30% aller C-Teile außerhalb von Rahmenverträgen bestellt. Dadurch entstehen höhere Transportkosten und Einkaufspreise, zusätzliche Reklamationen und Lieferengpässe.

Der Einkauf hat in der vernetzten Supply Chain folgende Koordinationsaufgaben:

- Zusammenarbeit mit Entwicklung, Produktion, Qualitätssicherung und Vorlieferanten bereits in der Entwicklungsphase,
- Festlegung von Anlieferungsstrategien (Just-in-Time, wöchentlich, alle 14 Tage etc.),
- Bedarfsblockung, Losgrößenoptimierung, Festlegung von Sicherheitsbeständen und optimalen Transporteinheiten,
- Auswahl von System- und Modullieferanten,
- Festlegung der Lagerhaltungsstrategien (Lieferantenlager, Speditionslager, Konsignationslager).

Nach dem Einkauf der Teile übernimmt das Lagermanagement die Einlagerung. Innerhalb der Supply Chain hat auch das Lagermanagement eine wichtige Informations- und Mitwirkungsfunktion um z.B. unnötige Kapitalbindungskosten zu vermeiden.

1.4.4 Lagermanagement

Folgende Informationen sind im Lagemanagement für die Organisation der Teile wichtig:

- Umschlagshäufigkeit der Produkte (Schnelldreher, Langsamdreher),
- Gefahrgut, Verderblichkeit, sonstige Einlagerungsvorschriften,
- Saisonartikel, Trendprodukt, Standardprodukt,
- Mitwirkung an Sicherheitsbestand und Lagerreichweite,
- Behälterart, Transporthilfsmittel.

Ein weiterer Problempunkt sind die Verkehrsstaus auf dem Betriebsgelände. Durch unabgestimmte Be- und Entladezeiten zum gleichen Zeitpunkt behindern die Lkws der Speditionen und Zulieferer sich gegenseitig und den innerbetrieblichen Transport des Herstellers. Dies bringt verlängerte Ein- und Auslagerungszeiten, Engpasssituationen im Warenein- und Warenausgang und gestresste Logistikmitarbeiter mit sich.

In der Praxis werden den Lkws oft genaue Zeiten für das Be- und Entladen der Fahrzeuge vorgegeben. Fahrzeuge, die sich nicht an die Zeiten

[29] Vgl. Wannenwetsch (2004a) S. 194

halten, werden mit „Bußgeldern“ belegt. Einige Unternehmen haben schon über 100.000 Euro Strafen bezahlt. Diese System wurde bereits im Baumanagement der beengten Großbaustelle Potsdamer Platz in Berlin mit Erfolg durchgeführt.

Die gelieferte Ware wird in vielen Unternehmen bereits beim Pförtner überprüft und dann termingerecht an die betrieblichen Stellen dirigiert. Der Wareneingang wird dadurch entlastet.

Voraussetzung für eine schnelle Ein- und Auslagerung ist die lückenlose und fehlerfreie Erfassung der Waren. Dies ist mit modernen Informationstechnologien wie Barcodes, Scanning und RFID problemlos möglich.

1.4.5 Verpackung, Kommissionierung und Transport

Vor allem in der innerbetrieblichen Logistik können durch eine vernetzte Logistik erhebliche Kosten eingespart werden. Folgende Einsparmöglichkeiten werden in der Praxis genutzt:

- Standardisierung der Transportbehälter,
- Anpassung der Behälter auf die Transportmittel,
- Reduzierung der Behältervarianten,
- Einführung eines Paletten-Tausch-Systems,
- Reduzierung der inner- und außerbetrieblichen Leerfahrten,
- Vermeidung von Umverpackungen.

Durch die Reduzierung der Behältervarianten kann eine größere Anzahl von Behältern zu günstigeren Bedingungen eingekauft werden. Gleichzeitig werden weniger Sicherheits- und Umlaufbestände benötigt. Immer mehr Firmen erkennen den Kostenfaktor Transport- und Transporthilfsmittel als Einsparpotenzial. Es wird festgestellt wie viele Paletten stark verschmutzt oder beschädigt werden oder ob die Paletten von den Lieferanten und Spediteuren einbehalten werden. Durch Verfahren wie dem „Milk-Run“ bzw. Tausch-System erhält das Unternehmen eine bessere Kontrolle über die Container.

Praxisbeispiel VW-Konzern

Der VW-Konzern besitzt für ca. 200 Mio. Euro Behälter, Paletten etc. Jedes Jahr werden für ca. 15 Mio. Euro neue Verpackungs- und Transportmittel benötigt. Eine Europalette kostet ca. 5 Euro.

Bei der Entwicklung der Teile beziehen viele Firmen schon die zukünftigen Transportbehälter mit ein. Kann ein Produkt kostengünstig in einem Container transportiert werden, so ergeben sich geringere Transportkosten, als wenn spezielle Einzelbehälter gefertigt werden müssen, die nicht so rationell gestapelt, umgeschlagen und transportiert werden können.

1.4.6 eBusiness und eCommerce für Klein-, Mittel- und Großbetriebe (KMU)

Weltweit lag der Umsatz mit eCommerce im Jahr 2002 bei 1.000 Mrd. Euro (1 Billion). Für das Jahr 2004 wird ein Umsatz von 3.000 Mrd. Euro angestrebt.

Das Wachstum im gesamten eCommerce-Markt wird mit einem Anteil von 80% vom B2B-Bereich getragen.[30]

Insgesamt 26% der Europäer haben im Jahre 2003 im Internet eingekauft. Nach einer Untersuchung von Forrester kaufen 60 Mio. Online-Nutzer (81% der Nutzer) die Produkte erst im Laden, nachdem sie Online-Recherchen und Preisvergleiche durchgeführt haben.[31]

In Deutschland wird der Umsatz im Internethandel im Jahr 2004 auf 17 Mrd. Euro geschätzt.[32] Die Zahl der Internetnutzer ist vom Jahr 2002 auf 2003 um knapp 2 Mio. auf 35 Mio. oder 55% der Bevölkerung, angestiegen. Der Zuwachs ist überproportional auf ältere Menschen vom 50. Lebensjahr an zurückzuführen.

Der größte Umsatz im elektronischen Geschäftsverkehr wird im B2B (Business-to-Business)-Bereich erzielt.

Praxisbeispiel BASF und Siemens

Das Unternehmen BASF erzielte im ersten Halbjahr 2004 über den elektronischen Handel einen Umsatz von rund 2,65 Mrd. Euro. Dies entspricht einem Gesamtumsatz von 17% (ohne Öl- und Gasgeschäft) und einem Anstieg von 70% im Vergleich zum Vorjahreszeitraum. Für das Gesamtjahr 2004 wird ein Gesamtumsatz über eCommerce von 20% angestrebt.[33]

Der Elektronikkonzern Siemens bestellt 17% des gesamten Beschaffungsvolumens momentan über das Internet. Dank guter Erfahrungen soll dieser Anteil bis auf 50% in den nächsten Jahren steigen. Auch hier sinken die Prozesskosten um bis zu 50%, während sich die Einkaufspreise um 10–20% reduzieren lassen

Praxisbeispiel Einkaufsportal

In den verschiedensten Branchen bestehen momentan Einkaufsportale. So wurden über das Einkaufsportal FreeMarkets in den vergangenen Jahren Waren und

[30] Vgl. www.presseportal.de/story (09.09.2004) NEW media nrw vom 29.01.2003
[31] Vgl. Wannenwetsch, Nicolai (2004a) u. FAZ (09.02.2004) S. 17
[32] Vgl. FAZ (18.10.2004) S. 23
[33] Vgl. e-procure Online-Newsletter (20.09.2004) S. 1ff

Dienstleistungen im Wert von über 20 Mrd. US Dollar beschafft. Dabei sind nachweislich Einsparungen von mehr als 3,5 Mrd. US Dollar erzielt worden.[34]

Die deutschen Unternehmen geben ca. 20% ihres IT-Budgets für eBusiness aus. Knapp die Hälfte der Projekte dient der Optimierung der Wertschöpfungskette. Anwendungen wie Portale oder elektronische Marktplätze erreichen dabei weniger als ein Drittel der Investitionen. Nach Untersuchungen von A.T. Kerney bestehen Defizite in der Implementierung. Ein Drittel der Befragten war auch der Meinung, dass die neu eingesetzte Technologie nicht die Erwartung der Anwender abdecke.[35]

In der Entlastung von administrativen Aufgaben sehen 72% der Einkaufsverantwortlichen in IT-nutzenden Unternehmen starkes bis sehr starkes Verbesserungspotenzial. Zu ähnlichen Ergebnissen kommt eine Studie der Beratungsgesellschaft Accenture. Demnach könnten deutsche Unternehmen, Bund und Länder von jedem Euro, den sie für ihre Verwaltungsprozesse ausgeben, 11,6 Cent einsparen. Dies würde rechnerisch eine Einsparung von 40 Mrd. Euro betragen.[36]

Kleine- und mittelständische Unternehmen (KMU)

Um die Kommunikation mit Partnern und Zulieferern zu verbessern, planen 35% der KMU Investitionen zwischen 50.000 und 250.000 Euro. Mehr als 250.000 Euro wollen 25% der Betriebe investieren. Mit der stärkeren Vernetzung soll folgende Vorteile erzielt werden:

- kürzere Reaktionszeiten,
- sinkende Lagerbestände,
- höhere Kundenzufriedenheit,
- verbesserte Wettbewerbsfähigkeit.

Innerhalb der Unternehmen kommunizieren heute bereits 68% durch totale Integration (automatisierter Informationsaustausch zweier Systeme). Die Nahrungs- und Genussmittelindustrie erreicht mit 48% den höchsten Branchenwert an klassischer Kommunikation (Telefon, Fax, E-Mail). Demgegenüber hat der Handel mit 28% den höchsten Wert an totaler Integration aufzuweisen.[37]

IT-Sicherheit bei KMU

Bei Umfragen unter 600 Unternehmen aller Branchen mit bis zu fünf Mio. Umsatz stellte sich heraus, dass die meisten kleineren Unternehmen nur maximal 1.000 Euro zur Verbesserung ihrer Computer- und Internet-

[34] Vgl. e-procure Online-Newsletter (12.01.2004)
[35] Vgl. e-Procure Online-Newsletter (08.12.2003) S. 2
[36] Vgl. e-procure Online-Newsletter (20.09.2004 u. 22.02.2004)
[37] Vgl. e-procure Online-Newsletter (28.06.2004)

sicherheit ausgeben wollen. Drei Viertel der Betriebe hatten noch nie eine professionelle Überprüfung ihrer Sicherheitsverhältnisse durchführen lassen. Die meisten Unternehmen (69%) wollen in eigener Regie die Schwächen analysieren und beseitigen.[38] Das Beratungsunternehmen Ernst & Young rät, mehr Geld für Personal und Organisation und weniger für Technik auszugeben. Vielfach liege das Problem in einer falschen Organisation oder einer fehlenden Kenntnis der Mitarbeiter.[39]

In der Bundesrepublik Deutschland sind ca. 40% des Mittelstandes digital vernetzt, haben einen Online-Shop oder eine elektronische Lieferkette.

Internet im Handel

Die nachgefragtesten Produkte im Jahre 2004 im Internet waren:

Bücher	9,45 Mio. Käufer,
Bahn-/Flugtickets	8,26 Mio. Käufer,
Buchung von Reisen	7,65 Mio. Käufer,
Hotelreservierungen	6,74 Mio. Käufer,
CDs/Tonträger	6,12 Mio. Käufer,
Karten für Kino/Veranstaltungen	6,08 Mio. Käufer,
Hardware	4,51 Mio. Käufer,
Bekleidung	4,42 Mio. Käufer,
DVDs, VHS-Videos	4,07 Mio. Käufer,
Downloaden von Software/Spiele	2,72 Mio. Käufer,
Spielwaren/Spielzeug	2,57 Mio. Käufer.

Die Teilnehmerzahl an Online-Auktionen steigerte sich von 3,2 Mio. im Jahr 2001 auf 20,9 Mio. im Jahr 2004.

Tabelle 1.7. zeigt, für welche Produkte eine Produktrecherche im Internet durchgeführt wurde.

Tabelle 1.7. Produkte, für die eine Recherche im Internet durchgeführt wurde.

Produkte	Prozentwerte	Produkte	Prozentwerte
Reisen	54,0	Telekommunikation	25,6
Bücher	35,3	Kleidung/Mode/ Schuhe	19,3
Kraftfahrzeuge	33,0	Unterhaltungselektronik	19,1
Theater/Konzerte	29,3	Einrichtungsgegenstände	13,8
Computer	28,0	Sportartikel/Sportgeräte	13,7
		Spielwaren	10,1

Quelle: FAZ (26.01.2004) S. 18

[38] Vgl. e-procure Online-Newsletter (30.08.2004 u. 08.12.2003)

[39] Vgl. FAZ (27.09.2004) S.21

Für die vernetzte Supply Chain ist es natürlich wichtig zu wissen, welche Produkte nach Online-Informationen auch Online gekauft werden. Die Bereiche Distribution, Auftragsabwicklung, Kommissionierung, Lager und Transport müssen sich dementsprechend darauf einstellen (siehe Abschnitt Distributionslogistik).

In der Supply Chain muss ein lückenloser und aktueller Informationsfluss unternehmensübergreifend stattfinden, damit nach dem Kauf die Ware im Lager verfügbar ist und sofort ausgeliefert werden kann. Die besten Unternehmen erreichen einen Lieferbereitschaftsgrad von 99%.

Tabelle 1.8. Online-Käufe nach Online-Informationen[40]

Produkt	in Prozent	Produkt	in Prozent
Bücher	69,9	Sportartikel/Sportgeräte	34,1
Reisen	58,8	Telekommunikation	26,7
Spielwaren	55,0	Kraftfahrzeuge	26,5
Theater/Konzerte	49,8	Einrichtungsgegenstände	25,0
Kleidung/Mode/Schuhe	49,0	Unterhaltungselektronik	21,8
Computer	44,7		

1.4.7 Controlling, Finanz- und Rechnungswesen

Controlling, Finanz- und Rechnungswesen haben in der vernetzten Supply Chain mehrere Aufgaben wahrzunehmen.

Zusammen mit den einzelnen Bereichen wie Einkauf, Produktion und Vertrieb sind konkurrenzfähige Verkaufspreise festzulegen. Weiterhin hat das Controlling und Rechnungswesen ein Frühwarnsystem mit zu installieren und bei der Ermittlung und Informationsweitergabe von Daten mitzuwirken. Gleichzeitig sollen aber auch Prozesse verschlankt werden. Hierbei fallen an:

- Ermittlung von Umschlagshäufigkeit sowie Errechnung der Bestandsreichweiten und der Kapitalbindung,
- Ermittlung von Umsatz und Absatzzahlen, Gewinn und Verlust,
- Einführung rationeller Zahlungs- und Rechnungsabwicklungen.

Durch Einführung von Purchasing Card und Desktop Purchasing kann der Bestellprozess und die Zahlungsabwicklung rationeller durchgeführt werden (siehe Abschnitt Beschaffung).

---

[40] Vgl. FAZ (26.01.2004) S. 18

Hersteller als Finanzdienstleister

Das Geschäft mit Finanzdienstleistungen und Versicherungen bringt den Herstellern von Fahrzeugen hohe Gewinne. Heute werden nahezu 80% aller neuen Fahrzeuge geleast oder finanziert. Eine günstige Finanzierung über Kredite oder Leasing ist oft das entscheidende Argument für den Kauf eines Neuwagens. Beim VW-Konzern wird im Durchschnitt jeder dritte Pkw finanziert. Bei Privatkunden werden 60% aller verkauften Pkws finanziert. Beim VW-Konzern betrug der Anteil der Kundenfinanzierungen im Jahr 2003 insgesamt 13,7 Mrd. Euro.[41]

Praxisbeispiel Daimler Chrysler

Beim DaimlerChrysler Konzern ist das Neugeschäft mit Leasing und Finanzierung im Jahr 2003 um 17% auf 7,5 Mrd. Euro gestiegen. Studien haben ergeben, dass für einen Mercedes Benz der neu 39.000 Euro kostet, während zehn Jahren Betriebsdauer insgesamt 100.000 Euro ausgegeben werden müssen (einschließlich Kraftstoff, Reparatur, Wartung). Bezogen auf den Umsatz haben die Finanzierungs- und Versicherungsleistungen daran zwar nur einen Anteil von 30%. Der Gewinnanteil der Finanzierung und Versicherung beträgt aber über 46%.[42]

1.5 Supply-Chain Champions – Messung mit den Besten

Für die Profis ist es natürlich wichtig zu wissen, welches erfolgreiche Unternehmen in der vernetzten Supply Chain sind, und wie gut diese Unternehmen und ihre messbaren Ergebnisse sind. Die Ergebnisse der Untersuchungen beziehen sich auf die Konsumgüterhersteller in der Bundesrepublik Deutschland.[43] In den folgenden Tabellen wird die Spitzenleistung der fünf besten Hersteller (Top 5) jeweils mit der Durchschnittsleistung der anderen Unternehmen verglichen.

Tabelle 1.9. zeigt im Benchmarking die Bereich Servicelevel, Lieferzeit, Logistikkosten sowie Fertigwarenbestand und die Auswirkungen auf die Umsatzrendite.

Wäre ein Unternehmen in allen vier Bereichen Spitzenperformer, so hätte er eine um vier Prozent höhere Umsatzrendite. Dies ist beträchtlich, da viele Unternehmen nur eine Gesamtumsatzrendite zwischen ein bis vier Prozent haben.

---

[41] Vgl. FAZ (09.03.2004) S. 13
[42] Vgl. FAZ (23.03.2004) S. 16
[43] Vgl. Thonemann et al. (2003) S. 20ff

Tabelle 1.9. Benchmarking der Bereiche Servicelevel, Lieferzeit, Logistikkosten, Fertigwarenbestand – Auswirkungen auf die Umsatzrendite

Leistungs-Kennzahlen	Top 5	Durchschnitt	Auswirkung auf die Umsatzrendite der Top 5 im Vergleich zum Durchschnitt in Prozentpunkten
Servicelevel in %	99,8	97,5	+ 0,5 – 1,0
Lieferzeit in Tagen	1,7	3,5	?
Logistikkosten in % v. H.	3,2	5,0	+ 1,0 – 2,0
Fertigwarenbestand in Tagen Reichweite	6,5	30,6	+ 1,0 – 1,5

Die Spitzenreiter erreichen einen Servicelevel von 99% bei einer Lieferzeit von weniger als 2,5 Tagen, Logistikkosten von 4,1% und einer Bestandsreichweite von elf Tagen. Ist ein Produkt im Handel nicht vorhanden, so kaufen nach einer ECR-Studie, 37% der untersuchten Verbraucher ein Konkurrenzprodukt.

Die nachfolgende Gruppe (Verfolgergruppe) investierte durchschnittlich 5,2% ihres Umsatzes in die Logistik, und hatte eine Bestandsreichweite von 35 Tagen. Die Lieferzeit beträgt durchschnittlich vier Tage, der Servicelevel erreichte nur 97,2%.

Die Verfolger-Gruppe arbeitete mit wesentlich schlechteren „Service-Aufwands-Relationen“. Dazu passt der Satz des ehemaligen Toyota-Vorstandsvorsitzenden: „Je mehr Artikel man auf Lager hat, desto unwahrscheinlicher ist es, genau den Artikel vorrätig zu haben, den der Kunde gerade will“.

Die Boston Consulting Group kam bei Industriebetrieben zu folgenden Ergebnissen: „wird die Produktvielfalt um 50% gesenkt, so steigt die Produktivität um 31%, die Kosten sinken um 17%. Eine weitere Reduktion der Teile um 50% auf nunmehr 25% führt zu einem Ansteigen der Produktivität um 72% im Vergleich zum Anfangsbestand. Die Kosten sinken nunmehr auf 31%“.

Neben den Herstellern bestehen auch bei den Handelsunternehmen große Unterschiede zwischen den Champions und dem Durchschnitt. Gemessen wurden folgende Kennzahlen:

- *Regalverfügbarkeit:* Anteil durchschnittlich verfügbarer regulärer Artikel in Prozent aller regulären Artikel (ohne Distributionslücken)
- *Interne Lieferzeit:* durchschnittliche Lieferzeit in Tagen von der Filialdisposition an das Zentrallager bis zum Einräumen in das Regal

- *Gesamtbestand:* Bestandsreichweite in Tagen von Zentrallager und Filialen (Gesamtfertigwarenbestand wurde für das Trockensortiment Food ohne Frisch- und Kühlware gemessen).
- *Kosten:* Subjektive Einschätzung der eigenen Kostensituation durch die Unternehmen auf einer Skala von 0 (kein Kostensenkungspotenzial mehr) bis 100 (hohes Kostensenkungspotenzial) für die Bereiche Zentrallogistik, Filiallogistik und Auftragsbearbeitung.

Tabelle 1.10. zeigt die Top 3 und den Durchschnitt im Handel entsprechend der Untersuchung.[44]

Tabelle 1.10. Kennzahlen Handelsunternehmen – Auswirkungen auf die Umsatzrendite

Kennzahl	Top 3	Durchschnitt	Auswirkung auf Umsatzrendite Top 3 im Vergleich zum Durchschnitt in Prozentpunkten
Regalverfügbarkeit in %	98,8	96,4	+ 1,0 bis 3,0
Interne Lieferzeit in Tagen	1,0	1,8	?
Gesamtbestand Reichweite in Tagen	19,1	34,4	+0,5 – 1,0
Kosten Subjektive Skala von 0–100	16,0	36,0	?

Bei den Handelsunternehmen wirkt sich die Regalverfügbarkeit sehr stark auf die Rendite aus. Fehlende Produkte können hier durch keinen nachfolgenden Puffer mehr ausgeglichen werden. Wenn die Kunden das gewünschte Produkt nicht im Regal vorfinden, so wandern sie früher oder später zum Wettbewerber ab, und zwar mit ihrem gesamten Warenkorb.

Praxisbeispiel

Eine ECR-Studie zur Warenverfügbarkeit besagt, dass durchschnittlich 21% der Verbraucher das Geschäft wechseln, wenn ihre bevorzugte Marke nicht bevorratet ist (mit Unterschieden je nach Produkt und Kategorie). Weitere 26% verzichten auf den Einkauf oder verschieben ihn.[45]

Was sind die Erfolgskriterien der besten Hersteller- und Handelsunternehmen?

[44] Vgl. Thonemann et al. (2003) S. 25ff

[45] Vgl. Thonemann et al. (2003) S. 29ff

Nachfolgend werden die wichtigsten Erfolgsfaktoren der Hersteller aufgeführt. Je höher der Korrelationskoeffizient ist, desto deutlicher die Ausprägung (Maximum = 1).

Tabelle 1.11. Erfolgsfaktoren der Hersteller

Erfolgsfaktoren	**Korrelations koeffizient**	**Beispiele für Praktiken der Champions**
Supply Chain Kooperation	0,40	Intensive informelle Kontakte zu Partnern
Flexible Produktion	0,35	Hoher Anteil von Artikeln mit wöchentlicher Produktion
Integrierte Supply Chain Organisation	0,30	Hoher Integrationsgrad mit klaren Verantwortlichen
Segmentierungsstrategie	0,30	Produktgenaue, detaillierte Zuordnung der Kosten
Supply Chain Planung	0,27	Transparente und klare Planungsprozess
Supply Chain Controlling	0,22	Weitgehende Messung von Key Performance Indicators wie z.B. Servicelevel

Im Handel waren die wichtigsten Erfolgsfaktoren:

- *Supply Chain Planung (0,53%):*
  Transparente Planungsprozesse für Promotions,
- *Supply Chain Controlling (0,43%):*
  Weitgehende Messung von KPIs wie z.B. Regalverfügbarkeit,
- *Integrierte Supply Chain Organisation (0,22%):*
  Zentrale Logistik koordiniert Disposition,
- *Segmentierungsstrategie (0,17%):*
  Detaillierte Zuordnung von Kosten für Promotions,
- *Supply Chain Kooperation (0,14%):*
  Intensive informelle Kontakte zu Partnern.

Zu den Champions auf der Seite der Hersteller wie des Handels gehören Mittelbetriebe genauso wie Großbetriebe.

Ein wichtiges Gremium für den Austausch von Informationen und für Kooperationen zwischen Industrie und Handel ist die Efficient Consumer Response (ECR)-Initiative. Durch eine bessere Kooperation zwischen Industrie und Handel sind bei schnelldrehenden Konsumgütern Einsparungen in Höhe von mehr als fünf Prozent der Endverbrauchspreise zu erzielen. In Pilot- und Einzelprojekten sind 50–80% niedrigere Bestandskosten, zehn Prozent mehr Umsatz und fünf Prozent mehr Ertrag erzielt worden.

Zwischen Industrie und Handel ist in vielen Bereichen gegenseitiges Misstrauen vorhanden sowie die Angst, dass der andere durch zuviel Offenheit einseitig Vorteil erzielt. In der Praxis hat sich eine „hohe Anspruchshaltung und eine grundsätzlich konstruktive, aber inhaltlich fordernde Beziehung zwischen den Partnern“ als effektive Grundlage herausgestellt.

1.6 Aufgaben

Aufgabe 1–1

Wie können schon in der Entwicklungsphase durch vernetzte Zusammenarbeit Kosten eingespart werden?

Aufgabe 1–2

Welche Vorteile ergeben sich durch die Reduzierung der Fertigungstiefe?

Aufgabe 1–3

Durch welche Kompetenzen zeichnen sich „Supply Champions“ aus?

Lösung 1–1

Durch übergreifende interne und externe Zusammenarbeit kann eine bessere Abstimmung und Zeitersparnis erzielt werden. Einkauf frühzeitig für Beschaffung neuer Teile informieren, Produktion über neue Produktionsprozesse und Materialien unterrichten. Lieferanten über zu produzierende Teile oder selbständige Entwicklungen vorab einbinden.

Lösung 1–2

Verlagerung von Lagerbeständen, Kapitalbindung, Entwicklungskosten und Verantwortung auf den Lieferanten. Weniger Fixkosten und flexiblere Reaktion bei Änderungen der Nachfrage.

Lösung 1–3

Intensive informelle Kontakte zu Partnern und Lieferanten, hohe Lieferbereitschaft, geringe Bestände, flexible Produktion, transparente Prozesse, Messung der Key Performance Indicators (KPIs).

2 Grundlagen und Anwendungen der Internettechnologie im SCM

Informations- und Kommunikationstechnologien (IuK)-Technologien stellen die eigentlichen Enabler für eSupply Chain Management dar. Daher ist für eine erfolgreiche Realisierung von eSupply Chain Management in kleinen, mittelständischen und großen Unternehmen die Implementierung leistungsfähiger IuK-Technologien unabdingbar. Die Koordination der Material-, Informations- und Finanzflüsse kann nur durch die Erfassung, Verarbeitung, Aufbereitung und Speicherung und insbesondere durch den Transfer von geschäftsrelevanten Daten zwischen eSupply Chain-Partnern gewährleistet werden. Obwohl diese Technologien zum tragenden Element für die Realisierung von eSCM werden, dürfen sie nicht als Selbstzweck betrachtet werden. Die Ausgangsbasis muss nach wie vor das Businessmodell bzw. die Strategie der Unternehmung bilden, selbst wenn die modernen Technologien neue Business-Strategien ermöglichen.

Im Verlauf dieses Kapitels werden sowohl standardisierte Kommunikationstechnologien zum Datenaustausch als auch Front-End-Informationstechnologien zur Transaktionsabwicklung sowie Back-End-Systeme zur unternehmensübergreifenden Planung, Steuerung und Koordination der Logistikkette vorgestellt. Als Praxisinstrumente der Supply Chain unterstützen sie unternehmensinterne sowie unternehmensübergreifende Geschäftsprozesse und dienen Business-to-Business-Prozessen (B2B), Business-to-Consumer-Prozessen (B2C) und Business-to-Government-Prozessen (B2G). Die Speicherung und Aufbereitung geschäftsrelevanter Daten werden hierbei durch Data Warehouse Technologien unterstützt.

2.1 Internet – eCommerce – B2B – B2C – B2G[46]

Internet

Der Begriff Internet setzt sich aus „inter(national)" und „net(work)" zusammen. Das Internet ist ein internationales Computernetz mit mehreren

[46] Vgl. IT-Glossar (27.06.2004), in: http://osthus.de/Service/Glossar

Mio. Benutzern weltweit. Es ist kein einziges homogenes Netz sondern ein Verbund lokaler Netzwerke aus vielen kleinen, territorial oder organisatorisch begrenzten Netzen. Kennzeichen des Internet sind seine weltweite Verbreitung, die dezentrale Struktur und seine Hardwareunabhängigkeit. Zur Verständigung der Computer untereinander trotz unterschiedlichster Hardware- und Softwareausstattung ist ein einheitliches Protokoll (Regelwerk) entwickelt worden. Weiterhin ist das Internet unzensiert und für jeden frei zugänglich.

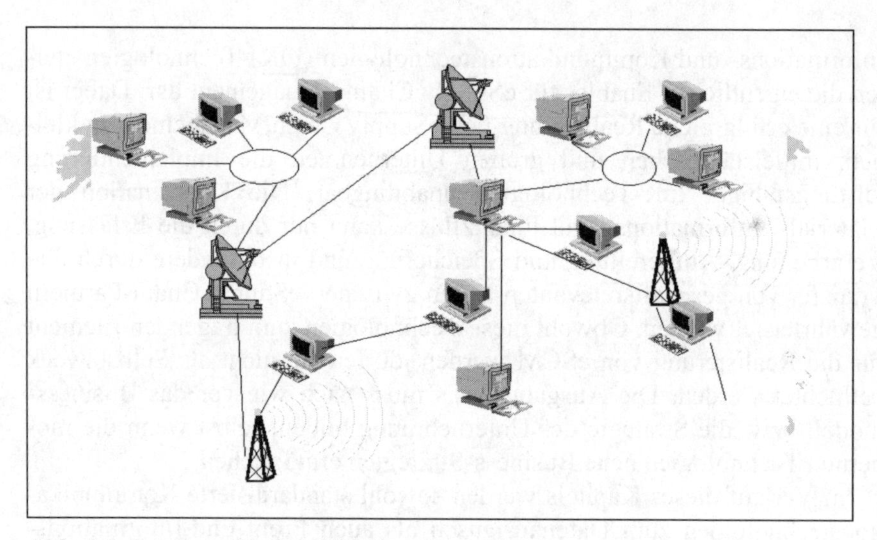

Abb. 2.1. Internet – Verbund lokaler Netzwerke

World Wide Web (www)

Das World Wide Web, auch kurz WWW genannt, ist ein sog. Dienst im Internet. Es bietet multimediale Nutzungsmöglichkeiten und ist durch die grafische Benutzeroberfläche anwenderfreundlich. Ein weiterer Dienst im Internet ist der Empfang und Versand von E-Mails.

eBusiness

Der Oberbegriff für das elektronische Geschäftsleben bzw. den elektronischen Handel ist eBusiness. eBusiness bezeichnet Geschäfte bzw. Geschäftsprozesse, die vollständig oder teilweise elektronisch abgewickelt werden. Beim eBusiness bedient man sich hierfür der Internettechnologie.

eCommerce

Der Begriff eCommerce ist strenger abgegrenzt als eBusiness und damit ein Teilaspekt des eBusiness. eCommerce bezeichnet den elektronischen

Handel (im Internet) mit Waren und Dienstleistungen über elektronische Marktplätze, Shopsysteme, Auctioning sowie Ausschreibungs- und Vergabesysteme.

B2B – Business-to-Business

Business-to-Business ist die Beschreibung der elektronischen Geschäftsbeziehungen zwischen Unternehmen oder Händlern untereinander.

B2C – Business-to-Consumer

Business-to-Consumer beschreibt die elektronischen Geschäftsbeziehungen zwischen Unternehmen und Endverbrauchern.

B2G – Business-to-Government

Business-to-Government umfasst elektronische Geschäftsprozesse des gesamten öffentlichen Sektors, bestehend aus Legislative, Exekutive und Judikative sowie öffentlicher Unternehmen auf lokaler (Gemeinden), regionaler (Länder), nationaler (Bund) sowie supranationaler oder globaler Ebene.

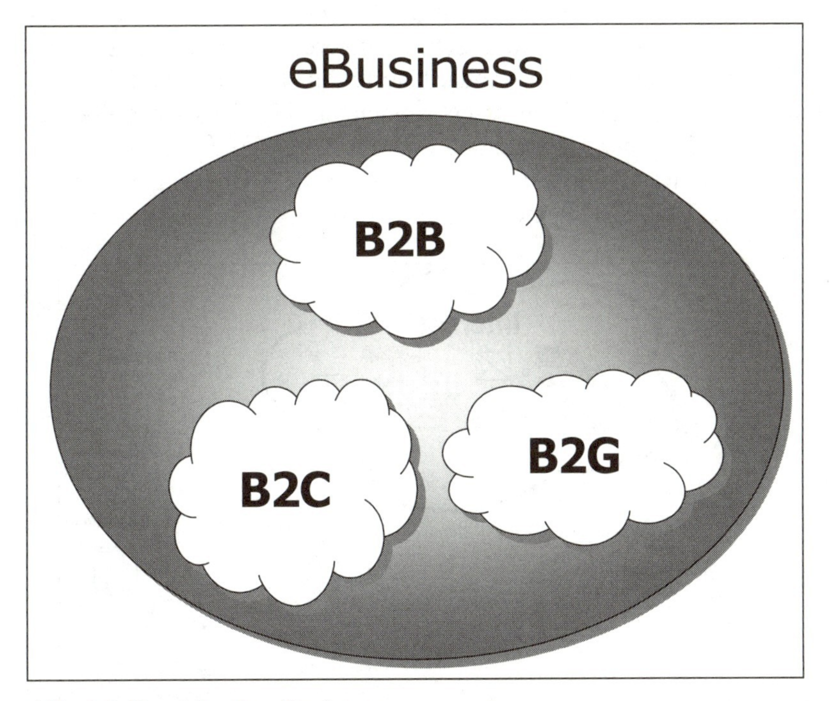

Abb. 2.2. Bereiche des eBusiness

2.2 Moderne Kommunikationstechnologien

Für den elektronischen Datenaustausch entlang der eSupply Chain werden Kommunikationstechnologien eingesetzt. Durch einheitliche Datenübertragungsstandards sichern sie u.a. den Transfer von Auftrags-, Lagerbestands-, Rechnungs- oder Prognosedaten zwischen Geschäftspartnern über Datennetze, wie

- Wide Area Network (WAN),
- Local Area Network (LAN),
- Internet (weltweites Netzwerk),
- Intranet (firmeninternes Netzwerk),
- Extranet (Erweiterung des firmeninternen Netzwerks um externe Geschäftspartner).

2.2.1 Internettechnologien

Eines der wesentlichen Forschungsergebnisse im Laufe der Entwicklungsgeschichte des Internet war das 1982 entwickelte, einheitliche Netzwerk-Protokoll *TCP/IP* (Transmission Control Protocol/Internet Protocol). Es ermöglicht heterogenen Computersystemen untereinander Daten zu transferieren, indem es die Daten in standardisierte Pakete zerlegt und diese an „Telefonnummern", sog. IP-Adressen, versendet. TCP/IP ist das übergeordnete Protokoll für den Übertragung und die Adressierung der Daten innerhalb des Internet (Point-to-Point). Untergeordnete Übertragungsprotokolle sind u.a. HTTP, SMTP und FTP.

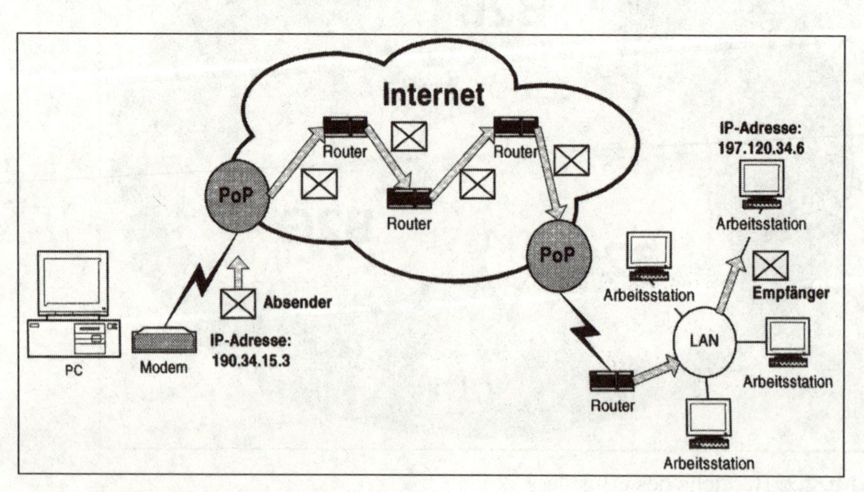

Abb. 2.3. Datenübertragung im Internet

Internet-Protokolle im Internet

- *HTTP:* Hyper Text Transfer Protocol bezeichnet ein Protokoll für die Übertragung von Hyper Text Markup Language-Dokumenten (HTML) zur Darstellung von Webseiten aus dem World Wide Web.

- *SMTP, POP, IMAP:* Das Simple Mail Transfer Protocol und das Post Office Protocol bezeichnen das Senden und Empfangen von elektronischer Post. Beim Internet Message Access Protocol verbleiben die E-Mails auf dem Mailserver im Internet und werden dort gelesen, geschrieben und verwaltet. Damit sind die E-Mails über die entsprechende Webseite weltweit abrufbar. Electronic Mail ist einer der meist genutzten Dienste im Internet.

- *FTP:* Kurzbezeichnung für File Transfer Protocol, welches die Übertragung verschiedener Datenformate über weite Strecken im Internet ermöglicht. FTP bezeichnet sowohl den Dienst, als auch das Protokoll.

Aufgrund dieser weltweit einheitlich definierten Standards dient das Internet als geeignete Plattform, um die heterogene Struktur von IuK-Systemen kooperierender Geschäftspartner kostengünstig miteinander zu verknüpfen. Vor diesem Hintergrund fungiert das Internet als Infrastruktur für den kollaborativen Datentransfer im eSCM.

2.2.2 Electronic Data Interchange (EDI)

Die beleglose elektronische Übertragung von Auftrags-, Bestell- und Rechnungsdaten ist keine völlig neue Strategie vieler Unternehmen, denn bereits in den achtziger Jahren wurde Electronic Data Interchange (EDI) eingesetzt. EDI wird definiert als elektronischer Datenaustausch kaufmännischer Geschäftsdaten mittels Computer-Computer-Dialog in einem standardisierten Format.[47]

EDI setzt sich aus zwei Komponenten zusammen, dem Kommunikationssystem, das die Datenfernübertragung (DFÜ) im Sinne einer Point-to-Point Anbindung der Partner über Protokolle ermöglicht, und dem Konvertierungssystem, welches die Daten in standardisierte Nachrichtenformate konvertiert.[48] So verfolgt EDI neben der reinen DFÜ das Ziel, Daten in einheitliche Datenformate zu konvertieren, um eine automatische, datenbruchfreie Weiterverarbeitung der Informationen in den Empfängersystemen der beteiligten Unternehmen zu gewährleisten. Beispielsweise

[47] Vgl. Bullinger, Berres (2000) S. 29
[48] Vgl. Werner (2000) S. 146

haben Unternehmen wie Daimler Chrysler ihre Zulieferer in ein derartiges System eingebunden, um automatische Lieferabrufe zu tätigen. Der Austausch von Informationen zwischen heterogenen Systemen muss über ein neutral strukturiertes Format erfolgen, wie z.B. EDIFACT oder ODETTE.

Datenaustauschstandards

- *EDIFACT*: Abkürzung für Electronic Data Interchange for Administration, Commerce and Transport, ein branchenübergreifendes Datenaustauschformat
- *ODETTE*: Abkürzung für Organization for Data Exchange by Teletransmission in Europe, ein automobilbranchenspezifisches Austauschformat

Alternative EDI-Nutzung für nicht-EDI-betreibende Unternehmen

Eine EDI-Alternative für nicht-EDI-betreibende Unternehmen bieten sog. Clearingstellen. Diese empfangen die EDI-Daten (z.B. Bestelldaten), konvertieren sie und stellen sie dem Empfänger in einem neutralen Format bereit (z.B. in Form eines Fax oder einer E-Mail). Zum Beispiel offeriert das EDI-Clearing Center der Deutschen Post AG eine derartige Dienstleistung, um es kleinen und mittleren Unternehmen (KMU) zu ermöglichen, ohne hohe Investitionskosten an EDI zu partizipieren.

Durch die Nutzung von Web-EDI, welches EDI-Anwendern ermöglicht, Geschäftspartner durch WWW-Formulare einzubinden, offeriert sich eine weitere Variante in der Einbindung von Nicht-EDI-Betreibern. Mit Web-EDI können verschiedene Daten über eine Internetseite in ein Web-Formular eingegeben und im Anschluss in normgerechte EDI-Nachrichten konvertiert und weitergeleitet werden.[49]

2.2.3 Extensible Markup Language (XML)

XML ist eine weltweite, branchenunabhängige Metasprache für das Definieren von Dokumententypen und gilt als Erweiterung der Seitenbeschreibungssprache HTML (Hypertext Markup Language). Sie geht jedoch über die Layoutbeschreibung hinaus, da sie ergänzend die Struktur eines beliebigen Dokumententyps (Document Type Definition) definieren kann. Diese Ergänzung bietet dem elektronischen Datenaustausch eine völlig neue Perspektive in Bezug auf den kollaborativen Informationsfluss entlang der eSupply Chain. Vergleichbar mit dem EDI-Datentransfer werden bei der prozessorientierten Übertragung von Daten zusätzliche Informatio-

[49] Vgl. Schmitz (2002), in: Wannenwetsch (2002a) S. 36

nen transferiert, die den Empfängeranwendungen beschreiben, um welchen Datentyp es sich handelt und wie mit den übertragenen Daten verfahren werden soll. Die Anwendungsbereiche im eSCM liegen insbesondere im Austausch von Datenbankinhalten, elektronischen Artikelkatalogen und ERP-Systemdaten (z.B. Bestelldaten), um ein neutrales Datenformat zwischen Partnern zu sichern.[50] Ferner erhöht XML die Flexibilität bei der temporären Einbindung von kurzfristigen Geschäftspartnern und KMU, was mit EDI nicht genauso möglich ist.

2.3 Front-End-Lösungen

Bisher wurden Datenaustauschstandards vorgestellt, die es ermöglichen, Daten und Informationen über Point-to-Point Anbindungen innerhalb der Supply Chain auszutauschen. Der folgende Abschnitt befasst sich mit Informationstechnologien zur Abwicklung prozessorientierter Transaktionen zwischen eSupply Chain-Partnern. Dazu dienen eine Reihe von Geschäftsmodellen, die als Kommunikations- und Transaktionsplattformen die Prozesskette ganzheitlich unterstützen sollen. Da diese Informationstechnologien einen direkten Kontakt mit externen Geschäftpartnern, wie Kunden und Lieferanten ermöglichen, werden diese Applikationen auch als *Front-Ends* bezeichnet.

Als Geschäftsmodelle dienen hierbei internetbasierende Front-End-Lösungen, wie elektronische Marktplätze, Portale, Intranet- und Extranet-Lösungen sowie Shopsysteme. Sie unterstützen sowohl Beschaffungsprozesse (eProcurement) als auch Vertriebsprozesse (eSales) zu Geschäftskunden (B2B – Business-to-Business) und Endkonsumenten (B2C – Business-to-Consumer).

Kennzeichnend für diese Informationstechnologien ist die Integration der Back-End-Systeme über Schnittstellen, um einen validen und echtzeitgetreuen Informationsaustausch zu gewährleisten. Back-Ends bezeichnen in diesem Zusammenhang bestehende Informationssysteme (ERP-Systeme) und Datenbanken, die der Unterstützung und Datenversorgung aller Geschäftsprozesse (Einkauf, Vertrieb, Produktion, Finanzen) dienen.

2.3.1 Online-Shops

Eine Vielzahl von Unternehmen hat inzwischen virtuelle Kaufhäuser, sog. Online-Shops, errichtet. Dabei handelt es sich um ein elektronisch aufbe-

[50] Vgl. Ollmert (2000) in: Thome, Schinzer S. 209–227

reitetes Produktangebot auf einer Website, dass überwiegend von Endkonsumenten (B2C) für Shoppingzwecke genutzt wird. Vereinzelt kann es jedoch auch Beschaffungszwecken von Unternehmen (B2B) dienen. Erfolgreich vertriebene Produkte sind im B2B-Bereich insbesondere Bücher, CDs, Hard- und Software, Lebensmittel, Textilprodukte und Reisen.

Kennzeichen von Online-Shops[51]

Online-Shops sind durch eine One-to-Many-Geschäftsbeziehung zwischen einem Anbieter und vielen Nachfragern gekennzeichnet. Dies gilt ebenso für Shop-Verbund-Systeme, den sog. Shopping Malls, die mehrere Shops zu virtuellen Shoppingzentren zusammenfassen. Weitere Kennzeichen sind

- elektronische Produktkataloge mit Visualisierungen,
- Suchmöglichkeiten und Zusatzinformationen zu Produkten,
- Warenkorbfunktion (virtuellen Einkaufskorb) zur Ablage der ausgewählten Produkte,
- automatische Auflistung der Waren und Rechnungsbeträge,
- breite Auswahl von Zahlungssystemen,
- multimedial aufbereitetes Shoppingangebot,
- Abbildung der Allgemeinen Geschäftsbedingungen (AGBs),
- Auftragsbestätigung via E-Mail,
- Authentifizierung des Kunden über Benutzerkennworteingabe oder Cookies,
- Kundenspezifisches Produktangebot (One-to-One Marketing, Cross-Selling),
- Schnittstellen zu Back-End-Systemen für Echtzeit-Warenverfügbarkeitsprüfungen sowie zur Vermeidung von Medienbrüchen und Redundanzen bei der Abwicklung.

Praxisbeispiel: Dell

Der Computerdirektvertrieb Dell (www.dell.de) vertreibt über eine Online-Shop-Lösung kundenspezifisch konfigurierbare PCs und Notebooks für ein Vielzahl von Kundenwünschen. Über eine grafische Visualisierung von Standardprodukten verschiedener Leistungs- und Preiskategorien kann ein PC ausgewählt und anschließend über ein Katalogsystem aus einer Vielzahl von Zusatzkomponenten (Grafikkarte, Festplatte, Modem) individuell zusammengestellt werden. Nach der Bestellung und Begleichung der Ware erfolgt eine elektronische Auftragsbestätigung. Die Kundendaten werden direkt in das ERP-System von Dell transferiert und zur Auftragsabwicklung weitergeleitet (Vertrieb, Produktion, Beschaffung). Innerhalb

---

[51] Vgl. Amor (2000) S. 321–345

kürzester Zeit erhält der Kunde seinen persönlichen Wunsch-PC frei Haus geliefert.

Abb. 2.4. Online-Shop des Computerherstellers DELL

2.3.2 Elektronische Marktplätze

Ein Geschäftsmodell, welches dem kollaborativen Austausch von Waren, Gütern und Dienstleistungen im eSupply Chain Management in einer ganzheitlichen Sichtweise gerecht wird, sind Elektronische Marktplätze (EM). Sie stellen einen virtuellen Handelsraum für wirtschaftliche Transaktionen dar und unterstützen sämtliche Vorgänge der Koordination von Austauschprozessen.[52] Elektronische Marktplätze werden primär als Transaktionsplattformen für den elektronischen Handel zwischen Unternehmen (B2B) eingesetzt. Angebotene Produkte sind hier insbesondere C-Artikel, wie Büromaterialien, jedoch auch produktionsnahe A- und B-Artikel, wie Drehteile oder Rohstoffe.

Nutzenpotenziale von EMs für Klein-, Mittel- und Großbetriebe[53]

- Potenzielle Transaktionspartner können schnell und kostengünstig gefunden werden.

[52] Vgl. Kollmann (2000) in: Bliemel et al. S. 126

[53] Vgl. Dunz (2002), in: Wannenwetsch (2002b) S. 18f

- Transaktionen können ortsunabhängig, kosten- und zeiteffizient abgewickelt werden.
- Preisverhandlungen durch die Nutzung von Ausschreibungen und Auktionen.
- Senkung der Einstandspreise durch verbesserte Preis- und Anbietertransparenz.

Kennzeichen von Elektronischen Marktplätzen

Charakteristisch für EMs ist eine Many-to-Many-Geschäftsbeziehung, da eine Vielzahl von Anbietern und Nachfragern in diesen virtuellen Handelsräumen zusammentreffen. Über EMs können somit alle eSupply Chain-Partner, wie Kunden und Lieferanten integriert werden, um untereinander Transaktionen abzuwickeln. Weitere Kennzeichen sind:

- Integration von Herstellern, Kunden, Lieferanten und Dienstleistern,
- Schnittstellen zu Back-End-Systemen (ERP-Systeme),
- Anbindung von Logistikdienstleistern und Speditionen,
- Ausschreibungs- und Auktionsmöglichkeiten (Reverse Auctions),
- Anfragemöglichkeiten und Suchfunktionen (Beschaffungsmarktforschung),
- elektronische Artikelkataloge und Visualisierungen,
- Realtime-Lieferterminzusagen,
- verschiedene Zahlungsmöglichkeiten (z.B. auf Rechnung oder Purchasing Cards).

Differenzierung von Elektronischen Marktplätzen[54]

- *Offene Marktplätze* offerieren sich allen Marktteilnehmern, um einer Vielzahl von Unternehmen und Konsumenten kostengünstig eine weltweite Markttransparenz und einen vereinfachten Zugang zu neuen Märkten und Ressourcen zu verschaffen, Beispiel: C-Artikelmarktplatz: www.trimondo.de.

- *Geschlossene Marktplätze* stellen dagegen Transaktionsplattformen dar, die nur einer geschlossenen Teilnehmergruppe Zutritt gewähren, um untereinander Prozesse abzuwickeln, Beispiel: Marktplatz der Automobilindustrie: www.convisint.com.

- *Horizontale Marktplätze* sind branchenübergreifende Transaktionsplattformen, auf welchen eine Vielzahl von Gütern und Dienstleistungen

[54] Vgl. www.beschaffungswelt.de (16.05.2002)

ausgetauscht werden., Beispiel: Branchenunabhängiger C-Artikelmarktplatz: www.mondus.de.

- *Vertikale Marktplätze* bieten ausschließlich Güter, Waren und Dienstleistungen einer bestimmten Branche an, Beispiel: Chemiebranchenspezifischer Marktplatz: www.chemfidence.de.

Praxisbeispiel: Supply On AG

Die elektronische Marktplatz-Lösung von SupplyOn (www.supply-on.de) ist eine branchenspezifische Transaktionsplattform der Automobilindustrie. Eine ganze Reihe namhafter Automobilzulieferer, wie u.a. Bosch, Continental, INA und ZF partizipieren an der kollaborativen Form des Handels. Über Abrufe bei den Zulieferern hinaus kann nach neuen Partnern recherchiert, Angebote eingeholt bzw. abgegeben sowie an Online-Auktionen teilgenommen werden. Zur Auftragsabwicklung werden ergänzend Logistikdienstleiter mit der Auslieferung der Waren beauftragt. Des weiteren kann der gesamte Informationsfluss von der Liefersteuerung bis zum Eintreffen der Ware beim Kunden über eine Web-EDI-Lösung abgebildet werden.

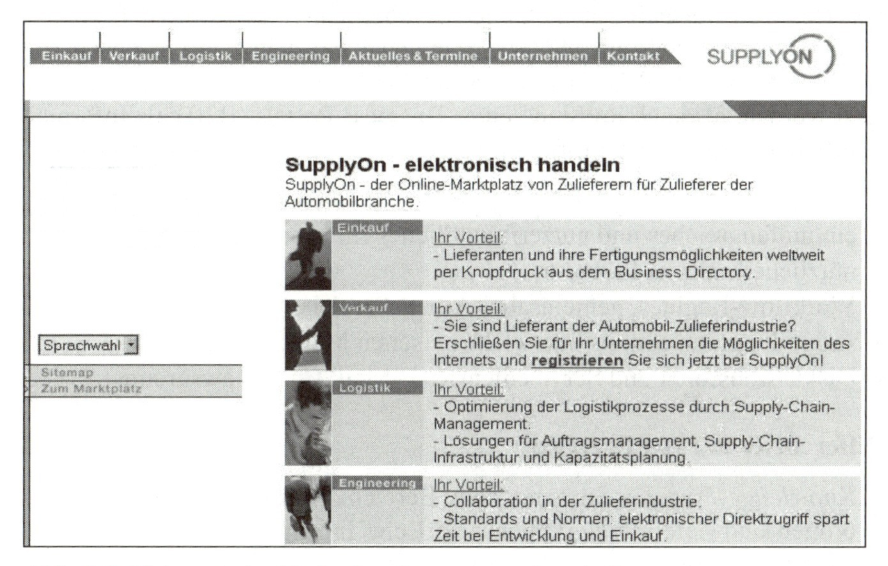

Abb. 2.5. Elektronische Marktplatz-Lösung von SupplyOn

2.3.3 Portale

Unter einem Internetportal versteht man gemeinhin eine Website, die als Eingangstür ins Internet von möglichst vielen Besuchern genutzt werden soll. Den Nutzern wird ein einfacher und unkomplizierter Austausch von

Wissen und Informationen ermöglicht.[55] Im Gegensatz zu Elektronischen Marktplätzen werden hier keine direkten Transaktionen abgewickelt, sondern verschiedene nutzerfreundliche Funktionen und Dienste angeboten, wie u.a. Suchmaschinen, E-Mail-Dienste, News und Börsenkurs-Abfragen, die gleichzeitig als Lockangebot für das Portal verstanden werden. Die Grenzen zu elektronischen Transaktionen sind jedoch fließend, denn oft können Shopsysteme oder Ems angehängt scin. Informationsangebote stellen im B2C-Bereich insbesondere Wissensarchive, aktuelle News, Zeitschriftenartikel, Bilderarchive dar. Ein B2B-ausgerichtetes Portal beinhaltet häufig gemeinsame Arbeitsbereiche, Workflow Engines für die verteilte Gruppenarbeit, Aufgabenlisten, Dokumentenmanagement (Technische Datenblätter) oder Liefer-, Konditions- und Produktinformationen kooperierender Partner.

Kennzeichen von Portalen

Portale ermöglichen eine Many-to-Many-Geschäftsbeziehung, bei der mehrere Interessenten über ein zentrales Front-End Informationen und Services von verschiedenen Anbietern oder Geschäftspartnern beziehen können. Im Hinblick auf eSCM-Strategien kann demnach ein Portal sowohl als Kundenbindungsinstrument im Endkundengeschäft (B2C) eingesetzt werden, als auch im Sinne eines Business Portals (B2B) als Information-Broker online zur Verfügung gestellt werden. Weitere Kennzeichen sind

- ein umfangreiches und nutzerfreundliches Informationsangebot,
- nützliche Links zu Partnern,
- Workflow-Engines, gemeinsame Arbeitsbereiche,
- Anbindung von eShops oder elektronischen Marktplätzen,
- Diskussionsforen und Servicedienste (E-Mail, Chat, Newsgroups).

Differenzierung von Portalen[56]

- *Knowledge-Portale:* Sie sind dem Bereich Informationslogistik zuzuordnen und liefern zielgruppenspezifische Informationen, Services und Dienste, Beispiel: Wissensarchiv für IT-Informationen: www.competence-site.de.
- *Transaktionsportale:* Diese Portalart fungiert als elektronische Transaktionsplattform für Ausschreibungen und Auktionen, Beispiel: Marktplatz für Chemie und Life-Science-Industrie: www.cc-chemplorer.com.

[55] Vgl. IT-Glossar, in: www.competence-site.de (20.01.2002)

[56] Vgl. www.webagency.de (11.02.2002)

- *Collaborative Portale:* Sie fokussieren auf die unternehmensübergreifende Zusammenarbeit durch die Bereitstellung entsprechender IuK-Infrastrukturen, Beispiel: Business-Portal von der MVV Energie AG: www.mvv-business.de.

Praxisbeispiel: MVV Energie AG

Das umfassende Collaborative Portal „MVV Business" (www.mvv-business.de) des Energiedienstleisters MVV spricht Kunden aus Industrie, Gewerbe und Kommunen sowie die Geschäftspartner des MVV-Konzerns an. Es unterstützt Projekte von der Entwicklung bis zur Umsetzung. Über die Extranet-Lösung, genannt MVV Workplace, sind sensible Daten ausschließlich involvierten Geschäftspartnern zugänglich.

Abb. 2.6. Business Portal der MVV Energie AG

Zum einen können somit berechtigte Kunden in ihren Datenbestand einsehen und zum anderen Großprojekte im Verbund standortübergreifend bearbeitet werden. Darüber hinaus erhalten Geschäftskunden einen komfortablen Überblick über die individuellen Leistungsangebote der MVV. Hierbei findet der Kunde bei jeder Produktgruppe einen Ansprechpartner mit Bild, Telefonnummer und E-Mail-Adresse, so dass eine schnelle und direkte Kontaktaufnahme gesichert ist.

2.3.4 Intranet-, Extranet-Lösungen

Weitere Informationstechnologien, die als IT-Instrumente im eSupply Chain Management zum Einsatz kommen, sind Intranet- und Extranet-Lösungen. Als Informations- und Transaktionsplattformen unterstützen sie sowohl unternehmensinterne als auch unternehmensübergreifende Geschäftsprozesse. Zu den Online-Angeboten gehört grundsätzlich das firmenspezifisch vertriebene Produktprogramm und jegliche Form von Daten und Diensten, welche der Optimierung von Geschäftsprozessen dienen.

Intranet

Bei einem Intranet handelt es sich um ein unternehmensinternes TCP/IP-basiertes Netzwerk, in dem Informationen für eine geschlossene Benutzergruppe über Browser-Software zugänglich gemacht werden.[57] Ein Intranet-Front-End eröffnet eine Art betrieblicher Marktplatz, auf dem jeder Mitarbeiter eines Unternehmens Zugriff auf prozessorientierte Informationen bezüglich Geschäftspartnern und Lieferanten aber auch internen Prozessinformationen beziehen kann. Ergänzend können eProcurement-Lösungen über gespeicherte elektronische Produktkataloge von Lieferanten in ein Intranet integriert werden, um nachhaltig Beschaffungskosten zu reduzieren.

Extranet

Bei einem Extranet handelt es sich um eine Erweiterung des Intranets um externe Geschäftspartner, die im Rahmen einer geschlossenen Benutzergruppe jeweils gegenseitig beschränkten Zugriff auf das firmeneigene Intranet haben. So können sämtliche Informationen zwischen eSupply Chain-Partnern ausgetauscht und untereinander Transaktionen abgewickelt werden.[58] Zum Beispiel kann ein Mitarbeiter via Extranet-Benutzerkennwort beim Lieferanten eine Bestellung abgeben oder ein Außendienstmitarbeiter Kundendaten im firmeneigenen Intranet orts- und zeitunabhängig abfragen.

Kennzeichen von Intranet/Extranet

Kennzeichnend für Intranet/Extranet-Lösungen ist eine One-to-Many-Geschäftsbeziehung, da ein Unternehmen vielen Mitarbeitern und Geschäftspartnern einen virtuellen Kommunikations- und Transaktionsraum bietet. Weitere Kennzeichen sind:

---

[57] Vgl. Block (1999), in: Strub S. 53

[58] Vgl. Amor (2000) S. 45

- Kommunikationsmöglichkeiten (E-Mail, Chats),
- zentrales Informationsverzeichnis (Telefonbücher, News, Produktinformationen),
- Anbindung von eProcurement- und eSales-Lösungen (elektronische Produktkataloge),
- geschlossener Benutzerkreis und Datennetze mit hohen Sicherheitsstrukturen.

Fallbeispiel: FRIATEC AG

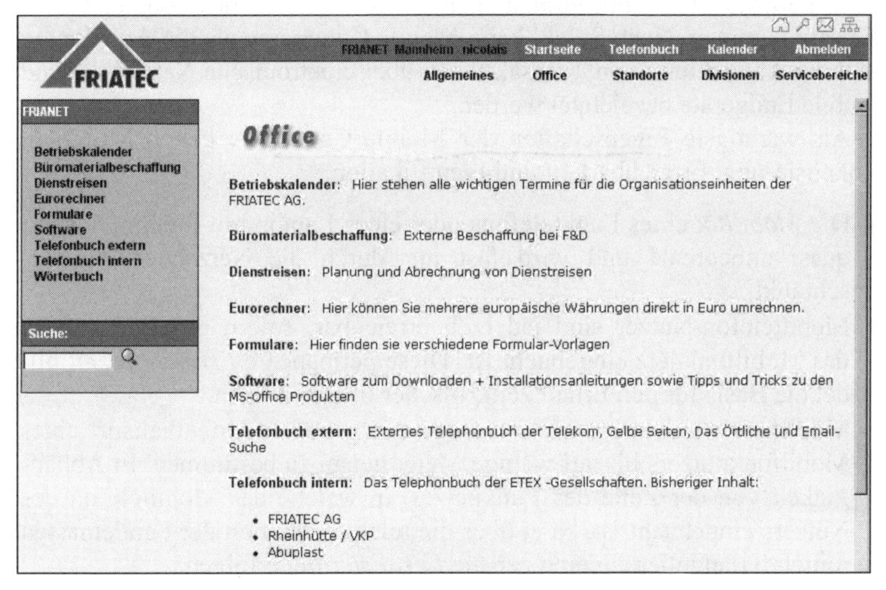

Abb. 2.7. Intranet-Lösung der FRIATEC AG

Die Industriebetrieb FRIATEC AG konnte durch die Intranet-Lösung „Frianet“ erhebliche Prozessoptimierungen in den administrativen Geschäftsabläufen erzielen. Zum umfangreichen Informations- und Serviceangebot für die Mitarbeiter zählen u.a. Online-Buchungen von Weiterbildungskursen, Reisekostenabrechnungen, Telefonverzeichnisse mit Bild, Firmennews sowie konzernweite Produktinformationen. Über ein Extranet partizipieren ebenso Außendienstmitarbeiter an diesen Diensten. Ergänzend ist die Büromaterialbeschaffung über eine eProcurement-Lösung im Intranet realisiert worden, die nachhaltig Beschaffungskosten senkt und den operativen Einkauf erheblich entlastet.

2.4 Mobile Commerce

Im Kontext von Electronic Business spielt zunehmend Mobile Commerce eine Rolle. Daher werden von Unternehmen vermehrt Mobile Commerce Applikationen entwickelt, die neue Geschäftsmodelle darstellen oder die Effizienz von Unternehmensprozessen steigern sollen.

Dabei fallen unter Mobile Commerce sämtliche Bereiche des Electronic Business oder Electronic Commerce, bei denen mobile Endgeräte wie Handys, Palm-Computer, Pocket PCs, Personal Digital Assistents (PDAs) oder Laptops orts- und zeitunabhängig mit Netzwerkunterstützung zum Einsatz kommen. Nach Stöckl kann Mobile Commerce als die Anbahnung und die Abwicklung von Transaktionen über elektronische Netzwerke und mobile Endgeräte bezeichnet werden.[59]

Als wichtigste Eigenschaften des Mobile Commerce gelten Mobilität, Lokalisierung, Erreichbarkeit und Identifikation.[60]

- Die *Mobilität* eines Funktelefons oder eines Laptop mit Funkmodem ist quasi unbegrenzt und wird fast nur durch die Netzabdeckung beschränkt.
- Mobiltelefon-Nutzer sind jederzeit erreichbar, sofern das Endgerät in das Mobilfunknetz eingebucht ist. Diese permanente *Erreichbarkeit* bildet die Basis für den Erhalt zeitkritischer Informationen.
- Mobilfunkbetreiber sind in der Lage den genauen Aufenthaltsort eines Mobilfunknutzers bis auf wenige Meter genau zu bestimmen. In Abhängigkeit von der Zelle des Funknetzes, in welche das Mobiltelefon des Nutzers eingebucht ist, kann über die relative Position der Sendemasten mittels Triangulierung eine genaue *Lokalisierung* erfolgen.
- Die SIM-Karte (SIM = Subscriber Identity Modul) eines Mobiltelefons kann zur eindeutigen *Identifizierung* eines Handy-Nutzers verwendet werden.

2.4.1 Ökonomische Grundlagen

Auf Seiten der Unternehmen bildet der betriebswirtschaftliche Nutzen bzw. ein tragfähiges und erlösstarkes Geschäftsmodell die wesentliche Grundlage für den langfristigen Erfolg von Mobile Commerce. Die betriebswirtschaftliche Attraktivität des Mobile Commerce für die Unternehmen ergibt sich vor allem, weil sich das Mobiltelefon schneller als je-

---

[59] Vgl. Stöckl (2002) S. 59

[60] Vgl. Kliger, Ascari (2000) S. 61

des andere Kommunikationsmittel weltweit verbreitet. Insbesondere die permanente Erreichbarkeit und Ortung potenzieller Kunden ermöglicht eine stärkere Personalisierung von Dienstleitungen und Informationen, als dies bisher im ortsgebundenen Electronic Business gegeben ist.

Darüber hinaus eröffnet Mobile Commerce umfangreiche Marketingmöglichkeiten. So verfügen die Mobilfunkbetreiber aufgrund der Abrechnungsbeziehung über demografische Daten der Nutzer sowie über Angaben über das Telefonnutzungsverhalten. Außerdem können Netzbetreiber ihre Kunden über die aktuelle Zelle des Mobiltelefons im Mobilfunknetz orten. Auf Basis dieser Daten können aussagefähige Nutzerprofile generiert werden. Dadurch ergibt sich für Mobilfunk-Provider eine herausragende Stellung als Kooperationspartner mobiler Dienstleistungen.

Folglich können Konsumenten

- in Abhängigkeit von ihrem momentanen Aufenthaltsort
- über Produkte und Dienstleistungen von Unternehmen informiert werden,
- die sich in unmittelbarer Nähe des Konsumenten befinden.

Im Jahr 2003 besaßen weltweit 43% der Mobilfunknutzer ein internetfähiges Handy. Wie Abb. 2.8. verdeutlicht, spielen die mobile Internetnutzung und entsprechende mobile Anwendungen besonders in asiatischen Staaten bereits eine große Rolle.

Im Jahr 2005 werden in Westeuropa von dann voraussichtlich 410 Mio. Mobilfunknutzern mehr als 40%, d.h. ca. 175 Mio. Menschen, Anwendungen des Mobile Commerce in Anspruch nehmen.[61] Im Jahr 2003 betrugen die Mobile Commerce-Umsätze in Deutschland 280 Mio. Euro. Nach Prognosen von Marktforschungsinstituten sollen die weltweiten Mobile Commerce-Umsätze im Jahr 2005 auf 250 Mrd. Euro steigen, wobei dem westeuropäischen Markt mit dann 86 Mrd. Euro, was ca. einem Drittel aller Mobile Commerce-Umsätze entspricht, eine herausragende Stellung zukommen wird. Diese Entwicklung verdeutlicht Abb. 2.9.

[61] Vgl. EITO (2001) S. 20

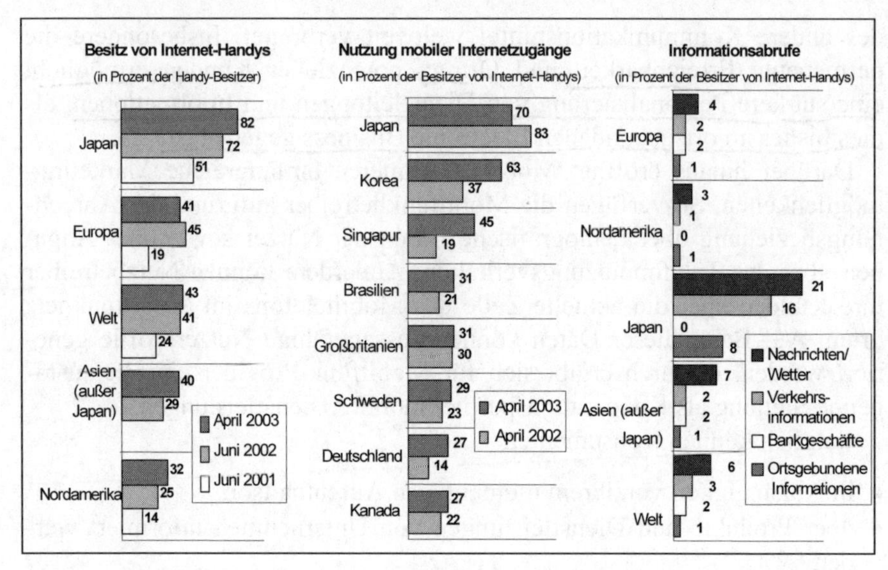

Abb. 2.8. Mobile Internutzung im globalen Vergleich[62]

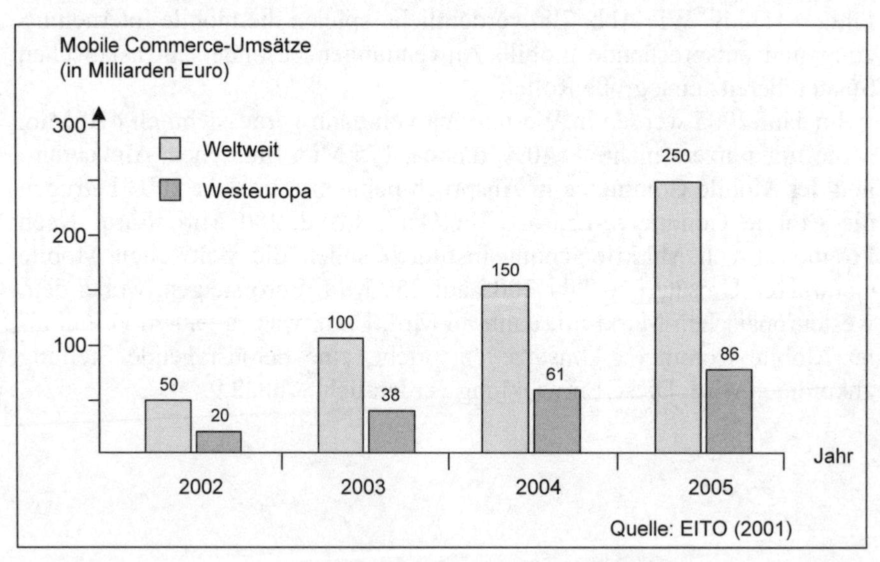

Abb. 2.9. Mobile Commerce-Umsätze weltweit und in Westeuropa[63]

[62] Quelle: FAZ (14.07.2003) S. 16

[63] Vgl. EITO (2001) S. 21

2.4.2 Technologische Grundlagen

Das Wachstum des Mobile Commerce steht in engem Zusammenhang mit den Entwicklungen im Bereich der Informations- und Kommunikationstechnologie. Insbesondere die kontinuierlich steigende Leistungsfähigkeit von mobilen Endgeräten bereitet den Boden für Innovationen und Weiterentwicklungen auf den Gebieten mobiler Dienstleistungs- und Netzwerktechnologie.

Im folgenden sollen die wesentlichen Netzwerktechnologien GSM, GPRS und UMTS komprimiert dargestellt werden.

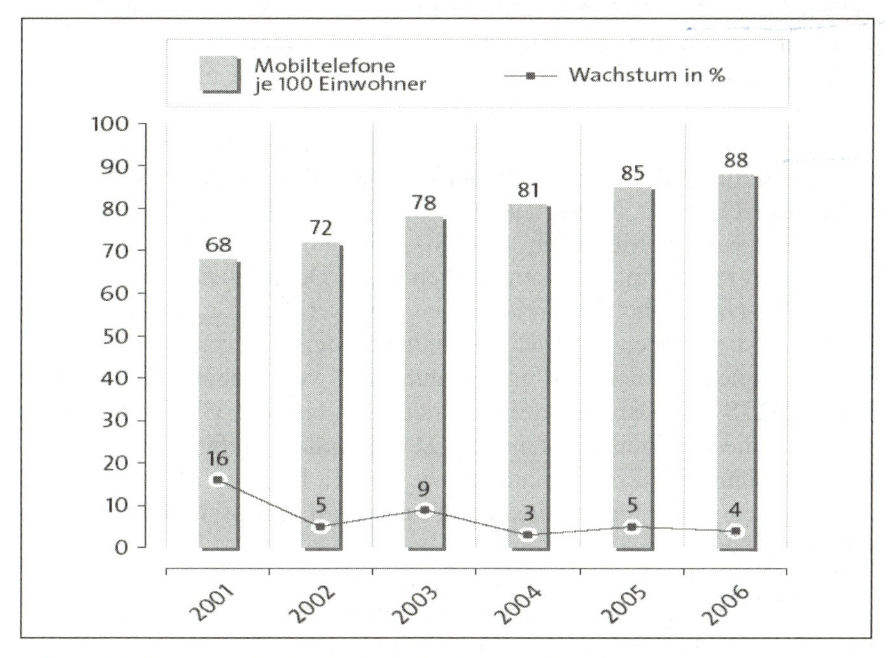

Abb. 2.10. Prognose für den Mobilfunk in Deutschland[64]

Der digitale Mobilfunk-Standard GSM (Global System for mobile Communication) gilt mit weltweit mehr als 1,3 Mrd. geschalteten Anschlüssen im Jahr 2003, davon 64 Mio. in Deutschland, als die am weitesten verbreitete Technologie der mobilen Kommunikation. Da der GSM-Standard lediglich zur digitalen Kommunikation konzipiert wurde, beschränkt sich seine Datenübertragungsrate auf max. 9,6 Kbit/s. Der Einsatzbereich von GSM-Netzen ist daher im wesentlichen auf die Übermittlung von Telefongesprächen, Faxen sowie Kurzmitteilungen im SMS-Format begrenzt. Die

[64] Quelle: www.bitkom.org (19.02.2004), S. 12

Übertragung umfangreicher Datenmengen ist im GSM-Netz hingegen nur sehr eingeschränkt möglich und mit hoher zeitlicher Dauer verbunden.

GPRS (General Packet Radio Service) basiert technisch auf der Bündelung von GSM-Übertragungskanälen. Auf diese Weise können Datenübertragungsraten von max. 115 Kbit/s realisiert werden. Die Besonderheit der GPRS-Technik liegt in ihrer paketbasierten Datenübertragungsweise begründet. Zu transferierende Daten werden in einzelne Pakete aufgeteilt und in Abhängigkeit von der Kapazität der Übertragungskanäle an den Empfänger versendet. Erst dort werden sie wieder zu vollständigen Informationen kombiniert. Diese Übertragungsform ermöglicht zudem den „always-on"-Betrieb. Nach der Einwahl in das GPRS-Netz kann der Nutzer permanent online sein. Die Abrechnung erfolgt volumenabhängig auf Basis der gesendeten und empfangenen Datenmengen und nicht auf Grundlage der Zeit, die ein Nutzer im GPRS-Netz verbringt.

UMTS steht für Universal Mobile Telecommunications System und gilt als der Mobilfunkstandard der Zukunft. Dieser wird oft auch als die dritte Generation (3G) der Mobilfunknetze bezeichnet. Im Jahr 2003 nutzten weltweit 2,4 Mio. Menschen UMTS. Abbildung 2.11. zeigt, dass die UMTS-Verbreitung in Japan am größten ist. In Deutschland wird die Zahl der UMTS-Nutzer mit der Freischaltung der Netze zu Beginn des Jahres 2004 vorerst verhalten wachsen. Besonderes Merkmal von UMTS ist die extrem schnelle Datenübertragung aufgrund von hohen Bandbreiten. Durch UMTS sind Datenübertragungsraten von bis zu 2 Mbit/s erreichbar. Auf Basis dieses Mobilfunkstandards ist es möglich, umfangreiche Datenpakete zu senden und zu empfangen, wie sie z.B. bei der Videotelefonie in Echtzeit, beim Multimedia-Messaging oder beim Aufruf animierter Web-Seiten anfallen.

Bei *WLAN* (Wireless Local Area Network) handelt es sich um örtlich begrenzte Netzwerke auf Funkbasis, die unter anderem einen drahtlosen, breitbandigen Internetzugang ermöglichen. Ein WLAN besteht aus mindestens einem stationären Rechner, der in der Regel über einen DSL-Anschluss mit mindestens 768 Kilobit pro Sekunde ans Internet angeschlossen ist sowie einem Sender, der per Funk je nach räumlichen Bedingungen im Umkreis von 30 bis 300 Metern über mobile Endgeräte wie Laptops oder Pocket PCs den Zugang zum Rechner und damit dem Internet ermöglicht. Diese Zugangspunkte werden auch „Hotspots" genannt. Die Übertragungsgeschwindigkeit für Daten beträgt bis zu 54 Megabit pro Sekunde, was mehr als 800 Mal schneller als ISDN ist.

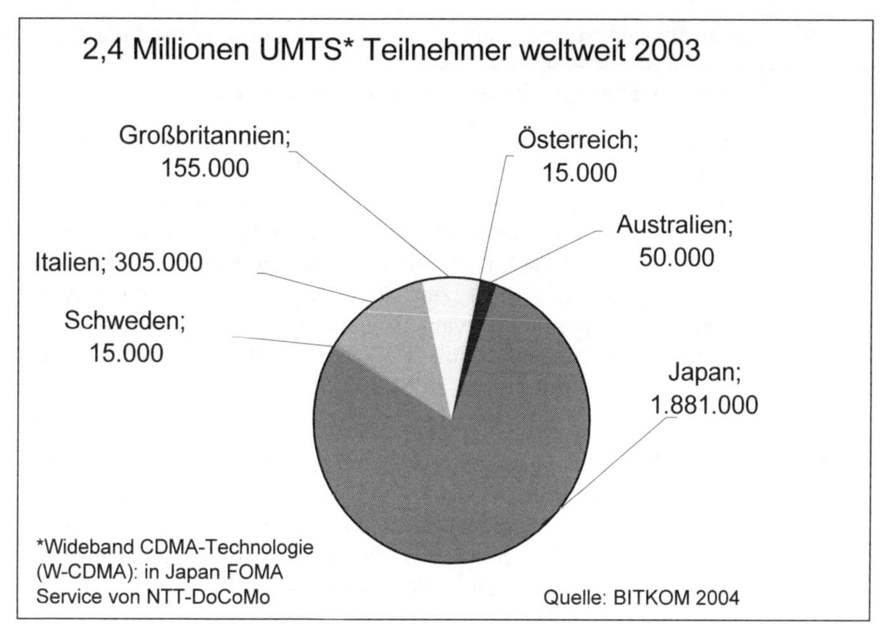

Abb. 2.11. Weltweite UMTS Verbreitung in 2003[65]

WLAN wird zunehmend von Unternehmen und Privathaushalten verwendet, darüber hinaus richten eine wachsende Zahl von Cafes und Restaurants in Innenstädten und an hoch frequentierten Orten wie Bahnhöfen, Flughäfen oder Kongresscentern für ihre Kunden „Hotspots" ein, damit diese mit ihren mobilen Endgeräten auf Geschäftsdaten zugreifen können. In Deutschland existierten Ende 2003 gut 500 öffentlich zugängliche Hotspots, während in Großbritannien bereits nahezu 3.000 Hotspots vorhanden waren. Weltweit sind schätzungsweise bereits 70.000 WLAN-Hotspots installiert.[66]

Als wichtige Dienstleistungstechnologien im Mobile Commerce können SMS, MMS, WAP und C-HTML genannt werden, die in Tabelle 2.1. erklärt werden.

[65] Quelle: www.bitkom.org (19.02.2004), S. 13

[66] Vgl. BITKOM (17.02.2004), unter www.bitkom.org

Tabelle 2.1. Dienstleistungstechnologien für Mobile Commerce-Anwendungen

Dienstleistungstechnologien im Mobile Commerce	
SMS	Der Short Message Service (SMS) besitzt die Fähigkeit, alphanumerische Mitteilungen von 160 Zeichen Länge zu senden und zu empfangen. Konnten SMS zunächst nur innerhalb von Mobilfunknetzen versendet und empfangen werden, wird dieser Service mittlerweile auch im Festnetz angeboten. Obwohl es sich bei diesen SMS-Nachrichten zum überwiegenden Teil um private Nachrichten zwischen Privatpersonen handelt, bieten bereits zahlreiche Unternehmen ebenfalls SMS-Services an. So wurden im Jahr 2003 allein in Deutschland 36 Mrd. SMS über GSM-Netze versendet.
MMS	Als Weiterentwicklung der SMS haben die Mobilfunkbetreiber den Multimedia Message Service (MMS) eingeführt. Eine MMS-Nachricht kann Text-, Audio-, Video- und Bildelemente kombinieren. Die Größe einer MMS unterliegt keiner Beschränkung, tatsächlich sind bei den Netzanbietern jedoch zunächst MMS von rund 50 KB je Nachricht üblich. Ende 2003 nutzten in Westeuropa erst 2% der Handynutzer MMS, obwohl 7% über ein MMS-fähiges Mobilfunkgerät verfügten. In Folge sinkender Preise für den MMS-Versand soll die Zahl der MMS-Versender in Westeuropa jedoch bis 2007 auf 21% steigen. Allein in den USA werden dann 67 Mio. ihr Kamera-Handy für den MMS-Versand nutzen.[67]
WAP	Das Wireless Application Protocol (WAP) wurde als offener Standard für mobile Kommunikation und mobile Internetdienste entwickelt. WAP ermöglicht den Zugriff auf Informationen und Dienstleistungen aus dem World Wide Web (WWW). Voraussetzung ist allerdings, dass die Seiten mit der Wireless Markup Language (WML) erstellt wurden. Allerdings ist hier nur die Übertragung von Kerninformationen möglich. WAP-Dienstleistungen sind dabei von spezifischen Netzwerktechnologiestandards unabhängig.
C-HTML	Erst mit Compact-HTML (C-HTML) ist eine vollkommen WWW-kompatible Programmiersprache verfügbar.

2.4.3 Anwendungen des Mobile Commerce

Anwendungen und Dienstleistungen im Mobile Commerce ergeben sich durch die Verbindung der technologischen und der ökonomischen Grund-

[67] Vgl. www.ecin.de (15.02.2004)

lagen. Im folgenden werden unterteilt in die Bereiche Business-to-Consumer (B2C) sowie Business-to-Business (B2B) mögliche Anwendungen und Dienstleistungen im Mobile Commerce dargestellt.

Business-to-Consumer-Anwendungen

Im Business-to-Consumer-Bereich sind vielfältige mobile Dienstleistungen denkbar, die Unternehmen privaten Konsumenten anbieten können. Nachfolgend ein Überblick über einige mögliche Mobile Commerce-Anwendungen, die anschließend beispielhaft beschrieben werden.

Mobile Commerce Anwendungen

- Finanzdienstleistungen (Mobile Financial Services)
- Bezahlung (Mobile Payment)
- Identifikation (Mobile Identification Services)
- Einkaufen (Mobile Shopping),
- Unterhaltung (Mobile Entertainment)
- Standortabhängige Dienste (Location Based Services)

Im Bereich der *Mobile Financial Services* sind umfangreiche Dienstleistungen denkbar, die im Rahmen des Mobile Commerce angeboten werden können. Hier soll zunächst das Mobile Banking genannt werden, bei dem der Kunde Finanzinformationen wie beispielsweise Börsen- und Sortenkurse, Zinssätze oder Depotinformationen mobil beziehen kann. Ferner können Finanztransaktionen wie Überweisungen oder Effektengeschäfte getätigt werden.

Beim *Mobile Payment* substituiert das mobile Endgerät die traditionelle Geldbörse. Hier sind unterschiedliche Bezahlsysteme denkbar bzw. bereits im Einsatz. Als Beispiel kann das System paybox genannt werden, bei dem der Nutzer in der Lage ist, Geldtransfers mit Hilfe von SMS-Nachrichten und einer Geheimnummer durchzuführen.

Im Rahmen der *Mobile Identification Services* nimmt das Mobile Endgerät die Funktion eines Identifikationsmediums wahr. So lässt sich z.B. ein Mobiltelefon mit SIM-Karte einem bestimmten Nutzer zuordnen. Auf Basis dieser Identifikation können Nachrichten von bestimmten mobilen Endgeräten als Zugangsberechtigung für Gebäude o.ä. genutzt werden.

Beim *Mobile Shopping* werden die mobilen Endgeräte zum Einkauf von Waren genutzt. Neckermann hat beispielsweise für ausgewählte Produkte einen speziellen Online-Katalog eingerichtet, der das Betrachten und Bestellen von Waren über Handys ermöglicht. Neben der Bestellung von

Waren können beim Mobile Shopping Eintrittskarten, Flugtickets oder Platzreservierungen mobil geordert werden.

Beim *Mobile Entertainment* verwenden die Konsumenten die mobilen Endgeräte zur Unterhaltung. Vor allem bei der großen Zahl jugendlicher Handybesitzer spielt der Empfang von Klingeltönen, Spielen und Bildern eine Rolle, so verzeichnet das Handy-Portal Jamba.de als Anbieter in diesem Segment in 2003 monatliche Wachstumsraten von 30%.[68]

Der besondere Vorteil des Mobile Commerce liegt in der Kombination der Anwendungsmöglichkeiten. Die genaue lokale Identifikation von Mobile Commerce-Nutzern ermöglicht eine interaktive und intelligente Anpassung der angebotenen bzw. verfügbaren Dienste (*Location Based Services*). So können in Abhängigkeit vom Aufenthaltsort sowie vom Benutzerprofil eines Konsumenten lokalspezifische Waren und Dienstleistungen beworben werden.

Beispiele für solche Location Based Services (LBS) sind Hinweise auf Sehenswürdigkeiten, Cafes, Restaurants oder besondere Preisaktionen des Einzelhandels.

Praxisbeispiel: s.Oliver

Der Bekleidungshersteller s.Oliver hat innerhalb seiner Zielgruppe Coupons per SMS versendet. Gut 8,6% der Empfänger lösten den Coupon ein. In einer anschließenden Umfrage bewerteten 75% der 1.000 befragten Coupon-Empfänger diese Werbeform als „super“, 43% speicherten den Coupon für eine spätere Nutzung ab.[69]

Als Location Based Services gelten auch aktuelle Verkehrsinformationen sowie Umleitungsempfehlungen im Rahmen intelligenter Verkehrslogistik. Zudem kann die geografische Ortung wie dies der Gesamtverband der Deutschen Versicherungswirtschaft bereits praktiziert im Rahmen der Notfall- und Pannenhilfe verwendet werden. Neuerdings bieten Firmen Eltern auch die Überwachung und Ortung ihrer Kinder mittels Handy an. Nach Schätzungen der ARC Group werden im Jahr 2008 bereits 40% der gesamten mobilen Datenkommunikation auf Location Based Services entfallen.[70]

In der Summe der Anwendungen ist es möglich, das Customer Relationship Management im Sinne der Personalisierung um die Dimension der Mobilität sowie des zeitlichen und thematischen Kontextes zu erweitern, um Angebote und Dienstleitungen noch individueller gestalten zu können.

---

[68] Vgl. FAZ (27.10.2003) S. 21

[69] Vgl. www.ecc-handel.de (16.02.2004a)

[70] Vgl. www.ecc-handel.de (16.02.2004b)

Business-to-Business-Anwendungen

Grundsätzlich ist festzuhalten, dass die Anwendungen aus dem B2C-Bereich auch im B2B-Segment zur Optimierung inner- und zwischenbetrieblicher Transaktionen genutzt werden können.

Durch den Einsatz von *Mobile Navigation/Tracking-Anwendungen* im Rahmen des Flottenmanagements können z.B. Positionen von Fahrzeugen bestimmt, Fahrtrouten optimiert und Effizienzsteigerungen erzielt werden. Insbesondere von Logistikdienstleistern kann dieser Service genutzt werden, um Fahrzeugflotten und Warenströme effizient zu managen.

Als besondere Beispiele aus dem B2B-Sektor sollen hier Anwendungen im Bereich

- des Supply Chain Management (Mobile Supply Chain Management) und
- der Telemetrie (Mobile Telemetrics) beschrieben werden.

Mobile Supply Chain Management nutzt mobile Dienstleistungen zum Informationsaustausch, der ansonsten papierbasiert stattfindet. Hier kann beispielsweise die mobile Übertragung von Beschaffungs- oder Absatzinformationen an Mitarbeiter genannt werden. Darüber hinaus können Unternehmen ihren Mitarbeitern den mobilen Zugriff auf das unternehmensinterne Intranet zur Auftragsbearbeitung oder Datenbankabfrage gewähren. Das Unternehmen Vodafone Information Systems hat z.B. unter Einbindung von mobilen Endgeräten wie Laptops, Tablet PCs, PDAs oder Smartphones eine SAP-basierte mobile eProcurement-Lösung (M-Procurement) zur Prozessoptimierung implementiert.[71]

Zur Fernwartung von Maschinen können *Mobile Telemetrics-Anwendungen* eingesetzt werden. Dabei können Service-Center frühzeitig über sich abzeichnende Probleme informiert werden, so dass die Zeit bis zur Behebung der Probleme minimiert werden kann.

Für das Jahr 2005 werden im B2B-Bereich europaweit Mobile Commerce-Umsätze in Höhe von ca. 30 Mrd. Euro vorausgesagt.[72] Befragt nach einer nutzbringenden Mobile Commerce-Anwendung, die das Potential für künftiges Marktwachstum birgt, der so genannten „Killer Application", nennen rund Vierfünftel der befragten Experten die Außendienststeuerung (82%) sowie den Logistikbereich (79%) als Einsatzfelder des Mobile Commerce. Abbildung 2.12. verdeutlicht weitere Bereiche, denen in der Umfrage des eco-Verbandes das Potential einer „Killer Application" zugeschrieben wird.

---

[71] Vgl. www.ecc-handel.de (15.09.03) Newsarchiv

[72] Vgl. EITO (2001) S. 23

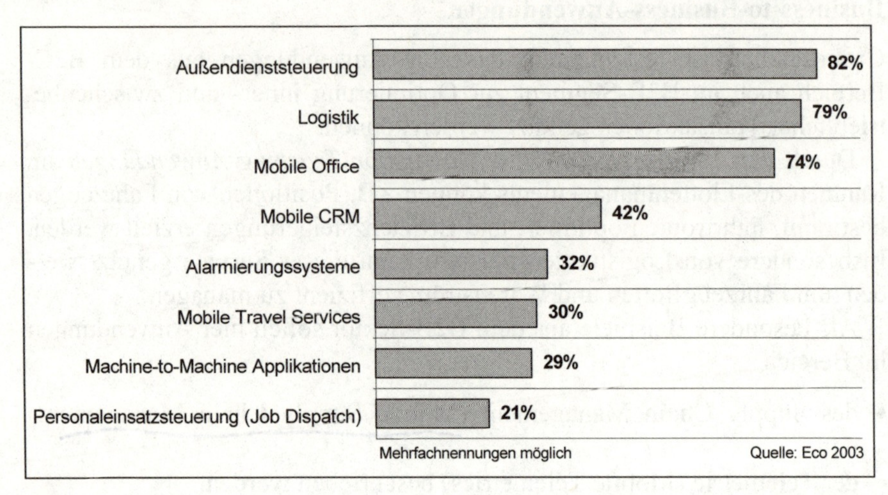

Abb. 2.12. „Killer Applications" im Bereich Mobile B2B[73]

2.5 Aufgaben

Aufgabe 2–1

Nennen Sie Datenübertragungsprotokolle im Internet. Welches ist das wichtigste Protokoll?

Aufgabe 2–2

Erklären Sie den Begriff „EDI".

Aufgabe 2–3

Wodurch kennzeichnen sich Online-Shops aus?

Aufgabe 2–4

Welchen Vorteile können Unternehmen durch die Nutzung elektronischer Marktplätze erzielen?

Aufgabe 2–5

Nennen Sie unterschiedliche Formen von elektronischen Marktplätzen und deren Unterschiede.

Aufgabe 2–6

Definieren Sie den Begriff Mobile Commerce und nennen Sie die wichtigsten Eigenschaften von Mobile Commerce.

[73] Quelle: www.eco.de (27.08.2003) Pressemitteilung

Lösung 2–1

- TCP/IP: Transmission Control Protocol/Internet Protocol ist das übergeordnete Protokoll für den Übertragung und die Adressierung der Daten innerhalb des Internets.
- HTTP: Hyper Text Transfer Protocol bezeichnet ein Protokoll für die Übertragung von HTML-Dokumenten
- SMTP, POP, IMAP: Das Simple Mail Transfer Protocol und das Post Office Protocol bezeichnen das Senden und Empfangen von elektronischer Post. Beim Internet Message Access Protocol verbleiben die E-Mails auf dem Mailserver im Internet und werden dort gelesen, geschrieben und verwaltet.
- FTP: Kurzbezeichnung für File Transfer Protocol, welches die Übertragung verschiedener Datenformate über weite Strecken im Internet ermöglicht

Lösung 2–2

EDI, Electronic Data Interchange wird definiert als elektronischer Datenaustausch kaufmännischer Geschäftsdaten mittels Computer-Computer-Dialog in einem standardisierten Format.

Lösung 2–3

- Elektronische Produktkataloge mit Visualisierungen
- Suchmöglichkeiten und Zusatzinformationen zu Produkten
- Warenkorbfunktion (virtuellen Einkaufskorb) zur Ablage der ausgewählten Produkte
- Automatische Auflistung der Waren und Rechnungsbeträge
- Breite Auswahl von Zahlungssystemen
- Multimedial aufbereitetes Shoppingangebot
- Abbildung der Allgemeinen Geschäftsbedingungen (AGBs)
- Auftragsbestätigung via E-Mail
- Authentifizierung des Kunden über Benutzerkennworteingabe oder Cookies
- Kundenspezifisches Produktangebot (One-to-One Marketing, Cross-Selling)
- Schnittstellen zu Back-End-Systemen für Echtzeit-Warenverfügbarkeitsprüfungen sowie zur Vermeidung von Medienbrüchen und Redundanzen bei der Abwicklung

Lösung 2–4

- Potenzielle Transaktionspartner können schnell und kostengünstig gefunden werden.

- Transaktionen können ortsunabhängig, kosten- und zeiteffizient abgewickelt werden.
- Preisverhandlungen durch die Nutzung von Ausschreibungen und Auktionen.
- Senkung der Einstandspreise durch verbesserte Preis- und Anbietertransparenz.

Lösung 2–5

- Offene Marktplätze offerieren sich allen Marktteilnehmern, um einer Vielzahl von Unternehmen und Konsumenten kostengünstig eine weltweite Markttransparenz und einen vereinfachten Zugang zu neuen Märkten und Ressourcen zu verschaffen.
- Geschlossene Marktplätze stellen Transaktionsplattformen dar, die nur einer geschlossenen Teilnehmergruppe Zutritt gewähren, um untereinander Prozesse abzuwickeln.
- Horizontale Marktplätze sind branchenübergreifende Transaktionsplattformen, auf welchen eine Vielzahl von Gütern und Dienstleistungen ausgetauscht werden.
- Vertikale Marktplätze bieten ausschließlich Güter, Waren und Dienstleistungen einer bestimmten Branche an

Lösung 2–6

Mobile Commerce kann als die Anbahnung und die Abwicklung von Transaktionen über elektronische Netzwerke und mobile Endgeräte bezeichnet werden. Der betriebswirtschaftliche Nutzen sowie die wesentlichen Vorteilspotentiale des Mobile Commerce liegen in den Eigenschaften Mobilität, Erreichbarkeit, Lokalisierung und Identifikation begründet.

3 Moderne Produktionsplanungs- und Steuerungssysteme

If you fail to plan, you plan to fail.

Nach dem Motto dieses Sprichwortes begannen Anfang der sechziger Jahre die ersten computergestützten Planungssysteme auf dem Markt zu erscheinen. Der Grund hierfür war, dass dic Planung einen immer wichtigeren Stellenwert einnahm, und die menschlichen Fähigkeiten alleine nicht mehr ausreichten um die immer komplexer werdenden Produktstrukturen und innerbetrieblichen Verflechtungen möglichst optimal zu planen. Hinzu kam, dass es immer neuere Technologien gab, die den Unternehmen ermöglichten sich bei der Planung von Computern unterstützen zu lassen.

In den letzten 40 Jahren wurden diese Systeme ständig verbessert und neue Systeme entwickelt. Im Folgenden wird in Anlehnung an die Abb. 3.1. sukzessive auf die Systeme zur Planungsunterstützung eingegangen.

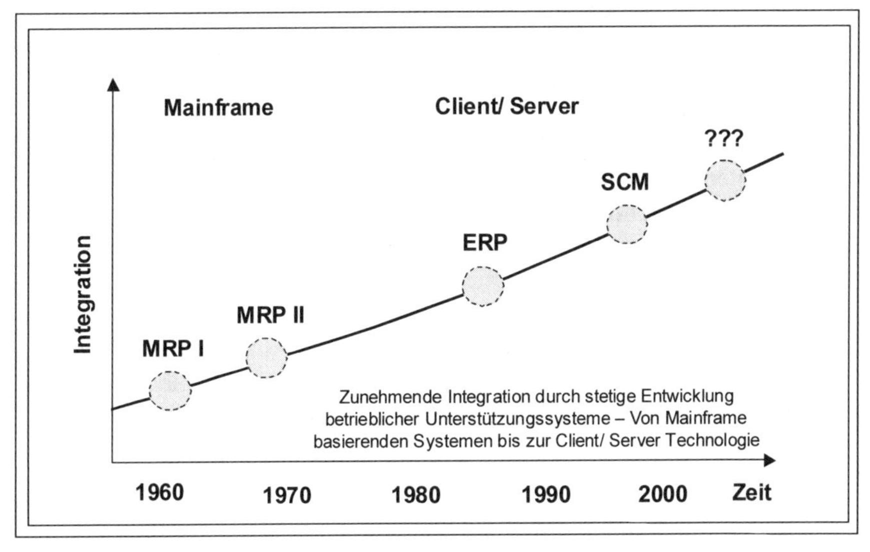

Abb. 3.1. Entwicklung der computergestützten Planungssysteme

3.1 Material Requirement Planning- und Material Resource Planning-Systeme

Die zwei bekanntesten Produktionsplanungssysteme (PPS) der ersten Generation (Mainframe Technologie) sind Material Requirement Planning (MRP I)-Systeme und Material Resource Planning (MRP II)-Systeme.[74]

Anfang der sechziger Jahre etablierten sich zur Planungsunterstützung neben Tabellenkalkulationsprogrammen die ersten Softwareapplikationen, die sog. Material Requirement Planning-Systeme (*MRP I*-Systeme). MRP I-Systeme ersetzen das verbrauchsorientierte Verfahren durch das bedarfsorientierte Verfahren indem sie, ausgehend von einem geplanten Bedarf an Enderzeugnissen (Programmplanung), durch Auflösung der Stücklistenstruktur den entsprechenden Bedarf an Halbfertigerzeugnissen, Rohstoffen und Zukaufteilen ableiten. Jedoch beschränkte sich die Planung der benötigten Materialien ausschließlich auf eine Mengen- und Terminplanung. Eine Verfügbarkeitsprüfung von benötigten Ressourcen, wie Maschinen-, Personen-, Finanz- oder Transportkapazitäten wurde vernachlässigt, weshalb durch MRP I nicht garantiert werden konnte, dass ein erstellter Produktionsplan durchführbar war.[75]

Deshalb wurden in den siebziger Jahren Softwareanwendungen, wie Manufacturing Resource Planning-Systeme (*MRP II*-Systeme) entwickelt, welche das MRP I-Konzept um eine Kapazitätsplanung, sowie um die Integration weiterer Funktionsbereiche wie Beschaffung, Fertigung und Lager erweitern. So konnte durch die informatorische Verknüpfung auf Prozessdaten aus dem operativen Tagesgeschäft, wie u.a. Lagereingangs- und -ausgangsdaten, offene und geplante Fertigungsaufträge und offene Beschaffungsaufträge zugegriffen werden. Ein Ressourcenabgleich bezüglich Personal, Maschinen und Materialien wurde ebenfalls ermöglicht. Dabei werden Materialbestände, Taktzeiten und Maschinenkapazitäten über Arbeitspläne berücksichtigt.[76] Aber auch die MRP II-Systeme zeigen Schwächen auf. MRP II-Systeme optimieren nur einzelne Glieder der Logistikkette und ermöglichen keine Übersicht über deren Abhängigkeiten. So muss beispielsweise der Hersteller eines Erzeugnisses auf Grund mangelnder Kenntnis des Kundenbedarfs seine Produktion durch Bestände abpuffern, die bei einer ganzheitlichen Betrachtung der Supply Chain nicht notwendig wären. Ein Bestandsoptimum kann somit nicht erreicht werden.[77]

[74] Vgl. Missbauer (1998) S. 23ff
[75] Vgl. Bartsch, Bickenbach (2001) S. 26
[76] Vgl. Holland (2001), in: Walther, Bund, S. 84f
[77] Vgl. Kilger (1998), in: IM – Die Fachzeitschrift für Informations Management & Consulting, S. 52ff

Ein weiterer Schwachpunkt ist, dass Planungsentscheidungen keine Berücksichtigung finden. Es wird zwar gezeigt welche Auswirkungen der kalkulierte Bedarf auf die Kapazität hat, aber es gibt kein Planungskonzept um begrenzte Kapazitäten optimal zu beplanen. Auch die sequenzielle Ausführung der Planungsstufen (Materialbedarfs-, Kapazitäts- und Terminplanung) induziert lange Planungszyklen und führt bei kurzfristig auftretenden Ressourcenengpässen (Lieferverzug, Maschinen- und Personalausfälle) häufig zu obsoleten Planungsergebnissen.[78] In Abb. 3.2. wird übersichtlich auf die Machbarkeit des Produktionsplanes in der MRP II Welt eingegangen.

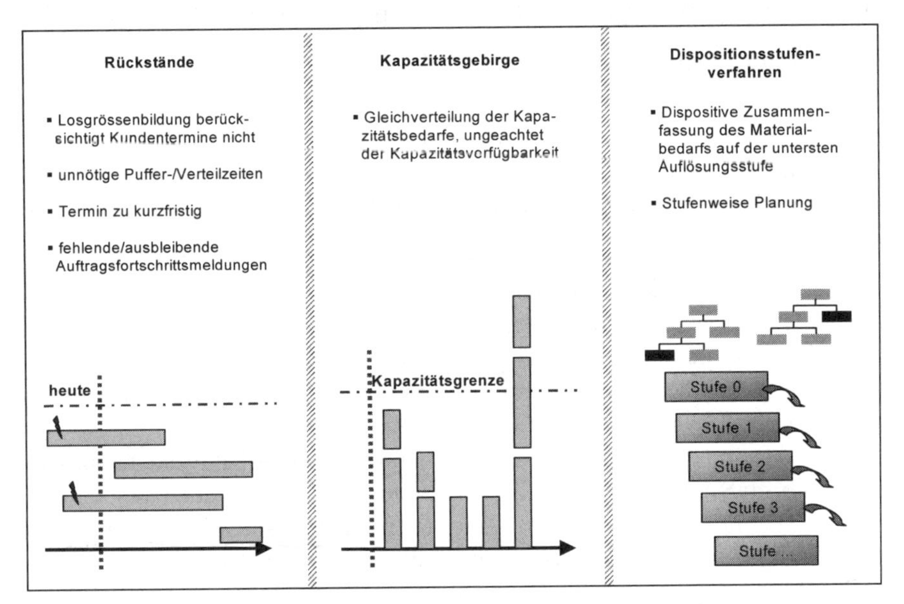

Abb. 3.2. Machbarkeit des Produktionsplanes in der MRP II Welt

3.2 Integration durch Enterprise Resource Planning (ERP)-Systeme

Mitte der achtziger Jahre wurden das erste Mal Enterprise Resource Planning (ERP) Systeme zur Unternehmensplanung, Steuerung und Überwachung eingesetzt. Die auf Client/Server Technologie basierenden Systeme sind nicht als klassisches Produktionsplanungssystem zu sehen. Vielmehr ist es durch ERP-Systeme möglich Unternehmensfunktionen wie Rech-

[78] Vgl. Holland (2001), in: Walther, Bund, S. 84f

nungswesen, Einkauf und Personalwesen voll in das Unternehmen und in die Planung zu integrieren.[79] Somit kann durch ERP-Systeme das Ziel verfolgt werden, Lieferanten, Dienstleister und Kunden zu integrieren und den Informationsaustausch zu optimieren. Das wohl bekannteste ERP-System ist R/3 des Softwareanbieters SAP. Durch die Nutzungsmöglichkeiten des Internets ist es sogar möglich Unternehmen zu integrieren, die kein eigenes ERP-System im Einsatz haben.

Durch den verbesserten Informationsaustausch und durch die Integration in andere Bereiche wird den neueren Planungssystemen (eSupply Chain Management – eSCM) eine bessere Informationsgrundlage geboten. Hieraus resultieren folgende Vorteile für eine erfolgreiche Planung:

- konzernweit einheitliche Daten und Zugriffsmöglichkeiten,
- durch größere Datenbasis mehr Analyse- und Planungsmöglichkeiten,
- durch einheitliche Daten genauere Analyse- und Planungsergebnisse,
- erhöhte Transparenz über die Prozesse,
- automatische Integration in andere Bereiche.

Durch die Einführung der ERP-Systeme war es den Unternehmen zwar möglich, Daten anderer Bereiche in der Planung zu berücksichtigen und interne Prozesse zu optimieren, aber das Konzept der Planung beruhte weiterhin auf dem MRP II Konzept. Das heißt, der Planung unternehmensübergreifender Prozesse, wie es eine erfolgreiche Supply Chain Planung verlangt, wurde weiterhin keine Rechnung getragen.

Bei SAP gibt es bereits eine neue Generation eines ERP-Systems, das so genannte mySAP ERP. MySAP ERP basiert nicht mehr auf einer Client/Server Technologie sondern auf der neuen Enterprise Services Architecture (ESA). Mit dieser serviceorientierten Architekturplattform wird künftig Software nicht mehr aus einem großen zusammenhängenden Paket an Programmcode bestehen, sondern aus einzelnen Services. Hierdurch wird es einfacher, aus betriebswirtschaftlicher Sicht Prozesse zu modellieren und zu ändern. Zusätzlich können über Systeme und sogar über Unternehmen hinweg einzelne Services genutzt und logisch zu einem sinnvollen Ganzen verkettet werden. Altsysteme werden dadurch besser genutzt.

Die ESA wird durch den SAP NetWeaver ermöglicht. Dieser bietet alle nötigen Lösungen und Funktionen um Menschen, Prozesse, und Informationen optimal in das Unternehmen einzubinden. Dank SAP NetWeaver ist mySAP ERP flexibel erweiterbar und lässt sich in eine komplexe und heterogene IT-Landschaft integrieren. (mehr zum Thema ESA in: Enterprise Services Architecture von Woods, Dan, Galileo Press 2004). Mit dieser

[79] Vgl. Thaler (2001)

Technologie hat die ESA sehr großes Potential neuer Standard für ERP-Software zu werden.[80]

3.3 Supply Chain Management (SCM)-Systeme

3.3.1 Begriff und Charakterisierung

Als Konsequenz aus der Beschränkung der ERP-Systeme auf die internen Prozesse wurden in den neunziger Jahren Supply Chain Management-Systeme entwickelt. SCM-Systeme umfassen die integrierte Planung, Simulation, Optimierung und Steuerung der Waren-, Informations- und Geldflüsse entlang der gesamten Wertschöpfungskette vom Kunden bis hin zum Rohstofflieferanten. Dabei wird unter anderem eine Verbesserung der Kundenzufriedenheit, Optimierung der Bestände, Synchronisation von Bedarfen, Nachbevorratung und Produktion, sowie Flexibilisierung der Ablaufprozesse angestrebt.[81]

Anders als bei herkömmlichen Produktionsplanungssystemen die nacheinander einzelne Planungsaufgaben abarbeiten und eine Schnittmenge aus Bedarf, Material und Kapazitäten bestimmen, betrachten SCM-Systeme alle Planungsschritte parallel.[82] Zusätzlich werden SCM-Systeme durch Optimierungs- und Simulationsprogramme unterstützt, welche beim Ablauf diverse Bedingungen berücksichtigen. Diese Bedingungen (Restriktionen) können vor jedem Planungslauf variabel eingestellt werden. So ist es den Unternehmen möglich, unter wechselnden Bedingungen, wie z.B. finite oder infinite Kapazitätsplanung, unterschiedlichen Optimierungsschwerpunkten wie Kosten, Durchlaufzeit, Termintreue, Lieferzeit und vielen weiteren Möglichkeiten, Planungssimulationen durchzuführen und anschließend das optimalste Ergebnis zu übernehmen.

SCM-Systeme, die solche Planungsfunktionalitäten besitzen, werden in der Regel als Advanced Planning & Scheduling(APS)-Systeme bezeichnet. Dank solcher speziell auf den Planungsprozess konzentrierter Systeme können immer komplexere Planungsprobleme gelöst werden. APS-Systeme werden von vielen namhaften Softwareanbietern angeboten. Zum Beispiel bietet SAP hierzu den Advanced Planner & Optimizer (APO) an.

Während SCM-Systeme als Ziel eine optimal geplante Wertschöpfungskette (Supply Chain) vom Kunden bis zum Lieferanten haben, verfolgen

---

[80] Vgl. www.sap.de (08.03.2004)

[81] Vgl. Lawrenz, Hildebrand, Nenninger (2000) S. 2ff

[82] Vgl. Lawrenz, Hildebrand, Nenninger (2000) S. 182

die herkömmlichen ERP-Systeme das Ziel einer optimalen Unternehmensplanung. Daher ist es falsch aus beiden Systemen das bessere herauszusuchen. Kein SCM-System kann gut planen, wenn es nicht ein gutes ERP-System als Datenbasis hat. Deshalb sind vielmehr beide Systeme voneinander abhängig. In Tabelle 3.1. werden kurz die wesentlichen Unterschiede der Planungskonzepte der beiden Systeme dargestellt.

Tabelle 3.1. Planungsansätze in ERP- und SCM-Systemen im Vergleich[83]

ERP- und SCM-Systeme im Vergleich	
ERP	**SCM**
• Optimale Unternehmensplanung • Sukzessive/sequenzielle Planung • Tagezyklus/Wochenzyklus • Keine Echtzeitrestriktionen Lange Planungsdauer • Obsolete Pläne • Änderungsverfolgung nur in eine Richtung	• Optimale Supply Chain Planung • Simultane, restriktionsorientierte Planung • In Echtzeit • Hohe Geschwindigkeit durch hauptspeicherresidente Technologie • Optimal machbare Pläne • Multidirektionale Änderungsverfolgung

3.3.2 Wettbewerbsvorteile durch SCM

Durch Supply Chain Planning Systeme ist es den Unternehmen möglich unternehmensübergreifend zu planen und somit Daten vor- oder nachgelagerter Geschäftspartner in den Planungsprozess mit einzubinden. Dadurch ergeben sich für die Unternehmen unter anderem folgende Vorteile:

- Transparenz über die gesamte Wertschöpfungskette,
- Reduzierung der Kosten in vielen Bereichen durch unternehmensübergreifende Planung,
- Reduzierung der Bestände und damit geringere Kapitalbindung,
- optimierte Supply Chain Prozesse, z.B.
  - optimierte Bestellmengen und Bestellhäufigkeit durch globale Übersicht der Bestände,
  - optimierte Beladungsmengen und Beladungsfrequenz der Transportfahrzeuge durch Volumen- und Routenoptimierung,
  - optimierte Ein- und Auslagerungsprozesse durch exakte Lagerplatzverwaltung,

[83] Vgl. Nicolai (2002) Supply Chain Management Systeme, in: Wannenwetsch, Nicolai, S. 84

- optimierte Produktionsreihenfolgen und Kapazitätsauslastungen durch Optimierungsalgorithmen.

Laut einer Studie von Forrester Research kann man durch den Einsatz eines SCM-Systems erhebliche Verbesserungen in vielen Bereichen des Unternehmens erreichen. So kann eine Steigerung der Liefertreue um 40% bei gleichzeitiger Reduktion der Lieferzeit um 30% ermöglicht werden. Die durchschnittliche Durchlaufzeit sinkt um 10%, die Bestände um 20% und die Kapazitätsauslastung verbessert sich um 10%. Im Einkauf und Vertrieb können ebenfalls Einsparungen von 8% und 3% realisiert werden.[84]

Dies sind Wettbewerbsvorteile auf die in der heutigen Zeit kein Unternehmen verzichten kann. Ist bereits ein ERP-System als Datenbasis und zur Datenverwaltung vorhanden, ist es ein vergleichsweise geringer Aufwand ein SCM-System zu implementieren. Die Kosten sind nicht zu hoch und die Investition hat sich schon bald amortisiert.

3.4 Bestandteile von eSupply Chain Management-Systemen

eSupply Chain Management (eSCM) ist die gemeinschaftliche (kollaboration/collaborative) Nutzung von Technologien, um Geschäftsprozesse zu verbessern und Reaktionsfähigkeit, Flexibilität, Echt-Zeit-Kontrolle und Kundenzufriedenheit zu steigern.[85] Bei den hier angesprochenen Technologien handelt es sich um internetbasierende Anwendungen.

Somit sind eSCM-Systeme Softwarelösungen, die internetbasierende Funktionen besitzen und dadurch in Echt-Zeit mit anderen eSCM-Systemen kommunizieren und Daten austauschen können. Ein Unternehmen auf eSupply Chain Management umzustellen, bedeutet aber nicht nur die Technologien zu erneuern, sondern ist auch eine Frage der Firmenphilosophie. Viele Prozesse müssen neu gestaltet und viele zusätzliche Fragen beantwortet werden. So ist es zum Beispiel eine schwierige Entscheidung, festzulegen, wie viele Daten den vor- bzw. nachgelagerten Geschäftspartnern über Internetplattformen zur Verfügung gestellt werden sollen. Zu wenig Daten können einen optimalen Informationsfluss behindern, während zu viele Daten geschäftsschädigend sein können. Es gibt also in vielen Bereichen neue Aufgaben aber auch neue Verbesserungspotentiale.

---

[84] Vgl. Forrester Research (2001) in: Scheckenbach, Zeier (2003) S. 17f

[85] Vgl. Norris et al. (2000) S. 82f

Moderne eSCM-Systeme decken vier Hauptaufgabengebiete ab, um ein erfolgreiches eSCM zu gewährleisten. In Abb. 3.3. werden diese vier Aufgabengebiete übersichtlich dargestellt und in den folgenden Abschnitten genauer erläutet.

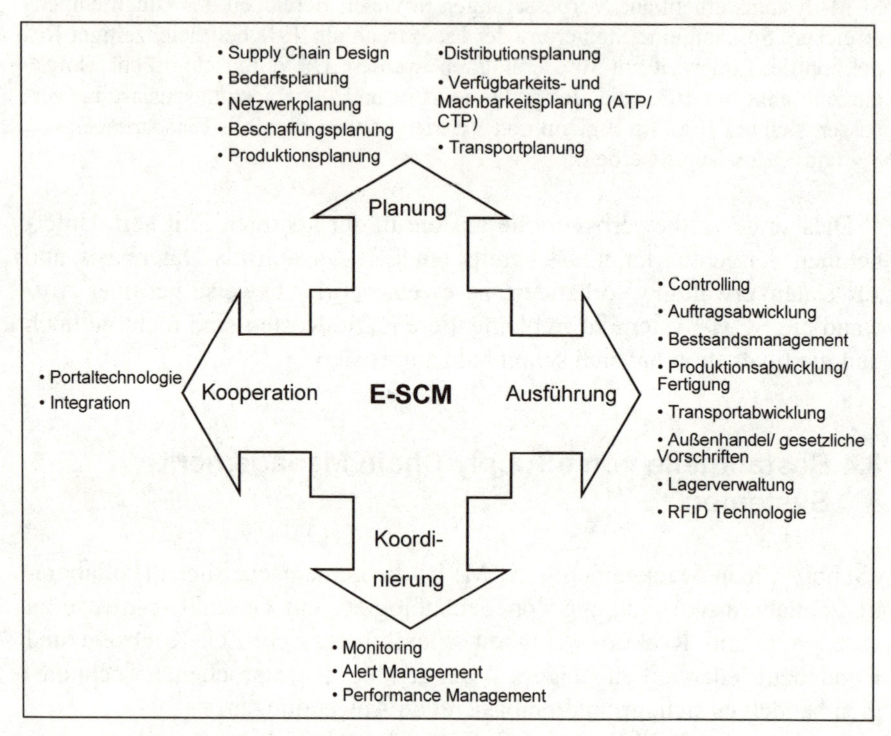

Abb. 3.3. Aufgabenbereiche eSupply Chain Management[86]

3.4.1 Planung im eSCM

Die Supply Chain Planung (*Supply Chain Planning – SCP*) ermöglicht den Unternehmen ihre Supply Chain abzubilden und Prognose, Planung, Optimierung und Terminierung aller Ressourcen durchzuführen. Durch eine gemeinsame engpass- und restriktionsbasierte Planung wird den Unternehmen eine profitable Abstimmung von Angebot und Nachfrage ermöglicht. Erreicht wird dies durch den Einsatz von APS-Systemen, die sich speziell um die Supply Chain Planung eines Unternehmens kümmern. Diese Systeme sind in der Lage mehrere Planungstypen (Module) zu un-

[86] In Anlehnung an Frauenhofer IPA, SCM Marktstudie (2003) S. 65 und SAP AG

terstützen. Um einen Überblick zu bekommen welche Planungstypen es gibt, werden im Folgenden die Planungsmodule kurz erläutert.

ungenau

Supply Chain Design

Die strategische Netzwerkgestaltung (*Supply Chain Design – SCD*) dient als Werkzeug um die Supply Chain eines Unternehmens abzubilden, und Änderungen zu testen. Die Designebene stellt die benötigten Basisinformationen und Restriktionsvorgaben für die untergeordneten Planungs- und Ausführungsebenen bereit. Ziel ist es ein realitätsnahes Supply Chain-Modell abzubilden, mit dem Simulationen hinsichtlich kostenoptimalen Entscheidungen zu Investitions-, Verteilungs- und Rationalisierungsmaßnahmen sowie zu Standortentscheidungen durchgeführt werden können.

Absatz- und Bedarfsplanung

Die Absatz- und Bedarfsplanung befasst sich vorrangig mit der Prognose der zukünftigen Absatz- und Bedarfsmengen verschiedener Produkte und Produktgruppen. Um eine solide Basis für die Planung zu gewährleisten, fließen hierzu neben Absatzzahlen vergangener Perioden auch aktuelle Trendentwicklungen, Marktforschungsdaten, Produktlebenszyklen sowie Forecasts und geplante Verkaufsförderungsmaßnahmen von Abnehmern mit ein. Die großen Datenmengen aus unterschiedlichen Quellen werden durch Data Warehouse Technologien aufbereitet, um einen effizienten Zugriff auf die benötigten Daten zu erzielen. So können nachfolgende Planungsstufen an den Bedürfnissen des Marktes ausgerichtet werden. Die Bedarfsplanung bildet somit eine Grundlage der nachfolgenden Planungsstufen.

Netzwerkplanung

Die Netzwerkplanung, auch Verbundplanung genannt, koordiniert übergreifend die Prozesse der Supply Chain sowohl zwischen internen als auch externen Partnern der Wertschöpfungskette. So wird zum Beispiel die optimale Zuordnung vorhandener Kapazitäten in der Beschaffung, Produktion und Distribution geregelt. Die Ergebnisse der Netzwerkplanung liefern daher Informationen für detaillierte Planungsaufgaben in nachfolgenden Bereichen.

Beschaffungsplanung

Ziel der Beschaffungsplanung ist es eine Optimierung von Beständen durch effiziente Nachschubstrategien entlang einer mehrstufigen Lagerstruktur der Supply Chain zu erreichen. Als Datenbasis nutzt die Beschaffungsplanung die Ergebnisse der Bedarfs-, Netzwerk-, und Produktionsplanung. Die Beschaffung kann mit verschiedenen Bedingungen (z.B. Single- und Multiple Sourcing, Make or Buy, Lagerkapazitäten, Losgrößen) simuliert und analysiert werden. Der Planungshorizont erstreckt sich hierbei von einzelnen Tagen bis zu mehreren Wochen.

Verkürzt sich der Planungshorizont auf Tages- oder Stundenbasis wird von der *Beschaffungsfeinplanung* gesprochen. Die Beschaffungsfeinplanung optimiert auf Basis der Beschaffungsplanung und der Produktionsfeinplanung erneut die Waren- und Geldflüsse in der Beschaffung für die nächsten Stunden. So werden Just in Time Lieferungen für den Tag endgültig fixiert und an den Lieferanten weitergegeben.

Produktionsplanung

In der Produktionsplanung werden in einem Planungshorizont von Wochen und Monaten Produktionspläne (Master Production Schedule – MPS) für die einzelnen Produktionsstätten erzeugt. Die Produktionspläne sind das Ergebnis einer simultanen und engpassorientierten Ressourcenplanung von Personal-, Rohstoff-, und Maschinenkapazitäten und enthalten grob terminierte Plan- oder Fertigungsaufträge, die hinsichtlich optimaler Kapazitätsauslastung, Bestandskosten und Liefertreue erzeugt wurden.

Die *Produktionsfeinplanung* erstellt basierend auf der Produktionsplanung kurzfristige, detaillierte, reihenfolgeoptimierte und durchführbare Fertigungsaufträge für die einzelnen Produktionsbereiche. Voraussetzung hierfür ist die Kenntnis der aktuellen Verfügbarkeit von Personal- und Maschinenkapazitäten sowie der tatsächlichen Materialverfügbarkeit.[87]

Distributionsplanung

Aufgabe des Moduls Distributionsplanung ist die Planung von Lagerung, Kommissionierung und Verteilung von Produkten in Abhängigkeit betrieblicher Einflussfaktoren (Produktions-, Bestands-, Lager-, Auftragskapazitäten), sowie Kunden- und Marktanforderungen. Bei einer mehrstufigen Distributionsstruktur werden alle Lagerstufen als Kundenlager betrachtet. Die Steuerung der Bestände orientiert sich somit am Pull der nachgelagerten Stufe bis hin zum Endkundenbedarf beim Handel. Vor diesem Hintergrund hat die Distributionsplanung die Aufgabe die einzelnen Nachschubzeitpunkte und die Liefermengen zur Wiederauffüllung der Lagerbestände zu bestimmen. Dieses sog. (Continious) Replenishment Planning wird bereits heute im Rahmen von Efficient Consumer Response-

[87] Vgl. i.A. Hellingrath, Hieber, Laakmann, Nayabi (2002), in: Busch, Dangelmaier, S. 197

Strategien (ECR) zwischen Industrie und Handel und bei Vendor Managed Inventory (VMI) zwischen Lieferanten und Herstellern angewandt. Taktische Entscheidungsgrößen bieten hierbei die Ergebnisse aus der Bestandsplanung, Wiederbeschaffungszeiten sowie optimale Produktions- und Transportlosgrößen.[88]

Aufgabe der *Distributionsfeinplanung* ist es, eine optimale Abwicklung der inner- und außerbetrieblichen Transporte zu gewährleisten. Hierbei ist es Ziel die „5r's" zu verwirklichen (das richtige Produkt, zum richtigen Zeitpunkt, am richtigen Ort, in der richtigen Menge und in der richtigen Qualität). Für einige Unternehmen nimmt die Planung des Transportes einen hohen Stellenwert ein. Diese Unternehmen müssen häufige und kostenintensive Materialbewegungen und Transporte durchführen. Ursprüngliche Distributionsplanungsmodule haben für diese Anwender zu wenig Funktionalitäten. Daher gibt es für solche Unternehmen Planungsmodule die sich nur mit der Transportplanung beschäftigen. So können Frachträume, Transportrouten und Transportmitteleinsätze optimiert und damit die am besten geeigneten Transporttätigkeiten ermittelt werden.

Available-to-Promise (ATP)

Im Vordergrund dieses Moduls steht die Zusicherung von schnellen und zuverlässigen Lieferterminen in Echtzeit. Available-to-Promise-Anwendungen (ATP) ermöglichen Warenverfügbarkeitsprüfungen über alle Lagerstufen durch Schnittstellen zwischen SCM-Systemen und den ERP-Systemen aller Partner. Endkunden können somit machbarkeitsgeprüfte Lieferterminzusagen schon bei der Bestellung zugesichert werden. Realisiert wird dies durch Optimierungsalgorithmen, die unter Beachtung restriktiver Vorgaben, eingehende Kundenanfragen mit Echtzeit Bestands- und ausgelasteten Produktionskapazitätsdaten abgleichen.

Capable-to-Promise (CTP)

Als eine Erweiterung der ATP-Anwendungen sind die Capable-to-Promise-Anwendungen (CTP) zu verstehen. Sie ermöglichen eine Überprüfung, inwieweit ein Eilauftrag eines Kunden zu einem gewünschten Liefertermin in die laufende Produktion eingelastet oder mittels einer Umplanung der Produktionspläne zugesichert werden kann.[89]

---

[88] Vgl. Nicolai (2002) eSCM Systeme, in: Wannenwetsch, Nicolai, S. 90f
[89] Vgl. Nicolai (2002) eSCM Systeme, in: Wannenwetsch, Nicolai, S. 91

3.4.2 Ausführende Tätigkeiten im eSCM

Funktionen auf der exekutiven Ausführungsebene, wie die Beschaffung von Materialien, die Auftragsabwicklung von Bestellungen, die Transport-, Bestands- und Lagersteuerung sowie Kontrollaufgaben sind Bestandteile des Bereichs Ausführung (*Supply Chain Execution – SCE*). Zur Unterstützung und Abwicklung der exekutiven Aufgabenbereiche liefert SCE Kommunikations-, Visualisierungs-, eBusiness- und eCommerce-Lösungen. Diese transaktionsorientierten Module werden durch vorhandene ERP-Systeme unterstützt und mit Front-End-Lösungen wie u.a. elektronischen Marktplätzen erweitert. Die transaktionsorientierten Module der eSCM-Systeme werden im Folgenden erläutert.

Controlling	Aufgabe des Controlling ist die Überwachung der Aktivitäten entlang der eSupply Chain, die Meldung von Planabweichungen sowie das Einleiten notwendiger Korrekturmaßnahmen über ein eSCM-Monitoring (siehe Abschnitt 3.4.3 Koordinierung). Dies wird meist in separaten, zum Teil sehr umfangreichen Management-Informations-Systemen (MIS) und Controlling-Subsystemen in Verbindung mit Data Warehouse Technologien bewältigt.
Auftrags-abwicklung	Aufgabe der Auftragsabwicklung ist die Steuerung, Koordination und Unterstützung der Presales-, Sales- und Aftersales-Phase. In der Auftragserfassung dienen neben klassischen Kommunikationskanälen wie Telefon und Fax, auch die Anbindung von eCommerce-Lösungen, wie Online Shops und elektronischen Marktplätzen ergänzt durch Warenverfügbarkeitsprüfungen (ATP/CTP) sowie Online-Produktkonfiguratoren (eMass Customization) zum Entgegennehmen der Aufträge. Die Vertriebsaktivitäten können hierbei durch eCustomer Relationship Management-Systeme unterstützt werden.
Bestands-management	Aufgabe des Bestandsmanagement ist die technische Unterstützung der Beschaffungsvorgänge durch die Anbindung von eProcurement-Anwendungen über Schnittstellen zu bestehenden ERP-Systemen. Teilaspekte sind die Unterstützung bei der Lieferantenauswahl auf elektronischen Marktplätzen, die Anbindung von eProcurement-Lösungen und die Unterstützung von Just-in-Time-Beschaffung. Die Beschaffungsvorgänge können hierbei durch eSupplier Relationship Management-Systeme unterstützt werden.

Produktions-abwicklung	Die Produktionsabwicklung beschäftigt sich mit der Umsetzung der Produktionsfeinplanung. Konkret sollen die Produktionsaufträge kapazitätsgerecht in die Produktion eingelastet und fertige Aufträge zurückgemeldet werden. Teilaspekt ist die Pull-Produktion (Kanban), sowie die automatische Betriebsdatenerfassung (BDE).
Transport-abwicklung	Technische Unterstützung der Distributionsvorgänge bzw. der Lager- und Transportprozesse. Neben der physischen Abwicklung von Kundenaufträgen sollen hier insbesondere die Messung von Intransitbeständen ermöglicht, sowie Vorgaben aus der Distributionsplanung über Nachschubstrategien realisiert werden. Im eCommerce müssen darüber hinaus Logistikdienstleister eingebunden werden, die eine schnelle Auslieferung der Waren ermöglichen (eFulfillment). Teilaspekte sind die Versandterminierung, Festlegung der Transportrouten und Transporteure, Auswahl von Transportmitteln unter Beachtung von Kapazitätsrestriktionen sowie die Kontrolle über die Einhaltung des Servicelevels.[90]
Außenhandel	Mit speziellen Modulen für den Außenhandel besteht für Unternehmen die Möglichkeit sich bei grenzüberschreitendem Warenverkehr unterstützen zu lassen. Aktuelle Außenhandels-Software ist so zertifiziert, dass bestimmte Zollabwicklungen auf dem Werksgelände vorgenommen werden dürfen. Die entsprechenden Daten müssen dann nur noch auf elektronischem Wege der Zollbehörde übermittelt werden. Es können lückenlose Dokumentationen zur Verfügung gestellt und Zollpapiere automatisch erstellt werden. Eine weitere Aufgabe ist die Boykottlistenprüfung. So werden die Aufträge automatisch nach Auftraggeber geprüft, um Geschäfte mit Kriminellen, Terroristen oder Firmen, die Kinderarbeit unterstützen, zu verhindern um somit hohe Strafen zu vermeiden.
Lager-verwaltung	In der Lagerverwaltung werden alle Funktionen angeboten um Ein-, Um- und Auslagerungen in allen Distributionszentren und Fertigwarenlagern vorzunehmen. Dabei werden Aspekte wie optimale Bestandsführung, Lagerplatzverwaltung, Datenfunk und Wegeoptimierung berücksichtigt. Automatische Lagertransportsysteme, Verpackungs- und Leergutverwaltungen können ebenfalls an das Modul angeschlossen werden.

[90] Vgl. Nicolai (2002) eSCM Systeme, in: Wannenwetsch, Nicolai, S. 91ff

<table>
<tr>
<td>Radio Frequency Identification</td>
<td>Die Radio Frequenz Identifikation (RFID) ist eine Methode um Gegenstände oder Produkte eindeutig über Radiowellen zu identifizieren.
Die Waren besitzen einen RFID-Tag (Chip) der die entsprechenden Daten (z.B. Electronic Product Code – EPC) enthält. Die Lesegeräte können entweder festmontiert an einem Warenein- oder Warenausgang sein oder sich lose an einem Gabelstapler befinden.
Der große Vorteil gegenüber der Barcode Technologie ist:
• kein Sichtkontakt zwischen Sender- und Lesemedium und dadurch kein Sachbearbeiter notwendig,
• Erfassung mehrerer RFID-Tags gleichzeitig möglich,
• RFID-Tags sind wiederbeschreibbar,
• RFID-Tags sind schwerer zu zerstören als Barcode Aufkleber,
• RFID-Tag braucht keine eigene Stromversorgung,
• RFID-Tag kann wesentlich mehr Informationen als ein Barcode aufnehmen. Beispiel: Ein Barcode identifiziert eine Flasche als eine 1 Liter PET Flasche, während ein RFID-Tag eine Flasche als die 1 Liter PET Flasche 4711 identifiziert.
Hieraus resultieren enorme Einsparungs- und Verbesserungspotentiale. So können Warenein- und Warenausgänge völlig automatisiert werden, da sich die Ware sozusagen von alleine in das System ein- und ausbucht. Aber auch Warenbuchungen im Lager oder in der Produktion in Form von Rückmeldungen können über stationäre Lesegeräte automatisch erfasst und im System verbucht werden. Wenn die Technologie werksübergreifend eingesetzt wird besteht hierdurch die Möglichkeit optimale Sendungsverfolgung durchzuführen und dadurch genau zu wissen, wo sich welche Ware gerade befindet. Durch RFID ergeben sich in allen Bereichen – angefangen bei der Beschaffung bis hin zur Auslieferung – großes Potential für Optimierungen.</td>
</tr>
</table>

3.4.3 Koordination im eSCM

Die Koordinierung hat die Aufgabe für erhöhte Transparenz und Steigerung der Supply Chain Leistungsfähigkeit zu sorgen. Dies geschieht durch ereignis- und ausnahmeorientiertes Prozessmonitoring, sowie durch Analyse und Bewertung wichtiger Prozessdaten und -abläufe. Dies wird mit speziellen Analyse-, Monitoring- und Tracking & Tracing Werkzeugen verwirklicht.

Monitoring & Alert Management

Mit Monitoring und Alert Management stehen Werkzeuge zur Verfügung, durch deren Hilfe alle Bewegungen in der Supply Chain abgebildet werden können. Zur Steigerung der Reaktionsgeschwindigkeit sowie zur visuellen Überwachung aller transaktionsnahen Prozesse wird ein eSupply Chain Monitoring über grafische Oberflächen ermöglicht.

Hierdurch haben die Nutzer einen komfortablen und je nach Technologie einen zeitnahen Überblick wo sich welche Waren gerade befinden. Kommt es nun z.B. vor, dass Waren nicht oder zu spät ankommen, wird der Anwender sofort darüber informiert und kann dem entgegenwirken. Im Alert Management kann flexibel festgelegt werden wie Abweichungen zum Sollablauf angezeigt werden sollen. So können Toleranzprofile erstellt werden, die bestimmen wie akut eine Warnmeldung ist und wie darauf reagiert werden muss.

Performance Management

Durch Supply Chain Performance Management ist es möglich die Effizienz der Supply Chain permanent zu steigern. Zuerst werden geeignete Kennzahlen (Key Performance Indicators – KPI), die z.B. auf Kosten, Effizienz oder Ressourcen basieren, definiert. Anschließend werden diese Leistungskennzahlen ununterbrochen verfolgt um so potenzielle Störfaktoren innerhalb des Netzwerkes frühzeitig durch Warnmeldungen zu erkennen und um dem rechtzeitig entgegenzuwirken. So lassen sich Fehler und Störfaktoren dauerhaft beseitigen und die Supply Chain kann permanent optimiert werden.

3.4.4 Kooperation im eSCM

Der Aufgabenbereich Kooperation hat das Ziel alle Teilnehmer der Supply Chain über Portale und webbasierte Handelsplattformen in die Prozesse zu integrieren. Hierdurch werden die Flexibilität und die Geschwindigkeit erhöht und die Prozesssynchronisierung verbessert.

Portale, Marktplätze und Integration

Portale und Marktplätze sind Internetseiten, die den Nutzern einen einfachen und unkomplizierten Zugriff auf Daten und teilweise auch auf Prozesse geben. Daher bieten Portale und Marktplätze die Möglichkeit vor- oder nachgelagerte Geschäftspartner in die Prozesse zu integrieren, ohne dass der Geschäftspartner ein eigenes SCM- oder ERP-System im Einsatz hat. In Portalen können vereinfachte Prozesse wie z.B. Warenbestellungen,

Auftragsannahme abgebildet werden. So benötigt der Geschäftspartner lediglich einen Internetanschluss um z.B. bei seinem Kunden die Liefermenge für die nächste Woche zu bestätigen oder selbst eine Bestellung an seinen Unterlieferanten weiterzugeben.

Auch integrative Prozesse wie Vendor Managed Inventory (VMI), Supplier Managed Inventory (SMI), Collaborative Planning Forecasting and Replenishment (CPFR) und Collaborative Management of Delivery Schedules (CMDS) zählen hierzu. All diese Prozesse nutzen die Internettechnologie um Daten zwischen Geschäftspartnern auszutauschen oder im Voraus bereitzustellen. So haben die Lieferanten z.B. immer eine aktuelle Bestands- und Bedarfsvorschau und können frühzeitig darauf reagieren und ihre Lieferungen optimal planen.

Manche Lieferanten haben den Segen des Internets schon bald als Fluch gesehen. So kann es sein, dass Lieferanten mit hoher Anzahl an zu beliefernden Unternehmen täglich in dutzende Portale schauen müssen um zu überprüfen ob es Änderungen gegeben hat. Dadurch ist ein enorm hoher Aufwand entstanden. Zur Lösung dieses Problems wurden auf Computerbasis intelligente Agenten entwickelt, die automatisch die Portale nach Änderungen durchsuchen und dem entsprechenden Mitarbeiter eine Nachricht zukommen lassen, wenn es Änderungen zum letzten Stand der Recherche gibt.

3.5 Integration und Transparenz durch die perfekte Systemlandschaft

Integration und Transparenz sind unter dem Softwareaspekt betrachtet, zwei betriebliche Hauptziele die es zu erreichen gilt. Je mehr Integration und Transparenz in einem Unternehmen vorhanden ist, desto besser ist die Datenbasis für darauf aufbauende planende und ausführende Tätigkeiten. So ist auch ein erfolgreiches eSCM von der vorhandenen Systemlandschaft und deren Zusammenspiel abhängig. In Abb. 3.4. ist auf einfache Weise eine optimal gestaltete Systemlandschaft dargestellt. Die Systembezeichnung in dieser Abbildung sind nur als Sammelbegriffe für Funktionalitäten zu verstehen. In der Realität ist eine Softwarelandschaft weit komplexer und kann aus mehreren verschiedenen Systemen bestehen.

In der Mitte ist zentral das ERP-System zu finden. An das ERP-System sind verschiedene Systeme angebunden die ständig und automatisch mit dem ERP-System und untereinander Daten austauschen. Zum einen ein Product Lifecycle Management (PLM) System in dem produktspezifische Daten (z.B. Konstruktions- und Entwicklungsdaten) verwaltet und geplant werden. Zum anderen Customer Relationship Management (CRM) und Supplier Relationship Management (SRM) Systeme mit denen je nach Richtung des Warenflusses Beziehungen zu Kunden oder Lieferanten gepflegt und verwaltet werden können. Und natürlich ein internetfähiges SCM-System mit dem alle Tätigkeiten in der Planung, Ausführung, Koordinierung und Kooperation durchgeführt werden. Über dem ganzen stehen Analysefunktionen die alle darunterliegenden Systeme analysieren und ständig nach Verbesserungen suchen. Basis der Systemlandschaft sind hier Funktionen zur global einheitlichen Stammdatenhaltung und alle Funktionen um Personen, Geräte, Prozesse und Informationen optimal in das Unternehmen zu integrieren. Teilaspekte sind die Nutzung von Internetportalen, Intranet- und Extranet-Technologien und elektronischen Marktplätzen. Durch die über RFID-Technologie angebundenen Standorte ist ein Informationsfluss in Echtzeit mit hohem Automatisierungsgrad geboten.

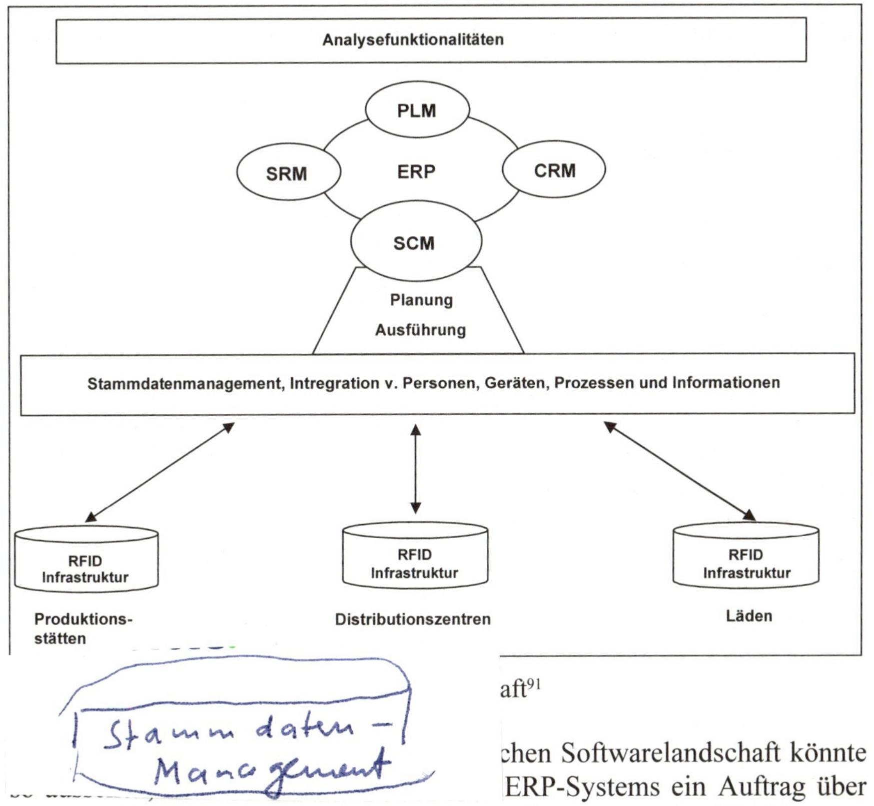

...aft[91]

...chen Softwarelandschaft könnte ... ERP-Systems ein Auftrag über einen Online Shop erzeugt wird. Das Unternehmen nutzt das CRM-System

[91] Vgl. SAP AG

um sich Kundeninformationen anzeigen zu lassen. Die Anforderungen werden an das Planungssystem (APS/eSCM) weitergegeben, welches die Verfügbarkeit der geforderten Waren in Echtzeit über die gesamte Supply Chain hin überprüft, um eine sofortige Lieferterminzusage an das Vertriebsmodul des ERP-Systems zurückzumelden. Bei Fremdbeschaffung kann man mit Hilfe des SRM-Systems Lieferantendaten abgleichen und einen passenden Lieferanten heraussuchen. Die Lieferbestätigung erfolgt online an den Kunden. Anschließend muss nur noch die Lieferung überwacht (Monitoring, Tracking & Tracing) werden um gegebenenfalls alternative Beschaffungsmöglichkeiten zu nutzen.

3.6 Erfolgreiche Praxisanwendungen für eSCM

Im folgenden wird auf drei erfolgreiche SCM Projekte eingegangen. Es handelt sich um Projekte bei den Unternehmen Ortlinghaus GmbH, BMW Motoren GmbH und Pierburg GmbH.

3.6.1 Ortlinghaus GmbH

Das im Rheintal gelegene Schweizer Unternehmen Ortlinghaus GmbH produziert Kupplungen, Lamellen und Bremsen. Die Firma beschäftigt rund 70 Mitarbeiter und gehört damit zum kleinsten Anwenderkreis von mySAP Supply Chain Management (mySAP SCM). Der Umsatz beläuft sich auf 15,5 Mio. CHF. Kennzeichen der Produktion von Ortlinghaus ist ein hoher Anteil variantenreicher und kundenspezifischer Produkte.

Um nach wie vor mit einer einzigen Person den gesamten Produktionsprozess im Unternehmen planen zu können, suchte man nach einem Planungswerkzeug, welches den Planungsaufwand erheblich reduziert und sich ideal in die bestehende Systemumgebung integriert. Trotz der hohen Flexibilität des 1999 eingeführten R/3 Systems überstieg der Planungsaufwand die Kapazität nur eines Disponenten. Daher entschied sich die Ortlinghaus GmbH den SAP Advanced Planner & Optimizer (SAP APO) – Bestandteil von mySAP Supply Chain Management (mySAP SCM) – einzuführen.

Der dadurch entstandene Vorteil ist die Fähigkeit innerhalb eines Tages realisierbare und verlässliche Terminzusagen an die Kunden der Ortlinghaus GmbH zu kommunizieren. Mit der bisherigen MRP II (Material Resource Planning) Philosophie wurde die Disposition unabhängig von der kapazitiven Situation geplant. Daraus resultierten Widersprüche in den machbaren Terminen die sich durch die gesamte Supply Chain bemerkbar machten. Die kapazitive Einlastung von neu eintreffenden Kundenaufträgen und der daraus resultierenden Produktionsaufträge geschieht jetzt nach dem neusten Stand der Optimierungstechniken. Spezielle Optimierungsroutinen ermöglichen eine hohe Maschinenauslastung durch Ermittlung einer optimalen Belegungsreihenfolge unter kostenminimalen und rüstzeit- bzw. durchlaufzeitoptimalen Kriterien. Unter anderem wurde die manuelle Berücksichtigung von Lieferterminzusagen und die manuelle Fixierung von Produktionsaufträgen voll automatisiert[92].

3.6.2 BMW Motoren GmbH

Die BMW Motoren GmbH im oberösterreichischen Steyr ist das größte Motorenwerk der BMW Group. Mehr als 560.000 Motoren sind 2002 vom Band gelaufen. Das Unternehmen beschäftigt derzeit rund 2.550 Mitarbeiter und erzielte 2002 einen Umsatz von 1,764 Mrd. Euro.

Sämtliche Abläufe im Lager und in der Produktion erfordern eine schnelle, zuverlässige und exakte Erfassung der Warenbewegungen. Aus diesem Grund nutzt das BMW Werk seit Februar 2000 für die mobile Datenerfassung in der Produktion und im Lager die Funktionalität der Radio-Frequency-Lösung von SAP (zu Radio Frequency siehe Abschnitt 3.4.2). Die Funkterminals, die entweder tragbare Handhelds oder festmontierte Geräte für den Gabelstapler sein können, empfangen Daten direkt aus dem SAP-System und übertragen Ergebnisdaten ohne Zeitverzögerung zurück. Im SAP-System stehen diese Daten sofort zur Weiterverarbeitung bereit.

Durch die unmittelbare und fehlerfreie Datenübermittlung hat man bei der BMW Motoren GmbH folgende Vorteile realisiert.

- Der Qualitätsstandard im Lager und in der Produktion ist durch fehlerfreie Datenübermittlung sehr hoch.
- Durch lückenlose Datenerfassung werden zeitaufwändige Suchaktivitäten vermieden.
- Alle Kommissionieraufträge werden papierlos übermittelt und angestoßen.
- Die Warenbewegungen werden direkt vor Ort und ohne Zeitverzögerung erfasst.
- Sehr hohe Transparenz eröffnet neue Perspektiven und Potentiale in weiteren Geschäftsfeldern wie Änderungsmanagement, Produktionssteuerung und Lagerwirtschaft.

---

[92] Vgl. SAP AG (2003a)

- Physische Prozesse in Versand, mechanischer Fertigung, Motorenmontage, Wareneingang, Instandhaltung, Werkzeug- und Betriebsmittellager werden heute präziser ausgeführt und unterstützen damit zum Beispiel die Fertigungs-, Montage- und Versandprozesse wesentlich optimaler.[93]

3.6.3 Pierburg GmbH

Die Pierburg GmbH erzielte im Jahr 2002 mit Modulen und Systemen rund um den Motor einen Umsatz von 880 Mio. Euro. An elf Fertigungsstandorten in Europa, Nord- und Südamerika sowie China beschäftigt das Unternehmen 3.700 Mitarbeiter.

Um dem anhaltenden Preisdruck standzuhalten, verfolgt Pierburg das strategische Ziel, Ressourcen optimal einzusetzen. Die Grundlage dafür sollte mit der Einführung des ERP-Systems SAP R/3 und der Planungssoftware SAP Advanced Planner & Optimizer an vier deutschen Standorten geschaffen werden. Dank erfolgreicher Projektarbeit mit SAP Consulting und IBM Mittelstand Systeme konnte das Projekt binnen 15 Monaten beendet werden. 1000 Anwender haben im Juni 2003 ihre Arbeit mit den neuen Systemen aufgenommen.

Schon wenige Monate nach dem Produktivstart zeigten sich die Vorteile der hohen Integration. Alle Abteilungen arbeiten nun mit einer einheitlichen Datenbasis. Somit stehen bessere Analysefunktionen zur Verfügung und die Abstimmungsprozesse lassen sich wesentlich verkürzen. Die dadurch gewachsene Flexibilität wirkt sich auch positiv in der Produktion aus. Häufig verändern die Hersteller ihre Lieferabrufe worauf kurzfristig reagiert werden muss. Durch die hohe Variantenvielfalt der Produkte kommt es täglich zu 50.000 Änderungen in Produktion, Montage und Beschaffung, die SAP APO verwaltet. In der Nacht werden die Daten von SAP APO automatisch ausgewertet und optimiert, so dass am nächsten Morgen optimale Daten und Ressourcenauslastungen vorliegen. Dank der Planungsunterstützung des SAP APO konnten die Lagerbestände und damit die Kapitalbindung deutlich reduziert werden.

Ebenso wurden unter anderen folgende Erfolge festgestellt:

- verbesserte Datentransparenz,
- Workflow gestützte Prozesse,
- integrierte Wirtschaftsplanung.[94]

---

[93] Vgl. SAP AG (2001)

[94] Vgl. SAP AG (2003b)

3.7 Softwaremarkt und Softwareanbieter

Der Softwaremarkt für SCM-Software wird von zahlreichen Anbietern geteilt. Laut Frost & Sullivan wird für den europäischen Markt bis 2007 ein durchschnittliches Wachstum von 28% prognostiziert. Für das Jahr 2005 sagt die International Data Corporation (IDC) einen weltweiten Umsatz im SCM-Markt von 83 Mrd. US Dollar voraus. In Tabelle 3.2 werden einige Anbieter von SCM-Software sowie deren Abdeckung einzelner SCM-Funktionen dargestellt.[95]

Tabelle 3.2. Funktionsumfang von SCM-Systemen nach Anbietern[96]

	Allgemeine Fragen	Strat. Netzwerkdesign	Bedarfsplanung	Netzwerkplanung	Beschaffungsplanung	Produktionsplanung	Distributionsplanung	Order Promising Vgl. (ATP/CTP)	Monitoring	Alert Management	Technische Fragen
SAP	•	•	•	•	•	•	•	•	•	•	•
Adexa	•	•	•	•	•	•	O	•	•	•	•
JDEdwards	•	•	•	•	•	•	•	•	•	•	•
Axxom	•	•	•	•	•	•	•	•	•	•	•
Retek	•	O	•	O	•	O	O	O	•	•	•
DynaSys	•	O	•	O	•	•	•	•	O	O	•
Flexis	•	O	O	O	•	•	O	•	•	•	•
Wassermann	•	•	•	•	•	•	O	•	•	•	•
GEAC	•	O	•	O	•	•	O	•	•	•	•
Frontstep	•	•	•	•	•	•	•	•	•	•	•
ICON	•	O	•	•	•	•	•	•	•	•	•
Intentia	•	•	•	•	•	•	•	•	•	•	•
AspenTech	•	•	•	•	•	•	•	•	•	•	•
AblayFodi	•	O	O	O	•	O	O	O	O	O	O
LogistikWorld	O	O	O	O	•	O	O	O	•	•	O
Manugistics	•	•	•	•	•	•	•	•	•	•	•
Oracle	•	O	•	•	•	•	O	•	•	•	•
i2	•	•	•	•	•	•	•	•	•	•	•
SynQuest	•	•	O	•	•	•	•	•	O	O	•
Baan	•	•	•	•	O	•	•	•	•	O	•

• = Funktion vorhanden / O = Funktion nicht vorhanden

[95] Vgl. Bleicher (2003), in: www.e-business.de/texte/4753.asp (23.03.2004)

[96] Vgl. Frauenhofer IPA, SCM Marktstudie (2003) S. 297

3.8 Aufgaben

Aufgabe 3–1

Welchen zusätzlichen Nutzen bringt ein MRP II-System gegenüber einem MRP I-System?

Aufgabe 3–2

Wozu dienen ERP-Systeme hauptsächlich?

Aufgabe 3–3

Nennen Sie die drei Basistechnologien der Softwaresysteme in chronologischer Reihenfolge!

Aufgabe 3–4

Nennen Sie zwei Unterschiede in den Planungsphilosophien von ERP und SCM-Systemen!

Aufgabe 3–5

Umreißen Sie grob die Aufgabe von SCM-Systemen!

Aufgabe 3–6

Was ist die Haupteigenschaft von eSCM-Systemen?

Aufgabe 3–7

In welche vier Aufgabengebiete lassen sich die Funktionalitäten von eSCM-Systemen einteilen?

Lösung 3–1

Bei MRP I-Systemen beschränkt sich die Planung der benötigten Materialien ausschließlich auf eine Mengen- und Terminplanung. Benötigte Ressourcen werden vernachlässigt.

MRP II-Systeme ergänzen das MRP I-Konzept um eine Ressourcenplanung, sowie um die Integration weiterer Funktionsbereiche wie Beschaffung, Fertigung und Lager.

Lösung 3–2

ERP-Systeme dienen der Unternehmensplanung, Steuerung und Überwachung. Durch ERP-Systeme ist es möglich Unternehmensfunktionen wie z.B. Rechnungswesen, Einkauf und Personalwesen voll in das Unternehmen und in die Planung zu integrieren. So kann mit ERP-Systemen das Ziel verfolgt werden Lieferanten, Dienstleister und Kunden zu integrieren und den Informationsaustausch zu optimieren.

Lösung 3–3

Mainframe Technologie, Client/Server Technologie, Enterprise Service Architecture

Lösung 3–4

SCM plant unternehmensübergreifend und parallel, ERP plant interne Prozesse und sequentiell, s.a. Tabelle 3.1. in Abschnitt 3.3.1.

Lösung 3–5

SCM-Systeme umfassen die integrierte Planung, Simulation, Optimierung und Steuerung der Waren-, Informations- und Geldflüsse entlang der gesamten Wertschöpfungskette vom Kunden bis hin zum Rohstofflieferanten. Dabei wird unter anderem die Verbesserung der Kundenzufriedenheit, Optimierung der Bestände, Synchronisation von Bedarfen, Nachbevorratung und Produktion, sowie Flexibilisierung der Ablaufprozesse angestrebt.

Lösung 3–6

eSCM ist die gemeinschaftliche (collaborative) Nutzung von Technologien, um Geschäftsprozesse zu verbessern und Reaktionsfähigkeit, Flexibilität, Echt-Zeit-Kontrolle und Kundenzufriedenheit zu steigern.

Somit sind eSCM-Systeme Softwarelösungen, die internetbasierende Funktionen besitzen und dadurch in Echt-Zeit mit anderen eSCM-Systemen kommunizieren und Daten austauschen können.

Lösung 3–7

Planung (Supply Chain Planning), Ausführung (Supply Chain Execution), Koordination, Kooperation.

4 Praxisinstrumente für eine erfolgreiche SCM-Realisierung

4.1 eSupply Chain Management-Systeme als Erfolgsinstrument

Ein eSCM-System ist eine modular aufgebaute Softwarelösung, die insgesamt als eine einheitliche Lösung zu verstehen ist. Es werden Gestaltungs- sowie verschiedene Planungs- und Ausführungsmodule mit unterschiedlichen Funktionen differenziert. Vor dem Hintergrund der Unterstützung eines inner- oder überbetrieblichen Logistiknetzwerkes werden diese Module auch als „eSCM-Funktionalität“ verstanden. Die einzelnen Module sind funktionsorientiert auf verschiedenen Ebenen angesiedelt. Grundsätzlich lässt sich der Aufbau von eSCM-Systemen in die folgenden Ebenen einteilen.[97]

Ebenen und modulare Bestandteile von eSCM-Systemen

- *Supply Chain Design (SCD)*
  SCD beinhaltet ein Modul zur Erfassung eines eSupply Chain Modells.
- *Supply Chain Planning (SCP)*
  SCP beinhaltet die Planungsmodule von SCM- bzw. APS-Systemen.
- *Supply Chain Execution (SCE)*
  SCE beinhaltet Ausführungsmodule, die nicht Module eines SCM-Systems sind, sondern durch operative, transaktionsorientierte ERP-Systeme und eBusiness-Front-End-Lösungen wie elektronische Marktplätze abgedeckt werden.

Die Fraunhofer Institute IPA/IML haben hierzu ein eSCM-Modell definiert, welches in Abb. 4.1. dargestellt und anschließend ausführlich erläutert wird.

---

[97] Vgl. Von Steinaecker, Kühner (2000), in: Lawrenz et al., S. 42

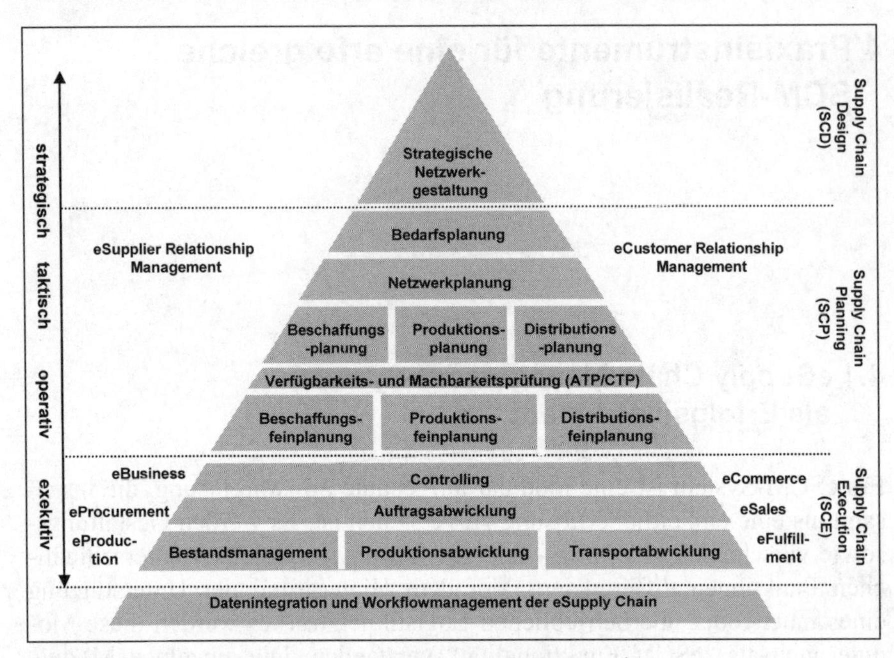

Abb. 4.1. Ebenen und Module von eSCM-Systemen[98]

4.1.1 Supply Chain Design (SCD)

Die Designebene, die auch als Konfigurationsebene bezeichnet wird, stellt die benötigten Basisinformationen und Restriktionsvorgaben für die untergeordneten Planungs- und Ausführungsebenen bereit. Ziel ist, ein realitätsnahes eSupply Chain Modell abzubilden.

Strategische Netzwerkgestaltung

Aufgabe der strategischen Netzwerkgestaltung ist eine außerhalb der operativen und taktischen Planung durchgeführte langfristige Gestaltung einer optimalen Logistikkette. Ausgerichtet an gemeinsamen Netzwerkzielen sollen mit Hilfe von What-If-Simulationen kostenoptimale Entscheidungen hinsichtlich Investitions-, Verteilungs- und Rationalisierungsmaßnahmen sowie Standortentscheidungen getroffen werden.[99]

---

[98] In Anlehnung an Quelle: eManager-Spezial des Fraunhofer IPA (April 2002) S. 15

[99] Vgl. Pirron, Reisch et al. (1998), in: Logistik Heute (11/98) S. 62–65

4.1.2 Supply Chain Planning (SCP)

SCP umfasst alle strategischen, taktischen und operativen Planungsmodule zur Steigerung der Produktivität entlang der gesamten Logistikkette. Realisiert werden diese Planungen durch den Einsatz von APS- bzw. SCM-Systemen (vgl. SCM-Systeme). Bei der Implementierung der Planungsmodule ist es für Unternehmen jedoch nicht zwingend, alle Module zu integrieren. Oft erweist sich der gezielte Einsatz einzelner Module bzw. eines Programmpakets als vorteilhaft. Der Module werden nachfolgend vorgestellt.[100]

Bedarfsplanung

Das Modul der Bedarfsplanung befasst sich mit der Prognose der zukünftigen Absatz- und Bedarfsmengen verschiedener Produkte und Produktgruppen, um nachfolgende Planungsstufen an den Bedürfnissen des Marktes auszurichten. Um eine solide Basis für die Planung zu gewährleisten, fließen hierzu neben Absatzzahlen vergangener Perioden aktuelle Trendentwicklungen, Marktforschungsdaten, Produktlebenszyklen sowie Forecasts und geplante Verkaufsförderungsmaßnahmen von Abnehmern ein. Die großen Datenmengen aus unterschiedlichen Quellen werden durch Data Warehouse Technologien aufbereitet, um einen effizienten Zugriff auf die benötigten Daten zu erzielen.

Netzwerkplanung

Die Netzwerkplanung unterstützt die optimale Zuordnung vorhandener Kapazitäten in der Supply Chain. Durch eine unternehmensbezogene und – übergreifende Grobplanung werden alle benötigten Kapazitäten in der Beschaffung, Produktion und Distribution zur Erfüllung der prognostizierten Aufträge abgeglichen.

Beschaffungsplanung

Die Beschaffungsplanung ist durch eine enge Verzahnung mit der Bedarfsplanung und der Distributionsplanung gekennzeichnet. In der Praxis sind die Module Beschaffungsplanung und Distributionsplanung häufig unter einem Begriff subsumiert. Ziel ist eine Optimierung von Beständen durch effiziente Nachschubstrategien entlang einer mehrstufigen Lagerstruktur der Supply Chain. Teilaspekte sind bestandssteuernde Größen, wie u.a.

[100] Vgl. Polster, Goerke (2002), in: Beschaffung Aktuell (01/02) S. 28–32 und SCENE SCM-Network des Fraunhofer IA, in: www.scene.iao.fhg.de/scm (20.01.02)

dynamische Sicherheitsbestände sowie intensive Bestandsanalysen. Hierzu werden Einflussparameter wie Lagerhaltungskosten und -kapazitäten, Beschaffungs-, Produktions- und Transportlosgrößen sowie Servicelevels betrachtet.

Beschaffungsfeinplanung

Dieses Modul beinhaltet die Beschaffungsplanung am lokalen Standort. Ziel ist die Umsetzung der übergeordneten Beschaffungsplanung in der werkseigenen Planung.

Produktionsplanung

Aufgabe der Produktionsplanung ist die Erstellung eines abgestimmten Produktionsplans hinsichtlich optimaler Kapazitätsauslastung sowie Bestandskosten und den prognostizierten Bedarfsmengen und -zeitpunkten aus der Bedarfsplanung. Durch eine simultane und engpassorientierte Ressourcenplanung von Personal-, Rohstoff-, und Maschinenkapazitäten werden Produktionsaufträge grob terminiert und auf die Werke verteilt.

Produktionsfeinplanung

Die Feinplanung generiert durchführbare, reihenfolgedeterminierte und optimierte Produktionsaufträge auf lokaler Werksebene. Aus den Vorgaben der übergeordneten Produktionsplanung, wie grobterminierte Produktionslose und -termine sowie deren Ressourcenbedarf, werden unter Berücksichtigung der Anlagenstammdaten, Rüstzeiten und Maschinenkapazitäten exakte Produktionsfolgen ermittelt.

Distributionsplanung

Aufgabe dieses Moduls ist die Planung von Lagerung, Kommissionierung und Verteilung von Produkten in Abhängigkeit betrieblicher Einflussfaktoren (Produktions-, Bestands-, Lager-, Auftragskapazitäten) und Kunden- und Marktanforderungen. Bei einer mehrstufigen Distributionsstruktur werden alle Lagerstufen als Kundenlager betrachtet. Die Steuerung der Bestände orientiert sich somit am Pull der nachgelagerten Stufe bis hin zum Endkundenbedarf beim Handel. Vor diesem Hintergrund hat die Distributionsplanung die Aufgabe, die einzelnen Nachschubzeitpunkte und die Liefermengen zur Wiederauffüllung der Lagerbestände zu bestimmen. Dieses sog. (Continious) Replenishment Planning wird bereits heute im Rahmen von Efficient Consumer Response-Strategien (ECR) zwischen Industrie und Handel und bei Vendor Managed Inventory (VMI) zwischen Lieferanten und Herstellern angewendet. Taktische Entscheidungsgrößen bieten hierbei die Ergebnisse aus der Bestandsplanung, der Servicelevelgrad, Wiederbeschaffungszeiten sowie optimale Produktions- und Transportlosgrößen.

Distributionsfeinplanung

Die Planungsgrundlage der Distributionsfeinplanung sind die Resultate aus der Distributionsplanung. Die Aufgabe des Distributionsfeinplanungsmoduls liegt insbesondere in der Gewährleistung einer optimierten Abwicklung der geplanten Transporte entlang der Supply Chain. Die Planung fokussiert hierbei auf das Ziel, das richtige Produkt, zum richtigen Zeitpunkt, am richtigen Ort in der richtigen Menge und Qualität (5 r's) unter kostenoptimalen Gesichtspunkten zur Verfügung zu stellen. Teilaspekte sind die Unterstützung von Efficient Consumer Response- (ECR-) und Vendor Managed Inventory- (VMI-) Strategien sowie Distributionsstrategien wie Just-in-Time-Anlieferungen.

Available-to-Promise (ATP)

Im Vordergrund dieses Moduls steht die Zusicherung von schnellen und zuverlässigen Lieferterminen in Echtzeit. Available-to-Promise-Anwendungen (ATP) ermöglichen Warenverfügbarkeitsprüfungen über alle Lagerstufen durch Schnittstellen zwischen dem SCM-System und den ERP-Systemen aller Partner. Endkunden können somit machbarkeitsgeprüfte Lieferterminzusagen schon bei der Bestellung zugesichert werden. Realisiert wird dies durch Optimierungsalgorithmen, die unter Beachtung restriktiver Vorgaben eingehende Kundenanfragen mit Realtime-Bestands- und ausgelasteten Produktionskapazitätsdaten abgleichen.

Capable-to-Promise (CTP)

Als eine Erweiterung der ATP-Anwendungen sind die Capable-to-Promise-Anwendungen (CTP) zu verstehen. Sie ermöglichen eine Überprüfung, inwieweit ein Eilauftrag eines Kunden zu einem gewünschten Liefertermin in die laufende Produktion eingelastet oder mittels einer Umplanung der Produktionspläne zugesichert werden kann.

4.1.3 Supply Chain Execution (SCE)

Funktionen auf der exekutiven Ausführungsebene, wie die Beschaffung von Materialien, die Auftragsabwicklung von Bestellungen, die Transport-, Bestands- und Lagersteuerung sowie Kontrollaufgaben sind Bestandteile von SCE. Zur Unterstützung und Abwicklung der exekutiven

Aufgabenbereiche liefert SCE Kommunikations-, Visualisierungs-, eBusiness- und eCommerce-Lösungen. Diese transaktionsorientierten Module werden über vorhandene ERP-Systeme, ergänzt durch Front-End-Lösungen wie u.a. elektronische Marktplätze abgedeckt. Zur Steigerung der Reaktionsgeschwindigkeit sowie zur visuellen Überwachung aller transaktionsnahen Prozesse wird ein eSupply Chain Monitoring über grafische Oberflächen ermöglicht. Die transaktionsorientierten Module von eSCM-Systemen werden folgend erläutert.[101]

Controlling

Die Aufgabe des Controlling ist die Überwachung der Aktivitäten entlang der eSupply Chain, die Meldung von Planabweichungen sowie das Einleiten notwendiger Korrekturmaßnahmen über ein eSCM-Monitoring. Diese eSCM-Funktionalität wird jedoch meist in separaten, zum Teil sehr umfangreichen Management Information Systemen (MIS) und Controlling-Subsystemen in Verbindung mit Data Warehouse Technologien bewältigt, die den Regelkreis der Planung, Durchführung und Kontrolle schließen.

Auftragsabwicklung

Aufgabe der Auftragsabwicklung ist die Steuerung, Koordination und Unterstützung der Presales-, Sales- und Aftersales-Phase. Der Auftragserfassung dienen neben klassischen Kommunikationskanälen wie Telefon und Fax, die Anbindung von eCommerce-Lösungen, wie Online Shops und elektronische Marktplätze ergänzt durch Warenverfügbarkeitsprüfungen (ATP/CTP) sowie Online-Produktkonfiguratoren (eMass Customization). Die Vertriebsaktivitäten können hierbei durch eCustomer Relationship Management-Systeme unterstützt werden.

Bestandsmanagement

Die Aufgabe des Bestandsmanagement ist die technische Unterstützung der Beschaffungsvorgänge durch die Anbindung von eProcurement-Anwendungen über Schnittstellen zu bestehenden ERP-Systemen. Teilaspekte sind die Unterstützung bei der Lieferantenauswahl auf elektronischen Marktplätzen, die Anbindung von eProcurement-Lösungen und die Unterstützung von Just-in-Time-Beschaffung. Die Beschaffungsvorgänge können hierbei durch eSupplier Relationsship-Systeme unterstützt werden.

[101] Vgl. Studie des Fraunhofer IML im Auftrag des Landes Nordrhein-Westfalen (2000) S. 65–70

Produktionsabwicklung

Die Produktionsabwicklung beschäftigt sich mit der Umsetzung der Produktionsfeinplanung. Konkret sollen die Produktionsaufträge kapazitätsgerecht in die Produktion eingelastet und fertige Aufträge zurückgemeldet werden. Teilaspekte sind Pull-Produktion (Kanban), PPS-Systeme sowie die automatische Betriebsdatenerfassung (BDE).

Transportabwicklung

Hierbei handelt es sich um die technische Unterstützung der Distributionsvorgänge bzw. der Lager- und Transportprozesse durch Warehouse-Systeme. Neben der physischen Abwicklung von Kundenaufträgen sollen hier insbesondere die Messung von Intransitbeständen ermöglicht sowie Vorgaben aus der Distributionsplanung über Nachschubstrategien realisiert werden.

Darüber hinaus müssen im eCommerce Logistikdienstleister eingebunden werden, die eine schnelle Auslieferung der Waren ermöglichen (eFulfillment). Teilaspekte sind die Versandterminierung, Festlegung der Transportrouten und Transporteure, Auswahl von Transportmitteln unter Beachtung von Kapazitätsrestriktionen sowie die Kontrolle über die Einhaltung des Servicelevels (Servicelevel-Monitoring und Sendungsüberwachung durch Tracking & Tracing).

Datenintegration

Die Datenintegration ist weniger ein modularer Bestandteil eines eSCM-Systems, sondern vielmehr die Bezeichnung für die Bereitstellung und Aufbereitung der zur Planung benötigten Daten über Data Warehouse Technologien und Schnittstellen zu operativen Transaktionssystemen wie ERP. Die Kopplung der ERP-Systeme aller Partner über das Internet ermöglicht den erforderlichen echtzeitgetreuen Workflow zur unternehmensübergreifenden Steuerung der Logistikkette.

Die Vernetzung der eSupply Chain fokussiert hierbei auf Anbindung und Integration der heterogenen IT-Systeme (Enterprise Application Integration) zum Austausch verteilter Informationen. Teilaspekte sind die Nutzung von Data Warehouse Technologien, Front- und Back-Integration wie Internetportale, Intranet- und Extranet-Technologien, Elektronische Marktplätze sowie ERP-Systeme und Standards im elektronischen Datenaustausch, wie u.a. XML.

Zusammenspiel von SCE und SCP im eSCM-System

Zum Beispiel wird im Vertriebsmodul des ERP-Systems ein Auftrag über einen Online-Shop erzeugt (SCE). So wird die Anforderung an die Planungsmodule des APS-Systems (SCP) weitergegeben, welches die Verfügbarkeit der bestellten Waren (ATP/CTP) in Echtzeit über die gesamte eSupply Chain hin überprüft, um eine sofortige Lieferterminzusage an das Vertriebsmodul des ERP-Systems zurückzumelden. Über die Schnittstelle zur Front-End-Lösung (eShop) kann dieser Liefertermin dem Kunden noch bei der Online-Bestellung zugesichert werden. Das Zusammenspiel zwischen den Planungssystemen (APS- bzw. SCM-System) und den Transaktionssystemen (ERP-System und Front-End-Lösungen) im eSCM-System wird in Abb. 4.2. vereinfacht dargestellt.

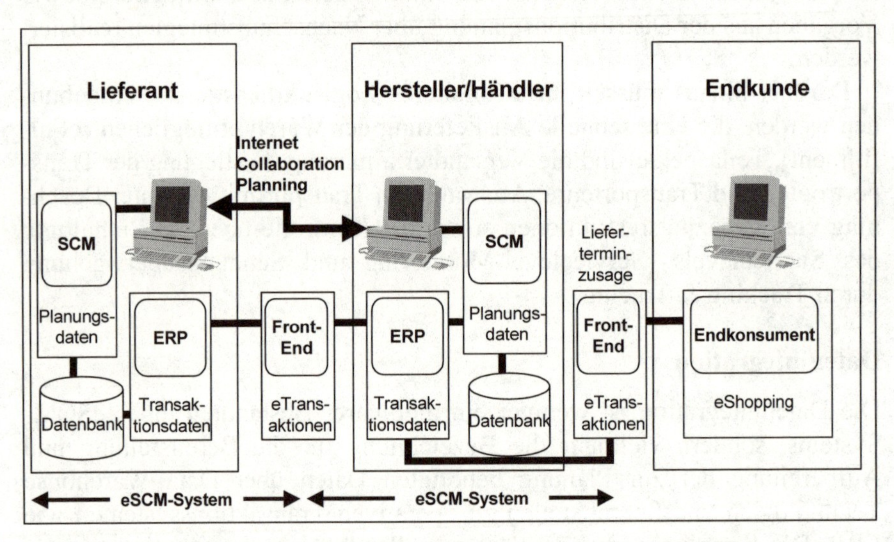

Abb. 4.2. Zusammenspiel von SCM-, ERP-Systemen und Front-Ends

4.2 Data Warehouse Technologien zur Steigerung der Dateneffizienz

Geschäftsprozesse von Unternehmen werden zunehmend durch die Einbindung von IuK-Technologien digitalisiert abgewickelt. Explosionsartig entstehen dabei einerseits große Datenmengen in verschiedenen Formaten und andererseits heterogene Systemlandschaften durch die Implementierung verschiedener Insellösungen. Hieraus resultiert der Bedarf nach Instrumenten, die eine Konsolidierung und Homogenisierung der verteilten Datenmengen vollziehen. Diesen Anforderungen werden sog. Data Warehouse Technologien gerecht. Ein Data Warehouse bezeichnet gemeinhin ein von operationalen Systemen getrenntes Datenbanksystem, in welchem unternehmensweit Daten aus unterschiedlichen Subsystemen, ergänzt um externe Datenquellen, einheitlich transformiert, archiviert und anwenderorientiert aufbereitet werden.[102] Es stellt eine Ansammlung strategisch relevanter Unternehmensdaten dar, die periodisch aktualisiert werden, um verschiedenen Anwendern (Vertrieb, Einkauf) über Analyseinstrumente wie OLAP und Data Mining einen direkten und unkomplizierten Zugriff auf aufbereitete Daten zu ermöglichen. Ziel ist die Optimierung von eSupply Chain-weiten Informationsflüssen. Dabei kann es keine Standardlösung für ein Data Warehouse geben. Eine Anpassung an unternehmensindividuelle Informationsbedürfnisse ist in jedem Fall vorzunehmen, um den gewünschten Nutzen für das Unternehmen sicherzustellen. Vor allem die Speicherung und rasche Abfrage sind wesentliche Funktionen des Data Warehouses. Somit wird das Data Warehouse zur Schnittstelle zu vielen unterschiedlichen Systemen, wie etwa Customer Relationship Management-, Supply Chain Management- oder Balanced Scorecard-Systeme, welche auf die dort hinterlegten Informationen zurückgreifen.

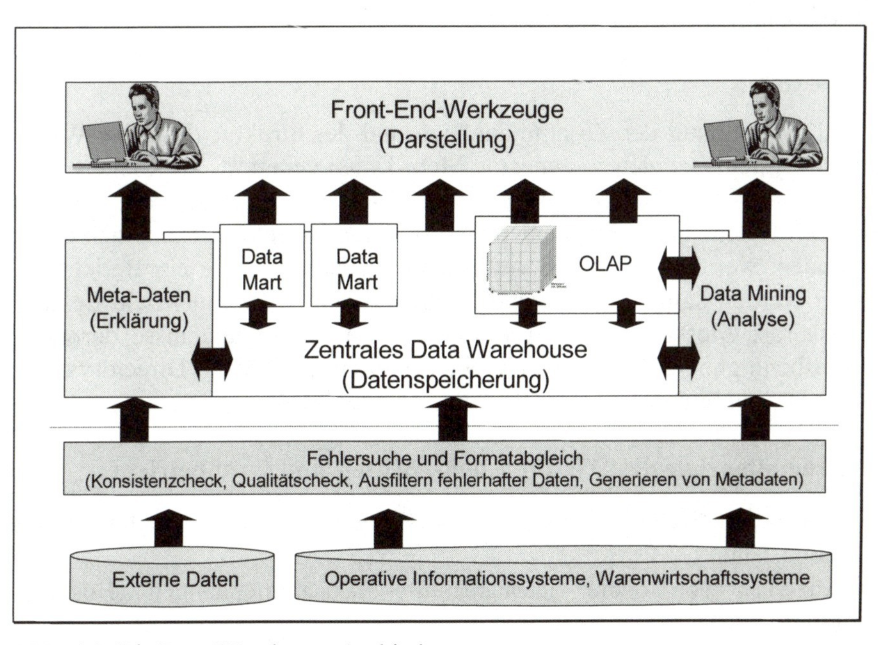

Abb. 4.3. Die Data Warehouse Architektur

[102] Vgl. Werner (2000) S. 148

Komponenten des Data Warehouse (DW)

- Datenbank (Datenbasis + Metadaten)
- Transformationsprogramme zur Übernahme der internen und externen Daten
- Archivierungssysteme zur Datenspeicherung und -ablage
- Data Marts als Teilbereich des DW für themenspezifisch aufbereitete Daten

Data Marts

Unter Data Marts werden dezentrale, kleinere, abteilungsspezifische Datenbanken verstanden. Entweder das gesamte Data Warehouse setzt sich aus mehreren Data Marts zusammen, oder aber der Data Mart ist nur ein dem Data Warehouse entnommener Ausschnitt. Vorteile von Data Marts liegen in der beschleunigten Bereitstellung von Daten, die evtl. sogar nur abteilungsspeziell sind, da ausschließlich in einem Ausschnitt des Gesamtpools operiert wird. Andererseits ist es auf diese Weise möglich, abteilungsspezifisch den Zugang zu bestimmten Daten zu unterbinden bzw. zu gewähren.[103]

Meta-Daten

Zur Beschreibung der Zusammenhänge und der Struktur des Data Warehouse-Systems werden so genannte Meta-Daten generiert. Sie können auch als Logbuch oder Datenbiografie gelten. Meta-Daten zeigen dem Anwender auf, welche Daten vorhanden sind, wo und in welcher Form sich diese befinden, wer für die Pflege verantwortlich ist, oder wie ein Bericht erzeugt werden kann.[104] Ergänzend können zudem Funktionen wie Lexika, Thesaurus, Glossare, Datenstrukturverzeichnisse, Verzeichnisse der Integritätsbedingungen, Cross-Reference-Tabellen und Data Directorys die Meta Daten abrunden.[105]

Nutzenpotenziale des DW für Klein-, Mittel- und Großbetriebe

- Einheitliche Datenbasis unternehmens- und funktionsübergreifender Datenbestände
- Analysen von bisher intransparenten Zusammenhängen (Business Intelligence)
- Verbesserte Informationsversorgung für Entscheidungsträger

---

[103] Vgl. Schinzer & Bange (1999) S. 52
[104] Vgl. Soeffky (1999) S. 131
[105] Vgl. Bracket (1996) S. 194ff

- Schneller und anwenderfreundlicher Zugriff auf themenspezifische Daten
- Optimierte Datenquellen für eCRM- und eSCM- und Controlling-Systeme
- Ad-hoc Analysen zu spezifischen Fragestellungen (Kunden-, Prozessanalysen)

Praxisbeispiel: Deutsche Post AG

Der Expressdienst der Deutschen Post AG hat täglich zehn Mio. Paketversendungen zu überwachen. Hierbei werden monatlich rund 5.000 Klagen über verlorengegangene oder beschädigte Pakete verzeichnet. Aus allen Vorgängen entsteht eine riesige Datenmenge von ca. 50 Gigabyte pro Monat.

Um jederzeit Informationen über die gesamte Prozesskette zu erhalten, wurde ein Data Warehouse-Projekt gestartet, welches alle Daten (Abrechnung, Verkehrsdaten, Absatz/Umsatz) aus den operativen DV-Systemen der beteiligten Unternehmensbereiche konsolidiert und analysiert. Ziel des Projektes ist es, feststellen zu können, warum ein bestimmtes Paket nicht termingerecht angeliefert wurde und an welcher Stelle der Prozesskette es hängen geblieben ist. Für den Expressdienst ermöglicht dies, Schwachstellen durch redundante Fehler aufdecken zu können und diese mittelfristig zu beseitigen.

4.2.1 Analyseinstrumente des Data Warehouse

Zur Auswertung und Aufbereitung der im Data Warehouse verwalteten und vorgehaltenen Datenbestände sind Analysewerkzeuge wie OLAP und Data Mining erforderlich. Vor dem Hintergrund einer steigenden, intransparenten Datenmenge ermöglichen diese Analysetools, Beziehungen zwischen den Daten zu erkennen und entscheidungsrelevante Geschäftsdaten zu extrahieren. Man spricht in diesem Zusammenhang auch von dem Begriff „Business Intelligence", der das Auffinden geschäftsrelevanten Wissens in Form von Strukturen und Mustern durch die intelligente Kombination menschlichen Kalküls mit moderner Informationstechnologie bezeichnet.[106]

Online Analytical Processing (OLAP)

OLAP bezeichnet die Analyse und Aufbereitung von multidimensional aufbereiteten Daten, d.h. OLAP ermöglicht die im Data Warehouse oder Data Mart vorliegenden Daten hinsichtlich verschiedener Dimensionen zu verdichten. Als Dimensionen werden betriebswirtschaftliche Bezüge wie

---

[106] Vgl. Gentsch (2002), in: www.sapinfo.net (22.02.2002)

Regionen, Produkt- und Kundengruppen, Absatz, Vertriebskanäle oder Deckungsbeiträge verstanden.[107]

Zum Beispiel könnten über ein Excel-Sheet die Dimensionen Region, Produktgruppe und Zeitraum gegenübergestellt werden, um Aussagen über den Erfolg von Verkaufsförderungsmaßnahmen anzustellen. Häufig werden die Dimensionen von OLAP-Modellen anhand sog. Würfel visualisiert wie in Abb. 4.4. dargestellt.

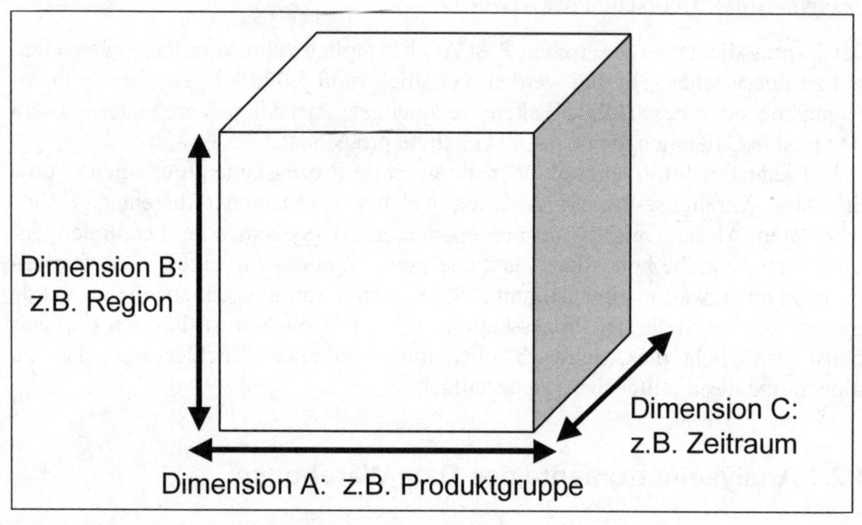

Abb. 4.4. Dimensionenmodell des OLAP-Würfels[108]

Die Wahl der Dimensionen des Würfels stellt somit die Analysekriterien dar, die je nach Fragestellung aufgebrochen oder aggregiert werden. Beispielsweise sind Vergangenheitsdaten aus ERP-System nach bestimmten Kriterien mehrdimensional nach Produktgruppen, Regionen und Zeiträumen auswertbar, um sie bei der Bedarfsplanung im SCM-System zu berücksichtigen. Zusammenfassend leiten sich folgende Nutzenpotenziale ab.

Nutzenpotenziale von OLAP für Klein-, Mittel- und Großbetriebe

- Aufdeckung von Interdependenzen in den Prozessen
- Einfache Darstellung komplexer Sachverhalte
- Beschleunigung der Analyse- und Reportingerstellung
- Optionale Verdichtung betriebswirtschaftlicher Bezüge (Umsatz/Region/Zeitraum)

[107] Vgl. Wilde (2001), in: Hippner et al., S. 10

[108] Vgl. Schmitz (2002) Iuk-Systeme als Bausteine der E-Informationslogistik, in: Wannenwetsch (2002a) S. 40

Data Mining

Der Begriff des Data Mining beinhaltet eine Vielzahl von Analysemethoden, mit deren Hilfe Unternehmen entscheidungsrelevante Informationen aus implizit vorher unbekannten Datenbeständen des Data Warehouse extrahieren können (künstliche Intelligenz). Es identifiziert Muster und Interdependenzen zwischen Datengruppen, um Aufschlüsse über Fragestellungen zu ermöglichen wie: Wie ist die Qualität eines Produktes, wenn die Rohstoffe von einem bestimmten Lieferanten geliefert und anschließend auf einer bestimmten Maschine weiterverarbeitet werden? Die Analyseergebnisse sind jedoch kein Resultat einer einzelnen Abfrage, sondern Ergebnis eines Prozesses, der von der Aufgabendefinition, über die Selektion und Bereitstellung selektierter Datenuntermengen bis hin zur Generierung und Präsentation interessanter Datenmuster reicht.[109]

Analysemethoden von Data Mining[110]

- Klassenbildung: Herausfiltern bestimmter Verhaltenweisen einer Gruppe, z.B. Produktpräferenzen beim Online-Shopping
- Regressionen: Suche nach konstanten Werten, z.B. Online Besuchsdauer wiederkehrender Besucher
- Zeitreihen: Auswirkungen der Vergangenheit auf die Zukunft, z.B. Auswirkungen von Verkaufsförderungsmaßnahmen
- Clustering: Kundengruppenzuweisung anhand von bestimmten Merkmale, z.B. Zuweisung zu „Englische Literaturinteressenten"
- Assoziation: Analyse von gemeinsam auftretenden Ereignissen, z.B. Warenkorbanalysen (gemeinsam gekaufte Produkte)
- Sequenzierung: Analyse von Assoziationen innerhalb eines Zeitraumes, z.B. Saisonalorientierte Warenkorbanalyse

4.2.2 Business Warehouse als Datenquelle für eSCM-Systeme

Wird das Data Warehouse Konzept auf eSCM-Systeme übertragen, spricht man auch von einem Business Warehouse. Die Planungsmodule (SCP) der eSCM-Systeme benötigen zur Planung die Daten aus operativen Abwicklungssystemen (SCE) der eSupply Chain-Partner. Die Aufbereitung der Daten sowie eine einheitliche Datenbasis bilden aufgrund der teilweise

[109] Vgl. www.data-mining.de (06.02.2002)
[110] Vgl. Schmitz (2002), in: Wannenwetsch (2002a) S. 41

heterogenen IT-Systemlandschaften der Partner eine Grundvoraussetzung. Gerade hierzu eignen sich Business Warehouse Technologien, welche die planungsrelevanten Workflowdaten aus den operativen Subsystemen, wie Front-End-Systemen (eMarkets, eShops), ERP-Systemen, Fremd ERP-Systemen der Partner einheitlich transformieren, nach bestimmten Regeln konsolidieren und periodisch updaten. Somit beziehen APS- bzw. SCM-Systeme die Daten nicht direkt aus den ERP-Systemen sondern greifen auf die aufbereiteten Daten über eine zentrale Datenbank zu. Die Echtzeitplanung wird hierbei über Live Cache-Technologien realisiert, welche planungsrelevante Daten im Hauptspeicher aktuell vorhalten. Die beschriebene Systemarchitektur des Data Warehouse in Verbindung mit Planungssystemen (Supply Chain Planning) und operativen Transaktionssystemen (Supply Chain Excecution) wird in Abb. 4.5. visualisiert.

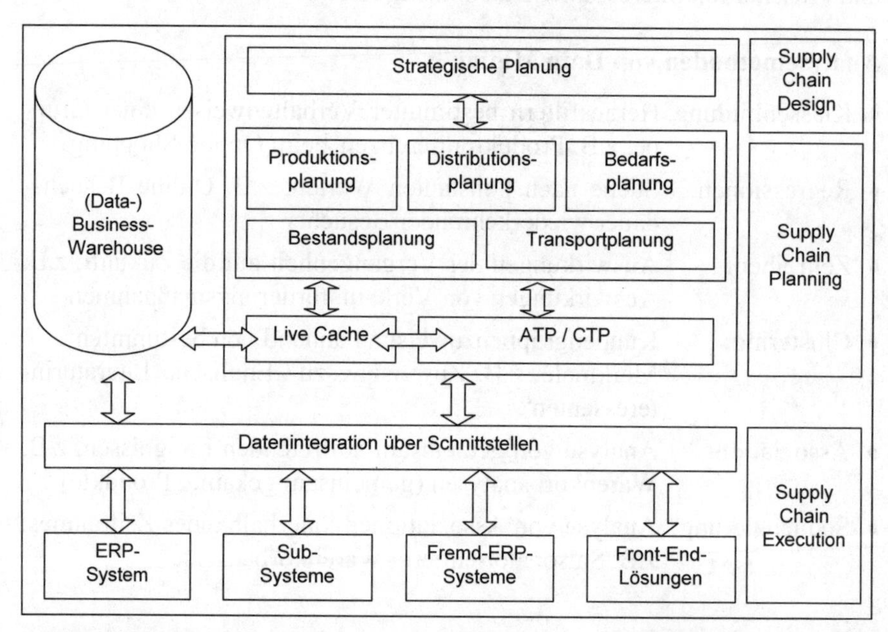

Abb. 4.5. Systemarchitektur von eSupply Chain Management-Systemen

4.3 Aufgaben

Aufgabe 4–1

Nennen Sie drei modulare Bestandteile eines SCM-Systems.

Aufgabe 4–2

Zeigen Sie die einzelnen Analysemethoden von Data Mining auf.

Aufgabe 4–3

Zeigen Sie Nutzenpotenziale des Data Warehouse für Klein-, Mittel- und Großbetriebe auf.

Lösung 4–1

Supply Chain Design, Supply Chain Planning, Supply Chain Execution

Lösung 4–2

- Klassenbildung: Herausfiltern bestimmter Verhaltenweisen einer Gruppe, z.B. Produktpräferenzen beim Online-Shopping
- Regressionen: Suche nach konstanten Werten, z.B. Online Besuchsdauer wiederkehrender Besucher
- Zeitreihen: Auswirkungen der Vergangenheit auf die Zukunft, z.B. Auswirkungen von Verkaufsförderungsmaßnahmen
- Clustering: Kundengruppenzuweisung anhand von bestimmten Merkmale, z.B. Zuweisung zu „Englische Literaturinteressenten“
- Assoziation: Analyse von gemeinsam auftretenden Ereignissen, z.B. Warenkorbanalysen (gemeinsam gekaufte Produkte)
- Sequenzierung: Analyse von Assoziationen innerhalb eines Zeitraumes, z.B. Saisonalorientierte Warenkorbanalyse

Lösung 4–3

- Einheitliche Datenbasis unternehmens- und funktionsübergreifender Datenbestände
- Analysen von bisher intransparenten Zusammenhängen (Business Intelligence)
- Schneller und anwenderfreundlicher Zugriff auf themenspezifische Daten
- Verbesserte Informationsversorgung für Entscheidungsträger
- Optimierte Datenquellen für eCRM- und eSCM- und Controlling-Systeme
- Ad-hoc Analysen zu spezifischen Fragestellungen (Kunden-, Prozessanalysen)

5 Content Management – Katalogmanagement

5.1 Grundlagen

5.1.1 Definition und Abgrenzung Content Management

Da der Begriff des Content Management in den verschiedensten Zusammenhängen verwendet und in diesem Zusammenhang auch häufig missbraucht wird, beginnen wir zuerst mit der Definition von Content Management, wie wir sie als zutreffend erachten.

> Unter Content Management versteht man die systematische und strukturierte Beschaffung, Erzeugung, Aufbereitung, Verwaltung, Präsentation, Verarbeitung, Publikation und Wiederverwendung von Inhalten aus unterschiedlichen Quellen.

Der zentrale Aspekt von Content Management ist die Wiederverwendung der einzelnen Komponenten eines Dokuments oder Artikels.

Daraus leitet sich die Notwendigkeit ab, anders als zum Beispiel beim Dokumentenmanagement, einzelne Komponenten verwalten zu können.

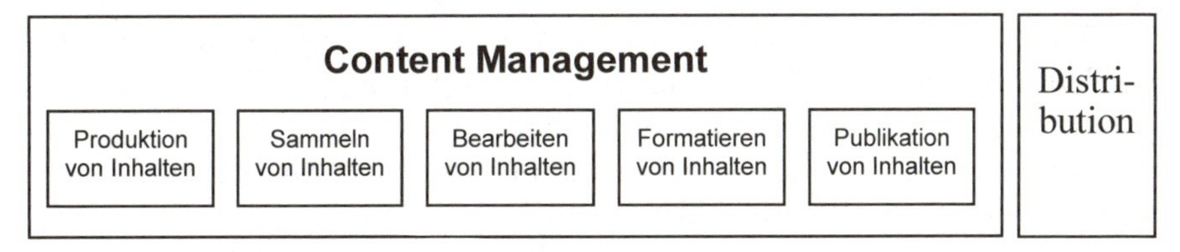

Abb. 5.1. Content Management Prozess

5.1.2 Content Management Systeme

Basierend auf der oben dargestellten Definition ist ein Content Management-System eine Software zur Administration komplexer Inhalte, basierend auf einer strikten Trennung von Struktur, Layout und Inhalt. Optimalerweise sollen sich Autoren nur um die Verwaltung und Pflege von Inhalten kümmern. Als komplex sind hier Dokumente mit dynamischen Inhalten, wie zum Beispiel Katalogdaten mit unterschiedlichen Sortimenten und Preisen, zu verstehen.

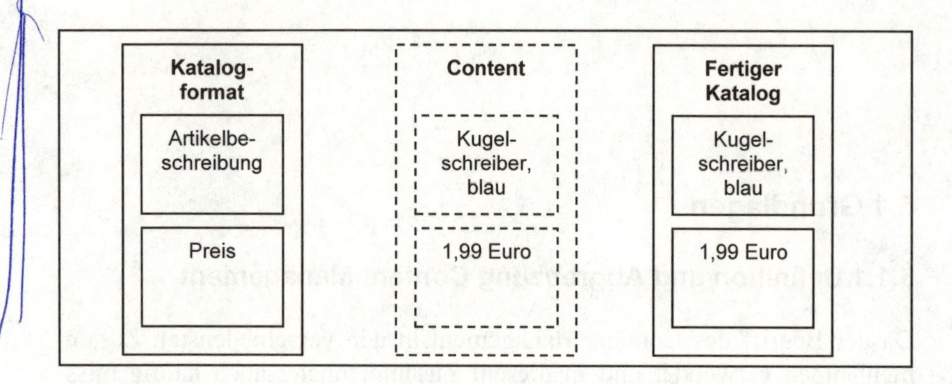

Abb. 5.2. Trennung von Format und Inhalt

Am Markt befinden sich aktuell zwei Arten von Systemen. Zum Einen Web Content Management-Systeme (WCM) und zum Anderen Enterprise Content Management-Systeme (ECM). Während WCM-Systeme hauptsächlich für die Bereitstellung von Content für das Internet genutzt werden, dienen ECM-Systeme zur internen Informationsbereitstellung.

5.1.3 Definition Katalogmanagement

Als Katalogmanagement wird die Verwaltung von Produktkatalogen insbesondere indirekter Güter (MRO) im elektronischen Einkauf (eProcurement) verstanden. Im Gegensatz zu direkten Gütern, deren elektronische Beschaffung durch enge EDV-Integration wie im Supply Chain Management üblich gekennzeichnet ist, läuft der elektronische Einkauf indirekter Güter mit lose gekoppelten Systemen und häufig durch Nutzung des Internet ab. Wesentliche Prozessschritte im Katalogmanagement sind die Prüfung und Freigabe der vom Lieferanten übermittelten Produktkataloge.

> Katalogmanagement ist die Verwaltung von Produktkatalogen, insbesondere die von indirekten Gütern (MRO) im elektronischen Einkauf (eProcurement).

Erst wenn diese Freigabe erfolgt, werden die Produktkataloge in die unternehmensinternen Beschaffungssystemen (eProcurement-System) weitergeleitet. Dort bestellen die Mitarbeiter des Unternehmens ihr Material direkt und zu den freigegebenen Konditionen. Das Katalogmanagement umfasst im besten Falle folgende Arbeitsschritte:

- Erstellung und Verwaltung kundenspezifischer Teilkataloge/Produktdaten,
- Pflege der Produktdaten (BMEcat, andere Formate, Klassifikation, Merkmale etc.),
- Prüfung der Kataloge auf Format- und Projektvorgaben,
- Freigabe der Kataloge durch die Prozessbeteiligten,
- Import der Kataloge in das System.

5.2 Elektronische Produktkataloge

Mit der steigenden Akzeptanz und Verbreitung von eProcurement-Lösungen und Marktplätzen steigt auch die Bedeutung von elektronischen Produktkatalogen. Für Zuliefer- und Handelsunternehmen vieler Branchen gewinnt dabei die Fähigkeit, ihren Kunden Produktinformationen in elektronischer Form zur Verfügung stellen zu können, immer mehr an Wichtigkeit.

Darüber hinaus wächst auch der Anspruch an den elektronischen Produktkatalog. War es von wenigen Jahren noch ausreichend, die Daten rudimentär zur Verfügung zu stellen, werden heute immer höhere Anforderungen an den Inhalt elektronischer Kataloge gestellt. Die Unternehmen müssen in der Lage sein, ihre Produktkataloge in unterschiedlichsten Formaten, nach mehreren Standards klassifiziert und mit projektspezifischen Inhalten bereit zu stellen.

> Viele einkaufende Unternehmen werden zukünftig nur noch mit solchen Lieferanten zusammenarbeiten, die sich in ihr eProcurement-System eingliedern!

5.2.1 Standardformate

Im elektronischen Austausch von Produktkatalogen haben sich verschiedene Standardformate etabliert. Insbesondere das Datenaustauschformat XML hat hier eine bedeutende Position eingenommen.

XML-Katalogformate

Die meisten der XML-Katalogformate bieten – neben der Übermittlung reiner Produktstammdaten – die Möglichkeit

- zur Abbildung von Katalogstrukturen,
- zur einheitlichen Klassifizierung von Produkten (bspw. in Verbindung mit e@Class),
- zur einheitlichen Definition von Produktmerkmalen (z.B. Größe, Farbe, Gewicht etc.) innerhalb von Produktgruppen,
- zur Einbindung multimedialer Informationen wie Bilder, Grafiken, Videodaten und Sounddateien.

Zwar existieren beispielsweise mit DATANORM oder SINFOS seit langem Standarddatenformate für den Produktdatenaustausch, jedoch sind diese stark branchenabhängig. BMEcat dagegen ist ein branchenunabhängiger Standard, der darüber hinaus aufgrund seiner XML-Struktur und der Unterstützung multimedialer Informationen „internettauglich“ und damit „eCommerce- fähig“ ist.

Der Vorteil für den Kunden ist in erster Linie in einer deutlichen Zunahme der Markttransparenz zu sehen. Aufgrund der Verwendung einheitlicher Produktklassifizierungen und Produktmerkmale wird ein direkter Vergleich von Produkten unterschiedlicher Hersteller deutlich vereinfacht.

BMEcat

BMEcat ist das Resultat einer vom Bundesverband Materialwirtschaft, Einkauf und Logistik e.V. (BME) gestarteten Initiative zur Entwicklung eines Standards für die elektronische Datenübertragung für elektronische Produktkataloge. Aktuell liegt Version 1.2 vor. Dieses Format ist herstellerunabhängig und besonders im deutschsprachigem Raum sehr verbreitet.

cXML

cXML (Commerce XML) ist eine offene und flexible Sprache, die Transaktionen in elektronischen Produktkatalogen, in cXML-Punchoutkatalogen, Beschaffungsanwendungen und bei Käufergemeinschaften unterstützt. cXML wird insbesondere von Ariba Inc. unterstützt.

xCBL

xCBL ist ein von Commerce One Inc. entwickeltes XML-Format. In der aktuellen Version 3.5 können mit xCBL strukturierte Geschäftsdaten über das Internet ausgetauscht werden, wie zum Beispiel Produktdaten, Bestellaufträge und Rechnungen. Neben der Version 3.5 steht auch eine Version 4.0 beta zu Testzwecken zur Verfügung.

catXML

catXML ist ein offenes und neutrales XML-Katalogaustauschformat. Das amerikanische Verteidigungsministerium startete die catXML-Initiative. catXML orientiert sich an den Anforderungen von ebXML.

eCX

Von Requisite Technology wird das XML-Format „Electronic Catalog XML" (eCX) angeboten und auch primär genutzt. Das Hauptanwendungsgebiet von eCX liegt im Austausch von Katalogstrukturen und den Kataloginhalten. eCX liefert eine Metastruktur, um verschiedene XML-Formate miteinander zu verbinden und damit die Austauschbarkeit von elektronischen Katalogen zu vereinfachen. Aktuell ist die Version 3.6.

RosettaNet

RosettaNet ist ein XML-Framework, welches auf Initiative von mehr als 40 führenden Unternehmen aus der IT-Branche entwickelt wurde. In einem XML-Framework werden nicht nur das Nachrichtenformat für bestimmte geschäftliche Transaktionen festgelegt, sondern zusätzlich noch die erforderlichen Abläufe und Regeln. RosettaNet dient als Basis für die Angleichung der Geschäftsprozesse in der IT-Branche. Die von RosettaNet entwickelten Standards bilden ein auf XML basierendes Kommunikationsmittel, das Prozesse zwischen Electronic Components (EC) und Information Technology (IT) Supply Chain-Partnern unterstützt.

Weitere Katalogformate

CIF

Catalog Interchange Format (CIF) wurde von Ariba entwickelt. Die Produktdaten werden hier in einer ASCII-Datei abgespeichert.

5.2.2 Klassifikationssysteme

eCl@ss

Ein vom Institut der deutschen Wirtschaft Köln kostenlos zur Verfügung gestellter Standard für Materialklassifikationen und Warengruppen. ETIM

Der Verein ETIM Deutschland e.V. wurde von Elektro-Großhändlern und Einkaufsgemeinschaften gegründet. Das Ziel des Vereins ist es, ein Klassifikationssystem für die über den Elektro-Großhandel vertriebenen Produkte zu schaffen.

NIGP

NIGP (National Institut of Government Purchasing) ist ein sehr detailliertes Produktklassifikationssystem, welches Produkte teilweise bis auf Attribut-Ebene darstellt (Maße, Farben, Gewicht, etc.). Das Klassifikationsschema kommt vor allem in den USA bei der Beschaffung von öffentlichen Verwaltungsgütern zum Einsatz. Bedingt durch den hohen Detaillierungsgrad ist NIGP nur eingeschränkt in anderen Industrien einsetzbar.

proficl@ss

proficl@ss ist eine branchenübergreifende Initiative zur Klassifizierung von Produktdaten. Die proficl@ss-Initiative wurde vom E/D/E Einkaufsbüro Deutscher Eisenhändler GmbH in Wuppertal, der Hagebau Handelsgesellschaft für Baustoffe mbh & Co. KG in Soltau und der Profi Portal AG in Dortmund gegründet. Die technische Federführung für den Klassifizierungsprozess liegt beim Fraunhofer IAO, Institut für Arbeitswirtschaft und Organisation, Stuttgart.

UN/SPSC

Der UN/SPSC-Standard ist eine durch die Vereinten Nationen vorgegebene Produktklassifikation. Der Standard stellt ein universales Klassifikationsschema für unterschiedlichste Produktgruppen zum weltweiten Einsatz dar und basiert auf Klassifikationen, die das Unternehmen DUN & Bradstreet entwickelt hat.

5.2.3 Katalogerstellung

Ein elektronischer Katalog im Format BMEcat und beispielsweise der Klassifikation eCl@ss kann auf verschiedene Weise erzeugt werden, z.B. aus Excel-Dateien, aus der Warenwirtschaft, über ein Content Management-System oder mit Hilfe kleiner Tools und Konverter. Die gewählte Methode hängt von Kosten und Nutzen der Katalog-Projekte ab.

Der Einsatz kleiner Tools ist sehr kostengünstig und ohne große Hardware-Investitionen zu realisieren. Der Markt bietet hier derzeit viele Lösungen, von der einfachen Lösungen zum Konvertieren von Excel Daten in BMEcat (wie beispielsweise catice von wallmedien), bis zu komplexen

Anwendungen zur Verwaltung von Masterkatalogen. Als größte Schwachstelle dieser Lösungen ist der hohe, da zumeist mehrfach notwendige, Pflegeaufwand. Selten haben solche Lösungen direkte Schnittstellen zur Warenwirtschaft, so dass Änderungen in verschiedenen Applikation durchgeführt werden müssen, oder sich der Aufwand für das Lieferunternehmen für jeden neuen Kundenkatalog sogar multipliziert. Besonders unter dem Aspekt der Datenqualität, sind diese Lösungen nur explizit für kleinere Unternehmen mit geringem eProcurement-Bedarf zu empfehlen.

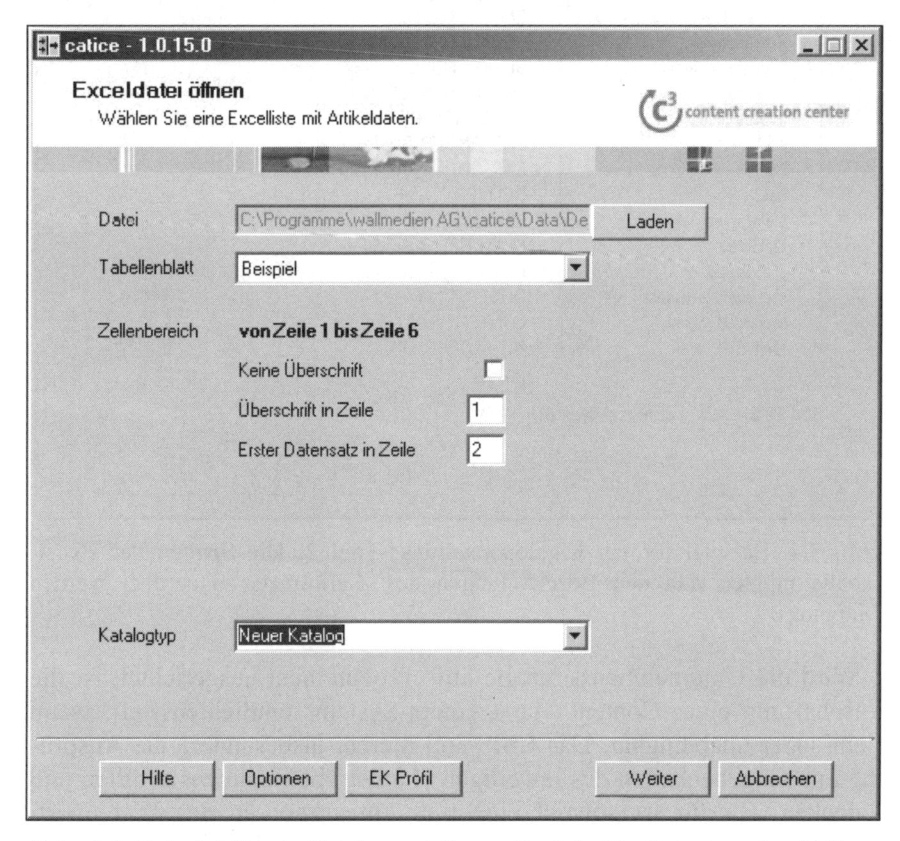

Abb. 5.3. Beispiel für ein Katalogerstellungs-Tool 1: Die Daten werden in Form einer Excel-Tabelle in die Software geladen.

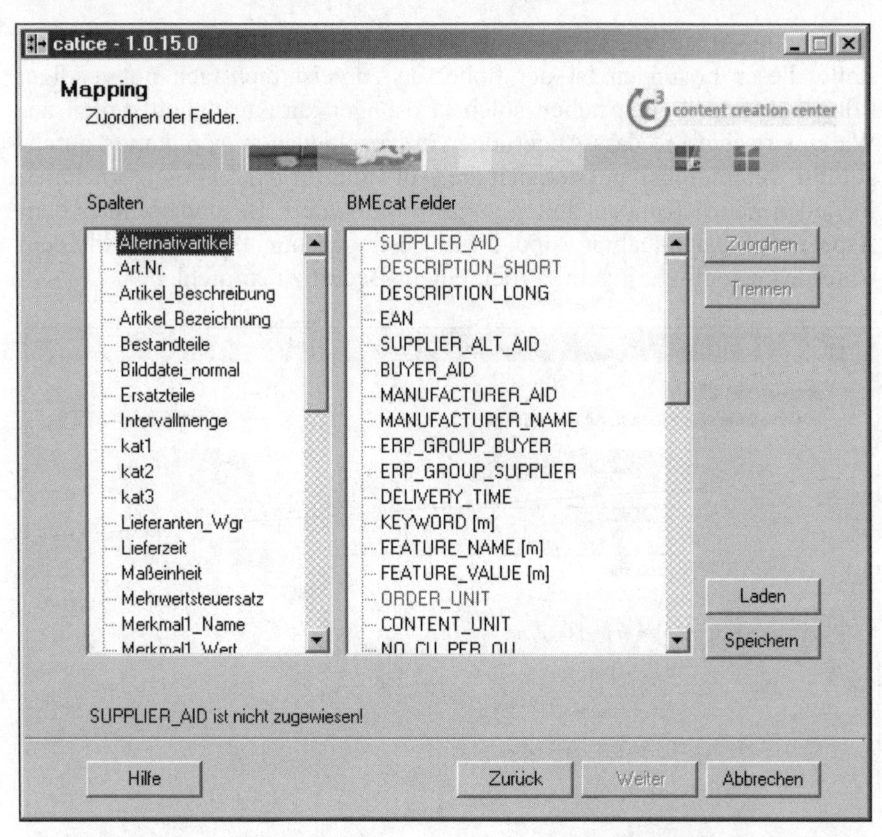

Abb. 5.4. Beispiel für ein Katalogerstellungs-Tool 2: Die Spalten der Excel-Tabelle müssen nun den Bezeichnungen des Zielformats zugeordnet werden (Mapping).

Wird die Unternehmensstrategie auf eProcurement ausgerichtet, ist die Anschaffung eines Content Management-Systems empfehlenswert, wenn nicht sogar unabdingbar. Das CMS soll hierbei insbesondere die Ansprüche und Gegebenheiten des jeweiligen Handelsunternehmens erfüllen und abdecken. Hierfür ist sowohl eine tiefe Integration in das Warenwirtschaftssystem des Unternehmens, als auch in eventuell vorhandene Zweit- oder Drittsysteme (z.B. eine Bilderdatenbank) notwendig. Die Schnittstelle stellt den Bezug zu einzelnen Datenbankfelder (z.B. der Artikelnummer) sicher. Nur so wird das Arbeiten aller Unternehmensabteilungen auf derselben Datenbasis sichergestellt und dadurch Mehraufwand vermieden. Ebenso sollte das CMS die vertriebliche Seite, also den Output des Unternehmens darstellen können. Sofern weiterhin Papierkataloge gedruckt werden, der eigene Webshop mit Inhalt gefüllt oder eine CD-Rom erstellt werden sollen, muss das CMS diese Cross Media Publishing-Funktionalitäten beherrschen. Da die Implementierung eines solchen Systems mit hohen Kosten verbunden und der Einsatz in der Regel langfristig geplant ist, sind besonders bei den Anforderungen die heutigen, aber auch die eventuelle noch kommenden Anforderungen sehr genau zu evaluieren.

Abb. 5.5. Beispiel für ein Katalogerstellungs-Tool 3: Nachdem alle wichtigen Angaben und Zuordnungen gemacht und vom Tool auf Richtigkeit geprüft wurden, wird der gewünschte Katalog (hier BMEcat) erstellt.

Der Einsatz kleiner Tools zur Katalogerstellung ist kostengünstig und schnell zu realisieren, bietet jedoch keine Integration in die bestehende System- und Arbeitslandschaft.

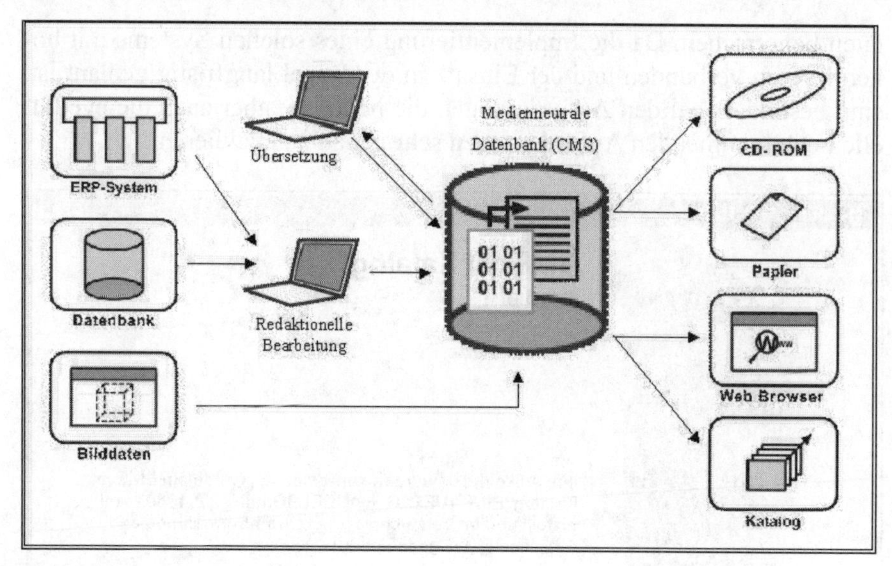

Abb. 5.6. Katalogerstellung

5.3 Fallbeispiele

5.3.1 Beispiel Lieferantenseite

Die HANDELS GmbH & Co. hat sich auf elektronische Beschaffung eingestellt. Der hanseatische Werkzeughersteller stattet Unternehmen mit Werkzeugen und Industriebedarfs aus. HANDELS gehört zu den führenden Anbietern dieser Branche und beliefert weltweit mehrere tausend Kunden. In enger Zusammenarbeit mit seinen Kunden liefert HANDELS der elektronischen Katalogplattform dieser Branche elektronische Produktkataloge.

Um auf dieser eCommerce-Plattform vertreten zu sein, musste HANDELS seine Produkte in elektronischer Form anbieten. die Kunden jeweils besondere Anforderungen hinsichtlich Rahmenverträgen, Produktsortiment, Artikel-Nummerierung oder Beschreibung haben, mussten die Kataloge entsprechend flexibel auf die unterschiedlichen Kundenwünsche angepasst werden. Dazu müssen die Katalogdaten in das jeweilige Format, das die Bestellsysteme der Kunden weiterverarbeiten können, konvertiert werden. Zum Beispiel sollen auf Kundenseite nur autorisierte Mitarbeiter die Produkte auswählen und bestellen dürfen, die für ihre Tätigkeit notwendig sind.

Der Einstieg ins elektronische Katalogmanagement führt automatisch zu einer engeren und langfristigeren Kunden-Lieferantenbeziehung!

Die Katalogdaten werden mit einer speziellen Software automatisch aufbereitet. Zunächst wurde aus den Daten des SAP R/3-Systems ein Masterkatalog erstellt, der dann von der Katalogsoftware verwaltet wird. Auf der Basis dieses Masterkatalogs entstehen dann individuelle Kataloge für die bereits im eProcurement tätigen HANDELS-Kunden. Die Teilnahme an der Plattform bietet HANDELS auch gute Chancen, das Geschäft auszuweiten und weitere Kunden zu gewinnen.

So haben schon verschiedene Kunden angekündigt, dass der klassische Einkauf mittelfristig eingestellt werden soll. Der Einstieg ins elektronische Katalogmanagement führt auch automatisch zu einer engeren und langfristigeren Kunden-Lieferantenbeziehung, weil die Systeme zur Bestell- und Auftragsabwicklung miteinander gekoppelt sind.

5.3.2 Beispiel Einkäuferseite

Die EINKAUFS AG gehört zu den Kunden von HANDELS und ist Teilnehmer der eCommerce-Plattform. Der Katalogmanager von Einkaufs meldet sich auf der Plattform an, nachdem er per E-Mail benachrichtigt wurde, dass HANDELS seinen aktuellen Katalog per Upload auf die Plattform geladen hat. Nach dem Anmeldevorgang sieht der EINKAUFS-Mitarbeiter alle Lieferanten seines Projektes. Er lädt die neue HANDELS-Datei in sein Katalog-Management-System und überprüft sie auf technische Korrektheit und vergleicht sowohl die Preise als auch das Sortiment mit den Vereinbarungen, die mit Handels getroffen wurden. Kleine Änderungen nimmt er sofort vor, sollten sich falsche Preise oder Artikelbeschreibungen eingeschlichen haben. Hat der Katalog alle Prüfungen überstanden, wird er in die Katalogsuchmaschine von EINKAUFS eingestellt. Hier wird festgelegt, welche Mitarbeiter den Katalog einsehen und darüber bestellen dürfen. Da der HANDELS-Katalog ausschließlich Werkzeuge für die Produktionsumgebung beinhaltet, haben beispielsweise die Angestellten von EINKAUFS keinen Zugriff auf diesen Katalog. Diese Handhabung hat einen entscheidenden Vorteil: Wenn ein Mitarbeiter in seiner Katalogsuchmaschine nach Artikeln sucht, müssen nicht jedes Mal alle vorhandenen Kataloge durchforstet werden, was einerseits die Suche beschleunigt, und andererseits Hardware in Form von Servern spart.

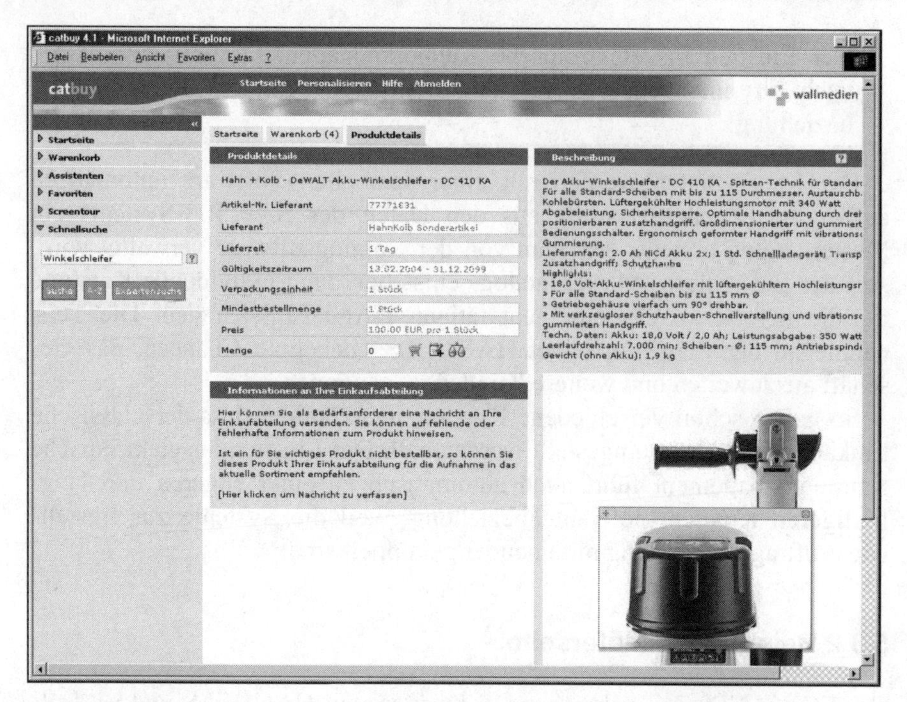

Abb. 5.7. Die optimale Darstellung der elektronischen Katalogdaten in einer marktüblichen Kataloglösung.

> Jeden Mitarbeiter nur für die Kataloge freizuschalten, die für ihn relevant sind, hat Vorteile in Bezug auf die Such-Performance und spart zudem Hardwarekosten.

Die Mitarbeiter der EINKAUFS AG bestellen jedoch nicht nur die Artikel von HANDELS über die Suchmaschine. Neben C-Artikeln – Güter mit einem geringen Nutzwertanteil und einem vergleichsweise hohen Beschaffungsaufwand – bildet das Unternehmen auch so genannte katalogisierbare Dienstleistungen elektronisch ab.

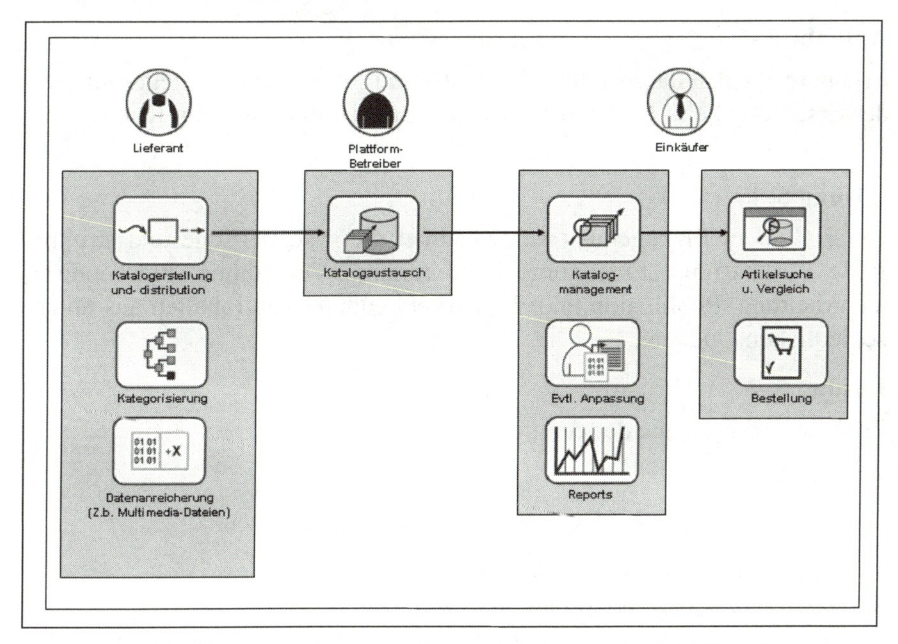

Abb. 5.8. Ablauf des Content- und Katalogmanagements mithilfe einer eCommerce-Plattform

5.4 Aufgaben

Aufgabe 5–1

Wie lautet die allgemeine Definition des Begriffes Content Management?

Aufgabe 5–2

Welche beiden Prozessschritte sind notweniger Bestandteil jedes Katalogmanagement-Prozesses?

Aufgabe 5–3

Bei der Vielfalt an Katalogformaten hat sich ein Grundformat als besonders effizient erwiesen. Die meisten Katalogformate sind Derivate dieses Standards. Um welches Format handelt es sich? Welche Möglichkeiten bietet es neben der reinen Übermittlung von Produktdaten?

Aufgabe 5–4

Aus welchem Grund ist die Verknüpfung der Katalogerstellungs- und Bearbeitungssysteme mit der existierenden Warenwirtschaft so wichtig, wenn ein Zulieferunternehmen seine Unternehmensstrategie auf eProcurement umstellt?

Aufgabe 5–5

Erläutern Sie den dargestellten Beispielablauf einer Katalogintegration von der Erstellung beim Lieferanten bis zur ersten Bestellung beim Kunden.

Lösung 5–1

Unter Content Management versteht man die systematische und strukturierte Beschaffung, Erzeugung, Aufbereitung, Verwaltung, Präsentation, Verarbeitung, Publikation und Wiederverwendung von Inhalten aus unterschiedlichen Quellen.

Lösung 5–2

Prüfung und Freigabe der elektronischen Kataloge

Lösung 5–3

Das Format heißt XML. Es bietet folgende Möglichkeiten:

- Abbildung von Katalogstrukturen,
- einheitliche Klassifizierung von Produkten,
- einheitliche Definition von Produktmerkmalen innerhalb von Produktgruppen,
- Einbindung multimedialer Informationen.

Lösung 5–4

Nur so kann gewährleistet werden, dass

- alle Abteilungen mit derselben Datenbasis arbeiten.
- auch weitere Prozessschritte wie das Erstellen von CDs effektiv eingebunden werden können.
- Mehraufwand durch redundante Bearbeitung von Artikelinformationen vermieden wird.

Lösung 5–5

Aufzählung der Prozessschritte aus der Grafik, unter Berücksichtigung der im Text genannten Vorteile der einzelnen Stationen.

6 Beschaffungsmanagement und eProcurement

Internetgestützte Beschaffungsprozesse – Electronic Procurement – sind ein wesentlicher und wichtiger Bestandteil des Supply Chain Management. Die Internettechnologie ist in der Lage, die Transparenz und ablauforganisatorische Effizienz der Beschaffungsprozesse zu steigern. Nach einer Untersuchung von A.T. Kearney bei 147 Unternehmen konnten diese durch eProcurement Kosteneinsparungen in Höhe von 19,1 Mrd. US$ erzielen. Dem standen Investitionen von insgesamt 1,5 Mrd. US$ entgegen.[111] Weiterhin seien seine folgende Beispiele für Erfolge durch eProcurement genannt:[112]

- General Electric spart jährlich 600 Mio. US$ ein, da 30% der Beschaffung online abgewickelt werden,
- das Electronic Procurement-System von IBM brachte in den ersten beiden Jahren der Anwendung Einsparungen in Höhe von 6,5 Mrd. US$,
- Glaxo SmithKline konnte die Einstandspreise für Rohstoffe und Dienstleistungen mittels Online-Auktionen um 12% senken,
- SAP senkte die durchschnittlichen Kosten für eine Beschaffungstransaktion von 166 Euro auf 29,60 Euro.

Die Beschaffungsfunktion nimmt zunehmend die Funktion eines Schnittstellenmanagement wahr. eProcurement kann in hohem Maße dazu beitragen, eine unternehmensübergreifende Wertschöpfungskette, die Lieferanten, Vorlieferenten, Unternehmen und Abnehmer umfasst in die unternehmerische Praxis umzusetzen.

6.1 Grundlagen des eProcurement

eProcurement findet seine Ursprünge in den seit den 70er Jahren existenten EDI-Verbindungen. Mittlerweile ist eProcurement über diese schon als traditionell zu bezeichnenden Formen der elektronischen Zusammenarbeit

[111] Vgl. e-procure Online-Newsletter (08.07.2002), unter www.e-procure.de
[112] Vgl. Wannenwetsch (2002a) S. 7f

hinaus insbesondere mit modernen Informations- und Kommunikationstechnologien verquickt. Vor allem das World Wide Web (WWW) und die E-Mail-Technik als Teil der Internettechnologie haben das Entstehen von eProcurement wesentlich beschleunigt und erst die überproportionalen Entwicklungssprünge im Rahmen des eSupply Chain Management ermöglicht.

Aus diesem Grund wird eProcurement an dieser Stelle als

- die Nutzung der Internettechnologie
- zur Unterstützung beschaffungsbezogener Aktivitäten

definiert.

Die Bedeutung der elektronischen Beschaffung in der Unternehmenspraxis ist bereits jetzt schon sehr hoch und wird noch weiter zunehmen. So prognostiziert die Gartner Group einen weltweiten Online-Umsatz von 8.500 Mrd. US$ im Bereich Business-to-Business (B2B) für das Jahr 2008. Über diese globale Betrachtung hinaus, erreicht das Online-Beschaffungsvolumen auch für einzelne Unternehmen eine nicht unbeachtliche Höhe. So hat die DaimlerChrysler AG im Jahr 2001 ein Einkaufsvolumen von zehn Mrd. Euro via eProcurement abgewickelt. Dies entspricht ca. einem Drittel des Beschaffungsvolumens, das der globale Automobilkonzern in neu abgeschlossenen Lieferverträgen vergeben hat.[113]

In Deutschland verzeichnet der elektronische Handel vor allem im Bereich Elektronik und Logistik enorme Zuwachsraten (vgl. Abb. 6.1.).

Als wichtige Bestandteile von eProcurement gelten die nachfolgend dargestellten Elemente.

Bestandteile von eProcurement

- Elektronische Beschaffungsmarktforschung und Beschaffungsmarketing
- Elektronische Marktplätze und virtuelle Agenten
- Elektronisches Wissensmanagement durch Internet und Intranet
- Elektronisches Supplier Relationship Management
- Desktop Purchasing Systeme

[113] Vgl. FAZ (12.08.2002) S. 16

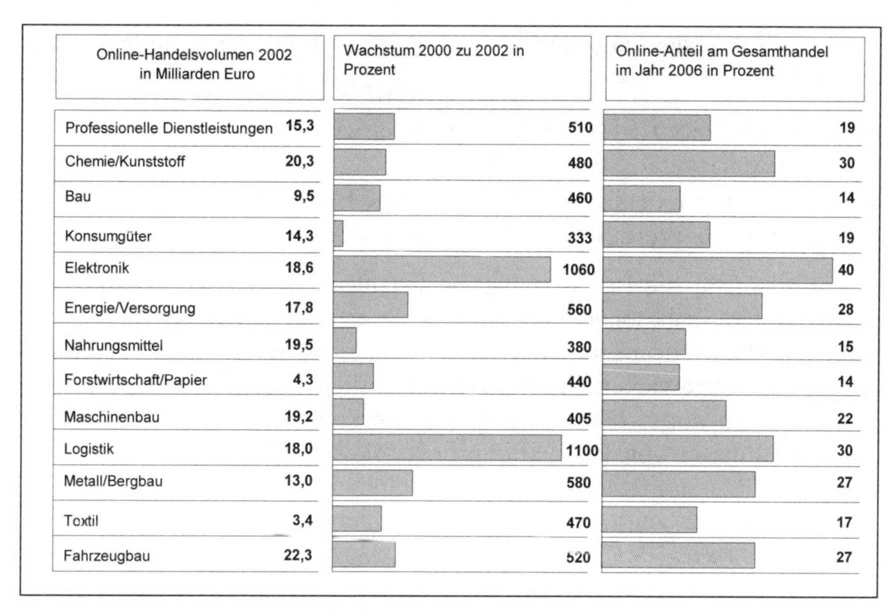

Online-Handelsvolumen 2002 in Milliarden Euro
Wachstum 2000 zu 2002 in Prozent
Online-Anteil am Gesamthandel im Jahr 2006 in Prozent
Professionelle Dienstleistungen 15,3 510 19
Chemie/Kunststoff 20,3 480 30
Bau 9,5 460 14
Konsumgüter 14,3 333 19
Elektronik 18,6 1060 40
Energie/Versorgung 17,8 560 28
Nahrungsmittel 19,5 380 15
Forstwirtschaft/Papier 4,3 440 14
Maschinenbau 19,2 405 22
Logistik 18,0 1100 30
Metall/Bergbau 13,0 580 27
Textil 3,4 470 17
Fahrzeugbau 22,3 520 27

Abb. 6.1. B2B Online-Handel in Europa[114]

Die Nutzungsmöglichkeiten von eProcurement werden wesentlich durch die Eigenschaften der Beschaffungsobjekte bestimmt. Zur Feststellung der Eignung bietet sich die Aufteilung der Artikel in folgende Gruppen an:[115]

Tabelle 6.1. Artikelgruppen im eProcurement

Artikelgruppen im eProcurement	
C-Artikel	Geringpreisige Artikel, die häufig katalogisierbar sowie standardisiert sind und einen geringen Erklärungsbedarf haben, wie Schrauben, Klebstoffe, etc.
MRO (Maintainance-Repair and Operations)-Artikel	Katalogisierbare und standardisierte Produkte, die nicht in das Enderzeugnis eingehen, wie: Werkzeuge, Büromaterialien, Maschinenschmierstoffe, etc.
Indirektes Material	Material, welches nicht direkt in das Enderzeugnis eingeht, wie etwa Büroartikel, etc.
Direktes Material	Direktes Material geht direkt in das Enderzeugnis ein, wie Gehäuse, Komponenten, etc.

[114] Quelle: FAZ (12.08.2002) S. 16
[115] Quelle: FAZ (12.08.2002)

Über diese Einteilung hinaus sind außerdem folgende Kriterien zu betrachten:

- Gewinneinfluss des Materials, Versorgungsrisiko,
- Bedarfskontinuität, Sourcing-Strategie,
- Bezugsart (systematische oder sporadische Beschaffung),
- zu erwartende Preisreduktion des Artikels/der Artikelgruppe.

Vor allem für die Beschaffung von C-Gütern bietet sich eProcurement an, dabei wird insbesondere der Bereich der operativen Beschaffung angesprochen. Beschaffungsprozesse in diesem Bereich können vollständig elektronisch abgewickelt werden. Der wesentliche Vorteil der Beschaffung von C-Gütern durch eProcurement liegt in einer günstigeren Gestaltung des Verhältnisses von Beschaffungsprozesskosten und wertmäßigem Anteil der C-Güter am Beschaffungsobjektvolumen.

Abbildung 6.2. zeigt, welche unterschiedlichen Anforderungen die Materialien besitzen.

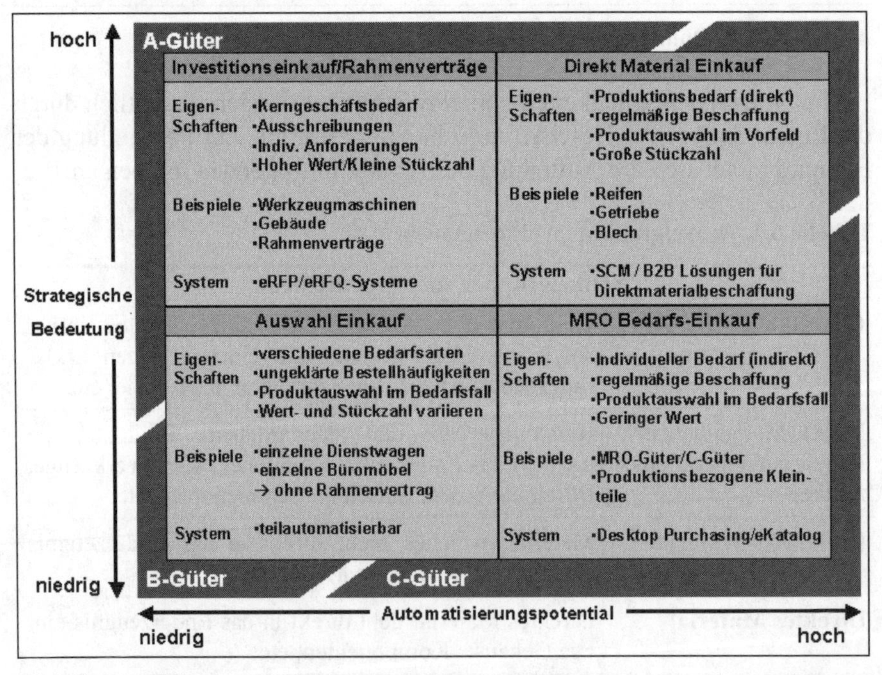

Abb. 6.2. Strategienportfolio im eProcurement

Inzwischen legen die Einlaufsabteilungen auch den Fokus auf die Beschaffung von komplexen, hochwertigen und/oder strategisch wichtigen A- und B-Materialien. Für diese Beschaffungsobjekte können

- durch die elektronische Beschaffungsmarktforschung eine intensive Marktanalyse und Marktbeobachtung durchgeführt werden,
- auf elektronischen Marktplätzen Preise und die Konditionen sorgfältig verglichen und verhandelt werden sowie
- durch Beschaffungsmarketing im Internet oder elektronisches Supplier Relationship Management zuverlässige und leistungsfähige Lieferanten gefunden und ausgewählt werden.

Grundsätzlich kann zur Strategienentwicklung festgehalten werden, dass bei geringpreisigen Produkten, deren Beschaffungsprozesskosten häufig den Beschaffungswarenwert übersteigen die Strategie der Prozesskostenminimierung anzuwenden ist, wohingegen bei hochpreisigen Produkten, eine Reduktion der Einstandspreise beabsichtigt wird.

Abbildung 6.3. zeigt, welche Beschaffungsobjekte bereits in der Praxis mittels eProcurement beschafft werden.

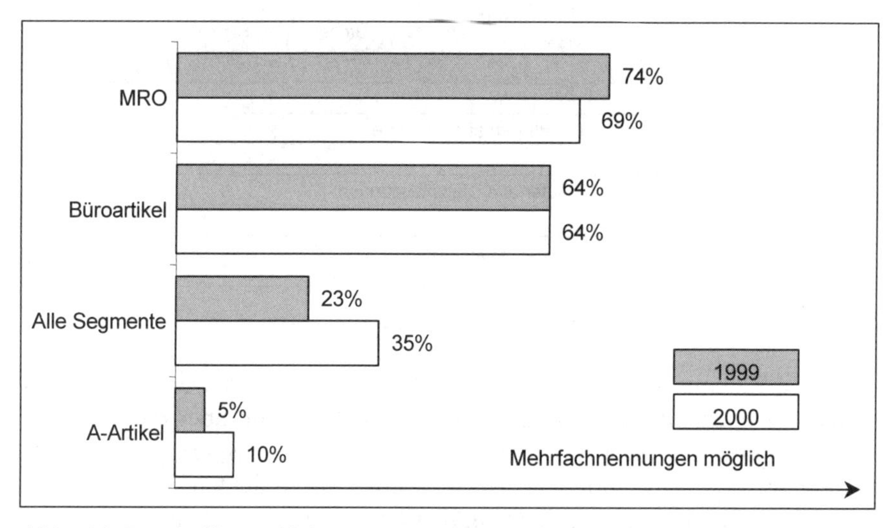

Abb. 6.3. Beschaffungsobjekte von eProcurement[116]

6.2 eProcurement als Teil des elektronischen Supply Chain Management

Supply Chain Management ist das aktive Managen der Supply Chain (Versorgungskette) eines Unternehmens mit dem Ziel, die Märkte bzw. die Kunden entsprechend ihren Wünschen mit attraktiven Waren und Dienst-

[116] Vgl. KPMG Consulting AG (2001) S. 8

leistungen zu versorgen und dadurch den Unternehmenserfolg zu steigern. Eine typische Supply Chain kann folgende Teilnehmer umfassen:

- Hersteller/Rohstoffproduzenten,
- Lieferanten und Vorlieferanten,
- das eigene Unternehmen,
- Zwischenhändler in Form des Groß- oder Einzelhandels sowie
- Endkunden.

Innerhalb dieser Supply Chain werden sowohl Waren und Dienstleistungen als auch Informations- und Geldströme gemanagt. Abbildung 6.4 stellt die Supply Chain grafisch dar.

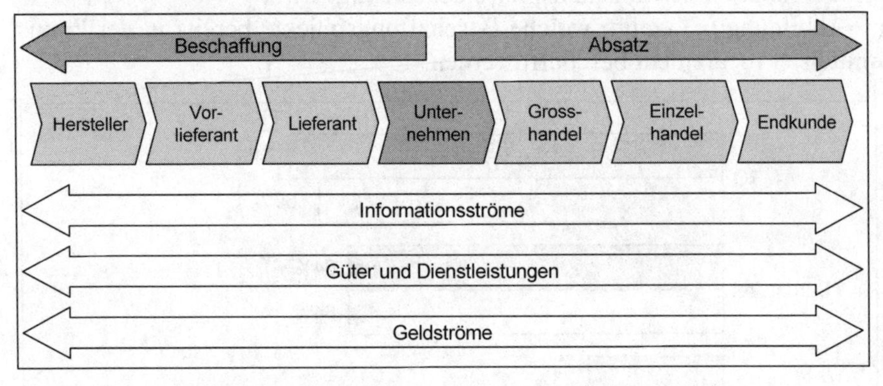

Abb. 6.4. Supply Chain Management

Eine effiziente Supply Chain ist ein wichtiger Wettbewerbsfaktor und Basis von nachhaltigen Konkurrenzvorteilen. Oft kann aber die optimale Ausgestaltung der Supply Chain in der Unternehmenspraxis nicht beobachtet werden. Eine mögliche Ursache einer ineffizienten Supply Chain liegt oft im Bereich der Beschaffung begründet. Probleme wie

- eine unübersichtliche Lieferantenbasis,
- die mangelnde Abstimmung von Beschaffungsaktivitäten innerhalb des Unternehmens oder
- kostenintensive und langwierige Beschaffungsprozesse

verhindern Kostensenkungen und Effizienzsteigerungen für das Gesamtunternehmen. Die Nutzung von eProcurement bietet wirkungsvolle Möglichkeiten, die traditionelle Wertschöpfungskette in ein elektronisch basiertes unternehmensübergreifendes Wertschöpfungsnetz, d.h. eine effiziente elektronische Supply Chain, zu transformieren. Die elektronische

Vernetzung der Unternehmen in der Supply Chain kann in der Praxis folgende Kostenvorteile bringen:

- Reduzierung der Beschaffungskosten von 125 Euro pro Bestellung auf 20 Euro pro Bestellung,
- Transparenzsteigerung innerhalb der Beschaffungskette (z.B. bessere Übersicht über Bestände),
- kostengünstigen und aktuellen Informationsaustausch (über Verkäufe und Nachlieferungen),
- schnelles Feedback über veränderte Kundenbedürfnisse und Geschäftsprozesse,
- verbesserte Planungs-, Koordinations- und Kontrollmöglichkeiten sowie
- die engere Verbindung zwischen dem Unternehmen und seinen Licferanten und Vorlieferanten.

Die Effekte einer optimierten elektronischen Supply Chain bestehen in[117]

- Reduktionen von Prozess-, Lagerhaltungs- und Betriebskosten,
- Zeitersparnis bei der Auftragsabwicklung (z.B. elektronische Datenübermittlung statt manueller Dateneingabe),
- Erhöhung der Kundenzufriedenheit und
- Verbesserung des Frühwarnsystems (z.B. Lieferengpässe, Kapazitätsengpässe).

6.3 eProcurement in der strategischen Beschaffung

eProcurement bietet die Möglichkeit, die Effektivität und die Effizienz der strategischen Beschaffungstätigkeit nachhaltig zu steigern. Dieses geschieht überwiegend durch die Schaffung elektronischer Verbindung zwischen den Marktpartnern sowie die elektronische Unterstützung der Transaktionsprozesse.

6.3.1 Marktforschung und Marketing im eProcurement

Der Umgang mit dem immateriellen Produktionsfaktor „Information“ ist ein Kriterium, an dem erfolgreiche von nicht erfolgreichen Unternehmen unterschieden werden können. Nur diejenigen Unternehmen, die es verstehen, Informationen auf effizientem Wege zu beschaffen, verarbeiten, aus-

[117] Vgl. Schinzer (1999) S. 858

zuwerten und zeitgerecht an die Entscheidungsträger im Unternehmen zu distributieren, sind langfristig in der Lage, sich im Wettbewerb erfolgreich gegenüber den Konkurrenten zu platzieren. Vor diesem Hintergrund spielt die Beschaffungsmarktforschung eine wichtige Rolle.

Mit sich ändernden Bedingungen auf den Absatz- und Beschaffungsmärkten ist es als Hersteller und Abnehmer zunehmend auch von Bedeutung im Rahmen des Beschaffungsmarketings um die Gunst von Lieferanten zu werben.

6.3.2 Beschaffungsmarktforschung Online

Der Beschaffungsmarktforschung – als einem wesentlichen Element der informationsbezogenen Supply Chain – kommen u.a. folgende Aufgaben zu:[118]

- Bestimmung des Informationsbedarfs und Informationssuche sowie
- Informationsaufbereitung.

Zielsetzung der Beschaffungsmarktforschung ist die Erhöhung der Markttransparenz. Durch eProcurement kann das beschaffende Unternehmen neue Informationsmöglichkeiten erschließen. Dies geschieht durch die Nutzung des Internet für die Beschaffungsmarktforschung. Das Internet bietet sich aufgrund seiner hohen Informationsdichte sowie der permanenten und nahezu kostenlosen Zugriffsmöglichkeiten als wirkungsvolles Recherchemedium an. Der Suchraum der Beschaffungsmarktforschung kann – in Abhängigkeit von den Produktcharakteristika – international ausgeweitet werden.

- Zum einen kann ein direkter Zugriff auf die Internetpräsenzen von Lieferanten bzw. Herstellern erfolgen. Informationen über Lieferanten und deren aktuelle Lieferprogramme können schnell beschafft werden.
- Zudem können in einem strategischen Kontext proaktiv Marktkenntnisse aufgebaut, Markttrends erkannt und anschließend bewertet werden.
- Zum anderen können Dienstleister im Internet genutzt werden, die Marktforschungstätigkeiten des beschaffenden Unternehmens erleichtern und/oder ergänzen. Dabei ist einerseits an redaktionell bearbeitete Internetseiten zu denken, die Beschaffungsmarktinformationen (in der Regel kostenlos) anbieten. Informationen werden hier bereits in strukturierter und themenspezifischer Form angeboten. Andererseits können Suchdienste zur effizienten Suche nach Lieferanten und Herstellern in Anspruch genommen werden.

---

[118] Vgl. Hammann, Lohrberg (1986) S. 73f u. Melzer-Ridinger (1994) S. 29f

Ein Unternehmen, das sowohl qualitative und quantitative Beschaffungsmarktinformationen als auch umfangreiche Firmenverzeichnisse bereitstellt, ist Beschaffungswelt.de. So kooperiert Beschaffungswelt.de u.a. mit den renommierten Unternehmen WLW, EUROPAGES, TREM und YellowMap. Abbildung 6.5. zeigt die Suchmaske der Firmendatenbank und listet weitere nützliche Internetquellen für die Beschaffungsmarktforschung auf.

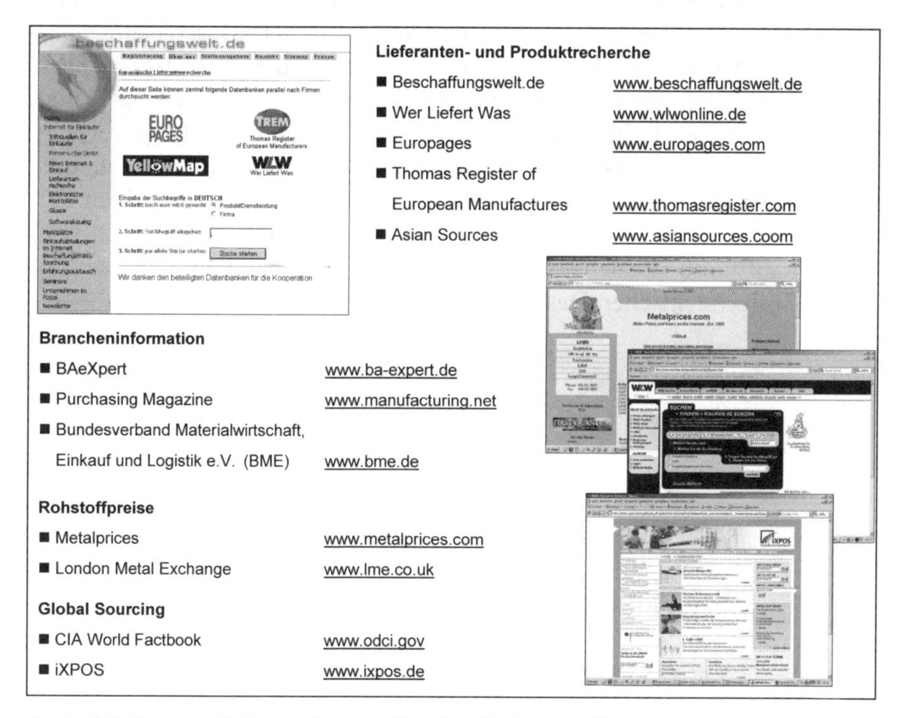

Abb. 6.5. Internet-Informationsquellen für die Beschaffung

Die Lieferantendatenbank von Beschaffungswelt.de hat u.a. folgende Eigenschaften und Vorteile.

- Beschaffenden Unternehmen wird die Möglichkeit eines Direktzugriffs auf eine Firmendatenbank mit ca. 70.000 Lieferanten gegeben, ohne die Suchanfrage mehrmals eingeben zu müssen.
- Es besteht die Recherchemöglichkeit in vier Firmendatenbanken gleichzeitig.
- Zudem kann die genaue Position von möglichen Lieferanten bzw. Herstellern durch eine Verbindung zu YellowMap online angezeigt werden.

- Es können unternehmensindividuelle Anfragelisten erstellt, Firmen nach Größe und Standort ausgewählt sowie Sammelanfragen per E-Mail an diese gerichtet werden.

6.3.3 Beschaffungsmarketing via Procurement-Homepage

Die permanente Präsenz des Internet kann von beschaffenden Unternehmen auch genutzt werden, um zeit- und kosteneffizient Beschaffungsmarketing zu betreiben. Dazu richten Unternehmen für die Beschaffungsfunktion spezielle Interseiten so genannte Procurement oder Purchasing Homepages ein. Die Beschaffungsbereiche werden dadurch in die Lage versetzt, sich einem breiten Spektrum an potenziellen Lieferanten sowie anderen Stakeholdern der Beschaffung als einen potenziellen und attraktiven Abnehmer darzustellen. Besonders auch mittelständische Unternehmen können sich auf diese Weise als attraktive Abnehmer darstellen, wie das Beispiel des österreichischen Designermöbelherstellers Team7 zeigt.

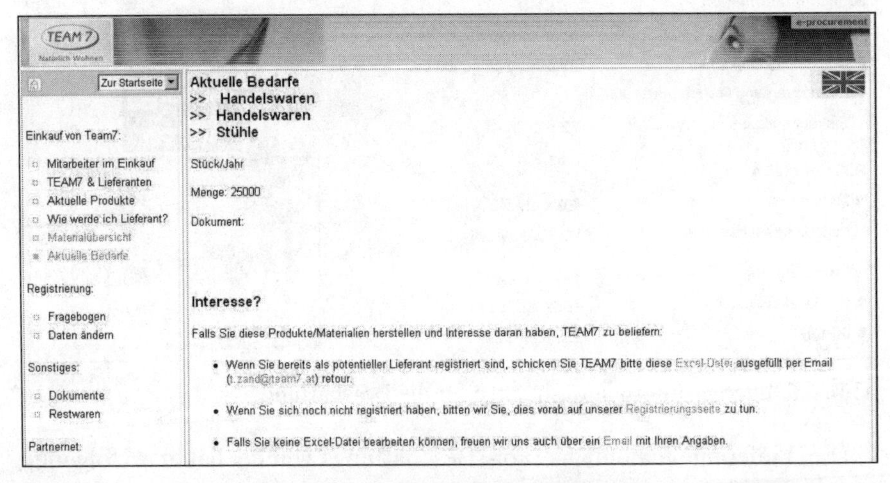

Abb. 6.6. Procurement Homepage des mittelständischen Möbelherstellers Team7[119]

Die besonderen Vorteile einer selbstverständlich mehrsprachigen Beschaffungs-Homepage ergeben sich hauptsächlich aus der nahezu kostenlosen Bereitstellung von Informationen bezüglich der Beschaffungsfunktion im allgemeinen und der benötigen Beschaffungsobjekte im besonderen. Zudem kann der Prozess einer ersten Kontaktaufnahme eines neuen

[119] Quelle: Team7, unter http://team7.purchasing.at

Lieferanten bis zu dessen Etablierung als permanentem Lieferant durch die Elimination von manuellen Prozessschnittstellen sowie der elektronischen Unterstützung der Informationsaustauschprozesse deutlich schneller erfolgen.

Die Procurement-Homepage enthält daher in der Regel folgende Bereiche bzw. stellt folgende Informationen bereit:

- Darstellung der Beschaffungsfunktion (Einkaufsvolumina, Lieferantenanzahl, Aufbaustruktur, regionale Verteilung, etc.),
- Präsentation der Beschaffungsstrategie (Anforderungen an gegenwärtige sowie zukünftige Lieferanten, Beschaffungsbedingungen, Beschaffungspolitik, etc.),
- Darstellung der Bedarfsstruktur (multimediale Darstellung der benötigten Beschaffungsobjekte, Qualitätsanforderungen, etc.),
- Kontaktadressen der Beschaffung (Ansprechpartner, E-Mail-Adressen, Telefonnummern, postalische Adresse, Wegbeschreibung, etc.),
- Prozesse zur Vorselektion von Lieferanten (Lieferantenselbstauskunft, interaktiver Online-Fragenbogen, etc.).

Die Vorteilhaftigkeit einer Procurement Homepage haben bereits zahlreiche Unternehmen wie beispielsweise die Volkswagengruppe, Sony, BASF, Toshiba, Preussen Elektra, Merck, Deutz oder BMW erkannt. Die folgende Abb. 6.7. zeigt das Beschaffungsportal der Bayer AG, das neben Informationen zu Bedarf und Angeboten sowie Ansprechpartnern auch die Anforderungen an Lieferanten erläutert.

Während die Beschaffungs-Homepage einerseits die Aufgabe hat, alternative und attraktive Lieferquellen zu entdecken und zu erschließen, müssen andererseits unqualifizierte Lieferanten bereits im Vorfeld ausselektiert werden. Dazu kann die Beschaffungs-Homepage die Schnelligkeit und Interaktivität des Internet nutzen. Zum einen können Lieferantenbewerbungsformulare zum Download bereitgehalten werden. Die Notwendigkeit einer Kontaktaufnahme durch den Lieferanten mit der Beschaffungsfunktion und das postalische Versenden der Formulare an den Lieferanten entfällt dadurch.

Zum anderen kann der Lieferantenbewerbungsprozess interaktiv durch die Beschaffungs-Homepage geleitet werden. Im Rahmen von Online-Formularen erhalten Lieferanten die Möglichkeit, Informationen wie Standort, Branchenerfahrung, Belieferung von Konkurrenzunternehmen, Qualitätszertifizierungen, Referenzen, etc. zu übermitteln. Ungeeignete Lieferanten können bereits in dieser frühen Phase durch die Anwendung von Ausschlusskriterien vom weiteren Bewerbungsprozess ausgeschlossen werden, bevor ein Mitarbeiter der Beschaffung erstmalig in den Prozess eingreifen muss.

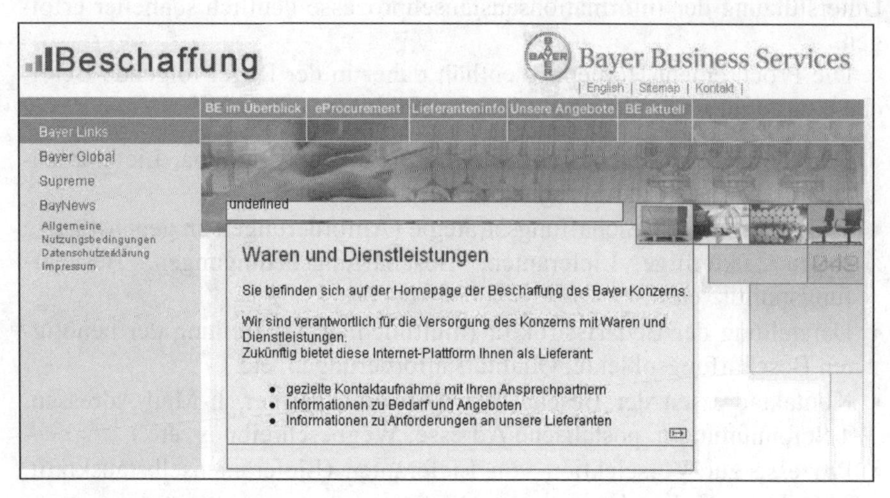

Abb. 6.7. Beschaffungsportal der Bayer AG

6.3.4 Elektronische Marktplätze

Elektronische Marktplätze stellen virtuelle Orte im Internet dar, an denen einer Vielzahl von Anbietern und Nachfragern die Möglichkeit gegeben wird, Geschäftstransaktionen vorzubereiten und teilweise bzw. vollständig durchzuführen.

Mehr als 1.000 Hauptlieferanten des Siemens-Konzerns nutzten in 2002 den Siemens-Marktplatz „click2procure". Für 2003 wurde die Anbindung von 10.000 strategischen Geschäftspartnern angestrebt. Siemens wickelt 24% des Beschaffungsvolumen von rund 38 Mrd. Euro elektronisch ab.[120]

Für das beschaffende Unternehmen sind elektronische Marktplätze in der Regel mit Einstandspreisreduktionen für Beschaffungsobjekte sowie Effizienzsteigerungen bezüglich des Beschaffungsprozesses verbunden. Darüber hinaus werden die elektronischen Marktplätze auch zunehmend genutzt, um auf elektronischem Wege zu kooperieren und die Marktplätze zu elektronischen Wertschöpfungsnetzwerken auszubauen.

120 Vgl. e-procure Newsletter (09.12.2002)

Selektionskriterium	☑	
Phase des Beschaffungsprozesses	☐	Informationsphase
	☐	Vereinbarungsphase
	☐	Transaktionsphase
	☐	Servicephase
Beschaffungsobjekt	☐	C-Güter
	☐	A-/B-Güter
Ausrichtung des Marktplatzes	☐	horizontal/branchenübergreifend
	☐	vertikal/branchenspezifisch
Zugang zum Marktplatz	☐	offen
	☐	geschlossen
Transaktionsmechanismus	☐	Ausschreibung
	☐	Schwarzes Brett
	☐	Auktion
	☐	Katalog
Gebührenmodell	☐	Fixe Gebühren
	☐	Nutzungsabhängige Gebühren
	☐	Anteil an Transaktionsvolumen oder Einsparungen
	☐	Finanzierung über Dienstleistungen
	☐	Finanzierung über Werbung
	☐	Finanzierung über Datenverkauf
Abhängigkeit	☐	neutraler Marktplatzbetreiber
	☐	von bestimmten Unternehmen etabliert/dominiert
Sonstige Kriterien	☐	Teilnahme von Servicedienstleistern
	☐	Teilnahme von Logistikdienstleistern
	☐	Angebot von Value Added Services
	☐	Anzahl der Teilnehmer

Abb. 6.8. Selektionskriterien für elektronische Marktplätze

Elektronische Marktplätze können folgende Funktionen und Aufgaben erfüllen:[121]

- Suche von Lieferanten,
- sammeln von Produktinformationen,
- erkunden von Branchentrends,
- ausschreiben von Bedarfen,
- verhandeln von Preisen und Lieferkonditionen,
- gemeinsame Produktentwicklung mit Lieferanten,
- Zahlungstransaktionen.

[121] Vgl. Bogaschewsky, Müller (2000) S. 10ff u. Picot, Reichwald, Wigand (2001) S. 340ff u. Wirtz (2001) S. 331ff

Klassifizierung von elektronischen Marktplätzen

Zur Unterscheidung von elektronischen Marktplätzen bieten sich u.a. die Kriterien Ausrichtung, Zugang und Transaktionsmechanismen an (vgl. Abb. 6.9.).

Hinsichtlich der Ausrichtung von elektronischen Marktplätzen kann zwischen horizontalen und vertikalen Marktplätzen unterschieden werden.

- *Horizontale Marktplätze* bieten ein Sortiment von Waren und Dienstleistungen an, das von Unternehmen unabhängig von deren Branche nachgefragt wird. Als Beispiele können Sicherheitsdienstleistungen, Büromöbel oder Hygieneartikel genannt werden.
- *Vertikale Marktplätze* beschränken sich demgegenüber auf den Bedarf einer oder weniger Branchen. Vertikale Marktplätze existieren beispielsweise im Elektroniksektor (VirtualChip-Exchange, WireScout), im Bereich (gebrauchter) Anlagegüter (Dovebid, GoIndustry) oder in der Chemiebranche (CheMatch, ChemConnect).

Außerdem unterscheiden sich Marktplätze durch die Form des Zugangs für die Anbieter und Nachfrager.

- *Offene Marktplätze* stehen grundsätzlich – teilweise nach einer vorherigen Registrierung und/oder Bonitätsprüfung – allen Teilnehmern offen.
- *Geschlossene Marktplätze* schränken die Zahl der Teilnehmer aufgrund unternehmenspolitischer Gründe ein.

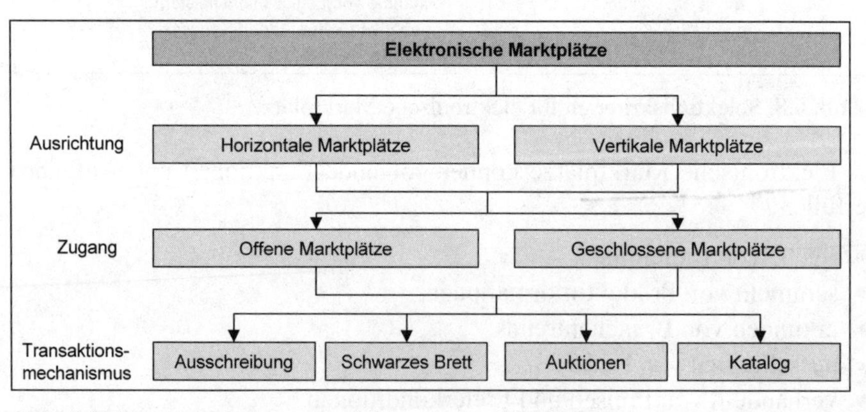

Abb. 6.9. Systematisierung von elektronischen Marktplätzen

Unabhängig von der Ausrichtung und der Art des Zugangs sind die verwendeten Transaktionsmechanismen der Marktplätze. Grundsätzlich kann zwischen folgenden Transaktionsformen unterschieden werden:

- Ausschreibungen,
- Schwarzen Brettern,
- Auktionen und
- elektronischen Katalogen.

Dabei kann auf einem Marktplatz nur ein Handelsmechanismus angewendet werden oder aber mehre Handelsmechanismen werden nebeneinander, je nach Wunsch der Nutzer und der Art der gesuchten bzw. angebotenen Beschaffungsobjekte, etabliert.

Im Rahmen einer *Ausschreibung* kann das beschaffende Unternehmen die gewünschten Beschaffungsobjekte publizieren. Diese Nachfrage wird entweder allen Marktplatzteilnehmern oder einer vorab definierten Auswahl zugänglich gemacht. Hersteller oder Lieferanten werden über neue Ausschreibungen in der Regel elektronisch benachrichtigt.

Bei *Auktionen* handelt es sich um einen zeitlich sowie oft in der Zahl der Teilnehmer begrenzten Transaktionsmechanismus. Bei den lieferantenseitigen Auktionen werden in der Regel Standardprodukte, Überschussproduktionen oder Restbestände seitens der Lieferanten bzw. Hersteller angeboten. Demgegenüber schreiben bei nachfragerseitigen Auktionen bzw. Reverse Auctions die beschaffenden Unternehmen ihren Bedarf auf dem Marktplatz aus.

Es werden verschiedene Auktionsformen unterschieden, wie Tabelle 6.2. verdeutlicht.

Tabelle 6.2. Arten von Auktionen[122]

Arten von Auktionen	
Bundle Auction	Einzelpositionen werden zu einer Gesamtauktion gebündelt und ausgeschrieben. Der Zuschlag erfolgt auf das Gesamtpaket.
Englische Auktion	Angebote sind für alle Teilnehmer offen sichtbar. Der Preis steigt solange, bis keine höheren Angebote mehr eingehen.
Holländische Auktion	Der Anfangspreis ist der Höchstpreis; dieser sinkt in festgelegten Schritten
Japanische Auktion	Der Anfangspreis ist der niedrigste Preis; dieser steigt in festgelegten Schritten.
Ranking Auction	Anbieter sehen die Gebote der Mitbieter nicht, sondern nur ihren eigenen Rang.

[122] Quelle: BME-Jahrbuch eProcurement (2002/2003) S. 162f

Arten von Auktionen	
Reverse Auction	Umgekehrte Auktion, bei der ein Preis vorgegeben wird, der dann von potenziellen Anbietern Schritt für Schritt in einer vorgegebenen Zeit unterboten werden kann.
Scorecard Auction	Jeder Lieferant erhält eine interne Bewertung, die neben dem Preis in das Ergebnis einfließt.
Vickrey Auktion	Benannt nach dem Erfinder und Nobelpreisträger William Vickrey. Wie bei einer Höchstpreisauktion gibt jeder Teilnehmer ein geheimes Gebot ab. Bei einer Verkaufsauktion (Einkaufsauktion) erhält der Teilnehmer mit dem höchsten (niedrigsten) Gebot den Vertragszuschlag, muss aber nur den Preis für das zweithöchste (zweitniedrigste) Gebot zahlen.

Schwarze Bretter eigenen sich demgegenüber eher für nicht standardisierte Beschaffungsobjekte. Deren Spezifikationen werden – ähnlich den Anzeigen in Fachzeitschriften – nach Rubriken geordnet und an einer elektronische Pinwand inseriert. Je nach Wunsch des beschaffenden Unternehmens können Hersteller und Lieferanten auf RFQs (Request for Quotations), RFPs (Request for Proposal) oder RFIs (Request for Information) antworten.

Tabelle 6.3. Ausschreibungsbegriffe

Ausschreibungsbegriffe	
Request for Information (RFI)	Aufforderung an Lieferanten, Informationen zu einer Anfrage abzugeben.
Request for Proposals (RFP)	Aufforderung an Lieferanten, ein Angebot für ein Produkt oder eine Dienstleistung abzugeben, das bzw. die schwierig zu beschreiben ist.
Request for Quotation (RFQ)	Aufforderung an Lieferanten, ein Angebot für ein Produkt oder eine Dienstleistung abzugeben, das bzw. die einfach zu beschreiben ist.

Der *elektronische Katalog* ähnelt dem traditionellen papierbasierten Katalog. Allerdings ist die Leistungsfähigkeit des elektronischen Kataloges wesentlich erweitert. Er bietet die Möglichkeit, Produkte entlang von Produkthierarchien oder durch Eingabe von Artikelnamen, Lieferantennamen oder Artikelnummern zu suchen. Neben textbasierten Informationen und grafischen Abbildungen ist der elektronische Katalog auch fähig, Detailinformationen über Beschaffungsobjekte in Form von Audio- und Videosequenzen aufzunehmen und darzustellen.

Im Zusammenhang mit elektronischen Marktplätzen können so genannte *virtuelle Agenten* eingesetzt werden.[123] Dabei handelt es sich um intelligente Softwareprogramme, die fähig sind bestimmte Informationsquellen im Internet aufzuspüren und aus diesen Quellen die für den Benutzer relevanten Beschaffungsmarkt-, Absatzmarkt- oder Lieferanteninformationen herauszufiltern und in übersichtlicher Form darzustellen. Virtuelle Agenten können auch die Preise für bestimmte Beschaffungsobjekte beobachten und selbständig bestimmte Transaktionen wie Preisverhandlungen durchführen. Zur Zeit handelt es sich noch um einfache Systeme, deren Einsatzmöglichkeit durch künftige Weiterentwicklungen steigen wird.

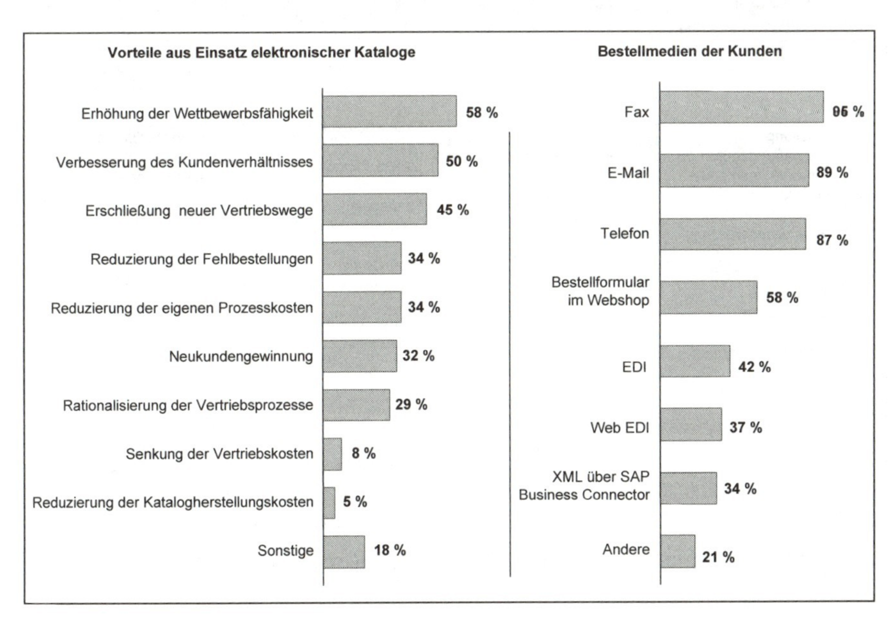

Abb. 6.10. Lieferanten-Erfahrungen mit Beschaffung im Internet[124]

Ablauf einer Reverse Auction

Zunächst werden die gesuchten Eigenschaften wie Menge, Qualität und Lieferkonditionen der Beschaffungsobjekte genau spezifiziert. Anschlie-

---

[123] Vgl. im Folgenden Malone, Yates, Benjamin (1987) S. 496f u. Bogaschewsky (1999) S. 20 u. Bogaschewsky, Kracke (1999) S. 116 u. Hamm, Brenner (1999) S. 144f u. Müller (1999) S. 228

[124] Quelle: FAZ (07.07.2003) S. 18

ßend werden mögliche Lieferquellen im Rahmen einer Vorauswahl kontaktiert. Dabei erfolgt eine Prüfung der Leistungsfähigkeit der Lieferanten (Qualität, Liefertreue, finanzielle Stärke, Serviceleistungen).

Nun werden die ausgewählten Lieferanten zur Teilnahme an der Reverse Auction eingeladen und in die Auktionsbesonderheiten/-abläufe eingewiesen. Innerhalb eines vorher festgelegten Zeitraumes (etwa zwei Stunden) können die potenziellen Lieferanten anonym ihre Angebote abgeben. Unter Hinzuziehen der vorab ermittelten Kriterien zur Preiskomponente wird der unter Total Cost Gesichtspunkten günstigste Anbieter ermittelt. Schließlich wird der Gewinner benachrichtigt und die Transaktion vollzogen. Grafik 6.11. verdeutlicht die Phasen einer Reverse Auction.

Abb. 6.11. Vorbereitung und Durchführung einer Reverse Auction[125]

Der Anteil der Unternehmen, die derartige Auktions-Tools nutzen betrug Ende 2002 27,2%. GlaxcoSmithKline senkte durch Anwendungen von Online-Auktionen die Einstandspreise für Rohstoffe und Dienstleistungen um 12%. Rund zehn Mrd. Euro Einkaufsvolumen hat Daimler Chrysler 2001 über mehr als 500 eAuktionen abgewickelt.[126] Abbildung 6.12. zeigt den Verlauf einer Reverse Auction des Auktionsanbieters Openshop. Der Graph verdeutlicht, wie der Preis innerhalb des zweistündigen Auktionsverlaufs deutlich gesunken ist.

---

[125] Vgl. Wildemann (2001) S. 121

[126] Vgl. Wannenwetsch (2004a) S. 180

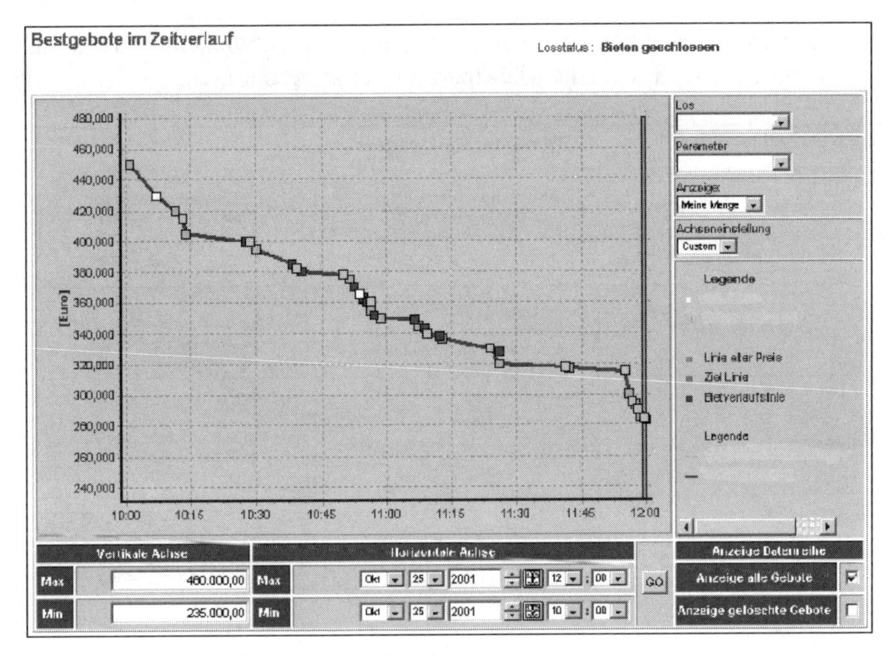

Abb. 6.12. Verlauf einer Reverse Auction[127]

Die Deutsche Bahn AG hat seit der Einführung ihrer Anfrage- und Auktionsplattform im Sommer 2002 bis Ende 2003 Aufträge für mehr als eine Milliarde Euro elektronisch vergeben, darunter 250 Strecken-Diesel-lokomotiven.[128] Das gesamte Einkaufsvolumen in 2002 betrug 13 Mrd. Euro. Die Erfolge bei Reverse Auctions lagen zwischen 0% und 40% der direkten Beschaffungskosten. Konkret erzielte die Bahn im Bereich Material/maschinelle Anlagen durch virtuelle Preisverhandlungen folgende Preisreduktionen:

- Atemschutzgeräte -58,2 %
- Rollpalette -35,1 %
- Funksprechgeräte -33,9 %
- Schleifkorbtrage -32,8 %
- Wärmebildkameras -3,6 %

Die Bahn berichtet, dass Lieferanten teilweise versuchen, durch ihr Verhalten die Effekte einer elektronischen Auktion zu beeinflussen. Dies gefährdet den Erfolg einer elektronischen Auktion. Daher gilt es, diese

[127] Quelle: Firma Openshop eBusiness (2004)

[128] Vgl. Deutsche Bahn AG (2003) S. 25f

Maßnahmen zu erkennen und Abwehrstrategien zu entwickeln. Abbildung 6.13. zeigt, welche Tricks die Marktpartner gerne beschreiten.

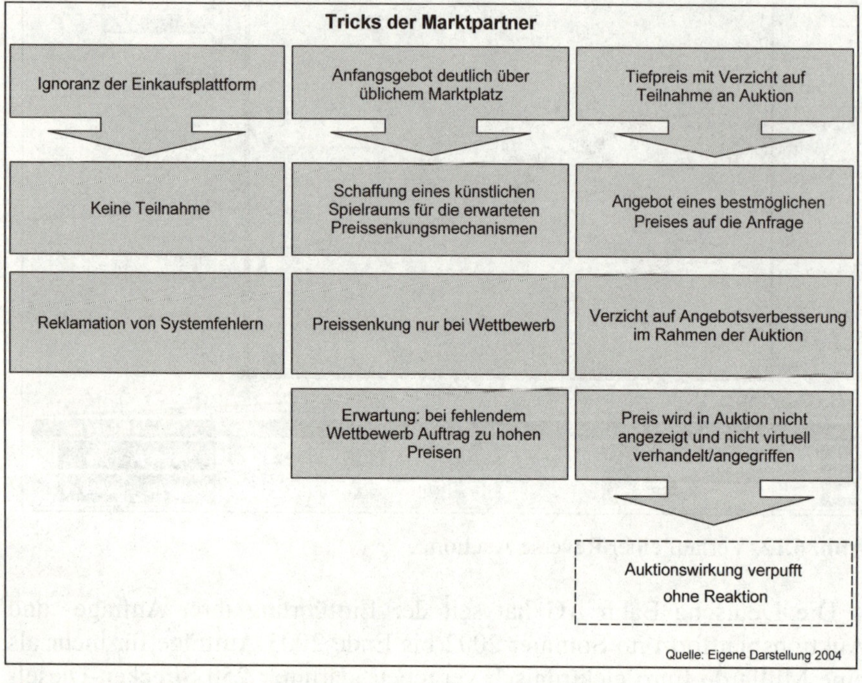

Abb. 6.13. Tricks der Marktpartner[129]

Der Mischkonzern General Electric nutzt Online-Auktionen bereits in großem Umfang. So wurden im Jahr 2000 Online-Auktionen mit einem Volumen von 6,4 Mrd. US$ durchgeführt. Für das Jahr 2001 wurde ein Volumen von 15 Mrd. US$ angestrebt.[130] Den optimierten Prozessablauf einer Auktion auf einem elektronischen Marktplatz verdeutlicht Abb. 6.14.

Abschließend sind als *Vorteile* von Reverse Auctions zu nennen:

- preisfokussiert ,
- zeitsparend,
- geringe Transaktionskosten.

[129] In Anlehnung an Quelle: Deutsche Bahn AG (2003)
[130] Vgl. Schmidt (2001) S. 29

Dem stehen als *Nachteile* entgegen:

- Preisfokussierung vernachlässigt andere Komponenten,
- kaum Wiederholungseffekte,
- Risiko bei unbekannten Bietern,
- ggf. hohe Gebühren.

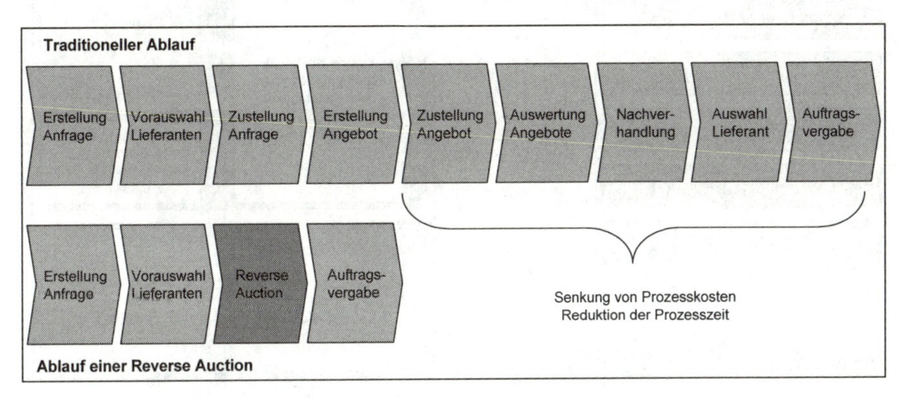

Abb. 6.14. Prozessablauf einer Online-Auktion

Einsparungen durch Marktplätze – Praxisbeispiel emaro AG

Ein Fallbeispiel der emaro AG zeigt, dass die Nutzung eines elektronischen Marktplatzes neben einer Prozesskostenreduktion auch die Senkung der Kosten für Katalogmanagement und Lieferantenanbindung ermöglicht (vgl. Abb. 6.15.). Das untersuchte Industrieunternehmen hat 5.000 Mitarbeiter, einen Jahresumsatz von 800 Mio. Euro und ein Beschaffungsvolumen indirekter Güter von etwa 15 Mio. Euro jährlich.

Die Bearbeitung einer herkömmlichen papierbasierten Bestellung dauerte über 100 Minuten, was in der Hochrechung auf jährlich 18.000 Bestellungen Prozesskosten von 2,3 Mio. Euro ergibt. Mit Einführung einer eProcurement-Lösung kann die Bearbeitungszeit durch Automatisierung von Tätigkeiten auf 37 Minuten reduziert werden. Die Gesamtprozesskosten sinken auf 0,8 Mio. Euro, woraus sich ein theoretisches Einsparpotential von 1,5 Mio. Euro ergibt.

Dem stehen jedoch Kosten für das Katalogmanagement und die Lieferantenanbindung gegenüber, wobei mehrere Länder und Sprachen zu integrieren waren. Dazu wurde ein Bedarf von zehn Mitarbeiter veranschlagt. Die dafür anfallenden Kosten in Höhe von 1,3 Mio. Euro entsprechen fast den kalkulierten Einsparungen, dabei sind noch keine anfallenden Hard- und Softwarekosten berücksichtigt.

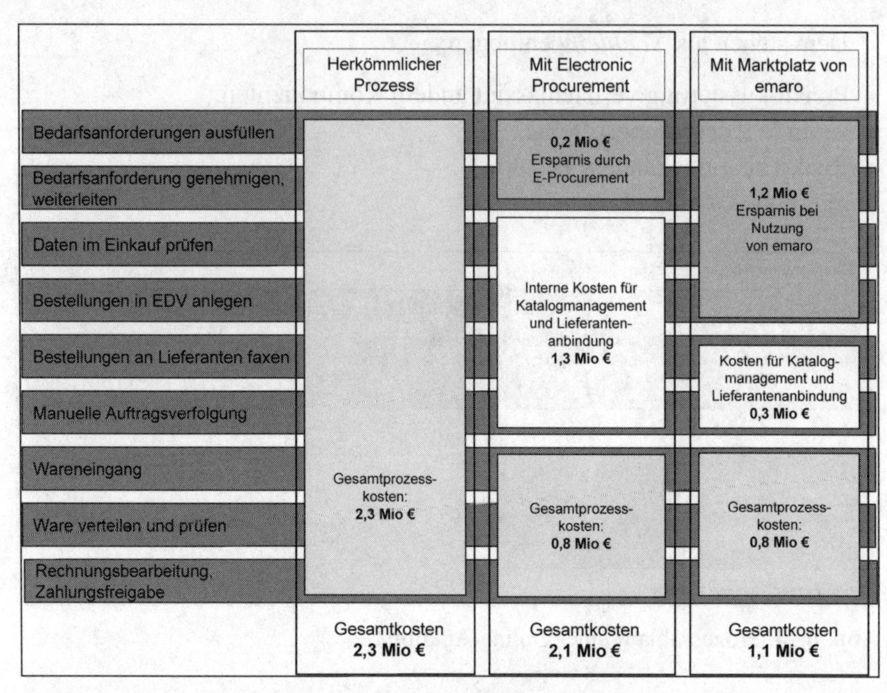

Abb. 6.15. Prozesskostensenkung durch Marktplatz-Nutzung[131]

Bei der Nutzung eines elektronischen Marktplatzes wie z.B. von emaro fallen jährlich lediglich Gebühren von 300.000 Euro für Katalogmanagement und Lieferantenanbindung an. Im Vergleich zu den ursprünglichen Prozesskosten bei herkömmlicher Prozessabwicklung beträgt die jährliche Einsparung 52%.

6.4 eProcurement in der operativen Beschaffung

Im Bereich der operativen Beschaffung kann eProcurement den Beschaffungsprozess in vielfältiger Weise unterstützen und vereinfachen.

Ein idealtypischer operativer Beschaffungsprozess ergibt sich aus der Kombination der acht Phasen Bedarfsermittlung, Bestandskontrolle, Produkt-/Lieferantenauswahl, Budgetfreigabe, Bestellung, Bestellüberwachung, Wareneingang sowie Rechnungsprüfung und Zahlungsabwicklung. Abbildung 6.16. stellt den operativen Beschaffungsprozess grafisch dar.

---

[131] Quelle: BME-Jahrbuch eProcurement (2002/2003) S. 51

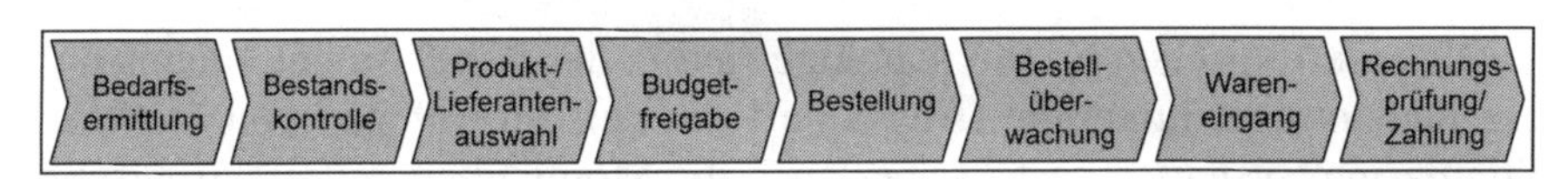

Abb. 6.16. Operativer Beschaffungsprozess

Erfolgt die Abwicklung solch eines Beschaffungsprozesses auf konventionelle Weise, d.h. in der Praxis meistens papierbasiert mit Faxunterstützung wirken vor allem die zahlreich auftretenden Ausnahmesituationen als Kostentreiber. Dabei können als Ausnahmesituationen gelten:

- fehlerhaft ausgefüllte Bestellformulare (z.B. Beschreibung passt nicht zum Typ),
- Rückfragen während der Genehmigung,
- Fehler bei der Bestellübermittlung (z.B. defektes Faxgerät),
- Preisaktualisierungen, Rückfragen durch Lieferanten (z.B. Fax unleserlich),
- Bedarfsänderung, Lieferantenwechsel in Folge mangelnder Verfügbarkeit,
- Reklamationen (z.B. falsche Lieferung wegen Kommunikationsfehler),
- fehlende Teillieferungen, Einzelrechnungen anstatt Sammelrechnungen,
- Mehraufwand durch „Schwarzkauf" außerhalb bestehender Rahmenverträge (Maverick Buying),
- Liegezeiten z.B. während des Genehmigungsprozesses oder Rückfragen.

6.4.1 Desktop Purchasing Systeme (DPS)

Zur Vermeidung von Ausnahmesituationen und zur Prozessvereinheitlichung setzen Unternehmen zur Unterstützung der operativen Beschaffung Desktop Purchasing Systeme (DPS) ein. Desktop Purchasing-Systeme sind ein Teilelement des eProcurement, wobei vor allem im deutschen Sprachraum beide Termini im gleichen Zusammenhang zur Anwendung kommen.

Andere Begriffe in diesem Kontext lauten Direct Purchasing oder katalogbasierte Beschaffung; bei letzterem kommt die zentrale Bedeutung elektronischer Produktkataloge zum Ausdruck. Denn Desktop Purchasing Systeme basieren meistens auf Multimedia-Lieferanten-Katalogen und vom Einkauf bestimmten Lieferanten, wobei die Genehmigungsverfahren in die Prozesse eingebunden sind und die Bestell- oder Budgetgrenzen überwacht werden, so dass jeder Bedarfsträger selbständig beschaffen kann.

Die elektronischen Produktkataloge sind in der Regel im unternehmenseigenen Intranet hinterlegt (Buy-Side Katalog). Im Rahmen von Desktop Purchasing Systemen besteht aber auch die Möglichkeit, auf elektronische Produktkataloge des bzw. der Lieferanten via Internetverbindung (Sell-Side Katalog) zuzugreifen. Als dritte Alternative integrieren bei 3rd-Party-Katalogen Dienstleister die Kataloge mehrerer Lieferanten und ermöglichen einer Vielzahl von verschiedenen Käufern einen Zugriff via Internet. Abbildung 6.17. stellt die verschiedenen Typen von elektronischen Katalogen grafisch dar.

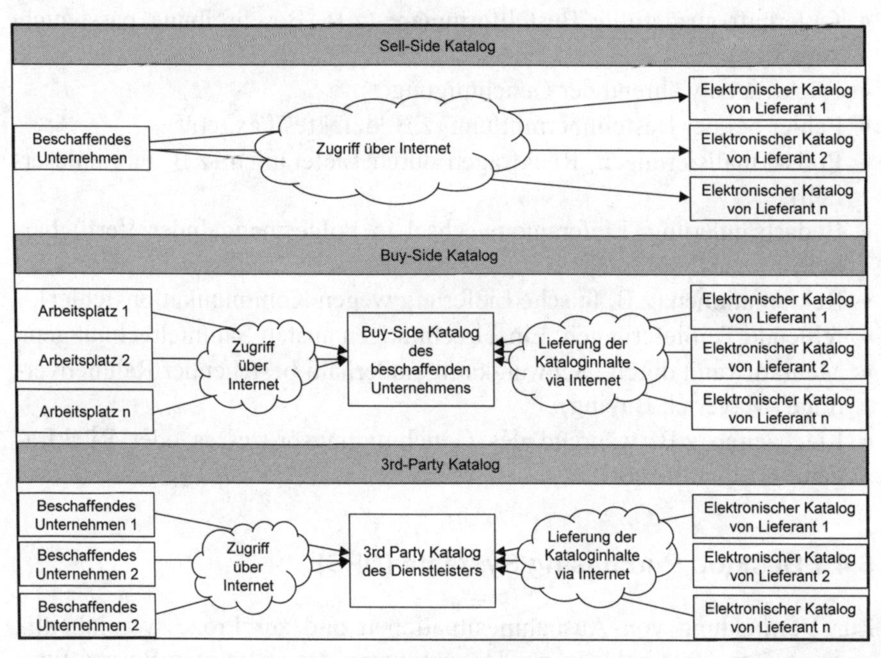

Abb. 6.17. Typen von elektronischen Katalogen[132]

Während eProcurement allgemein die Beschaffungsprozesse für indirekte und direkte Güter und Dienstleistungen beinhaltet, bezeichnet der Ausdruck Desktop Purchasing (DP) ausschließlich die Beschaffung indirekter Güter.[133] Indirektes Material zeichnet sich dadurch aus, dass es nicht für den Weiterverkauf oder die Weiterverarbeitung in der Produktion bestimmt ist, sondern für die betriebsinterne Nutzung erforderlich ist. Häufig handelt es sich um sog. C-Artikel der Bereiche Maintenance Repair

[132] Vgl. Kleineicken (2002) S. 123

[133] Vgl. im Folgenden Reindl, Oberniedermaier (2002) S. 213 u. Sackstetter, Schottmüller (2001) S. 110 u. Nenninger, Lawrenz (2001) S. 6

Operations (MRO), IT, sowie um Marketing-, Werbe- und Büromaterial. Die Beschaffung von indirekten Gütern ist gekennzeichnet durch besonders hohe Transaktionskosten, welche durch ineffiziente Prozesse und aufwendige Genehmigungsprozeduren verursacht werden. Dabei liegen diese Kosten mit bis zu 100 Euro häufig über dem Wert des zu beschaffenden Guts.

Praxisbeispiel – DP in einem europäischen Konzern

Ein europäischer Technik-Konzern hat zur Beschaffung von indirektem Material eine konzernweite eProcurement-Lösung der Firma Ariba eingeführt. Im Jahr 2003 verfügten 14.000 Mitarbeiter in elf Ländern über einen Systemzugang mit Bestellberechtigung, was 80% aller Einkaufsberechtigten des Konzerns entspricht.

In der deutschen Tochter des Unternehmens wurden im Jahr 2002 rund 37.000 Transaktionen über das DP-System getätigt und Waren für 1.240.000 US$ beschafft. Für das Jahr 2003 wurde weltweit ein elektronisches Beschaffungsvolumen an indirektem Material in Höhe von 40 Mio. US$ 2003 angestrebt. Das durchschnittliche Bestellvolumen je Transaktion betrug rund 50 US$.

Speziell zur Beschaffung indirekter Güter wurde in dem Konzern eine globale Einkaufsorganisation etabliert (global sourcing), deren Aufgabe es ist, das Lieferantenmanagement zu betreiben und Kostensenkungen zu erzielen, indem der Konzern weltweit mit gebündelter Einkaufsmacht auftritt. Darüber hinaus soll durch die Beschaffung aus einem einzigen elektronischen Katalog und durch weitgehende Automatisierung der Prozess von der Materialanforderung bis zur Zahlung (Requisition-to-Payment) beschleunigt werden.

Eine zentrale Auswirkung von Desktop Purchasing Systemen besteht in der Abwälzung der operativen Beschaffungshandlung auf den jeweiligen Bedarfsträger vor Ort, der dezentral seinen Bedarf elektronisch erfasst.[134] Dieses Prinzip macht sich auch das DP-System des Unternehmens im Fallsbeispiel zu Eigen, wie im Folgenden beschrieben wird (vgl. Abb. 6.18.).

Der Bedarfsträger wählt aus dem elektronischen Katalog die zu beschaffenden Güter, erstellt eine Bedarfsanforderung und übermittelt diese zur Genehmigung an das System (1).

Der Kostenstellenverantwortliche erhält eine E-Mail-Benachrichtigung über die Bestellanforderung mit der Aufforderung diese zu genehmigen oder abzulehnen. Je nach Wert der Bestellanforderung werden Entschei-

[134] Vgl. Reindl, Oberniedermaier (2002) S. 214

dungsträger höherer Hierarchiestufen einbezogen. Ausgewählten Mitarbeitern können Bestelllimits zugeordnet werden, bis zu deren Höhe sie Bedarfsanforderungen ohne Genehmigungsprozedur tätigen dürfen. Des weiteren kann für besondere Waren wie z.B. Gefahrgutstoffe oder spezielle IT-Produkte eine automatische Genehmigung des zuständigen Fachbereiches angefordert werden. Generell wird im Falle einer Nicht-Genehmigung der Bedarfsträger elektronisch benachrichtigt (2 + 3).

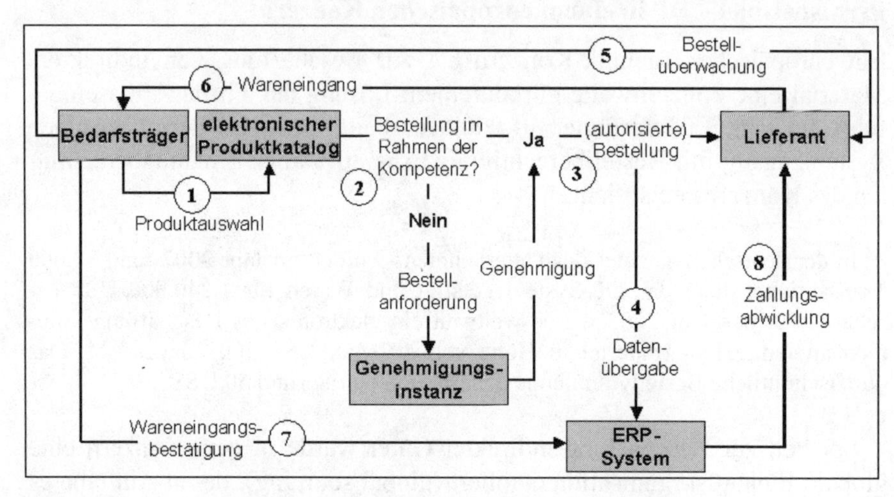

Abb. 6.18. Prozessablauf eines Desktop Purchasing Systems[135]

Aus der genehmigten Bedarfsanforderung generiert das DP-System automatisch eine oder mehrere Bestellungen, welche entweder per EDI oder über das Ariba Network an die Lieferanten gesendet werden (4).

Den Status seiner Bestellung kann der Bedarfsträger im DP-System verfolgen (5).

Nach der Lieferung der bestellten Güter an den Bedarfsträger (6) und dem Empfang einer elektronische Rechnung erhält der Bedarfsträger eine E-Mail mit der Aufforderung, den Wareneingang zu prüfen (7).

Die elektronische Rechnung wird automatisch mit der Bestellung abgeglichen. Wenn eine Rechnung die automatische Abgleichung mit der Bestellung durchlaufen hat und es keine Beanstandung gab, erfolgt eine Weiterleitung an die Kreditorenbuchhaltung zur Verarbeitung im lokalen ERP-System (8).

135 Quelle: Kleinecken (2002) S. 51

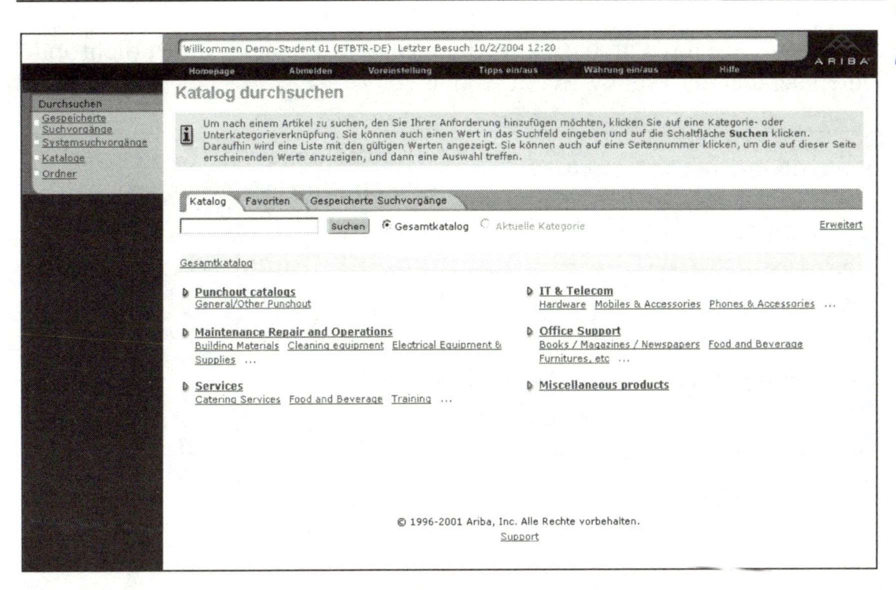

Abb. 6.19. Ariba Desktop Purchasing System

Wie beim Desktop Purchasing typisch konnten vor allem die Prozesskosten von der Lieferantensuche bis zur Zahlungsanweisung je Bestellung um 15 US$ gesenkt werden. Im Bereich der Materialkosten konnte der das Unternehmen auf drei Arten Einsparungen erzielen:

- durch die Reduktion von Warengruppen und den Abschluss von Rahmenverträgen mit weniger Lieferanten über größere Volumina,
- durch die Berücksichtigung potenzieller Einsparungen auf der Lieferantenseite bei vorherigen (Preis)-Vertragsverhandlungen,
- durch Druck auf einzelne Lieferanten, die Preise für Warengruppen zu senken, wenn diese exklusiv ohne Konkurrenzprodukte im DP-System gelistet werden.

Die realisierten Einsparungen betragen je nach Warengruppe meistens 1–2%, in Ausnahmefällen bis zu 40%. Bei globalen Exklusiv-Lieferanten liegen die Materialkosteneinsparungen bei 30–40%

Zusammenfassend kann festgestellt werden, dass durch eProcurement- bzw. Desktop Purchasing Systeme nahezu alle Prozessphasen des operativen Beschaffungsprozesses wirkungsvoll unterstützt werden können. Ein hohes Unterstützungspotenzial ergibt sich insbesondere für die traditionell arbeitsintensiven und stark papierbasierten Phasen. Konsequenz ist, dass diese Prozessphasen durch Desktop Purchasing Systeme wesentlich effektiver gestaltet werden können. Welche messbaren Vorteile mit der Nutzung von Desktop Purchasing verbunden sein können, verdeutlicht eine Untersuchung der Probuy AG in Abb. 6.20.

Einkaufsprozess je Bestellvorgang	Kosten ohne ePurchasing in €	Kosten mit ePurchasing in €
Erfassung der Bedarfe	3,60	3,60
Bestellung prüfen und genehmigen	10,30	4,90
Lieferanten auswählen	14,45	0,65
Bestellung aufgeben	9,70	4,15
Ware einlagern, verbuchen und verteilen	5,90	2,90
Ware prüfen und kontrollieren	5,30	5,30
Rechnung prüfen und verbuchen	17,00	1,20
Zahlung abwickeln	3,90	0,30
Prozesskosten gesamt	70,15	23,00
Absolute Ersparnis je Bestellvorgang		**47,15**
Relative Ersparnis je Bestellvorgang		**67,1%**

Abb. 6.20. Einsparungen durch Desktop Purchasing[136]

Durch den Einsatz von Desktop Purchasing Systemen werden operative Beschaffungstätigkeiten verstärkt in den Verantwortungsbereich des Bedarfsträgers delegiert. Es findet eine Reduzierung von Prozessschnittstellen statt, indem operative Beschaffungstätigkeiten vermehrt an die Bedarfsträger ausgelagert werden. Ferner werden die Bedarfsträger in die Lage versetzt, Güter und Dienstleistungen in Abhängigkeit von ihrer Funktion und ihrer Kompetenz innerhalb des Unternehmens eigenverantwortlich zu beschaffen. Es findet eine klare Trennung von operativen und strategischen Aufgaben statt. Die Mitarbeiter der Beschaffungsfunktion werden dadurch in der Lage versetzt, ihre Kapazitäten vermehrt den strategischen Beschaffungstätigkeiten zu widmen.

Ferner gewährleisten Desktop Purchasing Systeme die effektive Unterstützung der betrieblichen Beschaffungspolitik. Dies kann zum einen darauf zurückgeführt werden, dass die Beschaffungsfunktion durch den elektronischen Produktkatalog Vorselektionen hinsichtlich der Bevorzugung bestimmter Lieferquellen treffen kann. Eine Auswahl von Produkten/Lieferanten in Bezug auf die Preispolitik und/oder die Bündelung von Beschaffungsvolumina ist möglich. Maverick Buying, d.h. das Beschaffen von Gütern außerhalb des offiziellen Beschaffungsprozesses, wird reduziert.

[136] Quelle: Probuy AG (2002)

6.5 Spezielles eProcurement

Mit eProcurement wird noch zumeist die Beschaffung von direkten und indirekten Gütern in der produzierenden Industrie verbunden. Doch mittlerweile werden die Vorteile elektronischer Beschaffung auch zunehmend im Gesundheitswesen, Handel oder Travel Management erkannt. Im Folgenden soll ein kurze Betrachtung dieser speziellen Bereiche gegeben werden.

6.5.1 eProcurement im Gesundheitswesen

Wie in Industrie, Handel und Verwaltungen spielt eProcurement auch im Gesundheitswesen zunehmend eine Rolle. Wurden in 2002 europaweit 400 Mio. Euro online umgesetzt, soll das Marktvolumen bis zum Jahr 2008 auf 33,7 Mrd. Euro steigen. Infolge wachsenden Kostendrucks und der EU-Erweiterung könnten Kliniken dann 23% ihrer Ausgaben – in erster Linie für Massenprodukte wie Einwegartikel und Medikamente – online abwickeln.[137]

> Würden die Beschaffungsabläufe in Kliniken mit derselben Effizienz organisiert wie in der Autoindustrie, könnten deutsche Krankenhäuser jährlich bis zu 4,5 Mrd. Euro sparen, dies entspricht 25% des Beschaffungsvolumens. Durch solche Kostenvorteile könnten die Beiträge zur gesetzlichen Krankenversicherung um 0,4% gesenkt werden.[138]

Als erste Uni-Klinik in Deutschland hat das Frankfurter Universitätsklinikum nun im Jahr 2003 ein elektronisches Bestellsystem eingeführt. Dadurch sollen die Kosten für die Abwicklung der jährlich 51.000 Bestellungen mit 130.000 Bestellpositionen gesenkt und die Transparenz des Bestellprozesses erhöht werden. Über die eProcurement-Lösung der Dortmunder Firma medicforma werden fortan alle Medicalprodukte, Medikamente sowie der komplette Verwaltungs- und Wirtschaftsbedarf beschafft. Bisher mussten die Bedarfsträger in den Stationen Bestellscheine ausfüllen, die mit der Hauspost oder per Fax an die Einkaufsabteilungen übermittelt wurden. Dort erfolgte die Eingabe in das Warenwirtschaftssystem und eine Faxübertragung an die Lieferanten.[139]

---

[137] Vgl. e-procure Newsletter (26.05.2003)
[138] Vgl. FAZ (08.12.2003b) S. 17
[139] Vgl. e-procure Newsletter (08.01.2003)

6.5.2 eProcurement im Travel Management

Die Reisekosten zählen mit geschätzten 150 Mrd. US$ jährlich nach den Gehältern und den Ausgaben für Forschung und Entwicklung zu den größten Kostenfaktoren im Unternehmen. Untersuchungen der Aberdeen Group zeigen, dass sich im Travel Management ähnlich wie im C-Artikel-Management oder bei MRO-Gütern durch eProcurement Optimierungspotentiale erschließen lassen. Durch eSourcing-Strategien können wesentliche Anbieter identifiziert werden, mit denen in Verhandlungen durchschnittliche Preissenkungen von 5–20% realisiert werden können. Daneben lassen sich die aufzuwendenden Zeitbudgets um bis zu ein Drittel senken und folglich auch die Prozesskosten.

6.5.3 eProcurement im Handel

Auch Handelsunternehmen nutzen elektronische Beschaffungslösungen. Europas größter Warenhaus- und Versandhandelskonzern Karstadt-Quelle nutzt zur Beschaffung nicht-textiler Waren den branchenübergreifenden Internet-Marktplatz GlobalNetXchange (GNX) und konnte dadurch allein den Preisfindungsprozess in Auktionen um bis zu 80% senken. In 2002 hat Karstadt-Quelle 1.200 Internet-Auktionen durchgeführt, mittelfristig sollen bis zu 30% des konzernweiten Beschaffungsvolumen in Höhe von rund acht Mrd. Euro über elektronische Marktplätze abgewickelt werden.

Die Bedeutung des eProcurement im Handel steigt erheblich, werden die Umsätze der Endverbraucher im eCommerce als Einkaufstransaktionen mit dem Handel als Lieferanten betrachtet. Das Online-Handelsvolumen im Business-to-Consumer-Segment (B2C) lag in Deutschland im Jahr 2003 geschätzt bei rund elf Mrd. Euro, wovon die Branchen Bücher, Kleidung und Reisen den höchsten Anteil stellen (siehe Abb. 6.21.). Für das Jahr 2004 wird ein Wachstum des eCommerce um rund 18% auf 13 Mrd. prognostiziert, worin das Umsatzwachstum von Online-Marktplätzen nicht enthalten ist.[140]

Durch Online-Auktionen werden auch im B2C-Bereich enorme Umsätze erzielt.

---

[140] Vgl. FAZ (24.11.2003) S. 21

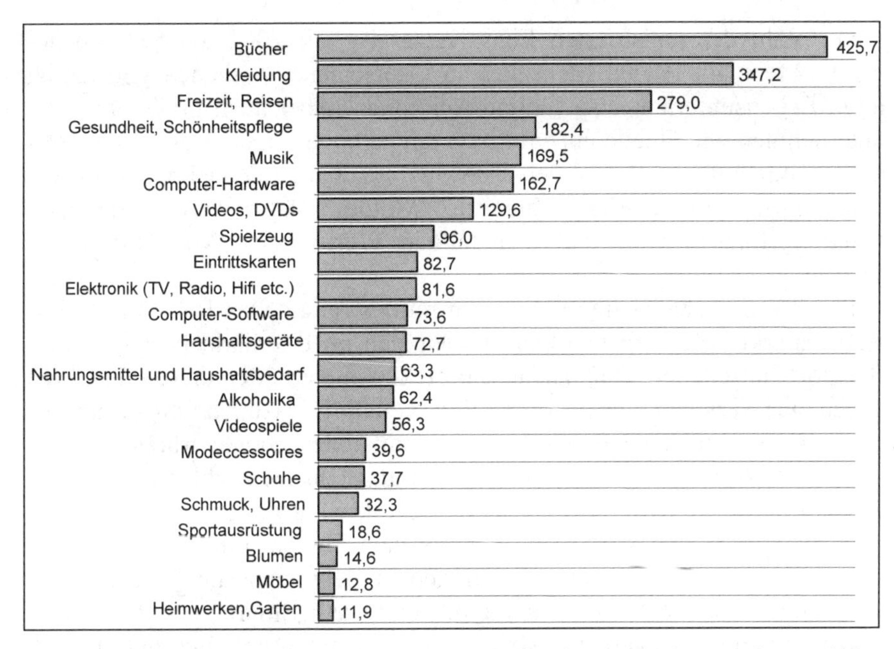

Abb. 6.21. Internet-Umsätze im deutschen Weihnachtsgeschäft 2003 (in Euro)[141]

Allein das führende Online-Auktionshaus Ebay erzielte in 2003 einen Umsatz von 2,17 Mrd. US$, indem die 95 Mio. registrierten Nutzer Waren im Wert von insgesamt 24 Mrd. US$ gehandelt haben.

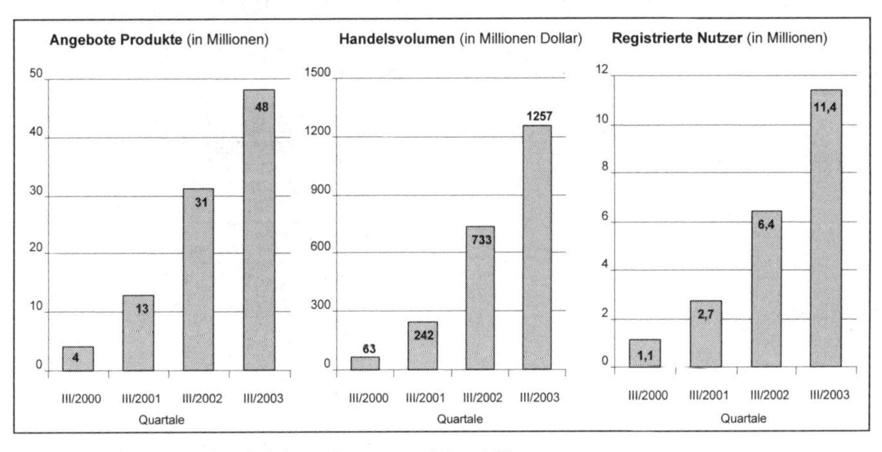

Abb. 6.22. Ebay-Entwicklung in Deutschland[142]

[141] Quelle: FAZ (17.11.2003) S. 19
[142] Quelle: FAZ (06.11.2003) S. 19

Die Zahl der registrierten Ebay-Nutzer ist seit 2002 um 54% gestiegen.[143] Mehr als 10.000 Menschen in Deutschland verdienen vollständig ihren Lebensunterhalt über Online-Auktionen. Aber auch große Handelsunternehmen wie Quelle nutzen Ebay, um zu hohe Lagerbestände von Produkten mit kurzem Produktlebenszyklus abzubauen. Zunehmend an Bedeutung gewinnt die Ebay-Kategorie „Motors", darin wurden innerhalb von drei Monaten Autos und Ersatzteile im Wert von 276 Mio. US$ umgesetzt.[144]

Den Vertriebskanal Internet nutzen mittlerweile selbst Bau- und Heimwerkermärkte. Kunden von Obi können sich im Baumarkt beispielsweise Baustoffe anschauen, dann zuhause bestellen und erhalten diese schließlich gegen eine Service-Gebühr von 30 Euro geliefert. Dazu hat Obi zusammen mit dem Versandhaus Otto ein Gemeinschaftsunternehmen gründet.

Im Jahr 2003 ist die Zahl der Internetnutzer in Deutschland um knapp zwei Mio. auf 35 Mio. oder 55% der Bevölkerung gestiegen. Davon vergleichen bereits acht Mio. Menschen vor dem Einkauf mit Suchmaschinen wie Kelko, Guenstiger oder Geizkragen in Sekundenschnelle die Preise von einigen hundert Online-Händlern. Bei diesen „Smartshopper" genannten Internetnutzern handelt es sich mit Konsumenten im Alter zwischen 20 bis 40 Jahren, überdurchschnittlicher Bildung und hohem wirtschaftlichen Status um eine sehr attraktive Käuferschicht für den Handel. Allerdings fördert der für Endverbraucher bequeme Preisvergleich insbesondere bei homogenen Gütern wie Büchern, Reisen, Unterhaltungselektronik auch den Preiswettbewerb und beeinflusst letztlich die Margen im Handel.

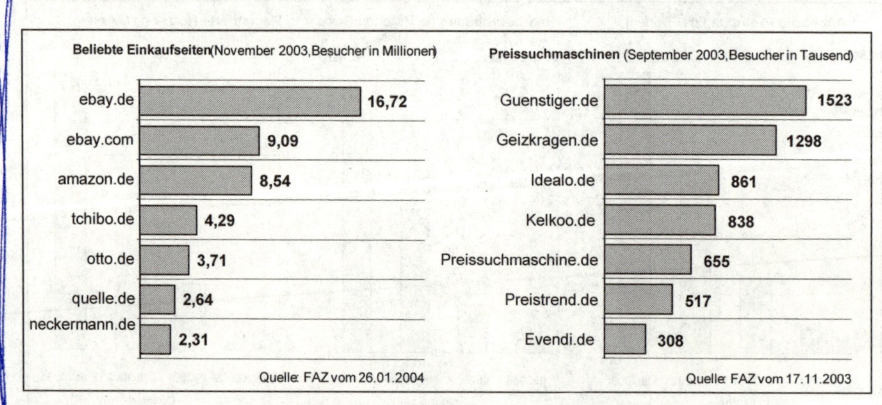

Abb. 6.23. Nutzung von Einkaufs- und Preisvergleichseiten in Deutschland

[143] Vgl. FAZ (22.01.2004)

[144] Vgl. FAZ (06.11.2003) S. 19

6.6 Public Procurement als Element der Supply Chain

6.6.1 Begriff und Bedeutung des Public Procurement

Public Procurement ist der englische Begriff für „Öffentliche Aufträge" bzw. „Öffentliches Auftragswesen". Immer wenn ein öffentlicher Auftraggeber einen Auftrag vergibt, handelt es sich um Public Procurement. Öffentliche Auftraggeber sind alle Dienststellen des Bundes, der Länder, Gemeinden, Gemeindeverbände und sonstige juristische Personen des öffentlichen Rechts, wie z.B. Hochschulen, Rentenversicherungsträger etc. (sog. klassischer Bereich). Auftraggeber im Bereich der Wasser-, Energie- und Verkehrsversorgung bzw. im Telekommunikationssektor (sog. Sektorenauftraggeber) unterliegen besonderen Regeln. Bei S. Hertwig[145] findet sich eine ausführliche Darstellung über die Regelungsadressaten des Vergaberechts, d.h. über den Kreis der „öffentlichen Auftraggeber".

Das Public Procurement hat eine große wirtschaftliche Bedeutung. Jährlich werden in der Bundesrepublik Deutschland öffentliche Aufträge im Wert von etwa 250 Mrd. Euro, in der (alten) EU insgesamt von rund 730 Mrd. Euro vergeben[146]. Nachgefragt werden Güter und Leistungen nahezu aller Branchen, von alltäglichen Gebrauchsgütern bis zu komplizierten technischen Großgeräten. Außerdem umfasst die öffentliche Nachfrage auch Dienstleistungen wie Reinigungs-, Wartungs- und Reparaturarbeiten sowie Beratungsleistungen.

Der Markt für öffentliche Ausschreibungen eröffnet einerseits interessante Möglichkeiten für anbietende Unternehmen im Rahmen der Supply Chain, andererseits weist er einige Besonderheiten auf, die ihn deutlich von privaten Märkten unterscheiden und die der potenzielle Anbieter berücksichtigen muss.

Da bei öffentlichen Aufträgen öffentliche Mittel, die letztendlich aus Steuern stammen, eingesetzt werden, gibt es hohe formale Anforderungen und ein großes Maß an Standardisierung im Beschaffungsverfahren. Ziel des Vergaberechts war allein die korrekte Verwendung staatlicher Mittel, was das Public Procurement zu einer juristisch komplizierten Materie macht. Nur wer die Besonderheiten beim Public Procurement kennt und diese berücksichtigt, kann erfolgreich als Anbieter auftreten. Für das ePublic Procurement in der Supply Chain bietet das Public Procurement sowohl aufgrund der Standardisierung des Verfahrens als auch der Größe

[145] Vgl. Hertwig, (2000) S. 21ff

[146] Vgl. Müller, Pribe, Savda, Schindler (2003) S. 1

des Markes interessante Möglichkeiten, insbesondere bei der elektronischen Recherche nach passenden Aufträgen.

6.6.2 Rechtsgrundlagen des Public Procurement

Das Vergaberecht in Deutschland ist ein zweigeteiltes Recht:

1. **nationales Vergaberecht**

   gilt unterhalb der europäischen Schwellenwerte und basiert auf den Haushaltsordnungen in Verbindung mit den Verdingungsordnungen VOL/A und VOB/A (jeweils Abschnitt 1).

2. **internationales Vergaberecht**

   gilt oberhalb der Schwellenwerte und basiert auf dem Gesetz gegen Wettbewerbsbeschränkungen (GWB) in Verbindung mit der Vergabeverordnung (VgV) und den Verdingungsordnungen VOL, VOB und VOF (Abschnitte 2, 3 und 4).

Die *Schwellenwerte*, ab denen europaweit ausgeschrieben werden muss, betragen:

- bei Liefer- und Dienstleistungsaufträgen (klassischer Bereich) 200.000 Euro,
- bei Liefer- und Dienstleistungsaufträgen von Sektorenauftraggebern (Trinkwasser- oder Energieversorgung, Verkehrsbereich, Telekommunikation) 400.000 Euro bzw. 600.000 Euro,
- bei Bauaufträgen fünf Mio. Euro.

Verschiedene Auftragsarten

- Bauauftrag: Ausführung bzw. Planung von Bauvorhaben sowie die Erbringung von Bauleistungen durch Dritte nach den vom öffentlichen Auftraggeber genannten Erfordernissen, §99 Abs. 4 GWB.
- Lieferauftrag: Verträge zur Beschaffung von Waren, die insbesondere Kauf oder Ratenkauf, Leasing, Miete oder Pacht mit oder ohne Kaufoption betreffen, §99 Abs. 2 GWB.
- Dienstleistungsauftrag: Verträge über Leistungen, die weder Bauleistungen noch Lieferleistungen sind, §99 Abs. 4 GWB.

Für die Vergabe von Bau-, Liefer- und Dienstleistungsaufträgen gelten jeweils unterschiedliche Verdingungsordnungen.[147]

[147] Vgl. Hertwig (2000) S. 17ff

Verdingungsordnungen

- VOB/A: Verdingungsordnung für Bauleistungen
- VOL/A: Verdingungsordnung für Leistungen, gilt für Lieferaufträge und gewerblich Dienstleistungsaufträgen
- VOF: Verdingungsordnung für freiberufliche Leistungen, gilt für Dienstleistungen, die vorab nicht erschöpfend beschrieben werden können und von freiberuflich Tätigen oder von ihnen im Wettbewerb mit gewerblich Tätigen erbracht werden.

Das Gesetz gegen Wettbewerbsbeschränkungen (GWB) regelt seit dem 1.1.1999 in seinem vierten Abschnitt das öffentliche Auftragswesen. Maßgebend für das Public Procurement sind die in §97 GWB geregelten Vergabegrundsätze.

Vergabegrundsätze

- *Wettbewerbsgrundsatz:*
  in einem formalisierten Verfahren soll möglichst vielen Bietern die Gelegenheit zur Abgabe von Angeboten gegeben werden.

- *Transparenz:*
  Ausschreibung und Vergabe öffentlicher Aufträge müssen nach für alle Beteiligten nachvollziehbaren und rechtlich überprüfbaren Grundsätzen geschehen.

- *Gleichbehandlungsgebot und grundsätzliches Verbot der Anwendung vergabefremder Kriterien:*
  der Auftragnehmer ist nach Fachkunde, Leistungsfähigkeit und Zuver lässigkeit auszuwählen.

- *Verhandlungsverbot:*
  den Auftraggebern ist grundsätzlich verboten, mit den Bietern zu verhandeln, wobei Gespräche zum Ausräumen von Unklarheiten zulässig sind.

- *Gebot der Losvergabe:*
  umfangreiche Aufträge sollen in Fach- und Teillose aufgeteilt werden, um kleineren und mittleren Unternehmen bessere Möglichkeiten zu bieten.

- *Gebot der Wirtschaftlichkeit:*
  entscheidend ist nicht allein der niedrigste Preis, sondern das insgesamt wirtschaftlichste Angebot.

Bei europaweiten Ausschreibungen *oberhalb* der *Schwellenwerte* kann jedes Unternehmen, das vergaberechtliche Vorschriften verletzt sieht, das Vergabeverfahren überprüfen lassen. Der Auftraggeber muss die nicht berücksichtigten Bieter 14 Kalendertage vor der Zuschlagserteilung über seine Entscheidung, wer den Zuschlag bekommt, informieren. Die Rechte der Bieter werden durch ein eigenständiges Nachprüfungsverfahren geschützt.[148] Erste Instanz sind die Vergabekammern, die zweite Instanz das Oberlandesgericht. *Unterhalb* der *Schwellenwerte* ist lediglich eine Beschwerde bei der für die Vergabestelle zuständigen Aufsichtsbehörde, bzw. eine zivilrechtliche Klage möglich.

6.6.3 Vergabeverfahren beim Public Procurement

Das Vergaberecht sieht für die Durchführung der Auftragsvergabe drei Verfahrensarten vor. Der Auftraggeber kann zwischen den Verfahrensarten grundsätzlich nicht frei wählen. Welches Verfahren in welchem Fall zur Anwendung kommt, regeln die Vergabeordnung und die Verdingungsordnungen VOB, VOL und VOF.[149] Bei nationalen Ausschreibungen unterhalb der Schwellenwerte sind die Verfahren: die öffentliche Ausschreibung, die beschränkt Ausschreibung und die freihändige Vergabe. Bei EU-weiten Vergaben oberhalb der Schwellenwerte analog: das offene Verfahren, das nicht offene Verfahren und das Verhandlungsverfahren.

1. Offenes Verfahren (öffentliche Ausschreibung)

Das offene Verfahren ist das Verfahren, das grundsätzlich eingesetzt werden soll. Bei diesem Verfahren wird eine unbegrenzte Anzahl von Unternehmen darüber informiert, dass eine bestimmte Leistung vergeben werden soll. Im unbeschränkten Wettbewerb soll das wirtschaftlichste Angebot ermittelt werden. Potenzielle Bieter müssen sich die Verdingungsunterlagen beim Auftraggeber besorgen und können dann auf dieser Basis Angebote einreichen. Dieses Verfahren ist das bedeutendste. Aufgrund der Veröffentlichungspflicht in bestimmten Publikationsorganen (z.B. EU-Ausschreibungen im Supplement zum Amtsblatt) bietet dieses Verfahren vielfältige Ansatzpunkte für ePublic Procurement.

---

[148] Vgl. Bayerisches Staatsministerium für Wirtschaft, Verkehr und Technologie (2001) S. 6f

[149] Vgl. Hantschel (2002) S. 3ff

2. Nicht offenes Verfahren (beschränkte Ausschreibung)

Bei diesem Verfahren kann in begründeten Ausnahmefällen eine begrenzte Anzahl von Unternehmen direkt angesprochen werden, bzw. nur ausgewählte Unternehmen werden zur Angebotsabgabe zugelassen. Für die Wertung der Angebote gelten die gleichen strengen Formvorschriften wie beim offenen Verfahren.

3. Verhandlungsverfahren (freihändige Vergabe)

Der Wettbewerb ist beim Verhandlungsverfahren am stärksten eingeschränkt. Deshalb bedarf dieses Verfahren als Ausnahmefall einer besonderen Begründung. Nur wenige Bieter werden einbezogen und es gibt im Gegensatz zu den anderen Verfahren kaum Formvorschriften.

6.6.4 Wege zum öffentlichen Auftrag

Der öffentliche Auftraggeber ist ein sicherer Zahler, wenn auch die Pünktlichkeit der Zahlung nicht immer gegeben ist. Das Public Procurement stellt hohe formale Anforderungen, erscheint bürokratisch und schwer nachvollziehbar. Dies erfordert von Seiten der Bieter einen langen Atem und eine hohes Maß an Flexibilität. Auch sind bei erfolgreicher Bewerbung und Auftragsausführung Nachfolgeaufträge nicht sicher, da erneut ausgeschrieben werden muss. Trotzdem kann die Beteiligung an öffentlichen Aufträgen ein lohnendes Geschäft sein, wobei aber einige Besonderheiten zu berücksichtigen sind.

Beachtung der Form

Wer die Formvorschriften nicht kennt und nicht genau befolgt, wird auch mit dem besten Angebot bereits in der ersten Runde aus dem Bieterkreis ausscheiden. Eigene Geschäftsbedingungen oder der Hinweis auf AGB können nicht nur kaum durchgesetzt werden, sondern führen unter Umständen zum Ausschluss des Angebots. Auch darf das Angebot nur die exakt nachgefragten Leistungen beschreiben. Nur wenn Nebenangebote ausdrücklich zugelassen sind, können auch Angebote mit abweichenden Leistungsmerkmalen gemacht werden.

Kontakte zum Kunden

Persönliche Kontakte zu potenziellen Auftraggebern sind unerlässlich. Ziel sollte sein, einerseits die eigene Leistungsfähigkeit, Zuverlässigkeit und

Fachkunde zu demonstrieren und andererseits Informationen bei anstehenden Beschaffungen anzubieten.

Preis- und Produktpolitik

Öffentliche Aufträge werden in einem standardisierten und transparenten Verfahren im Wettbewerb vergeben. Preise und Produkte mit ihren Eigenschaften stehen so in einem direkten Vergleich zu den Angeboten des Wettbewerbs. Auch wenn nicht zwangsläufig das „billigste" Gebot zum Zuge kommt, ist eine detaillierte Analyse der Preissituation und der Produktqualität auf öffentlichen Märkten notwendig. Informationen hierüber ergeben sich z.B. aus den Veröffentlichungen der Ergebnisse von EU-weiten Ausschreibungen im Supplement zum Amtsblatt der EU. Wenn selbst geboten wurde, kann ein Bieter Auskunft über die Ergebnisse der Ausschreibung beantragen, was ebenfalls wertvolle Hinweise liefern kann.

6.6.5 Zeit- und Kostenvorteile durch ePublic Procurement

Während früher Unmengen an Papier durchgesehen werden mussten, um sich über öffentliche Aufträge zu informieren, ist dies heute Dank der elektronischen Möglichkeiten wesentlich einfacher.

Die elektronische Recherche durch ePublic Procurement bietet vor allem folgende Vorteile.

1. **Aktualität**
   Sofortiger Zugriff auf eine Vielzahl aktueller Ausschreibungen, ggf. mit Vergabeunterlagen, häufig direkt von der Vergabestelle.
2. **Arbeitszeitersparnis**
   Schätzungen gehen von einer Arbeitszeitersparnis gegenüber der Auswertung der Printmedien von bis zu 90 % aus. Dies bringt insbesondere den Unternehmen Vorteile, die sich nicht gezielt auf die jeweiligen Ausschreibungen vorbereitet haben.
3. **Umfassende und zielgerichtete Recherche durch Suchprofile**
   Mittels eines individuellen Suchprofils können die Ausschreibungen nach verschiedenen Kriterien durchsucht werden (nach Produkten, Regionen, Zeiträumen usw.).

Eine umfassende Abdeckung der Aufträge gibt es allerdings nur bei Öffentlichen Aufträgen *oberhalb der Schwellenwerte*, die europaweit im „Supplement zum Amtsblatt der EU" elektronisch veröffentlicht werden müssen. Hierbei handelt es sich um täglich mehr als 650 Ausschreibungen.

Die unhandliche Printversion des Supplements wurde bereits 1999 eingestellt. Die EU stellt die Ausschreibungen auf zwei Arten zur Verfügung:

1. über das Internet mit kostenlosem Zugriff auf die Ausschreibungsdatenbank „TED“ = Tenders Electronic Daily.
2. auf einer CD-ROM („OJ/S CD-ROM-Anwendung), die im Abonnement werktäglich oder zweimal die Woche zu beziehen ist.

Die TED Internet-Anwendung bietet einen Zugang zu den neuesten Ausschreibungen sowie ein Dokumentenarchiv der Ausschreibungen der letzten fünf Jahre. Mittels verschiedener Suchmasken kann detailliert recherchiert werden.

Aber auch *unterhalb der Schwellenwerte* gibt es elektronische Informations- und Recherchemöglichkeiten, wie z.B. durch das „Bundesausschreibungsblatt“ oder das „ausschreibungs-abc.de“, den Ausschreibungsdienst der Staatsanzeiger. Hier ist jedoch immer nur ein Teil der Ausschreibungen veröffentlicht.

Bei verschiedenen Dienstleistern kann man, über die eigene elektronische Internetrecherche hinaus, ein Suchprofil mit vorgegebenen Schlagwörtern hinterlegen. Die passenden Ausschreibungen werden dann automatisch über E-Mail, z.T. mit den kompletten Vergabeunterlagen den Interessenten übermittelt.

Informationen im Internet (siehe auch Auftragsberatungsstelle Schleswig-Holstein):

- http://simap.eu.int/DE/pub/src/welcome.htm.
  Relevante Informationen über das Public Procurement in der EU
- www.vergabereport.de
  Informationen rund um öffentliche Ausschreibungen und eine Ausschreibungsdatenbank für nationale und internationale Ausschreibungen.
- www.e-vergabe.info
  Vergabeplattform des Bundes. Aktuelle elektronische Ausschreibungen können eingesehen und Angebote elektronisch übermittelt werden.
- www.abst.de
  Kontaktdaten der Auftragsberatungsstellen für öffentliche Aufträge der Bundesländer.
- www.had.de/volvobvof.htm
  Vergabe- und Vertragsordnungen VOL, VOB und VOF zum Download.
- www.bundesausschreibungsblatt.de
  Onlinedienst des Bundesausschreibungsblattes.

- http://ted.publications.eu.int
  Tenders Electronic Daily (TED), Europäische Ausschreibungen.
- www.auschreibungs-abc.de
  Onlinedienst der Staatsanzeiger und Ausschreibungsblätter.

6.7 Supplier Relationship Management (SRM)

Durch die Anwendung von eProcurement-Lösungen mit dem Fokus auf Kostenreduktionen sind die Lieferantenbeziehungen stärker ins Hintertreffen geraten. Zu bemerken ist dabei jedoch, dass diese Vorgehensweise zusehends gute Lieferantenbeziehungen erodiert und für die Beschaffung strategischer Materialien ungeeignet ist. Für strategische Materialien muss es vielmehr Ziel sein, die Versorgungsrisiken zu minimieren. Daher ist ein aktives Lieferantenmanagement erforderlich, welches beiden Partnern hilft, aus der Beziehung Effektivitätspotentiale zu heben. Ein reibungsloses, ausgeklügeltes Fulfillment und Planungsoptimierungen lassen sich unmöglich durch ständige Lieferantenwechsel erzielen. „If a good supplier is found, it is wise for the customer to hang on. Every supplier switch is costly."[150]

6.7.1 Grundlagen des Lieferantenmanagement

Das Lieferantenmanagement (Supplier Relationship Management) beinhaltet das Management der gesamten Lieferantenbasis, der einzelnen Lieferantenbeziehungen sowie der Beschaffungsprozesse. Das elektronische Supplier Relationship Management (eSRM) wendet die konzeptionellen und technologischen Möglichkeiten der modernen Informations- und Kommunikationstechnologie und insbesondere des eProcurement an. eSCRM beinhaltet die Nutzung von elektronischen

- Messwerkzeugen für die Beschaffung,
- Knowledge Management Methoden und
- Supplier Integration Tools zur Qualitäts- und Leistungssteigerung von Lieferantenbeziehungen.

Durch die elektronische Verbindung verschiedener Informations- und Kommunikationstechnologie-Systeme innerhalb und zwischen den Unternehmen können Beschaffungsinformationen mit Daten aus anderen Funktionsbereichen wie z.B. Wareneingang oder Qualitätssicherung an einer

[150] Vgl. Leenders & Blenkhorn (1988) S. 23

zentralen Stelle zusammengeführt werden. Durch die anschließende Konsolidierung und Analyse wird die Entscheidungsunterstützung für Beschaffungsentscheidungen nachhaltig verbessert. Die Zusammenführung und Integration der Daten

- gibt einen Überblick über die weltweiten Einkaufsaktivitäten,
- entdeckt und minimiert mögliche Risikofaktoren,
- deckt Konsolidierungspotenziale auf und
- erhöht die Transparenz der Lieferantenbasis.[151]

Wenn man bedenkt, dass aus Sicht des Lieferanten man selbst der Kunde ist, wird deutlich, dass auch der Lieferant, im Sinne des Customer Relationship Management, ein natürliches Interesse an einer langfristigen Bindung mit beiderseitigem Gewinn haben wird. Allerdings ist zu beachten, dass die Beziehungsziele des Herstellers in Bezug auf den Lieferanten (less costs) different oder gar konträr zu denen des Lieferanten auf den Hersteller (more revenues) sein werden. Auch daran wird deutlich, dass aktives Lieferantenbeziehungsmanagement teilweise dem aktiven Customer Relationship Management des Lieferanten entgegenwirkt. Ziel ist es daher, die Ziele der Partner in Einklang zu bringen.

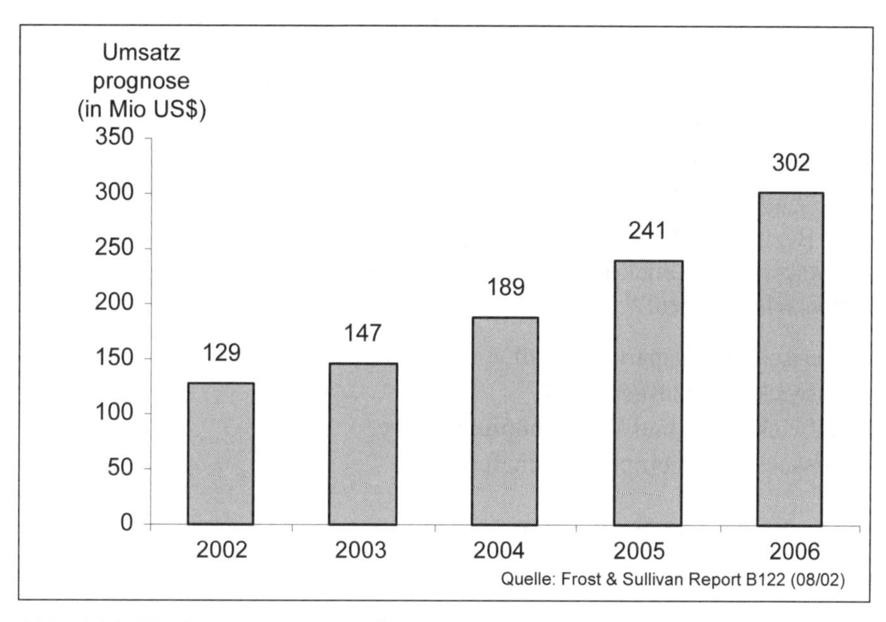

Abb. 6.24. Wachstum an SRM-Software-Lösungen in Europa

[151] Vgl. Kleineicken (2002) S. 120

Beziehungsmanagement sollte nicht mit Knebelung des Lieferanten verwechselt werden, etwa um bessere Einstandspreise zu erlangen. Dies würde in der Folge aufgrund unnachgiebigem Kostendrucks nur zu Versorgungsschwierigkeiten, Qualitätseinbußen, mangelnder Innovationskraft, bis hin zu einem verstärkten Lieferantensterben führen.[152]

Im Jahr 2002 wurden europaweit 129 Mio. US$ für SRM-Software-Lösungen ausgegeben, bis zum Jahr 2006 werden Europas Unternehmen nach Schätzungen von Frost&Sullivan 302 Mio. US$ investieren.[153]

6.7.2 Vorgehensweise

In Bezug auf ein angemessenes Supplier Relationship Management ist eine strukturierte Vorgehensweise geboten, die durch folgende Schritte gekennzeichnet ist:

- Lieferanten kategorisieren (etwa anhand einer Lieferantenportfolioanalyse),
- Strategien für jede Kategorie entwickeln,
- die wichtigen und richtigen Lieferanten für jede Kategorie ausfindig machen, Anforderungen an die Lieferanten definieren,
- Lieferantenauswahl vornehmen,
- konkrete Strategieanwendung in Bezug auf das Beziehungsmanagement (Grad der Integration, Kommunikation etc.),
- Datenerweiterung und Lernprozess, wodurch Verbesserungen in bestehenden und späteren Beziehungen erreicht werden können.

In Bezug auf die Kategorisierung von Lieferanten unterscheidet Bogaschewsky im Hinblick auf das Beziehungsmanagement die folgenden vier Partnerschaftstypen:[154]

- Wertschöpfungspartnerschaft,
- Entwicklungspartnerschaft,
- Entwicklungs- und Wertschöpfungsnetze,
- Wissens- und Lernpartnerschaften.

Wertschöpfungspartnerschaft

Bei Wertschöpfungspartnerschaften wird der gesamte Lebenszyklus einer Produktionsserie abgedeckt, von der Entwicklung, über die Produktion bis

---

[152] Vgl. Payne & Rapp (1999) S. 10
[153] Vgl. AboutIT (11.02.2004)
[154] Vgl. Bogaschewsky, Müller (2000) S. 144ff

zum Übergang zur nächsten Serie. Mit dem Produktlebenszyklus geht dann ein entsprechender Beziehungslebenszyklus einher (vgl. Abb. 6.25). Wertschöpfungspartnerschaften sind gekennzeichnet durch starkes Vertrauen der Partner ineinander sowie die klare Verteilung von Zielen und Aufgaben.

Entwicklungspartnerschaft

Bei Entwicklungspartnerschaften handelt es sich zumeist um Projektbeziehungen, wodurch die Einmaligkeit und zeitliche Begrenzung der Partnerschaft betont wird. Während des Projektes können die Partner vom gegenseitigen Know-how profitieren und dieses in den weiteren Geschäftsprozess über die Beziehung hinaus integrieren. Das bloße Absaugen von Wissen allerdings birgt ein nicht zu unterschätzendes Konfliktpotential, weshalb klare Vereinbarungen zwischen den Partnern zu treffen sind.

Entwicklungs- und Wertschöpfungsnetze

Sobald die Betrachtung/Zusammenarbeit auf mehrere Partner ausgedehnt wird, ist die Anwendung von netzwerkorientiertem Beziehungsmanagement notwendig, was die gesamte Beziehungsstruktur verkompliziert, da nun mehrere Einzelziele in Gesamtziele zu überführen sind.

Wissens- und Lernpartnerschaften

Die Effizienz von Partnerschaften kann durch die systematische Verbreitung von Wissen verbessert werden. Durch einen optimalen Wissensaustausch kann der größte Nutzen für die Partner gestiftet werden. Dies verlangt von den Partnern allerdings ein hohes Maß an Offenheit, was nur bei einem intensiven Vertrauensverhältnis vorausgesetzt werden kann. Die Einsicht, dass zunehmend Wertschöpfungsketten miteinander konkurrieren, dürfte das notwendige Vertrauen hierfür schaffen.

Wie intensiv die einzelne Beziehung zum Lieferanten ist, wird durch verschiedene Indikatoren, wie

- Grad der Vernetzung,
- Grad der Systemintegration,
- Grad der Datenüberschneidungen, gemeinsamen Datennutzung,
- Grad an Vertrauen (Trust), Verpflichtung (Commitment) und Zuversicht (Confidence)[155],
- Anzahl erfolgreicher gemeinsamer Projekte,

[155] Vgl. Stölzle (2000) S. 9

- Anzahl persönlicher Kontakte,
- klare Absprache von Zielen und Aufgaben etc.

bestimmt. Hierzu bedarf es der in im folgenden dargestellten Voraussetzungen, welche die Umsetzung wirklich enger Partnerschaften und Beziehungen zwischen Lieferanten erst ermöglichen.[156]

Voraussetzungen für Lieferantenpartnerschaften

- gemeinsames Interesse und klare Erwartungen an der Zusammenarbeit
- Offenheit und gegenseitiges Vertrauen
- Kenntnis der bedeutendsten Partner der Wertschöpfungskette
- klare Zuweisung von Verantwortlichkeiten und Führungsrollen
- beiderseitige, gemeinsame Problemlösung und Erfolgsteilung

Im Falle einer weitreichenden Partnerschaft erstreckt sich die Beziehung zum Lieferanten über den gesamten Zyklus, den Abb. 6.25. zeigt.

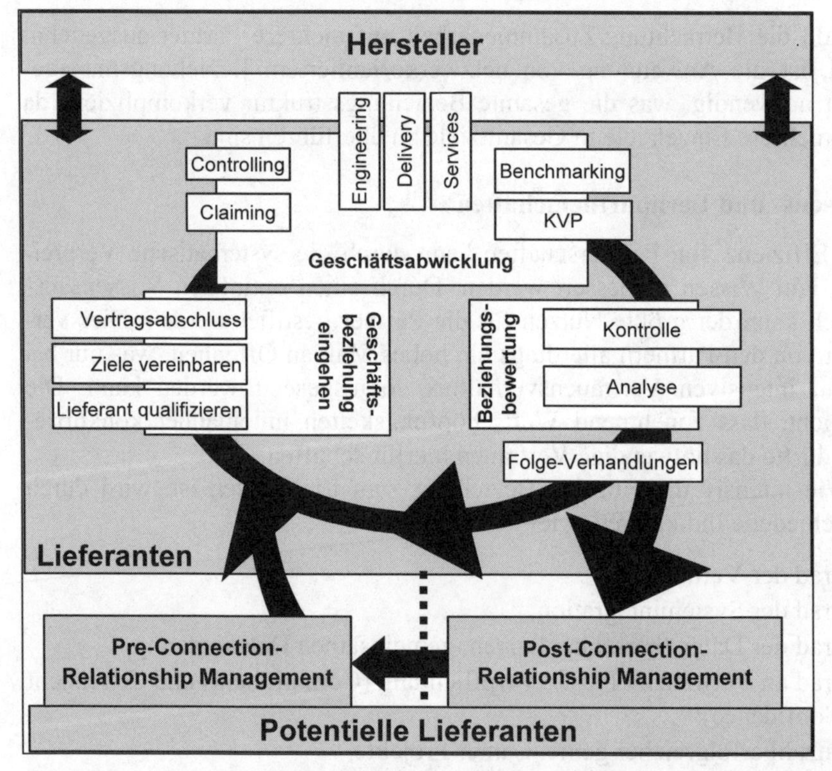

Abb. 6.25. Der Lieferanten-Beziehungs-Zyklus

[156] Vgl. Quinn (2001)

Sind das Lieferantenportfolio analysiert und die Wichtigkeit der Lieferanten evaluiert, sind geeignete Beziehungsstrategien auszuwählen und anzuwenden (vgl. Abb. 6.26.). Dabei sind die Beziehungen gekennzeichnet durch erzwungenen Charakter (Coercive) bis hin zu kollaborativem Fokus. Langfristige und strategische Partnerschaften mit geringer Unabhängigkeit sind in Abb. 6.26. rechts vorzufinden.

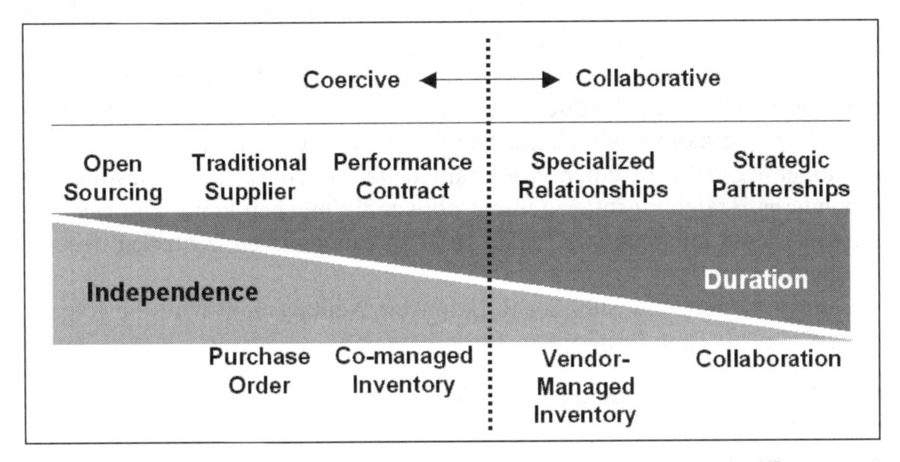

Abb. 6.26. Strategien Portfolio im Lieferantenbeziehungsmanagement[157]

Hierfür eignen sich vor allem kollaborative Strategien, da die Beziehung durch Prozesse wie Entwicklung, Absatzplanung und weitere Planungsarten gekennzeichnet sein wird. Weiter links sind stark unabhängige, also lockere und kurzfristig ausgelegte Lieferanten-Hersteller-Beziehungen anzusiedeln. Die Intensität des Beziehungsmanagements wird hier eher abnehmen.[158] Dies ist etwa bei Buchhändlern der Fall, deren Produktbedeutsamkeit gering und Lieferantenaustauschbarkeit flexibel und kostengering möglich ist.

Weiter wird die Beziehungsstrategie durch die Machtverhältnisse zwischen Abnehmer und Lieferant bestimmt. So kann bei hoher Lieferantenmacht eine hohe Beziehungsintensität im Interesse des Abnehmers liegen, um das Versorgungsrisiko zu minimieren. Liegt die Machtposition mehr beim Abnehmer, so werden die Anstrengungen des Beziehungsmanagements von dessen Seite eher abnehmen. Hingegen wird bei derartiger Konstellation die Initiative aktiven Beziehungsmanagements mehr auf Seiten des Lieferanten vorzufinden sein, was dann einem Customer Relationship Management entspricht.

[157] Quelle: Gartner Consulting (2001) S. 10
[158] Vgl. Gartner Consulting (2001) S. 10

Mit der Durchführung einer Lieferantenanalyse und -auswahl wird vielfach eine Reduktion der Lieferantenanzahl hin zu System- oder Modullieferanten einhergehen. Dies bewirkt verminderte Aufwendungen für Lieferantenkontakte und Lieferantenpflege. Bezogen auf das Supply Chain Management allerdings ist dies nur eine Problemverschiebung, denn die Anstrengungen für die Lieferantenpflege in der nächst tieferen Hierarchieebene sind vom Modullieferanten zu übernehmen und liegen somit nicht im Herrschaftsbereich des Herstellers.

Aus der Industrie ist in diesem Zusammenhang die Zulieferpyramide bekannt, welche die folgende Abb. 6.27. zeigt. Daraus können auch unterschiedliche Strategien abgeleitet werden, wobei jedoch auch ein direkter, wichtiger Kontakt zu einem Lieferanten der unteren Hierarchiestufe ein besonderes Beziehungsmanagement notwendig machen kann. Die Bedeutsamkeit des Lieferanten ist, wie gesehen, an anderen Kriterien festzumachen.

Gutes und gezieltes Supplier Relationship Management wird die folgenden Effekte zu Tage fördern:[159]

- Ziele und Zuständigkeiten von Prozessen zwischen den Partnern sind klar definiert,
- gemeinsame Anstrengungen zur kontinuierlichen Verbesserung von Produkten und Prozessen,
- einheitliche Sicht der Wertschöpfungskette,
- Aufdecken und Beseitigen von Unwirtschaftlichkeiten in der Hersteller-Lieferanten-Beziehung (wie etwa Lagerbestände und doppelte Qualitätskontrollen),
- der Echtzeit-Informationsaustausch ist harmonisch und verhilft den Partnern zu flexiblen Reaktionen auf Planungsveränderungen,
- Messung des gesamten Lieferantennutzens unter Total-Cost-Gesichtspunkten,
- Verbesserungen von Qualität, Kosten, Lieferfähigkeit, Entwicklungsbeschleunigung, Flexibilität und Planungsstabilität.

[159] Vgl. auch den Abschnitt über Vor- und Nachteile enger Partnerschaften und Stölzle (2000) S. 17

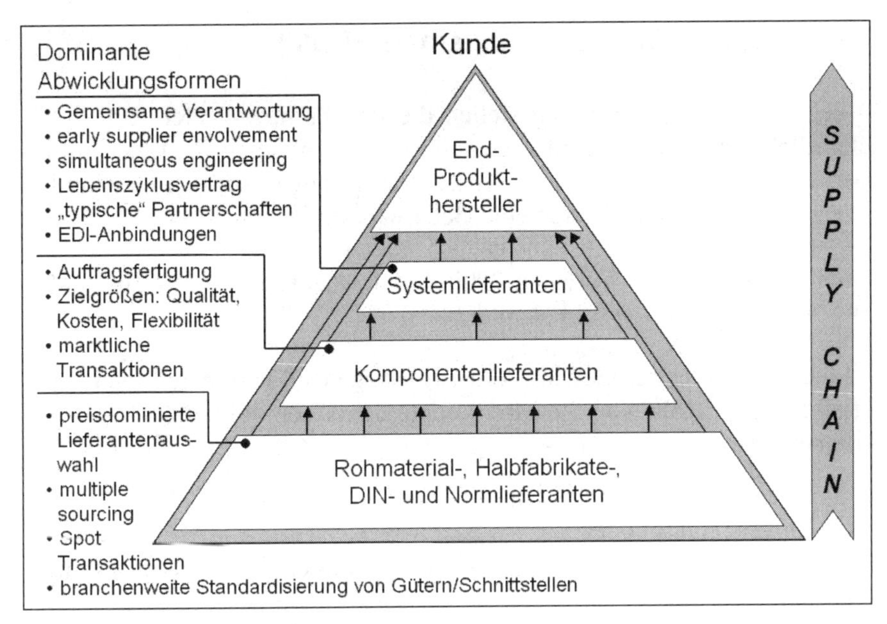

Abb. 6.27. Zulieferpyramide[160]

6.7.3 Kritische Würdigung

Enge Partnerschaften oder gar kollaborative Zusammenarbeit kann Unternehmen helfen, Ineffizienzen aufzudecken und die Planungsarbeit zu verbessern. Ein ganzheitliches Beziehungsmanagement kann dazu verhelfen, die wichtigen Partner herauszufiltern und die Pflege dieser Partnerschaften entsprechend vorzunehmen. Allerdings gilt es zu beachten, dass die Erwartungen der Beziehung von beiden oder mehreren Partnern unterschiedlich sein können. Es gilt deshalb, diese Ziele bestmöglich miteinander zu vereinbaren, so dass sich beiderseitiger Erfolg einstellen kann.

Beziehungsmanagement ist mühsam und auch kostenaufwändig, weshalb viele Unternehmen vor Investitionen zurückschrecken. Langfristig betrachtet allerdings werden strategische Partnerschaften den beteiligten Unternehmen zu nachhaltigem Erfolg verhelfen, denn nur die bestfunktionierendsten Supply Chains können die Kundenbedürfnisse am treffendsten befriedigen. Wem dies gelingt, wird die größten Marktanteile auf sich generieren können.

---

[160] Quelle: http://www.uni-stuttgart.de

6.8 Enterprise Spend Management (ESM)

In der industriellen Fertigung stellen die Beschaffungskosten mit durchschnittlich 50% der Gesamtkosten einen wesentlichen Teil der in Industrieunternehmen anfallenden Kosten dar. Bezogen auf den Gewinn besitzen die Beschaffungskosten eine Hebelwirkung.[161]

Bei DaimlerChrysler betrug in 2002 das Beschaffungsvolumen 102,1 Mrd. Euro bei einem Umsatz von 149,5 Mrd. Euro.

Eine Steigerung des Gewinns um 10% ausgehend vom bereinigten Operating Profit in Höhe von 5,8 Mrd. könnte der Automobilkonzern auf zwei Arten erzielen:

- durch eine Steigerung des Umsatzes um 10% (bei unterstellter konstanter Umsatzrendite) oder
- durch eine nur 0,57%ige Reduktion der Material- und Vorleistungskosten.

In Folge von Produktions- und Organisationskonzepten wie Lean Production, Kernkompetenzkonzentration, Outsourcing oder Supply Chain Management und damit sinkender Fertigungstiefe durch vermehrten Fremdbezug rückt unter dem Begriff Spend Management das Kostenmanagement im Einkauf in das Optimierungsblickfeld von Unternehmen.

Ausgehend von der klassischen Einkaufskostenrechnung, die ausgerichtet auf die Beschaffung die Leistungsseite des Einkaufs vernachlässigt, erfolgt eine Weiterentwicklung zu einem Vergleich der Kosten und Leistungen aller funktionalen Teilbereich eines Unternehmens, somit auch des Einkaufs (vgl. Pfeil 1 in Abb. 6.28.). Diese Gegenüberstellung soll verdeutlichen, dass die Beschaffung jenseits von Einzelkosten (Materialeinstandspreise) und Gemeinkosten (Kosten für die Beschaffungsabteilung) messbare Leistungen liefert. Der Aufbau und die Pflege von Beziehungen zu Lieferanten und deren Einbeziehung in den Entwicklungsprozess neuer Produkte gehören beispielsweise zu solchen Leistungen.

Strategische Maßnahmen im Rahmen des Supplier Relationship Management sind langfristig angelegt und können teilweise nur durch Inkaufnahme kurzfristig höherer Kosten umgesetzt werden. Werden Lieferantenfördermaßnahmen wie beispielsweise gemeinsame Workshops durchgeführt, werden die dafür anfallenden Aufwendungen wie Personal- und Reisekosten in der operativen Betrachtung als Kosten angesehen. Unter strategischen Gesichtspunkten führen diese Kostenpositionen jedoch zu höheren

[161] Vgl. im Folgenden Eßig (2004) S. 43ff

Leistungen und gesteigertem Erfolg, wenn der Lieferant beispielsweise dauerhaft günstigere Fertigungsstrukturen entwickelt hat. In der nächsten Stufe der Kosten- und Leistungsrechungssysteme, in strategischen Kostenmanagement-Systemen, sollen insbesondere diese strategischen Aspekte berücksichtigt werden (vgl. Pfeil 2 in Abb. 6.28.).

In der Praxis werden Erfolgsmesssysteme, die sich auf Kosten und Leistungen stützen, vermehrt in Frage gestellt. Zur Kritik am handelsrechtlich verankerten Jahresabschlusssystem haben nicht zuletzt die existierenden Bewertungswahlrechte geführt. Bei auf Cash-Flow-Größen basierten Konzepten wie Shareholder Value, Economic Value Added oder der Kunden- bzw. Lieferantenbewertung auf Basis von Customer bzw. Supplier Lifetime Value erfolgt eine Prognose der künftigen Zahlungsflüsse, die mittels eines risikogewichteten Zinssatzes auf den Bewertungszeitpunkt abdiskontiert werden. Auf diese Weise können unter Einfluss von Zukunftsrisiken unter langfristig-strategischer Betrachtung und möglichst frei von Bewertungsspielräumen Unternehmen, deren Teilfunktionen, Kunden oder Lieferanten, bewertet werden.

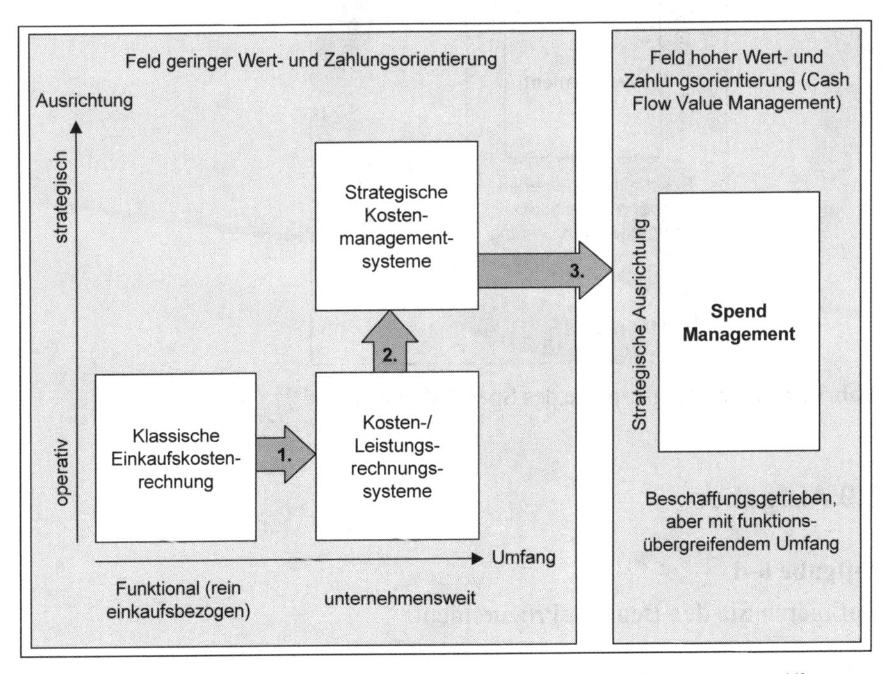

Abb. 6.28. Entwicklungslinien und Dimensionen des Spend Management[162]

[162] Quelle: Eßig (2004) S. 44

Diese gezielte Identifikation und langfristige Bewertung der strategischen „Spends" ist Ansatzpunkt des Spend Management (vgl. Pfeil 3 in Abb. 6.28.). Als „Spend" gelten sämtliche direkte Zahlungsströme vom Unternehmen an Lieferanten sowie notwendige „Hilfs-Zahlungen" etwa für Transaktions- und Kommunikationsgebühren oder Mitarbeiterzahlungen. Als funktional einkaufsgetrieben sollen vor allem auch Zahlungen einfließen, die als Maverick Buying bisher am Einkauf vorbei getätigt wurden. Dabei werden im Spend Management über die Kostenerfassung hinaus Spend-Management-Strukturen, -Prozesse und –Systeme gestaltet (vgl. Abb. 6.29.).

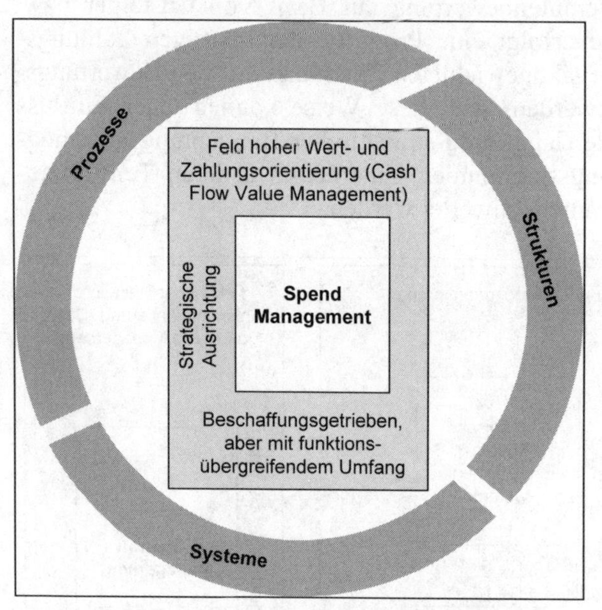

Abb. 6.29. Gestaltungsaspekte des Spend Management[163]

6.9 Aufgaben

Aufgabe 6–1

Definieren Sie den Begriff eProcurement.

Aufgabe 6–2

Erläutern Sie den Begriff elektronischer Marktplatz. Welche Arten werden unterschieden?

[163] Quelle: Eßig (2004) S. 45

Aufgabe 6–3

Beschreiben Sie den Ablauf einer Reverse Auction.

Aufgabe 6–4

Welche Arten von elektronischen Produktkatalogen werden im Desktop Purchasing eingesetzt?

Aufgabe 6–5

Nennen Sie wesentliche Voraussetzungen für Lieferantenpartnerschaften.

Lösung 6–1

Electronic Procurement kann als die Nutzung der Internettechnologie zur Unterstützung beschaffungsbezogener Aktivitäten definiert werden.

Lösung 6–2

Elektronische Marktplätze stellen virtuelle Orte im Internet dar, an denen einer Vielzahl von Anbietern und Nachfragern die Möglichkeit gegeben wird, Geschäftstransaktionen vorzubereiten und teilweise bzw. vollständig durchzuführen. Dabei wird zwischen horizontalen und vertikalen sowie zwischen offenen und geschlossenen Marktplätzen unterschieden.

Lösung 6–3

Zunächst werden die gesuchten Eigenschaften wie Menge, Qualität und Lieferkonditionen der Beschaffungsobjekte genau spezifiziert. Anschließend werden mögliche Lieferquellen im Rahmen einer Vorauswahl kontaktiert. Dabei erfolgt eine Prüfung der Leistungsfähigkeit der Lieferanten (Qualität, Liefertreue, finanzielle Stärke, Serviceleistungen). Nun werden die ausgewählten Lieferanten zur Teilnahme an der Reverse Auction eingeladen und in die Auktionsbesonderheiten/-abläufe eingewiesen. Innerhalb eines vorher festgelegten Zeitraumes (etwa zwei Stunden) können die potenziellen Lieferanten anonym ihre Angebote abgeben. Unter Hinzuziehen der vorab ermittelten Kriterien zur Preiskomponente wird der unter Total Cost Gesichtspunkten günstigste Anbieter ermittelt. Schließlich wird der Gewinner benachrichtigt und die Transaktion vollzogen.

Lösung 6–4

Im Rahmen von Desktop Purchasing Systemen werden Buy-Side-, Sell-Side- und 3rd-Party Kataloge eingesetzt. Im unternehmenseigenen Intranet hinterlegte elektronische Produktkataloge heißen Buy-Side Katalog. Sell-Side Katalog sind elektronische Produktkataloge des bzw. der Lieferanten, auf die via Internetverbindung zugegriffen wird. Bei 3rd-Party Katalogen integrieren Dienstleister die Kataloge mehrerer Lieferanten und ermöglichen einer Vielzahl von verschiedenen Käufern einen Zugriff via Internet.

Lösung 6–5

Als Voraussetzungen für Lieferantenpartnerschaften gelten:

- gemeinsames Interesse und klare Erwartungen an der Zusammenarbeit,
- Offenheit und gegenseitiges Vertrauen,
- Kenntnis der bedeutendsten Partner der Wertschöpfungskette,
- klare Zuweisung von Verantwortlichkeiten und Führungsrollen,
- beiderseitige, gemeinsame Problemlösung und Erfolgsteilung.

7 Flexible und bedarfsorientierte Produktion

Die Produktion im e-Zeitalter ist ein komplett über das Internet gesteuerter Fertigungsprozess, der bereits mit der Planung des Produktionsprogramms beginnt und mit der Einlagerung ins Auslieferungslager endet. Die eProduction bildet einen wesentlichen Bestandteil des eSupply Chain Managements und wird, aufgrund des Wandels zur Pull-Produktion, durch tatsächliche Aufträge angestoßen. Der reibungslose Ablauf der Produktion hängt vor allem von der termingenauen Bereitstellung von Teilen ab, die mit Hilfe der Internettechnologie fertigungssynchron angeliefert werden können.

Das Kapitel zeigt die Umsetzung der Pull-Produktion mit Hilfe der Plattformstrategie und dem Einsatz modernster Informationstechnologien. Um gegenüber der Konkurrenz wettbewerbsfähig zu bleiben, sind kurze Durchlauf- und Produktentwicklungszeiten notwendig. Dies wird durch die Vernetzung aller am Wertschöpfungsprozess Beteiligten erreicht. Dazu gehören

- die *Lieferanten*, die durch den Aufbau eines Value Nets angebunden werden,
- die *Entwicklung*, die mit Hilfe des Internets standortunabhängig Zeichnungen erstellt und der Fertigung übermittelt,
- die *Fertigung*, die durch die Vernetzung von CNC-Maschinen, SAP APO und MES-Systeme transparenter gestaltet werden kann.

Die Vernetzung mit Hilfe der Internettechnologie ermöglicht eine effiziente Umsetzung der produktionssynchronen Belieferung sowie des Kanban-Systems.

7.1 Die Produktion im e-Zeitalter

Durch die Entwicklung vom Verkäufer- zum Käufermarkt wurde der Wandel von der Push- (Drücken) zur Pull- (Ziehen) Produktion vollzogen. Man versteht darunter die Ablösung von Planbedarfen durch Kundenaufträge. Es werden heute nicht mehr Material und Vorfabrikate in großen

Mengen in die Fertigung gestoßen (Push-Prinzip), sondern nur tatsächliche Aufträge/Bedarfe umgesetzt (Pull-Prinzip). Dies erfordert eine enorme Flexibilität der Fertigung, da die Gleichsetzung von Auftragseingang und Produktionsplan kurzfristige Reaktionen erfordert. Zudem muss durch die Globalisierung und den steigenden Wettbewerb eine schnelle Auslieferung der Ware gewährleistet werden, um die Kundenzufriedenheit zu steigern. Voraussetzung sind kurze Durchlaufzeiten, die mit Hilfe folgender Hilfsmittel erzielt werden können

- Einsatz moderner ERP- und SCM-Systeme,
- Einbeziehung des Internets,
- Einführung einer Plattformstrategie.

7.1.1 Die Entwicklung zur eProduction

Die rasende Entwicklung der Informationstechnologien hat auch bezüglich der industriellen Produktion neue Ansätze hervorgebracht. Dabei entstanden nun Schlagworte wie „eProduction", „eManufacturing" oder „B2B-Manufacturing", die letztlich alle das gleiche meinen – eine Effizienzsteigerung in der Fertigung durch totale Transparenz der Abläufe in der gesamten Supply Chain mit Hilfe modernster Informationstechnologien, wie z.B. das Internet. Die Herausforderung besteht in der Informationsverteilung.

Durch das Internet kann z.B. ein besserer Kundenkontakt gewährleistet werden, da sowohl interne Stellen, als auch der Vertrieb vernetzt sind und somit auf gleiche Informationen zurückgreifen können. Die weltweit verstreuten Vertriebsstellen sind dabei mit dem ERP- bzw. SCM-System der Unternehmenszentrale vernetzt. Durch Die zunehmende informationstechnologische Unterstützung der Fertigungsabläufe können Liefertermine genauer bestimmt und die Qualität besser überprüft werden. So wird die Umsetzung eines effektiven Customer Relationship Managements, d.h. einer schnelleren Reaktion auf Kundenwünsche, ermöglicht.

Die zunehmende Bedeutung des Internets und die Vernetzung sämtlicher Bereiche birgt jedoch große Gefahren in Form von Viren, Würmern und Trojanern, die sich genauso rasch entwickeln, wie die IT-Landschaft. Allerdings werden diese Gefahren heute noch weitestgehend unterschätzt, obwohl sie ein Unternehmen, aufgrund der Abhängigkeit von EDV-Systemen, völlig lahm legen können. Ebenso steigt die Gefahr der Datenspionage, die heute mit Hilfe von trojanischen Pferden technisch möglich ist. Es hat sich mittlerweile eine professionelle Hackerszene gebildet, die über das Internet systematisch in Unternehmenscomputer eindringt, um vertrauliche Daten zu stehlen und an die Konkurrenz weiterzuverkaufen. So hat sich die Zahl der Cyberangriffe in den USA im Jahr 2001 gegenüber dem Vorjahr auf ca. 53.000 verdoppelt. Es handelt sich dabei aber nicht nur um ein rein amerikanisches Problem. Die in den Jahren 2000 und 2001 weltweit entstandenen Kosten werden auf ca. 3,6 Mrd. Dollar beziffert.[164] Dies zeigt, dass dem Thema IT-Security eine ebenso große Bedeutung beizumessen ist, wie dem Einsatz modernster IT.

7.1.2 Plattformstrategie

Beim Einsatz der Plattformstrategie werden Grundbausteine verschiedener Typen standardisiert. Sie findet vor allem in der Automobilindustrie Verwendung, illustriert am Beispiel der Volkswagen AG. Plattformstrategie bedeutet dort, dass unter der Karosserie unterschiedlicher Modelle die gleichen Bauteile verwendet werden. Zu einer Plattform zählen z.B. Vorderachse, Lenkung und Motor sowie Längsträger, Boden und Hinterachse.

Der VW Golf fährt auf einer Plattform, deren wichtigsten Teile in vielen Modellen von Tochterunternehmen identisch sind. Die teilweise geringen Unterschiede werden in Tabelle 7.1. aufgezeigt.

Tabelle 7.1. Plattformunterschiede bei Modellen des VW-Konzerns zum VW Golf

Plattformunterschiede bei Modellen des VW-Konzerns zum VW Golf	
Modell	**Unterschied**
AUDI TT	Vorderer Boden verkürzt; Größere Spurweite von Vorder- und Hinterachse; Schaltung ist sportlicher getrimmt; eigene, straffer abgestimmte Pedalerie; 1,8l Motor
AUDI A3	Baugleiche Plattform, aber edlerer Stallgeruch; Motor ist kürzer übersetzt
SKODA Octavia	Längerer Boden und andere Längsträger; Andere Feder- und Dämpferabstimmung
SEAT Toledo	Andere Feder- und Dämpferabstimmung; Proportionen des VW Bora
VW Bora	Stufenhecklimousine des Golfs; längerer Boden und andere Federabstimmung; andere Abgasanlage
VW New Beetle	Identisch mit der Golf-Plattform bis auf den Motor

Der VW-Konzern spart dadurch erhebliche Entwicklungskosten und kann somit bessere Autos günstiger anbieten. Die Strategie ist ein enormes Kostensenkungspotenzial, da bei einem Pkw ca. 40% der Teile gleich sind.

[164] Vgl. FAZ (21.01.2002) S. 22

Die Produktion kann zudem Standardteile frühzeitig fertigen und nach Eingang des Auftrages verschiedene Modelle montieren. Allerdings belaufen sich die Einführungskosten der Plattformstrategie bei Automobilherstellern auf über zwei Mrd. Euro, was eine erhebliche Barriere darstellt. Ein weiterer Nachteil kann ein Individualitätsverlust der Produkte sein.

Die Plattformstrategie weist weitere *positive Effekte* auf:

- die Teilevielfalt wird reduziert, wodurch Losgrößen bzw. Beschaffungsmengen steigen. Dies führt zu geringeren Umrüstzeiten bzw. geringeren Einstandspreisen aufgrund von Mengenrabatten;
- Lerneffekte im Umgang mit Einzelteilen und Baugruppen;
- standardisierte Teile erlauben einen gleichförmigen Aufbau des Lagers;
- der Produktionsfluss kann auf eine bestimmte Plattform ausgerichtet werden.

7.2 Value Net

Ein Value Net basiert auf einem digitalen Lieferantennetzwerk und hat das Ziel der ausgezeichneten Kundenzufriedenheit und höherer Unternehmensgewinne. Es ist ein System, das durch die Wahlmöglichkeiten der Kunden gesteuert wird.

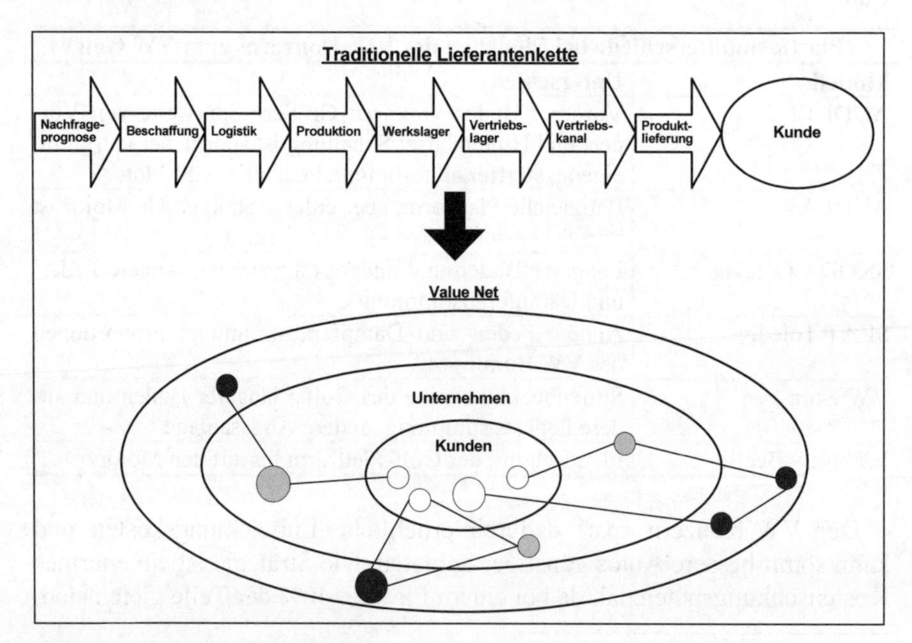

Abb. 7.1. Wandel zum Value Net

Der Kunde soll, trotz Massenfertigung, ein individuelles Produkt erhalten, indem er aus einer großen Anzahl an Varianten wählen kann. Mit Hilfe dieser in digitaler Form vorliegender Informationen werden die maßgeschneiderten Produkte gefertigt und schnellstmöglich ausgeliefert. Man spricht von *Mass Customization*. Beispielweise stellt der Kunde beim PC-Hersteller Dell seinen PC im Internet aus Standardkomponenten zusammen. Innerhalb einer Woche wird er dann direkt vom Werk beliefert.

Das Value Net löst die traditionelle Lieferantenkette ab, was Abb. 7.1. verdeutlichen soll.[165] Es ist ein dynamisches Hochleistungsnetzwerk von Kunden-/Lieferanten-Partnerschaften und Informationsflüssen, da sich die Wertschöpfungskette nach den individuellen Bedürfnissen der Kunden ausrichten. Die traditionelle Lieferantenkette und das Value Net zeigen folgende Unterschiede auf, wie in Tabelle 7.2. dargestellt.

Tabelle 7.2. Unterschiede des Business Designs

Alte Lieferantenkette	Value Net
Uniformes Angebot	Kundenorientiert
Entkoppelt und sequenziell	Kooperativ und ganzheitlich
Starr, inflexibel	Agil, skalierbar
Langsam, statisch	Schnell fließend
Analog	Digital

Praxisbeispiel: Büromöbelhersteller Miller SQA

Als Pioniere des Value Nets gelten die Unternehmen Cisco Systems, Gateway, Streamline.com und der Büromöbelhersteller Miller SQA, der für einfache (Simple) Produkte, schnelle (Quick) Belieferung und bezahlbar (Affordable) steht. „Das gesamte Fertigungs- und Auslieferungssystem von SQA ist auf die Erfordernisse einer spezifischen Kundengruppe zugeschnitten."

Der Kunde kann per Internet aus einer einfachen Produktlinie seinen Wunsch zusammenstellen. Danach erfolgt sofort ein Kapazitäts- und Bestandsabgleich bei SQA und dessen Lieferanten, die alle Just-in-Time liefern. Mit Hilfe dieser digitalen Informationsflüssen ist SQA in der Lage, voraussichtliche Liefertermine anzugeben. SQA übermittelt vier mal täglich alle relevanten Informationen zu den Auftragseingängen, so dass die Komponentenbestellung, Fertigung der bestellten Büromöbel sowie die Auslieferungsorganisation parallel verläuft. Tritt eine verstärkte Nachfrage nach einem Produkt und dadurch ein Engpass auf, ruft dies eine Beschleunigung der Zulieferung hervor.

[165] Vgl. Bovet, Martha (2001) S. 19f

Jede Veränderung wirkt sich sofort über das Netz auf andere Bereiche aus. Durch diese Synchronisation von Fertigung, Montage und Lieferanten, können genaue Liefertermine bestimmt werden. So wird bereits zwei Tage nach dem Auftragseingang mit der Auslieferung begonnen, gegenüber zwei Wochen bei der Konkurrenz. Der Umsatz von SQA ist dadurch die letzten Jahre um ca. 25% gestiegen.[166]

7.3 Informationsmanagement durch Computer Integrated Manufacturing

Das Ziel des CIM-Konzepts (Computer Integrated Manufacturing) ist durch die Integration der technischen und betriebswirtschaftlichen Datenverwaltung überflüssige Organisationsarbeiten und Planungsfehler zu vermeiden. Abbildung 7.2. zeigt die Bestandteile auf.

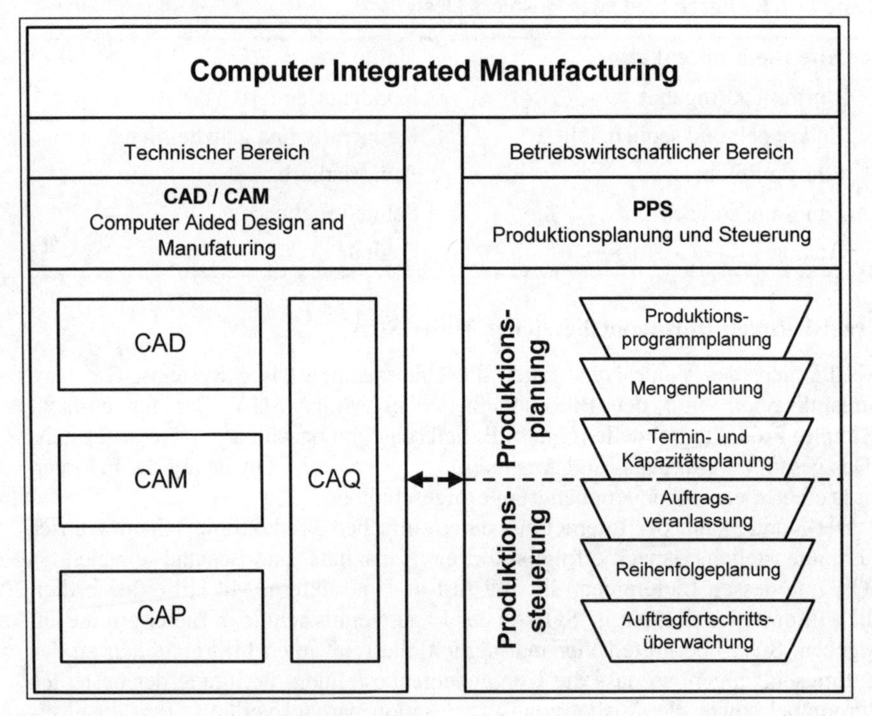

Abb. 7.2. Computer Integrated Manufacturing[167]

[166] Vgl. Bovet, Martha (2001) S. 24ff
[167] Vgl. Wöhe (1996) S. 587

7.3.1 Computer Aided Design and Manufacturing (CAD/CAM)

Mit Hilfe von CAD werden in Entwicklungsabteilungen Konstruktionszeichnungen angefertigt. Diese 3D-Zeichnungen bilden die Basis für die Erstellung von Programmen im Bereich CAM, welche später Werkzeugmaschinen (CNC-/DNC-Maschinen) steuern. Das CAD/CAM-System beinhaltet folgende Komponenten.

Tabelle 7.3. Aufgaben der CAD/CAM-Komponenten

Komponente	Aufgabe
CAD (Computer Aided Design)	Anfertigung von Konstruktionszeichnungen
CAM (Computer Aided Manufacturing)	Computersteuerung von Werkzeugmaschinen
CAP (Computer Aided Planning)	Arbeitsplanerstellung
CAQ (Computer Aided Quality Assurance)	Computergestützte Qualitätssicherung

Die Nutzung von CAD/CAM-Systemen in produzierenden Unternehmen ist heute zum Standard geworden. Es wird mit 3D-Zeichnungen gearbeitet. Um einen schnellen und unkomplizierten Datenaustausch zu ermöglichen, wird die Entwicklung und Fertigung informationstechnologisch verknüpft. Deshalb wurden Schnittstellen zwischen ERP- bzw. SCM- und CAD/CAM-Systemen geschaffen. Mit Hilfe des Internets kann somit standortunabhängig entwickelt und Konstruktionszeichnungen an verschiedene Produktionsstandorte übermittelt werden.[168]

Praxisbeispiel: CAD bei F.X. Meiller

Das Münchner Unternehmen F.X. Meiller, das Fahrzeugaufbauten produziert, setzt seit 1998 das 3D-CAD-System „Catia“ ein. Die Übertragung der Zeichnungen in die Fertigung bereitet jedoch, aufgrund der Komplexität der 3D-Daten, große Probleme. Die Konstrukteure mussten teilweise die 3D-Daten in zweidimensionale Zeichnungen umwandeln, um die Bereitstellung zu ermöglichen. Durch die Implementierung eines Digital Mock-UP-Systems „Enovia 3D“ soll jedoch in Zukunft der Informationsfluss zwischen Entwicklung und Fertigung optimiert werden. Dieses Tool ermöglicht die reibungslose Bereitstellung von 3D-Daten in verschiedenen Fertigungswerken von Meiller. Der Mitarbeiter in der Fertigung soll alle bisher in technischen Zeichnungen enthalten Informationen di-

[168] Vgl. Wannenwetsch (2002a) S. 286

rekt aus dem 3D-Modell erhalten. Heute werden bereits Konturen für die Laserfertigung digital an die CNC-Maschinen im tschechischen Slany übermittelt.[169]

Praxisbeispiel: CAD bei SKM

Die Münchner Siemens Krauss-Maffei Lokomotiven GmbH (SKM) fertigt Schienenfahrzeuge. Gearbeitet wird mit der 3D-Software „Mechanical Desktop", die vor allem den Datenaustausch per Internet ermöglicht. So konnten Konstruktionsteams an einem Projekt standortunabhängig zusammenarbeiten. Die Zeichnungen können zudem einfach dargestellt und via Internet verschiedenen Abteilungen und sogar internationalen Produktionsstätten übermittelt werden. Die Konstruktion wurde dadurch erheblich vereinfacht und beschleunigt, was sich letztlich positiv auf den Produktionsablauf auswirkt.[170]

7.3.2 PPS-Systeme

„Ein PPS-System hat ... die Aufgabe, den mengenmäßigen und zeitlichen Produktionsablauf auf Basis erwarteter und/oder vorliegender Kundenaufträge und unter Beachtung der verfügbaren Kapazitäten zu planen und zu steuern"[171]. Die klassischen PPS-Systeme basieren auf MRP II (Manufacturing Resource Planning), das sukzessiv den Auftragsbestand bzw. die Nachfrageprognose abarbeitet. Nach dem Bestandsabgleich werden aus dem daraus resultierenden Auftragsbestand Losgrößen ermittelt und Produktionsaufträge abgeleitet. Die Fertigungsaufträge werden dann anhand von vorhandenen Kapazitäten auf ihre Durchführbarkeit überprüft. Diese grobe Produktionsplanung (Produktionsprogramm-, Mengen- sowie Termin- und Kapazitätsplanung) erfolgt innerhalb einer Periode, i.d.R. ein Monat (siehe Abb. 7.3.).

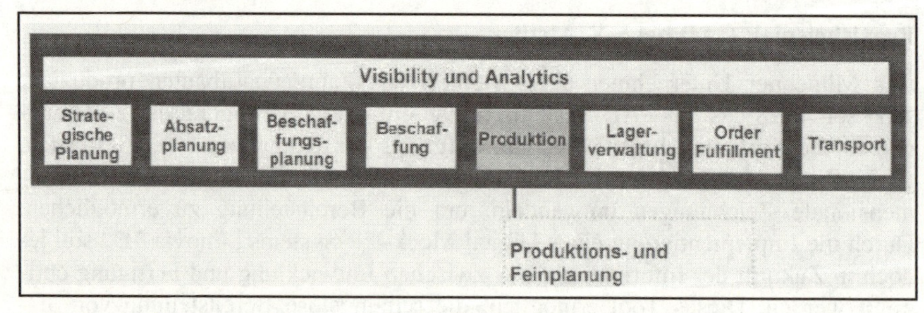

Abb. 7.3. PPS in mySAP SCM – Produktion[172]

[169] Vgl. Industrielle Informationstechnik (August 2001) S. 46ff
[170] Vgl. Industrielle Informationstechnik (August 2001) S. 51f
[171] Vgl. Wöhe (1996) S. 575
[172] Vgl. Präsentation SAP AG (2003) S. 48

Die Produktionssteuerung beinhaltet die minuten- und arbeitsplatzgenaue Planung, ausgehend von der Auftragsveranlassung, über die Reihenfolgeplanung, bis hin zur Auftragsfortschrittüberwachung. Der daraus resultierende Maschinenbelegungsplan unterliegt kürzeren Planungsabschnitten.

Eine Folge dieses sukzessiven Planens ist das Durchlaufzeit-Syndrom. Die Durchlaufzeiten von Aufträgen hängen von der Maschinenkapazität und deren Belegungsplan ab. Um Liefertermine einzuhalten, erhöht man die Durchlaufzeit um einen Sicherheitszuschlag. Dadurch werden Aufträge zu früh freigegeben, der Auftragsbestandes erhöht sich. Die Folgen sind Wartezeiten vor Engpässen und Bestandserhöhungen in Zwischenlagern. Daraufhin werden die Aufträge noch früher freigegeben, was diesen Effekt noch verstärkt. Zur Lösung dieses Problems setzt man bestandsorientierte (Fortschrittszahlenkonzept) und bereichsweise Verfahren (Belastungsorientierte Auftragsfreigabe, Kanban, Optimized Production Technology) ein.

Die aufgezeigten Schwierigkeiten lassen sich vor allem auf die Komplexität sämtlicher Prozesse in der PPS zurückführen. Transparenz lässt sich durch den Einsatzes von ERP- oder MES-Systemen schaffen. Durch den Einsatz geeigneter Software können Planungsstunden eingespart und technische Größen von Produktions- und Logistikressourcen (z.B. optimale Puffergröße, maximale Maschinenbelegung) optimiert werden. Verschiedene Unternehmensbereiche, wie z.B. das Rechnungswesen, können Abläufe besser nachvollziehen und mit verlässlicheren Zahlen planen.

Zudem bietet die Internettechnologie die Möglichkeit Filialen, Tochterfirmen oder internationale Produktionsstätten enger anzubinden. Der Datenaustausch erfolgt wesentlich schneller, die Fertigung gewinnt an Flexibilität. Tritt z.B. ein Kapazitätsengpass auf, ist man in der Lage, Bestands- und Kapazitätsabgleiche in anderen Produktionsstätten oder eventuell bei Lieferanten online durchzuführen. Besteht dann die Möglichkeit bestimmte Teile fremd zu beziehen, kann man die eigenen Kapazitäten entlasten und die Durchlaufzeiten verkürzen.

7.3.3 Vernetzung von CNC-Bearbeitungszentren durch das Internet

In der Produktion hat sich ein Wandel, von manuell bedienten Bearbeitungsmaschinen (z.B. Standbohrmaschine) zu computergesteuerten Fertigungsautomaten vollzogen. Zu Beginn wurden Numeric Control-Maschinen (NC) eingesetzt, die nur einen Bearbeitungsschritt programmgesteuert ausführen. CNC ist die Abkürzung für Computerized Numerical Control. Dies bedeutet auch die Steuerung von Maschinen durch einen Server.

CNC-Maschinen sind jedoch im Vergleich zu NC-Maschinen in der Lage mehrere Bearbeitungsschritte auszuführen. Direct Numeric Control-Maschinen (DNC) beinhalten dagegen einen Steuerungscomputer, der mehrere NC- und CNC-Maschinen verwaltet.[173]

Ein CNC-Bearbeitungszentrum (CNC-Processing-Center) ist eine komplexe Maschine, die von einer CNC-Steuerung geregelt wird. Mit ihr kann man an einem Werkstück, mit einer Werkstückaufspannung, mehrere Bearbeitungsschritte fließorientiert durchführen, z.B. sägen, fräsen, bohren und schleifen. Die Werkstückbearbeitung wird durch programmierbare Werkzeugbewegungen ausgeführt. Alle Werkzeug-, Vorschubbewegungen und Spannvorgänge werden anhand der eingegebenen Daten durch den Computer gesteuert. Sie haben eine große Fertigungsgenauigkeit sowie eine hohe Fertigungsgeschwindigkeit und sind flexibel einsetzbar.

Das folgende Bearbeitungszentrum Hermle UWF 902 H ist eine Universal-, Werkzeug-, Fräs- und Bohrmaschine. Sie besitzt Schnittstellen zu den gängigsten CAD-Programmen.[174]

Abb. 7.4. CNC-Bearbeitungszentrum von Hermle UWF 902 H[175]

[173] Vgl. Wannenwetsch (2004a) S. 376
[174] Vgl. Obermaier (11.05.2002), unter http://www.a-obermaier.de/fert.htm

Konstrukteure, Arbeitsvorbereitung und NC-Programmierer sind unabhängig von ihrem geographischen Standort in der Lage auf die Steuerungen, der von ihnen zu programmierenden Bearbeitungszentren, zuzugreifen. Dabei können sie NC-Programme übertragen, bestehende ändern sowie sämtliche aktuellen Parameter von NC-Steuerungen und Bearbeitungszentren abfragen und ggf. modifizieren. Somit ist durch die Internettechnologie ein standortunabhängiges Eingreifen in den Fertigungsablauf möglich.

Praxisbeispiel: Integriertes Maschinenkonzept der FH Nordostniedersachsen

In Zusammenarbeit mit den Firmen Siemens, SNR und IBAG wurde von der Fachhochschule Nordostniedersachsen auf der Hannover Messe ein integriertes Maschinenkonzept für die Bearbeitung sprödharter Werkstoffe vorgestellt. Zur Kommunikation verfügt die CNC-Steuerung S840D am Bearbeitungszentrum über die Software Windows-Control (WinCC) und das Modul WinCC Web Navigator Server.

Diese Software ermöglicht eine Fertigungsanlage über das Internet oder das firmeninterne Intranet bzw. LAN zu visualisieren und zu bedienen, d.h. sämtliche Parameter und Daten der CNC-Steuerung können online übertragen werden.

Des weiteren lassen sich Kunden, Maschinenhersteller und Lieferanten mit einfach bedienbaren Kommunikationsnetzen verknüpfen, so dass schnelle Kundenabsprachen, materialbedingte Bearbeitungsanpassungen und automatisierte Korrekturen online erfolgen können. Die Kommunikation nach außen findet mittels konventioneller Internet-Verbindung statt.

Technische Keramiken und andere sprödharte Materialien lassen sich so, unter Einsatz vernetzter Steuerungssysteme und Technologien der Hochgeschwindigkeitsbearbeitung, schnell und rationell bearbeiten. Als weitere Vorteile der direkten Verbindung zwischen CAD/CAM-Systemen und Bearbeitungszentren sind anzuführen:

- Steigerung der Produktivität durch Reduzierung der störungsbedingten Stillstandszeiten,
- Erhöhung der Transparenz der fertigungstechnischen Umgebung und Verkürzung der Durchlaufzeiten,
- Reduzierung der Fertigungszeit von Prototypen durch Unterstützung des Simultaneous Engineering,
- gesteigerte Kundenorientierung.[176]

---

[175] Vgl. Obermaier (11.05.2002), unter http://www.a-obermaier.de/fert.htm

[176] Vgl. Siemens AG (2002)

7.4 Simultaneous Engineering

Simultaneous Engineering bedeutet die gleichzeitige (parallelisierte) Bearbeitung von Aufgaben in einem mehrfunktionalen Team. Das Team besteht aus Experten aus unterschiedlichen internen Funktionsbereichen (Entwicklung, Produktion, Logistik), ebenso können Lieferanten (Resident Engineers) und Kunden involviert werden. Abbildung 7.5. zeigt, dass durch Simultaneous Engineering ein erheblicher Zeitvorteil erzielt werden kann. Die ständige Verkürzung der Produktentwicklungszeiten, bzw. der Time to Market, durch Simultaneous Engineering ist Vorraussetzung, um Wettbewerbsvorteile durch eine möglichst frühe Markteinführung zu sichern. Unter Time to Market versteht man die Zeitspanne von der Entwicklung bis zum Markteintritt.

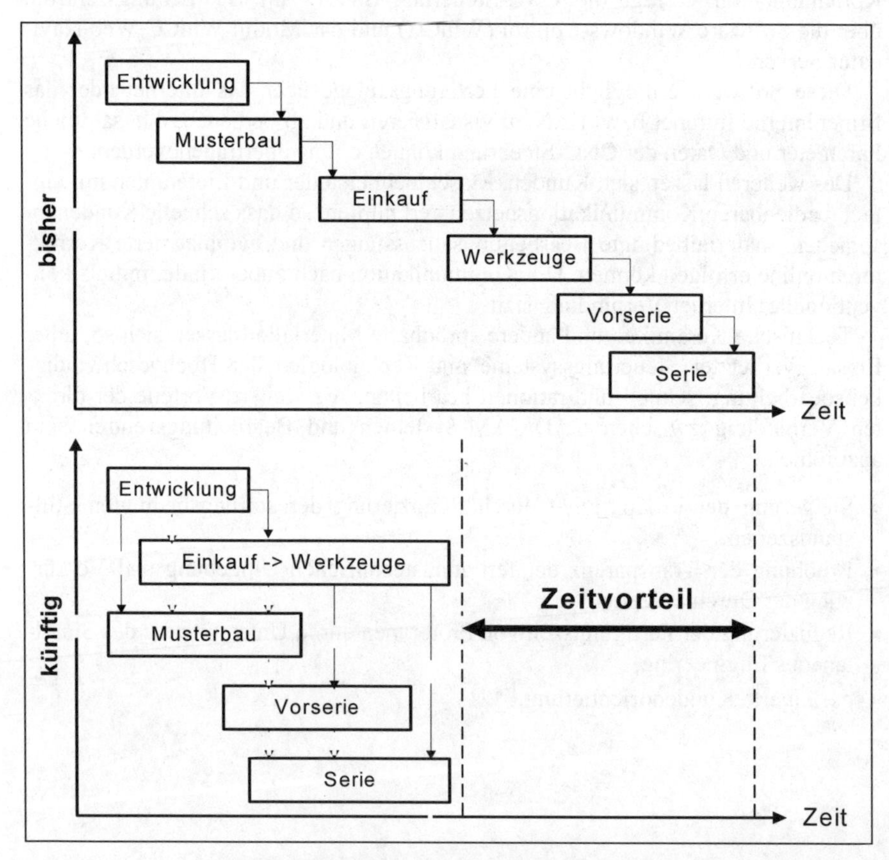

Abb. 7.5. Zeitvorteil durch Simultaneous Engineering

Bisher erfolgte die Produktentwicklung sequentiell, d.h. erst nach Abschluss einer Phase war der Übergang auf die nächste möglich war. Dadurch erhöht sich die Time to Market erheblich.

Voraussetzung für die Umsetzung von Simultaneous Engineering ist ein schneller unkomplizierter Datenaustausch zwischen allen Beteiligten der Wertschöpfungskette. Dies erfolgt innerhalb eines Unternehmens über ein Intranet. Mit Hilfe von WebEDI werden über das Internet Lieferanten, andere Produktionsstätten oder Konstruktionsteams angebunden. Der Austausch von Konstruktionsdaten, Lieferpläne etc. kann dabei nur mit einem einheitlichen Datenformat erfolgen. Beispiele dafür sind ODETTE, VDA, EDIFACT oder XML.[177]

Praxisbeispiele: Verkürzung der Time to Market durch Simultaneous Engineering

Tabelle 7.4. Zeitersparnis durch Simultaneous Engineering[1]

Unternehmen	Produkt	Zeitersparnis
Kodak	Kamera „Funsaver“	50%
Fuji	Kopiergerät „F 3500”	30%
AT & T	Telefon	75% (von 24 auf 6 Monate)
Hewlett-Packard	Drucker	56% (von 50 auf 22 Monate)
Honda	Auto	40% (von 5 auf 3 Jahre)

7.5 Collaborative Planning, Forecasting and Replenishment (CPFR)

Der Wandel, von der Push- zur bedarfsorientierten Pull-Produktion, hat Unternehmen bei der Planung des Produktionsprogramms vor eine große Herausforderung gestellt. Durch die Entwicklung zum Käufermarkt wurden, z.B. in Massen gefertigte Produkte, nicht mehr vollständig abgesetzt. Die Folge war ein erhöhter Lagerbestand an Fertigerzeugnissen. 2002 hatten die in Europa auf Lager befindlichen Pkws einen Wert von 80 Mrd. Euro. Dies führte zu erheblichen Kosten (Lagerkosten, Kapitalbindungskosten, Abschreibungen etc.).

Im Optimalfall sollte die Produktion aus tatsächlichen Kundenaufträgen bestehen. Da diese Konstellation nur selten auftritt, sind Unternehmen gezwungen, den zukünftigen Absatz so genau wie möglich zu planen. Ver-

[177] Vgl. Beschaffung Aktuell (12/2000) S. 6

lässliche Absatzzahlen verlangen jedoch die Kooperation aller an der Wertschöpfungskette Beteiligten und die Nutzung modernster Informationstechnologien.

Ein neuer Ansatz, der diesen Kooperationsgedanken aufnimmt, ist die Strategie des „Collaborative Planning, Forecasting and Replenishment" (CPFR), die von Industrie- und Handelsunternehmen praktiziert wird. CPFR bedeutet übersetzt „kooperatives Planen, Prognostizieren und Managen von Warenströmen."[178] Das Team setzt sich aus Beteiligten der gesamten Supply Chain (Vorlieferant, Hersteller, Handelsunternehmen) zusammen. Durch Erstellen gemeinsamer Geschäftspläne, Verbesserung der Planung und als Folge daraus verbesserte Verfügbarkeit der Produkte werden zusätzliche Umsatzsteigerungen erwartet. Aufgrund der verbesserten Prognosegenauigkeit werden die Bestände optimiert und Produktions-, Lager- und Transportkapazitäten besser genutzt.[179]

Die Arbeit des Teams beinhaltet im wesentlichen

- die Planung der Promotionsaktivitäten und die Prognose derer Volumina,
- die Kontrolle der Filialbestellungen und -bestände,
- das Monitoring der Promotionsumsätze[180]

und lässt sich im Prozess, siehe Abb. 7.6., darstellen.

Der CPFR-Prozess zeigt den dynamischen Datenaustausch zwischen den Beteiligten. Entscheidend für den Erfolg der Zusammenarbeit sind folgende *Schlüsselfaktoren*:

- Bereitschaft der Zusammenarbeit in multifunktionalen Teams mit gemeinsamer Zielsetzung,
- messbare Leistungsindikatoren (z.B. Erhöhung der Prognosegenauigkeit),
- transparente Verteilung der Einsparungen,
- Verwendung von Kommunikationsstandards und mordernster Technologie (Internet).

Wichtigster Punkt ist hierbei die vertrauensvolle und uneingeschränkte Zusammenarbeit der CPFR-Partner. Hierfür notwendig ist die Zugriffsmöglichkeit aller Partner auf aktuelle Daten. Zum Beispiel muss das Industrieunternehmen ständig Einblick in den Auftragsbestand seines Kunden haben.

[178] Vgl. Logistik Inside (01/2002) S. 52ff
[179] Vgl. CCG, CPRF – Gemeinsame Planung, Prognose und Bevorratung (2004)
[180] Vgl. Logistik Inside (02/2002) S. 24ff

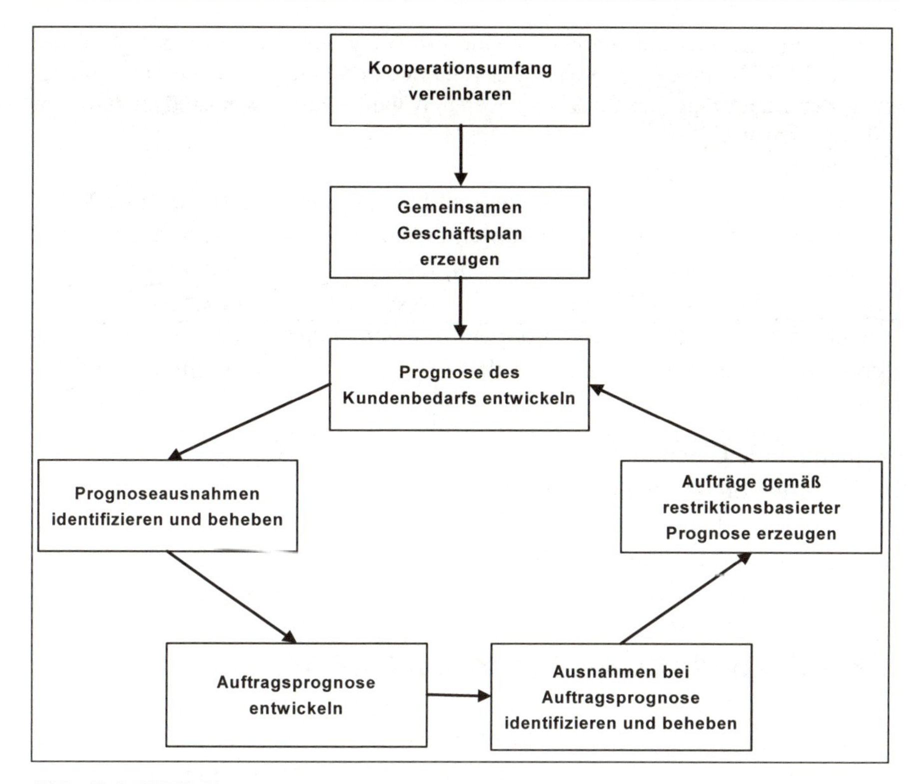

Abb. 7.6. CPFR-Prozess

Die technische Umsetzung erfolgt über Internetmarktplätze wie z.B. Transora, WWRE und GNX. Nachteil der Marktplätze ist die mangelnde Integrationsfähigkeit mit bestehenden ERP-Systemen. Alternativ bieten dazu SCM-Anbieter wie SAP Softwaretools an.

Praxisbeispiel: Collaborative Planning, Forecasting and Replenishment (CPFR)

Beispiel für ein CPFR-Pilotprojekt ist die Kooperation der Metro AG und des Konsumgüterherstellers Procter & Gamble. Sie verwenden dafür den Internetmarktplatz GPG-market. Das gemeinsam definierte Ziel ist die bessere Erfüllung der Konsumentenwünsche.

Das Projektteam besteht auf Herstellerseite mit Vertretern aus Verkauf, Logistik, IT und Customer Service. Die Metro AG ist mit Mitarbeitern aus den Bereichen Warengruppenmanagement/Einkauf, Logistik, Store Operation und IT einbezogen.[181]

[181] Vgl. Logistik Inside (02/2002) S. 24

Ergebnis der Zusammenarbeit ist eine Erhöhung der Prognosegenauigkeit von 83% auf 98,5%, eine Verbesserung des Servicelevels um 1% sowie die Reduzierung der Eilaufträge um 20%. Des weiteren wird eine Bestandsreduzierung um 20–30% erwartet.[182]

CPFR hat, ebenso wie ECR, die Optimierung der Wertschöpfungskette, durch eine abteilungs- und unternehmensübergreifende Zusammenarbeit zum Ziel. Der Unterschied liegt darin, dass bei CPFR eine vertrauensvollere Basis durch die Bildung eines unternehmensübergreifendes Team erreicht wird. Die mangelnde Kooperation und unterschiedlichen Machtinteressen der Partner verhinderten den Erfolg von CPFR. Weitere Barrieren sind

- mangelnde Datenqualität,
- Vorteile von CPFR nicht sichtbar,
- langfristige Erfolgsentwicklung,
- Verwendung von Kommunikationsstandards.[183]

7.6 SCM- und eSCM-Initiative der SAP AG

Unter Supply Chain Management versteht man die Organisation und Steuerung des Materialsflusses, des Services und der dazugehörenden Informationen in, durch und aus dem Unternehmen heraus.

Der Begriff SCM hat in den letzten Jahrzehnten an Bedeutung gewonnen. Seit den 70er Jahren wird versucht diesen Gedanken mit Hilfe von Software-Tools umzusetzen. Die Unternehmen I2 Technologies, Manugistics und Numetrix brachten die ersten Tools für die integrierte Produktions- Beschaffungs- und Distributionsplanung auf den Markt. SAP bot dagegen erst später die SCM-Software Advanced Planner and Optimizer (APO) an, mit dem Ziel die Wertschöpfungskette zu optimieren.

APO erhält die notwendigen Daten aus einem ERP-System, welches das Grundgerüst des Gesamtsystems bildet. Es kann in Verbindung mit SAP R/3 oder Fremdsystemen genutzt werden. APO unterstützt besonders die Produktionsplanung und -steuerung durch die Kopplung von Absatz und Produktion. Die Produktionsabläufe sollen besser abgebildet und gesteuert sowie für Lieferanten und Kunden zugänglich gemacht werden.[184] In diesem Zusammenhang wurde die im vorherigen Abschnitt behandelte CPFR-Strategie, mit dem Tool „SAP APO Collaborative Planning", integriert.

[182] Vgl. Logistik Inside (04/2002a) S. 15
[183] Vgl. Logistik Inside (01/2002) S. 52ff
[184] Vgl. Industrielle Informationstechnik (09/2000) S. 18f

Dieses Tool nutzt das Internet, um unternehmensübergreifende Planungen im gesamten Netzwerk der Geschäftspartner zu ermöglichen.

Die Einbeziehung von APO in eine bestehende R/3-Struktur soll Abb. 7.7. verdeutlichen.

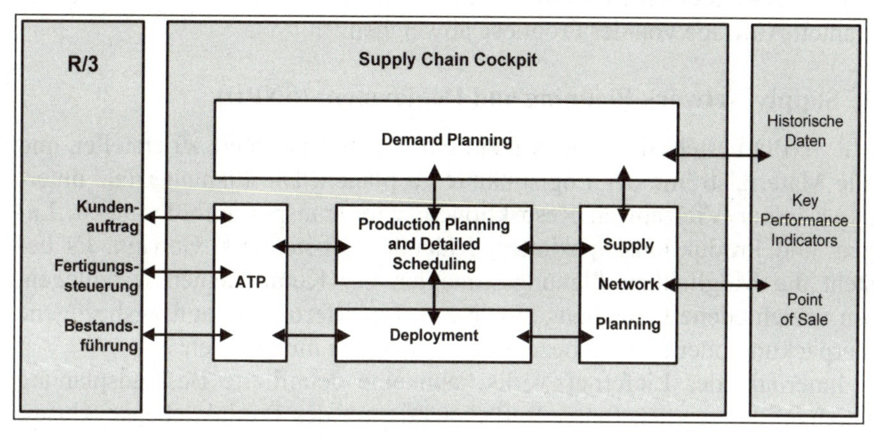

Abb. 7.7. Advanced Planner and Optimizer

Der APO besteht aus fünf Komponenten, die u.a. mit dem R/3-System und untereinander Daten austauschen.

1. Supply Chain Cockpit (SCC)

Das SCC dient dazu, die Terminierung aller Planaufträge zu überwachen. Es werden Hinweise zu Auftragsverzögerungen und Überlastung von Kapazitäten grafische dargestellt. Durch die Eingabe von Bedingungen und Ereignisauslösern erhält man über einen Alert-Monitor („Alarmmonitor") eine Meldung, der definierte Faktoren, z.B. den Lagerbestand, überwacht.[185]

2. Demand Planning (DP)

Das Modul der Bedarfsplanung bietet statistische Prognosetechniken, die genauer arbeiten als das SD-R/3-Modul (Vertriebsmodul von SAP R/3) und somit verlässlichere Absatzzahlen liefern. Eine präzise Prognose ist die Voraussetzung für einen realistischen Produktionsplan. Es besteht zudem die Möglichkeit der

- Durchführung unternehmensübergreifender Prognosen,
- Verwaltung von Produktlebenszyklen,

[185] Vgl. Knolmayer, Mertens, Zeier (2000) S. 106f

- Planung von Werbemaßnahmen,
- Absatzprognose eines neuen Produktes,
- Durchführung von Kausalanalysen.

DP verwendet einen Alert Monitor, der Alarm schlägt, wenn die geplanten Aufträge von der Prognose abweichen.[186]

3. Supply Network Planning and Deployment (SNPD)

Mit SNPD besteht die Möglichkeit, ein Beschaffungsnetz zu erstellen und alle Materialströme der Logistikkette zu planen. Die Planungsziele unterliegen einer Vielzahl an Restriktionen, wie Transportanforderungen, Lager- und Produktionskapazitäten, Kalender, Kosten und Gewinn. Es besteht die Möglichkeit Planungsstrategien der Komponenten festzulegen, um verschiedene Umgebungen wie z.B. Lagerfertigung, auftragsbezogene Verpackung oder auftragsbezogene Montage zu modellieren.[187]

Innerhalb des Liefernetzwerks kann eine detaillierte Bestandsplanung durchgeführt werden (unter Berücksichtigung des Produktlebenszykluses, saisonaler Bedarfe sowie Bedarfe aus Verkaufsfördermaßnahmen und Promotionsaktivitäten). Nach Kundennachfrage erfolgt der Bestandsabgleich.

Die Angebotsplanung erfolgt unter Berücksichtigung von Distribution, Kapazitätsrestriktionen und Materialbedarf und kann deshalb genauer durchgeführt werden.

4. Production Planning and Detailed Scheduling (PP/DS)

Die Produktions- und Feinplanung (PP/DS) hat folgende Aufgaben:[188]

- Planung der Materialbereitstellung und effiziente Nutzung knapper Ressourcen,
- Bestimmung einer rüstkostenoptimalen Reihenfolge,
- Berücksichtigung unerwarteter Ereignisse.

Das PP/DS ermöglicht, durch die präzise Erstellung von Produktionsplänen, eine sofortige Reaktion auf sich ändernde Marktbedingungen. Hierbei werden Aufträge, bei ständiger Optimierung des Ressourceneinsatzes, sekunden- und mengengenau sowie der Reihenfolge entsprechend geplant. Durchlaufzeiten und Bestände können so reduziert werden. Auf-

---

[186] Vgl. SAP (2000b) S. 2
[187] Vgl. SAP, Supply Network Planning and Deployment (2000a) S. 5
[188] Vgl. Knolmayer, Mertens, Zeier (2000) S. 126

grund einer engen Verbindung zu ATP ist zudem eine realistische Lieferterminbestimmung bei Kundenaufträgen möglich.

5. Available-to-Promise (Global ATP)

„Die Komponente Globale Verfügbarkeitsprüfung ... verwendet eine regelbasierte Strategie, um sicherzugehen, dass die Kunden die versprochene Lieferung erhalten." Dies erfolgt durch sofortige Prüfungen und Simulationen unter Berücksichtigung von Kapazitäten und vorhandenen Beständen.[189]

Praxisbeispiel: APO beim Papierhersteller Sappi

Europas größter Papierhersteller Sappi setzt SAP APO ein, um seine Supply Chain zu optimieren. Die Kundenauftragserfassung wird über R/3 abgewickelt. Es besteht die Möglichkeit aus selbst zusammengestellten oder Standardprodukten auszuwählen. Danach setzt APO in Form des Moduls ATP ein. Dabei wird die Verfügbarkeit des Produktes durch die Berücksichtigung von Kapazitäten und Beständen in verschiedenen Werken geprüft. Somit kann bereits vor der Auftragsbestätigung ein genauer Liefertermin bestimmt werden. Bestehen keine Lagerbestände, wird der Auftrag sofort in die Produktion eingeplant, unter Berücksichtigung der Verfügbarkeit von Vormaterialien und Ressourcen. Alle diese Prozesse laufen online ab und können so transparent dargestellt werden. Im nächsten Schritt erfolgt die Feinplanung, d.h. die minutengenaue Einlastung der Aufträge. Sappi verwendet dafür eine zusätzliche Software, die speziell auf die Eigenheiten der Papierproduktion abgestimmt ist. APO bietet standardisierte offene Schnittstellen, die die Kopplung dieser Software erlauben.[190]

7.7 Manufacturing Executive Systeme (MES)

Integration und Automatisierung der Fertigungsprozesse auf höchstem Niveau ist aufgrund von Kostendruck, immer kürzerer Time-to-Market und schneller und zuverlässiger Lieferzeiten ein Muss für Unternehmen. ERP-Systeme bilden die Fertigungsprozesse jedoch nur unzureichend ab. Sie dienen eher der Verwaltung von Aufträgen, Beständen oder Kosten.

Manufacturing Execution Systeme (MES) verbinden die Auftragsbearbeitung des ERP mit den Produktionssystemen. Die Software „bildet den operativen Bereich der Fertigung in einem integrierten System ab und ermöglicht durch eine arbeitsprozessorientierte Bedieneroberfläche eine

[189] Vgl. SAP (2000b) S. 3
[190] Vgl. Industrielle Informationstechnik (09/2000) S. 38f

wirtschaftliche Datenerfassung."[191] Die in MES erzeugten Daten werden über standardisierte Schnittstellen an das bestehende ERP-System, z.B. SAP, Baan, Brain etc. weitergegeben. Ebenso ist ein Datenaustausch mit anderen Fremdsystemen, wie CAD möglich.

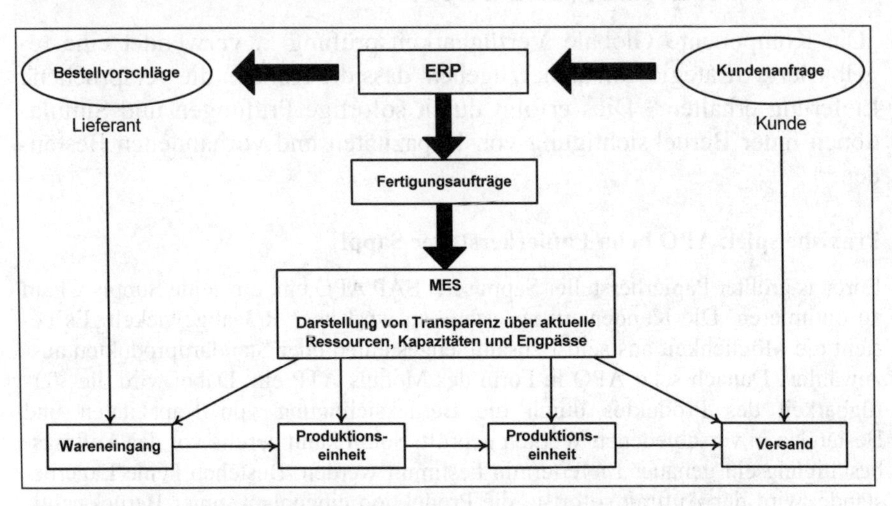

Abb. 7.8. Manufacturing-Executive-System

ME-Systeme erhöhen die Transparenz in der Fertigung, so dass verlässlichere Vorhersagen über Liefertermine abgegeben werden können. Man ist immer in der Lage ein Abgleich der Soll-/Ist-Daten zu vollziehen. Es werden Abweichungen vom geplanten Ablauf, wie z.B. Qualitätsprobleme, Fehlmengen, Personalengpässe und Maschinenausfälle, besser dargestellt. MES erhöht die Flexibilität in der Fertigung, da z.B. bei einer Terminverschiebung die Auftragsreihenfolge trotzdem effektiv organisiert werden kann. Ein operatives Management entlang der Wertschöpfungskette ist somit möglich. Auftragspapiere können zum spätest möglichen Zeitpunkt gedruckt werden. Es besteht allerdings auch die Möglichkeit alle notwendigen Daten elektronisch darzustellen, um die steigende Papierflut zu reduzieren. ME-Systeme bieten einem Unternehmen daher die Chance papierlos zu fertigen.

Einige MES-Anbieter gründeten 1992 die Manufacturing Executive System Association (MESA), eine Non-Profit Organisation, mit dem Ziel die Anbieter von MES (z.B. Guardus Applications) zu fördern. Das ME-System von Guardus beinhaltet folgende Funktionsbausteine:

---

[191] Vgl. Industrielle Informationstechnik (10–11/2000) S. 25

- Detailplanung der Arbeitsgangfolgen,
- Ressourcenzuteilung mit Statusfesthaltung,
- Steuerung der Produktionseinheiten,
- Informationssteuerung (Anweisungen und Vorschriften, Bilder, CAD-Zeichnungen, Rezepturabläufe und Maschinensteuerungsprogramme),
- Betriebsdatenerfassung/Maschinendatenerfassung.

Der Einsatz von MES führt laut Schätzungen der MESA zu einer Reduzierung der

- Durchlaufzeiten um 30%,
- Warenbestände um 15%,
- Fehlproduktion um 14%,
- Aufwand der manuellen Datenerfassung um 60%.[192]

Praxisbeispiel 1: MES bei Magna Exterior

Der Automobilzulieferer Magna Exterior Systems hat die MES-Software von Guardus implementiert, fertigt seitdem papierlos. MES bietet für Magna Exterior folgende Möglichkeiten:

- Erstellung von Warenbegleitpapieren und Eingangslisten,
- Bewertung und Auswahl von Lieferanten,
- Verfolgung von bis zu 3000 Einzelteilen ohne Auftragsbezug pro Tag,
- kurzzeitige Reaktion auf Kundenanforderungen durch eine flexible Produktion.

Praxisbeispiel 2: Web-basiertes ME-System der IBS AG und SKYVA

Die IBS AG und SKYVA International entwickeln gemeinsam ein branchenübergreifendes, web-basiertes MES-System. Die Lösung integriert einerseits die Daten vom ERP-System bis zur Fertigungsebene und andererseits – durch die Integration des Internets – die B2B-Applikationen der internen und externen Lieferkette.

Die Leitstände erhalten online die Produktions- und Fertigungsdaten. Zudem kann eine werksübergreifende Auftragsplanung und Kapazitätenoptimierung erfolgen. „Fertigungsdaten werden in Echtzeit rückgemeldet, wodurch das Management ein Werkzeug zur aktiven Steuerung der Produktions- und Businessprozesse erhält.“[193]

---

[192] Vgl. PSIPENTA (10.04.2004) unter http://www.psipenta.de/mes/doc

[193] Vgl. SKYVA International (11.05.2002) unter http://www.skyva.de/index.html

7.8 Produktionssynchrone Belieferung durch vernetzte eLogistik

Die Vorgehensweise bei der Belieferung der Produktion hat sich von der lagerorientierten zur lagerlosen Fertigung gewandelt. Früher sollte das Ziel der Materialverfügbarkeit mittels eines Lagers erreicht werden. Doch die entstehenden Lagerkosten führten zur Abkehr vom Lager und hin zur Modulstrategie. Diese Strategie beinhaltet die Zusammenarbeit mit wenigen Modullieferanten, die produktionssynchron fertige Einbauteile (Module) liefern. Volkswagen hat bei der Montage der Modelle Passat oder Golf 16 Module definiert. Dadurch sank die Montagezeit um ein Drittel, die Fertigungstiefe unter 20%.

Tabelle 7.5. Lieferantenreduzierung verschiedener Unternehmen[194]

	Lieferantenreduzierung		
Unternehmen	**Anzahl von Lieferanten im Reduktionsprozess**		
	Vorher	Nachher	Reduktion in %
Xerox	5000	500	90
Motorola	10000	3000	70
Digital Equipment	9000	3000	67
General Motors	10000	5500	45
Ford Motor	1800	1000	44

Die Modulstrategie vereint Ziele der Fertigung und der Logistik:

- Lean Manufacturing, d.h. Verschlankung der Fertigung und Konzentration auf Kernkompetenzen, Senkung der Durchlaufzeiten,
- lagerlose Versorgung der Produktion durch Just-in-Time bzw. Just-in-Sequence,
- Minimierung der Bestände und somit der Kapitalbindungskosten,
- Erhöhung der Materialverfügbarkeit.[195]

Die Reduzierung der Zahl der Zulieferer vermindert den Aufwand im Einkauf, fördert eine bessere Zusammenarbeit und sichert ein höheres Qualitätsniveau. Bisher stand der Begriff Just-in-Time für die lagerlose Fertigung, d.h. das richtige Material wurde zum richtigen Zeitpunkt am richtigen Ort angeliefert. Mittlerweile spricht man allerdings schon von Just-in-Sequence. Dabei erfolgt die Bereitstellung produktionssynchron in der richtigen Reihenfolge.

---

[194] Vgl. Wannenwetsch (2004a) S. 127
[195] Vgl. Wannenwetsch (2004a) S. 128

Die 16 Module des VW Passat werden bei den Lieferanten in Sequenz gefertigt und dann taktgenau ans Montageband bei VW geliefert. „Beide Systeme führen zu erheblichen Rationalisierungseffekten, weil Lagerkapazitäten und Beschaffungsaufwand reduziert werden.“[196] Lagerbestände werden durch die Vernetzung aller Beteiligten beim Einsatz von Just-in-Sequence auf der gesamten Logistikkette optimiert. Dagegen gilt Just-in-Time als Verlagerung des Lagers auf die Straße. Zudem erhöht sich die Flexibilität des Herstellers und verhilft ihm zum Aufbau einer Lean Production (entspricht dem Lean Manufacturing).

Die Ansatzpunkte einer *Lean Production* sind

- Verringerung der Entwicklungsdauer,
- Produktionssteuerung nach dem Kanban-Prinzip,
- Qualitätssicherung auf der Grundlage des Total Quality Management,
- hoher Ausbildungsstand der Beschäftigten,
- Einbeziehung der Zulieferer und Abnehmer in die Planung.

Praxisbeispiel 1: Just-in-Sequence-Belieferung von Ford durch Johnsons Control

Voraussetzung für die Just-in-Sequence-Belieferung ist die Vernetzung der Logistikpartner. Dies ermöglicht z.B. die sequenzgenaue Belieferung des Ford-Werks in Saarlouis durch den Modullieferanten Johnsons Control, der im acht Kilometer entfernten Schwalbach Sitzgarnituren synchron fertigt.

Alle 40 Sekunden wird vom Ford-Montageband eine Online-Bestellung nach Schwalbach gesendet. Die Bestellung enthält alle Daten über die modellspezifische Ausstattung der Sitze, wie Farbe, Material, etc. Es besteht dabei eine Auswahl zwischen 2.157 Varianten, die nach der Online-Bestellung innerhalb von 94 Minuten ans Montageband von Ford angeliefert werden. Hierbei wird die große Bedeutung der Informationstechnologie deutlich, denn der reibungslose Ablauf der Fertigung ist von der Online-Verbindung zu den Lieferanten abhängig. Ein Ausfall der Internetverbindung oder der Fertigungssoftware hätte einen Produktionsstillstand und somit erhebliche Kosten zur Folge. Daher sind großzügige Investitionen in die Informationstechnologie angebracht, um Ausfälle zu reduzieren oder schnell zu beheben.

Des weiteren hat Ford ein Fracht-Optimierungsprogramm im Einsatz, um das Verkehrsaufkommen der Lkws zu reduzieren und deren Auslastung zu maximieren. Ford bezieht Einzelteile von 55 Lieferanten in neun europäischen Ländern, wodurch die anliefernden Lkws in der Woche durchschnittlich 67.000 km zurücklegen. Mit Hilfe des Programms können die Lkws die Einzelteile wegeoptimiert einsammeln und zusammen anliefern, so dass die Fahrzeuge zu 96% ausgelastet sind.

---

[196] Vgl. Beschaffung Aktuell (01/2001) S. 48

Praxisbeispiel 2: Montagewerk Mosel der VW AG

Die VW AG setzt u.a. im Standort Mosel die Modulstrategie ein. Die Firma VDO liefert Just-in-Time Cockpits für den Passat und den Golf an.

Abbildung 7.9. zeigt den Ablauf der Just-in-Time-Belieferung im VW-Werk, wobei die Zeit als Steuergröße dient. VDO braucht mindestens 170 Minuten um das Cockpit zu montieren und anzuliefern. Nach dieser Zeit besteht ein Puffer, der Störungen im Datenaustausch, in der Fertigung des Modullieferanten, beim Transport (Stau) oder beim Verladen, auffängt. Wird dieser Puffer überschritten, steht die komplette Produktion still, sowie synchron fertigende Zulieferer. Die in Abb. 7.9. dargestellten Arbeitsprozesse laufen innerhalb eines Zyklus bei VDO ab.

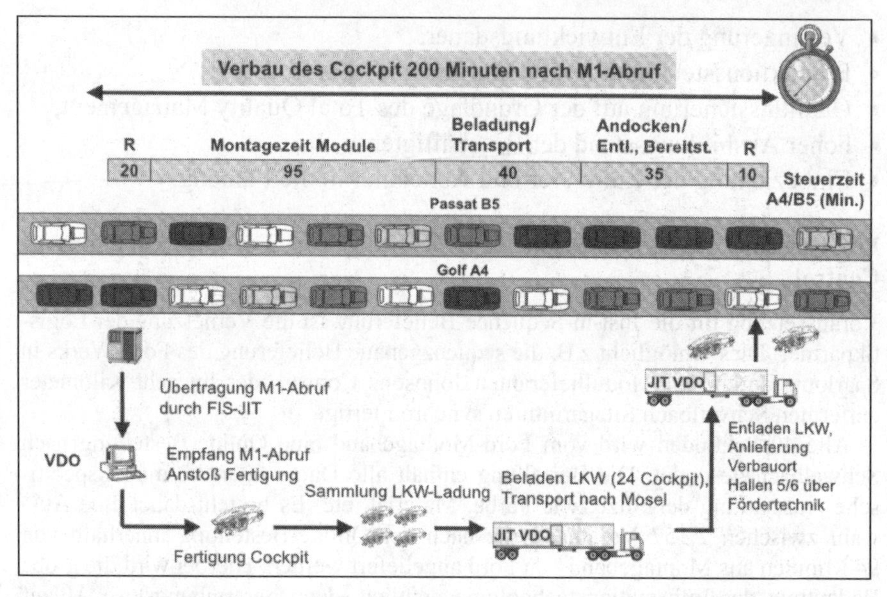

Abb. 7.9. JIT VDO[197]

Dieser Ablauf findet täglich im 3-Schicht-Betrieb 45 mal statt. Weitere Modullieferanten haben ähnliche Abläufe, die sich pro Tag bis zu 200 mal wiederholen können. Dadurch sind täglich fast 240 Lkws im Einsatz. „In der Region um den Werksstandort wird daher nicht nur synchron produziert, sondern auch getaktet transportiert."[198]

[197] Vgl. Baumgarten (2001) S. 60
[198] Vgl. Baumgarten (2001) S. 62

Tabelle 7.6. Ablauf der produktionssynchronen Fertigung bei VDO

Ablauf der produktionssynchronen Fertigung bei VDO	
7.00 Uhr	Einlauf einer lackierten Karosserie gemäß Kundenauftrag in die VW-Montage, Erfassung der fahrzeugspezifischen Daten und Übertragung an den Modulpartner VDO für das Cockpit per Standleitung.
7.01 Uhr	Empfang und Verarbeitung der Daten bei VDO, Anstoß der Fertigung eines kundenspezifischen Cockpits – dieser Vorgang wiederholt sich im Zwei-Minuten-Takt beim Einlauf jeder Karosserie
7.02 Uhr – 8.35 Uhr	Fertigung von 24 Cockpits mit einer Fertigungszeit inklusive Qualitätscheck von 45 Minuten
8.36 Uhr – 8.55 Uhr	Mechanisierte Verladung von 24 Modulen auf Spezialtrailer
8.56 Uhr – 9.15 Uhr	Transport zum Werk Mosel in drei km Entfernung
9.16 Uhr – 9.35 Uhr	Andocken im Werk Mosel an einer separaten Andockstelle mit mechanisierter Entladung
9.36 Uhr – 9.50 Uhr	Zuführung des Cockpits per Fördertechnik zum entsprechenden Einbautakt, Entnahme des Cockpits mit Handhabungsgerät, Einbau in das Fahrzeug im Takt der Montage

7.9 eKanban

Unter eKanban versteht man die elektronisch, zeitsynchrone Steuerung der Fertigung nach dem Pull-Prinzip (Holprinzip). Die japanische Beschaffungsstrategie Kanban ist ein dezentrales Planungs- und Steuerungsverfahren für die Wiederholfertigung, auf Basis selbststeuernder Regelkreise. Sie funktioniert nach dem Supermarktprinzip, d.h. nach der Entnahme, wird die entstandene Lücke wieder mit dem gleichen Artikel aufgefüllt. Hilfsmittel sind dabei Behälter, die in einem Pufferlager aufbewahrt werden. Sie besitzen eine Karte (=Kanban), auf der die Teile- und Abnehmerdaten, Bestellmenge, Transport, etc. vermerkt sind. Auslöser bei der Kanban-Fertigung ist immer die nachgelagerte Stelle, d.h. die Endmontage setzt in einem Unternehmen den gesamten Prozess in Gang, indem Teile aus einem Behälter im Pufferlager entnommen werden. Wird ein bestimmter Meldebestand erreicht, z.B. ein leerer Behälter, beginnt die vorgelagerte Stelle (z.B. die Vormontage), mit der Produktion bzw. Montage, der auf dem Kanban vermerkten Menge. Danach wird der Behälter im Pufferlager befüllt.[199]

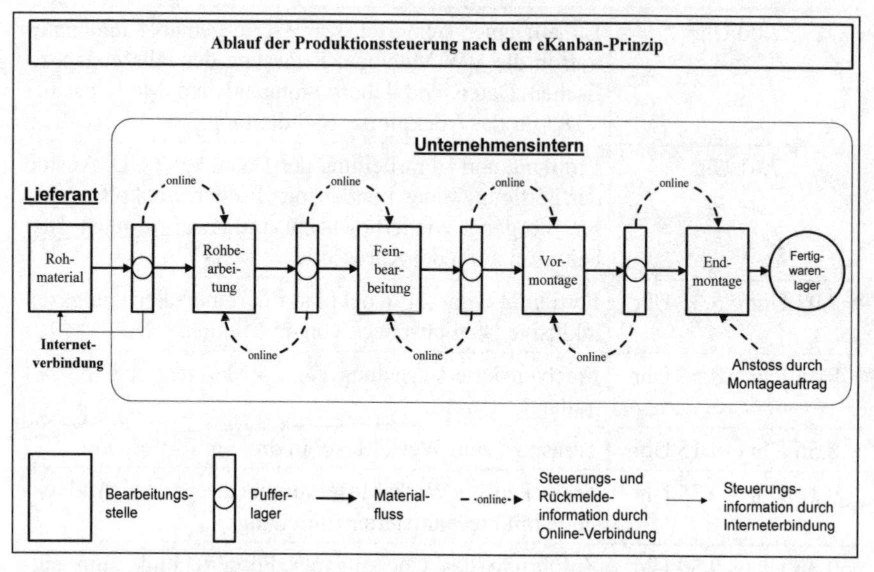

Abb. 7.10. eKanban-Ablauf

Kanban wird mittlerweile in zahlreiche ERP-Systeme integriert, z.B. in SAP R/3. Das Unternehmen IFS Application bietet in seinem neuen Release eine neu entwickelte Kanban-Steuerung an. Die jeweilige vorgelagerte Stelle wird beim Erreichen des Meldebestandes durch IFS informiert. Dies erfolgt entweder durch einen Ausdruck oder papierlos auf elektronischen Weg (E-Mail, SMS, Alert-Monitor).[200]

Kanban lässt sich in *drei Arten* unterscheiden:[201]

- *Produktionskanban* stellt den Fertigungsauftrag dar und steuert den Fertigungsprozess;
- *Transportkanban* (auch Verbrauchskanban) dient der Versorgung aus einem Pufferlager;
- *Lieferantenkanban* bindet den Zulieferer ins Kanban-System ein. Der Kanban löst eine Materialbestellung beim Lieferanten aus.

---

[199] Vgl. Werner (2000) S. 67
[200] Vgl. Logistik Inside (01/2002) S. 40
[201] Vgl. Wannenwetsch (2004a) S. 443f

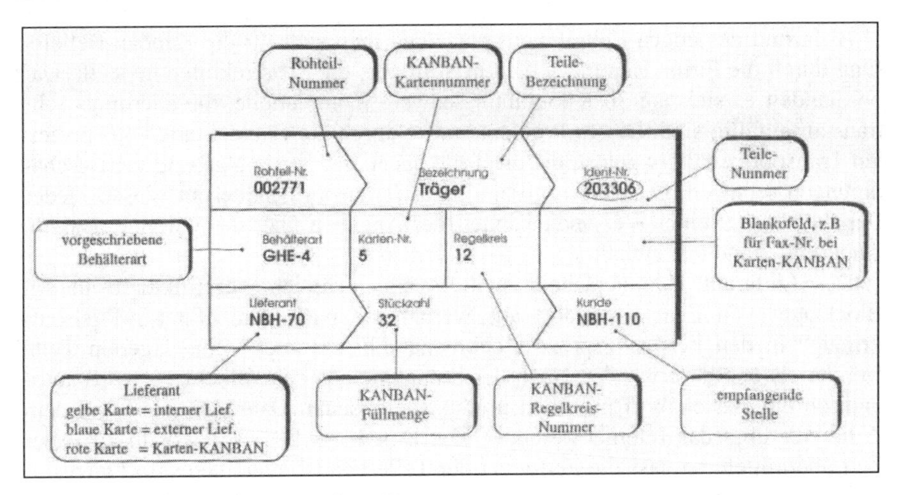

Abb. 7.11. Beispiel einer Kanban-Karte

Bevor ein Kanban-System eingeführt wird, ist die Anzahl der Kanban-Behälter und deren Füllmenge zu ermitteln. Minimale Bestände bei weiterhin kontinuierlichem Materialfluss sollen gewährleistet werden. Eine zu geringe Zahl an Behältern kann dazu führen, dass der Produktionsfluss unterbrochen wird. Eine überhöhte Zahl an Kanbans führt wiederum zu hohen Beständen und Lagerkosten. Wie die optimale Menge an Kanban-Behältern ermittelt wird, zeigt die folgende Gleichung:

$$Y = \frac{D \cdot t_w \cdot (\lambda + 1)}{k}$$

Y = Anzahl der Kanbans pro Regelkreis
D = Teilebedarf (durchschnittlicher) je Zeiteinheit
t_w = Wiederbeschaffungs- bzw. Wiederauffüllzeit
λ = Sicherheitsfaktor
k = Anzahl der Teile je Standardbehälter (Stück)
m = Anzahl der Teile je Planperiode (Stück/Planperiode)
t = Periodenlänge $t = \frac{m}{D}$

Praxisbeispiel: eKanban bei BMW

Die Lear Corporation liefert Sitze und Rückbänke Just-in-Sequence an das BMW-Montageband in Regensburg. Nach dem Lieferabruf werden die Sitze innerhalb von 300 Minuten (ca. 11.000mal täglich) nach dem Kanban-Prinzip gefertigt und ausgeliefert.

Aufgrund des engen Zeitrahmens entschied man sich für die Kanban-Belieferung durch die Firma Hammerschein in Solingen, die Sitzstrukturen herstellt. Dabei handelt es sich um 30 Kilogramm schwere Kompletteile, die allerdings sehr transportanfällig sind. Dieses Problem wurde durch die Entwicklung von speziellen Transportbehältern gelöst, die die Teile bis an das Fertigungsband vor Beschädigungen schützen. Lear hat insgesamt 2.250 Transportbehälter im Einsatz. Jeder Behälter besitzt einen Versandanhänger, der Angaben über die Variante, Datum, Änderungsstand u.ä. enthält.

Der Lieferant Hammerschein stellt zweimal täglich Sitzstrukturen in ein Blocklager von Lear. Von dort aus werden sie nach dem „First-in-First-out-Prinzip" in den Fertigungsprozess gebracht, d.h. die zuerst eingelagerten Teile werden als erstes verwendet. Nach der Entnahme aus dem Blocklager wird automatisch ein Bestellabruf mit allen produktspezifischen Daten generiert und dem Zulieferer über das Internet gesendet. Die Daten werden so innerhalb kürzester Zeit übermittelt, so dass die Fertigung der Teile beim Lieferanten sofort angestoßen werden kann. Lear erzielt dadurch kürzere Durchlaufzeiten und eine höhere Flexibilität. Kanban wird in dieser Form mit weiteren Lieferanten, z.B. für Kopfstützen praktiziert. Die Stützen werden in beschrifteten Wagen, nach Varianten sortiert, angeliefert. Ein leerer Wagen erzeugt hier ebenfalls einen Bestellabruf. Lear arbeitet auch mit nichteuropäischen Lieferanten zusammen. Aufgrund der Entfernung ist jedoch keine Kanban-Belieferung möglich.[202]

7.10 Aufgaben

Aufgabe 7–1

Was bedeutet der Begriff „Simultaneous Engineering"?

Aufgabe 7–2

Erklären Sie kurz die eKanban-Strategie.

Aufgabe 7–3

Welche Vorteile bietet dem Hersteller die „Modulstrategie"?

Aufgabe 7–4

Welche Funktion erfüllt die Komponente „Supply Chain Cockpit" als Bestandteil des SAP-Tools Advanced Planner and Optimizer (APO)?

Lösung 7–1

Simultaneous Engineering bedeutet die gleichzeitige (parallelisierte) Bearbeitung von Aufgaben in einem mehrfunktionalen Team. Das Team be-

[202] Vgl. Logistik Inside (02/2002) S. 31

steht aus Experten aus unterschiedlichen internen Funktionsbereichen (Entwicklung, Produktion, Logistik), ebenso können Lieferanten (Resident Engineers) und Kunden involviert werden. Der Einsatz von Simultaneous Engineering bringt erhebliche Zeitvorteile bzw. die Verkürzung der Produktentwicklungszeiten.

Lösung 7–2

Unter eKanban versteht man die elektronisch, zeitsynchrone Steuerung der Fertigung nach dem Pull-Prinzip (Holprinzip). Die japanische Beschaffungsstrategie Kanban ist ein dezentrales Planungs- und Steuerungsverfahren für die Wiederholfertigung, auf Basis selbststeuernder Regelkreise. Sie funktioniert nach dem Supermarktprinzip, d.h. nach der Entnahme, wird die entstandene Lücke wieder mit dem gleichen Artikel aufgefüllt. Hilfsmittel sind dabei Behälter, die in einem Pufferlager aufbewahrt werden. Sie besitzen eine Karte (=Kanban), auf der die Teile- und Abnehmerdaten, Bestellmenge, Transport, etc. vermerkt sind.

Lösung 7–3

Modulstrategie: Diese Strategie beinhaltet die Zusammenarbeit mit wenigen Modullieferanten, die produktionssynchron fertige Einbauteile (Module) liefern. So hat z.B. der Volkswagen Konzern bei der Montage der Modelle Passat oder Golf 16 Module definiert. Dadurch sank die Montagezeit um ein Drittel, die Fertigungstiefe unter 20%. Weitere Vorteile sind geringere Lagerbestände, eine geringere Kapitalbindung sowie kürzere Durchlaufzeiten.

Lösung 7–4

Das Supply Chain Cockpit (SCC) dient dazu, die Terminierung aller Planaufträge zu überwachen. Es werden Hinweise zu Auftragsverzögerungen und Überlastung von Kapazitäten grafisch dargestellt. Durch die Eingabe von Bedingungen und Ereignisauslösern erhält man über einen Alert-Monitor („Alarmmonitor“) eine Meldung, der definierte Faktoren, z.B. den Lagerbestand, überwacht.

8 Professionelles Lagermanagement in der Supply Chain

Auch in der Zukunft wird das professionelle Lagermanagement einen entscheidenden Einfluss auf eine effiziente Supply Chain haben. Je nach Industriezweig erreichen die Vorräte an Rohstoffen, Halbfabrikaten und Fertigerzeugnissen im Bezug auf die Bilanzsumme zwischen 12,2% (Chemische Industrie) und 32,2% (Maschinenbau).[203] Dabei machen die Logistikkosten ca. 25% des Bestandswertes aus.

Tabelle 8.1. Jährliche Logistikkosten in % vom Bestandswert[204]

Kostenart	**Kostenwert in % vom Bestandswert**
Zinsen für Bestände	6 %
Verderben von Schwund	2 %
Bestandsverwaltung	1 %
Ein- und Auslagerung	1 %
Versicherung	2 %
Abschreibung auf Lagerplatz und -einrichtung	10 %
Kalkulatorische Zinsen auf Lagerplatz und -einrichtung	3 %
Summe	**25 %**

Gerade die Halbfabrikate binden zum größten Teil das Kapital im Lager. Es gibt einen signifikanten Zusammenhang zwischen Durchlaufzeit und Kapitalbindung, der in Abb. 8.1. veranschaulicht wird.

$$Kapitalbindung = Durchlaufzeit \times \frac{(Einkaufspreis + Verkaufspreis)}{2}$$

[203] Vgl. Stölzle, Heusler, Karrer (2004) S. 21

[204] Quelle: Koether (2001) S. 23

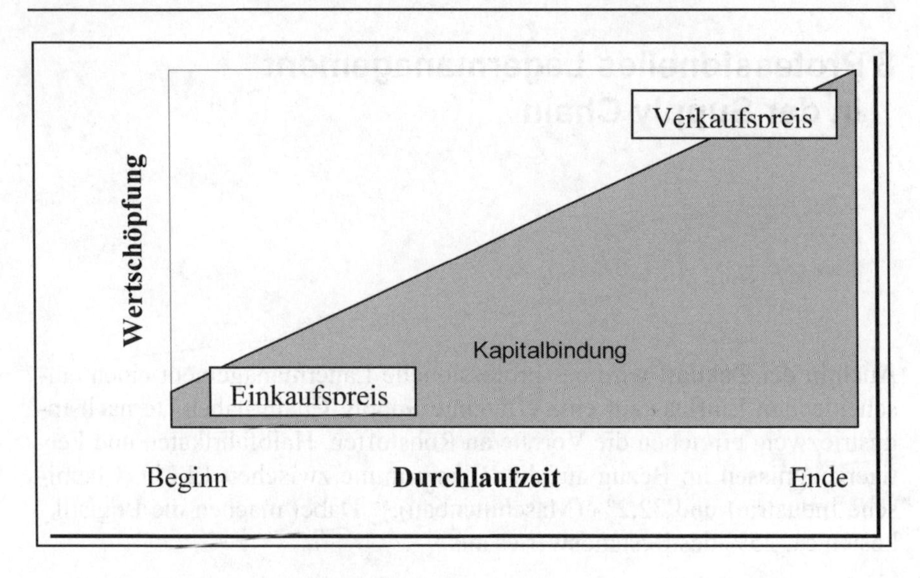

Abb. 8.1. Zusammenhang zwischen Durchlaufzeit und Kapitalbindung[205]

8.1 Funktionen der Lagerhaltung

Die Aufgaben der Lagerhaltung können in verschiedene Hauptfunktionen gegliedert werden.

- *Kostensenkungsfunktion*
  Durch die Bündelung von Beschaffungslosen können erhebliche Einsparpotenziale (z.B. Senkung der Produktionsstückkosten, Erzielen von Mengenrabatte, Senkung der bestellfixen Kosten) erzielt werden. Die höhere Kapitalbindung wird in diesem Fall zugunsten der Vorteile bei den Beschaffungskosten in Kauf genommen.
- *Ausgleichsfunktion*
  Bestände ermöglichen die gleichmäßige Auslastung bzw. die Sicherstellung der Produktion bei ungleichmäßiger Nachfrage (z.B. Osterartikel, landwirtschaftliche Güter).
- *Sicherungsfunktion*
  Gibt es keine exakten Informationen bezüglich Mengenbedarf und Bedarfszeitpunkt so werden die benötigten Materialien zur Sicherung der Produktion vorsorglich auf Lager gelegt.

[205] Vgl. Koether (2001) S. 26

- *Spekulationsfunktion*
  Um monetäre Belastungen abzufangen, werden, z.B. bei steigenden Rohstoffpreisen, die jeweiligen Materialien „gehortet“.

- *Veredelungsfunktion (Produktionsfunktion des Lagers)*
  Das lagernde Gut wird durch die Lagerung veredelt (z.B. Käse, Wein).

- *Sortimentsfunktion (Assortierungsfunktion)*
  Das Lager dient der Sortierung. Die Ware wird gemäß ihrem späteren Gebrauch eingelagert.

- *Flexibilisierungsfunktion*
  Die Einlagerung eines Produkts vor dem nächsten Diversifizierungsschritt ermöglicht eine flexiblere Variantenbildung.

- *Substitutionsfunktion*
  Werden Waren auf einer niedrigeren Wertschöpfungsstufe gelagert, so können Fertigwarenbestände durch Halbfertigwarenbestände substituiert werden. Dies führt zu einer niedrigeren Kapitalbindung.

- *Akquisitionsfunktion*
  Das Lager wird in diesem Fall bewusst über das normale Niveau ausgedehnt, um den Abnehmern zusätzliche Kaufanreize zu vermitteln (z.B. 24h-Service).[206]

- *Informationsfunktion*
  Ebenso können durch das Lager verschiedene Kennzahlen wie z.B. Umschlagshäufigkeit der Ware, Durchschnittswert der Ware, Reichweite des Lagers, Lieferbereitschaft etc. generiert werden. Mit Barcoding, Scanning, Tracking und Tracing wird die Informationsqualität gesteigert.

8.2 Informationsfluss und Materialfluss im Lager

Der Ablauf in Tabelle 8.2. zeigt die Vernetzung des innerbetrieblichen Informationsfluss.[207]

Der Informationsfluss geht über die Abteilungen Einkauf, Rechnungswesen/Buchhaltung, Produktion, Qualitätssicherung, Lager (Entwicklung) etc.

---

[206] Vgl. Stölzle, Heusler, Karrer (2004) S.15ff

[207] Vgl. Ehrmann (1997) S. 334ff

Tabelle 8.2. Vernetzung des innerbetrieblichen Informationsfluss

Schritt	Aktion	Beteilige Stelle im Unternehmen
1	Bestellung der Teile	Einkauf
2	Abruf aus Rahmenverträgen	Einkauf
3	Ankunft der Lieferung	Wareneingang
4	Überprüfung anhand der Bestellung von Liefertermin, Menge, Art	Wareneingang
5	Überprüfung anhand der Frachtpapiere, Lieferschein papiermäßig oder per EDI	Wareneingang
6	Freigabe der Entladung, Auspacken	Wareneingang
7	Entsorgung des Verpackungsmaterials	Wareneingang
8	Überprüfung des Materials auf Beschädigungen durch Messen, Wiegen, Zählen	Wareneingang
9	Qualitätsprüfung per Stichproben und Mängelrüge bei Fehlern	Qualitätsprüfung, Einkauf
10	Freigabe der Materialien	Qualitätsprüfung
11	Weitergabe der Teile an Produktion, Lager, Entwicklung	Innerbetrieblicher Transport

Der Leistungserstellungsprozess erfolgt in mehreren Stufen, die den Materialfluss steuern. Aufgabe des Lagers ist es vor allem, den optimalen Materialfluss zu gewährleisten und zu unterstützen.

8.3 Lagerbestandsplanung

Die Aufgabe der Lagerbestandsplanung besteht in der Optimierung des Lagerbestands. Sie kann durch verschiedene Komponenten erschwert werden, z.B. durch stark schwankenden Bedarf, sporadischen Bedarf, saisonale Geschäfte, starke Trends, lange Lieferzeiten oder Global Sourcing.

Die Planung sollte jedoch unter Berücksichtigung der folgenden Logistikziele erfolgen.

1. Sicherung der Materialverfügbarkeit
2. Renditemaximierung unter Berücksichtigung der Zielkonflikte (z.B. optimale Losgröße konkurriert mit dem Ziel der Bestandsminimierung)
3. Schnelle und rechtzeitige Auftragserfüllung (z.B. Just-in-Time)
4. Auslastung der Kapazität[208]

[208] Vgl. Koether (2001) S. 28ff

Eine Gegenüberstellung der Vor- und Nachteile von Beständen veranschaulicht die Übersicht in Tabelle 8.3.

Tabelle 8.3. Vor- und Nachteile von Beständen

Bestände ermöglichen	**Bestände verdecken**
• reibungslose Produktion • hohe Lieferbereitschaft • Überbrückung von Störungen • wirtschaftliche Fertigung • konstante Auslastung • Vermeidung von Fehlmengenkosten • hohen Servicegrad	• Störanfällige, unabgestimmte Kapazitäten • mangelnde Lieferflexibilität • Produktion von Ausschuss • mangelnde Liefertreue • hohe Kapitalbindung

8.3.1 Lagerorganisation

Das Lager unterliegt einer ständigen Bestandsschwankung. Warenanlieferungen (Rohstofflager) und vom Unternehmen fertig gestellte Erzeugnisse (Fertigwarenlager) verursachen einen Lagerzugang. Abverkäufe von Fertigerzeugnissen oder Verwertung der Rohstoffe in der Produktion bewirken Lagerabgänge. Diese Lagerbewegungen werden durch Materialeingangsmeldungen, Lieferscheine, Versandanzeigen Materialentnahmescheine usw. ausgelöst und im Warenwirtschaftssystem der EDV manuell oder per Scanning etc. erfasst.

8.3.2 Inventur

Nach §240 HGB ist jeder Kaufmann zum Abschluss eines jeden Geschäftsjahres verpflichtet, ein Inventar aufzustellen. Bei der Inventur werden Vermögen und Schulden durch die körperliche Bestandsaufnahme mengen- und wertmäßig erfasst und mit den Buchbeständen abgeglichen.

Grundsätze der Inventur sind:

- Vollständigkeit, Richtigkeit, Wirtschaftlichkeit,
- Wesentlichkeit, Klarheit und Nachprüfbarkeit.

Die Inventur erfordert einen erheblichen Arbeitsaufwand, weil insbesondere die Bestände gezählt, gemessen, gewogen und bewertet werden müssen. Die folgenden Inventurverfahren sind in Deutschland zugelassen.

- *Stichtagsinventur*: Körperliche Bestandaufnahme max. zehn Tage vor bzw. nach dem Bilanzstichtag.

- *Permanente Inventur*: Körperliche Bestandsaufnahme zu einem beliebigen Zeitpunkt im Geschäftsjahr. Fortschreibung der Bestände zum Bilanzstichtag. Dieses Verfahren ist nur bei ordnungsgemäßer Lagerbuchführung erlaubt.
- *Verlegte Inventur*: Körperliche Bestandsaufnahme drei Monate vor bzw. 2 Monate nach dem Bilanzstichtag. Fortschreibung bzw. Rückrechnung auf den Abschlusstag nur wert- und nicht mengenmäßig.
- *Inventur durch Stichproben*: Nur möglich bei geringen Schwankungen des Lagerwertes und des Lagerbestandes in Bezug auf die einzelnen Materialgruppen.

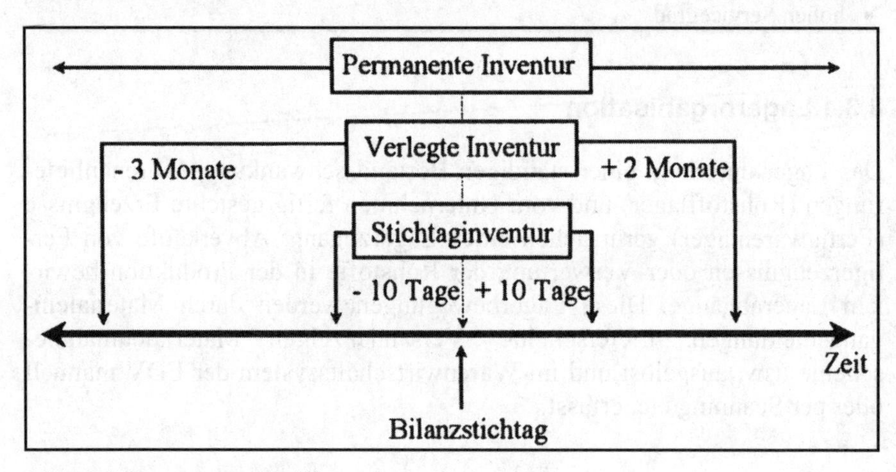

Abb. 8.2. Inventurtermine[209]

Neben der Verpflichtung nach §240 HGB eine Inventur aufzustellen, profitiert ein Unternehmen von den Daten, die durch die Inventur ermittelt werden können. Dazu gehören neben der Ermittlung von Schwund, Verderb, Diebstahl etc auch Kennzahlen wie Umschlagshäufigkeit, durchschnittlicher Lagerbestand etc.

8.4 Lagerorganisation

Der Begriff Lagerorganisation umfasst die Zuordnung einzulagernder Güter zu Lagerplätzen. Dabei hängen Bauart und Ausstattung von betrieblichen und güterlichen Faktoren ab. So benötigen flüssige Lagermaterialien

[209] Vgl. Schulte G (1996) S. 293

z.B. Silos oder Containerlagerplätze, bei Schüttgut ist oftmals eine Lagerung im Freien ausreichend.[210]

8.4.1 Lagerorganisation und Einteilungsmöglichkeiten

Lager können nach folgenden Prinzipien aufgebaut werden:

- Einlagerung anhand von Lagerorten,
- Berücksichtigung der Materialanforderungen (trocken, kühl, hitzebeständig, explosiv, Säure),
- abhängig vom Fertigungsprozess (häufige Materialbewegungen, räumliche Nähe zur Fertigung notwendig),
- nach der Materialart (sperrig, groß, Rollen, Stäbe),
- nach der Funktion des Lagers (Zentrallager, Regionallager, Produktionslager),
- nach den Anforderungen des Absatzmarktes (Konsignationslager, Servicegrad, Lagermöglichkeit der eigenen Lieferanten),
- nach der Sicherheit (Lieferzeit, Umschlagshäufigkeit, regelmäßiger/unregelmäßiger Verbrauch),
- nach der Erreichbarkeit mit Transportmitteln,
- nach der Materialflussorientierung.[211]

8.4.2 Einteilungsmöglichkeiten der Lagerarten

Werden Lager nach der Lagerplatzzuordnung unterschieden, so wird unterteilt in:

- *feste Zuordnung*: Jeder Artikel hat seinen festen Lagerplatz;
- *chaotische Lagerplatzzuordnung*: Artikel werden an dem nächsten freien Lagerplatz gelagert (EDV zur Speicherung der Lagerplätze nötig);
- *Zonung*: Artikel einer Artikelhauptgruppe werden chaotisch in einer eigenen Zone eingelagert.

Bei der Entscheidung, ob die Waren zentral oder dezentral gelagert werden sollen, sollten die Vorteile nach Tabelle 8.4. berücksichtigt werden.

---

[210] Vgl. Arnolds et al. (1998) S. 367ff

[211] Vgl. Isermann (1994) S. 229ff

Tabelle 8.4. Vorteile der zentralen/dezentralen Lagerung

Vorteile zentrale Lagerung	Vorteile dezentrale Lagerung
• Geringere Vorräte	• Flexibel
• Geringere Kapitalbindung des Umlaufvermögens	• Genauere Disposition der einzelnen Materialien in den Fertigungsbereichen
• Höherer Materialumschlag	• Besserer Einsatz von Spezialisten
• Geringerer Personaleinsatz	• Kürzere Transportwege
• Bessere Nutzung der Lagereinrichtung	
• Geringere Raumkosten	

Obwohl eine zentrale Lagerung in vielen Fällen ökonomischer erscheint, kann eine dezentrale Lagerung z.B. bei räumlich getrennten Produktionsstandorten nötig sein. Weitere Einteilungsmöglichkeiten sind:

- *stofforientiert*: Gewicht, Aggregatszustand, Gefahrgutklasse etc.,
- *verbrauchsorientiert*: Schnellläufer, Ladenhüter,
- *nach dem Bedarfsträger*: Handlager an der Fertigungsstufe,
- *nach dem Wertschöpfungsprozess*: Rohstoff-, Halbfertigerzeugnis-, und Fertigerzeugnislager,
- *nach dem Standort*: internes Lager (auf dem Werksgelände), Außenlager, Fremdlager (z.B. bei der Spedition).

Die Lagerhaltung an sich setzt sich aus folgenden Bestandteilen zusammen:

- Lagergebäuden, Verkehrswegen,
- Lagerhilfsmitteln (Palette), Fördermitteln (Transportband), Transportmitteln (Stapler),
- Lagertechnik und Lagersoftware,
- Waren.[212]

[212] Vgl. Wannenwetsch (2004a) S. 222ff

8.5 Beispiele verschiedener Lagertypen und -systeme[213]

Palettenregallager

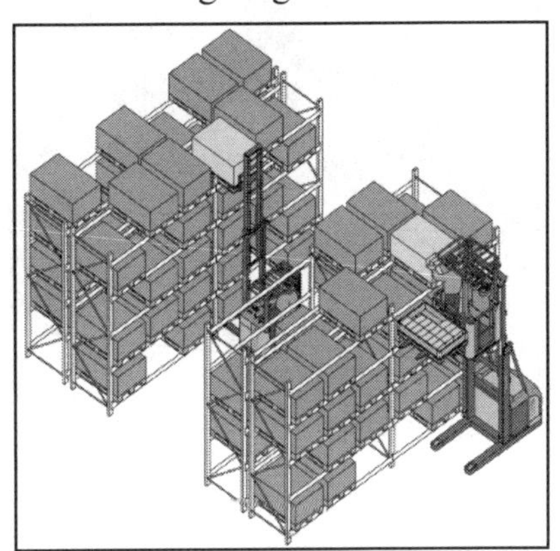

Verschieberegallager

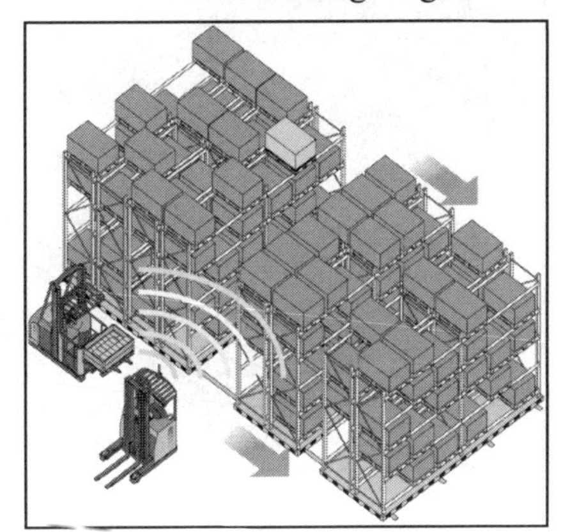

Schmalganglager

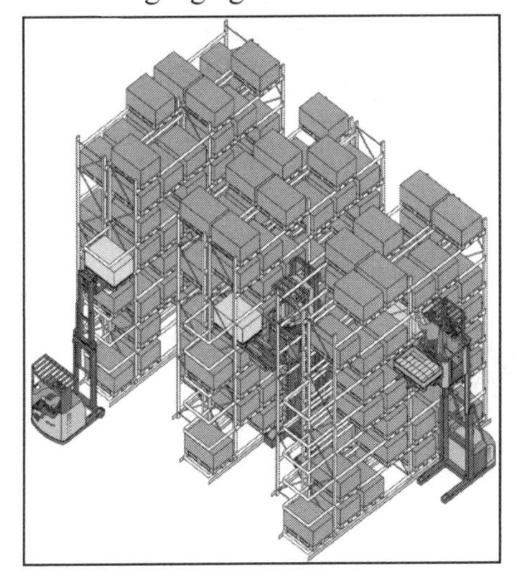

Einfahrregallager

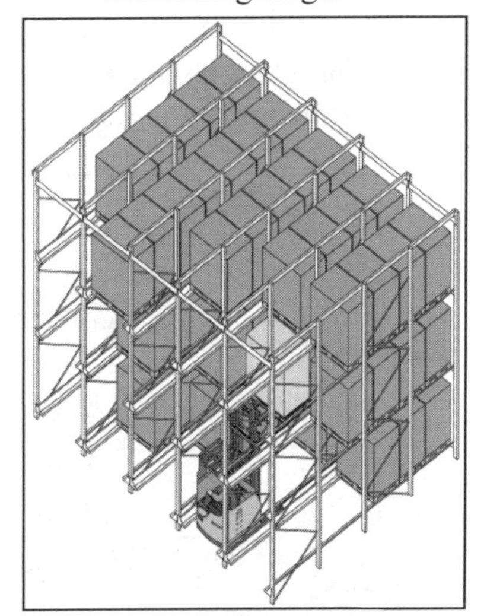

213 Quelle: www.atlet.de (15.09.2004)

Durchlaufregallager

Kragarmlager

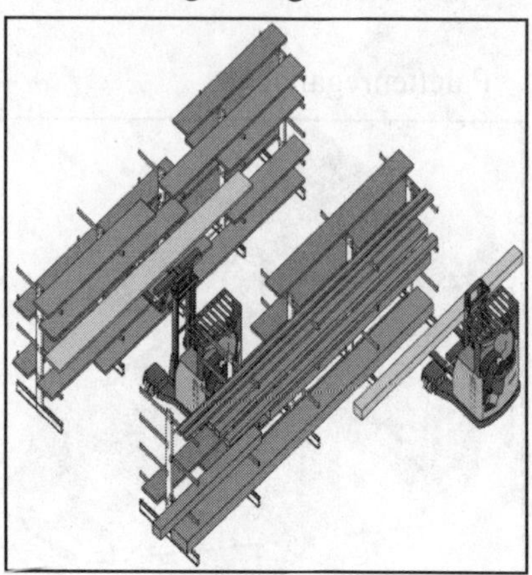

8.5.1 Bodenlagerung (ohne Lagereinrichtung)

Die Ware wird direkt auf dem Untergrund im Gebäude oder im Freien gelagert. Eine Gassenbildung erlaubt – im Gegensatz zur Blocklagerung – den Zugriff auf mittig gelagertes Material.[214]

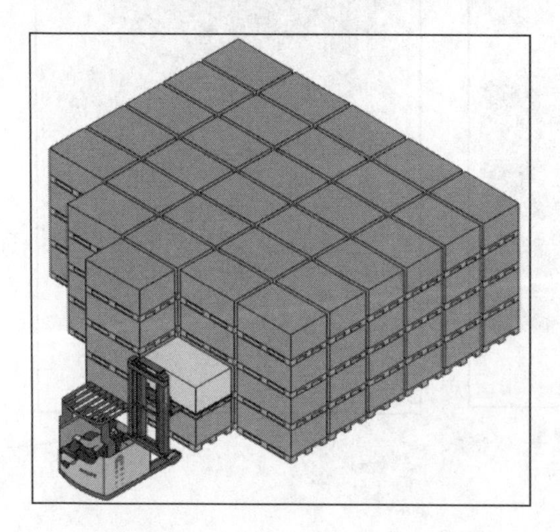

[214] Vgl. Schulte C (1999) S. 181f

Tabelle 8.5. Vor- und Nachteile der Bodenlagerung[215]

Vorteile	Nachteile
• Sehr niedrige Investitionskosten	• Mangelnde Transparenz
• Geringe Störanfälligkeit	• Schwierige Produktentnahme
• Geringer Personalbedarf	• Erschwerte Bestandskontrolle
• Hohe Flexibilität	• Geringe Automatisierungsmöglichkeit

Anwendung

Klein-, Mittel- und Großbetriebe: große Artikel, stapelbare Artikel, Baustoffindustrie, Getränkeindustrie, Papierindustrie

8.5.2 Regallagerung

Das Material wird in Regalsystemen gelagert, so dass auf jeden Artikel zugegriffen werden kann (weiterführend vgl. Jünemann (1989) S. 153ff.).

Fachregallager

Bestehend aus Ständern und Fachböden, wobei die Höhe durch die meist manuelle Bedienung zwei Meter pro Etage oftmals nicht übersteigt.[216]

Vorteile	Nachteile
• Geringe Investitionsausgaben	• Hoher Flächenbedarf
• Flexibel bei Änderungen durch schnelle Umrüstung	• Geringe Raumausnutzung
• Direkter Zugriff auf jeden Artikel	• Personalintensiv
• Einfache Lagerorganisation	• Nur teilweise automatisierbar
• Niedrige laufende Kosten	

Anwendung

Klein- und Mittelbetriebe: nichtpalettierbare Güter, Kleinteile, großes Sortiment an Artikeln.

Hochregallager

Zusammengefasste Güter werden auf Palettenhochregallagern gelagert. Die Lagerung auf Paletten erfolgt in Zeilen mit bis zu 50 m Bauhöhe. Um eine sinnvolle Zugriffszeit zu erreichen sollte das Verhältnis Bauhöhe zu

---

215 Vgl. Ehrmann (1997) S. 216ff

216 Vgl. Oeldorf, Olfert (1998) S. 362ff

Regallänge 1:5 nicht überschreiten. Die Beschickung wird mit Gabelstaplern, Hochregalstaplern, Regalförderzeugen o.ä. vorgenommen.[217]

Vorteile	Nachteile
• Gute Flächenausnutzung	• Hohe Investitionsausgaben
• Kurze Zugriffszeiten	• Hoher Platzbedarf
• Hohe Umschlagsleistung	• Hohe Störanfälligkeit
• Niedriger Personalbedarf	• Begrenzte Erweiterungsmöglichkeit
• Rationelle Organisation	• Hoher Organisationsaufwand

Anwendung

Großbetriebe: bei breitem Sortiment, große Mengen, hohe Umschlagsleistung, zu finden in der Automobilindustrie bzw. beim Versandhandel.

Durchlaufregallager

Bei dieser Lagerart erfolgt die Einlagerung der Lagergüter auf der einen und die Auslagerung auf der gegenüberliegenden Seite. Das Lagergut wird durch Gefälle oder mechanischen Antrieb bewegt.

Vorteile	Nachteile
• Gewährung des FiFo-Prinzips	• Nur ein Kanal pro Artikel sinnvoll
• Gute Flächen und Raumausnutzung	• Bei Fördereinrichtung hohe Investitionen
• Möglichkeit der Automatisierung	• Störanfälliges Fördersystem
• Be- und Entladung räumlich getrennt	• Aufwändig bei Teilentnahmen

Anwendung

Mittel- und Großbetriebe: große Mengen, kleine Artikel, hohe Umschlagshäufigkeit, geringes Eigengewicht, stabile Schwerpunktlage.

Kompaktregale

Die Kompaktregale (Verschiebe- und Umlaufregale) zählen zu den dynamischen Systemen.[218]

Bei Paternoster-Regalen (Umlaufregal) werden Fachböden zwischen zwei parallele, vertikal umlaufende Ketten eingehängt.[219] Verbreitete For-

[217] Vgl. Schulte C (1999) S. 178ff
[218] Vgl. Ehrmann (1997) S. 365f
[219] Vgl. Ehrmann (1997) S. 223ff

men des Paternoster-Regals sind u.a. Schrankpaternoster für Akten und Ersatzteile sowie Etagenpaternoster für Ballen. Der Zugriff ist nur an max. zwei Stellen möglich.

Bei dem Verschieberegal sind zwei Regalblöcke, bestehend aus mehreren Einzelregalen kompakt nebeneinander (Horizontalprinzip) oder übereinander (Vertikalprinzip) angeordnet. Es sind nur jeweils zwei Regalblöcke zugänglich.

Vorteile	Nachteile
• Sehr hohe Flächenausnutzung	• Geringe Umschlagsleistung
• Geringe Störanfälligkeit	• Lange Zugriffszeit
• Verschlussmöglichkeit	• Beschränkt erweiterbar

Anwendung

Klein-, Mittel- und Großbetriebe: Akten, Ersatzteile, kleine bis mittlere Mengen je Artikel, geringe Umschlagshäufigkeit.

Abbildung 8.3. zeigt den Flächennutzungsgrad ausgesuchter Lagerarten.

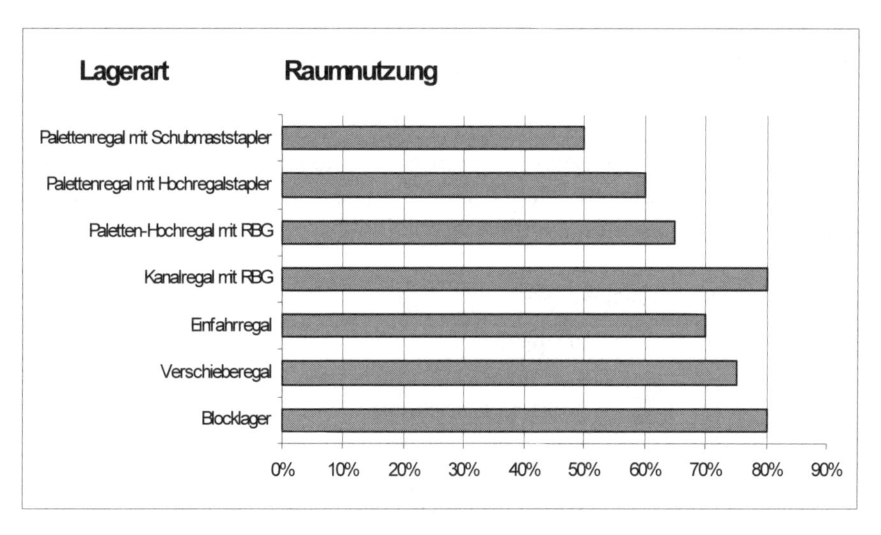

Abb. 8.3. Vergleich der maximalen Raumnutzung wichtiger Lagertechniken[220]

[220] Vgl. Koether (2001) S. 84

8.6 Die Bedeutung der Materialkosten

Die Wettbewerbsfähigkeit eines Unternehmens wird immer mehr durch die Materialkosten beeinflusst. Immerhin betragen die Materialkosten – je nach Branche – zwischen 40 und 70% der Gesamtkosten.

Die Bedeutung der Materialkosten zeigt folgendes Rechenbeispiel (Tabelle 8.6.), bei dem der Gewinneffekt einer Umsatzsteigerung um 10% (bei proportionalen Kosten) einer Materialkostenreduktion um 10% gegenübergestellt wird.

Tabelle 8.6. Auswirkung der Materialkostenreduktion um 10% im Vergleich zu einer Umsatzsteigerung um 10%

in Tsd. Euro	Basis	Umsatz (+ 10%)	Materialkosten (- 10%)
Umsatz	**100.000**	**110.000**	**100.000**
Material	50.000	55.000	45.000
Lohn	20.000	22.000	20.000
Sonstige Kosten	20.000	22.000	20.000
Summe Kosten	**90.000**	**99.000**	**85.000**
Gewinn	10.000	11.000	15.000
Gewinnänderung		**+ 10%**	**+ 50%**

Es wird deutlich, dass die Reduktion der Materialkosten direkt als Gewinn auftaucht. Diesen Gewinn durch eine Umsatzsteigerung zu erzielen würde einen erheblichen Mehraufwand bedeuten. Zu den eigentlichen Materialkosten kommen noch die Lagerhaltungskosten (siehe Tabelle 8.7).

Tabelle 8.7. Lagerhaltungskosten

Kosten	Beispiele
Lagerkosten	Kosten (Miete, Abschreibung) für Lagergebäude, Anlagen, Einrichtung
Transportkosten	Kosten für Transportfahrzeuge, Lagerhilfsmittel
Personalkosten	Personalkosten für Lagerpersonal, Verwaltung
DV- oder IT-Kosten	Kosten für Datenverarbeitung und Informationstechnologie im Lager
Sonstige Kosten	Energiekosten, Beleuchtung, Instandhaltung, Versicherung

Quelle: Thaler (2003) S. 215

Aus diesen Kosten lässt sich der *Lagerkostensatz* berechnen.

$$Ls = \frac{KL \times 100 \times 2}{BL \times E}$$

Beispiel: $$Ls = \frac{105000 \times 100 \times 2}{1400000} = 15\%$$

Ls = Lagerkostensatz
KL = Lagerkosten (alle Lagerkosten, ausgenommen Zinsen)
BL = Lagerbestand
E = Einstandspreis

Um den *Lagerhaltungskostensatz* zu berechnen, wird der Zinssatz zum Lagerkostensatz hinzugerechnet.

Lagerhaltungskostensatz = Lagerkostensatz + Zinssatz

Beispiel: Lhs = 15 % + 8 % = 23 %

8.7 Typische Probleme von Lagern

Tabelle 8.8. Typische Probleme im Lager, gegliedert nach Aufgaben im Prozess (nach Pfohl 1994)

Wareneingang	• Entladezeit (wartende LKW) • Keine verfügbaren Mitarbeiter • Keine verfügbare Entladeeinrichtung • Keine Wareninformation
Bereitstellung (1)	• Gabelstapler kennt Einlagerungsort nicht • Ware/Palette verstellt Eingangsbereich • zugeordnete Lagerorte sind belegt
Lagerung	• Mit Ware verstellte Lagergänge • Nicht voll belegte Lagerfächer • Nicht zueinanderpassende Produkte • Zugang zum Auffüllen schwierig
Kommissionierung	• Ware nicht verfügbar • paralleles Wiederauffüllen • Lagergänge werden mehrfach durchquert • Bereitstellungsfläche nicht versorgt
Verpackung, Etikettierung	• Material für Verpackung, Etikettierung fehlt • Eilaufträge • Ware falsch verpackt, etikettiert
Bereitstellung (2)	• Volle Bereitstellungsfläche • Versandpapiere verzögert • Ware falsch zusammengestellt

Versand	• Verzögerung Versand • Beladezeit (wartende LKW) • Reklamation Kunde

8.8 Kommissioniersysteme

Kommissionieren ist „das Zusammenstellen von bestimmten Teilmengen (Artikeln) aus einer bereitgestellten Gesamtmenge (Sortiment) aufgrund von Bedarfsinformationen (Aufträge). Hier erfolgt eine Umwandlung von einem lagerspezifischen in einen verbrauchsspezifischen Zustand.“[221]

Abbildung 8.4. zeigt ein vollautomatisches Kommissioniersystem.

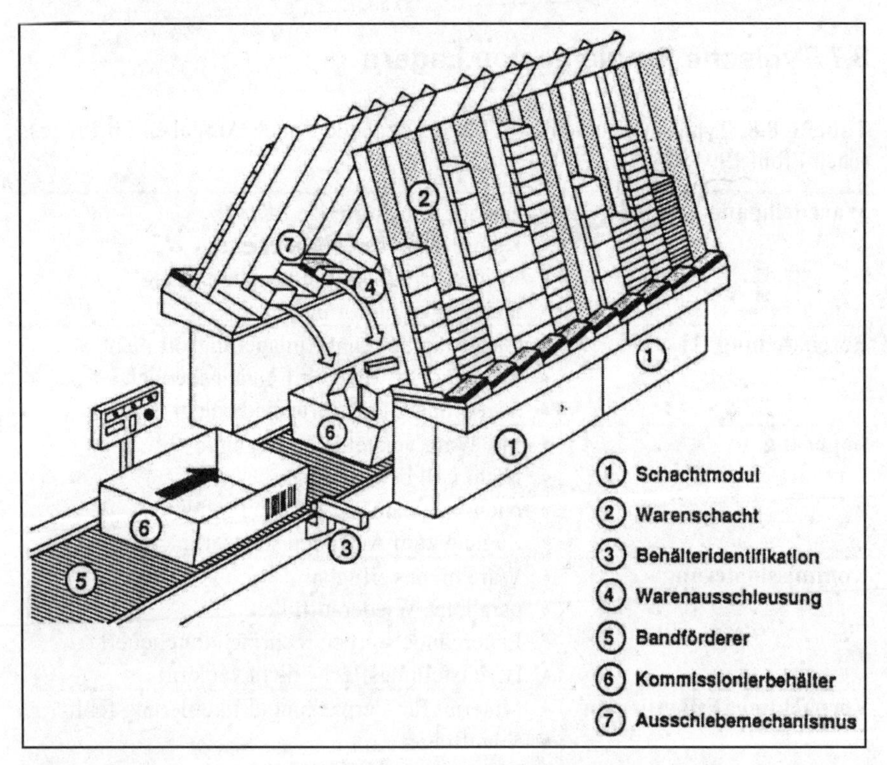

Abb. 8.4. Kommissionierautomat mit Ausstoßschächten (Jünemann)

[221] Vgl. VDI (1977) 3590/1,2,3ff

8.8.1 Aufgaben und Ziele der Kommissioniersysteme

In der Regel ist dem Kommissionieren eine Lagerfunktion vorgelagert und eine Verbrauchsfunktion (z.B. Produktion, Montage, Versand) nachgelagert. Die für das Kommissionieren notwendigen Einzelvorgänge erfordern einen hohen Koordinations- und Steuerungsaufwand. Ein erhebliches Rationalisierungspotenzial liegt in der Ablaufgestaltung des Kommissionierens und der Integration von Material- und Informationsfluss.[222]

8.8.2 Elemente des Kommissioniersystems

Die Beziehungen der Elemente des Kommissioniersystems zeigt Abb. 8.5.

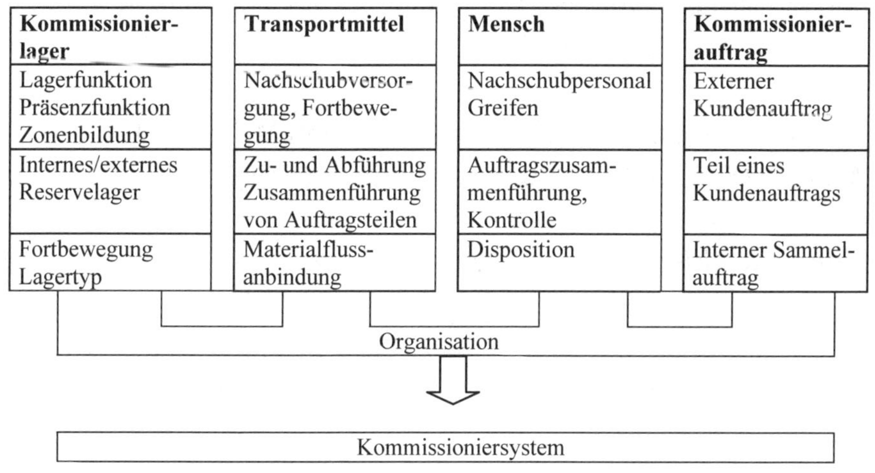

Abb. 8.5. Elemente von Kommissioniersystemen[223]

Kommissionierlager

Im Kommissionierlager werden die Artikel, die Gegenstand eines Kommissionierauftrages sind, für meist nur kurze Zeit in geringen Mengen gelagert. Bewegungsprozesse stehen im Vordergrund und stellen hohe Anforderung hinsichtlich der Umschlagsleistung an den Lagertyp. Der Lagerhaltung für die Kommissionierung werden in erster Linie die vorgeschalteten Reservelager gerecht.[224]

---

[222] Vgl. Schulte C (1999) S. 201ff
[223] Vgl. Schulte C (1999) S. 202
[224] Vgl. Schulte C (1999) S. 201ff

Einsatz von Transportmitteln

Transportsysteme (Stapler, Pick-up-car, fahrerloses Transportsystem) haben die Aufgabe die Transportzeiten bei der Kommissionierung zu minimieren und die Menschen bei der Erfüllung der Kommissionieraufgaben zu unterstützen. Von entscheidender Bedeutung bei der Wahl des Transportsystems ist deren Integrität in bestehende Transportsysteme innerhalb eines Unternehmens.[225]

Die Tabelle 8.9. zeigt den Einfluss verschiedener Eigenschaften eines Transportsystems auf dessen Anschaffungspreis.

Tabelle 8.9. Einfluss der Eigenschaften eines Transportsystems auf dessen Anschaffungspreis[226]

Kostentreiber der Förderstrecke	Kostentreiber des Fahrzeugs
• Geringe Intelligenz des Fahrzeugs	• hohe Intelligenz des Fahrzeugs
• komplexe, vernetzte Streckenabschnitte	• hohe Tragfähigkeit
• hohe Förderkapazität	• schnelle Fördergeschwindigkeit
• eigener Antrieb	• mehr Zusatzfunktionen

Tätigkeitsfelder im Kommissioniersystem

Die Kommissionierung kann als System des Materialflusses betrachtet werden, wobei die Einheit von Waren- und Informationsfluss von entscheidender Bedeutung ist. Die folgende Übersicht (Tabelle 8.10.) zeigt die einzelnen Kommissioniertätigkeiten.

Tabelle 8.10. Kommissioniertätigkeiten

Tätigkeit	Aufgaben
Disposition	• Integration des Kommissioniersystems in die Unternehmung • Personaleinsatzplanung • Festlegung der Auftragsreihenfolge • Sicherstellung einer optimalen Systemauslastung
Kontrolle und Überwachung	• Starten der Auftragsbearbeitung • Vollständigkeitsprüfung, Störungsbehebung • Rückmeldung durchführen • Bearbeiten von Eilaufträgen

[225] Vgl. Schulte C (1999) S. 20ff
[226] Vgl. Koether (2001) S. 53

Tätigkeit	Aufgaben
Physische Abwicklung	• Bestandskontrolle und Nachschubauslösung • Einlagerung • Kommissionieren von Eilaufträgen • Verpacken, Erstellen von Rückmeldebelegen • Übergabe an nachgelagerte Betriebsbereiche

Die Organisation wird dabei von der Zugriffshäufigkeit bestimmt und ist abhängig von Schnelldrehern (umsatzstarke Produkte), Saisonprodukten, Sonderaktionen etc.[227]

8.8.3 Bereitstellungsprinzipien bei der Kommissionierung

Statische Bereitstellung (Mann-zur-Ware)

Bei der statischen Bereitstellung begibt sich der Kommissionierer zur bereitgestellten Ware, und entnimmt aus dem Regal die benötigte Menge. Der Kommissionierauftrag wird in einer vorgegebenen Reihenfolge mit Hilfe von Transportmitteln abgearbeitet.[228]

Anwendung

- Für die Erledingung eines Auftrages sind mehrere Lagerfächer anzufahren.
- Lagerartikel können von Hand manipuliert werden.
- Kurze Verweilzeit am Lagerfach[229]

Dynamische Bereitstellung (Ware-zum-Mann)

Die Ware wird aus dem, in der Regel automatisierten Lager, meist mit automatischen Geräten zum Kommissionierer transportiert und nach der Entnahme der benötigten Teilmenge, wieder ins Lager zurückbefördert (z.B. Hochregallager mit automatischen Regalförderzeugen).

Anwendung

- Bei Kommissioniersystemen mit mittlerer Umschlagsleistung aber hoher Produktivität
- Bei automatischen Kleinteilelagern

[227] Vgl. Schulte C (1999) S. 209ff
[228] Vgl. Schulte C (1999) S. 203ff
[229] Vgl. Ehrmann (1997) S. 343ff

- Bei schweren und großen Teilen, die Hebezeuge erfordern.
- Bei gleichmäßiger Auslastung des Kommissioniersystems ohne Schwankungen[230]

8.8.4 Möglichkeiten der Kommissionierung

Herkömmliches Kommissionieren

Beim herkömmlichen Kommissionieren (Kommissionierauftrag aus Papier), entnimmt der Kommissionierer die auf dem Kommissionierzettel aufgeführten Positionen des Auftrages den Lagerplätzen.

Belegloses Kommissionieren

Bei der beleglosen Kommissionierung werden die Belege nicht mehr physisch in die Hand des Kommissionierers gegeben, sondern auf Daten- und Informationsträgern lesbar übermittelt (EDV, Datensichtgeräte, Monitore an den Dispositions- und Kontrollstellen, Kopfhörer). Die EDV gibt die Reihenfolge der Kommissionierung vor. Die Datensichtgeräte befinden sich an den halbautomatischen Kommissioniergeräten.

Pick-by-light

Bei Pick-by-light-Systemen befindet sich an jedem Lagerfach eine Signalleuchte mit einem Ziffern- oder auch alphanumerischen Display, sowie mindestens einer Quittierungstaste und eventuell Eingabe- bzw. Korrekturtasten. Steht der Kommissionierbehälter an der Pickposition, so leuchtet an demjenigen Lagerfach, aus welchem der Kommissionierer eine Ware zu entnehmen hat, die Signallampe auf, und auf einem Display erscheint die zu entnehmende Anzahl. Die Entnahme wird dann mittels einer Quittiertaste bestätigt und die Bestandsänderung in Echtzeit an die Lagerverwaltung zurückgemeldet.

Ein wesentlicher Nachteil der derzeit verfügbaren Systeme besteht darin, dass sie nicht in der Lage sind Fehlfunktionen, insbesondere Fehlfunktionen im Display, selbst zu erkennen und sinnvoll darauf zu reagieren.[231]

---

[230] Vgl. Koether (2001) S. 87f

[231] http://www.offis.de/projekte/hs/picktolight (03.10.2004)

Pick-by-voice

Bei Pick-by-voice wird das klassische Barcodelesegerät durch einen Kopfhörer sowie ein Mikrofon ersetzt. Die Kommunikation zwischen Kommissionierer und System erfolgt ausschließlich über die Sprache.

Über das Headset erhalten die Kommissionierer vom System Anweisungen, zu welcher Stelle am Lager sie gehen müssen. Dort angekommen, nennen sie eine am Lagerplatz befindliche Prüfziffer und bestätigen so ihre Position. Nach dieser Bestätigung weist das System an, welche Mengen dem Regal entnommen werden sollen. Die Warenentnahme und Stückzahl bestätigen die Kommissionierer mit Schlüsselworten. Ist eine Warenentnahme erfolgreich bestätigt, gibt das System die neue Position des nächsten Pickings an und bucht gleichzeitig die Ware aus.[232]

Vorteile dieser Art des Kommissionierens sind:[233]

- online arbeiten im direkten Zusammenspiel mit der Lagerverwaltung,
- leichte Eingewöhnung ohne langes Sprachtraining,
- komplette sprachgesteuerte Führung,
- flexible Anzahl von Personen einsetzbar,
- keine Unterbrechung des Arbeitsflusses.

8.8.5 Organisation der Kommissionierung

Einstufiges (sequenzielles) Kommissionieren

Die Aufträge werden in der Reihenfolge der Kommissionierpositionen abgearbeitet. Die Artikel (Positionen) des Kundenauftrags werden zunächst entsprechend der Lagerortvergabe umsortiert und nacheinander nach Vorgabe des EDV-Systems abgearbeitet.

Beim *Hauptgangverfahren* wird die ganze Kommission beim Durchfahren aller Hauptgänge zusammengestellt. Beim *Hauptgang-/Stichgangsverfahren* werden häufig gebrauchte Artikel in Haupt-, weniger häufig gebrauchte Artikel in Stichgängen gelagert.[234]

Mehrstufiges (paralleles) Kommissionieren

Beim parallelen Kommissionieren wird der Kundenauftrag in mehrere Kommissionierbereiche (Kriterium: Lagerort) unterteilt. Die so gebildeten

---

[232] http://www.symbol.com/germany/Presse/pr2002-07a.html (03.10.2004)
[233] http://www.ssi-schaefer-noell.de/leistungen/it_pbv.php (03.10.2004)
[234] Vgl. Ehrmann (1997) S. 346ff

Teilaufträge können gleichzeitig (parallel) abgearbeitet werden. Die Teilaufträge werden anschließend wieder zusammengeführt.

- *Vorteile:* Verkürzung der Kommissionierzeit, die Erhöhung der Kommissionierleistung.
- *Nachteile:* höhere Fehlerquote, umfangreicher organisatorischer Aufwand.

Artikelweises Kommissionieren

Bei diesem Verfahren werden vorliegende Kommissionieraufträge nach gleichen Artikeln durchsucht. Anschließend werden die gleichen Artikel aller Aufträge zusammengefasst und aus dem Lager entnommen. Vor der Versendung müssen die Artikel wieder den einzelnen Kommissionieraufträgen zugeordnet werden.

- *Vorteil:* Ein Lagerplatz muss nur einmal angefahren werden.
- *Nachteile:* Vereinzelung und Zusammenfassung der Aufträge

8.8.6 Kennzahlen im Kommissionierbereich

Die Effizienz der Kommissionierleistung lässt sich mit Hilfe von Kennzahlen beurteilen u.a.[235]

- Kommissionierzeit je Auftrag (Regalbedienzeit nimmt ca. zwei Minuten für die Einlagerung und drei Minuten für die Auslagerung in Anspruch),
- Anzahl der Kommissionierpositionen je Auftrag,

$$\frac{\textit{Gesamtzahl der Kommissionierpositionen}}{\textit{Anzahl Aufträge}} \; z.B \; \frac{1.350}{450} = 3$$

- Fehlerquote (je nach Branche zwischen 0,5% und 0,1%)

$$\frac{\textit{Kommissionierfehler} \times 100}{\textit{Anzahl Kommissionierungen gesamt}} \; z.B. \; \frac{3 \times 100}{12.000} = 0{,}025\ \%$$

- Kommissionierkosten je Auftrag,
- Kommissionierkosten je Position.

[235] Vgl. Ehrmann (1997) S. 349

Ersatzteillogistik		
Kleinteile	Mann zur Ware	Fachbodenregal, teilweise mehrgeschossig, Fortbewegung zu Fuß mit teilweise Stetigfördereinsatz 70 bis 85 Pos./Std/Mitarbeiter
		Fachbodenregal, Fortbewegung mit Kommissionierstapler oder Regalbediengerät 70 bis 90 Pos./Std./Mitarbeiter
	Ware zum Mann	automatisches Kastenlager 100 bis 150 Pos./Std./Mitarbeiter
		dynamisches Lager (Durchlaufregal), Umlaufregal (horizontal, vertikal) 100 bis 150 Pos./Std./Mitarbeiter
Mittelgroße Teile	Mann zur Ware	Palettenregal, Fortbewegung zu Fuß 35 Pos./Std./Mitarbeiter
		Palettenregal, Fortbewegung per Stapler 20 bis 40 Pos./Std./Mitarbeiter
Lebensmittel-Großhandel		
Colli	Mann zur Ware	Palettenhochregal mit Regalbediengerät 120 Pos./Std./Mitarbeiter
		Palettenhochregal mit Kommissionierungstapler 120 Pos./Std./Mitarbeiter
		Palettenregal, Mitarbeiter neben fahrerlosen Transportsystemen (FTS) 180 bis 350 Pos./Std./Mitarbeiter
		Palettenregal mit Pickcar 200 bis 300 Pos./Std./Mitarbeiter
Pharma-Großhandel		
Kleinpackungen	Mann zur Ware	Fachbodenregal, Fortbewegung zu Fuß 120 bis 150 Pos./Std./Mitarbeiter
		Durchlaufregal, Fortbewegung zu Fuß 180 bis 200 Pos./Std./Mitarbeiter

Abb. 8.6. Leistungsübersicht Kommissioniereinrichtungen[236]

8.8.7 Verpackung

Die Verpackung erfüllt verschiedene Funktionen (siehe Tabelle 8.11).

Tabelle 8.11. Funktionen der Verpackung[237]

Schutz-funktion	Lager-funktion	Transport funktion	Manipulations-funktion	Informations-funktion
Schutz vor quantitativen Veränderungen	Raumsparendes Lagern	Bildung von Transporteinheiten	Handhabungsgerechte Gewichts- und Geometriefestlegung, Manipulation von Ladeeinheiten	Identifikationshilfen

[236] Vgl. Vogt (1989) S. 118

[237] Vgl. Schulte C (1999) S. 293

Schutz-funktion	Lager-funktion	Transport funktion	Manipulations-funktion	Informations-funktion
Schutz der qualitativen Veränderung	Stapel-barkeit	Optimale Auslastung von Trans-port(hilfs)-mitteln	Einsatz von Ma-nipulationshilfen	Vorsichts-maßnahmen
Schutz vor Beschädi-gung	Verkaufs-mengen-gerechte Lager-einheit	Sicherung von Lade-einheiten und Ladungen	Automatisierte Handhabung	Warenprä-sentation
Schutz der Umwelt und des Personals				Gebrauchs-anweisung

Um die Abläufe in der Supply Chain zu verbessern und Umpackvorgänge zu vermeiden, empfiehlt sich die Einführung standardisierter Verpackungen. Die Anteile der Verpackungskosten verschiedener Branchen am Produktionswert (1994) zeigt Tabelle 8.12.

Tabelle 8.12. Anteile Verpackungskosten am Produktionswert [238]

Branche	Anteil wertmäßig
Nahrungs- und Genussmittelindustrie	5,9 %
Chemische Industrie	2,1 %
Glasindustrie	1,9 %
Zellstoff, Papier, Pappe	1,7 %
Musikinstrumente, Schreibwaren, Spielwaren	1,6 %
Feinkeramik	1,4 %
(Elektroindustrie)	(0,05)
Verarbeitendes Gewerbe gesamt	1,2 %

8.9 Reduzierung von Lagerkosten durch vernetztes SCM

Zur Reduzierung der Lagerkosten lassen sich folgende Verfahren anwenden:

- ABC-Analyse,
- XYZ-Analyse.

[238] Quelle: IHK, DVI (1997) S. 36

8.9.1 ABC-Analyse

Basis der ABC-Analyse ist die Verbrauchs- bzw. Lagerstatistik. Materialwert bzw. Materialkosten stellen das Auswahlkriterium dar. Die Wertermittlung erfolgt in folgender Reihenfolge:

- multiplizieren der jeweiligen Materialmenge mit dem Bezugspreis bzw. den Herstellkosten,
- ordnen der Materialarten nach der Höhe ihrer Werte in absteigender Reihenfolge,
- kumulieren der Werte und Mengen, so dass eine Einteilung in bezug auf den Gesamtwert möglich wird,
- grafische Darstellung.

Die Aussagen über die Behandlung der Materialgruppen werden anhand der Auswertung getroffen. Dabei gilt für A-Güter:

- ausführliche Marktbeobachtung und Marktanalyse,
- genaue Festlegung von Mengen und Qualitäten,
- systematische Prüfung von Einstandspreisen und Lieferkonditionen,
- Wahl zuverlässiger und leistungsfähiger Lieferanten,
- rasche Rechnungsbegleichung zwecks Skontoausnutzung,
- bevorzugte Überwachung der Materialien,
- unverzügliche Buchung der Materialzu- und -abgänge.[239]

C-Artikel sind dadurch gekennzeichnet, dass ihre Bestellhäufigkeit sehr hoch, ihr Einzelwert jedoch sehr niedrig ist. Typische C-Artikel sind

- Büromaterialien,
- (Klein-)Werkzeuge, Maschinenzubehör (Bohrer, Fräser, minderwertige Klein- und Ersatzteile),
- DIN- und Normteile (Schrauben, Beschläge, Unterlegscheiben etc.),
- Arbeitsschutzartikel (Atemschutzmasken, Handschuhe, Gehörschutz, Arbeitskleidung, Sicherheitsschuhe etc.),
- Kleinmengen von niederpreisigen Hilfs- und Betriebsstoffen (Reinigungsmittel, Schmiermittel, Klebstoffe etc.).

Hauptaugenmerk bei der Beschaffung dieser Artikel muss auf die Reduzierung der Prozesskosten gelegt werden. In der Praxis belaufen sich die Kosten für einen Bestellvorgang auf 50 bis 150 Euro. Zusätzlich werden Kapazitäten verbraucht, die sinnvoller bei der Optimierung der A- und B-Artikelbeschaffung eingesetzt werden können.

---

[239] Vgl. Wannenwetsch (2004a) S. 63ff

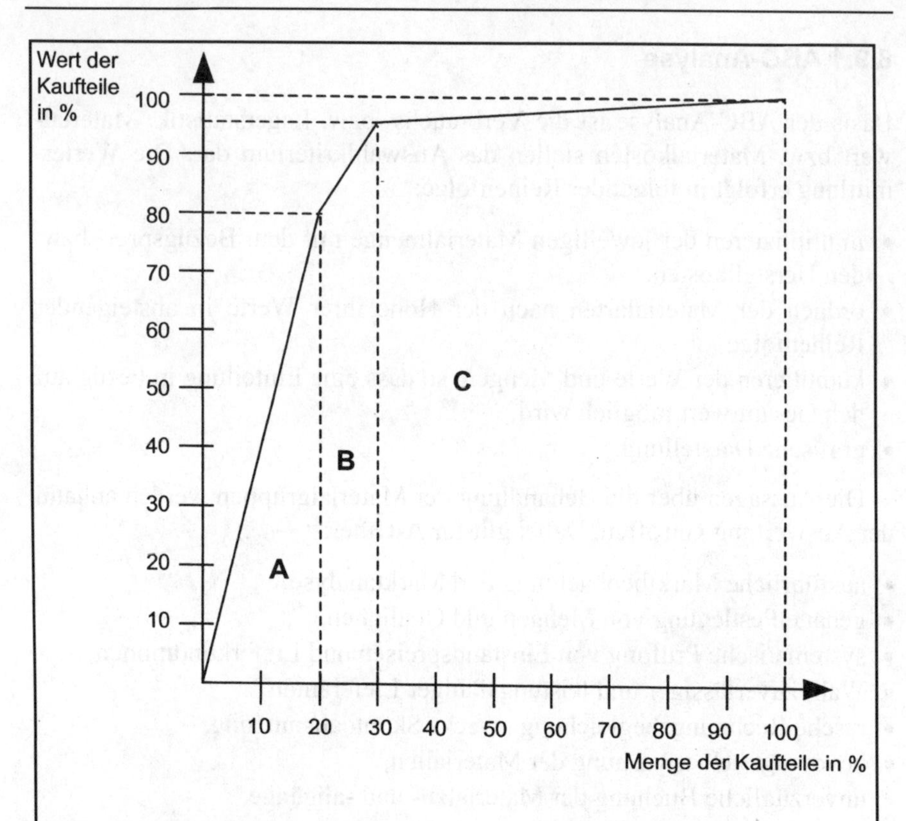

Tabelle 2: Beispielrechnung zur ABC-Analyse

Art.-Nr.	Lfd. Pos.-Nr.	Anzahl Teile in %	Stück pro Jahr	Einzel-preis in Euro	Einkaufs-wert pro Jahr in Tsd €	Summe kumuliert in Tsd €	Prozent kumuliert vom Wert	Typ
4711	1	10	10.000	2.500	25.000	25.000	50,0%	A
4812	2	20	5.000	3.000	15.000	40.000	80,0%	A
4913	3	30	10.000	750	7.500	47.500	95,0%	B
5014	4	40	200	5.000	1.000	48.500	97,0%	C
5115	5	50	1.000	500	500	49.000	98,0%	C
5216	6	60	5.000	60	300	49.300	98,6%	C
5317	7	70	2.500	100	250	49.550	99,1%	C
5418	8	80	4.000	50	200	49.750	99,5%	C
5519	9	90	3.000	50	150	49.900	99,8%	C
5620	10	100	4.000	25	100	50.000	100,0%	C

Abb. 8.7. ABC-Analyse[240]

[240] Vgl. Fortmann, Kallweit (2000) S. 37

> *Beispiel:*
>
> 1. Beschaffung von Büromaterial für 50.000 € p.a.
>   Preisreduktion von 10% verhandelt.
>   Ersparnis: 5.000 € p.a.
> 2. Beschaffung von Cellulose für 10.000.000 € p.a.
>   Rabatt über 0,5% verhandelt.
>   Ersparnis: 5.000.000 € p.a.

Das Ergebnis zeigt, dass sich die optimale Beschaffung von C-Artikeln grundsätzlich von der übrigen Beschaffung unterscheiden sollte. Die Beschaffung von C-Artikeln sollte demnach durch folgende Ziele geprägt sein:

- verbrauchsadäquate, sichere Versorgung,
- Personaleinsparungen, Durchlaufzeitenverkürzung,
- Prozessvereinfachungen (Vermeidung von Doppelarbeit, Abbau unnötiger Kontrollschritte etc.),
- günstige Einkaufspreise, Bündelung des Einkaufsvolumens im gesamten Unternehmen,
- Sicherung der Artikelqualität, Integration in bestehende Systeme und Abläufe.

In der Praxis hat sich folgende Vorgehensweise bei der Beschaffung von C-Artikeln durchgesetzt:

- getrennte Beschaffung von C-Artikeln und A-, B-Artikeln,
- Abschluss von Rahmenverträgen für C-Artikel (Bündelung von Bedarfsträgern und Zeiträumen),
- Lieferantenauswahl unter den Gesichtspunkten Preis, Logistik- und Servicepotenzial,
- Konzentration auf wenige leistungsstarke Lieferanten,
- in Klein- und Mittelbetrieben Auswahl eines Vollsortimenters,
- Bestellung direkt von der verbrauchenden Stelle über Internet mit Hilfe von Budgetrahmen bzw. automatisierten Genehmigungsverfahren,
- Nutzung von Internetshops,
- Direktanlieferung an die verbrauchende Stelle und Wareneingangskontrolle sowie Wareneingangsmeldung und Rechungskontrolle von der verbrauchenden Stelle,
- Abrechnung über Sammelrechnungen (monats-, quartalsweise).

Durch diese Vorgehensweise wird die Einkaufsabteilung erheblich entlastet und kann sich somit vermehrt mit der optimalen Beschaffung von A- und B-Artikeln beschäftigen.[241]

8.9.2 XYZ-Analyse

Bei der XYZ-Analyse werden die Materialien anhand ihrer Verbrauchsstruktur eingeteilt.

Material	Verbrauch	Vorhersagegenauigkeit	Anteil ca.
X-Material	Gleichmäßig	Hoch	50 %
Y-Material	Schwankend	Mittel	20 %
Z-Material	Unregelmäßig	Niedrig	30 %

Empfehlung für die Beschaffungsstrategie

- *X-Material:* Just-in-Time Anlieferung.
- *Y-Material:* Programmorientierte Beschaffung (z.B. monatlich) und dementsprechend Vorratshaltung.
- *Z-Material:* Nur im Bedarfsfall beschaffen!

Tabelle 8.13. zeigt die typische Vorgehensweise bei der Einteilung, wobei der stetige Verbrauch (X) mit 9–10 Punkten, der schwankende Verbrauch (Y) mit 4–8 Punkten und der unregelmäßige Verbrauch (Z) mit 0–3 Punkten bewertet wird.

Tabelle 8.13. Vorgehensweise bei der XYZ-Analyse[242]

Teile	Monatliches Beschaffungs-volumen (T€)	Wertmäßiger Anteil Beschaffungsvolumen (%)	Anteil an Gesamt-menge	Bewertung Verbrauchs-schwankung
T1	630	6,3	15,7	2
T2	910	9,1	7,5	6
T3	1.090	10,9	5,4	6
T4	690	6,9	10,8	10
T5	500	5,0	18,0	1
T6	400	4,0	10,5	5
T7	2.050	20,5	6,2	8
T8	2.710	27,1	7,0	10
T9	320	3,2	6,6	6
T10	700	7,0	12,3	7
	10.000	**100,0**	**100,0**	

[241] Vgl. Wannenwetsch (2004a) S. 63ff

[242] Vgl. Sommerer (1998) S. 90ff

Anschließend werden die Daten neu sortiert und kumuliert.

Tabelle 8.14. Neusortierung des Datenmaterials

Rang	Teile	Monatl. BVT €	Wertmäßiger Anteil		Anteil Gesamtmenge		Verbrauchs-schwankung	Gruppe
			%	kum. %	%	kum. %	Punkte	XYZ
1	T8	2.710	27,1	27,1	7,0	7,0	10	X
2	T7	2.050	20,5	47,6	6,2	13,2	8	Y
3	T3	1.090	10,9	58,5	5,4	18,6	6	Y
4	T2	910	9,1	67,6	7,5	26,1	6	Y
5	T10	700	7,0	74,6	12,3	38,4	7	Y
6	T4	690	6,9	81,5	10,8	49,2	10	X
7	T1	630	6,3	87,8	15,7	64,9	2	Z
8	T5	500	5,0	92,8	18,0	82,9	1	Z
9	T6	400	4,0	96,8	10,5	93,4	5	Y
10	T9	320	3,2	100,0	6,6	100,0	6	Y
		10.000	100					

Aus der Kombination von ABC- und XYZ-Analyse ergeben sich die in Tabelle 8.15. aufgeführten Klassifizierungsgruppen.

Tabelle 8.15. Kombination von ABC- und XYZ-Analyse[243]

	A	B	C
X	• hoher Wert • hohe Vorhersage-genauigkeit • gleichmäßiger Verbrauch	• mittlerer Wert • hohe Vorhersage-genauigkeit • gleichmäßiger Verbrauch	• niedriger Wert • hohe Vorhersage-genauigkeit • gleichmäßiger Verbrauch
Y	• hoher Wert • mittlere Vorhersage-genauigkeit • schwankender Verbrauch	• mittlerer Wert • mittlere Vorhersage-genauigkeit • schwankender Verbrauch	• niedriger Wert • mittlere Vorhersage-genauigkeit • schwankender Verbrauch
Z	• hoher Wert • niedrige Vorhersage-genauigkeit • unregelmäßiger Verbrauch	• mittlerer Wert • niedrige Vorhersage-genauigkeit • unregelmäßiger Verbrauch	• niedriger Wert • niedrige Vorhersage-genauigkeit • unregelmäßiger Verbrauch

Werden nun ABC-Analyse und XYZ-Analyse im obigen Beispiel verknüpft, so ergibt sich Tabelle 8.16.

[243] Vgl. Wannenwetsch (2004a) S. 70

Tabelle 8.16. Einteilung nach kombinierter ABC-/XYZ-Analyse[244]

Rang	Teile	Monatl. BV	Wertm. Anteil		Anteil Gesamtmenge		Verbrauchsschwankung	Gruppe	
		T €	%	kum. %	%	kum. %	Pkt.	ABC	XYZ
1	T8	2.710	27,1	27,1	7,0	7,0	10	A	X
2	T7	2.050	20,5	47,6	6,2	13,2	8	A	Y
3	T3	1.090	10,9	58,5	5,4	18,6	6	A	Y
4	T2	910	9,1	67,6	7,5	26,1	6	B	Y
5	T10	700	7,0	74,6	12,3	38,4	7	B	Y
6	T4	690	6,9	81,5	10,8	49,2	10	B	X
7	T1	630	6,3	87,8	15,7	64,9	2	C	Z
8	T5	500	5,0	92,8	18,0	82,9	1	C	Z
9	T6	400	4,0	96,8	10,5	93,4	5	C	Y
10	T9	320	3,2	100,0	6,6	100,0	6	C	Y
		10.000	**100,0**						

Aus der Anwendung der ABC-/XYZ-Analyse lassen sich folgende Empfehlungen ableiten.

- Bei Materialien mit einem hohen Wert (A-Material) und einer hohen Vorhersagegenauigkeit sollte die Reduzierung der Kapitalbindung vorrangig behandelt werden.
- Just-in-Time Anlieferung sollten für AX-, BX- und AY-Materialien gewählt werden.
- Reduzierung des Beschaffungsaufwandes für Material mit geringem Wert und niedriger Vorhersagegenauigkeit (z.B. CZ-Material).
- Bei den übrigen Materialien ist eine Einzelbetrachtung sinnvoll.

Das obige Beispiel zeigt, dass sich insbesondere die Teile 8, 7, 3, 4, 2 und 10 für eine Just-in-Time Beschaffung eignen.[245]

In der vernetzten Supply Chain lassen sich weitere Lagerkosten einsparen. Marketing und Vertrieb können durch genaue und aktuelle Absatzprognosen dazu beitragen die Lagerbestände zu reduzieren. Es bietet sich sogar an, die Lagerverantwortung für Fertigwarenlager in den Verantwortungsbereich dieser Abteilungen zu legen, um schlechten Verkaufsprognosen entgegenzuwirken.

Eine enge Zusammenarbeit mit der Entwicklungsabteilung kann schon in frühen Stadien einer Neuentwicklung helfen die Teilevielfalt reduzieren und Materialien zu standardisieren. Dies senkt die Materialkosten erheblich.

[244] Vgl. Wannenwetsch (2004a) S. 71
[245] Vgl. Wannenwetsch (2004) S. 63ff

Die Bosten Consulting Group fand heraus, dass sich durch die Senkung der Produktevielfalt um 50% die Produktivität um 31% steigern lässt (Kosten sinken um ein Prozent). Wird die Produktevielfalt nochmals um 50% reduziert, steigt die Produktivität abermals, so dass sie 72% höher liegt als in der Ausgangssituation. Bei diesem Schritt ist eine Kostensenkung von 31% zu erreichen.

Generell muss das Lager durch ein funktionierendes Logistikcontrolling überwacht werden. Folgende Kennzahlen können generiert werden:

- durchschnittliche Lagerdauer (Umschlagsdauer),
- Lagerreichweite,
- Umschlagshäufigkeit.

Durchschnittliche Lagerdauer (Umschlagsdauer)

$$= \frac{Ø\ Lagerbestand \times 365\ (oder\ 240\ Tage)}{Jahresverbrauch}$$

Beispiel $\frac{200 \times 365}{2500} = 29{,}2\ Tage$

Die Kennzahl zeigt, wie viele Verbrauchsperioden (Tage/Wochen) ein durchschnittlicher Lagerbestand abdeckt.

Lagerreichweite

$$= \frac{Ø\ Lagerbestand\ am\ Stichtag}{Verbrauch\ pro\ Tag/\ Woche/Monat} \quad (20.7)$$

Beispiel $\frac{1000}{250\ Tage} = 4\ Tage$

$$= \frac{Lagerbestand + offene\ Bestellungen}{geplanter\ Verbrauch\ pro Tag/Woche/Monat} \quad (20.8)$$

Die Reichweite gibt die Zeit wieder, für die ein Lagerbestand bei einem durchschnittlichen oder geplanten Materialverbrauch ausreichen soll. Die Kennzahl zeigt die interne Versorgungssicherheit. Die Daten kommen aus der Lagerbuchhaltung, der Lagerdatei und den Bestandsdaten.

Umschlagshäufigkeit

$$= \frac{Verbrauch\ in\ der\ Periode}{Ø\ Lagerbestand} \quad (20.9)$$

Beispiel $\frac{500}{125} = 4x$

$$= \frac{365\,(240)\,Tage}{Ø\ Lagerdauer\ (in\ Tagen)} \quad (20.10)$$

Die Kennzahl zeigt an, wie oft sich das Lager in einer Verbrauchsperiode umschlägt. Hier kann die Ware in Schnell- und Langsamdreher unterschieden werden. Veränderungen beeinflussen die Lagerhaltungs- und Kapitalbindungskosten sowie die Qualität/Nutzungsmöglichkeiten des Materials (Veralterung, Verderb).

Die Daten liefern die Lagerkarte, Materialrechnung und Lagerbuchhaltung. Die Kennzahl ermöglicht eine systematische Analyse der Situation und der Entwicklung der Umschlagsgeschwindigkeit des im Lager gebundenen Kapitals (Kennzahl für Disposition, Einkauf, Bevorratung, Bestellplanung, Beschaffungs- und Bevorratungspolitik).[246]

8.10 Zukünftige Bedeutung des Lagers in der Supply Chain

Auch in Zukunft wird das Lager eine entscheidende Rolle bei der Wettbewerbsfähigkeit eines Unternehmens spielen. Die Anforderungen werden jedoch immer komplexer und fordern neue Lagerstrategien.

Um Lagerplatz einzusparen erfolgt die Lagerhaltung meist chaotisch, d.h. dem einzelnen Artikel steht kein festgelegter Lagerplatz zur Verfügung, sondern er wird auf dem nächsten freien Lagerplatz eingelagert. Eine EDV-gestützte Lagerverwaltung ist Voraussetzung, dass die Ware wieder gefunden wird.

Bei der Just-in-Sequence Anlieferung werden die Materialien kurz vor dem Bedarfszeitpunkt direkt an die Montagelinie geliefert. Es besteht beim Produzenten nur noch ein minimales Montagelager. Nachteilig wirkt sich aus, dass es bei der kleinsten Störung bereits zu Produktionsstörungen

[246] Vgl. Wannenwetsch (2004a) S. 324f

kommen kann. Das Lager wird in diesem Fall in den meisten Fällen auf die Straße (LKW) verlegt bzw. vom Lieferanten gehalten.

Die Einrichtung eines Konsignationslagers (Lager des Lieferanten beim Produzenten) reduziert die Lagerkosten, wobei der Platzbedarf unter Umständen sogar größer ausfällt. Dadurch, dass die Bezahlung der Ware erst bei der Lagerentnahme erfolgt, ist die Kapitalbindung deutlich reduziert. Bei Vendor Managed Inventory (VMI) ist der Lieferant zusätzlich für das Lagermanagement verantwortlich.

Generell wird versucht die Lagerstufen (Fertigwarenlager, Versandlager, Regionallager, etc.) zu reduzieren. Um dennoch eine schnelle Versorgung der Kunden sicherzustellen, muss die Auslieferung beschleunigt werden.

8.11 Innerbetrieblicher Materialtransport

Um Güter von einem Ort an einen anderen zu befördern, werden Transportsysteme eingesetzt. Unterschieden wird in innerbetrieblichen (innerhalb des Unternehmens) und außerbetrieblichen Transport (siehe Abschnitt Verkehrsträgerlogistik).[247]

Innerbetriebliche Transport- und Fördersysteme haben die Aufgabe, die Raumüberwindung von Objekten innerhalb des Unternehmens bzw. innerhalb von Betriebstätten (Lager, Produktion, Hallen, Werksgelände) vorzunehmen. Dabei finden häufig Wechsel zwischen verschieden Transportmitteln statt. Die Instrumente, die zum innerbetrieblichen Transport eingesetzt werden, werden *Fördermittel* genannt.[248]

Der Begriff Fördermittel umfasst alle technischen Einrichtungen, mit denen Güter unmittelbar oder mittelbar fortbewegt werden können. Fördermittel sind durch ihre Dynamik charakterisiert. Da es aber nur in wenigen speziellen Fällen sinnvoll ist, Güter lose zu transportieren oder zu lagern, empfiehlt sich der Einsatz von *Förderhilfsmitteln* (Palette, Gitterbox).

8.11.1 Auswahlkriterien für Fördermittel

Die Fördermittelauswahl wird von vier verschiedenen Bestimmungsgrößen beeinflusst.

---

[247] Vgl. Schulte C (1999) S. 119ff

[248] Vgl. Ehrmann (1997) S. 205ff

Fördergut	Maße, physikalische Eigenschaften des Stückgutes (Schüttgut, Flüssigkeiten, Paletten, Säcke)
Förderintensität	bewegte Transportmenge pro Zeiteinheit (to/h bei einer Rohrleitung)
Förderstrecke	Entfernung zwischen Start- und Endpunkt des Gütertransports mit Berücksichtigung des Streckenverlaufs
Fertigungsprinzip	Einzel- und Serienfertigung: Flurförderer und Hebezüge Massenfertigung: Stetigfördersysteme

Transportsysteme müssen optimal geplant und eingesetzt werden. Dabei sind folgende *Zielgrößen* zu beachten (Tabelle 8.17.).

Tabelle 8.17. Zielgrößen von Transportsystemen

Ziele	**Zielinhalte**
Optimale Nutzung der Transportsysteme	• Minimale Transportkosten • Minimale Leerwege • Hohe funktionale und zeitliche Auslastung
Hoher Servicegrad (auftragsbezogen)	• Kurze Wartezeiten (Aufträge) • Niedrige Transportzeiten • Schnelle Reaktion auf eilige Transporte
Hohe Flexibilität	• Breites Transportspektrum (verschiedene Güter) • Leichte Anpassung an betriebliche Umstellung
Transparenz und Controlling	• Information über aktuelle Situation (Verfügbarkeit, Ort, durchgeführte Aufträge) • Kennzahlenerzeugung (durchschnittliche Transportzeiten) • Information der vor- und nachgelagerten Bereiche über relevante Vorgänge (Betrieb, Produktion), Information über Produktverlagerung, Umsatzrückgange bei bestimmten Produkten • Datensammlung (Fahrtenschreiber, Auslastung) • Auswertung von Daten (Statistiken)

Um diese Ziele zu erreichen, müssen Planungs-, Steuerungs- und Durchführungsaufgaben bewältigt werden.[249] Fördermittel lassen sich außerdem nach drei Kriterien unterscheiden:

- *flurgebunden*: Nutzung von Verkehrswegen, die in den Boden eingelassen sind (Magnetschleifen),
- *flurfrei*: An der Hallendecke schwebend,
- *aufgeständert*: Auf Schienen etc.[250]

[249] Vgl. Schulze, Weber (1987) S. 14

8.11.2 Einteilung der Fördermittel

Abbildung 8.8 zeigt eine Übersicht über die Einteilung von Fördermitteln.

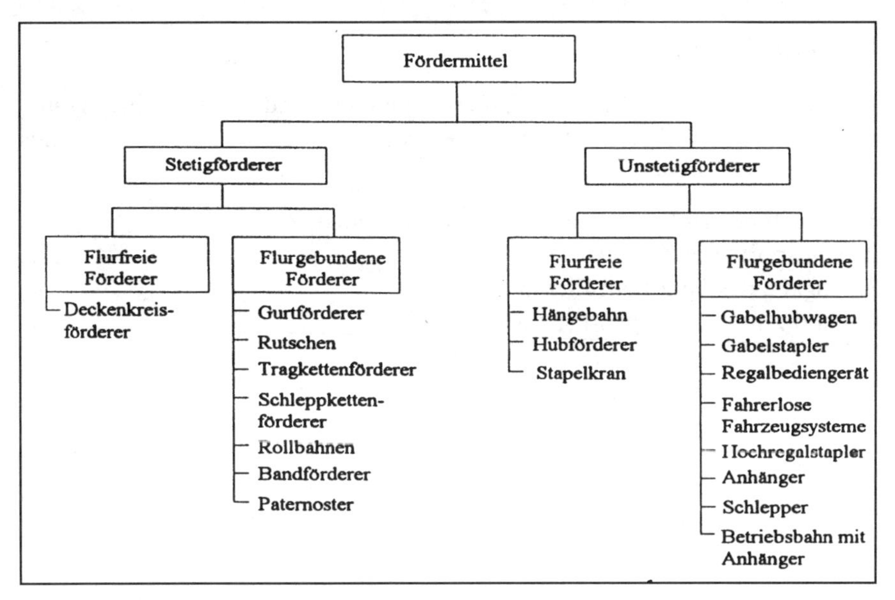

Abb. 8.8. Einteilung der Flurfördermittel[251]

Bezeichnung	Eigenschaft	Beispiel
Hebezeuge	• Frei fahrbar, manuell • Spurgebunden, manuell	• Drehkran, Laufkran • Hallenkran
Flurförderzeuge	• Spurgebunden, manuell • Spurgebunden, automatisch (über Infrarot, Funk, Ultraschall) • Frei fahrbar, manuell	• Eisenbahn • Fahrerloses Transportsystem • Gabelstapler
Regalförderzeuge	• Spurgebunden, manuell • Spurgebunden, automatisch	• Regallager (manuell) • Hochregallager (automatisch)

Stetigförderer

Stetigförderer arbeiten kontinuierlich auf einem gleich bleibenden, festgelegten Förderweg. Die Förderleistung kann entweder durch die Schwer-

[250] Vgl. Kluck (1998) S. 206ff
[251] Vgl. Schulte G (1996) S. 263

kraft (Rutschen, Fallrohre) oder mit Hilfe eines Antriebs (Förderband, Kettenförderer) erfolgen. Anwendung finden solche Systeme z.B. bei Massenfertigung oder in der Baustoffindustrie (Sand, Kies) etc.

Unstetigförderer

Unstetigförderer arbeiten mit Unterbrechungen und können ihre Transportwege zum Teil frei wählen. Dabei setzt sich der Transportzyklus aus Teilvorgängen zusammen:[252]

1. Aufnahme des Fördergutes am Ausgangspunkt,
2. Transport zum Zielort,
3. Abgabe des Gutes am Zielort,
4. Fahrt zum Ausgangsort (Leerfahrt).

[252] Vgl. Schulte G (1996) S. 123ff

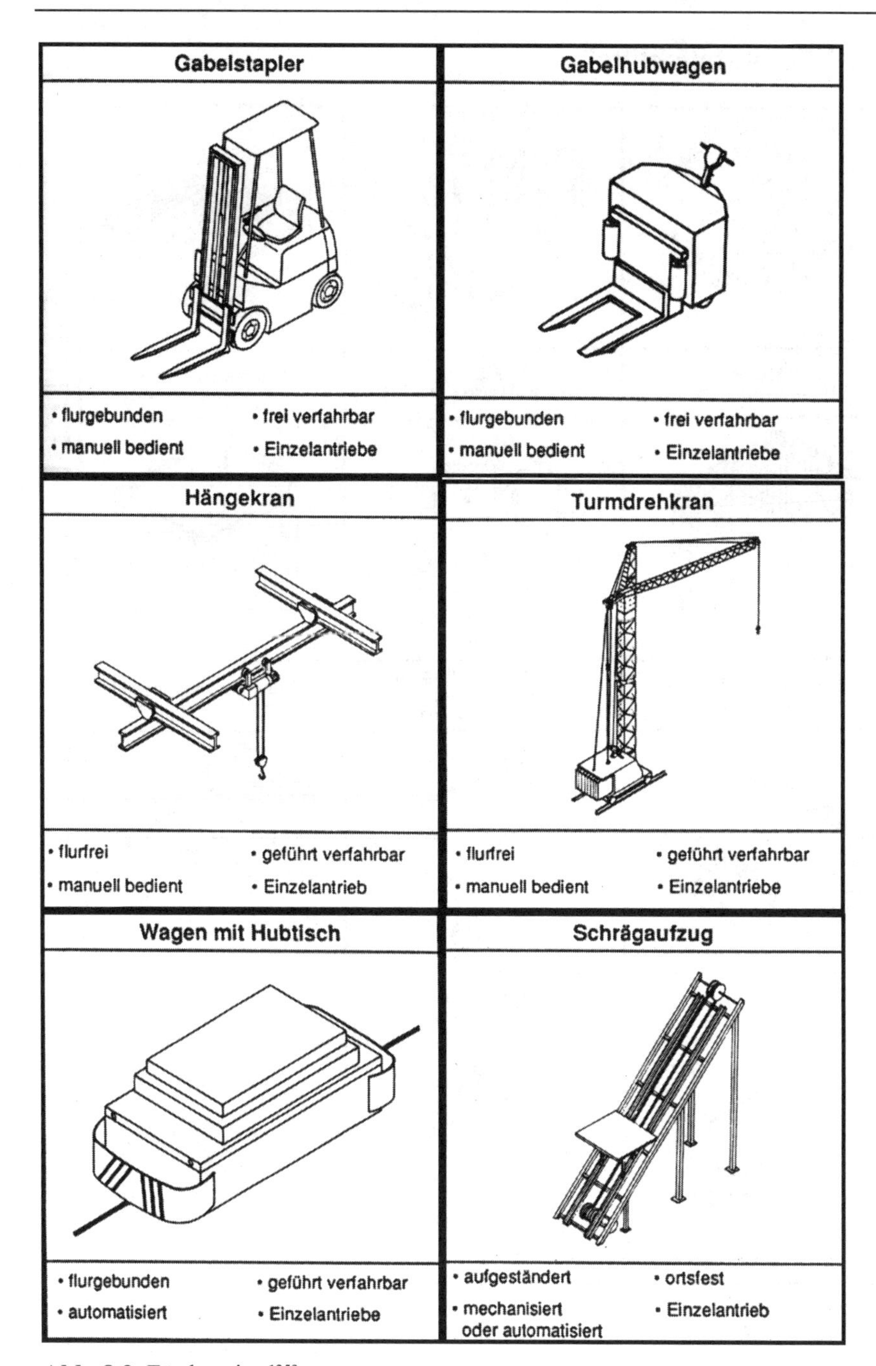

Abb. 8.9. Fördermittel[253]

[253] Vgl. Jünemann (1989) S. 219ff

8.11.3 Förderhilfsmittel

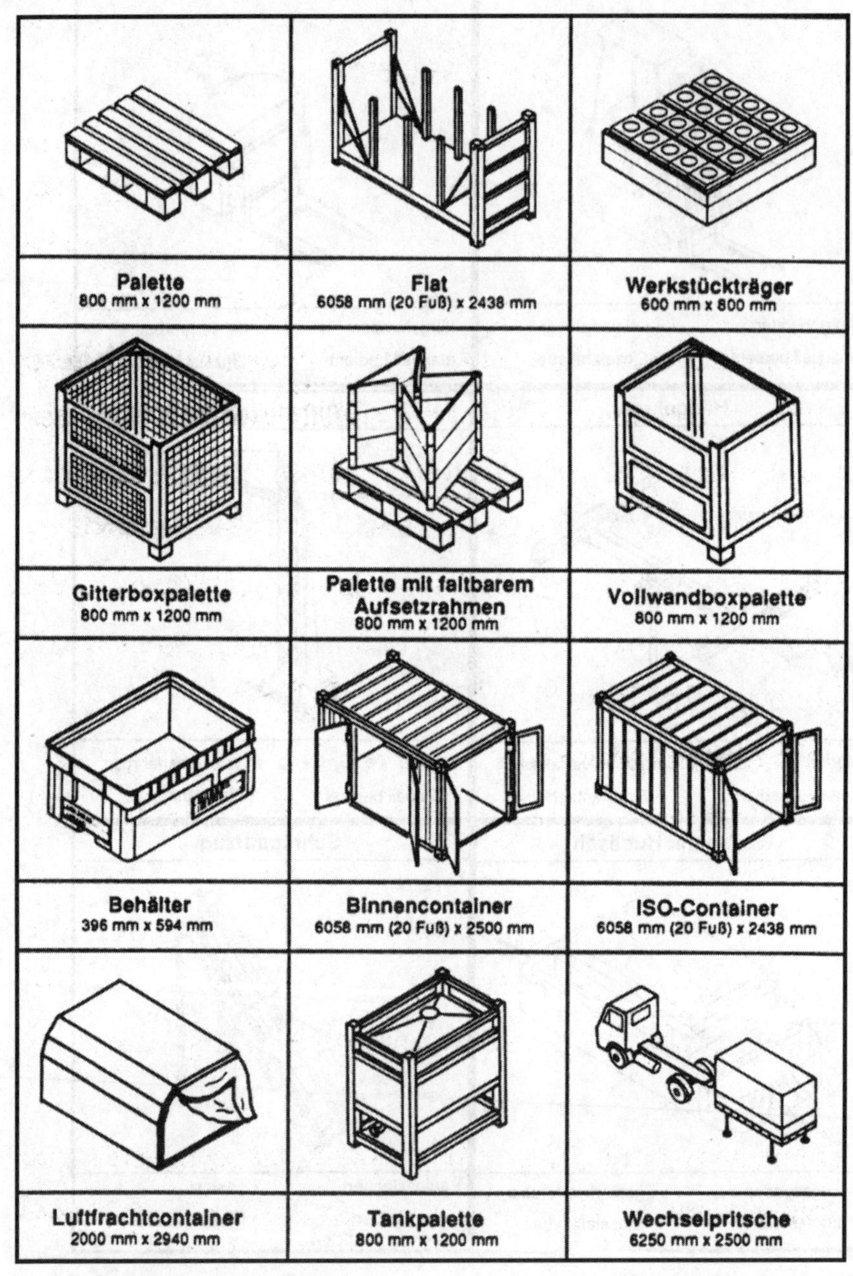

Abb. 8.10. Förderhilfsmittel[254]

[254] Vgl. Jünemann (1989) S. 134

Förderhilfsmittel haben die Aufgabe, Ladeeinheiten zu bilden, d.h. mehrere einzelne Güter zu größeren Transporteinheiten zusammenzufassen. Förderhilfsmittel erfüllen die folgenden Funktionen.

- *Lagerfunktion:* Ermöglicht die Aufnahme verschiedener Güter mit einem Fördersystem (standardisierte Behälter, Paletten etc.), stapelbar, schneller Zugriff, dient der Aufnahme und Zusammenfassung des Förderguts.
- *Informationsfunktion:* Durch Barcoding, RFID Infos über Menge, Charge, Produktart, Produktionstermin etc.
- *Schutzfunktion:* Schützt Produkte vor Beschädigungen, Diebstahl etc.[255]

Bei den Förderhilfsmitteln werden tragende (Flachpaletten, Werkstückträger), umschließende (Boxpalette, Kästen) oder abschließende (Container, Kisten, Fässer, Kanister, Kartons u.ä.) Mittel unterschieden. Zu den wichtigen *Anforderungen an Förderhilfsmittel* zählen

- Minimierung der Förderhilfsmittelvielfalt (Container, Europaletten etc.),
- Anstreben der Transportkettenbildung (ein Förderhilfsmittel, z.B. Europalette kompatibel für innerbetrieblichen Transport, LKW, Bahn, Schiff),
- Erhöhung der Umschlagsleistung durch Planung geeigneter Ladeeinheiten (genaue Abmessungen und maximale Belastbarkeit müssen bekannt sein).

8.12 Aufgaben

Aufgabe 8–1

Diskutieren Sie Vor- und Nachteile von Beständen

Aufgabe 8–3

Nennen Sie Funktionen der Verpackung.

Aufgabe 8–3

Welche Empfehlungen zur Beschaffung von A-Materialien kann man anhand der ABC-Analyse geben?

Aufgabe 8–4

Erklären Sie den Begriff Pick-by-voice.

---

[255] Vgl. Schulte C (1999) S. 114ff

Lösung 8–1

Bestände ermöglichen	Bestände verdecken
• reibungslose Produktion	• Störanfällige, unabgestimmte Kapazitäten
• hohe Lieferbereitschaft	• mangelnde Lieferflexibilität
• Überbrückung von Störungen	• Produktion von Ausschuss
• wirtschaftliche Fertigung	• mangelnde Liefertreue
• konstante Auslastung	• hohe Kapitalbindung
• Vermeidung von Fehlmengenkosten	
• hohen Servicegrad	

Lösung 8–2

Schutzfunktion, Lagerfunktion, Transportfunktion, Manipulationsfunktion, Informationsfunktion

Lösung 8–3

Ausführliche Marktbeobachtung und Marktanalyse; Genaue Festlegung von Mengen und Qualitäten; Systematische Prüfung von Einstandspreisen und Lieferkonditionen; Wahl zuverlässiger und leistungsfähiger Lieferanten; Rasche Rechnungsbegleichung zwecks Skontoausnutzung; Bevorzugte Überwachung der Materialien; Unverzügliche Buchung der Materialzu- und -abgänge.

Lösung 8–4

Bei Pick-by-voice werden die Kommissionieranweisungen vom Kommissioniersystem an den Kommissionierer über Kopfhörer weitergegeben. Die Bestätigung erfolgt über ein Mikrofon. Größter Vorteil ist, dass der Kommissionierer beide Hände frei hat.

9 Anforderungen des Marketing an eine Customer Driven Supply Chain

Marketing bedeutet im klassischen Sinn, „die Führung des Unternehmens vom Markt her". Unternehmerischen Erfolg erzielen somit nur diejenigen Unternehmen, welche ihr gesamtes unternehmerisches Handeln an den Erfordernissen und Bedürfnissen der Kunden ausrichten. Dies gilt gleichermaßen für Klein-, Mittel- und Großbetriebe.

Ein professionelles Beziehungsmanagement schafft Präferenzen beim Kunden, realisiert infolgedessen langfristige und profitable Kundenbeziehungen, und sichert daher den Unternehmenserfolg.

Die bestmögliche Befriedigung der Kundenbedürfnisse ist demnach Ausgangspunkt für die Ausgestaltung der gesamten Wertschöpfungskette.

Das Marketing fordert die „Customer Driven Supply Chain".

In den nachfolgenden Ausführungen werden einige wichtige Themen für das erfolgreiche Beziehungsmanagement der Zukunft angeschnitten. Hier zeigt sich deutlich, welche Herausforderungen an eine kundenorientierte Wertschöpfungskette die Anforderungen von Marketing und Kunde darstellen. Diesen kann sich nur ein vernetztes Supply Chain Management erfolgreich stellen.

9.1 Co-Marketing – gemeinsam zum Erfolg

Unter Co-Marketing versteht man das Kooperieren von zwei oder mehreren Herstellern auf der horizontalen und/oder vertikalen Wertschöpfungsebene im Marketingbereich. Zielsetzung der gemeinsamen Marktbearbeitung ist zum Beispiel das Erschließen von Marktchancen durch Bündeln der jeweiligen Kompetenzen und Images. Hier gilt es vor allem, die möglichen Synergien durch das vernetzte Supply Chain Management der Partner auszunutzen.

9.1.1 Wettbewerbsvorteile durch Marketingkooperationen

Das Co-Marketing verschiedener Hersteller kann sich auf einen oder mehrere Marketingbereiche beziehen: Gemeinschaftliche Produktentwicklung und -vermarktung, Vertriebspartnerschaften und/oder gemeinsame Werbeaktivitäten (weitere Informationen zur Co-Werbung im Abschnitt „Promotions“).

Zielsetzungen hierbei sind beispielsweise die Erschließung neuer Märkte oder Kundensegmente, die bisher nur von einem der kooperierenden Unternehmen bearbeitet wurden.

Praxisbeispiel

BP und Mobil Oil, kooperierten auf dem europäischen Markt im Marketing und beim Raffineriebetrieb und konnten hierdurch im Jahr 2000 etwa 250 Mio. Euro einsparen, und damit ihre Position gegenüber dem Wettbewerber Shell verbessern.[256]

Durch Co-Marketing im Vertriebsbereich konnten auch die Deutsche Post und ihre Kooperationspartner nachhaltige Vorteile erzielen, wie nachfolgendes Beispiel zeigt.

Praxisbeispiel

Seit 2001 wird von der Deutschen Post auch Strom angeboten. Strom ist ebenso wie die Postzustellung eine Infrastrukturleistung, die das Leistungsspektrum der Deutschen Post erweitert.

Die Partner des Co-Marketing im Vertrieb sind Energieversorger, die für unterschiedliche Regionen in Deutschland zuständig sind. Da diese über kein eigenes bundesweites Filialnetz verfügen, ist das dichte Filialnetz der Post für sie äußerst attraktiv, um die Vorteile der Liberalisierung im Strommarkt zu nutzen und über das angestammte Versorgungsgebiet hinaus zu expandieren.

Für die Deutsche Post bietet sich eine weitere Chance, ihr großes Vertriebsnetz – in Ergänzung zum Angebot von Schreibwaren und Büroartikeln – durch diese Kooperation noch besser auszulasten .[257]

Die Formen der Zusammenarbeit zwischen zwei (oder mehreren) Unternehmen variieren zwischen langfristig-strategischen Partnerschaften und kurzfristig angelegten, oder sogar einmaligen Kooperationen. Die Zielsetzung ist jedoch immer dieselbe: eine *Win-Win-Situation* für beide Partner durch die gemeinsame Marktbearbeitung und aufeinander abgestimmte, vernetzte Supply Chains. Dies gilt, wie das Praxisbeispiel zeigt,

---

[256] Vgl. Werner (2002)

[257] o.V., Deutsche Post (2004), unter www.markting-im-mittelstand.com

nicht nur für Großbetriebe, sondern insbesondere auch in Klein- und Mittelbetrieben lassen sich hierdurch wertvolle Synergien erschließen.

Eine besondere Form der Marketing-Allianz mehrerer Hersteller ist das Co-Branding.

9.1.2 Mehr Erfolg durch Co-Branding

Unter Co-Branding versteht man die Markierung eines Produktes durch mehrere Marken unterschiedlicher Eigentümer. Durch die Kombination der Marken sollen die positiven Gedächtnisvorstellungen, die jeweils mit ihnen verbunden werden, auf das neue Angebot übertragen werden.

Bei der Markenallianz „Obi@Otto" überträgt der Konsument die Assoziationen, die er mit beiden Marken verbindet, auf das neue Angebot: die Baumarktkompetenz von Obi und die Versandhandelskompetenz von Otto.[258]

Praxisbeispiel

Die engste Form der Kooperation ist hierbei das Eingehen eines Joint Ventures wie z.B. 1999 die Gründung der Fujitsu Siemens Computers (Holding) BV. Shareholder sind zu je 50% Fujitsu Ltd., Tokio und die Siemens AG, München. Die beiden Unternehmen bündelten hierin ihre Kompetenzen im IT-Bereich und bieten nun zusammen ein umfassendes Produkt- und Lösungsportfolios, von Handhelds, Notebooks über PCs bis hin zu Infrastrukturlösungen. Die gemeinschaftlichen Produkte wurden mit einer Kombination der bestehenden Unternehmenssignets der Shareholder markiert:

Abb. 9.1. Co-Branding Fujitsu-Siemens Computers

Ein weiteres Beispiel langfristig angelegten Co-Brandings bietet Philips mit über 30 Partnerschaften, die mit anderen weltweit tätigen Unternehmen unterhalten werden.

---

[258] Vgl. Esch (2003)

Praxisbeispiel

Philips und Nike haben ihr Know-how gebündelt, um innovative Technologie für sportlich Aktive zu entwickeln.

Die Unternehmen vereinigen ihr sportliches und digitales technologisches Fachwissen um innovative, eigens auf sportliche Aktivitäten und Training zugeschnittene Produktlösungen zu entwickeln.

Der nachfolgend abgebildete, von beiden Unternehmen markierte MP3-Player MP3RUN beispielsweise spielt nicht nur Musik ab, sondern überwacht mit einem Geschwindigkeits- und Entfernungs-Messer gleichzeitig das Lauftraining.

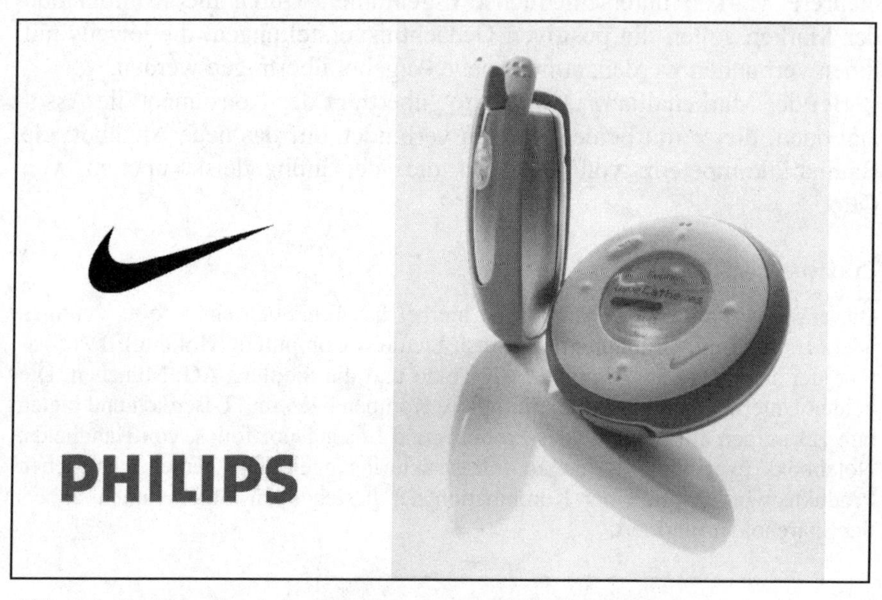

Abb. 9.2. Co-Branding beim MP3-Player von Philips und Nike

Strategische Partnerschaften sind ein wichtiger Teil des Geschäftes von Philips. Sie ermöglichen es, neue Produkte auf den Markt zu bringen, welche die Stärken verschiedener Unternehmen verbinden.[259]

Markenallianzen können aber auch zeitlich befristet angelegt sein, wie beispielsweise das Co-Branding in 2003 zwischen Milka und Langnese Cremissimo im Rahmen des „Milka-Kuhflecken“-Eisprodukts.

[259] Vgl. Philips (2004)

Abb. 9.3. Langnese Cremissimo „Milka Kuhflecken"

Ebenso wie Philips/Nike weist die Kooperation dieser beiden Marken einen hervorragenden sog. „Fit" auf, d.h. es liegt eine gute Imageverträglichkeit vor und die Marken ergänzen sich in ihrer Positionierung: Cremissimo mit der Positionierung „Weichheit" und Milka als „die zarteste Versuchung seit es Schokolade gibt".

> Nur wenn der Konsument den Fit zwischen den beteiligten Marken erkennen kann, beurteilt er die Co-Branding-Marke positiv.

Allen Formen des Co-Marketing ist jedoch gemein, dass sie einschneidende Veränderungen in den jeweiligen Supply Chains mit sich bringen und zu erhöhtem Koordinations- und Abstimmungsaufwand führen.

Gerade Veränderungen in der Produktbeschaffenheit, wie bei Langnese Cremissimo-Milka in Form von original Milka-Schokoladenstückchen, die in das Eis eingefügt wurden, sowie die typische „Kuhflecken-Musterung", bedingen weitreichende Eingriffe in die Beschaffungs- und Produktionsprozesse.

Insbesondere bei kurzfristig angelegten Partnerschaften ist daher abzuwägen, ob der erzielbare Imagenutzen und Umsatz, den Mehraufwand in Beschaffung, Produktion und Logistik rechtfertigen.

Nicht nur auf horizontaler Ebene bieten die Kooperationen rechtlich selbständiger Unternehmen immense Vorteile, auch auf der vertikalen Wertschöpfungsebene lassen sich durch intelligentes, vernetztes Supply Chain Management der Marktpartner wertvolle Potenziale erschließen.

Lesen Sie hierzu auch Abschnitt 9.4 „Efficient Consumer Response – Erfolg durch vernetzte Wertsysteme“.

Tipps und Tricks

- Schmieden Sie Marketing-Allianzen mit anderen Herstellern, bündeln Sie die gemeinsamen Kompetenzen und nutzen Sie die Synergien des vernetzten Supply Chain Managements.
- Bei der Wahl potenzieller Verbundpartner ist darauf zu achten, dass diese zu Ihrem Unternehmen in Bezug auf Image und Positionierung passen.
- Legen Sie fest, wer in der Kooperation die Führungsrolle übernimmt, denn dies beeinflusst zum einen die internen Prozesse und zum anderen die Wahrnehmung und Einschätzung durch die Zielgruppe.

9.2 Besser als die Konkurrenz – Profilierungsstrategien für Industriegüter

Auf Grund der hohen technisch-funktionalen und qualitativen Vergleichbarkeit der Angebote ist es auf den vielfach gesättigten Märkten heute schwierig, sich als Unternehmen von seinen Wettbewerbern zu differenzieren. Für viele Unternehmen ist es kaum noch möglich, Wettbewerbsvorteile allein über ihre Kernleistung zu erzielen.

9.2.1 Vom Lieferanten zur Marke

Wenige Industriegüteranbieter nutzen jedoch derzeit die Chancen, die eine Profilierung durch konsequenten Markenaufbau bietet. Angesichts des verschärften Wettbewerbs können jedoch auch hier – mit Hilfe professioneller Markenführung – besondere Präferenzen für Angebote geschaffen werden, die zu entsprechender Kundenloyalität führen.

Denn auch bei Industriegütern werden Kaufentscheidungen nicht nur aus objektiv-rationalen Gesichtspunkten getroffen, sondern es spielen ebenso subjektiv-emotionale Sachverhalte, wie z.B. Sicherheits- oder Prestigebedürfnisse, eine Rolle.

Eine Marke, die gleichermaßen emotionale Bedeutungsinhalte vermittelt, sendet somit auch im Industriegüterbereich wichtige Qualitätssignale. Zahlreiche Beispiele, wie Siemens, ABB oder Bosch, dokumentieren, wie erfolgreiche Industriegütermarken durch konsequente Markenführung deutliche Wettbewerbsvorteile erzielen konnten.

Praxisbeispiel

Das langfristige Ziel der Degussa AG ist es, sich als „Corporate Brand", d.h. als Unternehmensmarke, zu etablieren. Degussa verspricht sich davon hohe öffentliche Aufmerksamkeit und eine positive Beeinflussung der Beziehungen zu Kunden, Geschäftspartnern, Journalisten und der Finanzwelt.

Das positive Unternehmensimage soll Vertrauen schaffen, und so auch den Aufbau eines finanziellen Markenwertes unterstützen, der zum bilanzierbaren Vermögensgegenstand des Unternehmens wird.[260] Selbstverständlich profitieren auch kleinere mittelständische Betriebe von dem Aufbauen eines Markenimages, werden hier die Kaufabschlüsse doch ebenfalls von emotionalen Faktoren beeinflusst.

Marken signalisieren Qualität und schaffen Vertrauen. Sie reduzieren so das wahrgenommene Kaufrisiko.

Auch die sog. „Ingredient Brands", industrielle Vorprodukte, wie Teflon, Intel Inside oder Gore-Tex, haben es verstanden, sich als eigenständige Markenpersönlichkeiten zu profilieren, und sich damit erfolgreich vom Wettbewerbsfeld abgesetzt. Das Intel Inside-Logo ist mittlerweile eines der bekanntesten Markenzeichen in Deutschland.

Abb. 9.4. Ingredient Brand „Intel Inside"

[260] Vgl. Wieking (2004) S. 26

9.2.2 Vom Produkt- zum Systemanbieter

Vielfach suchen Unternehmen den Weg aus der Vergleichbarkeit auch über eine Entwicklung vom Produkt- hin zum Systemlieferanten. Statt einzelner Produkte und Services werden nun integrierte Leistungsangebote aus unterschiedlichen Produkten und Dienstleistungen erstellt.

Es reicht heute für den Unternehmenserfolg nicht aus, lediglich die Kundenbedürfnisse abzufragen, sondern entscheidend ist, auf den Kundenmarkt aktiv einzugehen und dort Veränderungen mit zu gestalten. Neben den üblichen Preis-, Qualitäts- und Zuverlässigkeitsvoraussetzungen ist daher eine weitere Eigenschaft für den Systemanbieter besonders wichtig:

Die Innovationskompetenz ist der Schlüssel zur Systempartnerschaft.

Das bedeutet, als Systemanbieter eine neue Rolle zu übernehmen. Es geht nicht mehr nur darum, nach Spezifikationen zu einem vereinbarten Preis zu fertigen, sondern

- sich mit seinem spezifischen Know How an der Entwicklung von Problemlösungskonzepten der Kunden zu beteiligen,
- Verbesserungsvorschläge zu Funktionalitäten abzugeben,
- die eigene Technologie ständig weiterzuentwickeln.

Der Wandel vom Produkt- zum Systemanbieter fördert den Status, den ein Hersteller bei seinem Kunden einnimmt, und wirkt somit positiv auf die Dauer der Geschäftsbeziehung und auch auf ihren Ertragswert.

Für eine erfolgreiche Gestaltung der Systemangebote ist es wichtig, dass die Systeme möglichst leicht in die Betriebsabläufe der Kunden integriert werden können. Eine Vernetzung der Geschäftsprozesse in den jeweiligen Supply Chains zur Steigerung der Effizienz und gemeinsamen Wertschöpfung ist hier ausschlaggebend.

Methoden modernen Datenaustauschs, wie „EDI" (Electronic Data Interchange), helfen, unternehmensübergreifend zusammen zu arbeiten, indem sie den jeweiligen Mitarbeitern ermöglichen, gegenseitig auf die für sie relevanten Informationen zuzugreifen. Beispielsweise können sie gemeinsam an Konstruktionszeichnungen arbeiten oder technische Daten zum Produktionsprogramm des Systempartners versenden.[261]

---

[261] Vgl. Kappeller (2000)

Die positiven Effekte aus dieser engen Zusammenarbeit liegen auf der Hand:

- der Erfahrungsaustausch reichert das eigene Know How an,
- zusätzliche Effizienz entsteht durch die Vernetzung der Abläufe,
- und vor allem: die schnelle Reaktion auf Kundenbedürfnisse und Marktveränderungen schafft Wettbewerbsvorteile.

Interfunktionale Betreuungsteams fördern die abteilungsübergreifende Zusammenarbeit im Unternehmen und schaffen die notwendige Voraussetzung für das professionelle Erarbeiten kundenspezifischer Problemlösungen.
Sie erleichtern in Form einer zentralen Anlaufstelle für den Kunden zudem eine effiziente und kundenfreundliche Betreuung.[262]

Tipps und Tricks

- Prüfen Sie im Vorfeld, ob Ihr Systemangebot einen Zusatznutzen für Ihre Kunden schaffen kann.
- Reichern Sie Ihr Angebot durch ergänzende Dienstleistungen an.
- Schöpfen Sie die Preisbereitschaft Ihrer Kunden für den generierten Mehrwert des Systems ab.
- Schaffen Sie eine optimale Kundenbetreuung durch den Einsatz funktionsübergreifender Teams im Vertrieb.

9.3 Produkt – Preis – Präsenz – Profil. Der optimierte Marketing-Mix

Nachhaltige Wettbewerbsvorteile können sich diejenigen Unternehmen herausarbeiten, denen es gelingt, die Instrumente der Marktbearbeitung professionell auszugestalten und in das vernetzte Supply Chain Management zu integrieren. Die nachfolgenden Ausführungen zu den einzelnen Marketingmix-Instrumenten sollen hierzu wertvolle Anregungen liefern und sind gleichermaßen in Klein-, Mittel- und Großbetrieben einsetzbar.

[262] o.V. (2004), in: absatzwirtschaft – Zeitschrift für Marketing (01/2004) S. 39–40

9.3.1 Clevere Angebotspolitik

Simplify! Mehr Rendite durch straffe Sortimente

Kundenorientierung ist heute einer der wichtigsten Wettbewerbsfaktoren, kann jedoch für die Anbieter auch zur Kostenfalle werden. Die Forderung nach individuell zugeschnittenen, kundenspezifischen Produkten treibt die Hersteller zu immer neuen Angebotsvarianten, um mit einer Vielfalt im Programm jedem Kundenwunsch gerecht zu werden.

Zielsetzung ist, Kundenzufriedenheit und eine daraus resultierende Kundenbindung zu erreichen, und so eine bessere Position gegenüber dem Wettbewerb einzunehmen. Dies hat jedoch bei vielen Anbietern in nahezu allen Industriezweigen zu einem Aufblähen der Sortimente geführt.

In Folge der Explosion von Produktvarianten entsteht eine unüberschaubare Angebotsvielfalt, welche die Hersteller, Absatzmittler und auch Endabnehmer, nicht nur im Beratungs- und Kaufprozess, oftmals überfordert.

Praxisbeispiel

Bei der E-Klasse von DaimlerChrysler kann allein die Türinnenverkleidung, die aus 36 Teilen besteht, von den Kunden in mehr als 1.800 Varianten bestellt werden.[263]

Durch die Komplexität im Produktprogramm entstehen zusätzliche Kosten, sog. Komplexitätskosten. Diese kostentreibenden Effekte bilden sich u.a. durch

- Erhöhung der Bestell- und Liefervorgänge,
- erhöhten Aufwand in Materialbeschaffung und Kalkulation,
- Reibungsverluste innerhalb der Wertschöpfungskette in Form von verlängerten Lagerzeiten, vermehrten Stillstandszeiten oder Maschinenstörungen.

Die erforderlichen Produkt- und Formatwechsel für die Produktion kleiner Losgrößen verursachen häufige Rüstvorgänge in der Produktion und gehen zu Lasten der Produktivität.

Hohe Bestände von Kleinstmengen diverser Artikel blockieren wichtige Lagerkapazitäten und binden das für Investitionen dringend benötigte Kapital. Hohe Abschreibungen bei Altbeständen sind die Folge, wenn letzt-

[263] Vgl. Corsten, Gabriel (2004) S. 27

lich die diversen Sonderfarben und -größen etc. dann doch nicht mehr am Markt abgesetzt werden können.

Praxisbeispiel

Der Konsumgüterkonzern Gillette meldete für das erste Quartal 2001 einen Gewinnrückgang von mehr als 29%. Als einen der Gründe nannte das Unternehmen den Abbau aufgeblähter Lagerbestände.[264]

In vielen Fällen überschreiten die Kosten der Lagerhaltung sogar den Produktwert, insbesondere bei Produkten mit kurzem Lebenszyklus und somit schneller Veralterung.[265]

Daher gilt es, das Angebot dahingehend kritisch zu prüfen, ob alle angebotenen Varianten tatsächlich eine Daseinsberechtigung besitzen. Die Zielsetzung lautet: Harmonisieren Sie Ihr Produktprogramm!

Ist die vierte oder fünfte Farbe tatsächlich notwendig? Wird dadurch tatsächlich mehr abgesetzt, oder verteilt sich die Gesamtbestellmenge lediglich auf die verschiedenen Produkttypen?

Praxisbeispiel

„Wenn ich nur einen Sessel in einer Farbe mache, dann kann ich die Kosten um 30 bis 40 Prozent senken“, äußert Markus Benz, Vorstand der Walter Knoll AG&Co. KG, erfolgreicher mittelständischer Herstellers hochwertiger Polstermöbel und anspruchsvoller Objekteinrichtungen, im Gespräch mit der „absatzwirtschaft“.[266]

Eine differenzierte und detaillierte Kostenzuordnung sorgt für Transparenz in Bezug auf die Kostenunterschiede zwischen den Produkten und hilft, die unrentablen Komplexitätsverursacher aufzuspüren und zu eliminieren.

> Wenn Sie dennoch nicht auf ihre Angebotsbreite verzichten wollen, versuchen Sie, die Variantenbildung möglichst spät zuzulassen. Dies ist z.B. durch eine Modularisierung der Produktarchitektur realisierbar.

Bei Mobiltelefonen beispielsweise kann dem Wunsch nach individueller Farbgestaltung durch Austauschen unterschiedlicher Blenden leicht nachgekommen werden.

[264] Vgl. Corsten, Gabriel (2004) S. 25
[265] Vgl. Schneckenburger (2000)
[266] Vgl. Stippel (2004a) S. 14–17

Reduzierung der Komplexität lässt sich auch durch eine Harmonisierung der Verpackungsgestaltung erzielen. Hinterfragen Sie kritisch, ob z.B. die unterschiedlichen Verpackungen für Ihre verschiedenen Exportmärkte tatsächlich notwendig sind. Schaffen Sie dadurch einen strategischen Mehrwert? Kann eine Verpackung für den Einsatz in mehreren Ländern nicht einfach mit einem mehrsprachigem Aufdruck versehen werden? Dies spart Kosten in der Produktion der Drucksachen und reduziert den Handlingaufwand.

Zwar gilt natürlich nach wie vor die Prämisse: „Think global – act local" Aber suchen Sie den Königsweg zwischen Standardisierung und fraktalem Leistungsprogramm.

> Untersuchungen der Boston Consulting Group haben ergeben, dass eine Reduzierung der Produktvielfalt um 50%, die Kosten um 17% senken und die Produktivität um 31% steigern kann.

Tipps und Tricks

- Harmonisieren Sie Ihre Produktpalette hinsichtlich der Produkteigenschaften bzw. Verpackungsvarianten.
- Reduzieren Sie die Variantenvielfalt.
- Überprüfen Sie kritisch die Produkte mit negativem Deckungsbeitrag und geringem strategischen Nutzen. Straffen Sie Ihr Sortiment!
- Nutzen Sie die Kostensenkungspotenziale, die vernetztes Supply Chain Management bietet.

Customize! Mehr Profit durch Smart Customization

Durch die Änderung der Marktsituation vom Anbieter- hin zum Nachfragermarkt wächst der Druck auf die Unternehmen, ihren Kunden individualisierte, auf die Bedürfnisse des Einzelnen zugeschnittene Leistungen anzubieten. Die Qualität des Kundenmanagements entscheidet über Umsatz- und Gewinnwachstum.

> Unter Smart Customization versteht man das Anbieten kundenindividueller Lösungen bei gleichzeitiger Sicherung der Rendite, indem größtmögliche Synergien und intelligentes Kostenmanagement durch eine vernetzte Supply Chain realisiert werden.

Unternehmen, die intelligent die Wünsche und Vorstellungen ihrer Kunden realisieren, erhöhen ihre Chancen auf Gewinnwachstum, ohne dass dabei die operativen Kosten überproportional steigen.

Wer sein Angebot auf einzelne Kunden zuschneidet und dabei auftretende Komplexitätskosten intelligent managt, kann im Vergleich zur Konkurrenz sein Ergebnis um 5–10% steigern.[267]

Entscheidend dabei ist, die Herstell- und Lieferkosten trotz steigender Kundenwertschöpfung niedrig zu halten. Dies lässt sich mit hoher Standardisierung bei gleichzeitig flexibler Individualisierung verwirklichen, indem die Geschäftsprozesse segmentspezifisch an verschiedene Kundensegmente oder Märkte angepasst werden.[268]

Praxisbeispiel

Der mittelständische Hersteller von Energielösungen für mobile Geräte Varta Microbattery GmbH entwickelt mit 2.000 Mitarbeitern weltweit kundenindividuelle Akku-Lösungen. Durch die ausgeprägte Innovationskultur konnte das Unternehmen in 2003 einen Umsatz von 148 Mio. Euro erzielen. Varta Microbattery investiert 11% des Umsatzes in Forschung und Entwicklung mit der Zielsetzung, jährlich zwei neue Produkte auf den Markt zu bringen. Der stark wachsende Markt für Batterien und Akkus wird von wenigen großen Anbietern dominiert. Die Zeiten, in denen das Handy um den Akku herum konstruiert werden musste, sind jedoch vorbei.

„Wir leben von kundenindividuellen Produkten, vom Design-in unserer Batterien. Würden wir mit fertigen Produkten auf den Markt gehen, wären wir ganz schnell tot.", sagt Geschäftsführer Dejan Ilic im Interview mit der „absatzwirtschaft".[269] Varta Microbattery wurde übrigens 2004 beim Mittelstands-Wettbewerb „Top 100" als „Innovator des Jahres" ausgezeichnet.

Tipps und Tricks

- Bieten Sie Ihren Kunden eine passgenaue Angebotspalette.
- Sichern Sie Ihre Rendite, indem Sie die Herstell- und Lieferkosten niedrig halten. Dies erreichen Sie durch größtmögliche Standardisierung bei gleichzeitig flexibler Individualisierung.

Innovate! Mehr Erfolg durch Innovationskraft

Die traditionellen Differenzierungskriterien zwischen Handels- und Herstellermarken, die sich vor allem auf die bessere Qualität, breitere Distribution und höheren Werbeanstrengungen der Herstellermarken bezogen, sind heute nicht mehr haltbar. Der Siegeszug von H&M, Ikea und

[267] Vgl. Booz Allen Hamilton (2004) S. 37–38
[268] Vgl. Booz Allen Hamilton (2004) S. 37–38
[269] Vgl. Seiwert (2004) S. 13

Fielmann zeigt, dass der Handel es geschafft hat, Unternehmen und Private Labels zu echten Marken zu machen. Der Handel selbst ist somit zur Marke geworden – und wird vom Verbraucher auch als solche wahrgenommen.

Im Wettbewerb gegen die Discounter und Handelsmarken werden künftig nur die Markenanbieter bestehen, welche sich mit intelligenten Innovationsleistungen abgrenzen können und über ein starkes und positives Image beim Verbraucher verfügen.

Für Markenartikler ohne Innovationskraft wird der Wettbewerb härter. Zunächst verdrängen die Billiganbieter die schwachen Marken, und dann beginnt der Kampf der Titanen: Powerbrands gegen Discount-Leader. In diesem Schlagabtausch können die Markenartikler nur bestehen, wenn es ihnen gelingt, eine überzeugende Innovationsleistung anzubieten. [270]

Mehr als 40% seines Umsatzes erwirtschaftet das Unternehmen Beiersdorf beispielsweise mit Produkten, die nicht älter als fünf Jahre sind.

Der Handel kann durch den Einsatz moderner Warenwirtschaftssysteme schnell die schwachen Herstellermarken der einzelnen Warengruppen identifizieren und durch Eigenmarken ersetzen. Insbesondere bei den Großformen des Handels, die Category Management betreiben, ist es um die Chancen für Hersteller ohne klares Profil und Innovationskraft schlecht bestellt.

Herstellermarken besitzen dort Erfolgspotenziale, wo es ihnen gelingt, sich über ihre höhere Innovationsfähigkeit von den Handelsmarken abzugrenzen und dem Verbraucher durch einzigartige Produkte einen echten Mehrwert zu schaffen.

Doch die Aufnahme eines neuen Produktes in die Angebotspalette muss die Eliminierung eines Bestehenden zur Folge haben. Nicht nur aus Gründen der Vermeidung von Komplexitätskosten, auch die Aufnahmefläche und -bereitschaft des Handels setzt hier Grenzen.

Tipps und Tricks

- Prüfen Sie Ihre Innovationsfähigkeit.
- Integrieren Sie Ihre wichtigen Kunden in den F&E-Prozess und nutzen Sie hierbei die Chancen des vernetzten Supply Chain Managements.
- Verkürzung Sie die „time to market", d.h. den Zeitraum von der Produktentwicklung bis zur Erhältlichkeit am Markt.

[270] Vgl. Stippel (2004b) S. 12–29

9.3.2 Wege aus der Preisfalle

Durch qualitativ und technisch-funktional vergleichbare Produkte bleiben im engen Wettbewerbsumfeld oftmals nur Rabatte und Konditionen als einzige Verkaufsargumente. Der Preis wird zum absoluten Transaktionsfokus und der Verkäufer hat heute oftmals keine Chance mehr, den Wert und Nutzen eines Produktes zu vermitteln.

Da der Trend zum Preiswettbewerb künftig bleiben wird, gilt es, den Ausweg aus der Preisfalle zu finden. Die Lösung heißt Price-Customization.

> Unter Price-Customization versteht man eine Preisindividualisierung, die die kundenindividuelle Zahlungsbereitschaft abschöpft und gleichzeitig eine attraktive Rendite gewährleistet.
>
> *Price-Customization kann zu Gewinnzuwächsen von 20–50% führen.*[271]

Voraussetzungen hierfür sind, neben der Kenntnis der Preisbereitschaft der Kunden, Spielräume bei der Preiskalkulation, wie sie durch das Ausnutzen von Kostensenkungspotenzialen durch eine vernetzte Supply Chain entstehen.

Nachfolgend werden einige Methoden für Price-Customization beschrieben. Grundlegend für den Einsatz dieser Methoden ist jedoch das Realisieren des sog. Value-to-Customer.

Value to Customer – nutzenorientiertes Pricing

Der vom Kunden wahrgenommene Nutzen eines Produktes bestimmt den Maximalpreis, den er zu zahlen bereit ist. Value-to-Customer bedeutet, dass der Preis dem Kundennutzen Rechnung tragen muss, um für den Kunden als vorteilhaft zu gelten.[272]

Jedoch messen nicht alle Kunden einem Produkt denselben Nutzen bei, sondern dieser kann je nach Bedarfssituationen unterschiedlich sein. Preise müssen daher an die jeweilige Kundensituation angepasst werden, d.h. sie sind zu individualisieren.

> Die Entscheidung über Struktur, Elemente und Höhe des Preises ist in Abhängigkeit des jeweils relevanten Kundenverhaltens zu treffen.

[271] Vgl. Simon, Dahlhoff (1999) S. 5

[272] Vgl. Sebastian, Maessen (2003) S. 7

Als dauerhafte Bestimmungsfaktoren für das Preisverhalten der Kunden gelten die Faktoren der Vorteilhaftigkeit, der Individualität, der Belohnungs- und Anreizfunktion sowie der Fairness und Berechenbarkeit.[273]

Diese wichtige Tatsache spiegelt sich jedoch in den meisten Fäll nicht in einem professionellen Preismanagement wider.

Durch Einheitspreisstrategie werden Umsätze und Gewinne verschenkt und die Gefahr des Preiswettbewerbs ist überproportional hoch.[274]

Einrichten eines Preiskorridors

Durch den sog. Preiskorridors wird eine akzeptable Bandbreite des Preises für ein Produkt festgelegt.

Die Preisuntergrenze orientiert sich am Deckungsbeitrag und sollte beim Verkaufsabschluss nicht unterschritten werden. Als Ausgangspunkt für Kaufverhandlungen dient Zielpreis, der die maximalen Zahlungsbereitschaft des Kunden sowie das Wettbewerbsumfeld berücksichtigt.

In der Differenz zwischen Limit- und Zielpreis – dem so entstehenden Preiskorridor – bieten sich Verhandlungsspielräume für die Preisverantwortlichen im Verkauf. Der Preiskorridor bietet zum einen Differenzierungsmöglichkeiten zwischen Kunden, stellt jedoch auch durch das Festlegen einer Preisuntergrenze – einen Mindestertrag sicher.[275]

Preiskorridore sind gemäß der Markt- und Wettbewerbsdynamik zu steuern, zu kontrollieren und immer wieder anzupassen. Ausnahmen davon sollten nur für strategische Kunden oder strategische Projekte zugelassen werden, jedoch auch nur dann, wenn die kostenbasierten Minimumpreise nicht unterschritten werden.

Das Einrichten von Preiskorridoren gibt dem Verkäufer somit Verhandlungsspielräume beim Kunden und sichert dennoch die Rendite.

---

[273] Vgl. Sebastian, Maessen (2003) S. 8
[274] Vgl. Sebastian, Kolvenbach (2000) S. 66
[275] Vgl. Simon et al. (2003) S. 24

Preisbündelung

Preisbündelung ist ebenfalls ein chancenreiches Instrument zur Renditesteigerung, das in zahlreichen Varianten am Markt zu finden ist. Der Kunde erwirbt hierbei ein Paket mehrerer Produkte, das günstiger ist als die Summe der Einzelproduktpreise. Zielsetzung ist, Mehrverbrauch anzuregen.

Praxisbeispiele

- McDonalds bietet bei Kauf seiner Spar-Menus Preisvorteile bis zu 20% im Vergleich zum Erwerb der Einzelprodukte.
- Autos mit verschiedenen Ausstattungspaketen („Komfort", „Luxus", „Sport")
- All inclusive-Angebote der Reiseveranstalter
- Zeitschriftenverlage offerieren den Werbetreibenden „Titelkombinationen", d.h. ein Unternehmen, das in mehreren Zeitschriften des Verlages wirbt, erhältlich beträchtliche Rabatte.

Das Anbieten von Paketen verschafft nicht nur den Kunden, die mehr Leistung für geringere Kosten erhalten, sondern auch den Unternehmen zahlreiche Vorteile. Preisbündelungen wirken unmittelbar auf die Supply Chain und sorgen z.B. für Effizienzsteigerungen in der Fertigung wie auch Mehrabsatz pro Transaktion.[276]

Abb. 9.5. Preisbündelung von Schwarzkopf bei „Taft"-Haarspray, Sept. 2004

Durch Preisbündelung lassen sich Gewinnsteigerungen von 20–30% erzielen.[277]

[276] Vgl. Simon et al. (2003) S. 26

[277] Vgl. Simon, Dolan (1997)

Auch unterschiedliche Produkte eines Herstellers können kombiniert und zum Paketpreis angeboten werden, wie nachfolgendes Beispiel (Abb. 9.6.) einer L'Oreal-Promotion dokumentiert. Diese Form der gemeinsamen Darbietung unterschiedlicher Produkte in einem Paket soll die Konsumenten dazu anregen, künftig zusätzliche Käufe innerhalb des Herstellersortiments zu tätigen.

Abb. 9.6. Preisbündelung L'Oreal-Shampoo plus Haarkur, Oktober 2004

Preisdifferenzierung

Bei der Preisdifferenzierung werden die Preise nach Kunden, Regionen, Produktmerkmalen oder Zeiten individualisiert, mit dem Ziel, die kundenindividuelle Zahlungsbereitschaft, die je nach Situation unterschiedlich sein kann, abzuschöpfen. Beispiele hierfür sind Flugtickets der Economy-, Business- oder First-Class, verbilligte Kinokarten für bestimmte Tage oder Frühbucher-Rabatte in der Tourismusbranche.

Preisdifferenzierungen reduzieren spürbar die Preistransparenz und erschweren Preisvergleiche nachhaltig. Sie vermindern die Preissensitivität der Käufer und führen zur maximalen Ausschöpfung des Kostenbudgets.[278]

Recht häufig wird auch das sog. Mehrpersonen-Pricing eingesetzt. Die erste Person zahlt hierbei den vollen Preis, die zweite, dritte oder weitere

[278] Vgl. Sebastian, Kolvenbach (2000) S. 69

Person zahlt weniger. Diese Pricing-Methode wird oft für Gruppen angewandt und wird speziell in der Tourismusbranche und bei Sport- oder Kulturveranstaltungen immer beliebter.[279]

Praxisbeispiel

Familienangebot der FTi Frosch Touristik, bei dem grundsätzlich ein Kind für bestimmte Reiseziele kostenlos mitreisen kann, das zweite Kind erhält bis zu 50% Rabatt.

Durch Mehrpersonen-Pricing kann eine Gewinnsteigerung von etwa 10–15% erzielt werden.[280]

Besonders profitträchtig ist die Preisdifferenzierung im Rahmen der sog. Mass Customization, der industriellen Maßfertigung von Produkten. Hier ergeben sich immense Preisspielräume, da keine Vergleichbarkeit von Produkt und Preis mehr vorhanden ist und zudem durch die Individualisierung erhöhte Zahlungsbereitschaft beim Kunden vorliegt.

Die Mass Customization erfordert jedoch moderne Informationstechnologien und stellt höchste Anforderungen an das vernetzte Supply Chain Management.

Tipps und Tricks

- Prüfen Sie die Möglichkeiten der Preisbündelung und Nutzen Sie die Synergiepotenziale, die sich hieraus für ihre Supply Chain ergeben.
- Richten sie Preiskorridore ein und differenzieren Sie Ihre Preise.
- Margenverbesserung geht vor Mengenwachstum!
- Der Price-Customization, also der Preisindividualisierung, die die kundenindividuelle Zahlungsbereitschaft dauerhaft und nachhaltig ausschöpft, gehört die Zukunft. Nutzen Sie diese Chance!

9.3.3 Multi Channel Marketing

Der multioptionale Konsument erwartet multiple Absatzkanäle.

Die Verbraucher nutzen heute, neben den traditionellen Vertriebswegen, wie dem stationären Handel oder Versandhandel, parallel die Möglichkeiten des Online-Shopping oder auch T-Commerce (Kauf über das Fernsehen).

[279] Vgl. Simon, Dahlhoff (1999) S. 4
[280] Vgl. Simon, Dahlhoff (1999) S. 3

Unter Multi Channel Marketing versteht man den Vertrieb von Produkten und/oder Dienstleistungen unter einem Markennamen über mehrere stationäre oder nicht-stationäre Vertriebskanäle.

Die Kanäle sind dabei miteinander verknüpft, mit dem Ziel, positive Wechselwirkungen zu erzeugen.[281]

Nutzen Sie Ihre Distributionspotenziale!

Zielsetzung des Multi Channel Marketing ist es, dem Kunden einen für ihn passenden Absatzkanal zu bieten und dabei die unterschiedlichen Stärken der Kanäle zu verbinden, um letztlich den sog. „share of customer“, den Anteil der Kunden-Ausgaben im Unternehmen, zu erhöhen.

Durch die Nutzung zusätzlicher, virtueller Absatzkanäle erschließen sich nicht nur für stationäre Händler oder Versandhändler neue Absatzpotenziale, auch Internetanbieter können durch das Einbinden von Offline-Kanälen ihren Aktionsradius erweitern. Ein Händler, der beispielsweise bereits Versandhandel betrieben hat, schafft mit dem Internet eine neue Kontakt- und Bestellform, zusätzlich zu den bereits genutzten, wie Telefon und Fax.

Die Präsenz auf allen Kanälen steigert nicht nur die Kundenzufriedenheit und somit die Kundenbindung.

Bei einer empirischen Untersuchung stellte sich heraus, dass knapp die Hälfte der befragten Unternehmen durch den Einsatz von Multi-Channel-Distributionssystemen ihren Gewinn um mehr als sechs Prozent verbessern konnten.[282]

Um positive Wechselwirkungen zu erzeugen, müssen die Kanäle miteinander verknüpft werden und der Auftritt des Unternehmens in allen relevanten Kanälen und Medien muss nach einheitlichen Gestaltungsprinzipien erfolgen. Auf Basis dieser integrierten Kommunikationsweise erkennt der Kunde das Unternehmen überall wieder, und die Unternehmens- und Werbebotschaften können von ihm schneller erlernt werden. Dies erleichtert auch das Bewerben der unterschiedlichen Kanäle.

Der Kunden sollte die Möglichkeit haben, die Angebote jedes Kanals in allen beliebigen Kombinationen zu nutzen.[283]

---

[281] Vgl. Hurth (2001) S. 463–469
[282] Vgl. Wirtz et al. (2003) S. 46–49
[283] Vgl. Hurth (2002), in: Science Factory (01/2002)

Praxisbeispiele

Herr M. lässt sich im Fachgeschäft beraten, nimmt den Katalog mit nach Hause, ruft abends die Hotline wegen einer Rückfrage an und bestellt anschließend im Online-Shop.

Frau S. wird regelmäßig über die neuen Angebote ihres Lieblingshändlers per elektronischem Newsletter informiert, lässt sich telefonisch ihre Wunschprodukte zurücklegen und holt die bereitgelegte Ware am nächsten Tag im Fachgeschäft ab.

Ein gutes Beispiel für Multi-Channel-Marketing ist Tchibo. Der Kunden hat hier umfangreiche Möglichkeiten der Kontaktaufnahme und Bestellung und wird zudem über die unterschiedlichsten Medien über die Angebote informiert. Kontaktaufnahme und Bestellung können erfolgen:

- per Telefon oder Fax,
- im Online-Shop,
- in einer der rund 40.000 Verkaufsstellen in Deutschland d.h. in rund 600 Tchibo-eigenen Filialen sowie Depots bei Partnerbetrieben wie Supermärkten oder Bäckereien.

Abb. 9.7. Tchibo-Kontakt und -Bestellmöglichkeiten, September 2004

Die Kundeninformation in Bezug auf neue Angebote erfolgt z.B.

- über einen elektronischen Newsletter, der selbstverständlich auch einen Link zur entsprechenden Seite im Online-Shop aufweist, und es so dem Kunden erleichtert, die Online-Angebote zu nutzen,
- alternativ kann sich der Interessent oder Kunde auch das Tchibo-Bestell-Magazin nach Hause senden lassen und dort seine Auswahl treffen.

Auch die Forderung nach integrierter Kommunikation wird bei Tchibo exzellent erfüllt: alle Kontaktformen und Medien spiegeln einen einheitlichen Auftritt des Unternehmens, und kommunizieren zum gleichen Zeitpunkt dieselben Themenwelten. Hier im Beispiel das „Kochduell" zwischen Barbara Schöneberger und Karlheinz Hauser mit Hilfe der Tchibo-Küchengeräte.

Abb. 9.8. Tchibo-Bestellmagazin September 2004

Dass auch der stationäre Facheinzelhandel Absatzpotenziale durch die Integration virtueller Vertriebskanäle erschließen kann, zeigt das Beispiel „karee".

Praxisbeispiel

Im Kreis Minden-Lübbecke haben sich im Rahmen des Kooperationsprogramms „karee" mehrere Einzelhändler zusammengeschlossen mit dem Ziel, gemeinsam ein „Virtuelles Kaufhaus der Region" aufzubauen, das in Form von karee-Agenturen in kleineren Orten und einem Internet-Kaufhaus besteht. Geschultes Fachpersonal bedient in den sog. „karee-Points" die Kunden mit einer (teil-)virtuellen Warenpräsentation; ein Großteil der über 16.500 Produkte ist über einen Multimedia-Terminal verfügbar, kann direkt bestellt werden, und wird den Kunden zum Wunschtermin nach Hause geliefert – bei Bedarf auch in der Geschenkverpackung.

Um Auskünfte über einen Bestellstatus zu geben, Kaufprozesse abzuwickeln oder einen Wunschliefertermin nennen zu können, müssen an jedem Kontaktpunkt zum Kunden alle relevanten Informationen über ihn vorliegen.

Eine wichtige Voraussetzung für erfolgreiches Multi Channel Marketing liegt in der einheitlichen Sicht des Kunden.

Die Anforderung an das Supply Chain Management lautet somit, alle für die Kommunikation und Transaktion notwendigen Kundendaten, in einem Datenbanksystem, dem sog. Customer Data Warehouse, zusammen zu führen und bei Bedarf verfügbar zu machen.

Mehrwert durch One-to-One-Marketing

Informationen über Kunden können gezielt für Database-Marketing d.h. proaktive Marketing- und Vertriebsaktivitäten auf Basis kundenindividueller Daten, genutzt werden.

Durch eine permanente Anreicherung der Kundendatenbank mit Wissen über Kaufverhalten, Kaufwünsche und Präferenzen des Kunden, entsteht ein kontinuierlicher Wissensaufbauprozess im Unternehmen.

Mit Hilfe dieser Erkenntnisse kann eine individualisierte Kommunikation mit dem Kunden erfolgen, und Angebote können differenziert und auf die Kundenbedürfnisse zugeschnitten werden.

Professionelles One-to-One-Marketing führt nachweislich zu einer stärkeren Kundenzufriedenheit und somit zu Kundenbindung.

Tipps und Tricks

- Prüfen Sie, ob Sie alle Potenziale, die Multi-Channel-Marketing bieten kann, bereits ausschöpfen.
- Sorgen Sie für einen einheitlichen Auftritt Ihres Unternehmens auf den verschiedenen Kanälen.
- Schaffen Sie ein integriertes Leistungsangebot über alle Kanäle hinweg und informieren Sie Ihre Kunde über Ihre Präsenz in den jeweils anderen Kanälen.
- Fassen Sie alle Kundendaten in einer Datenbank zusammen und nutzen Sie Ihr Wissen für kundenindividuelle Marketing- und Vertriebsaktionen.

9.3.4 Effiziente Kommunikation – mehr Wirkung für weniger Geld

Die Inflation kommunikativer Maßnahmen führt zur Informationsüberlastung der Konsumenten und somit zu sinkender Effizienz der Werbemaßnahmen. Unter dem Druck der knappen Marketingbudgets wird die Forderung nach wirkungsvoller Kommunikation laut.

Die Leistungen von Agenturen und Medien werden heute kritisch analysiert und die traditionellen Werbeformen auf den Prüfstand gestellt.

Doch auch die Unternehmen, die keine Effizienz in breit angelegten Werbekampagnen sehen und/oder denen die finanziellen Mittel hierfür fehlen, können ihre Zielgruppen wirkungsvoll und kostengünstig erreichen. Neben der individualisierten Kommunikation über die kostengünstigen Online-Medien, sind hier besonders Direktmarketingmaßnahmen sowie verkaufsorientierte Promotions zu nennen.

Direktmarketing – auch im Mittelstand ein Erfolgsinstrument

Direktmarketing umfasst alle Kommunikationsmaßnahmen, die eingesetzt werden, um gezielt einen individuellen Kundenkontakt herzustellen und den Kunden zu einer Reaktion zu veranlassen.

Hierzu zählen z.B. postalische Werbebriefe, Werbeansprache per Telefon oder Fax, oder internetgestützte Direktansprache über E-Mail oder SMS.

Die unterschiedlichen Maßnahmen der direkten, individualisierten Ansprache von Kunden und Interessenten sind, bei richtiger Ausgestaltung, wertvolle Instrumente der Kundenakquise und auch Kundenbindung. Durch einen professionellen Einsatz lässt sich hiermit eine effiziente Kundenansprache auch für Klein- und Mittelbetriebe realisieren.

Die Selektionsmöglichkeiten von Zielgruppen aus Datenbanken sowie eine sich ständig verbessernde technische Unterstützung erlauben eine immer präzisere und kostengünstigere Ansprache der Kunden. Die niedrigen Akquisitionskosten – man rechnet mit zwei Euro pro Kundenkontakt – machen Direktmarketing zu einem interessanten Instrument der Kundenbindung.[284]

Auch für kleinere mittelständische Unternehmen, die kostengünstig wertvolle Kundenkontakte herstellen möchten, ist der Einsatz mehrstufiger Direktmarketingaktionen geeignet, wie nachfolgendes Beispiel zeigt.

---

[284] Vgl. Deutscher Werbekalender (2003)

Praxisbeispiel

Die Energieversorgung Apolda GmbH, ein kleinerer regionaler Energieversorger aus Thüringen, hat im Zuge der Liberalisierung des Strommarktes Kunden an Yello-Strom verloren. EV Apolda reagierte mit einer mehrstufigen Telefon- und Mailingaktion zur Rückgewinnung der abgewanderten Kunden.

In einem Mailing wurden die Eigenschaften und Vorteile des Unternehmens auf emotionale Art dargestellt. Das Schreiben enthielt weiterhin das Angebot für eine persönliche oder telefonische Beratung sowie als Anlage die Beschreibung eines Tarifes mit der Möglichkeit durch Unterzeichnen einer Vollmacht zur EV Apolda zurückzukehren. Gleichzeitig ließ man die Verkäufer professionell auf ihre Beratungsgespräche hin trainieren.

Kunden, die nicht auf das Mailing reagierten, erhielten nach einiger Zeit einen zweiten Brief. Blieb auch dieser ohne Reaktion, sollte eine weitere Kontaktaufnahme von Seiten des Beraters nach einem Jahr erfolgen.

Die Ergebnisse dieser Direktmarketing-Aktion waren überzeugend. Durch das mehrstufige Rückgewinnungsverfahren kehrten 46 der 90 kontaktierten, ehemaligen Kunden zu EV Apolda zurück. Die Kosten für das Seminar, Porto und Telefonie lagen bei etwa 4.000 Euro.[285]

Übrigens: Es ist immer teurer, neue oder auch verlorene Kunden zurück zu gewinnen, als bestehende Kunden zu halten. Verschiedene Quellen sprechen von einem vier- bis sechsfachen Aufwand!

Daher sollten Sie regelmäßig die Zufriedenheit Ihrer Kunden überprüfen und rechtzeitig Maßnahmen der Kundenbindung einleiten.

Die Basis für effizientes Direktmarketing ist eine IT-Infrastruktur, die Kundendaten sammelt und für den Einsatz z.B. in Mailingaktionen aufbereitet. Die Selektion der gewünschten Kundensegmente muss hierbei problemlos erfolgen können, und auch die regelmäßige Pflege der Daten ist ein entscheidender Erfolgsfaktor.

Dublettenabgleich, postalische Prüfung und Datenbankanreicherung mit wichtigen, kundenindividuellen Informationen müssen gewährleistet sein, daher sind die eigenen Kapazitäten und technischen Voraussetzungen hinreichend zu prüfen.

Verkaufserfolge durch Promotions

Verkaufsfördernde Aktionen gewinnen gerade in Zeiten zunehmender Reizüberflutung durch die Medien und der hierdurch nachlassenden Werbekontaktwirkungen an Bedeutung.

[285] o.V. EV Apolda (13.09.2004), unter www.marketing-im-mittelstand.com

Insbesondere individuelle, für die jeweiligen Handelspartner konzipierte Promotions direkt am Point of Sale versprechen hohe Effizienz.

Hersteller nutzen Verkaufsförderungsmaßnahmen gerne dazu, um das sog. Cross-Selling anzuregen. Im Rahmen des Cross-Selling („Überkreuz-Verkauf") soll der Kunde zur Abnahme vieler Produkte eines Unternehmens bewegt werden.[286]

Diese Art von Promotionsmaßnahmen sind oftmals so ausgestaltet, dass ein Produkt eines Herstellers in Kombination mit einer Produktprobe oder Sondergröße eines anderen Produktes des gleichen Herstellers angeboten werden. Hierdurch sollen zusätzliche Käufe innerhalb des Sortiments angeregt werden.

Praxisbeispiele

- Banken bewerben auf Displays in ihren Schalterräumen neben den eigentlichen Girokonto- und Geldanlageleistungen auch ihre Baufinanzierungs- oder Versicherungsleistungen.
- Hersteller von Haarpflegeprodukten bieten zu ihrem Shampoo Proben anderer Produkte wie z.B. von Pflegespülungen mit an; diese ist an der Verpackung des Shampoos befestigt bzw. beide Produkte werden mit einer Hülle ummantelt ausgeliefert.

Im Dienstleistungsbereich ist die Durchführung solcher Promotions mit geringem Aufwand durchführbar, bei Konsumgütern jedoch stellen sie große Anforderungen an die vernetzte Supply Chain:

Neben dem Bereitstellen von Sonderverpackungsmitteln unterschiedlicher Größe oder auch gänzlich anderer Art, müssen die vom Format her unterschiedlichen Produkte gemeinsam ge- und verpackt sowie ausgeliefert werden. Gerade bei gebündelten Produkten kann oftmals nicht auf Standard-Umverpackungen zurückgegriffen werden.

Großer Beliebtheit erfreuen sich auch sog. Co-Promotions. Darunter versteht man Verkaufsförderungsaktivitäten, an denen unterschiedliche Hersteller beteiligt sind.

Zielsetzungen von Co-Promotions sind u.a., die Verwendungsvielfalt eines Produktes zu zeigen und/oder neue Zielgruppen zu erschließen.

Praxisbeispiel

Auch bei der Co-Promotion der CAMPARI GmbH mit dem Fruchtsafthersteller albi wurde diese Zielsetzung verfolgt. Bündelung, Verpackung und Auslieferung

[286] Vgl. Homburg, Krohmer (2000)

wurden hierbei vom Initiator der Co-Promotion, der CAMPARI GmbH, übernommen, und die entstehenden Kosten auf die beiden Partner umgelagert.[287]

Die beiden unten abgebildeten Glasflaschen (Abb. 9.9.) wurden, begleitet von einer kleinen Broschüre, mit einer Klarsichthülle umkleidet ausgeliefert.

Abb. 9.9. Kooperationspartner einer Co-Promotion

Wie gerade an diesem Beispiel leicht zu erkennen ist, stellen Co-Promotions unterschiedlicher Hersteller das Supply Chain Management vor große Herausforderungen.

Für unterschiedlichste Formen und Materialien muss eine passende Umverpackung bereitgestellt werden, was hohe Anforderungen an Beschaffung und Produktion stellt. Auch die logistischen Prozesse werden durch den Einsatz dieser Sonderverpackungen erschwert. Hinzu kommt, dass zudem die Wertschöpfungsprozesse verschiedener Hersteller harmonisiert werden müssen – dies stellt eine anspruchsvolle Aufgabe dar, der nur ein vernetztes Supply Chain Management gewachsen ist.

Insgesamt betrachtet, haben Promotionsaktionen weitreichende Auswirkungen auf die Wertschöpfungskette. Sie führen zu kurzfristigen Absatzschwankungen, die eine erhöhte Flexibilität, z.B. in Bezug auf die Bedarfsplanung sowie hinsichtlich der Produktions- und Lagerkapazitäten, erfordern.

60% aller Promotions vernichten Wert.[288]

[287] CAMPARI Deutschland GmbH (2004)
[288] Vgl. Thonemann et al. (2003) S. 97

Laut einer McKinsey-Studie sind durch den erhöhten Aufwand in Produktion und Logistik, z.B. in Bezug auf eine vorübergehende Erhöhung der Produktionskapazitäten oder Umrüstung auf größere Mengeneinheiten, viele Promotionsaktionen unprofitabel.

Zwar bringen 90% der Promotions zusätzlichen Umsatz, aber nur 40% erreichen nach Zurechnung aller Kosten einen positiven Deckungsbeitrag. [289]

Dennoch lassen sich durch Promotionaktivitäten wertvolle Umsatzpotenziale erschließen. Damit hierbei jedoch die Rendite gesichert bleibt, müssen die Vorteile des vernetzten Supply Chain Managements genutzt werden.

Tipps und Tricks

- Erschließen Sie Wachstumsreserven durch Cross-Selling und Co-Promotions.
- Sichern Sie Ihre Rendite durch vernetztes Supply Chain Management.

9.4 Efficient Consumer Response: Erfolg durch vernetzte Wertsysteme

Vertikale Kooperationen zwischen Hersteller und Handel bieten erfolgversprechende strategische Optionen. Kundenorientierung und die Verbesserung der Ertragssituation durch vernetztes Supply Chain Management können langfristige Wettbewerbsvorteile für beide Marktpartner sichern.

Aber nicht nur das Bestreben nach Ausschöpfen ihrer Rationalisierungsreserven veranlasst die Unternehmen zum Co-Marketing mit ihren Handelspartnern, sondern die Entwicklungen auf den Märkten zwingen vielfach zur Reaktion.

9.4.1 Die Machtverschiebung im Absatzkanal

Die Konzentrationsbestrebungen der Handelsunternehmen haben nachhaltig die Machtkonstellationen im Markt verändert: Der Handel wird vom Distributor zum Marketingakteur, der nun nicht mehr länger dazu bereit ist, die Rolle des „verlängerten Distributionsarmes" für den Hersteller zu übernehmen.

[289] Vgl. Thonemann et al. (2003) S. 97

Im europäischen Lebensmitteleinzelhandel betrug bereits 1999 der Transaktionswert für Firmenzusammenschlüsse rund 16 Mrd. US$.

Der wertmäßige Marktanteil von Handelsmarken in Deutschland am Gesamtmarkt erreichte im Jahr 2000 bereits fast 29% – mit zunehmender Tendenz, versprechen Handelsmarken doch eine höhere Gewinnspanne durch die wesentlich attraktiveren Margen.[290]

Durch seine Informationsmacht, die ihm der Einsatz moderner Warenwirtschaftssysteme bereitstellt, besetzt der Handel heute die Stellung eines „Gatekeepers" – d.h. eines Torwächters – auf dem Weg eines Herstellerproduktes zum Endkunden. Er bewacht die Pforten der Verkaufsstandorte und selektiert vorab die in seinem Sortiment erwünschten Produkte.

Der Handel vergibt nach seinen Vorstellungen die knappen Regalplätze und entscheidet über die Weitergabe wichtiger Marktinformationen – beispielsweise in Bezug auf das Kaufverhalten der Konsumenten – an die zunehmend abhängigen Hersteller.

Aus diesen veränderten Bedingungen im Absatzkanal ergeben sich zahlreiche Konfliktherde in Bezug auf die unterschiedlichen Zielsetzungen und Interessen, die zu hohen Reibungsverlusten innerhalb der jeweiligen Wertschöpfungsketten führen (siehe Abb. 9.10.).

Herstellerinteressen	⇔	**Handelsinteressen**
Listung aller neuen Produkte durch den Handel	⇔	Bevorzugte Listung von „Renner-Produkten"
Dominanz des Herstellermarken-Images	⇔	Dominanz des Handelsmarken-Images
Distribution des gesamten Produktprogramms	⇔	Zielgruppenbezogene Sortimentsgestaltung
Kontinuität der Absatzmengen	⇔	Flexibilität der Bestellmengen
Fertigungsoptimale Höhe der Bestellmengen	⇔	Regalfüllende Höhe der Bestellmengen
Mindestbestellmengen	⇔	Flexible Nachordermöglichkeit
Preisprobleme zu Lasten der Handelsspanne	⇔	Preisprobleme zu Lasten der Einkaufspreise
Vermeidung von Warenrücknahmen	⇔	Rückgaberecht für Lagerware
Übernahme der Abverkaufsrisiken durch den Handel	⇔	Übernahme der Abverkaufsrisiken durch den Hersteller
Bevorzugte Regalplazierung der eigenen Produkte	⇔	Sortimentsgerechte Warenplazierungen
Mitgestaltung des Marktauftritts am Point of Sale	⇔	Eigenständige Konzeption des Marktauftritts am Point of Sale
Speziell in Industriegütermärkten		
Hohe Servicekompetenz im Handel	⇔	Serviceverantwortung beim Hersteller
Respektierung von Verkaufsgebietsgrenzen	⇔	Nichtexistenz von Verkaufsgebietsgrenzen
Gemeinsame strategische Marktplanung	⇔	Planungsautonomie

Abb. 9.10. Interessenskonflikte zwischen Hersteller und Handel[291]

[290] Vgl. Seifert (2004) S. 39, 41

[291] Vgl. Homburg, Krohmer (2003) S. 732

Die Erkenntnis, dass ein isoliertes oder sogar auf Konfrontation beruhendes Vorgehen im Absatzkanal für beide Marktakteure suboptimal ist, bewegt nun Hersteller und Handel dazu, nach Wegen zu suchen, die die zwischenbetrieblichen Wirtschaftsabläufe verbessern.[292]

Ein Kooperationskonzept, das die Netzwerke der Hersteller-Handels-Wertsysteme optimiert, ist Efficient Consumer Response.

9.4.2 Mit Efficient Consumer Response zum Win-Win-Win

Der Begriff Efficient Consumer Response (ECR) stammt aus den USA und kann übersetzt werden mit „effiziente Reaktion auf die Kundennachfrage". ECR impliziert somit zum einen die Orientierung an den Bedürfnissen der Kunden und zum anderen eine prozessübergreifende Optimierung der Wertschöpfungskette.[293]

ECR setzt sich aus mehreren Bestandteilen zusammen, die entweder unter Logistik- oder Marketingstrategien einzuordnen sind. Hierbei sorgen innovative Informationstechnologien für optimale Vernetzung der jeweiligen Komponenten.

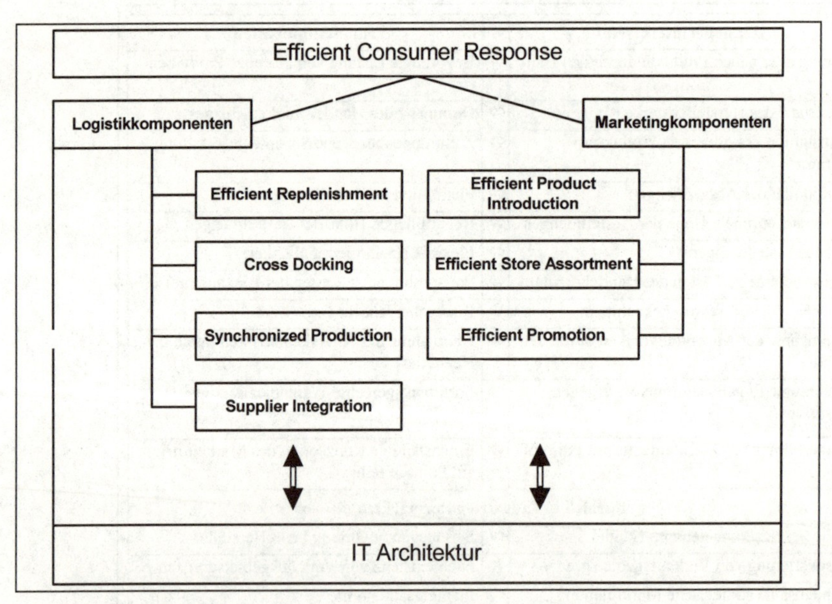

Abb. 9.11. Bestandteile des ECR-Konzepts[294]

[292] Vgl. Schmid (2000) S. 183
[293] Vgl. Seifert (2004) S. 49
[294] Vgl. Werner (2002) S. 54

Durch eine bessere Zusammenarbeit sollen die Kosten entlang der Supply Chain gesenkt und Wachstumspotenziale erschlossen werden. Niedrigere Kosten, besserer Service und eine breitere Produktpalette mit höherer Warenverfügbarkeit am POS soll auch dem Endverbraucher einen höheren Nutzen bieten.[295]

Zentrale Zielsetzung ist somit, die Kosten der Wertschöpfungskette zu minimieren und die Konsumentenzufriedenheit zu maximieren. ECR ist der Schlüssel zur Win-Win-Win-Situation für alle Marktteilnehmer.

Tabelle 9.1. Die Schaffung einer Win-Win-Win-Situation als Ziel von ECR[296]

Verbraucher	Handel	Hersteller
Verbesserte Frische der Produkte	Effizientere und schnellere Systeme	Effizientere und schnellere Systeme
Besseres und konstanteres Preis-Leistungs-verhältnis/größeres Preisvertrauen	Reduzierte Bestände und Kapitalbindung/ geringere Abschriften/ weniger Aktions-Handling	Reduzierte Bestände und Kapitalbindung/ Optimierte Produktions-planung und -auslastung
Höhere Einkaufszufriedenheit durch weniger Bestandslücken	Reduzierung von bestandslücken/ höhere Geschäftsloyalität	Reduzierung von Bestandslücken/ höhere Geschäftsloyalität
Einfacheres Einkaufen	Kundenorientierte Sortimente	Kundenorientierte Sortimente
Echte Innovationen	Profilierung mit innovativen Sortimenten	Höhere Marktanteile/ wettbewerbsvorsprung
➔ Höhere Kundenzufriedenheit	**➔ Geringere Kosten und höheres Umsatzwachstum**	**➔ Geringere Kosten und höheres Umsatzwachstum**

Durch die Synchronisation von Produktion und Distribution soll die Warenverfügbarkeit gesteigert werden, ohne Lagerkosten zu forcieren oder Out-of-Stocks (Fehlbestände) zu generieren und so Umsatz zu verlieren.

Nach unabhängigen Studien entgehen Konsumartikelherstellern in Europa hierdurch jährlich rund vier Mrd. Euro Umsatz.[297]

---

[295] Vgl. Kotler, Bliemel (2001) S. 1169
[296] Vgl. Seifert (2004) S. 54
[297] Vgl. Thunig (2003) S. 27

So lassen sich ebenfalls Transaktionskosten auf der Basis einer ganzheitlichen Steuerung und Optimierung des Waren- und Informationsflusses zwischen Hersteller und Vertriebspartner senken.

Durch ECR-Konzepte können folgende Potenziale erschlossen werden:

- Reduzierung der Bestandshöhen im Distributionszentrum von über 40%,
- optimierte Nutzung der Transportkapazitäten um bis zu 20%,
- Reduzierung der Durchlaufzeiten von 50–80%,
- Reduzierung der Prozesskosten um bis zu 50%,
- Erhöhung der Produktverfügbarkeit am Point of Sale um 2–5%.[298]

Dies kann, zu Umsatzsteigerungen bis zu 35% führen!

9.4.3 Die Marketingkomponenten des ECR-Konzeptes

Efficient Product Introduction

Die kooperative Neuproduktentwicklung und -einführung, hat zum Ziel, Misserfolge durch ein verbessertes Verständnis der Kundenwünsche zu vermeiden. Durch einen qualitativen Informationsaustausch mit dem Handelspartner und das Einbinden quantitativer Handelsdaten können die Hersteller wertvolle Rückschlüsse für zielgruppengerechte Forschungs- und Entwicklungsaktivitäten gewinnen.[299]
So lassen sich Komplexität und Kosten der Entwicklungs- und Einführungsprozesse reduzieren und die time-to-market verkürzen.

Der Anteil an Produkten mit niedriger Umschlagshäufigkeit lässt sich auf diese Weise wesentlich reduzieren, was zu einer Reduzierung der Kapitalbindungskosten und einer Erhöhung der Wettbewerbsfähigkeit führt.

Efficient Store Assortment

Efficient Store Assortment steht für effiziente Sortimentsgestaltung im Sinne eines Category Managements.

> Category Management (CM) ist ein gemeinsamer Prozess von Händler und Hersteller, bei dem Warengruppen als strategische Geschäftseinheiten geführt werden, um durch die Erhöhung des Kundennutzens Ergebnisverbesserungen zu erzielen.[300]

[298] Vgl. Wannenwetsch (2004a) S. 263
[299] Vgl. Schmickler (2001)
[300] Vgl. Seifert (2004) S. 149

Unter einer sog. Category versteht man Produkte, die von bestimmten Zielgruppen beim Kauf gemeinsam erworben werden.

Die Tengelmann Gruppe hat beispielsweise herausgefunden, dass in ihren Läden Tiernahrung gemeinsam mit Spielwaren gekauft wird. Aus der Erkenntnis, dass in vielen kinderreichen Familien Tiere gehalten werden, erfasst Tengelmann heute beide Warengruppen als eine Kategorie.[301]

Praxisbeispiel: Procter & Gamble und Metro

Procter & Gamble kooperiert mit der Metro-Tochter Real im Rahmen eines sog. Baby Solution Center „Baby, Kids & Co.“. Neben Artikeln für die Babypflege gibt Windeln, Babykleidung und Spielzeug, folgte ein Angebot mit Produkten für die größeren Kinder – letztendlich entstand ein kleinere Kinderwarenhaus. Der Zielgruppe „Junge Familie“ wird so unnötige Suchzeit erspart und Impulskäufe werden gefördert.[302]

Indem die Sortimente aus dem Blickwinkel der Konsumenten gestaltet und gesteuert werden, sollen Leistungsvorteile entstehen, welche die Absatzchancen beim Endverbraucher ausschöpfen.

Erfolgreiches Category Management verhilft zu zufriedenen und somit loyaleren Kunden, was insgesamt zu höheren Umsätzen bei Hersteller und Handel führt.

Der Handel kann sich durch das Ausrichten der Sortimente an den Bedürfnissen der Kunden stärker gegenüber seinen Wettbewerbern profilieren und durch die Steigerung der Warenumschlagshäufigkeit den Ertrag pro Flächeneinheit steigern. Durch CM ergeben sich somit zahlreiche Vorteile für den Handel wie auch für die Hersteller, wie die Abbildungen 9.12. und 9.13. aufzeigen.[303]

---

[301] Vgl. Ballhaus, Seibold (2004) S. 56–57
[302] Vgl. Homburg, Krohmer (2000) S. 725
[303] Vgl. Ballhaus (2004) S. 42

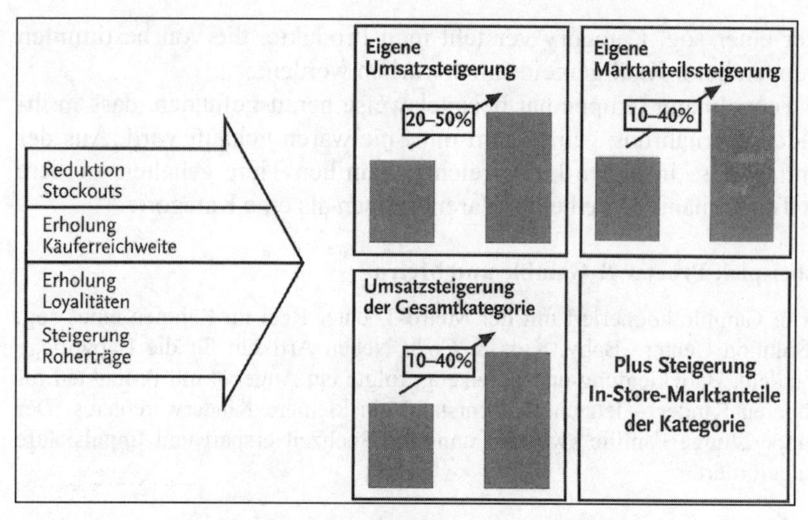

Abb. 9.12. Herstellervorteil: Mehr Marktanteile durch CM

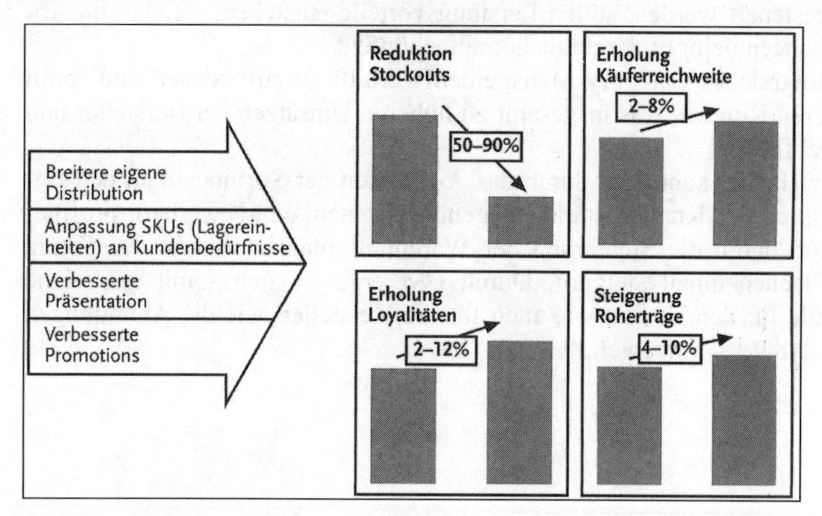

Abb. 9.13. Handelsvorteil: Loyalere Kunden durch CM

Standardisierte Systeme und Prozesse bei den CM-Partnern schaffen Synergien. Wal Mart beispielsweise stellt über ein internetbasiertes Tool seinen Lieferanten Abverkaufs-, Bestands-, Ergebnis- und Lagerbewegungsdaten zur Verfügung.[304] Und auch beim dm-Markt werden fast allen wichtigen Lieferanten die Listungs- und Abverkaufsdaten per Extranet zur Verfügung gestellt.[305]

[304] Vgl. Bock (2004) S. 52–54
[305] Vgl. Ballhaus (2004) S. 48

Praxisbeispiel: Philips Elektro-Hausgeräte und Electronic Partner

Gemeinsam stellte man eine Kategorie für den Bereich „Kleingeräte für Küche, Bad und Haus“ für die Electronic Partner-Mitglieder zusammen.

Ziel der Sortimentsgestaltung war, auf begrenzter Regalfläche mehr Umsatz und höhere Rendite zu erwirtschaften. Für die verschiedenen Ladengrößen (S,M,L) wurde eine Produktauswahl entwickelt, die mit Produkten unterschiedlicher Preiskategorien bestückt wurden. Zum Standardsortiment wurden saisonale Angebote oder Auslaufmodelle ergänzt.

Das Ergebnis war für beide Partner sehr erfreulich: Bereits im Pilotprojekt erreichten manche Artikel ein Plus von 40% beim Rohertrag.[306]

Efficient Promotion

Effizienz in der Verkaufsförderung entsteht durch die gemeinschaftliche Abstimmung der geplanten Promotionaktivitäten. Durch eine kooperative Planung, Durchführung und Erfolgskontrolle können die Aktionen individuell für einzelne Handelsfilialen konzipiert werden und zielgerichtet die Absatzmengen in den angesprochenen Zielsegmenten gesteigert werden.

Die Herausforderungen für die vernetzte Supply Chain bestehen darin, die volle Warenverfügbarkeit zu Promotionsbeginn am POS zu sichern sowie flexibel auf die entstehenden Mengen- und Preisschwankungen reagieren zu können.

9.4.4 Die Logistikkomponenten des ECR-Konzeptes

Efficient Replenishment

Efficient Replenishment (synonym: Continous Replenishment) kann als „kontinuierlicher Warennachschub“ bezeichnet werden. Zielsetzung ist das Vermeiden von Out-of-Stock-Situationen, also mangelnder Warenverfügbarkeit, im Handel, unter Minimierung der Lagerhaltungskosten.

Es wird das Ziel einer Zeit- und Kostenreduzierung beim Warenfluss mit Hilfe eines automatischen Bestellwesens verfolgt. Der automatische Bestellprozess wird ausgelöst, sobald der Meldebestand beim Handel erreicht ist. Kenntnis über das Erreichen des Meldebestandes erhält der Produzent meist durch die direkte Übermittlung der Verkaufsdaten vom Point of Sale durch Scanning und Barcoding.

Im Rahmen des sog. Vendor Managed Inventory überträgt der Handel die Verantwortung für das Warenbestandsmanagement an die Lieferanten Der Lieferant profitiert hierbei von verlässlichen Bestandsdaten, höherer

---

[306] Vgl. Seibold (2004) S .45

Warenverfügbarkeit seiner Produkte und einer effizienten Produktionsplanung. Der Händler reduziert seine Bestandshaltung und somit das dadurch gebundene Kapital.[307]

Der kontinuierliche Warennachschub erzielt folgende Verbesserungen:

- Kostensenkung (Transport und Lager),
- kürzere Durchlaufzeiten,
- Qualitätsverbesserungen (Erhöhung von Service- und Dienstleistungsgrad),
- Ausnutzung der Flexibilität des Lieferanten.

> Laut Kurt Salmon Associates hat sich die Umschlagsdauer im Handel durch den Einsatz von Efficient Replenishment von durchschnittlich 104 auf nur noch 61 Tage verkürzt.[308]

Durch den aufeinander abgestimmten Prozess kann die Warenversorgung auf Basis aktueller oder prognostizierter Verkaufszahlen kontinuierlich erfolgen – die Güter werden somit nachfragesynchron produziert und distribuiert.[309]

Die Optimierung der Waren- und Informationsflüsse stellt Anforderungen an die Ausgestaltung der Wertsysteme, die nur das vernetzte Supply Chain Management erfüllen kann.

Praxisbeispiel Conad/Barilla

In einer Kooperation zwischen dem italienischen Handelsunternehmen Conad und dem Lieferanten Barilla konnten mit Hilfe des Efficient Replenishment wesentliche Verbesserungen erzielt werden.

Die Bestandreichweite reduzierte sich von 3,6 auf 1,4 Wochen und Bestandslücken wurden fast vollständig eliminiert. In Folge davon erzielte Conad 60% geringere Bestandkosten, um 7% reduzierte Personalkosten sowie Abschreibungen, die um 53% niedriger lagen als vor Beginn des Projektes. Die Verbraucher profitierten von der Verbesserung der Frische und somit der Qualität der Produkte.[310]

Auch Wal-Mart und Partner Procter & Gamble profitierten in hohem Maße von der unternehmensübergreifenden Optimierung der Versorgungskette. Wal Mart realisierte eine deutlich reduzierte Kapitalbindung durch niedrige Warenbestände in den Lagern, Procter & Gamble konnte seine Produktionskapazitäten optimieren.

[307] Vgl. Seifert (2004) S. 127
[308] Vgl. Werner (2002) S. 53ff
[309] Vgl. Seifert (2004) S. 112
[310] Vgl. Seifert (2004) S. 116

Cross Docking

Das Cross Docking wurde entwickelt, um die Situation am „Flaschenhals Laderampe“ zu entschärfen. Auf Grund der Vielzahl an LKWs, die häufig in den engen Straßen der Innenstädte Händler beliefern müssen, ist es häufig zu Engpässen an den Laderampen gekommen.

Nun werden die Lieferungen mehrerer Hersteller, z.B. aus der Lebensmittelindustrie, zu einem sog. Transhipment Point gebracht – das sind Distributionszentren, die als Umschlagspunkt für die Waren dienen.

Die LKWs docken an einer Rampe, der „Docking Station“, an und werden entladen. Anschließend erfolgt – ohne Zwischenlagerung – entsprechend der Bestellungen, die filialgerechte Kommissionierung.

Die kundenspezifisch zusammengestellten Waren werden an der quer gegenüberliegenden Rampe auf andere LKWs verladen und an ihren Bestimmungsort, hauptsächlich dem Einzelhandel, gebracht.

Synchronized Production

Synchronized Production (synchronisierte Fertigung) bezeichnet die Abstimmung der Kundennachfrage mit der Produktion des Lieferanten (Pull-Prinzip). Der Lieferant kann durch den frühzeitigen Erhalt der Verkaufsdaten des Kunden seine Produktionsplanung und -steuerung optimieren.

Supplier Integration

Supplier Integration bedeutet die Erweiterung der Kooperation in Richtung der Vorlieferanten des Herstellers, d.h. die Integration der Zulieferer. Hierbei entwickeln und fertigen ausgewählte Systemlieferanten komplette Aggregate nach Vorgabe des Kunden.

Durch die Kooperation mit wenigen Lieferanten ist eine engere Zusammenarbeit und eine bessere Qualitätskontrolle möglich.

9.4.5 Nachhaltiger Erfolg durch ECR

Die Optimierung der zwischenbetrieblichen Wirtschaftsabläufe bietet erhebliche Rationalisierungsreserven. Um die Vorteile der Vernetzung der Supply Chains im Rahmen des ECR-Konzeptes jedoch auch ausnutzen zu können, müssen alle Beteiligten bereit sein, effizient und kooperativ zusammen zu arbeiten.

Eine Zusammenarbeit auf den Kooperationsfeldern Logistik (SCM) und Marketing (CM) bringt signifikante Effizienzsteigerungen in dem Wertschöpfungssystem der Konsumgüterwirtschaft. Empirische Befunde zu dem Nutzenbeitrag von ECR in Europa prognostizieren ein Kostensenkungspotenzial in den Geschäftsprozessen von 6,1% vom Umsatz. Daraus resultieren 5,2% aus Effizienzsteigerungen im operativen Bereich und 0,9% aus einer verringerten Kapitalbindung in der Lieferkette.[311]

Das ECR-Konzept bewirkt ein Reengineering des gesamten Wertschöpfungssystems von Industrie und Handel. Sämtliche Leistungsaktivitäten im Absatzkanal sind auf das Käuferverhalten ausgerichtet mit dem Ziel der „Total System Efficiency".

Durch die hohe Wettbewerbsdynamik werden in den kommenden Jahren nur die Unternehmen eine stabile Wettbewerbsposition erreichen, denen es gelingt, alle nicht-wertschöpfenden Kosten in ihrer Prozesskette zu eliminieren bzw. zu minimieren.[312]

Erfolgreiche ECR-Kooperationen unterstreichen die herausragenden Nutzenpotenziale vertikaler Wertschöpfungspartnerschaften, deren Ausgestaltung auf Basis vertrauensvollen Co-Marketings und mit Hilfe vernetzten Supply Chain Managements erfolgt.

9.4.6 Die Weiterentwicklung des ECR: CPFR – Bündnis für Effizienz

Unter Collaborative Planning, Forecasting and Replenishment (CPFR) versteht man eine von Handel und Hersteller gemeinsam durchgeführte Planung und Prognose sowie kooperatives Bestandsmanagement. Dieser Managementansatz gilt als Weiterentwicklung des ECR-Konzeptes im Bereich des Supply Chain Managements.

Industrie- und Handelspartner entwickeln gemeinsam die Auftrags- und Absatzplanung, auf deren Basis Produktion, Lieferung, Lagerhaltung und Promotions abgestimmt werden. Mit Hilfe EDV-gestützter Systeme wird der Warenbedarf automatisch gesteuert und die Produktionsprozesse erfolgen bedarfssynchron.

Folgende Vorteile ergeben sich für Handel und Hersteller durch den Einsatz von CPFR-Konzepten:[313]

---

[311] Vgl. Seifert (2004) S. 395
[312] Vgl. Seifert (2004) S. 410
[313] Vgl. Thunig (2003) S. 32

- verbesserte Produktionsplanung,
- verkürzte Produkteinführungszeiten,
- optimierte Tourenauslastung und Belieferung,
- Abbau von Bestandslagern bei gleichzeitiger Vermeidung von Fehlbeständen,
- verbesserte Event- und Promotionsplanung durch erhöhte Prognosegenauigkeit der Abnahmemengen mit dem Effekt niedrigerer Vertriebs- und Marketingkosten.

Bei Pilotprojekten zwischen Handel und Hersteller ergaben sich hieraus deutliche Einsparpotenziale:[314]

- Umsatzzuwächse bis zu 25%,
- senken der Out-of-Stock-Rate von 10% auf 2%,
- Kostenreduzierungen von bis zu 20%,
- Verbesserung der Prognosefähigkeit der Absatzmengen bis zu 40%,
- Bestandsreduzierungen in der Lieferkette von 10%–15%,
- deutlich verringerte Transport- und Lagerkosten,
- die Durchlaufzeit eines Produktes in der Wertschöpfungskette kann von 10–15 Tagen auf nur 3 Tage gesenkt werden.

Procter & Gamble und Dansk Supermarked konnten mit Hilfe von CPFR die Prognosegenauigkeit von Promotions um 15% und die Verfügbarkeit der Waren um 12% steigern.[315] Procter & Gamble hält auch eine Kostenreduzierung von 20% in der europäischen Lieferkette über CPFR realisierbar.[316]

Zahlreiche CPFR-Projekte werden derzeit europaweit durchgeführt. Experten schätzen, dass 15–25% der Bestände und somit der durch sie verursachten Kosten reduziert werden können, wenn es gelingt CPFR branchenweit einzusetzen.

Essentielle Voraussetzung für das erfolgreiche Co-Marketing ist auch auf der vertikalen Ebene ein vernetztes Supply Chain Management.

---

[314] Vgl. Thunig (2003) S. 32
[315] Vgl. Thunig (2003) S. 32
[316] Vgl. Seifert (2004) S. 374

9.5 Aufgaben

Aufgabe 9–1

Welche Chancen bietet Co-Marketing?

Aufgabe 9–2

Weshalb ist ein intelligentes Preismanagement Garant für den unternehmerischen Erfolg?

Aufgabe 9–3

Was sind die Vorteile des Multi-Channel-Managements?

Lösung 9–1

Durch die Zusammenarbeit mit anderen Unternehmen im Marketingbereich lassen sich Marktchancen nutzen und Wachstumspotenziale erschließen. Die Bündelung der verschiedenen Kompetenzen führt zu nachhaltigen Wettbewerbsvorteilen für die beteiligten Partner.

Lösung 9–2

Intelligentes Preismanagement schöpft auf Basis des Value to Customer mit Hilfe der Instrumente Preisbündelung und Preisdifferenzierung zielgerichtet die Zahlungsbereitschaft der Kunden ab und sichert durch das Einrichten von Preiskorridoren die Rendite.

Lösung 9–3

Durch das Einsetzen sämtlicher möglicher Online- und Offline-Vertriebskanäle lassen sich Absatzpotenziale erschließen. Durch die individualisierte Kommunikation mit dem Kunden über die von ihm präferierten Kanäle wird zudem die Kundenzufriedenheit und somit die Kundenbindung gesteigert.

10 Sales und Service – Kundenbindung durch CRM

Das Kundenbeziehungsmanagement, auch Customer Relationship Management (CRM) genannt, spielt in den heutigen hart umkämpften Märkten eine entscheidende Rolle, um einerseits bestehende Kunden an das eigene Unternehmen zu binden als auch andererseits neue Kunden zu gewinnen. Unternehmen fokussieren dabei vor allem auf die Gestaltung von langfristigen profitablen Kundenbeziehungen und auf die Vermittlung von Zusatznutzen für die Kunden (Added Value) und damit zur Differenzierung gegenüber dem Wettbewerb.

Um dieses Ziel erreichen zu können, muss ein Unternehmen sämtliche Kanäle zur Kommunikation mit dem Kunden einsetzen – ganz gleich, ob es sich um das persönliche Gespräch, Telefon, Fax, mobile Geräte, E-Mail oder das Internet handelt. Sprechen wir über den Internetkanal, so meinen wir damit eCRM. Dem elektronischen Vertrieb (eSales) von Gütern, Waren und Dienstleistungen über das Internet wird dabei eine ebenso wichtige Rolle beigemessen wie die Betreuung der Kunden über das Internet durch geeignete eService-Konzepte. War es im Zeitalter der New Economy und des eCommerce Ende der 90er Jahre eine Notwendigkeit für die Darstellung der Zukunftsorientierung, als Unternehmen beispielsweise einen Online Shop zu betreiben, sind heute klare Rentabilitäts- und Qualitätsziele mit der Nutzung verbunden.

Das wesentliche Ziel dieses Kapitels ist es daher, den immer wichtiger werdenden Interaktionskanal für das Kundenbeziehungsmanagement – das Internet – in Form der Anwendungsbereiche eSales und eService in ihren Grundlagen darzustellen. Es soll damit ein Überblick über diese Anwendungsbereiche vermittelt und konkrete Anwendungsfelder im eSales und eService vorgestellt werden, deren Potenziale und Erfolgsfaktoren skizziert und durch Praxisbeispiele ergänzt werden. Da es sich bei den Bereichen eSales und eService um Teilaspekte eines integrierten CRM- bzw. eCRM-Ansatzes handelt, wird zu Beginn des Kapitels das Thema CRM aufgegriffen und es wird ein Gesamtkontext hergestellt.

Da auch im öffentlichen Bereich das Internet als Interaktionskanal zwischen Regierungs- und Verwaltungsinsitutionen auf der einen Seite sowie der Bevölkerung auf der anderen Seite eine zunehmende Bedeutung gewinnt, wird ergänzend auf Aspekte des eGovernment eingegangen. Dabei werden insbesondere die Bereiche eVergabe und eBeschaffung behandelt, die sich im Gegensatz zum elektronischen Vertrieb bzw. Service auf die internetgestützten Beschaffungsprozesse fokussieren.

Zum Abschluss beschäftigt sich das Kapitel mit dem Kundenbindungskonzept „eMass Customization", welches den elektronischen Vertrieb durch eine starke Kundenorientierung nachhaltig unterstützt.

10.1 CRM als kundenorientierte Unternehmensphilosophie

Die überwiegend gesättigten Märkte und der wachsende Wettbewerbsdruck sowie die zunehmende Substituierbarkeit von Produkten machen eine Differenzierung gegenüber Wettbewerbern über Qualität oder Kosten kaum mehr möglich. Parallel hierzu verstärkt das Internetzeitalter die Dynamik des Kaufverhaltens auf den Absatzmärkten. Vor diesem Hintergrund entsteht der Bedarf nach einer Neuausrichtung der Unternehmensphilosophie, die den Kunden in den Mittelpunkt unternehmerischen Handelns rückt.[317]

Dass die aktive Gestaltung von Kundenbeziehungen keine gänzlich neue Erfindung ist, beweisen beispielsweise die schon über etliche Jahre währenden Anstrengungen zur Automatisierung des Außendienstes durch den Einsatz von Sales Force Automations-Werkzeugen (SFA). Die damaligen eher isolierten Versuche zur Gestaltung von SFA-Funktionen sind heute einem neuen strategischen Ansatz gewichen, der sich der Herausforderung der Pflege ganzheitlicher Kundebeziehungen stellt, das Customer Relationship Management (CRM). Dieser Ansatz wird in den folgenden Abschnitten systematisch vorgestellt.

10.1.1 Philosophie und Charakter von CRM

CRM ist eine kundenorientierte Unternehmensphilosophie, die mit Hilfe moderner Informations- und Kommunikationstechnologien versucht, auf lange Sicht profitable Kundenbeziehungen durch ganzheitliche und differenzierte Marketing-, Vertriebs- und Servicekonzepte aufzubauen und zu festigen.[318]

[317] Vgl. Schwetz (2001) S. 15ff
[318] Vgl. Hippner, Wilde (2001), in: Helmke, Dangelmaier, S. 6

Hierbei fokussiert CRM auf die Maximierung des Ertragswertes von Kundenbeziehungen (Customer Lifetime Value) bei paralleler Steigerung der Kundenzufriedenheit. Es gilt, stabile, langfristige Beziehungen zu etablieren und insbesondere vorhandene profitable Kunden zu binden. Dies beruht auf der Erkenntnis, dass die Gewinnung neuer Kunden bis zu fünfmal kostenintensiver sein kann, als das Pflegen bestehender Kundenbeziehungen.[319] Konkret bedeutet Customer Relationship Management also vor allem die Pflege von Kundenbeziehungen und die Sicherung von Wachstum durch

- mehr Kundennähe,
- die gezielte Ansprache der Kunden,
- eine Synchronisation aller Vertriebskanäle (One-Face-to-the-Customer),
- eine Erhöhung des Ertragswerts über den Kundenlebenszyklus (Customer Lifetime Value),
- eine Steigerung der Kundenbindung,
- die Schaffung von Mehrwert für das Unternehmen durch eine höhere Wertschöpfung
- und den Aufbau von Wissensdatenbanken (Data Warehouse, Database Marketing).

Der Charakter der CRM-Philosophie ist wesentlich durch den Aufbau von Kundenwissen aus dem direkten Dialog bzw. der direkten Interaktion mit dem Kunden geprägt. Durch die Sammlung, Analyse und Dokumentation sämtlicher im Laufe der Geschäftsbeziehung generierter Kundendaten lassen sich Präferenzen und individuelle Profile von Kunden ableiten, die für eine gezielte und individuelle Ansprache genutzt werden können. Darüber hinaus können die gewonnen Informationen über die Kunden und das Kaufverhalten beispielsweise direkt zur Steigerung des Umsatzes beitragen, etwa durch die Ausnutzung von Cross- und Up-Selling Verkäufen.

Beim Cross-Selling werden dem Kunden neben den bereits ausgewählten Produkten zusätzliche Produkte zum Kauf vorgeschlagen mit dem Ziel, dass diese Vorschläge das Interesse des Kunden wecken und ihn zu weiteren Käufen animieren. Up-Selling geht einen Schritt weiter und bietet dem Kunden alternative, höherwertige Produkte, um sie vom ersatzweisen Kauf der teureren Produkte zu überzeugen. Typisch ist die Nutzung von Cross- und Up-Selling Produkten vor allem in Online Shops (vgl. Abschnitt 10.2.2).

Mit zunehmender Dauer der Kundenbeziehung und der Sammlung von umfangreichen Informationen über den Kunden und sein Kaufverhalten

[319] Vgl. Bauer, Göttgens, Grether (2001), in: Hermanns, Sauter, S. 120

erhöht sich für das Unternehmen der Wert jedes Kunden (Customer Lifetime Value). Durch die langfristigen Kundenbeziehungen lassen sich im Zeitablauf unter anderem Kundenwünsche wie Bevorzugung eines konkreten Ansprechpartners im Unternehmen, persönliche Vorlieben, Art des Kommunikationskanals (z.B. E-Mail statt telefonische Benachrichtigung), Produktpräferenzen oder unverzügliche telefonische Erreichbarkeit herausfiltern.[320] In diesem Zusammenhang spricht man bei CRM von einer so genannten „lernenden Kundenbeziehung", die in Abb. 10.1. visualisiert wird.

10.1.2 eCustomer Relationship Management

Das Internet avanciert auch nach Ende des Booms zunehmend zur Angebots-, Bestell- und Transaktionsplattform des 21. Jahrhunderts. Als eigenständiger Vertriebs- und Kommunikationskanal ordnet sich das Internet hierbei als einer der bedeutenden Kanäle in die Gesamtstrategie einer CRM-Lösung ein. Vor diesem Hintergrund verschmelzen eBusiness, eCommerce und Customer Relationship Management zu einer strategischen Einheit, die sich im Begriff eCustomer Relationship Management als Ganzes widerspiegelt und wiederum die Teilaspekte eSales und eService beinhaltet (vgl. dazu die Abschnitte 10.2 und 10.4).

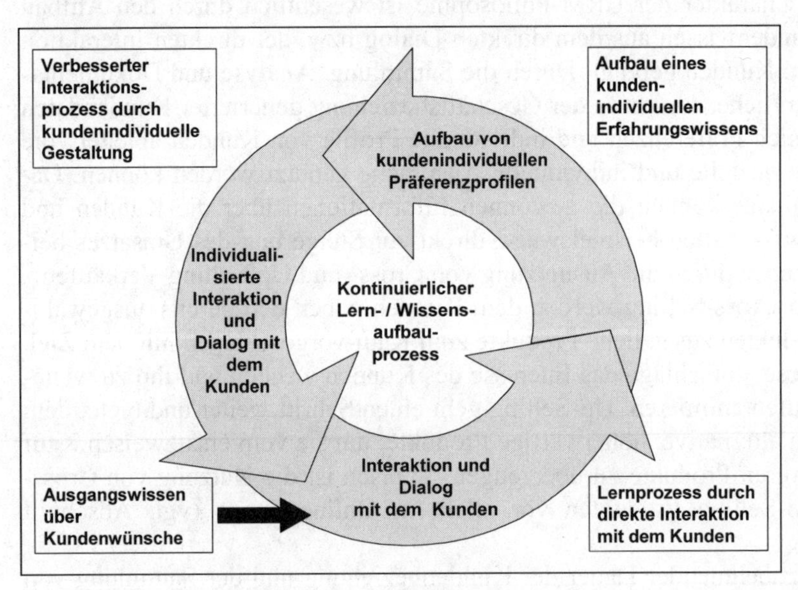

Abb. 10.1. Interaktive, lernende Kundenbeziehung[321]

[320] Vgl. Newell (2001) S. 31
[321] Quelle: Wirtz (2001) S. 159

In Abb. 10.2. ist eine Systematik für das eCRM dargestellt. Darin ist zu erkennen, welcher Zusammenhang zwischen den einzelnen Vertriebskanälen und den Unternehmensbereichen Marketing, Vertrieb, Service sowie Planung und Analyse besteht.

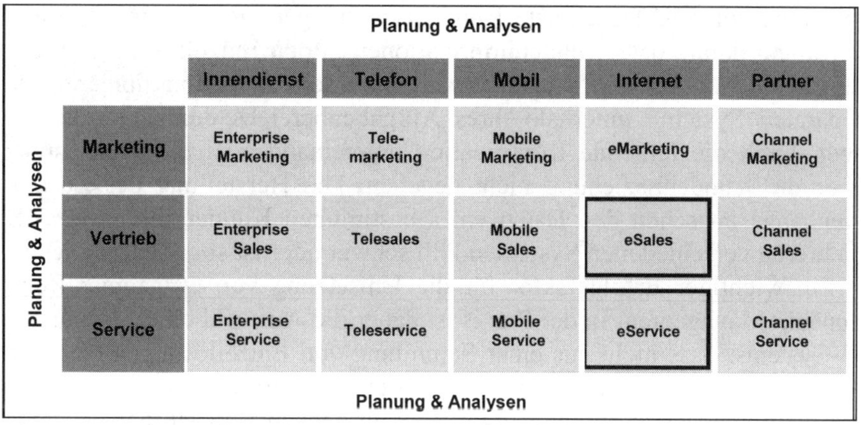

Planung & Analysen

Planung & Analysen	Innendienst	Telefon	Mobil	Internet	Partner
Marketing	Enterprise Marketing	Telemarketing	Mobile Marketing	eMarketing	Channel Marketing
Vertrieb	Enterprise Sales	Telesales	Mobile Sales	eSales	Channel Sales
Service	Enterprise Service	Teleservice	Mobile Service	eService	Channel Service

Planung & Analysen

Abb. 10.2. CRM-Bereiche und Interaktionskanäle

Für jede dargestellte Kombination existieren in der Unternehmenspraxis eine Reihe von Instrumenten, die zur erfolgreichen Umsetzung des CRM-Gedankens beitragen. So ist eine Marketing- und Kampagnenplanung dafür verantwortlich, dass Informationen über Kunden, Zielgruppen, Absatzzahlen, Rentabilität und Wettbewerber in geeignete Marketingpläne und Kampagnen einfließen.

Die Erstellung von Kampagnen erfolgt dabei im Enterprise Marketing und wird unter anderem über das Internet oder Partner an den Kunden kommuniziert. Die Ergebnisse der Kampagnen, ob sie beispielsweise zu einer tatsächlichen Absatzsteigerung geführt haben, können im Anschluss daran durch geeignete Analysen nachvollzogen werden.

Durch eCRM können potenziell mehr Kundendaten erfasst werden, als dies nur über die klassischen Interaktionskanäle möglich ist. Beispielsweise befähigen Auswertungen der Surf- und Bestellgewohnheiten eines bestimmten Kunden auf der eigenen Homepage dazu, zusätzliche kundenspezifische Informationen zu gewinnen. Mittels derer werden eine kundenindividuelle, personalisierte Gestaltung der Website sowie gezielte Angebote an den Kunden ermöglicht (One-to-One Marketing).

10.1.3 Integrierte eCRM-Systeme

Obwohl viele Unternehmen in den vergangenen Jahren Millionenbeträge in verschiedene Einzelsysteme für Call Center, das Kampagnemanagement und ähnliche System investiert haben, sind sie dennoch nicht in der Lage im Sinne von CRM geeignete Kundenbeziehungen aufzubauen. Das liegt vor allem daran, dass Kundeninformationen in den Einzellösungen in unterschiedlicher Art und Weise verwaltet werden. Zwar funktionieren die separaten Systeme innerhalb ihres Aufgabenbereichs durchaus adäquat, aber durch die fehlende Koordination untereinander ist die Transparenz über die Kundenbeziehung nicht gegeben. Die Herstellung des Zusammenhangs zwischen den Daten eines bestimmten Kunden aus zwei oder mehreren verschiedenen Systemen fällt schwer oder ist sogar unmöglich.

Ein wichtiger Erfolgsfaktor für die Umsetzung von eCustomer Relationship Management in der Praxis ist daher die Auswahl eines geeigneten IT-Systems, dass nicht aus einer Sammlung von Einzellösungen bestehen darf. Stattdessen ist vielmehr eine Lösung zu präferieren, die als gesamtheitliches Paket durchgängig die beschriebenen Vertriebskanäle sowie Unternehmensbereiche unterstützt und eine vollständige Integration zwischen den einzelnen Prozessschritten bietet.

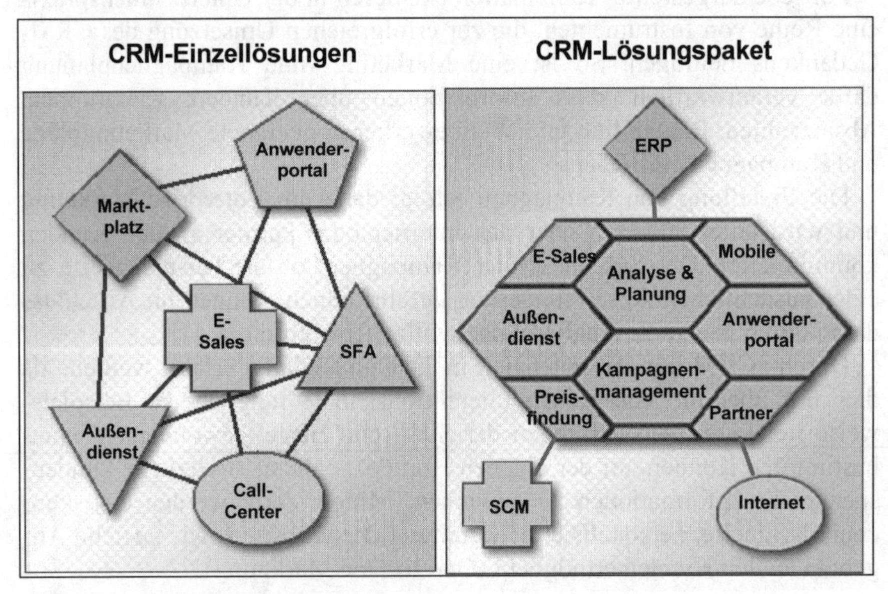

Abb. 10.3. Integrierte eCRM-Systeme

Dabei sollen alle relevanten kunden- und auftragsbezogenen Daten für sämtliche Interaktionskanäle synchronisiert zur Verfügung gestellt werden, d.h. der Kunde soll stets das Gefühl vermittelt bekommen, den richtigen Ansprechpartner mit der richtigen Information im Unternehmen zu erreichen (One-Face-to-the-Customer). Ein Vertriebsmitarbeiter kann somit alle relevanten Kunden- und Auftragsdaten jederzeit über das CRM-System und eine nahtlose Anbindung zu ERP- und SCM-Systemen abrufen.

Die Anforderungen an ein eCRM-System sind vielfältig und es ist vor der Einführung eines komplexen Systems eine detaillierte Auswahl zu treffen, da es eine Vielzahl von Anbietern von CRM-Systemen gibt. Die Systeme unterscheiden sich dabei zum Teil sehr stark in der gebotenen Funktionalität für die genannten Unternehmensbereiche, in der zum Teil existierender Fokussierung auf branchenspezifische Prozesse oder Funktionen (z.B. gibt es Systeme, die sich auf die Konsumgüterindustrie spezialisiert haben) sowie in der angesprochenen Zielgruppe. Bezüglich der Zielgruppe eignen sich die CRM-Systeme einerseits stärker für den Einsatz in Großunternehmen und andererseits sind sie gezielter auf die Anforderungen des Mittelstands abgestimmt.

Im Rahmen einer Marktstudie[322] aus dem Jahr 2003 wurden die führenden 15 Anbieter von CRM-Systemen im deutschen Markt beurteilt und hinsichtlich ihrer Eignung für den Einsatz in Konzernen und dem gehobenen Mittelstand untersucht. Die Auswahl der Anbieter erfolgte dabei nach verschiedenen Kriterien:

- strategischer Zielgruppen-Schwerpunkt im gehobenen Mittelstand, bei Großunternehmen und internationalen Konzernen,
- führende Marktposition in diesen Marktsegmenten auf dem deutschsprachigen Markt, als globaler High-End-Anbieter oder als Branchenspezialist und
- Schwerpunkt im operativen CRM-System für den B2B-Markt.

Aufgrund der genannten Kriterien zählen folgende Unternehmen zu den führenden Anbietern des deutschen CRM-Marktes: CAS GmbH, Cegedim, Cursor Software AG, iET Solutions, FJH AG, Oracle, Peoplesoft, Pivotal, Regware, S1, SAP, Siebel, Saratoga, UNiQUARE, Update.

Gemäß der Studie hat die Firma SAP aus Walldorf bereits im Jahre 2002 – gemessen nach dem Umsatz in Deutschland – den bisherigen Weltmarktführer Siebel überholt. Neben vielen anderen Anbietern bietet die SAP mit ihrem Produkt mySAP CRM eine integrierte Lösung für das effektive Kundenmanagement an. Die Lösung unterstützt dabei alle Unternehmensbereiche sowie Kontaktkanäle und bietet darüber hinaus eine hohe

[322] Vgl. www.acquisa.de/news/showNews.cfm?newsID=10638, Internetabruf (22.04.2004)

Prozessintegration für die erfolgreiche Etablierung von Kundenbeziehungen.[323]

Praxisbeispiel: CRM-Einführung in der Volkswagen Gruppe

Mit dem Ziel zur Einführung einer einheitlichen Systemplattform für sämtliche Kundenkontakte hat sich die Volkswagen Gruppe zur unternehmensweiten Einführung des CRM-Lösungspakets mySAP CRM und mySAP Business Warehouse von der SAP entschieden. Sowohl die Prozesse zur Markteinführung des Luxus-Volkswagens „Phaeton" als auch die allgemeine Kundenbetreuung von Audi und Volkswagen werden auf der Basis der CRM-Lösung abgewickelt. Da die Hersteller im Automobilhandel immer häufiger direkt von den Kunden Anfragen oder Beschwerden erhalten, wird die Kundenbetreuung über ein zentrales CRM Interaction Center durchgeführt. Die Anfragen vom Kunden gelangen in kürzester Zeit zum zuständigen Servicemitarbeiter und können unter zu Hilfenahme von in das CRM-System integrierten Datenbanken, in der unter anderem Fachinformationen und Fahrzeugdaten abgelegt sind, beantwortet werden. Neben den operativen CRM-Prozessen wurden unter Verwendung des mySAP Business Warehouse ebenfalls analytische Aspekte berücksichtigt, um eine Optimierung der Marketingmaßnahmen zu erzielen.

Nur durch das Zusammenwirken aller Komponenten eines eCRM-Systems entstehen Effizienzsteigerungen in Vertriebs-, Marketing- und Serviceprozessen. Das eCRM-System integriert hierzu alle Daten aus den operativen Prozessen und den verschiedenen Kontaktkanälen (E-Mail, persönlicher Kontakt, Telefon, etc.), speichert die Daten in einer zentralen operativen Datenbasis ab und stellt sie in verdichteter Form in einem Data Warehouse zur Verfügung. Anschließend wertet es die Daten mit Hilfe von Analyseinstrumenten wie Data Mining und OLAP (Online Analytical Processing) aus und stellt sie wiederum für die operativen Vertriebs-, Marketing- und Serviceprozesse aufbereitet zur Verfügung. Durch diese Architektur, auch „Closed Loop Architektur" genannt[324], wird ein optimales Zusammenwirkungen aller Komponenten sichergestellt.

Typische Bestandteile von eCRM-Systemen sind somit, wie in Abb. 10.4. dargestellt, Komponenten für die drei Bereiche

- analytisches CRM,
- operatives CRM und
- kollaboratives CRM.

In den folgenden Abschnitten wird auf einzelne Komponenten dieser Architektur näher eingegangen.

---

[323] Vgl. www.sap.de/crm, Internetabruf (22.04.2004)
[324] Vgl. Hippner, Wilde (2001), in: Helmke, Dangelmaier

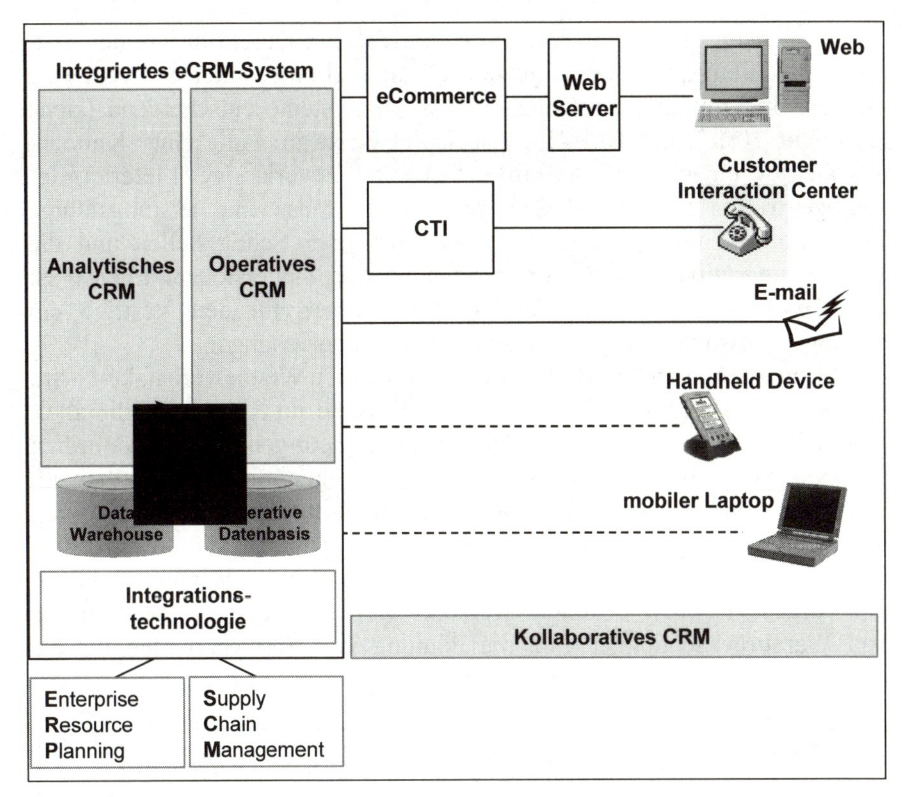

Abb. 10.4. Architektur von eCRM-Systemen

Operatives CRM

Der operative CRM-Bereich widmet sich den alltäglichen Vertriebs-, Marketing- und Serviceprozessen und verfolgt das Ziel, die Kommunikation zwischen Kunden und Unternehmen kontinuierlich zu verbessern sowie eine ständige Optimierung der dazu notwendigen Geschäftsprozesse herbeizuführen. Die Aufgabe liegt darin, sämtliche Marketing-, Vertriebs- und Serviceabwicklungsprozesse für die Mitarbeiter zu standardisieren und zu automatisieren.[325]

Die operativen CRM-Prozesse beginnen im *Marketing* bei der erfolgreichen Unterstützung der Kundenakquisition, um aus Interessenten neue Kunden für das Unternehmen werden zu lassen. Beispiele hierfür sind die Planung und Ausführung von Marketingkampagnen sowie das systematische Lead- und Opportunity-Management.

[325] Vgl. Hassmann (2001), in: Sales Business (10/01) S. 28

Als nächstes gilt es, im *Vertrieb* eine effiziente Durchführung der Auftragsabwicklungsprozesse zu gewährleisten. Dabei ist unter anderem eine nahtlose Integration in die ERP- und SCM-Systeme entscheidend (siehe Abschnitt 10.1.3 und 10.1.4), um beispielsweise im Falle einer Kundenanfrage zu einem Liefertermin sofort eine zuverlässige Lieferterminaussage treffen zu können. Zur Abwicklung muss eine leistungsfähige Integrationstechnologie den Datenaustausch über Schnittstellen und die Prozessintegration über Systemgrenzen hinweg sicherstellen. Ebenso ist die Verwaltung von Aktivitäten und Kontakten für den Vertrieb ein wichtiges Instrument in der Pflege von Kundenbeziehungen.

Als ein zunehmend an Bedeutung gewinnender Wettbewerbsfaktor wird letztlich die erfolgreiche Gestaltung der Prozesse im *Service*, da die alleinige Differenzierung über Produkte in den heutigen hart umkämpften Märkten immer weniger zur Differenzierung gegenüber dem Wettbewerb beitragen kann. Hier stehen vor allem die Beantwortung und Lösung von Kundenanfragen oder Beschwerden im Vordergrund, für die die Mitarbeiter im Customer Interaction Center aus einer Problemlösungsdatenbank mit vorgeschlagenen Lösungen versorgt werden. Auch die Bearbeitung von Warenrücksendungen und die Planung von Servicearbeiten für die Reparaturabwicklung fallen in diesen Bereich.

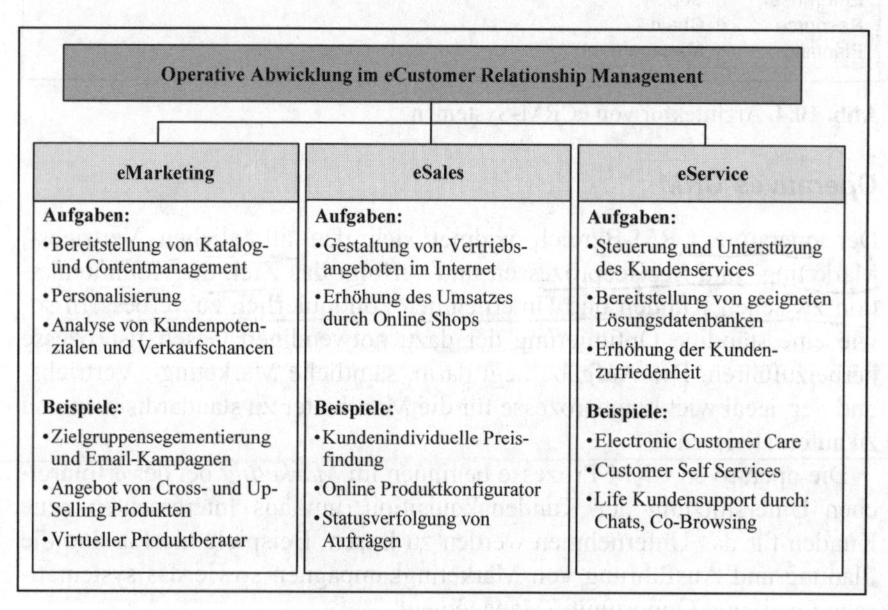

Abb. 10.5. Aufgaben und Beispiele im operativen eCRM

Spezielle Aufgaben für die operativen eCRM-Prozesse, also für über das Internet nutzbare Funktionalitäten, sind in Abb. 10.5. aufgeführt. In der

Praxis überschneiden sich die Instrumente aus den drei genannten Bereichen naturgemäß.

Zweifelsohne stellen geeignete eCRM-Systeme eine Erfolg versprechende Lösung zur Kundenbindung im derzeitig angespannten Wettbewerbsumfeld dar. Eine softwaregestützte Umsetzung eines eCustomer Relationship Management allein ist jedoch kein Garant für eine erfolgreiche Kundenbindung. Dies ist weiterhin abhängig von den strategischen Vorgaben des Managements sowie von der Qualifikation und Motivation der Mitarbeiter.

Auf die beiden Themen eSales und eService, als zwei wichtige Bestandteile des operativen eCRM, wird in den Abschnitten 10.2 und 10.4 näher eingegangen. Dem Thema eMarketing ist Abschnitt 9 in diesem Buch gewidmet.

Analytisches CRM

Im analytischen CRM werden alle relevanten Daten über bestimmte Schlüsselfaktoren eines Kunden (z.B. Aufträge, Fahrzeug eines Kunden, Marketingkampagnen zum Kunden) gesammelt und in einem Data Warehouse abgelegt. Ergänzend zu den gewonnen Daten über die Kunden können zusätzliche Informationen aus externen Quellen hinzugefügt werden, wie z.B. Kennzahlen zu Marktpotenzialen oder Wettbewerbern. Weitere Quellen für den Dateninput können sein:

- Transaktions- und Stammdaten aus ERP- und SCM-Systemen,
- Daten aus Onlinesystemen wie z.B. Online Shops,
- Daten aus Direktmailings und Korrespondenzen mit dem Kunden oder
- Telefongespräche und E-Mail-Verkehr, persönliche Kontakte des Außendiensts.

Nach der Erfassung und der Speicherung aller relevanten Informationen werden mit Hilfe des Analyseinstruments OLAP die Daten verdichtet und anschließend mit Data Mining-Technologien die gewünschten Informationen extrahiert. Die gewonnen Informationen stehen wiederum den operativen Prozessen zur Verfügung und können für die weitere Interaktion mit dem Kunden verwendet werden.

Das Ziel der analytischen Komponente ist die Schaffung einer Kundenwissensbasis und die Ableitung von Handlungsempfehlungen für das operative und kollaborative CRM. Auf diese Weise können kundenbezogene Unternehmensprozesse über den gesamten Kundenlebenszyklus permanent verbessert werden.

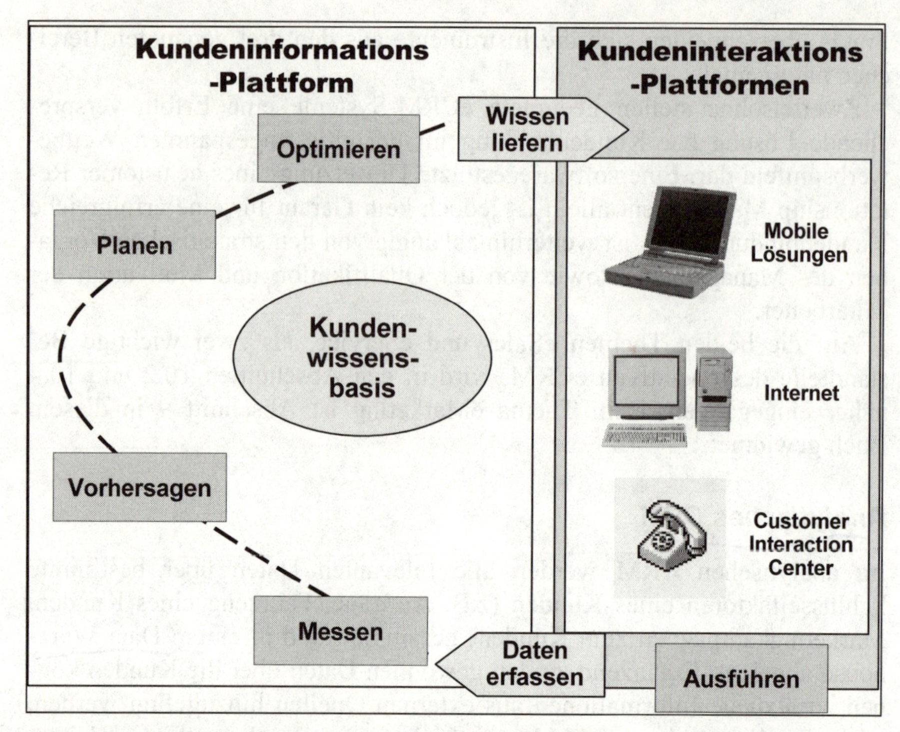

Abb. 10.6. Analytisches CRM zur Schaffung einer Kundenwissensbasis

Kollaboratives CRM

Funktionalitäten, die in den Bereich des kollaborativen CRM fallen, dienen der Steuerung, Unterstützung und Synchronisation sämtlicher Kommunikationskanäle des Unternehmens zum Kunden. Es soll durch die zielgerichtete Nutzung der verschiedenen Kanäle eine möglichst effiziente und effektive Kommunikation zwischen dem Unternehmen und dem Kunden erreicht werden. Aufgabe des CRM-Systems ist es, die Daten der Kundenkontakte zu erfassen und über die unterschiedlichen Kanäle zu synchronisieren (One-Face-to-the-Customer).[326]

Das Customer Interaction Center (CIC) ermöglicht als zentraler Bestandteil eines CRM-Systems dem Innendienst eines Unternehmens den Zugang zu allen wichtigen Information während der Interaktion mit dem Kunden. Durch die Nutzung von Computer Telephony Integration (CTI) wird zudem die Produktivität eines Customer Interaction Centers erhöht. CTI bedeutet die Verknüpfung einer Telefonanlage mit dem CRM-System. Diese Integration ermöglicht beispielsweise die automatische Rufnummer-

[326] Vgl. Hippner, Wilde (2001) in: Helmke, Dangelmaier S. 14f, S. 29ff

erkennung, wodurch ein Kunde dem für ihn zuständigen Sachbearbeiter zugewiesen werden kann, und die gleichmäßige Lastverteilung in einem CIC, so dass unnötige Telefonwarteschleifen reduziert werden können.

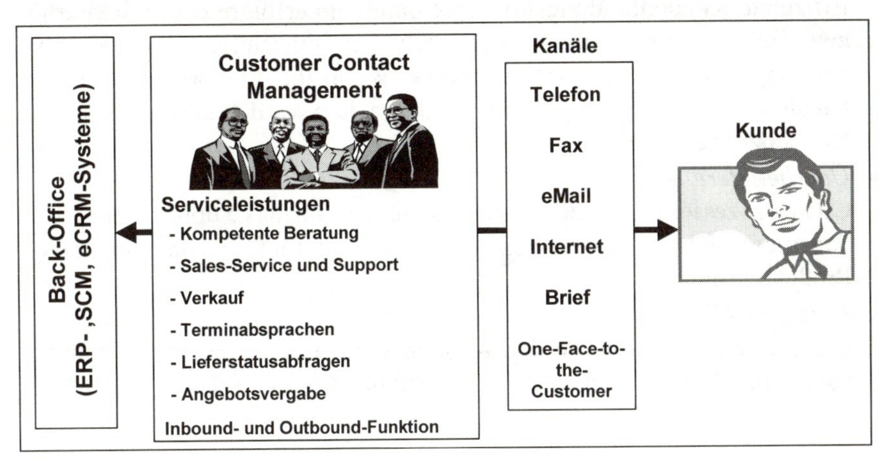

Abb. 10.7. Customer Interaction Center

Neben der klassischen Kommunikation zum Kunden spielt auch die effiziente Einbindung der Vertriebs- und Servicepartner eine immer bedeutendere Rolle. Diese Partner stellen ein wichtiges Element in der erfolgreichen Gestaltung von Kundenbeziehungen dar, denn sie sind oftmals im Rahmen des indirekten Vertriebs für den Verkauf von Produkten oder die Erbringung von Serviceleistungen verantwortlich (z.B. Vertragshändler im Automobilhandel, die den Verkauf von Autos und nachgelagerte Servicearbeiten durchführen). Unter dem Begriff „Partner Relationship Management“ oder „Channel Management“ (der Partner als Channel) werden hier Funktionalitäten subsumiert, die die kollaborative Kommunikation zwischen Unternehmen, Partner und Kunden ermöglichen.

10.1.4 Integration vom CRM in die Supply Chain

Es ist nahezu unmöglich eine erfolgreiche CRM-Strategie durchzuführen, die die Bedürfnisse der einzelnen Kunden hinsichtlich Kosten, Zeit, Qualität, Belieferung und Service trifft, ohne eine zugrunde liegende Unterstützung der gesamten Supply Chain zu erfahren. Ein wirkungsvolles CRM im Unternehmen erfordert daher eine integrierte oder zumindest koordinierte Durchführung aller Prozessschritte zwischen der Kundenbetreuung und der logistischen Abwicklung. Setzt dagegen CRM auf eine nicht funktionierende Supply Chain auf, so wird die Sicht auf die Schwächen der zugrunde liegenden logistischen Fähigkeiten des Unternehmens aufgedeckt und es können daraus folgende Situationen resultieren[327]:

- *Unterbelieferung*
  Effiziente Kundenbindungskonzepte durch ein erfolgreiches CRM erhöhen die Erwartungshaltung beim Kunden hinsichtlich der gesamten Leistungsfähigkeit des Unternehmens. Wenn die Versprechungen zum Kunden durch die Supply Chain nicht gehalten werden können, sinkt die Kundenzufriedenheit.
- *Überbelieferung*
  CRM-Prozesse, die keine Kostentransparenz für das Supply Chain Management liefern, können beispielsweise zum Liefern von unrentablen Produkten führen.
- *Verpasste Chancen*
  Ohne eine Integration werden Kundenbedürfnisse eventuell zu spät erkannt und können nicht durch die Supply Chain erfüllt werden. Beispielsweise ist die Umsetzung neuer Produktideen zu langsam.

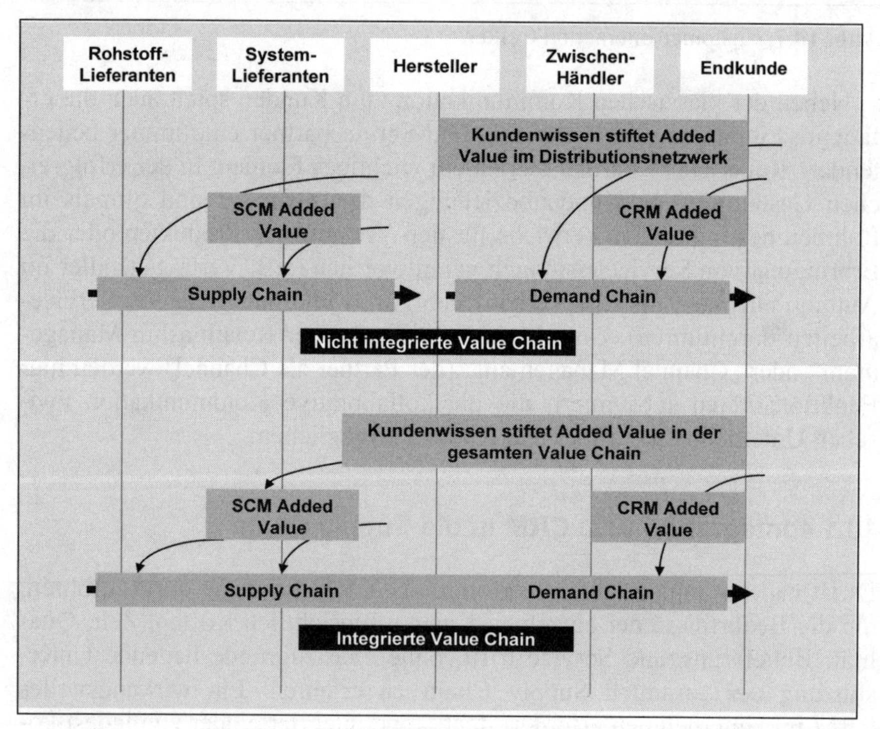

Abb. 10.8. Die integrierte Value Chain[328]

[327] In Anlehnung an SAP (2003c) S. 4
[328] Aus SAP (2003c) S. 24

Eine gute Verbindung zwischen CRM und SCM kann unter anderem Entscheidungen unterstützen, die die After Sales Phase betreffen, wie die Planung des Warenbestandes in einem Ersatzteillager. Gesicherte Informationen über Reparatur- oder Gewährleistungsaufträge zu Produkten vereinfachen bzw. ermöglichen erst die Prognose über den Bedarf an Ersatzteilen in der Zukunft. Durch eine gute Ersatzteilplanung in der Supply Chain lässt sich somit auch die Kundenzufriedenheit bzw. -bindung hinsichtlich der Lieferfähigkeit von Ersatzteilen steigern. Darüber hinaus können durch die Anbindung von CRM-Systemen an SCM-Systeme dem Kunden in Echtzeit verlässliche Liefertermine zugesichert oder es kann der Status eines Auftrags (über das Internet) nachvollzogen werden. Ebenso ist die Speicherung der Kunden- und Auftragsdaten ohne Medienbrüche und Redundanzen gewährleistet.

10.2 eSales – Der elektronische Vertriebskanal

Electronic Commerce (eCommerce) hat sich in den letzten Jahren zu einem strategischen Thema in deutschen und internationalen Unternehmen entwickelt. Nach dem plötzlichen Ende des rasanten Höhenflugs des eBusiness ist mittlerweile eine weitaus sachlichere Auffassung zu den Potenzialen von eCommerce eingetreten. Unternehmen konzentrieren sich bei der Einführung von eCommerce-Anwendungen nun vor allem auf die Erschließung von Rationalisierungspotenzialen und der Integration von Lösungen in deren Gesamtstrategie. Durch die Vorgabe realistischer Ziele können Projekte zur Einführung von eCommerce-Lösungen erfolgreich gestaltet werden. Zudem ist zu beobachten, dass der elektronische Vertrieb immer mehr zum Normalfall im Unternehmen wird, in die vertriebliche Gesamtstrategie eingeht und dabei auch ein profitables Geschäftsmodell darstellt.

Der Begriff eCommerce unterliegt derzeit immer noch unzähligen Definitionen. Im Rahmen der folgenden Kapitel umfasst eCommerce, als Teilbereich des eBusiness, Aktivitäten wie Waren oder Dienstleistungen elektronisch zu präsentieren, zu verkaufen sowie Onlinetransaktionen und -zahlungen abzuwickeln, weitergehende Informationen über das Internet auszutauschen und dem Kunden über das Internet einen umfassenden Nutzen und Service zu bieten.[329]

Als ein Teilbereich von eCommerce und eCRM bezeichnet *eSales* den Verkauf von Gütern und Dienstleistungen über elektronische Kanäle und

[329] Vgl. Richter (2004), unter http://www.webagency.de, Internetabruf vom 09.05.2004

im Weiteren die Unterstützung bzw. Abwicklung des Verkaufsprozesses durch internetbasierte Technologien.

Würde man eSales in die klassischen Phasen des Verkaufsprozesses eingliedern, so stünde es dabei im Mittelpunkt des Gesamtprozesses, und zwar in der tatsächlichen Kaufphase des Kundenbeziehungslebenszyklus.

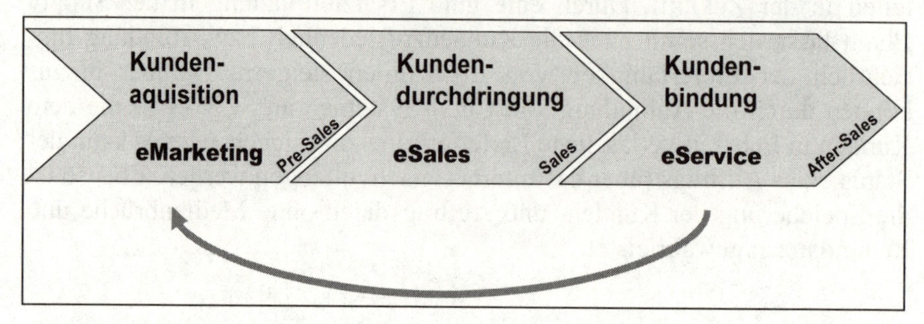

Abb. 10.9. Kaufphasen im Kundenbeziehungslebenszyklus

Die Kundenakquisition (Pre-Sales) ist bereits erfolgreich vollzogen und im Rahmen von eCRM durch geeignete Instrumente des operativen eMarketings unterstützt worden. Dies umfasst verschiedene Marketingaktivitäten, wie beispielsweise die Schaffung von Produktpräferenzen, die begleitende Unternehmensdarstellung und die gezielte, persönliche Ansprache der Kunden (One-to-One Marketing). Die Personalisierung des Produktangebots kann durch die Nutzung von Kundenprofilen erfolgen oder ebenso durch die Möglichkeit, dass der Kunde seine Kaufpräferenzen über das Internet selbständig pflegen kann. Dadurch wird eine auf die Wünsche des Kunden sinnvolle Eingrenzung des Produktangebots erzielt.

Praxisbeispiel: Personalisierung bei Amazon

Im eShop von Amazon (www.amazon.de) werden Bücher, Musik-CDs, DVDs, Computer- und Videospiele, etc. verkauft. Wenn Sie sich als angemeldeter Benutzer auf der Internetseite von Amazon befinden und Sie bereits einmal Produkte bei Amazon eingekauft haben, werden Ihnen unter anderem Produkte zum Kauf angeboten, die einen Bezug zu Ihren früher gekauften Artikeln besitzen. So könnte Ihnen beispielsweise ein neues Buch zum Thema eCRM angeboten werden, wenn Sie schon früher ein Buch zum Thema eBusiness und CRM gekauft haben. Diese Beziehung wird hergestellt, indem Ihr Kundenprofil des eCRM-Systems verwendet wird.

In der Phase der Kundendurchdringung (Sales) findet der eigentliche Verkauf der Produkte über Online Shops (im Weiteren als eShops bezeichnet) statt, bevor im Zuge der Kundenbindung (After-Sales) durch geeignete Werkzeuge sämtliche Serviceaktivitäten für den Kunden unterstützt werden. Diese Phasen werden in den nachfolgenden Abschnitten im Detail beschrieben.

Tabelle 10.1. eShops – Nutzenaspekte, Einsparungspotenziale und Barrieren

	Nutzenaspekte	**Einsparungs-potenziale**	**Barrieren**
Käufer	• 24 Stunden, 7 Tage pro Woche Erreichbarkeit • Personalisierung des Produktangebots • Erleichterte, schnellere Suche nach Produkten und Dienstleistungen	• Online-Preisauskunft • Leichtere Vergleichbarkeit von Angeboten	• Bedenken bzgl. der Sicherheit (insbesondere bei Zahlung) • Anonymität der Einkaufssituation • Fehlende oder eingeschränkte „Erlebbarkeit“ von Produkten
Verkäufer	• Erreichbarkeit von globalen Märkten zu geringen Kosten • Erschließung neuer Vertriebskanäle • Individualisierung der Kundenbeziehung (One-to-One Marketing) • Erschließung neuer Vertriebskanäle • Vereinfachte Analyse der Kundenpräferenzen	• Senkung der Transaktionskosten pro Vorgang • Senkung der Vertriebskosten durch Integration des eShops in die Supply Chain • Potenzielle Reduktion der Absatzmittler	• Mögliche Konflikte mit etablierten Vertriebskanälen • Anfangsinvestitionen

Der Einsatz von eShops in den Vertriebsprozessen von Unternehmen eröffnet eine Vielzahl neuer Möglichkeiten im Hinblick auf eine kundenorientierte und kosteneffiziente Wertschöpfung entlang der Supply Chain. Neben wichtigen qualitativen Nutzenaspekten, die sowohl auf Käufer- als auch auf Verkäuferseite entstehen, sind mit der Nutzung von eShops konkrete Einsparungspotenziale verbunden. Demgegenüber stehen Barrieren, die Käufer von der Nutzung von eShops abhalten und auf Verkäuferseite teilweise noch das Betreiben eines Online-Vertriebskanals verhindern. Auch wenn die außerordentlichen Wachstumsprognosen vom Ende der 90er Jahre nicht erfüllt wurden, so besteht zwischen den Marktforschern für die Zukunft bzgl. des exponentiellen Wachstums von eCommerce-Umsätzen Einigkeit.

10.2.1 Geschäftsfelder und -modelle im eCommerce

Für die Nutzung der Internettechnologie lässt sich eCommerce aufgrund der Marktteilnehmer in drei Bereiche einteilen, aus deren Kombination unterschiedliche Teilnehmerszenarien für den elektronischen Handel in Betracht kommen. Die Marktteilnehmer sind öffentliche Institutionen und Behörden, privaten Konsumenten sowie als wichtigster Teilnehmer jegliche Art von Unternehmen unterschiedlicher Größe und Komplexität.

- Öffentliche Institutionen ⇒ Administration
- Unternehmen ⇒ Business
- Konsumenten ⇒ Consumer

Aus der Art, wie die Marktteilnehmer zueinander in Beziehung stehen, resultieren unterschiedliche Geschäftsfelder. Diese werden in der Interaktionsmatrix Abb. 10.10. dargestellt. Für den Bereich eSales stehen insbesondere die Geschäftsfelder „Business-to-Consumer (B2C)“ und „Business-to-Business (B2B)“ im Vordergrund, weshalb die anschließenden Ausführungen ausschließlich diese Szenarien beleuchten.

Der *B2B-Bereich* bezeichnet die elektronische Geschäftsabwicklung zwischen Unternehmen (Lieferanten, Herstellern, Händlern und Geschäftskunden). Zur Geschäftsabwicklung dienen hierzu elektronische Transaktionsplattformen, welche sowohl dem beschaffenden Unternehmen („Buy-Side“ = eProcurement) als auch dem verkaufenden Unternehmen („Sell-Side“ = eSales) die Möglichkeit bieten, die Transaktionskosten in Form von Beschaffungs- bzw. Vertriebskosten zu senken.[330] Im eSales des B2B-Szenario stehen neben absatzorientierten Marketingaktivitäten eine langfristige, kosten- und prozesseffiziente Vertriebsabwicklung zwischen Supply Chain Partnern über ausgereifte Internettechnologien im Vordergrund. Wichtige Erfolgsfaktoren stellen hierbei durchdachte eSales-Applikation (z.B. eShops), ein qualifiziertes Content Management (z.B. elektronische Produktkataloge im eShop), branchenübergreifende Kommunikationsstandards (z.B. XML, Web-EDI), die Anbindung von ERP- und SCM-Systemen und eine effiziente Lieferabwicklung dar.

330 Vgl. Dunz (2002), in: Wannenwetsch (2002b) S. 17

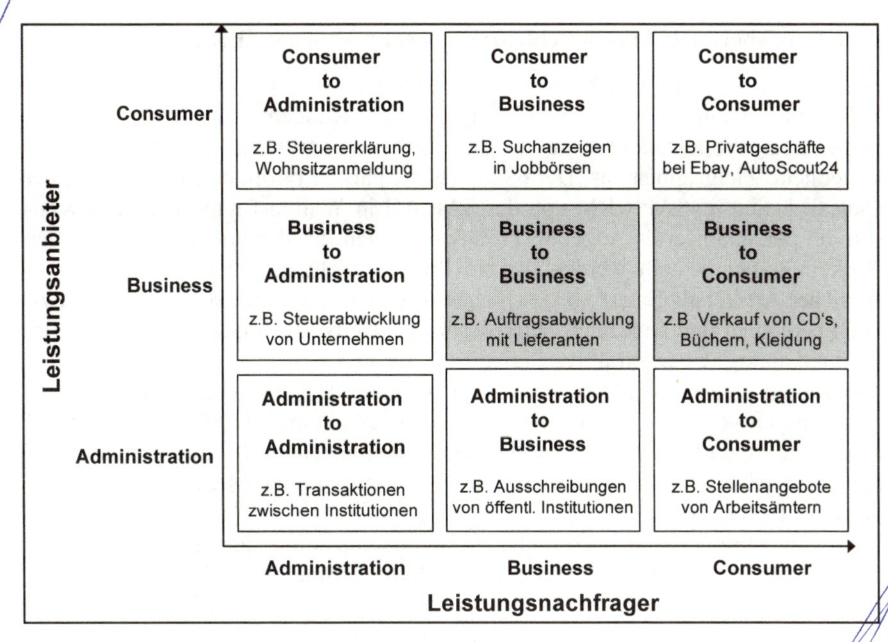

Abb. 10.10. Interaktionsmatrix des eCommerce[331]

Zu den absatzfähigen Produkten im B2B-Geschäftsfeld zählten neben Logistikdienstleistungen für lange Zeit insbesondere Maintenance-, Repair- und Operations-Artikel (MRO) bzw. C-Artikel. Mittlerweile sind aber für alle Arten von Produkten eShops vorzufinden. Der B2B-Bereich wird zudem von allen Geschäftsfeldern im eCommerce als das lukrativste Geschäftsfeld bezeichnet.

Das Spektrum der elektronischen Geschäftsmodelle im B2B-Bereich reicht von eSales-Systemen wie Extranet-Lösungen oder eShop-Lösungen von Herstellern, Lieferanten und Großhändlern bis hin zu elektronischen Marktplatzlösungen, welche sowohl eSales-Zwecken als auch eProcurement-Zwecken von Unternehmen dienen. Neben der elektronischen Bestellabwicklung sind hier besondere Ausprägungen wie Ausschreibungen und Auktionen möglich. Zwar haben elektronische Marktplätze nach Ende des eCommerce-Booms weitestgehend an Bedeutung verloren, finden aber nach wie vor ihre Anwendung und Nutzung in der Praxis.

[331] In Anlehnung an Dunz (2002), in: Wannenwetsch (2002b) S. 17

B2B-Praxisbeispiel: Tyrolit Schleifmittelwerke Swarowski K.G.

Mit einem eShop für Geschäftskunden (B2B) hat der führende europäische Hersteller für gebundene Schleifwerkzeuge seinen Kundenservice ausgebaut und richtet sein Produktangebot sowie die Marketingaktivitäten gezielt auf unterschiedliche Zielgruppen aus. Der eShop (www.partner.tyrolit.com) basiert auf der eSales-Lösung mySAP CRM von der SAP AG in Walldorf und bietet dem Kunden ein personalisiertes Angebot, Produkte können mit der unternehmenseigenen Artikelnummer bestellt werden. Ist ein Produkt nicht lieferbar, wird online ein ähnlicher Artikel als Ersatz vorgeschlagen. Preise werden im eShop kundenindividuell berechnet und angezeigt, entweder im Einkaufswagen oder bereits zuvor im Produktkatalog. Über attraktive Preisrabatte für Online-Bestellungen gewährt Tyrolit zudem einen besonderen Anreiz zur Nutzung des eShops und hat durch das Ausschöpfen von Cross- und Up-Selling Potenzialen eine zusätzliche Umsatzsteigerung erzielen können. Die Bestellungen fließen zudem automatisch in das angebundene ERP-System SAP R/3 ein und werden durch ohne Medienbruch elektronisch weiterverarbeitet.

Die Investitionen in den eShop haben sich bereits amortisiert, eine Senkung der Transaktionskosten um rund 25% und eine Reduzierung der Personalkosten in einigen Bereichen des Innendienstes zur Auftragsabwicklung um bis zu 80% tragen zum Erfolg des eShops bei. Auch die schnellere Lieferung der Produkte durch gestraffte Geschäftsprozesse wirkt sich positiv auf die Kundenzufriedenheit aus.

Der *B2C-Bereich* bezeichnet die elektronische Geschäftsabwicklung zwischen Unternehmen und Endkonsumenten. Im Vordergrund des B2C-Geschäftsfelds stehen marketing- und vertriebsorientierte Aktivitäten, wie eine persönliche Kundenansprache (One-to-One Marketing), eine langfristige Kundenbindung und der elektronische Verkauf von Waren und Dienstleistungen. Insbesondere eine ansprechende und multimedial aufbereitete Gestaltung eines Onlineangebots mit integrierter Warenkorbfunktion, Warenverfügbarkeitsprüfung in Echtzeit und eine breite Auswahl von Online-Zahlungssystemen sowie kurze Lieferzeiten gehören zu den Erfolgsfaktoren im eSales dieses Szenarios.[332]

Zu den absatzfähigen Produkten im B2C-Bereich gehören vorwiegend typische Massenkonsumgüter, wie beispielsweise Bücher, Tonträger oder Software, zunehmend aber auch komplexere Artikel, z.B. Autos oder große Computersysteme.

Als Geschäftsmodell im B2C-Bereich dienen hauptsächlich eSales-Applikationen wie eShops. Wichtig hierbei ist die Verbindung des Frontends (eShop) mit Backend-Systemen (vor allem ERP- und SCM-Systeme), um jederzeit wichtige Kundeninformationen und Warenverfügbarkeitsprüfungen durchführen zu können. Darüber hinaus werden Redundanzen bei

[332] Vgl. Thome, Schinzer (2000), in: Thome, Schinzer S. 4

der Datenerfassung vermieden. Nicht zuletzt können aus den online gesammelten Geschäftsdaten Kundenprofile erstellt werden, die bei Wiederholungskäufen unter anderem für automatische Produktvorschläge im Zuge von Cross- und Up-Selling eingesetzt werden können.

B2C-Praxisbeispiel: Becks

Mit dem Aufbau eines Beck's-Shops (B2C) für Konsumenten hat die Brauerei Beck & Co das Internet als Vertriebs- und Marketingkanal in Ihre Absatzstrategie einbezogen. Nach dem Relaunch des eShops (www.becksshop.de) im Februar 2003 ist nun die eSales-Lösung auf der Basis von mySAP CRM im Einsatz. Es werden in einem multimedialen Katalog Merchandise-Artikel angeboten, die nach der Bestellung direkt in das Backend-System zur Weiterverarbeitung fließen. Dadurch wird eine effiziente Abwicklung in der Auftragsabwicklung und dem Kundenservice gewährleistet. Einen besonderen Mehrwert bieten die gewonnenen Kundendaten, die nahtlos im Customer Interaction Center des CRM-Systems für zielgruppenspezifische Kampagnen oder Angebote weiterverarbeitet werden. Diese Verarbeitung der personenbezogenen Daten erfolgt dabei unter Berücksichtigung der datenschutzrechtlichen Vorgaben des Bundesdatenschutzgesetzes.

10.2.2 eShops – Funktionalitäten im Phasenmodell

Für den erfolgreichen Verkauf von Produkten oder Dienstleistungen über das Internet ist eine umfangreiche, aber dennoch einfach zu bedienende Funktionalität des eShops erforderlich. Die Anforderungen an einen eShop hängen dabei unter anderem von der Art der anzubietenden Produkte (wie Bücher oder Autos), der im Fokus stehenden Kundengruppe (wie Endabnehmer oder Unternehmen) und der mit der Umsetzung des eShops verbundenen Zielsetzung (z.B. schnelle Lieferzeiten) ab.

Die Möglichkeiten eines eShops werden zudem davon beeinflusst, welche Rahmenbedingungen hinsichtlich der angrenzenden Systeme im Unternehmen vorherrschen. Ist beispielsweise ein ERP-System nicht in der Lage eine Verfügbarkeitsprüfung durchzuführen, so kann diese Funktionalität auch nicht im eShop angeboten werden.

Die funktionalen Anforderungen an einen eShop lassen sich in die in Abb. 10.11. dargestellten Phasen gruppieren, entsprechend dem typischen Verkaufsvorgang im eShop. Üblicherweise ist der Verkaufsvorgang kein rein sequentieller Durchlauf dieser Phasen von links nach rechts, sondern es finden Interaktionen in beide Richtungen zwischen den einzelnen Phasen statt.

Abb. 10.11. Phasenmodell für den Verkauf über das Internet

In jeder Phase stehen spezielle Funktionalitäten für die Unterstützung des Verkaufsprozesses im Vordergrund. Aufgrund von Kriterien wie einfache Bedienbarkeit und umfassender Informationsgehalt wird über die Akzeptanz und den Erfolg eines eShops entschieden. Einige der nachfolgend genannten Funktionalitäten sind insbesondere im B2B-oder B2C-Geschäft relevant und sind daher speziell gekennzeichnet.

- In der ersten Phase *Suchen* gilt es dem Benutzer vor allem umfangreiche Möglichkeiten zum Finden von Produkten zu geben. Diese Suche kann über eine Indexsuche oder über einen Katalog stattfinden, in dem der Benutzer durch Blättern Produkte finden kann und durch die Darstellung von Produktdetails Information zur Verfügung gestellt bekommt. Durch das Anbieten von Produktvorschlägen wird der Kunde zusätzlich unterstützt.
- Während dem *Auswählen & Konfigurieren* stehen hauptsächlich Funktionalitäten wie die automatische Preisberechnung und die Verfügbarkeitsprüfung im Mittelpunkt. Hierbei ist der Zugriff auf Daten in einem angeschlossenen ERP- oder SCM-System entscheidend, um aktuelle Informationen liefern zu können. Bei konfigurierbaren Produkten (z.B. Autos) ist ein intelligenter Produktkonfigurator wichtig, der interaktiv die erlaubten Produktkonfigurationen auf Zulässigkeit prüft und dem Kunden so in Echtzeit eine wichtige Unterstützung beim Kauf bietet.
- Um die Produkte letztendlich zu *Bestellen*, sollten dem Kunden unterschiedliche Lieferarten und Bezahlungsmöglichkeiten zur Auswahl stehen. Wirken diese sich auf die Höhe des Gesamtpreises der Bestellung aus, muss der Gesamtbetrag entsprechend online angepasst werden. Ebenso sollte eine Speicherung des Warenkorbs möglich sein, wenn der Kunde sich noch nicht für die Bestellung entscheiden kann. Die Auftragsbestätigung per E-Mail kann im Anschluss an den Kunden versendet werden.
- Nach Abschluss der Bestellung ist es wichtig, dass eine *Statusprüfung* der Bestellung möglich ist. Eine Sendungsverfolgung und die Möglichkeit noch offene Bestellungen nachträglich zu ändern, ergänzen diese Phase.

Tabelle 10.2. Typische Funktionalitäten eines eShops

Phase	Typische Funktionalitäten
Suchen	• Registrierung und Anmeldung des Geschäftspartners (B2B) • Anbieten von Produktvorschlägen • Suche nach Produkten über einen Katalog • Blättern im Katalog, Anzeige einer Produktübersicht • Anzeige von Produktdetails (Texte, Bilder, Dokumente) • Durchführen von Produktvergleichen • Suche nach Produkten über eine Indexsuche • freie Suche nach Text, Materialnummern, etc. • parametrisierte Suche nach Attributen • Schnellerfassungsmaske zur Bestelleingabe ohne Katalog • Wiedervorlage gespeicherter Warenkörbe, Notizzettel • Abruf von Kontrakten (B2B)
Auswählen & Konfigurieren	• Produktkonfiguration • Ersteigern von Produkten • Flexible Änderungen im Warenkorb und Speichern von Warenkörben • Automatische Preisberechnung (kundenspezifisch, Versandkosten) • Cross- und Up-Selling, Hinweis auf relevantes Zubehör • Verfügbarkeitsprüfung mit Ausgabe des Lieferdatums, ggf. Vorschlag von Alternativprodukten
Bestellen	• Selbstregistrierung (B2C) • Festlegung der Versandadresse (für Positionen oder ganzen Einkaufskorb) • Auswahl der Lieferart mit Auswirkungen auf die Preisfindung • Auswahl der Bezahlung (Rechnung, Nachnahme, Kreditkarte (mit/ohne Clearing) • Angebot oder Auftrag sichern • Auftragsbestätigung (E-Mail, Fax)
Statusprüfung	• Benachrichtigung bei Lieferung • Auftragsstatusabfrage (z.B. nach Auftragsnummer, Datum) • Suche über alle Verkaufskanäle • Status des Auftrages (abgeschlossen, Teillieferung, gelöscht, offen) • Sendungsverfolgung • Auftragsänderung (bei offenen Aufträgen möglich) • Kontostandsabfrage (Rechnungen, Gutschriften) • Anzahlungen

Die in Tabelle 10.2. dargestellten Funktionalitäten, über die ein eShop verfügen sollte, stellen einen funktionalen Rahmen dar und sind im Ganzen in einem eShop eher selten vorzufinden. Vielmehr gilt es die nachfolgend skizzierten Erfolgsfaktoren (Tabelle 10.3.) zu beachten, die sich fördernd auf die Performance (Umsatz-, Gewinnsteigerungen) einer eCRM-Lösung auswirken. Sie sind in ihrer Gesamtheit der Garant für die erfolgreiche Implementierung eines eShops sowie der vor- bzw. nachgelagerten eMarketing- und eService-Instrumente.

Insbesondere durch die Berücksichtigung der Erfolgsfaktoren für das eSales ist mit einer positiven Wirkung des eShops auf die Umsatzerhöhung und Kundenbindung zu rechnen. Welche Komplexität für eine Umsetzung dieser Erfolgsfaktoren zu erwarten ist, lässt sich grob in zwei Bereiche unterteilen.

Tabelle 10.3. Erfolgsfaktoren einer eCRM-Lösung

	Geringe Komplexität bei der Einführung	**Hohe Komplexität bei der Einführung**
eMarketing	• Strukturierter Aufbau der Online-Präsenz • Informative und ausführliche Darstellung der Produkte • Elektronische Artikelkataloge • Schaffung eines differenzierenden Kernangebots • Informationen zu Kontaktmöglichkeiten des Unternehmens	• One-to-One Marketing durch Ausarbeitung von Kundenprofilen und -segmenten, Personalisierung • Kurze Ladezeit der Website • Suchfunktion auf der Website • Virtuelle Produktberater („guided selling")
eSales	• Auftragsbestätigung durch E-Mail • Anzeige kundenindividueller Preise und Versandkosten • Breite Auswahl von Zahlungssystemen • Lieferkosten werden vom Anbieter übernommen	• Produktkonfiguratoren • Online-Verfügbarkeitsprüfung über Schnittstellen zu ERP- und SCM-Systemen • Automatische Übermittlung von Kundenaufträgen in das ERP-System
eService	• Anbindung eines Customer Interaction Center • Aufbau eines Electronic Customer Care für das Beschwerdemanagement	• Call-me Back Button zur Kontaktierung von Vertriebsmitarbeitern

Die genannten Erfolgsfaktoren sind im Rahmen von Einführungsprojekten für ein eCRM-System unterschiedlich einfach zu erreichen. Hinsichtlich der technischen Komplexität ist beispielsweise die ausführliche Darstellung von Produkten in einem Projekt eher einfach umzusetzen, hingegen ist die Implementierung eines Produktkonfigurators in der Regel sehr komplex und anspruchsvoll.

10.3 eGovernment

In Deutschland vergeben jährlich über 30.000 öffentliche Vergabestellen in mehr als 200.000 Vergabeverfahren Aufträge in Höhe von ca. 250 Mrd. Euro.[333]

Der Bundesverband Materialwirtschaft, Einkauf und Logistik e.V. hält allein im Bereich Beschaffung Einsparungen von bis 15 Mrd. Euro möglich, wenn Verwaltungsabläufe mit Hilfe von Informations- und Kommunikationstechnologien wie EDI und Internet effizienter gestaltet werden.[334]

10.3.1 Einordnung von eGovernment-Begriffen

Der Begriff eGovernment bezeichnet die Abwicklung geschäftlicher Prozesse im Zusammenhang mit Regieren und Verwalten (engl. Government) unter Einsatz von Informations- und Kommunikationstechniken mittels elektronischer Medien im gesamten öffentlichen Sektor, bestehend aus Legislative, Exekutive und Judikative samt öffentlicher Unternehmen auf lokaler (Gemeinden), regionaler (Länder), nationaler (Bund) sowie supranationaler oder globaler Ebene.[335]

eGovernment betrachtet neben den Prozessen innerhalb des öffentlichen Sektors (G2G) auch jene zwischen Bevölkerung und Staat (C2G und G2C), der Wirtschaft (*B2G* und *G2B*) sowie zwischen den Non-Profit- und Non-Government-Organisationen innerhalb des dritten Sektors (N2G und G2N). Aus der folgenden Tabelle 10.4. wird ersichtlich, dass eGovernment sieben der möglichen sechzehn Matrixfelder umfasst.

---

[333] Vgl. Altstadt, Marlinghaus (2004) S. 3

[334] Vgl. www.bme.de (05.02.04b)

[335] Vgl. auch im Folgenden Lucke, Reinermann (2000) S. 1ff

Tabelle 10.4. eGovernment in einem X2Y-Beziehungsgeflecht[336]

eGovernment in einem X2Y-Beziehungsgeflecht				
eGovernment	**Bevölkerung Bürger**	**Staat Verwaltung**	**Zweiter Sektor Wirtschaft**	**Dritter Sektor NPO/NGO**
Bevölkerung Bürger	C2C	C2G	C2B	C2N
Staat Verwaltung	G2C	G2G	G2B	G2N
Zweiter Sektor Wirtschaft	B2C	B2G	B2B	B2N
Dritter Sektor NPO/NGO	N2C	N2G	N2B	N2N

B = Business; G = Government; C = Citizen, Community oder Consumer
N = NPO oder NGO (Non-Profit- oder Non-Government-Organization)

eGovernment eröffnet, verteilt über die unterschiedlichen Interaktionsstufen Information, Kommunikation und Transaktion, zahlreiche Anwendungsfelder.

- Das Feld der *eInformation* umfasst Informationssysteme für die Bevölkerung, zur Wirtschafts- und Fremdenverkehrsförderung sowie Systeme zur Unterstützung der Gremiumsarbeit in Versammlungen und Ausschüssen. Dazu zählen ebenfalls fachspezifische und allgemeine Wissensdatenbanken in den Verwaltungen, deren Charakter sich zunehmend zu interaktiven und dynamischen Datenbanksystemen wandelt.
- Die *eCommunication* ergänzt die eInformation um Dialog- und Partizipationselemente wie Chatroom und Messageboard bis hin zu interaktiven Audio- und Videokonferenzsystemen.
- Mit *eForms* werden sämtliche Formulardienste umschrieben. Dazu zählen ebenso papierbasierte, ausdruckbare, handschriftlich auszufüllende und postalisch einzusendenden PDF- oder HTML-Dokumente wie auch integrierte Online-Formulare, bei denen die Daten per E-Mail oder bestenfalls per EDI an den Empfänger gelangen.

[336] Quelle: Lucke, Reinermann (2000) S. 2

- *eTransactions* stellen als tatsächliche Online-Transaktionsdienste eine weit höhere Integrationsstufe dar. Hierbei erfolgt über den elektronischen Datenempfang hinaus auch die elektronische Be- und Verarbeitung eines Verwaltungsvorganges wie einer Anfrage oder eines Auftrages statt. Dabei kommen zur Steuerung des Workflow entsprechende Akten- und Groupware-Software-Lösungen zum Einsatz.

- *eCommerce* umfasst im Bereich öffentliche Verwaltung sämtliche Formen von elektronischen Marktplätzen, Shopsystemen, Auctioning sowie Ausschreibungs- und Vergabesysteme. Letztere fungieren auch unter dem Begriff (Public) eProcurement. Ergänzend zählen zum eCommerce verschiedene elektronische Zahlungssysteme zur Leistungsauszahlung oder Begleichung von Gebührenpflichten.

- *eService* beinhaltet je nach technischen und rechtlichen Voraussetzungen den Versand von elektronischen Verwaltungsbescheiden, Zulassungen, Genehmigungen sowie Lizenzen und kann bis zum elektronischen Gesetzesvollzug führen.

- *eWorkflow* beschreibt die elektronische Abbildung von Verwaltungsabläufen unter Einsatz von Dokumentenmanagement-, Registrierungs- und Archivierungssystemen mit dem Ziel einer verwaltungsinternen und -externen Prozessverknüpfung. In diesem Bereich liegen sowohl beachtliche Potentiale für eGovernment als auch bedingt durch häufige Medienbrüche größere Hindernisse.

- Die *eDemocracy* findet sich auf sämtlichen Interaktionsstufen, auf denen demokratische Prozesse elektronisch abgebildet werden. Wenn etwa Bürgerinitiativen ihre Interessen elektronisch vertreten, Parteien für Ihre Ideen in elektronischen Wahlkämpfen werben und schließlich die Meinungsbildung der Bevölkerung in elektronische Abstimmungen und Wahlen mündet, soll mithilfe der Informations- und Kommunikationstechnologien die Partizipation an der Demokratie gefördert und gestärkt werden.

Die Förderung des eGovernment stellt mittlerweile in Deutschland ein zentrales Projekt von Bund, Ländern und Gemeinden dar. Allerdings werden die bestehenden Angebote bisher nur von einem Viertel der Bevölkerung und damit weitaus seltener als in anderen Ländern genutzt (vgl. Abb. 10.13.). Deutsche eGovernment-User suchen zu 20% Informationen und führen zu 8% Downloads durch, während nur 6% digitale Transaktionen durchführen. Die Sicherheit elektronischer Behördendienste halten 81% der Deutschen für zweifelhaft.[337]

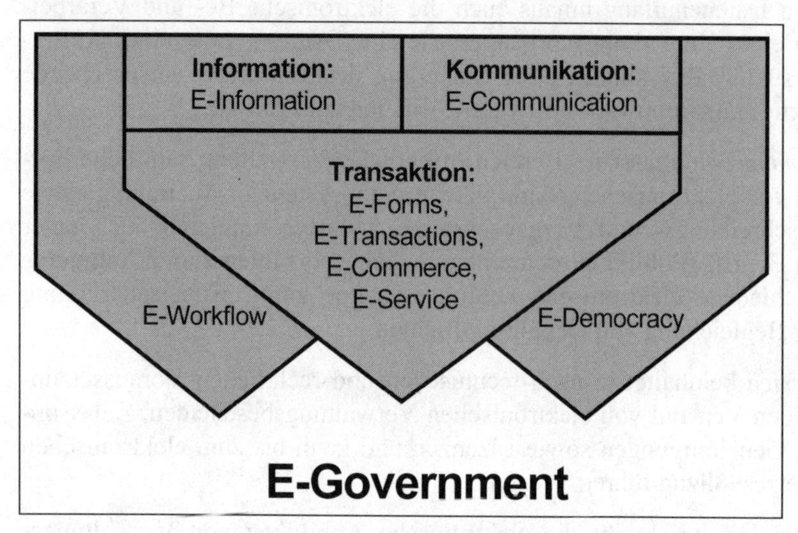

Abb. 10.12. Anwendungsfelder von eGovernment[338]

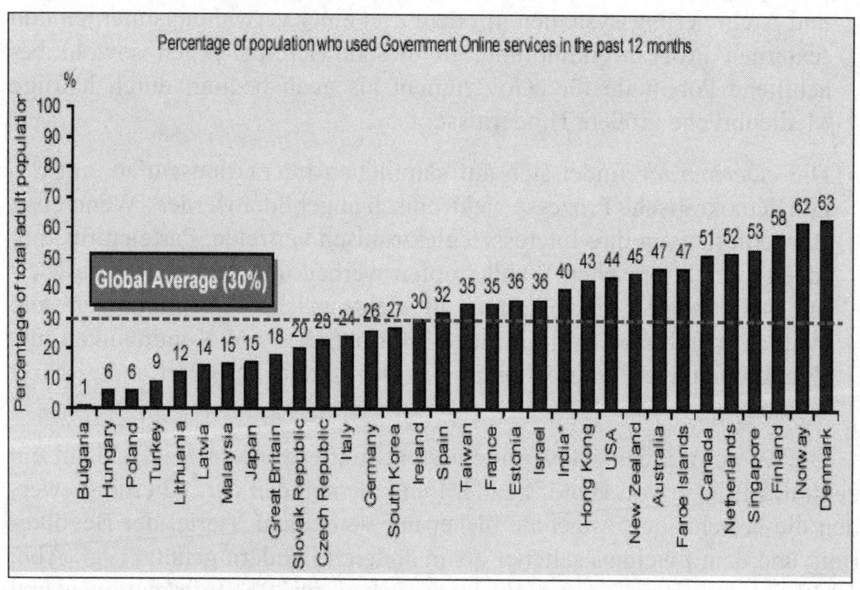

Abb. 10.13. Weltweite eGovernment-Nutzung im Jahr 2003[339]

[337] Vgl. FAZ (08.12.2003a) S. 17
[338] Quelle: in: Anlehnung an Lucke, Reinermann (2000) S. 3
[339] Quelle: TNS Consultants (2003)

10.3.2 Public eProcurement

Die Bestellkosten einer öffentlichen Institution liegen im Mittel bei 180 Euro. Eine einfache Büromaterialorder aus dem Katalog schlägt mit 130 Euro zu Buche, während die öffentlichen Kassen für die Veröffentlichung einer Ausschreibung eines nicht katalogisierbaren Gutes mit durchschnittlich 244 Euro belastet werden. Durch die Verwendung elektronischer Bestellsysteme (eBeschaffung) und die damit verbundene Zeitersparnis beim Tätigen einer Bestellung lassen sich Studien zufolge diese Ausgaben im Durchschnitt um ein Drittel reduzieren. Die Kosten für Vergabeverfahren könnten durch elektronische Ausschreibungen (eVergabe) um bis zu 75% gesenkt werden.[340]

Begriffe im Public eProcurement

In der privaten Wirtschaft (Private Sector) wird der Begriff eProcurement für internetgestützte Beschaffungsprozesse im operativen und strategischen Bereich verwendet. Dabei wird grob zwischen katalogbasiertem eProcurement und eSourcing differenziert. Beim *katalogbasierten eProcurement* steht in erster Linie die Prozessoptimierung für die Beschaffung von C-Artikeln und indirekter Güte im Vordergrund mit dem Ziel, die Beschaffungsprozesse möglichst effizient zu organisieren. Positive Effekte bei den Einstandspreisen werden als nachrangig angesehen. Dagegen stehen beim *eSourcing* strategische Ziele wie der Einstandpreis im Vordergrund. Durch Instrumente wie Reverse Auctions und elektronische Ausschreibungen sollen Preiseffekte realisiert werden.

Im öffentlichen Sektor (Public Sector) erfolgt eine grobe Unterscheidung zwischen *eBeschaffung* und *eVergabe*. Beide Bereiche zusammen sind Gegenstand des Public eProcurement (vgl. Abb. 10.14.).

Rechtlicher Rahmen

Für die Vergabe öffentlicher Aufträge gelten besondere rechtliche Rahmenbedingungen. Die wesentlichen Vorschriften wurden 2001 an die Gegebenheiten des elektronischen Geschäftsverkehrs angepasst:

- Verordnung über die Vergabe öffentlicher Aufträge – Vergabeverordnung (VgV),
- Vergabe- und Vertragsordnung für Bauleistungen (VOB),
- Verdingungsordnung für Leistungen und Lieferungen (VOL),
- Verdingungsordnung für freiberufliche Leistungen (VOF).

[340] Vgl. www.bme.de (05.02.2004a)

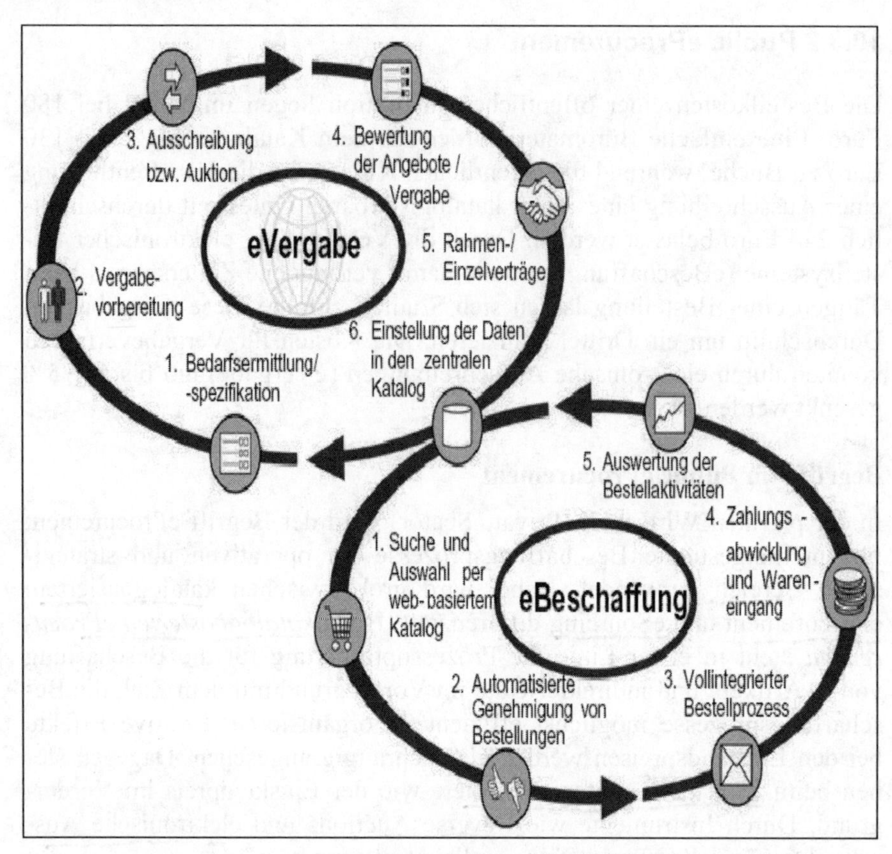

Abb. 10.14. eVergabe + eBeschaffung = Public eProcurement[341]

Außerdem hat Deutschland 2001 als eines der ersten Länder mit dem Signaturgesetz (SigG) die *digitale Signatur* der eigenhändigen Unterschrift unter bestimmten Voraussetzungen gleichgestellt. Dadurch können Verträge oder Verwaltungsakte bei garantierter Rechtssicherheit vollständig elektronisch geschlossen werden, ohne wie bei papierbasierten Vorgängen Dokumente mehrfach hin- und herschicken zu müssen.

Vor dem Einsatz einer digitalen Signatur müssen Nutzer ähnlich wie beim Personalausweis ein Aufnahmeverfahren durchlaufen. Gespeichert werden kann die Signatur als digitale Zeichenkette auf einem Chip, wie er beispielsweise schon auf über 40 Mio. EC-Karten vorhanden ist. Der digitale Signiervorgang erfolgt zusammen mit einer PIN über ein an einen PC angeschlossenes Kartenlesegerät. Die Echtheit elektronischer Unterschriften wird automatisch durch „Trust Center“ geprüft.

[341] Quelle: www.competence-site.de (04.02.2004)

Der Einsatz einer elektronischen Signatur gewährleistet

- die eindeutige Identifikation des Absenders einer digitalen Botschaft,
- eine rechtsgültige Willenserklärung (Unterschrift),
- die Unversehrtheit der gesamten elektronischen Nachricht.

Eine Initiative aus Bund, Ländern, Gemeinden, Banken und Industrie hat technische Standards für Anwendungen und Produkte, den Einsatz multifunktionaler Chipkarten sowie einheitliche Sicherheitsvorgaben vereinbart, mit denen bis 2005 die bisher zögerliche Nutzung der elektronischen Signatur gefördert werden soll. [342]

Initiative BundOnline2005

Die Online-Versteigerungsplattform der Bundeszollverwaltung verzeichnet monatlich 130.000 Zugriffe von 100.000 registrierten Bietern. Von jährlich rund 100.000 Anträgen auf Förderung von Solaranlagen werden 25% online abgewickelt.[343]

Im Jahr 2003 konnten insgesamt 248 Dienstleistungen der Bundesverwaltung via Internet abgerufen werden. Die eGovernment-Initiative „BundOnline2005" der Bundesregierung sieht vor, dass bis 2005 allein über 100 Bundesbehörden 449 onlinefähige Dienstleistungen anbieten und sämtliche Ausschreibungen elektronisch durchführen.

Die „Vergabeplattform des Bundes e-Vergabe" stellt allen interessierten Unternehmen die notwendigen Informationen und Konditionen zeitgleich zu niedrigeren Prozess- und Transaktionskosten online zur Verfügung (vgl. Abb. 10.15.). Für die Teilnahme ist lediglich eine Chipkarte mit elektronischer Signatur, ein Kartenlesegerät sowie eine online Registrierung erforderlich. Vor allem auch mittelständischen Lieferanten wird die Teilnahme am Bieterwettbewerb vereinfacht.

Praxiserfolge durch Public eProcurement

- Die Stadt Mainz konnte durch ihre elektronische Vergabeplattform „ELViS" die Vorbereitungszeit für Ausschreibungen um 50% und die Prozesskosten um 20 bis 50% senken. Bisher fielen für 250 herkömmliche Ausschreibungen jährlich 750.000 Fotokopien, 3.750 Pakete und 7.500 Euro Portokosten an. Darüber hinaus kann der Personal- und Sachaufwand für Auswertung, Auftragsschreiben und 2.250 Absagebriefe reduziert werden.

---

[342] Vgl. FAZ (04.04.2003) S. 13

[343] Vgl. www.modernerstaat.de (04.02.2004)

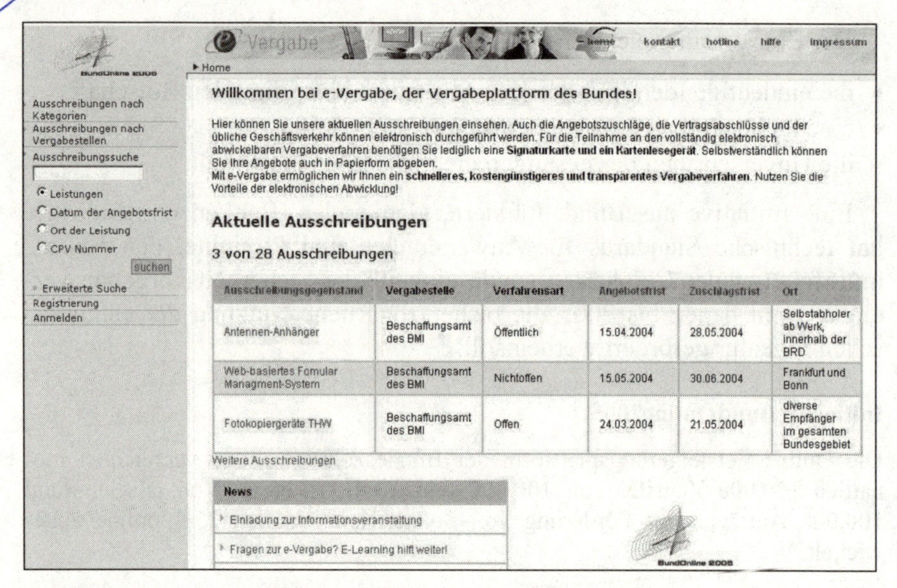

Abb. 10.15. Das Ausschreibungsportal des Bundes e-Vergabe

- In Hamburg werden seit Januar 2003 sämtliche Ausschreibungen mit einem Beschaffungsvolumen von mehr als eine Milliarde Euro elektronisch durchgeführt. Das jährliche Einsparvolumen beträgt mehr als 50 Mio. Euro. Dabei nutzt die Hansestadt den Katalogstandard BMEcat zum Austausch von Produktdaten zwischen den Warenwirtschaftssystemen von Lieferanten und Käufern.[344]
- Seit Einführung der katalogbasierten eBeschaffungslösung für Büromaterial, Papier und DV-Zubehör konnte die Kommune Ebersberg allein den Bestellwert für Bürobedarf inklusive Toner um 10.000 Euro reduzieren.[345]

10.4 Kundenbindungsstrategien durch eService

Auf Märkten mit homogenen Produkten gewinnen kundenorientierte Serviceprozesse gegenüber den technischen Eigenschaften von Produkten zunehmend an Bedeutung. Dabei besteht die Aufgabe des Service einerseits in der Schaffung eines Zusatznutzens (Added Value) zur Akquirierung von Neukunden, um so eine Differenzierung gegenüber dem Wettbewerb zu erreichen. Maßgeblich versucht das Service Management andererseits eine langfristige Kundenbindung durch die Erhöhung des Kundennutzens und der Kundenzufriedenheit zu erzielen. Für die Aufrechterhaltung und den

---

[344] Vgl. www.bme.de (05.02.2004b)

[345] Vgl. Computerwoche (15.08.2003)

Ausbau der Partnerschaften entlang der Supply Chain besitzt daher der Service einen hohen Stellenwert.

Der Interaktionskanal Internet erweist sich für die Abwicklung der Serviceprozesse zunehmend als bedeutendes Kommunkaktionsmedium. Ergänzend zu den herkömmlichen Abläufen ist das Internet eine geeignete Plattform für ein kosteneffizientes und kundenorientiertes Service Management. Die elektronische Abwicklung von Serviceleistungen wird deshalb auch als *eService* bezeichnet und ist neben dem eSales ein weiterer Bestandteil des eCommerce. eService umfasst dabei alle zur Verfügung stehenden Einrichtungen und Applikationen, die dem Kunden einen umfassenden und kundenorientierten Service über das Internet bieten.

Die Anwendungsbereiche des elektronischen Servicemanagements durchziehen hierbei zwar alle Kaufphasen im Kundenbeziehungslebenszyklus (vgl. Abb. 10.9.), konzentrieren sich aber im Schwerpunkt auf die Phase der Kundenbindung, also auf den Bereich After-Sales.

10.4.1 Instrumente zur Serviceabwicklung im Internet

Eine Reduzierung der Bearbeitungskosten, die Erhöhung der Effizienz im Service sowie die Steigerung der Kundenzufriedenheit bilden die Herausforderung an die Instrumente für eine Abwicklung von Serviceprozessen über das Internet. Die Schlüsselbereiche für die Abwicklung von eService-Prozessen werden dem Kunden im Internet in einer personalisierten Umgebung zur Verfügung gestellt und beziehen sich vor allem auf die drei Bereiche

- Knowledge Management,
- Internet Customer Self Service und
- Live Customer Support.

Ein elementarer Bestandteil eines kundenorientierten Serviceangebots im Internet ist zunächst das *Knowledge Management*, mit dessen Hilfe

- produktspezifische Fragen über sog. FAQs (Frequently Asked Questions) beantwortet werden können,
- komplexe Möglichkeiten für die Suche nach Informationen angeboten werden und
- mit Hilfe von integrierten Wissensdatenbanken Kundenanfragen automatisiert beantwortet werden können.

Die genannten Instrumente werden von Kunden zur Informationserhebung und -versorgung genutzt, wobei dabei grundsätzlich drei Vorgehensweisen der elektronischen Informationsverteilung unterschieden werden können wie in Tabelle 10.5. aufgeführt.[346]

Tabelle 10.5. eService – Klassifizierung der Informationserhebung und -verteilung

	Art der Information	Anwendungsgebiete
On Stock	• Standardisierter Abruf von Informationen („Internet Customer Self Service“) • Bereits in Wissensdatenbanken aufbereitete Informationen	• FAQ-Listen (typische Fragen mit Antworten) • Wissensarchive • Technische Daten, Produktinformationen • Elektronische Hilfeassistenten
On Demand	• Individuelle Informationsanfragen von Kunden im Internet • Kommunikation per E-Mail, Internet-Telefonate („voice over IP“) oder Chats • Beantwortung der Fragen durch Online-Hotline („Live Customer Support“)	• Anfragen zur Fehlerbehebung • Individuelle Preis- und Angebotsanfragen • Auftrags- und Lieferstatusanfragen
On Delivery	• Push-Kommunikation, vom Unternehmen angestoßen • Servicebezogene Informationsinhalte	• Newsgroups, Newsletter, E-Mail-Dienst • Kunden erhalten aktuelle Informationen zu neuen Produkten, auftretenden Mängeln, etc.

Typischerweise wird der Kunde zuerst durch Instrumente aus dem *Internet Customer Self Service* nach einer möglichen Antwort auf seine Frage suchen. Wenn er dort keine zufriedenstellende Lösung für seine Fragestellung findet, kann er durch Unterstützung von elektronischen Hilfeassistenten eine systematische Erfassung der Problembeschreibung durchführen. Mit der erfassten Problembeschreibung wird in Lösungsdatenbanken nach der richtigen Lösung gesucht und anhand der Suchparameter eine Liste relevanter Lösungen ausgegeben.

Wenn auch diese Suche keinen Erfolg bringt bzw. die Ergebnisse keine relevanten Antworten bieten, kann über den *Live Customer Support* die Unterstützung eines Mitarbeiters (Agenten) aus dem Customer Interaction

[346] Vgl. zusammenfassend Hünerberg, Mann, Online-Service (2000), in: Bliemel et al., S. 360–365

Center in Anspruch genommen werden. Die Kontaktaufnahme ist hierbei wiederum über verschiedene Kanäle möglich (E-Mail, Chat, Anruf, ...). Neben der reinen Informationsauskunft kann im Zuge der Kontaktaufnahme auch das sog. „Co-Browsing" durchgeführt werden. Dabei hilft der Agent dem Kunden online bei der Bedienung der Internetanwendung, indem er die Navigation mit ihm teilt und so der Kunde durch die Anwendung geführt werden kann.

Konnte das Problem auch durch die Einbindung des Customer Interaction Centers nicht gelöst werden, kann beispielsweise direkt durch den Agenten ein Serviceauftrag im System angelegt werden. Die Einbindung in die nachfolgenden Prozessschritte ist durch das integrierte eCRM-System sichergestellt, sodass ohne Medienbrüche die Abwicklung der Kundenanfrage durchgeführt werden kann.

Praxisbeispiel: Dell

Der Computerhersteller Dell (www.dell.de) hat beim Direktvertrieb seiner Produkte über das Internet eine Support- und Service-Hotline eingerichtet. Die Besonderheit liegt darin, dass der Kunde mittels Anklicken eines Call-me-Back Buttons auf der Internetseite von Dell von einem Vertriebsangestellten angerufen und qualifiziert beraten werden kann. Ebenso sind weitere Kontaktierungsalternativen über Fax, E-Mail und Telefon möglich. Diese Serviceeinrichtung ermöglicht es, offene Fragen von Kunden noch während des Online-Besuchs zu klären, um Kaufhemmungen zu reduzieren.

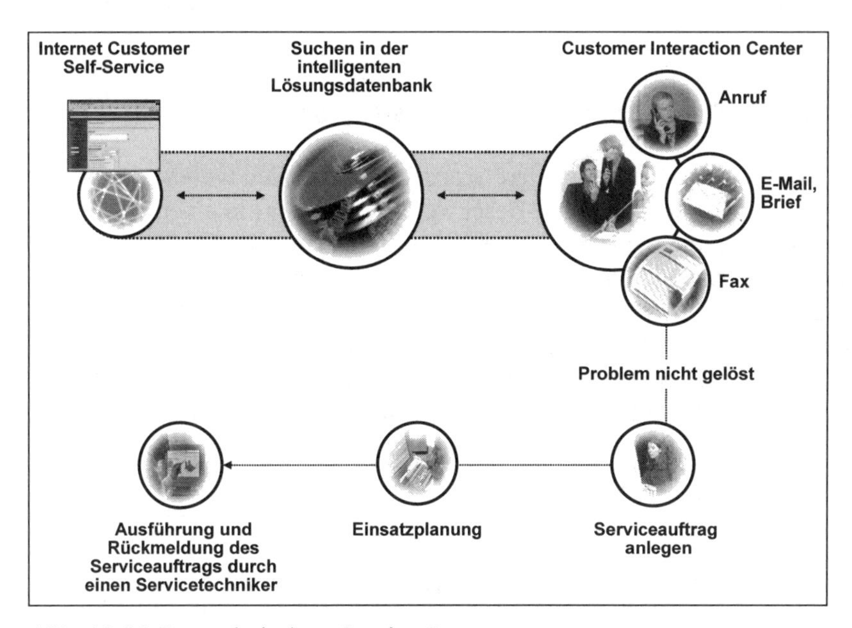

Abb. 10.16. Exemplarischer eService-Prozess

10.4.2 eService durch Electronic Customer Care

Ein weiteres Kundenbindungskonzept, das sich insbesondere im Bereich After-Sales für den Kunden zu etablieren versucht, ist das Electronic Customer Care. Unter Customer Care wird gemeinhin eine umfassende Kundenorientierung und -ausrichtung eines Unternehmens verstanden, die eine Steigerung der Kundenzufriedenheit und -bindung zum Ziel hat.[347] Abbildung 10.17. visualisiert das funktionsübergreifende Electronic Customer Care-Konzept, das im Anschluss erläutert wird.

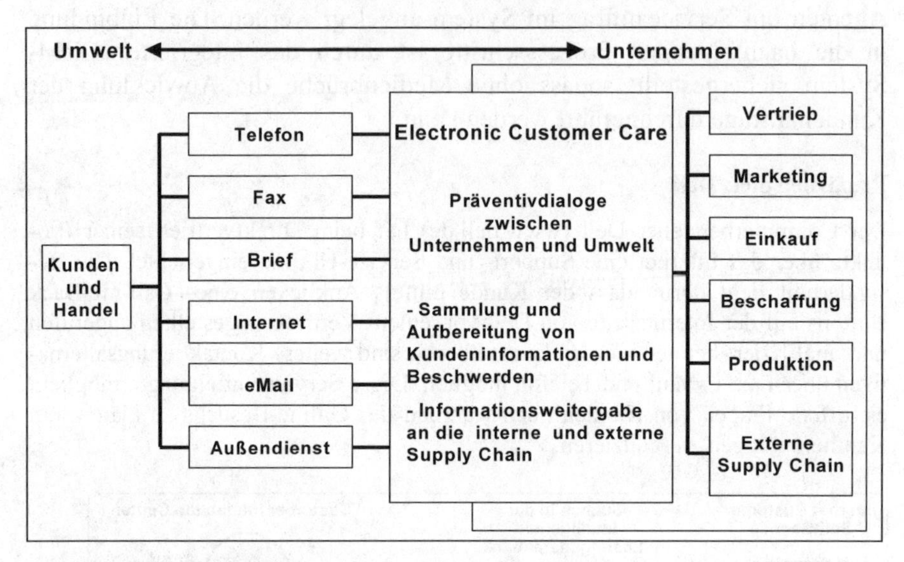

Abb. 10.17. Funktionsübergreifendes Electronic Customer Care

Beim Electronic Customer Care-Konzept handelt sich weitestgehend um die Bereitstellung eines Online-Beschwerdecenters, das in einem Customer Interaction Center integriert werden kann, um über alle Kanäle (Telefon, Internet, Fax, Außendienstmitarbeiter) für den Kunden erreichbar zu sein.

Alternative Beschwerdeeinrichtungen können u.a. „E-Mail-Meckerkästen“, Diskussionsforen oder Kundenclubs darstellen.[348] Es werden gemeinhin Präventivdialoge mit dem Kunden geführt, um frühzeitig Unzufriedenheiten aufzudecken und entsprechend schnell Problemlösungskompetenzen aufzubauen. Die daraus gewonnenen Informationen sollen im Sinne der eCRM-Strategie bei allen weiteren Kundenkontakten verfügbar sein.

---

347 Vgl. Hünerberg, Mann, Online-Service (2000), in: Bliemel et al., S. 367

348 Vgl. Hünerberg, Mann, Online-Service (2000), in: Bliemel et al., S. 367ff

Des weiteren werden die Daten an die verantwortlichen Abteilungen (Vertrieb, Marketing, etc.) und externen Supply Chain Partnern wie Lieferanten und Distributoren weitergeleitet. Somit ist ein systematischer Problemlösungsprozess gewährleistet, der die Ursachen für entstehende Probleme aufdeckt und diese auf langfristige Sicht vermeidet. So liefern über das Internet erfasste Beschwerden letztendlich wichtige Hinweise auf Schwachstellen und Probleme der Leistungen und Prozesse entlang der Supply Chain.

Praxisbeispiel: Serviceprozesse bei GESIS

Der IT-Dienstleister GESIS, ein Unternehmen der Salzgitter Gruppe, hat sich für die Serviceprozesse im User Help Desk eine Plattform geschaffen, die auf das Customer Interaction Center und die eService-Funktionen von mySAP CRM aufbaut. Mit der Lösung wird die Abwicklung der Serviceprozesse vom Eingang einer Störmeldung bis zur detaillierten Dokumentation und statistischen Auswertung unterstützt. Die Mitteilung der Fehlermeldungen erfolgt entweder per Telefon unter Einbeziehung des Interaction Centers oder direkt über das Internet. Anwender und Meldungsbearbeiter können jederzeit den aktuellen Status und andere Vorgangsdetails der Meldung über das Internet einsehen. Bei Erledigung der Meldung wird der Anwender durch eine maschinell erzeugte Mail über den Erledigungsstatus sowie Ursache und Lösung informiert. Durch die strukturierte und beschleunigte Bearbeitung der Serviceprozesse konnte die Kundenzufriedenheit gesteigert werden.

10.5 eMass Customization – kundenindividuelle Massenproduktion

Die zunehmende Individualisierung der Nachfrage zwingt viele Unternehmen dazu ihre Standardproduktprogramme kontinuierlich um zusätzliche Varianten zu erweitern. Hieraus resultieren erhöhte dispositive und kapazitive Anpassungen, die sich mittelfristig in einer Erhöhung der Preise äußert. Ein Lösungsansatz, der die Strategie verfolgt, für jeden Kunden explizit das Produkt bereitzustellen, welches er wünscht und dies zum Preis eines vergleichbaren Standardprodukts, beinhaltet die „kundenindividuelle Massenproduktion“ oder auch „Mass Customization“ genannt.

Mass Customization ist die Kombination einer auf die einzelnen Kundenwünsche orientierten Fertigung oder Leistungserbringung (Pull-Produktion) mit einer Preisstruktur, die nicht wesentlich von der Massenproduktion abweicht.[349]

[349] Vgl. Piller (1998) S. 65

So können die Kostenvorteile über eine massenhafte Produktion (Mass) mit einer kundenindividuellen Einzelfertigung (Customization) verknüpft werden. Mass Customization stellt durch die simultane Umsetzung von Kostenführerschaft und Differenzierung somit eine hybride Wettbewerbsstrategie dar.[350] Ermöglicht wird dies durch die intelligente Verknüpfung einer Vielzahl von Standardkomponenten, flexiblen Fertigungssystemen und modernen IuK-Technologien, wie Online-Produktkonfiguratoren im Internet.

Des weiteren ermöglicht eMass Customization individuelle Kundenbeziehungen über das Internet aufzubauen, was jedem Anbieter einen völlig neuen Weg zur Steigerung der Kundenbindung bietet. Während im eCRM insbesondere die Kommunikation zum Kunden individualisiert wird (One-to-One Marketing), bietet eMass Customization eine langfristige Kundenbindung durch die Befriedigung der tatsächlichen Wünsche. Vor diesem Hintergrund wird eMass Customization zu einem weiteren wichtigen Kundenbindungs- und Vertriebsinstrument im eSales.

10.5.1 eMass Customization-Ansätze im eSales

eMass Customization verbindet die Potenziale moderner Produktionstechnologien (CIM und flexible Fertigungssysteme) mit den Prinzipien des eCommerce. Das Internet dient hierbei als direkter Austauschkanal der Interaktion zwischen Kunden und Hersteller zur Erhebung und Verarbeitung kundenspezifischer Bedürfnisse.[351]

Die Beratung eines Kunden sowie die Konfiguration eines Produktes über einen Vertriebsangestellten kann die angestrebten Standardpreise (Target Costing) des Mass Customization nicht erzielen, deshalb erfolgt die Produktkonfiguration über einen Online Produktkonfigurator durch den Nachfrager selbst. Beispielsweise können Kunden Konsumgüter wie Uhren oder Turnschuhe aus einem Variantenangebot selbst zusammenstellen. Anschließend wird geprüft, ob die Kombination der Wunschvarianten zulässig ist, das gewünschte Produkt wird dem Kunden graphisch präsentiert und zu einem berechneten Preis angeboten. Nach der Bestellung werden die herstellungsrelevanten Daten gemeinsam mit ergänzend erhobenen Kundendaten (falls Neukunde) aus dem eCRM-System in die Back-End-Systeme (ERP) transferiert und in die Fertigung übergeben. Ergänzend werden beschaffungsrelevante Daten über SCM-Systeme an die Lieferanten zur kollaborativen Abwicklung übermittelt (niedrige Lagerbestände).

---

[350] Vgl. Reichwald, Piller (2000), in: Weiber, S. 361f

[351] Vgl. Albers (1998) S. 12

Durch Schnittstellen zu den ERP-Systemen der einzelnen Lieferanten kann dem Kunden in Echtzeit eine Lieferterminzusage zugesichert werden. Im eCRM-System werden zusätzlich Kundenprofile erstellt, die bei wiederholten Verkäufen oder zum Zwecke des Cross-Sellings nutzenstiftend zum Einsatz kommen. In Abb. 10.18. wird der Ablauf einer Produktkonfiguration im eSales dargestellt.

Online Shop Unternehmenspräsentation, elektronischer Produktkatalog, Kompetenzvermittlung		1
Online-Produktkonfigurator • **Konfigurator Neukunden** -Ausführliche Anleitung -Auswahlfunktionen von Varianten -Hilfestellungen	• **Konfigurator Stammkunden** -Vorgabe von Werten auf Basis der letzten Bestellung	2
Ergebnisanzeige des Konfigurators Machbarkeitsfunktionen, 3-D Präsentation		3
Erhebung der Bestelldaten • Neukunden: Eingabe der Daten • Stammkunden: Übernahme aus Datenbank		4
Bestellung • Intern: Übergabe der Daten an interne Anwendungssysteme (ERP-System, PPS) • Extern: Übergabe der Daten an SCM-Systeme für Lieferabrufe bei Lieferanten		5
Ordertracking Auftragsstatusverfolgung über die Homepage		6
Kundendialog Kundendialog zu Vertiefung der Kundenbeziehung (Update der Kundenprofile, Zufriedenheitsmessung)		7

Abb. 10.18. Ablauf einer Produktkonfiguration im eMass Customization[352]

Zusammenfassend lassen sich also folgende Anforderungen an einen eMass Customization-Ansatz im eSales ableiten:

- seriöser Web-Auftritt zur Vermittlung von Kompetenz und Vertrauen,
- Online Variantenkatalog mit Produktbeschreibung,
- Präsentationsfunktionen und Ergebnisanzeigen,
- Warenkorbfunktionen und automatische Rechnungsstellung,
- Schnittstellen zu ERP-, SCM- und CRM-Systemen,
- Anbindung eines Help Centers (Call Center) für auftretende Fragen,
- Machbarkeitsfunktionshilfen bei der Variantenauswahl.

[352] In Anlehnung an Reichwald, Piller (2000), in: Weiber, S. 366f

10.5.2 Praxisbeispiel Maßkonfektionär Dolzer

Der Online-Shop von Dolzer (www.dolzershop.de) zeigt ein Beispiel aus der Bekleidungsindustrie für eine Selbstkonfiguration im Internet.[353] Dolzer Maßkonfektionäre ist ein führender Hersteller von Maßkonfektionen für Damen und Herren, wobei der Kunde aus einer Vielzahl von Stoffen und Muster ein individuelles Kleidungsstück konfigurieren kann. Bisher ist die selbständige Konfiguration von Herrenhemden und Damenblusen möglich. Der Kunde kann bei der Konfiguration unter anderem die Farbe, den Stoff, die Art des Kragens und letztendlich die individuellen Maße bestimmen und erstellt sich damit sein individuelles Kleidungsstück. Zusätzlich ist die Übernahme von in einer Filiale abgenommenen Maßen möglich. Jede Änderung an der Zusammensetzung des Kleidungsstückes wird online in einem Vorschaubild angezeigt und der resultierende Preis wird berechnet. Eine Warenkorbfunktion zur Bestellung der konfigurierten Produkte schließt den Bestellprozess letztlich ab.

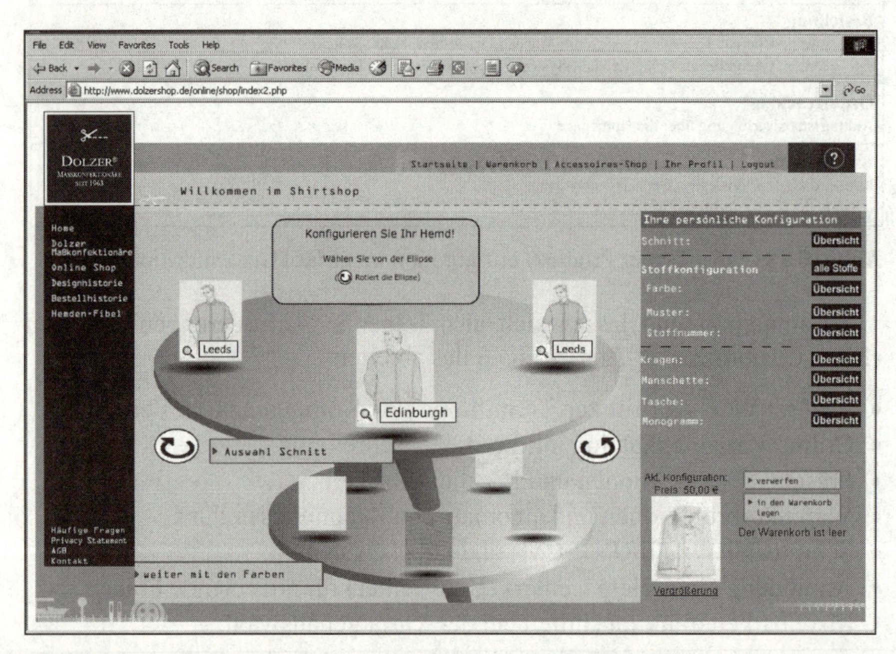

Abb. 10.19. eMass Customization-Lösung beim Maßkonfektionär Dolzer

[353] Vgl. Selkrik (2003), in: Piller, Stokto

10.6 Aufgaben

Aufgabe 10–1

Nennen Sie die drei operativen CRM-Bereiche und die dazugehörigen Interaktionskanäle!

Aufgabe 10–2

Welchen unterschiedlichen Phasen des Internverkaufs existieren? Nennen Sie jeweils zwei typische Funktionalitäten für die einzelnen Phasen!

Aufgabe 10–3

Wodurch wird eine erfolgreiche Umsetzung von eCRM in der Praxis gewährleistet?

Aufgabe 10–4

Welche beiden Geschäftsfelder stehen im Mittelpunkt des eCommerce?

Aufgabe 10–5

Nennen Sie fünf Anwendungsfelder des eGovernment.

Aufgabe 10–6

Im eProcurement wird grob zwischen katalogbasierter Beschaffung und eSourcing unterschieden. Welche Unterscheidung erfolgt im Public eProcurement?

Aufgabe 10–7

Was gewährleistet die elektronische Signatur?

Lösung 10–1

- CRM-Bereiche: Marketing, Vertrieb, Service
- Interaktionskanäle: Innendienst, Telefon, Mobil, Internet, Partner

Lösung 10–2

- Es existieren vier Phasen für den Internetverkauf: Suchen, Auswählen und Konfigurieren, Bestellen sowie Konfigurieren
- Typische Funktionalitäten sind in Abb. 10.11. aufgeführt.

Lösung 10–3

Ein wichtiger Erfolgsfaktor für die Umsetzung von eCustomer Relationship Management in der Praxis ist die Auswahl eines geeigneten IT-Systems, dass nicht aus einer Sammlung von Einzellösungen bestehen darf. Stattdessen ist vielmehr eine Lösung zu präferieren, die als gesamtheitliches Paket durchgängig die beschriebenen Vertriebskanäle sowie

Unternehmensbereiche unterstützt und eine vollständige Integration zwischen den einzelnen Prozessschritten bietet.

Dabei sollen alle relevanten kunden- und auftragsbezogenen Daten für sämtliche Interaktionskanäle synchronisiert zur Verfügung gestellt werden, d.h. der Kunde soll stets das Gefühl vermittelt bekommen, den richtigen Ansprechpartner mit der richtigen Information im Unternehmen zu erreichen (One-Face-to-the-Customer).

Lösung 10–4

- Business-to-Business (B2B)
- Business-to-Consumer (B2C)

Lösung 10–5

Die Anwendungsfelder des eGovernment lauten: eCommunication, eService, eForms, eTransactions, eWorkflow, eCommerce, eDemocracy

Lösung 10–6

Im Public eProcurement wird zwischen eBeschaffung und eVergabe unterschieden.

Lösung 10–7

Eine digitale Signatur gewährleistet die eindeutige Identifikation des Absenders einer digitalen Botschaft und die Unversehrtheit der gesamten elektronischen Nachricht und stellt eine rechtsgültige Willenserklärung (Unterschrift) dar.

11 Verkehrs- und Distributionslogistik

Vor dem Hintergrund einer teilweisen Verlagerung des klassischen Einzelhandels auf internetgestützte Vertriebswege mittels eBusiness verändern sich auch die Anforderungen an die Verkehrs- und Distributionslogistik.

Im Folgenden werden zunächst die Rahmenbedingungen des Marktes skizziert, die den Online-Handel wie auch den Verteilerverkehr der Zukunft determinieren. Dies ist integrativ mit den langfristig wirkenden makrologistischen Trendentwicklungen zusehen. Die Logistikprozesse werden durch gestiegene Kundenerwartungen sowie technischen Fortschritt komplexer und es ist unumgänglich, eine vernetzte Koordination aller Beteiligten entlang der gesamten Supply Chain zu gewährleisten. Ohne das Internet sowie weitere technische Anwendungen wie elektronischer Datenaustausch (EDI), Telematik, GPS, etc. wäre dies heutzutage nicht mehr sicher zu stellen. Mit Hilfe dieser innovativen Konzepte gelingt es durch Informationsaustausch in Echtzeit auf hohe Lagerbestände zu verzichten und den gestiegenen Marktanforderungen durch innovative Logistikkonzepte wie Just-in-Time- bzw. Just-in-Sequence-Konzepten gerecht zu werden. Aufgrund der hohen Komplexität in der Logistik und möglicher Kosten- und Flexibilitätsvorteile nutzen Industrie und Handel verstärkt die Möglichkeit des Logistik-Outsourcings. Mit Konzepten wie Third und Fourth Party Logistics versuchen die Logistikdienstleister, auf diese Herausforderungen zu reagieren.

11.1 Entwicklungen in der Verkehrslogistik durch eBusiness

Die Verkehrslogistik im Zeitalter des eBusiness kann zunächst nicht von grundlegenden makrologistischen Entwicklungen abgekoppelt betrachtet werden. Der eBusiness-Boom verändert daher gemeinsam mit längerfristig wirkenden makrologistischen Trends die Güter- und Relationsstrukturen im europäischen Güterverkehr.[354] Im Einzelnen bedeutet dies eine Verstärkung des Güterstruktureffektes und eine Zunahme des Logistikeffektes.

- *Verstärkung des Güterstruktureffektes*: Hierunter subsummiert man die weitere Zunahme der Stückgutsendungen gegenüber Massengut, immer kleinere Sendungen mit höheren Frequenzen, steigender Bedarf an europaweiter/weltweiter Zustellung und damit auch an längeren Distanzen.
- *Zunahme des Logistikeffektes:* Konkret bedeutet dies, dass eBusiness höhere Leistungsqualitäten in der Logistik erfordert und eine höhere Leistungsflexibilität, z.B. Nacht- und Wochenendsendungen. Die Informationstransparenz wird zu einem „must" in der Logistikkette. Damit wird Tracking und Tracing inklusive des Zugangs dieser Information für den Endkunden (einschließlich der dazugehörigen Schnittstellen zum Versender) immer wichtiger. Hinzu kommt der notwendige Aufbau von Lager- und Kommissionierzentren in der Nähe der Hauptabsatzgebiete, um die Belieferung der Endkunden zu gewährleisten.

Diese beiden Effekte und das steigende gesamtwirtschaftliche Güteraufkommen im Rahmen des wachsenden Bruttosozialproduktes führen aus güterverkehrlicher Sicht zu quantitative steigenden und diffuseren Warenströmen. Gleichzeitig weisen die Warenströme immer längere durchschnittliche Transportweiten auf. Einher geht damit eine höhere Affinität zu den Verkehrsträgern Straße und Luft, da diese Verkehrsträger den Anforderungen des E-Commerce bezüglich der Liefergeschwindigkeit und der Netzbildungsfähigkeit am ehesten entsprechen.

Durch das stetige Markt- und Mengenwachstum im Internethandel mit Endkunden/Verbrauchern steigt folglich auch das zu transportierende Sendungsvolumen der über diesen Weg bestellten Waren. Eine Prognose von Forrester Research aus 2001 rechnet mit einem jährlichen Wachstum von durchschnittlich 57%. Mehr als 5% des gesamten Einzelhandelumsatzes, so wird vermutet, wird in den nächsten fünf Jahren über eBusiness abgewickelt.

Mit dieser Entwicklung gewinnt die Logistik, sowohl als physische Verkehrslogistik als auch als IT-orientierte Informationslogistik, weiter an Bedeutung. Dies ist auf die gegenüber dem klassischen Einzelhandel veränderten Ansprüche der Internetkunden zurückzuführen. Neben der einfachen und bequemen Abwicklung der Bestellung legen diese insbesondere Wert auf kurze Lieferzeit sowie flexibel wählbaren Lieferzeitpunkt und -ort, hohe Pünktlichkeit und sicheren und kostengünstigen Versand. Erweiterte Dienstleistungen wie Bestätigungen, Abwicklung einer Barzah-

[354] Vgl. Polzin (2002) S. 167ff

lung oder technischer Kundenservice werden hierbei in Zukunft ebenfalls eine große Rolle spielen.

Neben den grundlegenden Kundenanforderungen beeinflussen auch die im Internet gehandelten Waren und Dienstleistungen die zukünftige Entwicklung in der elektronischen Handelslandschaft. Eignungskriterium für internettaugliche Warengruppen ist beispielsweise die Höhe des Warenwerts. Dieser sollte einerseits ausreichend hoch sein, damit die Logistikkosten im Vergleich zu den Gesamtkosten eine geringere Wirkung haben. Andererseits ist ein zu hoher Wert ungünstig für den Internethandel, da sich hier mangelndes Vertrauen negativ auswirken kann. Weitere Kriterien sind ein geringes emotionales Anschauungsbedürfnis im Sinne von Fühlen, Sehen, Riechen sowie ein geringer Logistikaufwand (einfache, kostengünstige Lagerung, Kommissionierung, Verpackung und Transport).

Aus den beschriebenen Sachverhalten, die sowohl für den Bereich des B2B als auch des B2C gelten, lassen sich die gestiegenen Anforderungen an Logistikdienstleister ableiten. Diese müssen in der Lage sein, auf alle Wünsche der Kunden sowie auf Anforderungen, die sich aus der Beschaffenheit der Waren ergeben, zeitnah eingehen zu können. Konkret heißt das, dafür zu sorgen, dass die richtige Menge der richtigen Objekte am richtigen Ort im System zum richtigen Zeitpunkt in der richtigen Qualität zu den richtigen Kosten zur Verfügung steht (sechs „r's" der Logistik)[355]. Um dies zu gewährleisten sind heute alle an der Prozesskette Beteiligten durch eBusiness-Anwendungen zur Information und Kommunikation (I&K) miteinander vernetzt. Mit Hilfe elektronischer Datenübertragung (EDI) sowie der Internetanbindung wird eine umfassende Abstimmung in Echtzeit erreicht (JiT-Konzept). Dies ermöglicht eine kurzfristige Belieferung der Kunden ohne die bestellte Ware in größeren Mengen vorrätig zu halten. Die Unternehmen können auf diese Weise sofort auf trend- oder saisonalbedingte Veränderungen reagieren. Durch diese optimierte Koordination aller Prozessschritte und -beteiligten kann die Lagerhaltung auf ein Minimum reduziert oder sogar vollständig ersetzt werden.

11.2 Die Anwendung von eShop-Lösungen in der Verkehrslogistik

Die Nutzung von elektronischen I&K-Medien verfolgt neben der Prozessoptimierung in erster Linie das damit verbundene Ziel der Kostensenkung, um die eigene Ware langfristig zu marktgerechten Preisen anbieten zu

[355] Vgl. Ehrmann (1997) Logistik, S.24f

können. In vielen Unternehmen bestehen bisher langjährig eingespielte vertrauensvolle Geschäftsbeziehungen zu Transporteuren, die teilweise den heutigen Marktanforderungen nicht mehr gewachsen sind. Aufgrund des gestiegenen Kostendrucks nutzen Unternehmen zunehmend die Möglichkeit, Preisvergleiche zwischen verschiedenen Anbietern von Transportdienstleistern über internetgestützte Anwendungen durchzuführen. Während in der Vergangenheit solche Vergleiche sehr zeitaufwendig und auf eine gewisse Anzahl von Anbietern beschränkt waren, tragen heute moderne und schnelle Kommunikationswege dazu bei, die Effizienz zu steigern und dadurch die Kosten zu reduzieren.

Nach einer Studie der Fachzeitschrift „EML“, Einkauf, Materialwirtschaft und Logistik bezüglich eBusiness-Anwendungen bei Verladern kommunizieren über drei Viertel der Unternehmen mit mindestens einem ihrer Logistikdienstleister auf elektronischem Wege. Neben dieser externen Kommunikation per E-Mail, gewinnt auch die Übermittlung von Aufträgen an die Logistikdienstleister über Internet zunehmend an Bedeutung[356]. Dies geschieht über Logistikplattformen, den so genannten Frachtenbörsen oder elektronischen Marktplätzen[357], deren Hauptleistung Ausschreibungen sind. Um Angebot und Nachfrage auf diese Weise zusammen zu bringen, haben sich drei Konzepte am Markt etabliert:

- die privaten Logistikplattformen bzw. Company-Marktplätze der Verlader und Logistik-Dienstleister,
- die offenen Logistik-Marktplätze und Frachtenbörsen, die von neutralen Dienstleistern betrieben werden,
- die Branchen-Marktplätze, die logistische Auftragsabwicklung als Mehrwertdienstleistung zum Produkthandel und Informationsaustausch anbieten.

Der Nachfrager gibt alle für den Transport relevanten Daten in ein eFormular ein und fordert so die Anbieter auf, ihm ein Angebot zu machen. Die Plattform dient als offene Austauschplattform und ermöglicht es in kurzer Zeit sowie mit geringem Aufwand eine große Zahl an Anbietern in ein Auswahlverfahren zu integrieren. Dadurch können im Einkauf logistischer Dienstleistungen optimierte Transportpreise erzielt werden.

Als Beispiel für einen erfolgreich umgesetzten branchenspezifischen elektronischen Marktplatz lässt sich die eLogistics-Plattform der ThyssenKrupp Stahl (TKS) AG anführen. Registrierte Transportdienstleister können dort an Frachtauktionen der TKS für Lkw-Komplettladungsverkehre teilnehmen. Es sind insgesamt 350 Dienstleister zugelassen, von denen

---

[356] Vgl. Einkauf, Materialwirtschaft, Logistik (05/2003) S. 7
[357] Vgl. Vision (12/2003) S. 8

sich 170 regelmäßig an Auktionen beteiligen[358]. Für jeden ausgeschriebenen Transport gehen im Durchschnitt 4,3 Gebote ein und 85–92% der Auktionen erhalten ein akzeptables Angebot und verlaufen damit erfolgreich. Da die Dienstleister bei Abrechnungsdifferenzen direkt über das Internet reklamieren können, wird die Abwicklung erheblich beschleunigt und das Rationalisierungspotential voll ausgeschöpft.

Praxisbeispiel: Transportinformationssystem „Tisys“ der Goodyear-Gruppe

Der Reifenhersteller arbeitet seit einem Jahr mit dem Transportinformationssystem Tisys der Transporeon GmbH & CO. KG, Dornstadt, das ihn über eine geschlossene Kommunikationsplattform mit seinen Frachtführern vernetzt[359]. Die Softwarelösung besteht aus den drei Modulen „Ticap“, „Tiflow“ und „Tiorder“. Mit Ticap informiert der Reifenhersteller alle 50 angeschlossenen Partner gleichzeitig über den Bedarf an Transportkapazität. Nachdem die Frachtführer über das System ihre Angebote abgegeben haben, werden diese von Ticap sortiert. Die Entscheidung für den ausführenden Dienstleister fällt jedoch der Disponent, da nur er aufgrund seiner Erfahrung Preis und Leistung abwägen kann. Das System wird hauptsächlich für die Tagverkehre von Werk zu Werk oder direkt zu den Kunden eingesetzt. Täglich sind dies etwa 40 Lkw.

Die Nachtsprünge an die verschiedenen Verteilstationen, täglich etwa 70 Lkw, werden bei Goodyear von festen Partnern durchgeführt. Hier erfolgt die Vergabe über „Tiflow“. Das System erkennt solche Aufträge und versendet sie automatisch an den Spediteur, der für das Gebiet zugeteilt ist.

Mit der letzten Komponente, Tiorder, können die Mitarbeiter von Goodyear über das Intranet dem Disponenten Aufträge in das System stellen. Früher geschah dies per Telefon oder Fax. Über Tiorder sind auch Kunden angebunden und können die Rückholung der Paletten beauftragen.

Durch die Anwendung des Transportinformationssystems spart Goodyear über alle Frachten im Schnitt pro Ladung 20 Euro und 25% im Bereich der Administration. Statt der früher eingesetzten fünfzehn Disponenten sind heute nur noch fünf im Einsatz.

Darüber hinaus konnten erhebliche Prozessoptimierungen erreicht werden. Mit der Auftragsbestätigung wird sofort das Be- und Entladetor definiert, was zu einer Wegeoptimierung führt. Über das System ist außerdem die zeitliche Kontrolle des Spediteurs möglich und durch die automatische Datenübernahme werden Abrechnungsvorgänge sowie die Erstellung von Frachtbriefen erheblich vereinfacht.

[358] Vgl. Logistik für Unternehmen (04/2002) S. 20
[359] Vgl. Logistik heute (11/2003) S. 22

11.3 eFulfillment und Letzte-Meile-Logistik

Auch wenn sich durch die vereinfachten Bestellverfahren mit Hilfe von elektronischen Anwendungen die Prozesse für Käufer und Verkäufer erheblich verbessert haben, so stellt doch eine perfekte Auftragsabwicklung das entscheidende (Folge-)Kaufkriterium dar.

Unter *eFulfillment* versteht man die vollständige Durchführung einer Order von der Bestellung bis zur Auslieferung. Dies fängt bei der Internet-Bestellung an und geht über die Bezahlung, Lagerung, Transport und Auslieferung bis zum After-Sales-Service und zur Entsorgung durch einen Logistikdienstleister. Die Zustellung der Ware vom letzten regionalen Verteildepot zum Kunden nennt man die *„letzte Meile“*, Abbildung 11.1. zeigt die Zusammenhänge des umfangreichen Fulfillment-Komplexes.

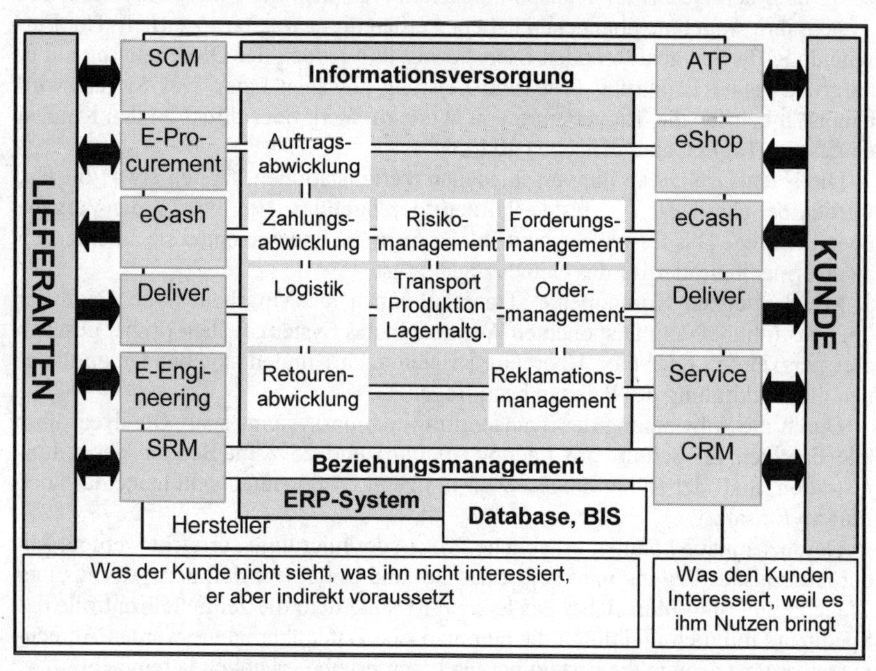

Abb. 11.1. Elemente und Aufgabenfelder des eFulfillments[360]

Je nachdem, ob es sich um einen Lagerkauf handelt oder ob noch Produktions- und Entwicklungsprozesse angestoßen werden müssen, wird eine bestimmte Anzahl der dargestellten Abläufe in Gang gesetzt.

[360] Vgl. Wannenwetsch, Nicolai (2002) S. 183

Wesentliche Merkmale des eFulfillments sind

- Wandel vom Holkauf zum Bringkauf,
- Einzelpakete lösen Großmengen ab,
- zyklische Auftragseingänge weichen sporadischen Kundenaufträgen.

Zur Erfüllung der komplexen, zusammenhängenden Aufgaben werden folgende Anforderungen an moderne eFulfillment-Systeme gestellt:

- Aufnahme, Integration, Analyse und Präsentation von Informationen aus internen und externen Daten, einschließlich der Daten kabelloser und mobiler Geräte,
- Möglichkeit der Integration der verschiedenen Systeme der Netzwerkpartner durch offene Schnittstellen,
- Visualisierung der Logistikkette,
- Simulation von „Was-Wäre-Wenn-Szenarios" und die Bereitstellung von Empfehlungen,
- Reaktionsfähigkeit und Flexibilität auf externe Vorfälle und Engpässe,
- Echtzeit-Alarm-Funktionen zwischen Unternehmen (Realtime-Alert-Monitor),
- Konfigurationsfähigkeit für die verschiedenen IT-Infrastrukturen der Logistik-Partner,
- dynamische Optimierungstechnik (Neuplanen, Prioritäten- und Reihenfolgeveränderung in Echtzeit) und flexible Erweiterbarkeit.

Die Gesamtheit dieser Anforderungen wird auch als zunehmender Logistikeffekt bezeichnet. Gelingt es, diesen entlang der kompletten Prozesskette gerecht zu werden, ist eine detaillierte Information über den Status der Bestellung für alle Beteiligten zu jedem Zeitpunkt möglich. Unter Anwendung von Telematik- und Tracking und Tracing-Systemen als Strategien der Sendungsverfolgung ist dies auch während des Transports im Lkw möglich. In diesem Zusammenhang ist zu erwähnen, dass der Lkw, das schwächste Glied der Prozesskette darstellt, da selbst bei ansonsten perfekten Rahmenbedingungen Verzögerungen durch aktuelle Verkehrssituationen eintreten können.

Aufgrund des zu niedrigen Stellenwerts, den die Logistik bisher in der Supply Chain einnimmt, wird bei einer Vielzahl von Aufträgen die dem Kunden zugesagte Fulfillment-Qualität nicht erreicht. Für den Kunden steht eindeutig im Vordergrund, dass er die Ware rechtzeitig und ohne zusätzlichen Aufwand erhält. Allzu oft scheitert jedoch die perfekte Auslieferung daran, dass der Besteller nicht zugegen ist, um das Paket entgegen zu nehmen. Eine Veröffentlichung des Forschungsinstituts für Rationalisierung (FIR) in Aachen hat gezeigt, dass der typische Internet-Kunde berufstätig und tagsüber kaum zu Hause anzutreffen ist. In 38,2% der Fälle erfolgt die Zustellung in Abwesenheit; 94% der Dienstleister bieten keine Termin-, 82% keine Mehrfachzustellung an[361]. Dies führt dazu, dass der gewünschte Bringkauf zum Holkauf degradiert.

Die künftige Logistikstruktur im B2C wird wesentlich durch die mit den Endkundenanforderungen in Zusammenhang stehenden neuen Sendungsstrukturen beeinflusst:

- Anstieg der Sendungszahlen, } Güterstruktur-
- Atomisierung der Sendungsstrukturen/-relationen, } effekt
- unterschiedlich zu bewegende Produkte, Stückgewichte, Sperrigkeit sowie
- teilweise hohe Empfindlichkeit der zu transportierenden Waren.

Über den Güterstruktureffekt führt der eCommerce zu einer stark erhöhten Nachfrage nach leichten Verteilfahrzeugen für den Kurier-, Express- und Paketdienst (KEP), deren Anzahl sich in den letzten fünf Jahren bereits verdoppelt hat. Durch die bereits erwähnte Komplexität in der eSupply Chain ergeben sich außerdem auch erhöhte Anforderungen an die Verteilerfahrzeuge der Zukunft:

- Transparenz über den jeweiligen Ort des Fahrzeugs (Sendungsverfolgung),
- Möglichkeit zur on-Board/off-Board-Zielführung/Navigation, Routenplanung,
- Information über aktuelle Fahrzeugladung, ausgelieferte Güter und ggf. Personaleinsatzdaten an die Zentrale/Disposition und
- Fahrzeugbetriebsdaten (technischer Zustand) zur Fuhrpark- und Fahreranalyse, Optimierung der wartungsbedingten Stillstandzeiten[362].

Die Überwindung der „letzten Meile", also die Zustellung der Ware vom letzten regionalen Verteildepot zum Kunden, stellt damit häufig die kritische Erfolgsgröße dar. Das betriebswirtschaftliche Grundproblem ist heute, dass den hohen Distributionskosten ein (noch) geringer Warenwert von derzeit durchschnittlich 50 Euro pro Sendung gegenübersteht. In Anbetracht des Warenwerts werden von den Endkunden maximal fünf Euro als „Online-Bestellkosten" akzeptiert, die tatsächlichen Kosten liegen jedoch häufig darüber. Bei den heute schon geringen Umsatzrenditen im Einzelhandel sind daher effizientere Distributionsprozesse notwendig. Bei den sich abzeichnenden Wachstumsraten wird zwar eine vollständige

---

361 Vgl. Symposion Publishing (03/2003)
362 Vgl. Industrie Anzeiger Nr. 26 (25.06.2001) S. 48f

Feinverteilung bis zur Haustüre des Kunden logistisch wie ökonomisch nicht möglich sein, jedoch gibt es Alternativen für bestimmte Waren- und Kundengruppen:

- feste Paketshops,
- private (Haustür-)Boxen (Großbriefkästen) und
- Schließfachsysteme an öffentlich zugänglichen Einrichtungen, so genannte Pick-Up-Points (Bahnhof, Tankstelle, Videothek etc.).

Eine besondere Form des Pick-Up-Points ist der Tower 24. Dabei handelt es sich um ein automatisches Lagersystem, das von Logistikdienstleistern und Paketempfängern über ein Terminal bedient wird. Der Turm, mit einer Höhe von 10 Metern und einem Durchmesser von 4,5 Metern, kann 300 Standardbehälter (Größe: 60x40 cm) zwischenlagern. „Versorgt werden die Behälter von einem Zweisäulen-Regalbediengerät, das zentral angeordnet ist und zusammen mit einem Bodendrehtisch arbeitet.“[363] Die chaotisch gelagerten Behälter können in drei verschiedenen Temperaturzonen untergebracht werden: Normaltemperatur, Frischebereich (2–7 Grad) und Kühlbereich (minus 18 Grad). Abbildung 11.2. zeigt den Ablauf einer Online-Bestellung mit Hilfe des Tower 24-Prinzips:

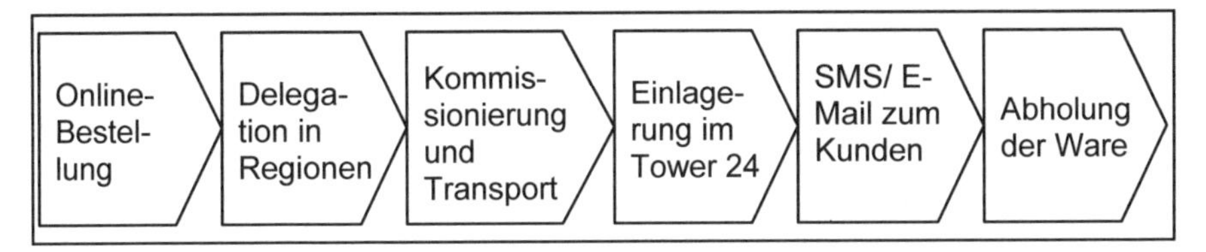

Abb. 11.2. Prozessablauf Tower 24

Nach der Online-Bestellung wird die Ware einer Region zugeordnet. Daraufhin folgt die Kommissionierung und der Transport zum jeweiligen Tower 24. Nach dem Einlagerungsvorgang erhält der Kunde automatisch eine Nachricht per SMS oder E-Mail, dass die Ware zum Abholen bereit liegt. Die Identifizierung der Behälter erfolgt beim Entgegennehmen der Ware über Barcodes.

Mit dem Tower 24 können Warenströme gebündelt, Distributionskosten sowie das Verkehrsaufkommen reduziert werden. Zudem kann der Logistikdienstleister die Ware schnell (100 Pakete in 20 Minuten) und unkompliziert zustellen. Es erfolgt eine Entkopplung der Schnittstelle zwischen Distribution und Konsument, so dass die Zustellung sicherer wird. Die vereinfachte Tourenplanung erlaubt eine schnellere Zustellung der

[363] Vgl. Beschaffung Aktuell (08/2001) S. 77

Ware. Die kompakte Bauform des Tower 24 lässt sich in Gebäude integrieren oder als „Stand-alone“ aufstellen.[364]

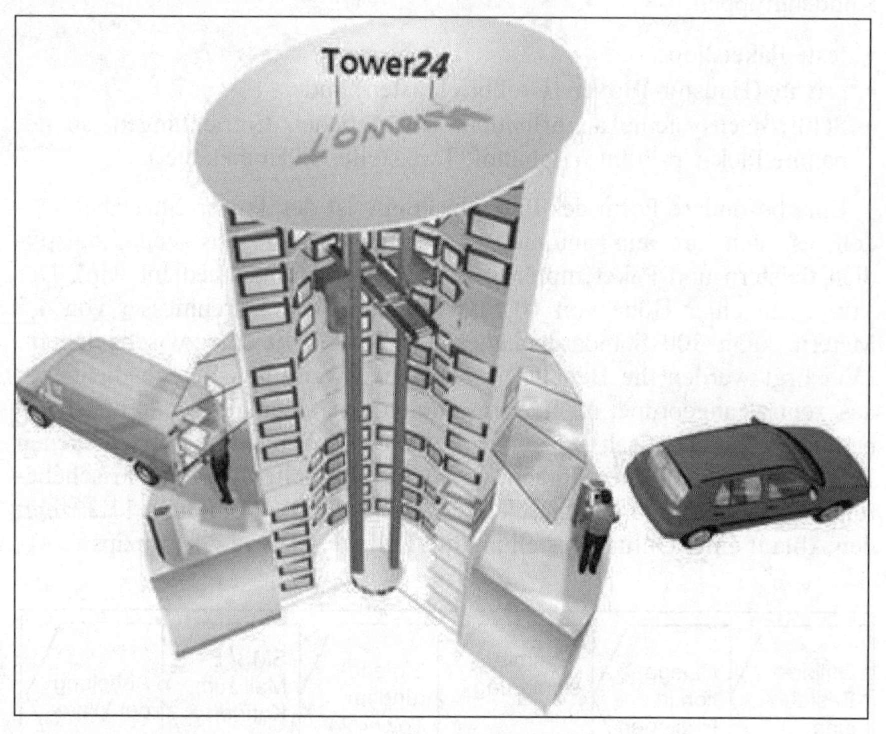

Abb. 11.3. Tower 24 [365]

Die Konzepte waren bislang aufgrund von hohen Infrastrukturkosten pro Einheit, unzureichender Netzdichte und der Sicherheitsproblematik noch nicht am Markt durchsetzbar[366]. Außerdem sind Paketshops und öffentliche Schließfachsysteme aus Sicht des strategischen Marketings begrenzt. Während der wenig preissensible und bequeme Internetkunde die Anlieferung direkt nach Hause wünscht, ist der preissensible „Schnäppchenjäger“ nicht bereit die zusätzlich entstehenden Logistikkosten zu tragen. Eine Untersuchung zeigte, dass lediglich 17,1% bereit sind, ihre Ware selbst abzuholen; die restlichen 82,9% wünschen sich die Lieferung an die Haustür (54,3%) bzw. zum Arbeitsplatz (28,6%)[367].

---

[364] Vgl. Fraunhofer Institut (2001)

[365] Vgl. Fraunhofer IML (2002), unter http://www.tower24.de (23.05.2002)

[366] Vgl. Stoltenberg (2001), in: E-Business 2 (Heft 19) S. 70

[367] Vgl. http://www.ecc-handel.de/ (18.05.2002)

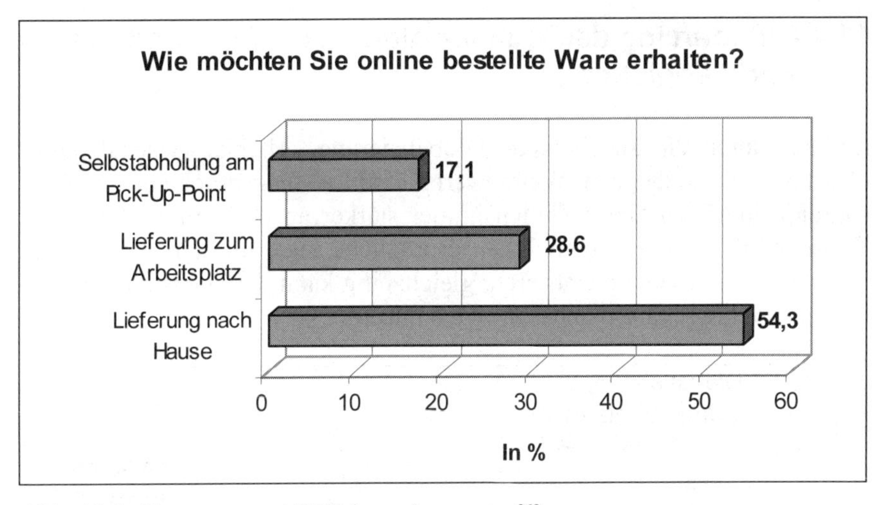

Abb. 11.4. Akzeptanz von B2C-Lagerkonzepten[368]

Abbildung 11.5. zeigt Lösungsansätze zur „letzten Meile-Logistik" und Anwendungsbeispiele aus der Praxis mit jeweiligen Vor- und Nachteilen.

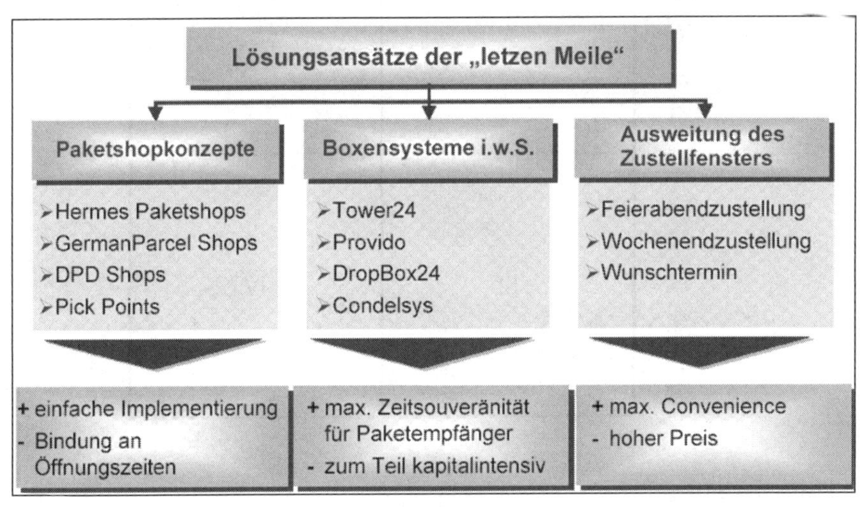

Abb. 11.5. Lösungsansätze der „letzten Meile"[369]

[368] Vgl. http://www.ecc-handel.de/ (18.05.2002)

[369] Veröffentlichung des Forschungsinstituts für Rationalisierung der RWTH Aachen

11.4 Outsourcing der Transportlogistik – Third und Fourth Party Logistics

Bedingt durch die zunehmende Globalisierung, erhöhter Geschäftskomplexität sowie steigendem Wettbewerbs- und Leistungsdruck gewinnt Outsourcing in vielen Unternehmen immer stärker an Bedeutung. Auf diese Weise wird es dem Unternehmen ermöglicht, sich auf sein eigentliches Tätigkeitsgebiet zu konzentrieren, gleichzeitig kann der Dienstleister Bündelungseffekte schaffen und Synergien nutzen.

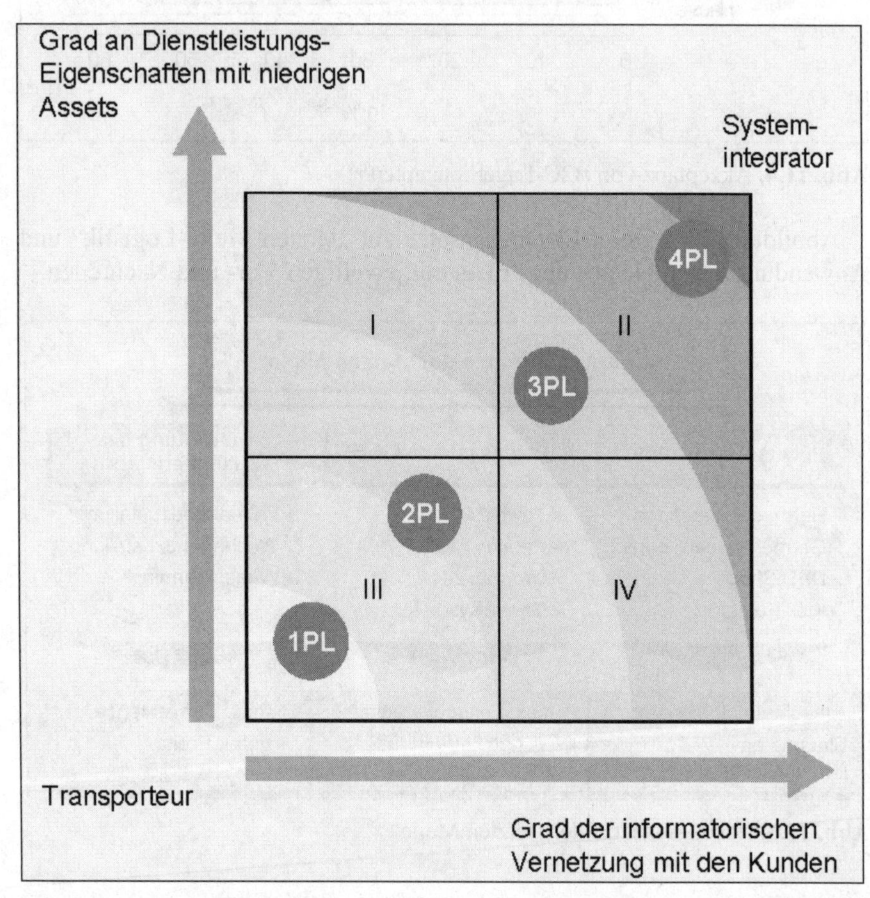

Abb. 11.6. Die Entwicklung vom Transporteur zum 4 PL[370]

Auch die Organisation und Durchführung logistischer Leistungen wird immer häufiger nach außen verlagert, um Prozesse zu optimieren, Einspa-

[370] Vgl. http://www.pwcglobal.com

rungen zu erzielen und den oben beschriebenen gestiegenen Marktanforderungen gerecht zu werden. Den Logistikdienstleistern bieten sich dadurch vielfältige Möglichkeiten, ihr Leistungsangebot auszuweiten und in vielen neuen Bereichen in Logistikprozesse eingebunden zu werden. Der klassische Transporteur entwickelte sich dadurch zum Third- bzw. Fourth Party Logistics-Provider (3PL/4PL).

Während man unter 1 PL die unternehmensinterne Abwicklung der Logistikprozesse, meist mit eigenem Fuhrpark und Lagerhäusern versteht, stellt 2 PL eine Weiterentwicklung dar, bei der zunehmend Basisleistungen wie Spedition und Lagerung an Logistikanbieter ausgelagert werden. Der 3 PL-Anbieter ist ein weiterentwickeltes Speditionsunternehmen, welches aus Wettbewerbsgründen zusätzlich zu seinen bisherigen Leistungen wie Transport, Umschlag, Lager (TUL) weitere „value added services" wie Konfektionierung oder Montage entwickelt, um seinen Kunden eigenverantwortlich Systemlösungen anbieten zu können.

Diese „produktions- und asset-getriebenen Speditionsfirmen"[371] richten sich hierbei immer mehr auf die Bedürfnisse ihrer Kunden aus und greifen bei der Realisierung dieser unternehmensindividuellen Aufgaben auf eigene Kapazitäten und Ressourcen zurück. Third-Party-Logistics arbeiten sowohl kurzfristig, mit ständig wechselnden Kunden, als auch auf der Grundlage von langfristigen Verträgen mit einem festen Kundenstamm zusammen.

In Abb. 11.7. werden die größten europäischen Third Party Logistics-Anbieter dargestellt.

Der 4 PL-Anbieter führt überwiegend „integrative und informatorische Aufgaben" aus, für die er, im Gegensatz zum 3 PL, weder einen eigenen Fuhrpark noch eigene Gebäude benötigt. Er plant, steuert und führt logistische Aktivitäten der gesamten Supply Chain durch, indem er lediglich als Manager von Logistikproblemen agiert. Zu diesem Zweck kombiniert er die Strukturen seiner eigenen Organisation mit denen anderer beteiligter Dienstleister und verfügt dazu über ein hinreichendes Branchen-Know-how. Bei der Wahrnehmung seiner Aufgaben steht er zwischen den Kunden aus Handel und Industrie auf der einen und IT-Unternehmen, Spediteuren sowie anderen Gliedern der Supply Chain auf der anderen Seite. Er koordiniert und integriert alle beteiligten Partner und sorgt durch die Abstimmung der Warenflüsse und Ressourcen für eine Optimierung der Prozesse. Nur seinem Kunden verpflichtet, entwickelt er für ihn eine Logistiklösung frei von Zwängen, Absprachen, Verpflichtungen und Rücksichtnahmen.[372]

---

[371] Vgl. http://www.centralstation.ch/fourthparty.asp
[372] Vgl. http://www.centralstation.ch/fourthparty.asp

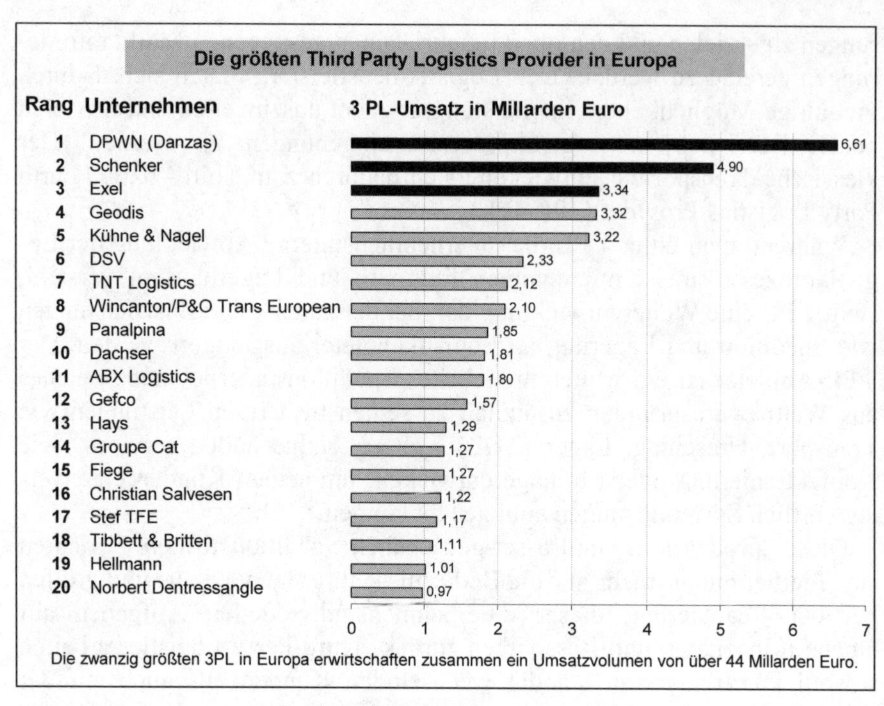

Abb. 11.7. Die 20 größten Third Party Logistics-Provider[373]

Der 4 PL übernimmt Transportplanung, Lager-, Bestands- und Ertragsmanagement, stellt Software und Personal zur Verfügung und führt die Dokumentenverwaltung und die IT-Integration durch. Außerdem hat der Anbieter die Auftragsverfolgung über alle Partner der Supply Chain sicher zu stellen, anfallende Finanzdienstleistungen zu koordinieren und die strategische Planung des Gesamtnetzwerks durchzuführen. Da bei 4 PL-Dienstleistungen häufig kundenspezifische Investitionen notwendig sind, handelt es sich bei den Verträgen meist um langfristige Vereinbarungen mit Laufzeiten bis zu zehn Jahren.

Wie aus Abb. 11.8. deutlich wird, ist der Übergang von 3PL zu 4PL aufgrund verschiedener Kompetenzen nicht immer klar abzugrenzen. Durch sehr unterschiedliche Ausprägungen in der Praxis existieren zu den einzelnen Kompetenzstufen teilweise stark differierende Beschreibungen[374]. Dies führte auch zur Bildung der Zwischenstufe Lead Logistics Provider (LLP).

[373] Vgl. http://www.logistikinside.de

[374] Vgl. Logistik heute (04/2003) S. 36

Tabelle 11.1. Kompetenzen der Logistikanbieter[375]

	Anbieter mit starker Bindung an eigene Assets			**Unabhängige Anbieter ohne Bindung an eigene Assets**	
Typ	**2PL**	**3PL**	**LLP (3PL+)**	**4PL**	**Consulting**
Strategischer Support hinsichtlich neuer Technologien/Entwicklungen im Supply Chain Management	x	x	xx	xxx	xxx
Analyse/Modellierung/ Integration neuer Logistikprozesse entlang der Supply Chain beim Auftraggeber	x	x	xx	xxx	xxx
Steuerung neurer Logistikprozesse entlang der Supply Chain beim Auftraggeber	--	x	xx	xxx	--
Realisierung und Steuerung von unternehmensübergreifender *Beschaffungslogistik*	x	xxx	xxx	xxx	x
Realisierung und Steuerung von innerbetrieblicher *Produktionslogistik*	--	xx	xx	xxx	x
Realisierung und Steuerung von unternehmensübergreifender *Distributionslogistik*	xxx	xxx	xxx	xxx	x

In Anlehnung an BREEN Reengineering Münchenstein, 2002

Legende

xxx Kompetenz vorhanden
xx Kompetenz teilweise vorhanden
x Kompetenz vereinzelt vorhanden
-- Kompetenz fehlt

2 PL: Transportunternehmen wie Bahn- oder Fluggesellschaften, Reedereien, LKW-Transporte, Lagerung etc.
3 PL: International tätige Speditions- und Logistikfirmen (nach eigenem Bekunden „Die Architekten des Transports")
LLP: Lead Logistics Providers: weltweit führende Logistikkonzerne mit dem Anspruch, globale Netzwerke zu unterhalten
4 PL: Unabhängige Generalunternehmen für die Planung, Entwicklung, Realisierung von Supply Chain Collaboration
Consulting: Anbieter von integrierter Beratung für Logistikmanagement, Benchmarking, Logistikanalysen, Prozessoptimierung

[375] Vgl. Neue Zürcher Zeitung (19.11.2002) S. 19

Entwicklungen und Einschätzungen aus der Praxis bezüglich Logistik-Outsourcing

Eine Studie, die das Beratungsunternehmen Cap Gemini Ernst & Young, deutscher Sitz in Berlin, zum Thema Outsourcing erstell hat, zeigt die zunehmende Bedeutung der externen Vergabe von Logistikdienstleistungen. Im Jahr 2003 gaben die befragten europäischen Unternehmen rund 65% ihrer Logistikmittel, das sind 14% mehr als im Vorjahr, für Leistungen von Drittfirmen aus. Insgesamt nutzten 79% das Angebot von Logistikdienstleistern, wobei Auslieferungstransporte mit 95% als häufigst angenommene Dienstleistung genannt wurden. Die Unternehmen konnten ihre Logistikkosten durch diese Outsourcing-Aktivitäten um 7% senken. Bis zum Jahr 2008 wird der Outsourcing-Anteil im Budget, nach Einschätzung der Unternehmen, auf 81% steigen.

Diesen Trend bestätigt auch eine Untersuchung der Wissenschaftlichen Hochschule für Unternehmensführung (WHU) in Koblenz, die auf der Befragung von knapp 250 Unternehmen aus Industrie und Handel basiert[376]. Danach zeigt sich, dass über ein Viertel aller Logistiktätigkeiten fremd vergeben sind, wobei sich deutliche Schwankungen feststellen lassen. Neben „Do-it-yourself“-Unternehmen, die 100% ihrer Logistik selbst erbringen gibt es solche, die bis zu 70% ihrer gesamten logistischen Tätigkeiten outsourcen. Dieser verstärkte Einsatz von Outsourcing ist vor allem in großen Unternehmen mit einem Umsatz von über 100 Mio. Euro festzustellen. Über 65% der befragten Führungskräfte glauben, dass Outsourcing von Logistikdienstleistungen grundsätzlich der richtige Weg ist.

Obwohl als Hauptgrund zur Vergabe logistischer Dienstleistungen Kostensenkung genannt wird, spielt bei der Auswahl des Logistikdienstleisters nicht nur der angebotene Preis eine wichtige Rolle. Auch die Qualität, die sich in der Fachkompetenz des Anbieters zeigt oder sonstige Faktoren wie beispielsweise räumliche Nähe sind für die Entscheidung von großer Bedeutung. Die Unternehmen wissen, dass sie von ihren Dienstleistern, insbesondere falls sie aus ähnlichen Projekten schon Erfahrungen sammeln konnten, in mehrfacher Hinsicht lernen können und verlangen innovative Lösungen zur Prozess- und Kostenoptimierung[377]. Bei zwei Drittel der betrachteten Unternehmen wurden die vorhergesagten Kostensenkungen tatsächlich erreicht.

Das gegenseitige Vertrauen ist bei der Umsetzung erfolgreicher Konzepte wichtig, deshalb bestehen in vielen Unternehmen langjährige Partnerschaften mit den Logistikdiensleistern. Knapp 80% der Befragten ar-

[376] Vgl. Logistik heute (09/2002) S. 38

[377] Vgl. Logistics Management (06/2003) S. 66

beiten seit über drei, 55% sogar seit über fünf Jahren mit ihrem Kooperationspartner zusammen. Trotzdem achten die Auftraggeber darauf, nicht in zu große Abhängigkeit zu dem Dienstleister zu geraten und bewahren sich die Möglichkeit, diesen gegebenenfalls auch wechseln zu können.[378]

11.5 Radio Frequency Identification (RFID)

Neben den bekannten Barcodes zur automatischen Identifikation und Datenerfassung werden in der logistischen Kette Transponder-Technologien verwendet. Die Technik, bei der ein berührungsloser und funkgesteuerter Datenaustausch stattfindet, wird als Radio Frequency Identification (RFID) bezeichnet. RFID beruht wie die Barcode- oder Magnetstreifen-Technik auf einer Lese- und Schreibeinheit, kommt jedoch ohne optischen Kontakt zwischen Leser und Transponder aus. Der Transponder – auch RFID-Tag oder Smartlabel genannt – ist ein passiver Mikrochip, der vollständig in ein Produkt integriert werden kann und seine Energie aus den elektromagnetischen Impulsen des Lesers erhält.[379] Der Leser (RFID-Reader) sendet über seine Antenne elektromagnetische Impulse aus, welche der Transponder über seine Mini-Antenne empfängt und als Antwort seine gespeicherten Informationen an den Leser übermittelt. Dabei liegt die Sende-Reichweite in Europa im Bereich bis zu einem Meter, während in den USA durch höhere Funkfrequenzen auch Reichweiten bis zu mehreren Metern möglich sind.

11.5.1 Anwendungsbereiche in der Supply Chain

Im Supply Chain Management werden auf RFID-Chips vor allem Ident- und Seriennummern gespeichert. In Kombination mit einem Warenwirtschaftssystem lassen sich damit zahlreiche produktbezogene *Hintergrundinformationen* anzeigen. Mögliche Hintergrundinformationen können sein:[380]

- Lieferant, Transportdaten, Lieferziel,
- Herstellungs- oder Erntedatum und Mindesthaltbarkeitsdatum,
- interne Artikelnummer, Chargennummer,
- Angaben zur Lagertemperatur,
- Recyclinginformationen.

[378] Vgl. Logistik Inside (06/2003) S. 28
[379] Vgl. www.dte.de (19.01.2004) DTE
[380] Vgl. Metro Future Store unter /www.future-store.org (19.01.2004)

Durch den Einsatz von RFID anstelle von herkömmlichen Barcodes ergeben sich die folgenden ersichtlichen Vorteile.[381]

Vorteile durch RFID

- Berührungsloser Datenaustausch auf Funkbasis ermöglicht schnelle Datenerfassung mehrerer Produkte gleichzeitig bei hoher Lesesicherheit
- Unempfindlichkeit gegen Nässe, Verschmutzung, mechanische Einflüsse, Hitze (bis 100 Grad Celsius) und Kälte (bis minus 20 Grad Celsius)
- Integration in Produkte sowie Ausstattung mit Temperatur- und Drucksensoren möglich
- Leserichtung irrelevant

Gründe, warum sich die Transponder-Technik bisher erst teilweise durchgesetzt hat:

- je nach Ausführung noch hohe Stückkosten von 0,20 Euro bis 5 Euro je RFID-Tag sowie hohe Investitionen in IT-Infrastruktur,
- unterschiedliche Frequenzen in Europa und USA,
- teilweise starke Abneigung bei Konsumenten aus Datenschutzgründen und Angst vor Funkwellen.

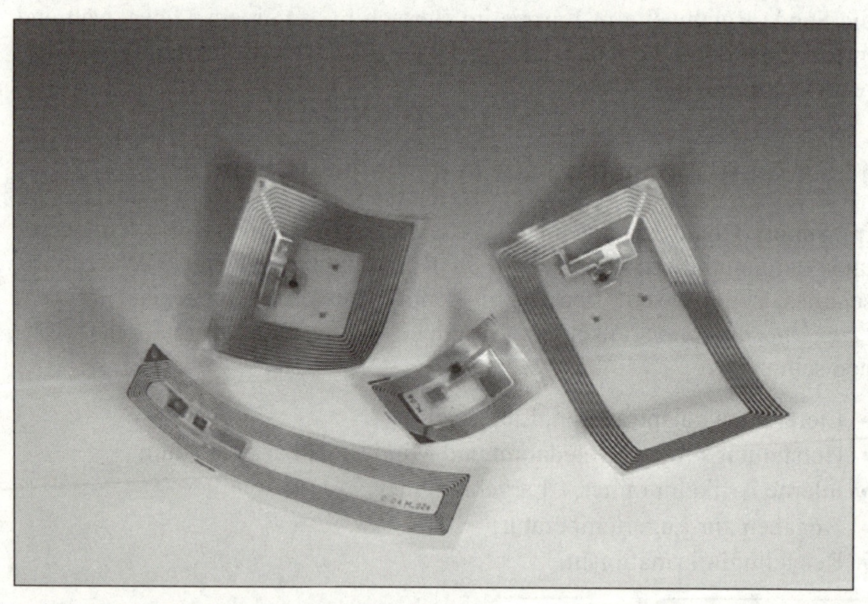

Abb. 11.8. RFID-Transponder in verschiedenen Ausführungen[382]

[381] Vgl. Wannenwetsch, Nicolai (2002) S. 190

Transponder werden in verschiedenen Formen und Ausstattungen wie Klebe-Etiketten, Kreditkarten, Kunststoffmünzen oder Glasröhrchen gefertigt und bieten daher ein fast unbeschränktes Anwendungsfeld

- als intelligenter Barcodeersatz in der Materialwirtschaft,
- als Schutz vor Diebstahl oder Produktpiraterie sowie als Fälschungsschutz für Ausweisdokumente, Visa und Banknoten,
- zur Personalisierung von Eintrittskarten, Fahrscheinen, Skilift-Karten,
- Zutrittskontrollen, Zeiterfassung, Türöffner, elektronischer Autoschlüssel,
- zur Kennzeichnung von Wäsche in Reinigungen, Waffen oder Tieren sowie zur Materialerkennung in der Abfallwirtschaft,
- im Archiv-, Bibliotheks- und Dokumentenmanagement.

11.5.2 Entwicklungspotenzial von RFID

Nach Schätzungen der Marktforschungsgruppe Freedonia Group werden infolge zweistelliger Zuwachsraten im Jahr 2012 allein in den USA über 30 Mrd. RFID-Smartlabel im Wert von 1,2 Mrd. US-Dollar eingesetzt. Im Supply Chain Management werden demnach 7,6 Mrd. Smartlabel zum Einsatz kommen. Vor allem für Briefe und Pakete, Paletten, Frachtgut und Fluggepäck, Bibliotheken und militärische Zwecke wird die Zahl der Smartlabel zunehmen.[383] Im Zuge beginnender Massenproduktion rechnet Forrester Research mit weiter sinkenden Stückkosten für Transponder von derzeit zwischen 0,30 und 0,70 Euro auf 0,01 Euro in den nächsten vier Jahren.[384]

Electronic Product Code (EPC)

Transponder haben das Potential in den nächsten fünf bis zehn Jahren im Retail-Business die bisherigen UPC- und EAN-Barcodes (Universal Product Code, European Article Numbering System) nahezu vollständig abzulösen. Dazu verhandelt die Organisation EPCglobal, ein Zusammenschluss von über 90 Logistik- und Handelsunternehmen sowie Hardware-Herstellern, über die „Electronic Product Code (EPC) Tag Data Spezifikation 1.0", deren Kern eine 96-Bit-EPC-Implementierung darstellt. Durch den EPC wird die eindeutige Vergabe von über 68 Mrd. Seriennummern

[382] Quelle: Texas Instruments, www.texasinstruments.com
[383] Vgl. Using RFID (14.01.2004), unter www.usingrfid.com
[384] Vgl. YahooFinanzen (20.01.2004), unter www.yahoo.de

für jedes von über 16 Mio. Produkten eines von über 268 Mio. Herstellern ermöglicht.[385]

RFID in der Automobilindustrie

Bei General Motors (GM) of Canada hat jedes der 2.000 Autos auf dem Fließband einen RFID-Tag zur exakten Steuerung des Produktionsprozesses.

Mit Ausgaben von 600 Mio. Dollar, dies entspricht 46% des RFID-Marktes, stellte die Automobilindustrie im Jahr 2003 in den USA den größten Abnehmer von RFID-Tags dar.

Infolge eines neuen US-Gesetzes, welches die Überwachung des Reifendrucks vorschreibt, installiert GM in den Modellen Corvette und Cadillac XLR RFID-Tags an den Reifen. Daneben werden RFID-Chips als elektronische Türöffner und Wegfahrsperre montiert.[386]

Smartlabels im Handel

Im Handel wird die Transpondertechnologie zunehmend von großen Unternehmen wie Metro Group, Wal-Mart und Tesco zur Transport- und Lageroptimierung oder als Diebstahlschutz angewendet. So lassen sich durch die Erfassung kompletter Paletten statt einzelner Barcodes an Kartons beim Lagerein- und -ausgang rund acht bis zehn Prozent an Zeit sparen.

Um ihre Rasierklingen gegen Schwund zu schützen und den durchschnittlichen Lagerfehlbestand in Höhe von 10% zu reduzieren, hat allein die Firma Gillette 500 Mio. Smartlabel bestellt.[387] Der Bekleidungshersteller Benetton beabsichtigt, während der Produktion in die Kleidungsstücke der Marke „Sisley“ insgesamt 15 Mio. RFID-Chips einzunähen. Dadurch soll eine Optimierung der Regalliegezeit und eine Vermeidung von Stock-Out-Situationen erzielt sowie Diebstahl und Fälschungen verhindert werden. Die Chips verbleiben in den Textilien, werden jedoch beim Zahlungsvorgang deaktiviert.[388]

RFID als Zahlungsmittel

Als Zahlungsmittel werden spezielle RFID-Schlüsselanhänger in Kombination mit Kreditkartenunternehmen in den USA von bereits fünf Mio.

---

[385] Vgl. Heise Newsticker (12.01.2004), unter www.heise.de
[386] Vgl. The Global Mail (20.01.2004), unter www.theglobeandmail.com
[387] Vgl. www.zdnet.de (20.01.2004), vgl. auch www.yahoo.de (20.01.2004)
[388] Vgl. www.winckel.de (20.01.2004)

Nutzern verwendet, die an 5.000 Exxon-Mobil Tankstellen und Geschäften einkaufen können. In Kanada hat der Shell-Konzern einen Großversuch gestartet und daneben haben die Fastfood-Ketten Kentucky Fried Chicken, McDonalds und Taco Bell erste Kassen mit RFID-Technik versehen.[389]

11.5.3 Praxisbeispiel Metro Group

Die Metro Group betreibt seit Frühjahr 2003 zusammen mit Technologieunternehmen wie SAP, Intel und IBM in Rheinberg bei Duisburg einen „Future-Store".[390] In diesem Supermarkt der Zukunft werden unter realen Bedingungen der Einsatz und das Zusammenspiel verschiedener neuer Technologien im Handel getestet. Der RFID-Technik kommt dort eine besondere Bedeutung zu. Zum Einsatz kommen 300 bis 400 µm dünne RFID-Tags, die auf eine dünne Trägerfolie auflaminiert sind.

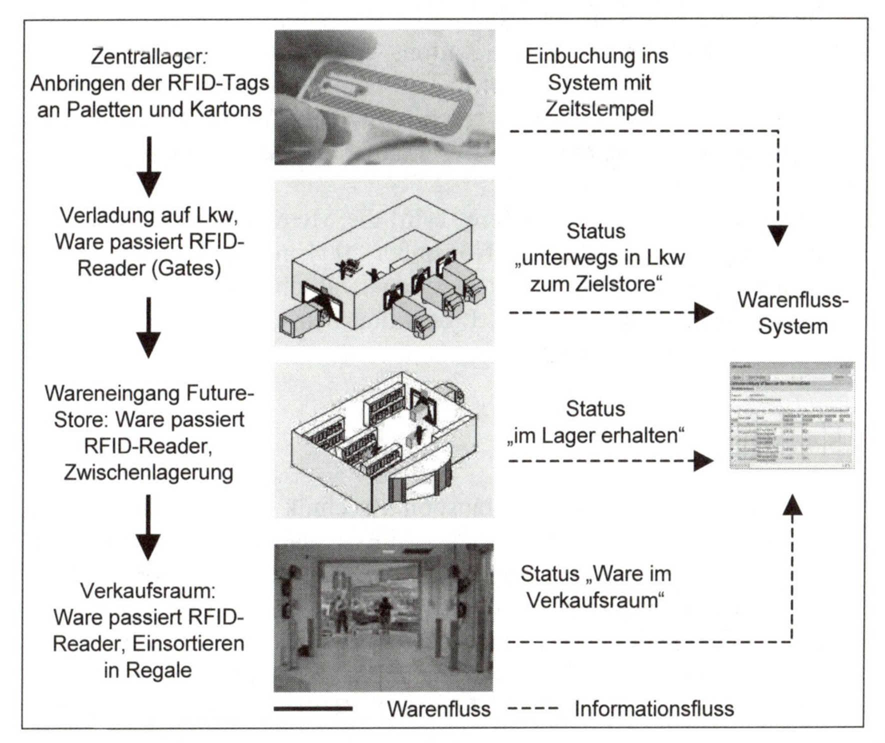

Abb. 11.9. Warenverfolgung mit RFID bei der Metro Group[391]

[389] Vgl. www.elektroniknet.de (20.01.2004)
[390] Vgl. Metro Future Store (19.01.2004), unter www.future-store.org
[391] Eigene Darstellung mit Bildern der Metro Group, vgl. www.future-store.org

Im Zentrallager werden sämtliche Transporteinheiten (Paletten und Kartons) mit RFID-Tags versehen, die jeweils den Barcode der Kartons enthalten. Mit der Einlesung dieser Daten in das Warenfluss-System ist die Ware samt zugehöriger Informationen im System erfasst. Vor dem Verladen auf Lkws passieren die Waren eine elektronische Schleuse mit einem RFID-Reader (Gate). Dabei werden die Informationen sämtlicher RFID-Tags gleichzeitig gelesen und an das Warenfluss-System gesendet. Dort erhält die Ware nun den Status „unterwegs in Lkw“. Am Wareneingang des „Future-Stores“ befinden sich ebenfalls Gates, die beim Passieren der Ware den System-Status auf „Ware im Lager erhalten“ ändern.

Im Backstore-Bereich des „Future-Stores“ kann zunächst eine chaotische Zwischenlagerung erfolgen, da eine problemlose Identifikation und Ortung der Ware möglich ist. Am Übergang zum Front-Store passiert jeder einzelne Karton ebenfalls ein RFID-Gate. Kartons, die aus Platzgründen im Verkaufsraum nicht im Regal ausgeräumt werden konnten, gehen zurück ins Lager, wobei dieser Vorgang erneut durch das Gate registriert wird. Die RFID-Tags der leeren Kartons und Paletten werden im Verkaufsraum entfernt bzw. entwertet, bevor Transport- oder Umverpackungen zurück ins Lager gebracht werden. Auf diese Weise wird sichergestellt, dass keine Waren, die sich im Verkaufsregal befinden, zeitgleich im Lager registriert sind.

Nach den Tests im „Future-Store“ wird die Metro Group zur Optimierung der Supply Chain RFID ab November 2004 in 250 Märkten einführen. Zusammen mit 100 Lieferanten sollen sämtliche Paletten und Transportverpackungen bereits in den Produktionsbetrieben für zehn Metro-Zentrallager mit RFID-Etiketten versehen werden.

11.5.4 Fazit

Das Anwendungspotential der Transpondertechnik reicht weit über den Einsatz als intelligenten Barcodeersatz hinaus und scheint zunächst nur durch menschliche Phantasie begrenzt. Notenbanken prüfen bereits RFID in Geldscheine zu integrieren, um die Fälschungssicherheit zu erhöhen und Spuren illegaler Gelder zu verfolgen. Sicherheitsbehörden erwägen, Reisepässe und Visa mit RFID zu versehen. Bei der Fußball-WM 2006 in Deutschland werden sämtliche Tickets einen RFID-Tag besitzen, um den Inhaber zu identifizieren und Schwarzmarkthandel zu unterbinden.[392] Je weiter RFID-Chips in Bereiche jenseits der klassischen Supply Chain vor-

[392] Vgl. Heise Newsticker (23.05.2003 u. 15.01.2004). unter www.heise.de abgerufen am 19.01.2004

dringen, desto breiter wird eine Diskussion über mögliche Datenschutzprobleme einsetzen. Letztlich wird die Akzeptanz beim Konsumenten mitentscheidend für den weiteren Erfolg dieser Technik sein.

11.6 Aufgaben

Aufgabe 11–1

Welchen Einfluss hat der Internet-Handel auf die zukünftige Logistikstruktur?

Aufgabe 11–2

Definieren Sie den Begriff eFulfillment.

Aufgabe 11–3

Welche Lösungsansätze bestehen für die Überwindung der „letzten Meile" und welche Probleme ergeben sich bei der Umsetzung?

Aufgabe 11–4

Skizzieren Sie die Weiterentwicklung des klassischen Transporteurs?

Aufgabe 11–5

Nennen Sie fünf Hintergrundinformationen zu Produkten, die sich in Kombination mit einem Warenwirtschaftssystem durch RFID-Tags anzeigen lassen.

Aufgabe 11–6

Wofür steht die Abkürzung EPC und was ist die wesentliche Neuerung?

Lösung 11–1

Die künftige Logistikstruktur im B2C wird wesentlich durch die mit den Endkundenanforderungen in Zusammenhang stehenden neuen Sendungsstrukturen beeinflusst:

- Anstieg der Sendungszahlen,
- Atomisierung der Sendungsstrukturen/-relationen,
- unterschiedlich zu bewegende Produkte, Stückgewichte, Sperrigkeit sowie
- teilweise hohe Empfindlichkeit der zu transportierenden Waren.

Lösung 11–2

Unter eFulfillment versteht man die vollständige Durchführung einer Order von der Bestellung bis zur Auslieferung. Dies fängt bei der Internet-Bestellung an und geht über die Bezahlung, Lagerung, Transport und Auslieferung bis zum After-Sales-Service und zur Entsorgung durch einen Logistikdienstleister.

Lösung 11–3

- Feste Paketshops
- Private (Haustür-)Boxen (Großbriefkästen)
- Schließfachsysteme an öffentlich zugänglichen Einrichtungen, sog. Pick-Up-Points (Bahnhof, Tankstelle, Videothek etc.)

Probleme: Bindung an Öffnungszeiten, hohe Infrastrukturkosten pro Einheit, unzureichender Netzdichte, Sicherheitsproblematik.

Lösung 11–4

Entwicklung vom Transporteur zu Systemintegrator:

- 1 PL: unternehmensinterne Abwicklung der Logistikprozesse, meist mit eigenem Fuhrpark und Lagerhäusern
- 2 PL: Weiterentwicklung, bei der zunehmend Basisleistungen wie Spedition und Lagerung an Logistikanbieter ausgelagert werden
- 3 PL: weiterentwickeltes Speditionsunternehmen, welches aus Wettbewerbsgründen zusätzlich zu seinen bisherigen Leistungen weitere „value added services“ wie Konfektionierung oder Montage entwickelt
- 4 PL: überwiegend „integrative und informatorische Aufgaben“, für die er weder einen eigenen Fuhrpark noch eigene Gebäude benötigt, Planung, Steuerung und Ausführung logistischer Aktivitäten der gesamten Supply Chain

Lösung 11–5

Lieferant, Herstellungs- oder Erntedatum, Angaben zur Lagertemperatur, Mindesthaltbarkeitsdatum, Chargennummer

Lösung 11–6

EPC steht für Electronic Product Code und soll die bisherigen EAN-Barcodes ablösen. Die wesentliche Neuerung besteht in der Vergabe einer einzigartigen Seriennummer für jedes einzelne Produkt.

12 Payments – schnelle Zahlungssysteme

Obwohl der Glanz des Begriffs „eCommerce“ vielerorts verblasst ist, befindet sich der Online-Handel der zweiten Generation in einer Aufwärtsphase. Berichten zufolge konnten in Deutschland im vergangenen Jahr insgesamt rund 138 Mrd. Euro im eCommerce umgesetzt werden. Damit ist Deutschland vor Großbritannien der wichtigste europäische Markt im Online-Handel. Global betrachtet, liegt der Wert des durchschnittlichen Warenkorbs im deutschen Online-Handel über dem des weltweiten Online-Handels.[393] Unternehmen, die diese Tatsache verkennen, werden mittelfristig Umsatzeinbrüche verbuchen.

Für den Erfolg im elektronischen Vertrieb von Gütern, Waren und Dienstleistungen im Supply Chain Management ist es deshalb wichtig Best Practices zu implementieren, um schon heute Wettbewerbsvorteile zu erzielen. Im Mittelpunkt von Online-Vertriebsstrategien stehen deshalb neben anwenderfreundlichen Preis- und Produktkonfiguratoren, individuellen Pre- und Aftersales Services und einer zuverlässigen Auftragsabwicklung, geeignete elektronische Zahlungssysteme (ePayments). Denn oft sind es die angebotenen Zahlungssysteme, die über den Erfolg oder Misserfolg im Online-Vertrieb entscheiden.

Tabelle 12.1. Begriffe im elektronischen Zahlungsverkehr

Begriffe im elektronischen Zahlungsverkehr	
ePayments	bezeichnen gemeinhin alle Zahlungssysteme, die im Internet zur Begleichung von elektronisch ausgelösten Transaktionen einsetzbar sind.
Transaktions-volumen	stellt den Rechnungsbetrag einer Transaktion bzw. den Wert einer Bestellung dar. (Menge * Preis = Transaktionsvolumen)
Transaktions-kosten	beinhalten alle anfallenden Kosten der Zahlungsabwicklung einer Transaktion, wie u.a. Software, Hardware, Gebühren, Pauschalen, Aufwendungen für Sicherheitsinfrastrukturen, etc.

[393] Vgl. Pago-Studie (2003)

Der Fokus dieses Kapitels liegt auf der Beschreibung ausgewählter, leistungsfähiger Zahlungssysteme, die sich im Laufe der Entwicklungen bereits etabliert haben oder sich gerade profilieren. Für Echtzeit-Transaktionen im Supply Chain Management lassen sich spezielle Anforderungen an die ePayment-Verfahren ableiten. Insbesondere die Sicherheitsanforderungen werden ausführlich vertieft. Im Anschluss werden ePayment-Verfahren vorgestellt und auf deren Eignungsprofil im SCM hin überprüft.

12.1 Zahlungsabwicklung im ePayment

Die Transaktionsabwicklung zwischen Geschäftspartnern vollzieht sich im eSupply Chain Management in der Prozesskette „eOrder to eFulfillment to ePayment".

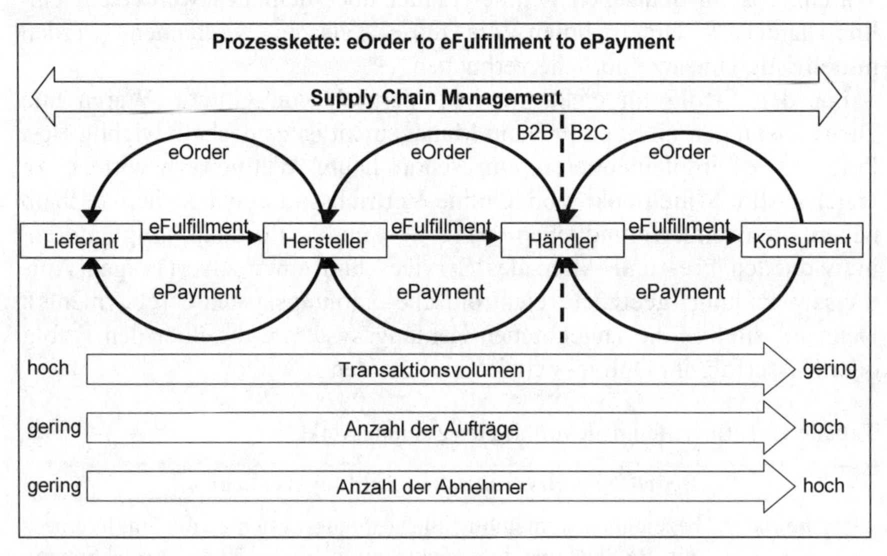

Abb. 12.1. Elektronische Transaktionsabwicklung entlang der Supply Chain

Ausgehend vom Endkonsumentenbedarf am Point of Sales, z.B. Online-Bestellungen bei einem Online-Händler, werden Güter und Waren entlang der Supply Chain elektronisch beschafft (eOrder). Die einzelnen Bestellungen werden auftragsorientiert abgewickelt und an die nachgelagerte Stufe ausgeliefert (eFulfillment). Demgegenüber steht die Leistungsäquivalente der Bezahlung (ePayment) der einzelnen, elektronisch ausgelösten Warenströme zur Komplettierung von Transaktionen.

In der Regel nehmen dabei die zu begleichenden Transaktionsvolumen (= Rechnungsbeträge) in Richtung Endkonsument stetig ab, während die

Anzahl der Kundenaufträge mit geringeren Transaktionsvolumen pro Wertschöpfungsstufe (Lieferant, Hersteller, etc.) erheblich zunimmt. Verstärkt wird dies durch die Zunahme der Abnehmer pro Stufe, denn der Handel vertreibt letztendlich Waren an eine Vielzahl von Konsumenten.

Vor diesem Hintergrund bedingt die Transaktionsabwicklung im Supply Chain Management eine Anpassung der Zahlungssysteme in Bezug auf die Geschäftspartner (B2B, B2C) und der Höhe der Transaktionsvolumen.

12.2 Anforderungen an ePayment-Verfahren

Die Auswahl eines geeigneten ePayment-Verfahren zum Begleichen von Rechnungsbeträgen entlang der Supply Chain stellt eine Schlüsselkomponente im Online-Vertrieb dar. Um Online-Transaktionen organisatorisch und betriebswirtschaftlich effizient abzuwickeln, existieren deshalb prinzipielle Eigenschaften, die bei der Auswahl eines Zahlungssystems im SCM ein generelles Anforderungsprofil an die Verfahren implizieren. Die Anforderungen sind in Tabelle 12.2. aufgezählt und beschrieben.

Tabelle 12.2. Anforderungsprofil an elektronische Zahlungssysteme im SCM[394]

Anforderungsprofil an ePayment-Verfahren im SCM	
Eigenschaft	**Anforderung**
Sicherheit	ePayments müssen ausreichenden Schutz vor Angriffen, Missbrauch oder Manipulation von Finanztransaktionen in offenen Kommunikationsnetzen (Internet) gewährleisten.
Akzeptanz/Verbreitungsgrad	Die Annahmebereitschaft für ein neues Zahlungsverkehrsprodukt muss durch die Akteure sichergestellt sein, um Fehlinvestitionen oder Umsatzeinbußen vorzubeugen. Eng verknüpft mit der Akzeptanz ist der Verbreitungsgrad, also der Dichte der Teilnehmer am System. Bei zunehmender Teilnehmeranzahl steigt die Akzeptanz.
Bedienbarkeit	Das Zahlungsverfahren muss für den Anwender einfach zu bedienen und die Einleitung des Zahlungsvorgangs offensichtlich sein.
Skalierbarkeit	Die Konzeption des Zahlungssystems sollte in Bezug auf die Anzahl der Teilnehmer und Währungen jederzeit erweiterbar sein.

[394] Vgl. zusammenfassend Köhler, Best (1998) S.40f u. Schuster et al. (1997) S. 34f

Anforderungsprofil an ePayment-Verfahren im SCM	
Eigenschaft	**Anforderung**
Anonymität	Dem Kunden im B2C-Geschäftsverkehr soll es möglich sein, Transaktionen ohne Preisgabe seiner Identität durchzuführen. Im B2B-Szenario ist die Identität der Kaufleute Voraussetzung.
Verfügbarkeit	Autorisierte Zugriffe müssen zu jederzeit möglich sein, ungehindert durch zeitliche Restriktionen. Ein Online-Shop hat 24 Stunden geöffnet, ebenso müssen Zahlungssysteme verfügbar sein.
Wirtschaftlichkeit	Transaktionskosten müssen im Verhältnis zu den Rechnungsbeträgen stehen. Insbesondere für kleine und kleinste Rechnungsbeträge äußert sich dies in der Wirtschaftlichkeit einer Transaktion.

12.3 Sicherheitsverfahren im elektronischen Zahlungsverkehr

Bedrohungen durch neue Computerviren und Hackerangriffe nehmen derzeit rasant zu. Laut Bericht des Sicherheitsdienstleister Internet Security Systems (ISS) stieg die Zahl der Angriffe auf Sicherheitsbereiche von Unternehmen während des ersten Quartals 2003 um rund 84%. Es wurden weltweit rund 160 Mio. IT-Sicherheitsvorfälle registriert. Der finanzielle Schaden liegt bei über einer Milliarde Euro. IT-Systeme müssen deshalb grundsätzlich gegen Bedrohungen aller Art abgesichert werden. Insbesondere der elektronische Zahlungsverkehr erfordert sicherheitskonforme Systemstrukturen, die sensible Daten vor Risiken, wie Manipulation und Abhörung durch Dritte, technisches oder menschliches Versagen oder gar Hackerangriffen, schützt.

Die Sicherheitsaspekte im elektronischen Zahlungsverkehr stellen eine der wichtigsten Anforderungen dar. Die Relevanz betonen in diesem Zusammenhang erhobene Studien, wie u.a. eine Marco Brandt eBusiness Consulting Studie zum Thema: Zahlungsabwicklung im eCommerce. Danach ist die wichtigste Anforderung aus Sicht der Befragten der Schutz vor dem Missbrauch der Zahlungsinformation.[395] Nicht zuletzt begründet dieses Ergebnis die nach wie vor zahlreichen Abbrüche bei Einkäufen über das Internet.

[395] Vgl. ECIN (2003), unter www.ecin.de (31.03.2004)

Die wichtigsten Anforderungen an die Übermittlung sicherheitsrelevanter Daten sowie mögliche Maßnahmen werden zunächst tabellarisch skizziert. Im Anschluss werden ausgewählte Sicherheitsverfahren, wie Secure Socket Layer (SSL) und Secure Electronic Transaction (SET) vorgestellt, welche den Anforderungen gerecht werden.

Tabelle 12.3. Sicherheitsanforderungen im elektronischen Zahlungsverkehr[396]

Sicherheitsaspekt	Anforderung	Maßnahmen
Authentizität	Anbieter und Nachfrager sichern sich Echtheit (Identität) und Seriosität (Autorisierung) ihrer Geschäftspartner	Digitale Zertifikate
Integrität	Die Daten dürfen auf dem Übertragungsweg nicht manipuliert worden sein.	Digitale Zertifikate
Vertraulichkeit	Der Datenaustausch darf bei der Übermittlung von keinem unberechtigten Dritten eingesehen worden sein.	Verschlüsselungsverfahren

12.3.1 Secure Socket Layer (SSL)

Dieses von Netscape Communications (www.netscape.com) entwickelte Verfahren dient der sicheren Datenübertragung im Internet. Das SSL-Protokoll, welches Bestandteil jedes gängigen Internet-Browsers ist, gewährleistet durch die Bereitstellung eines Verschlüsselungsverfahren neben einem sicheren Datenübertragungsweg außerdem einen authentischen Datentransfer, d.h. es wird sichergestellt, dass der Server (Anbieter) und der Browser (Nachfrager) auch autorisiert und wahrhaftig sind.

Ablauf der Zahlungsabwicklung

Will ein Käufer bei einem SSL-zertifizierten Online-Händler, wie z.B. Amazon (www.amazon.de) Audio CDs oder Bücher über eine Zahlungsabwicklung via SSL erwerben, so lädt er sich auf verschlüsseltem Weg ein Zahlungsformular von Amazon auf seinen Browser. Dieses wird vorab von einer unabhängigen Zertifizierungsstelle zertifiziert und auf dem Server von Amazon installiert. Der Kunde trägt seine Kreditkartendaten ein und übermittelt es gesichert zurück. SSL sichert hierbei lediglich die Übertragung der Daten, womit keine Anonymität des Käufers sowie die unlaute

[396] Vgl. Mocker, Mocker (1999) S. 89

Weiterverwendung der Finanzdaten durch den Händler gewährleistet ist. Kennzeichnend für die sichere Übertragung ist das geschlossene „Vorhängeschloss-Symbol“ im Browser.[397]

SSL deckt zusammenfassend folgende Sicherheitsanforderungen ab.

Tabelle 12.4. Sicherheitsprofil von SSL

Sicherheitsprofil von SSL	
Vertraulichkeit der Daten	Schutz sensibler Daten vor Dritten durch verschlüsselten Transfer, jedoch nicht vor unlauter Weiterverwendung.
Authentizität der Teilnehmer	Zertifikate bestätigten die Identität des annehmenden Servers.
Integrität der Daten	Prüfung, ob die versendeten Daten vollständig und unverändert bzw. unberührt sind.

12.3.2 Secure Electronic Transaction (SET)

Secure Electronic Transaction wurde von den Kreditkartengesellschaften MasterCard und VISA sowie namhaften Unternehmen aus der IT-Branche wie IBM, Microsoft und Netscape mit dem Anspruch entwickelt, einen Standard für den sicheren, bequemen und grenzüberschreitenden elektronischen Geschäftsverkehr zu manifestieren.

SET erfasst die sichere Abwicklung von kompletten Kaufprozessen von der Bestellung bis zur Quittung und versucht dabei größtmögliche Kompatibilität auf allen Plattformen zu gewährleisten. Der Standard garantiert durch die Verwendung von Verschlüsselungsverfahren die Vertraulichkeit von Informationen, die Integrität von Zahlungen durch digitale Zertifikate sowie die Authentizität aller Teilnehmer (Anbieter, Nachfrager, Banken). Dabei dient das Zertifikat dem Kunden als Äquivalent zur „realen“ Kreditkarte und dem Anbieter als autorisierendes Logo an der Eingangstür.

Ablauf der Zahlungsabwicklung

Die Unterschiede gegenüber SSL bei der Zahlungsabwicklung liegen im Wesentlichen darin, dass nicht mehr nur Anbieter und Käufer die Transaktionspartner bilden, sondern die Bank als Dritter Partner einbezogen werden. Hintergrund ist hierbei die strikte Trennung von sensiblen Kreditkartendaten und einfachen Auftragsdaten. Zum Beispiel erhält die Online-

[397] Vgl. zusammenfassend Thome, Schinzer (2000) S. 146f u. Mocker, Mocker (1999) S. 101

Fluggesellschaft Ryanair (www.ryanair.com) selbst nicht die sensiblen Kreditkartendaten eines flugbuchenden Kunden, wenn dieser sich für die Rechnungsbegleichung über SET entschieden hat, sondern lediglich einen verschlüsselten und gegen Manipulation gesicherten Datensatz (Zertifikat) zur Weiterleitung an die Partnerbank. Hier wird dem Umstand Rechnung getragen, dass ein autorisierter Online-Anbieter mit seinen Datenablagen potenziell eine unsichere Umgebung für sensible Daten darstellt. Der Ablauf einer SET-Kreditkartentransaktion wird in Abb. 12.2. abgebildet.

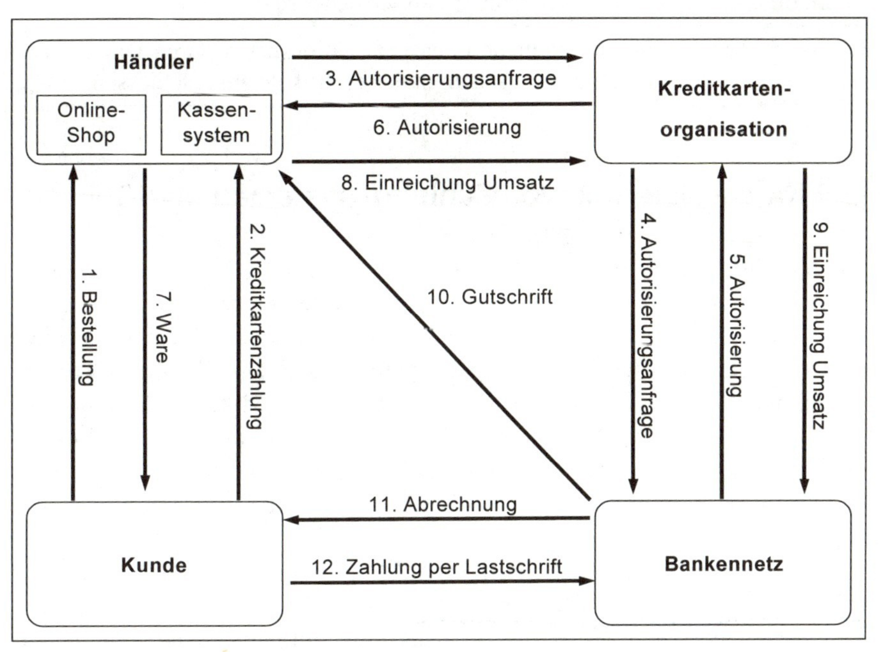

Abb. 12.2. Abwicklung einer SET-Kreditkartentransaktion im Internet[398]

Aufgrund der Hierarchie digitaler Zertifikate zur Authentifizierung der Transaktionspartner sprechen die Kreditkartenorganisationen bei Verwendung des Sicherheitsmodells von SET eine Zahlungsgarantie für das Vertragsunternehmen aus. SET-Online-Zahlungen werden somit juristisch Kreditkartenzahlungen gleich gestellt, die vom Kunden im stationären Handel durchgeführt und unterschrieben worden sind.[399]

SET deckt zusammenfassend die in Tabelle 12.5. dargestellten Sicherheitsanforderungen ab.

---

[398] Vgl. Thome, Schinzer (2000) S. 144

[399] Vgl. zusammenfassend Furche, Wrightson (1997) S. 43–46 u. Schuster et al. (1997) S. 39 u. Köhler, Best (1998) S. 53–56

Tabelle 12.5. Sicherheitsprofil von SET

Sicherheitsprofil von SET	
Vertraulichkeit der Daten	Schutz vor Zugriff auf die Zahlungsinformation durch Dritte, aufgrund der Trennung von Zahlungs- und Auftragsinformationen, was keine unlaute Weiterverwendung ermöglicht.
Authentizität der Teilnehmer	Transaktionspartner können sich über die Echtheit und Autorisierung ihrer Partner sicher sein.
Integrität der Daten	Die Manipulation der Transaktionsdaten durch Dritte wird durch den Einsatz digitaler Zertifikate ausgeschlossen.

12.4 Kategorisierung von Zahlungssystemen im SCM

Obwohl die Existenz vieler Zahlungssysteme im SCM nur von kurzer Dauer ist, steigt das Angebot an ePayment-Systemen nach wie vor. Aufgrund der zahlreichen Entwicklungsansätze lassen sich ePayments seither nach verschiedenen Kriterien kategorisieren. So werden ePayment-Verfahren u.a. nach der Höhe des Transaktionsvolumens in Mikro-, Medium- und Makropayments, nach der Anonymität des Kunden in anonyme und nichtanonyme Zahlungen, nach Offline- oder Online-Zahlungen sowie nach dem Zahlungszeitpunkt in Pre-Paid-, Pay-Now- und Pay-Later-Systeme eingeteilt.

Im Folgenden wird eine SCM-fähige Kategorisierung von ePayments in Mikro-, Medium- und Makropayments vorgenommen. Die Kategorien richten sich nach der Höhe des Transaktionsvolumens, jedoch nicht wie viele andere literarischen Ansätze ausschließlich im B2C-Bereich, sondern auch im B2B-Bereich, um die Geschäftsfelder im SCM ganzheitlich abzudecken. In den anschließenden Abschnitten werden die einzelnen Kategorien konkretisiert und um geeignete Zahlungssysteme ergänzt.

Tabelle 12.6. Zahlungssysteme im SCM in Abhängigkeit des Transaktionsvolumens

Kategorisierung von Zahlungssystemen im eSupply Chain Management			
	Mikropayments	**Mediumpayments**	**Makropayments**
Charakter	geringe Transaktions-volumen	mittlere Transaktions-volumen	hohe Transaktions-volumen

Kategorisierung von Zahlungssystemen im eSupply Chain Management			
	Mikropayments	**Mediumpayments**	**Makropayments**
Betragshöhe	1 Cent – 10 €	10 € – 1.000 €	> 1.000 €
Kostenfokus	hohe Bedeutung der Transaktionskosten wirtschaftliche Abwicklung	geringe Bedeutung der Transaktionskosten sichere Abwicklung	geringe Bedeutung der Transaktionskosten kollaborative Abwicklung
Sicherheits-fokus	geringe und mittlere Bedeutung der Sicherheit	mittlere und hohe Bedeutung der Sicherheit	hohe Bedeutung der Sicherheit
Geschäftsfeld	Business-to-Consumer (B2C)	Business-to-Consumer Business-to-Business (B2C und B2B)	Business-to-Business (B2B)
Anwendungs-bereich	Softwaredownloads kostenpflichtige Informations-bereiche	Computer, Flüge, Dienstleistungen	MRO-Materialien ABC-Güter

12.4.1 Mikropayments

Unter Mikropayments versteht man Zahlungen für Kleinst- und Kleinbeträge zwischen 0,01 Euro und 10 Euro. Eingesetzt werden diese Verfahren hauptsächlich im B2C-Bereich. Mögliche Anwendungsbereiche für Mikropayments sind Pay-per-View-Artikel (Zeitschriftenartikel, kostenpflichtige Informationsseiten), oder Downloadarchive sowie gebührenpflichtige Servicedienstleistungen (Providergebühren). Häufig lassen sich Web-Angebote nicht ausschließlich durch Online-Werbung finanzieren, deshalb tendieren zunehmend mehr Online-Anbieter zum Einsatz von Mikropayments. Im Vordergrund der Mikropayment-Systeme steht eine möglichst wirtschaftliche Abwicklung mit geringen Sicherheitsanforderungen (Kleinstbeträge) und mittleren Sicherheitsanforderungen (Kleinbeträgen), da die Risiken aufgrund der niedrigen Transaktionsvolumen gering sind. Die Grenzen der zu begleichenden Rechnungsbeträge sind fließend, denn Mikropayments sind teilweise auch bei Zahlungen für mittlere Transaktionsvolumen (Mediumpayments) einsetzbar.

net900

net900 ist ein ePayment-Verfahren des Unternehmens „In Medias Res“ (www.in-medias-res.com), bei dem die Abrechnung von angebotenen Inhalten, Waren und Dienstleistungen als Inkasso über die Telefonrechnung erfolgt. Das System baut auf der Infrastruktur des 0190-Dienstes der Telekom auf und ermöglicht über eine tarifierte Telefonverbindung die minutengenaue Berechnung von Kleinst- und Kleinbeträgen im Business-to-Consumer-Bereich. Die Funktionsweise erweist sich dabei als relativ einfach.

Ablauf der Zahlungsabwicklung

Der Kunde installiert die net900-Sofware einmalig auf seinem PC. Wenn der Kunde einen kostenpflichtigen Bereich eines Webangebotes betritt, zum Beispiel das Informationsangebot von Brockhaus (www.brockhaus.de) oder Testberichte der Stiftung Warentest (www.stiftungwarentest.de), wird er nach der Bestätigung der Kostenübernahme über einen Link automatisiert mit net900 verbunden. Die bestehende Online-Verbindung wird dabei unterbrochen und eine speziell tarifierte Telefonverbindung für die Nutzungsdauer des entsprechenden Angebots (Pay-per-Minute) oder dem Abruf einer Seite (Pay-per-Click) aufgebaut. Der Anbieter erhält seine Zahlung über die Telefonabrechnung des Kunden.

Sicherheit

Bei der Abwicklung mit dem net900-Verfahren müssen keine persönlichen Daten, wie Kreditkarten- oder Bankverbindungen an den Händler transferiert werden.

Kosten

Die Bereitstellung der Software ist für den Kunden kostenlos, er bezahlt je nach Variante bei Pay-per-Minute 0,05 bis 1,28 Euro pro Minute und bei Pay-per-Click 0,05 bis 12,78 Euro für jeden Click. Für den Händler werden einmalig ca. 35 Euro, monatlich 3,50 Euro berechnet und pro Transaktion eine Provision bis zu 50% erhoben.[400]

Akzeptanz

Die Integration von net900 in das bestehende Online-Angebot erweist sich für den Händler als unproblematisch, was die Akzeptanz des Systems ge-

[400] Vgl. In Medias Res (25.03.2004), unter www.in-medias-res.de

rade im Bereich der Mikropayments weiterhin steigert. Auf der Kundenliste stehen namhafte Unternehmen, wie Bild Online, Deutsche Post sowie die Telekom als leistungsstarker Partner, was die Etablierung des Systems vorantreibt.

Paybox

Dieses Zahlungssystem der Paybox.net AG (www.paybox.net) kombiniert das elektronische Lastschriftverfahren mit einer mobilen Bezahlung über Mobilfunkgeräte. Es eignet sich für das Begleichen von Kleinbeträgen, ist jedoch auch für mittlere Transaktionsvolumen einsetzbar. Hierzu registriert sich ein Kunde, unter Angabe seiner Mobilfunknummer, seiner persönlichen Daten sowie seinem Girokonto online bei Paybox oder über ein Formular, welches er herunterlädt und anschließend zurückfaxt. Ergänzend erteilt er Paybox eine Einzugsermächtigung über das Girokonto. Daraufhin erhält er eine PIN-Nummer mit der er künftig Online-Rechnungen bestätigen kann. Händler müssen sich ebenso bei Paybox registrieren lassen.

Das Paybox-Verfahren dient zudem als bargeldloses Zahlungsmittel zwischen Privatpersonen (Paybox to Paybox), z.B. für Auktionen über Ebay (www.ebay.de) oder für mobile Offline Dienstleistungen, wie Taxi-, Pizza- oder Kurierdienste.

Ablauf der Zahlungsabwicklung

Der Kunde kann bei einem bei Paybox registrierten Händler, zum Beispiel beim Spielwarenhändler MyToys (www.mytoys.de) online Zahlungen abwickeln, indem er bei der Begleichung seine Mobilfunknummer angibt. Alternativ kann der Kunde eine „Alias-Nummer" angeben, die er als fiktive Nummer bei Paybox anfordern kann, um seine Nummer vor Missbrauch zu schützen. Der Händler leitet daraufhin die Nummer gemeinsam mit dem Rechnungsbetrag und der eigenen Kennung über eine sichere Datenverbindung an Paybox weiter. Der Kunde erhält umgehend einen Anruf mit der Aufforderung, die Transaktion mit seiner zugewiesenen PIN zu bestätigen. Bestätigt der Kunde, so wird der Betrag per Lastschrifteinzug von seinem Konto eingezogen.

Sicherheit

Für den Händler offeriert die Paybox verschiedene Sicherheiten und Dienstleistungen, wie u.a. die Bewertung der Bonität der Kunden und die Garantie über die Erfüllung der Transaktion. Da der Kunde bei der Abwicklung keine sensiblen Daten angeben muss, bestehen für ihn ebenso geringe Sicherheitsrisiken. Die Registrierung bei Paybox erfolgt über eine gesicherte SSL-Leitung.

Kosten

Die Kosten für die Bereitstellung einer Paybox beläuft sich beim Kunden auf 9,5 Euro jährlich, während der Anbieter einmalig eine Lizenzgebühr zwischen 500 und 2.500 Euro je nach Produktpaket und jährlich zwischen 100 und 300 Euro Servicegebühren sowie für jede Transaktion bis zu 3,5% Provision zu zahlen hat. Die Online-Anbindung an das eSales-System stellt keine größeren Anforderungen.

Akzeptanz

Aufgrund der vielseitigen Anwendbarkeit und Einfachheit sowie der steigenden Verbreitung von Mobilfunkgeräten konnten bereits europaweit 750.000 Nutzer registriert und 10.000 Akzeptanzstellen akquiriert werden. Derzeit versucht man auch in den USA und Asien Erfolg zu erzielen. Die Marktakzeptanz steigt nach wie vor.[401]

12.4.2 Mediumpayments

Mit Mediumpayments bezeichnet man Transaktionsbeträge zwischen 10 Euro und 1.000 Euro. Sie sind durch höhere Sicherheitsanforderungen und mittlerer Bedeutsamkeit von Transaktionskosten gekennzeichnet. Die bereits vorgestellten Sicherheitsverfahren SET und SSL avancieren hierbei zu DeFacto-Standards für sichere Transaktionen, insbesondere bei Kreditkartenzahlungen. Die Zahlungssysteme sind sowohl für Transaktionen im B2C-Bereich (z.B. Computer oder Reisen) als auch im B2B-Bereich geeignet.

a) Traditionelle Offline Zahlung

Traditionelle Zahlungsverfahren, wie die Zahlung per Nachnahme, Vorauskasse oder auf Rechnung sind am stationären Point of Sales seit Jahrzehnten erprobt. Ebenso bildeten sie die ersten Zahlungsverfahren, die im Online-Geschäftsverkehr eingesetzt wurden. Bis heute offerieren fast alle Online-Anbieter diese Zahlungsoption, was nicht zuletzt auf die hohe Akzeptanz dieser Verfahren zurückzuführen ist. So ermittelte die jüngste Untersuchung der Universität Karlsruhe (IZV6), dass Offline-Verfahren,

---

[401] Vgl. Paybox Pressearchiv (25.03.2004), unter www.paybox.net

insbesondere die Zahlung auf Rechnung, nach wie vor eines der beliebtesten Zahlungsmittel im Internet darstellt (vgl. Abb. 12.3.).

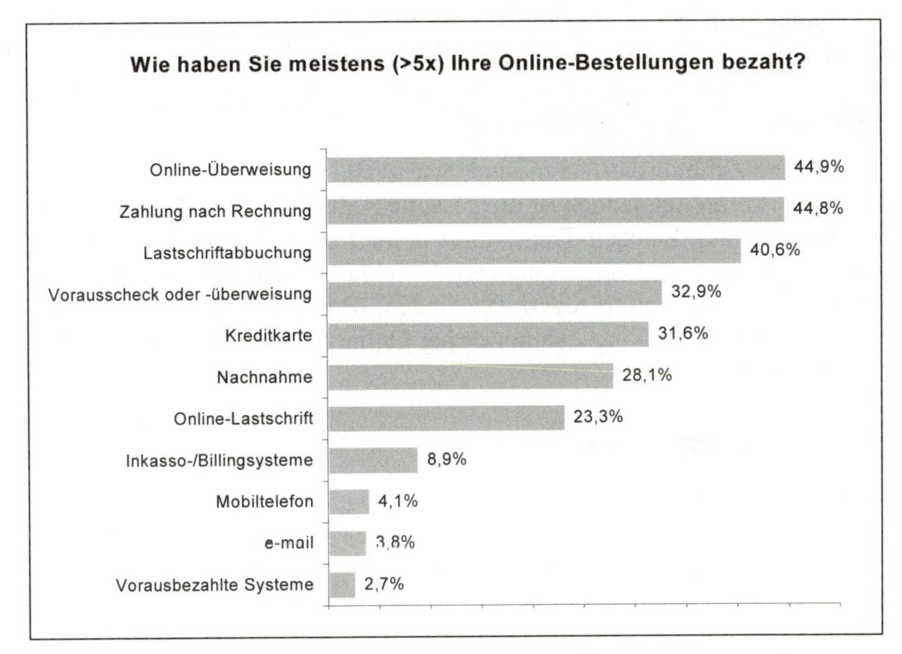

Abb. 12.3. Zahlungsmethoden beim Online-Einkauf[402]

Ablauf der Zahlungsabwicklung

Ein Kunde löst elektronisch eine Bestellung bei einem Online-Händler aus. Die Begleichung der elektronisch ausgelösten Transaktionen erfolgt hierbei entweder genau zum Lieferzeitpunkt, wenn Zahlung per Nachnahme (Bar/Scheck) vereinbart wurde, oder auf Rechnung (Überweisung/ Scheck) innerhalb einer Frist unter Abzug von Skonto, je nach Liefervereinbarungen. Eine weitere Variante ist die Begleichung per Vorauskasse (Überweisung/Scheck), d.h. der Kunde muss die Rechnung vor der Warenauslieferung begleichen.

Sicherheit

Die erhöhte Sicherheit ist bei Offline-Zahlungsverfahren gewährleistet, da keine Finanzdaten online übertragen werden.

---

[402] Quelle: Universität Karlsruhe (01.04.2004), unter www.iww.uni-karlsruhe.de/izv/izv.html

Kosten

Die Kosten für die Transaktionspartner sind relativ gering, weil neben der Zusendung von Rechnungen per Post maximal Abschläge für Zustelldienste in Frage kommen, wie bei der Zahlung per Nachnahme.

Akzeptanz

Die Offline-Zahlungsverfahren sind, wie Abb. 12.3. verdeutlicht, immer noch stark verbreitet, jedoch ist die gesamte Kategorie der Offline-Zahlung im Hinblick auf Echtzeit-Transaktionen im Supply Chain Management weniger geeignet, da bei der Zahlungsabwicklung Medienbrüche entstehen sowie Zahlungen zeitverzögert stattfinden. Darüber hinaus werden im Zuge des Online-Banking Zahlungen per Online-Überweisung zunehmend populärer.

b) Kreditkartenzahlung

Kreditkartensysteme zählen zu den meist eingesetzten ePayment-Verfahren, die sowohl im B2C-, als auch im B2B-Geschäft genutzt werden, um Rechnungen mit mittleren Rechnungsbeträgen zu begleichen. Allein der mit Visa Karten getätigte eCommerce-Umsatz in Deutschland hat sich im vierten Quartal 2003 zum Vorjahr nahezu verdoppelt. Einer aktuellen Studie des ePayment-Dienstleisters Pago zufolge erweist sich die Kreditkarte sogar als sicherste Zahlungsmethode mit dem geringsten Zahlungsausfallrisiko für den Händler. Nicht zuletzt spricht dies für die breite Akzeptanz des Systems.

Ablauf der Zahlungsabwicklung

Bei Kreditkartengeschäften schließt prinzipiell ein Anbieter mit einer Bank einen Vertrag ab. Damit wird der Anbieter zu einer Akzeptanzstelle für Kreditkartentransaktionen. Ein Kunde (Kreditkarteninhaber) hat analog einen Vertrag mit einer Bank in Verbindung mit einem Kreditkarteninstitut (VISA, American Express) abzuschließen. Unter Angabe der Kreditkartennummer und dem Verfallsdatum lassen sich Kreditkarteninhaber eindeutig identifizieren. Diese Authentifizierung kann ebenso über das Internet erfolgen, was somit Online-Zahlung ermöglicht. Vereinfacht dargestellt, muss ein autorisierter Kunde zur Zahlungsabwicklung seine Kreditkartennummer in ein Web-Formular eines zertifizierten Händlers eingeben. Diese werden anschließend verschlüsselt, ergänzt um ein Zertifikat des Händlers (SET), zur Autorisierung an die Banken übermittelt, die anschließend die Zahlung veranlassen.

Sicherheit

Um den hohen Sicherheitsanforderungen bei Kreditkartentransaktionen gerecht zu werden, sind Sicherheitsverfahren, wie SSL und SET im Einsatz. In jüngster Zeit hat man die Sicherheitsmerkmale von Kreditkartenzahlungen weiter ausgefeilt. Der neue Sicherheitsslogan heißt „Verified by Visa". In Zukunft soll zur Authentifizierung einer Transaktion zur 16-stelligen Kreditkartennummer noch eine 3-stellige Kartenprüfnummer abgegeben werden, was sicherstellt, dass nur der Karteninhaber zum Einkaufen im Internet autorisiert ist.

Kosten

Zur Abwicklung von Kreditkartentransaktionen benötigt ein Anbieter zusätzlich Software, die bei verschiedenen Banken und Kreditkarteninstituten erhältlich ist, bzw. bei verschiedenen Online-Vertriebssystemen gegen Aufpreis integriert ist. Daneben hat der Online-Anbieter an die Bank pro Transaktion eine Provision zwischen 3% bis 5% des Umsatzes zu entrichten. Als Leistungsäquivalente erhält der Anbieter eine Zahlungsgarantie. Der Karteninhaber trägt neben einer jährlichen Gebühr keine weiteren Kosten.

Akzeptanz

Die Zahlungsabwicklung via Kreditkarte genießt im B2C-Geschäft weltweit große Akzeptanz, was sie als Zahlungsinstrument im global ausgerichteten, elektronischen Geschäftsverkehr zu einem festen Standard manifestiert. Es bleibt abzuwarten, ob sich die Kreditkarte auch im B2B-Bereich etablieren kann.

12.4.3 Makropayments

Makropayments sind spezifisch auf den B2B-Sektor ausgerichtete Zahlungsverfahren für große Transaktionsvolumen. Charakteristisch sind hohe Sicherheitsanforderungen bei geringer Bedeutung der Transaktionskosten. Die Zahlungsverfahren fokussieren auf eine kollaborative Abwicklung, d.h. sie zielen auf eine Optimierung gemeinsamer Finanzflüsse einer Supply Chain ab. Der Anwendungsbereich reicht von C-Artikel- sowie MRO-Material-Beschaffung bis hin zu produktionsnahen A- und B-Gütern. Gerade bei Einzelbestellungen für geringwertige und versorgungsunkritische C-Güter übersteigen hohe Verwaltungskosten und aufwendige Einkaufsprozeduren häufig den Wert der gekauften Ware.

Laut dem Bundesverband für Materialwirtschaft, Einkauf und Logistik (BME) ca. 127 Euro pro Bestellung. Zudem stellen diese Güter lediglich 10% des Einkaufsvolumens dar, induzieren jedoch 90% des Verwaltungsaufwands u.a. aufgrund der zahlreichen Genehmigungsschritte und Bestellprozesse. Die elektronisch ausgelösten Transaktionen im Supply Chain Management erfordern zusätzlich medienbruchfreie und in Echtzeit durchführbare Zahlungsverfahren. Die folgend vorgestellten ePayment-Verfahren versuchen den Anforderungen im SCM ganzheitlich gerecht zu werden. Sie schließen die Prozesskette zwischen Bedarfsträger, Lieferant und Finanzabteilung.

a) Electronic Bill Payment and Presentment (EBPP)

EBPP steht für das Präsentieren und Bezahlen einer Rechnung auf elektronischem Weg auf Basis des Internet. EBPP bedient sich dabei XML- und Web-EDI-Technologien, um Unternehmen eine günstige Alternative zum Empfang digitaler Rechnungen auf verschiedenen Endgeräten (PC, Handy, Palm) sowie integrierten Zahlungsfunktionalitäten zu bieten. Als Zahlungssystem für hohe Transaktionsvolumen stellt EBPP ein hoch effizientes Zahlungsinstrument in der Supply Chain dar.

Die Effizienzsteigerungen liegen insbesondere in der medienbruchfreien Abwicklung sowie in der Einsparung von Versandkosten. Laut Gartner Group hätten 1999 mit dem Ersatz aller gedruckten Rechnungen in den USA insgesamt 20 Mrd. US Dollar eingespart werden können. Allein in Deutschland wird geschätzte zehn Mrd. mal im Jahr ein kaufmännisches Geschäft mit einer zugestellten Rechnung und ihrer Bezahlung abgeschlossen. Die klassische Zahlungsabwicklung hat jedoch mehrere Medienbrüche und eine lange Bearbeitungszeit (vgl. Abb. 12.4.). Durch EBPP kann der Rechnungssteller die Bearbeitungszeit von Rechnungserstellung bis zur Zahlung erheblich verkürzen.

Ablauf der Zahlungsabwicklung

Zur Zahlungsabwicklung wird vom Rechnungssteller (Lieferant) über das Internet entweder direkt per E-Mail/Web-EDI (1. Möglichkeit), über einen Link (2. Möglichkeit) oder über einen Intermediär (Konsolidator) (3. Möglichkeit) eine Rechnung an den Kunden übertragen. Die Buchhaltung des Kunden bekommt die Rechnung in einem Browser präsentiert, überprüft die Daten und Kontierung und kann sie per Mausklick zur Zahlung freigeben. Die Zahlung erfolgt anschließend per Lastschrift, per Kreditkarte oder via Purchasing Card über eine Bank. Nach dem Clearing erfolgt ein automatischer Abgleich der offenen debitorischen Posten über

Schnittstellen zum ERP-System des Rechnungsstellers sowie eine automatische Rechnungsarchivierung. Zudem können bei der Einschaltung eines Konsolidators (Dienstleister), einzelne Rechnungen eines Lieferanten konsolidiert, die Mahnung und das Inkasso von säumigen Zahlern übernommen sowie Betragsdifferenzen online geklärt werden. [403]

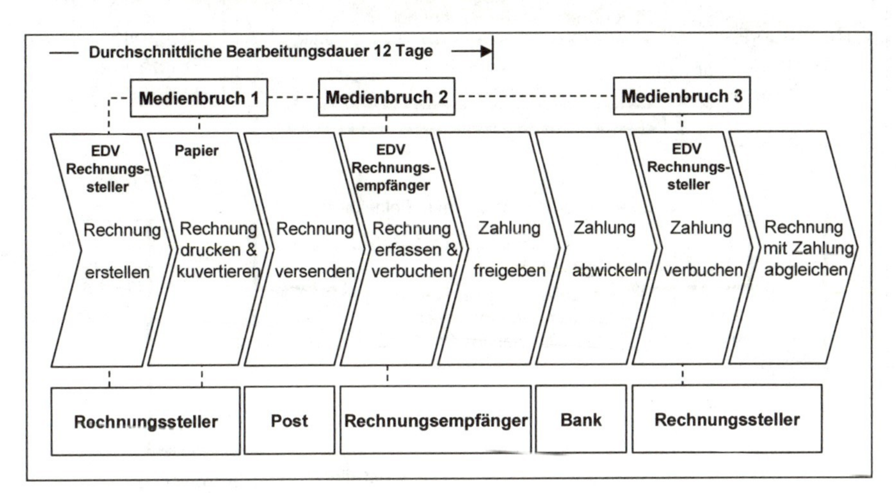

Abb. 12.4. Klassische Zahlungsabwicklung B2B-Bereich

Falls die Rechnung seitens des Kreditors direkt über einen Link auf der Homepage des Lieferanten abgerufen wird, können ergänzend Cross Selling-Anreize für den Kauf weiterer Produkte erzielt werden. Zur Verdeutlichung werden die verschiedenen Möglichkeiten des EBPP-Verfahrens beim Ablauf der Zahlungsabwicklung in Abb. 12.5 zusammenfassend visualisiert. [404]

Sicherheit

Zur Garantie der Sicherheit bei der Übertragung von Rechnungsdaten zwischen Unternehmen werden Verschlüsselungsverfahren, wie SSL, eingesetzt.

Kosten

Die Kosten für die Implementierung einer EBPP-Lösung bei den Transaktionspartnern ist je nach Umfang und Schnittstellenintegration unterschiedlich. Im Fall der Inanspruchnahme eines Konsolidators, der auch als

[403] Vgl. Computerwoche Online (01.3.2004) unter www.computerwocheonline.de
[404] Vgl. EBPP Info Portal (01.03.2004), unter www.ebpp.de

Application Service Provider dienen kann, kommen Transaktions- und Servicegebühren hinzu. Die Transaktionskosten sind vor dem Hintergrund der Effizienzsteigerung jedoch sehr gering.

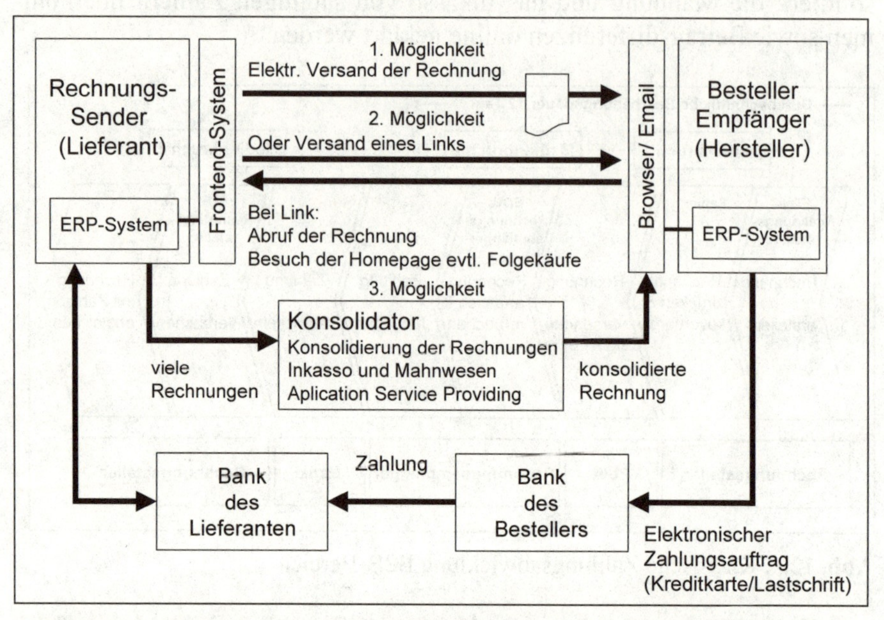

Abb. 12.5. Zahlungsabwicklung mit Electronic Bill Payment and Presentment

Akzeptanz

Das EBPP-Verfahren ist derzeitig noch wenig verbreitet und bisweilen nur in großen Unternehmen wie der Deutschen Telekom AG umgesetzt. Aufgrund der hohen Effizienzsteigerungen in der Abwicklung von Zahlungen sind jedoch laut Forschungsinstituten große Zuwachsraten zu erwarten. ERP-Anbieter integrieren bereits erste Lösungen.

b) VISA Purchasing Card

Bei der VISA Purchasing Card handelt es sich um ein komplettes Einkaufsystem, das über ein Zahlungssystem hinaus Besteller und Lieferanten gleichermaßen unterstützt. Das Konzept verlagert die Beschaffung von C-Artikeln mit geringem Einkaufswert, wie u.a. Büromaterialien, Elektroartikeln oder Reinigungsmaterialien, auf den dezentralen Bedarfsträger im Unternehmen.

Hierbei verkürzt das System die Bestellvorgänge, indem es den Bedarfsträger über eine Purchasing Card autorisiert, Bestellungen direkt und eigenverantwortlich bei vorab festgelegten Lieferanten vorzunehmen. Dabei wird nicht nur die Einkaufsabteilung entlastet, sondern auch günstigere Einstandspreise durch die Konsolidierung des Einkaufsvolumens erzielt.

Mit der Fixierung von individuellen Transaktions- und Monatslimits sowie ausgewählten Lieferantenkategorien für die einzelnen Karteninhaber entfallen mehrstufige Genehmigungsprozesse sowie Budgetkontrollen. Laut der Unternehmensberatung KPMG resultieren aus dem Einsatz von Purchasing Cards nachhaltige Einsparungen in den Bestell-, Verwaltungs- und Prozesskosten. Neben der VISA Purchasing Card bietet die Lufthansa Air Plus ein vergleichbares System für eine optimale Abwicklung im Travelmanagement (Reisen, Flüge, etc. buchen) an.

Ablauf der Zahlungsabwicklung

Ein Mitarbeiter löst unter Angabe seiner Kartennummer eine Bestellung über eine eProcurement-Lösung beim Lieferanten aus. Der Lieferant lässt anschließend den Karteninhaber anhand seiner Identifikationsnummer von VISA autorisieren und liefert im Anschluss die Waren bzw. die Dienstleistung aus. Am Ende des Tages werden die entsprechenden Rechnungsdaten per Datenübertragung an den Zentralrechner der Kartenorganisation überspielt. Diese löst nach Erhalt der Rechnungsdaten die Zahlung innerhalb von fünf Werktagen per Überweisung aus, wodurch dem Lieferant eine Zahlungsgarantie zugesichert ist und ein Mahnwesen entfällt.

Am Ende eines Monats erhält das bestellende Unternehmen eine detaillierte Sammelrechnung für alle Bestellungen der vergangenen Periode. Mittels elektronischem File Transfer ist eine papierlose Rechnungsübermittlung sowie eine direkte Verbuchung durch die Implementierung von Schnittstellen zu ERP-Systemen möglich. Die Bank des Unternehmens belastet daraufhin den offenen Rechnungsbetrag auf dem Konto des Bestellers durch eine einzige Überweisung an VISA.

Somit ersetzt eine Zahlung mit hohem Transaktionsvolumen den aufwendigen Einzelabrechnungsprozess. Ergänzend wird dem Unternehmen monatlich ein detaillierter Management Report zugestellt, um ein Controlling der Einkaufsprozesse zu gewährleisten. Die Karteninhaber erhalten ihrerseits einen Detailauszug zur Überprüfung ihrer Einkäufe.

Der Ablauf mit VISA Purchasing Cards wird in Abb. 12.6 aufgezeigt.[405]

---

[405] Vgl. VISA (01.03.2004), www.visa.de u. Lufthansa AirPlus, www.airplus.de

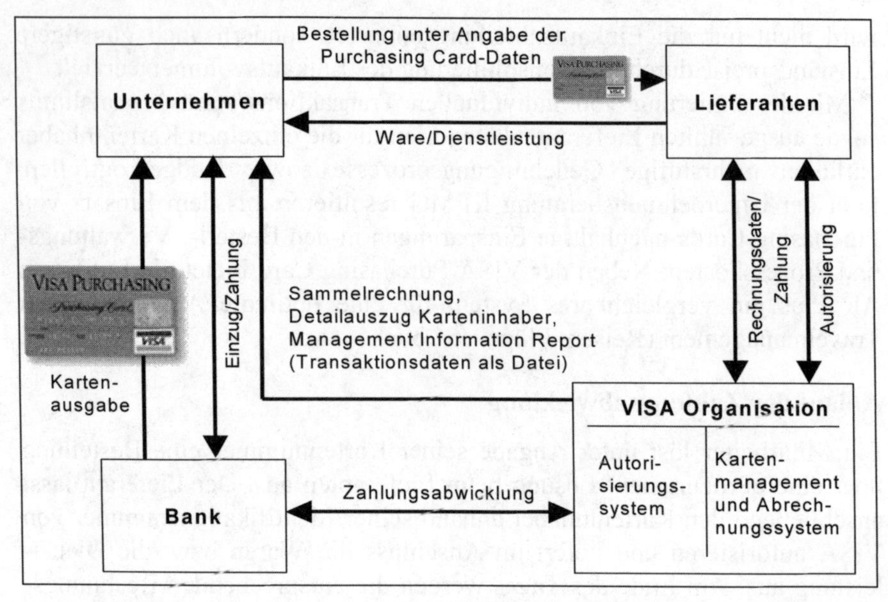

Abb. 12.6. Systemablauf mit der VISA Purchasing Card

Sicherheit

In Bezug auf die Sicherheit bei der Übertragung der Identifikationsnummern werden die vielfach erwähnten Sicherheitsverfahren SSL uns SET eingesetzt.

Kosten

Die Transaktionskosten für den Karteninhaber belaufen sich pro Transaktion ca. zwischen 1,50 Euro und 2,50 Euro und einer Jahresgebühr von 40 Euro. Für den Anbieter werden pro Transaktion zwischen 2,5% und 3% berechnet. Daneben fallen Kosten für die Implementierung eines Purchasing Card Systems an. Bei den führenden eCommerce Lösungsanbietern sind diese als Zahlungsmodul bereits standardmäßig integriert.

Akzeptanz

Die Akzeptanz der VISA Purchasing Card wächst europaweit kontinuierlich, so konnte VISA in den letzten Jahren beachtliche Zuwachsraten verzeichnen. Begründen lässt sich dies nicht zuletzt auch wegen der steuerrechtlichen Annerkennung des System (Vorsteuerabzug) bei Behörden und den weltweiten Akzeptanzstellen von VISA.

12.4.4 Bewertung und Perspektiven von ePayments im Vergleich

Das folgende Eignungsprofil soll zusammenfassend die vorgestellten ePayments in Bezug auf die eingangs erläuterten Anforderungen an Zahlungssysteme im Supply Chain Management bewerten. Eine abschließende Gesamtbeurteilung sowie eine Perspektive für die Anwendung im elektronischen Geschäftsverkehr runden das Profil ab.

Tabelle 12.7. Bewertung und Perspektiven ausgewählter ePayments auf einen Blick[406]

Ausgewählte ePayments auf einen Blick						
	Mikropayments		Mediumpayments		Makropayments	
	Net900	Paybox	Offline Zahlung	Kreditkarte	EBPP	Purchasing Card
Sicherheit	◕	◕	●	◕	◕	◕
Akzeptanz	◕	◕	●	◕	◔	◑
Bedienbarkeit	●	◕	◕	◕	◕	◕
Skalierbarkeit	◑	◑	●	◑	◔	◔
Anonymität	●	◑	○	◑	●	●
Wirtschaftlichkeit	◕	◕	◑	◔	◑	◑
Verfügbarkeit	●	●	◔	●	●	●
Gesamtbeurteilung	◕	◕	◕	◕	◕	◕
Perspektive	◕	◕	◑	◕	◕	◑
Legende:	● Anforderung voll erfüllt					
	○ Anforderung nicht erfüllt					

[406] Vgl. Wannenwetsch (2002b) S. 216

12.5 Aufgaben

Aufgabe 12–1

Mit der Höhe des Transaktionsvolumens ändern sich die Anforderungen an ePayment-Verfahren. Erläutern Sie diese Aussage.

Aufgabe 12–2

Welche Anforderungen werden an ePayment-Verfahren im Supply Chain Management gestellt?

Aufgabe 12–3

Nennen und erläutern Sie Sicherheitsaspekte im elektronischen Zahlungsverkehr.

Aufgabe 12–4

Kategorisieren Sie ePayment-Verfahren nach der Höhe des Transaktionsvolumens. Geben Sie jeweils ein Beispiel für ein ePayment-Verfahren an.

Lösung 12–1

Transaktionskosten müssen im Verhältnis zu den Rechnungsbeträgen (Transaktionsvolumen) stehen. Insbesondere für kleine und kleinste Rechnungsbeträge äußert sich dies in der Wirtschaftlichkeit einer Transaktion. Mittlere und große Transaktionsvolumen hingegen sind weniger kostenorientiert, sondern vielmehr sicherheitsorientiert, um einen ausreichenden Schutz vor Angriffen, Missbrauch oder Manipulation von Finanztransaktionen zu gewährleisten.

Lösung 12–2

- Sicherheit
- Akzeptanz/Verbreitungsgrad
- Bedienbarkeit
- Skalierbarkeit
- Anonymität
- Verfügbarkeit
- Wirtschaftlichkeit

Lösung 12–3

- Authentizität: Anbieter und Nachfrager sichern sich Echtheit (Identität) und Seriosität (Autorisierung) ihrer Geschäftspartner
- Integrität: Die Daten dürfen auf dem Übertragungsweg nicht manipuliert worden sein.

- Vertraulichkeit: Der Datenaustausch darf bei der Übermittlung von keinem unberechtigten Dritten eingesehen worden sein.

Lösung 12–4

- Mikropayments für geringe Transaktionsvolumen: z.B. net900
- Mediumpayments für mittlere Transaktionsvolumen: z.B. Kreditkarte
- Makropayments für hohe Transaktionsvolumen: z.B. Purchasing Card

13 Qualitätsmanagement

13.1 Bedeutung von Qualität im Zusammenhang mit Supply Chain Management

In einem von kurzen Produktlebenszyklen, Internationalisierung und Verdrängungswettbewerb gekennzeichneten Geschäftumfeld gewinnt Qualität als Determinante des Unternehmenserfolgs an Bedeutung.[407] Zu einem umfassenden, unternehmensübergreifenden SCM-Konzept gehört darum auch der Bereich Qualitätsmanagement.

> Bis heute existiert keine einheitliche und allgemein anerkannte Definition, die den Begriff „Qualität" eindeutig und umfassend beschreibt. In der Literatur herrscht vielmehr eine Vielzahl von unterschiedlichen Sichtweisen und Erklärungsansätzen vor.[408]
> Zur Begriffsklärung wird darum die Begriffsnorm ISO 9000:2000 herangezogen. Sie definiert Qualität als „Grad, in dem ein Satz inhärenter Merkmale Anforderungen erfüllt".[409]

Eine Anforderung stellt eine vom Kunden festgelegte oder üblicherweise vorausgesetzte Erwartung dar. Inhärent bedeutet im Gegensatz zu „zugeordnet" „einer Einheit innewohnend" und bezieht sich damit auf ständige Merkmale einer Einheit.[410] Unter einer Einheit können sowohl Prozesse, als auch deren Ergebnisse in Form von materiellen oder immateriellen Leistungen verstanden werden. Qualität im Sinne des Supply Chain Managements ist damit die Erfüllung von Kundenanforderungen. Kundenanforderungen können sich als physisch-funktionale Spezifikationen auf Produkte (z.B. Abmessungen) oder als erwartete Ergebnisse auf Logistikprozesse (z.B. Termintreue eines Lieferanten) beziehen. Die negative Auswirkung von mangelnder Produktqualität auf die Umsatzentwicklung ist in Abb. 13.1. dargestellt.

---

[407] Vgl. Baumgarten, Risse (2001) S. 1f

[408] Vgl. dazu Binner (2002) S. 21

[409] Vgl. ISO 9000 (2000) S. 18

[410] Vgl. ISO 9000 (2000) S. 19

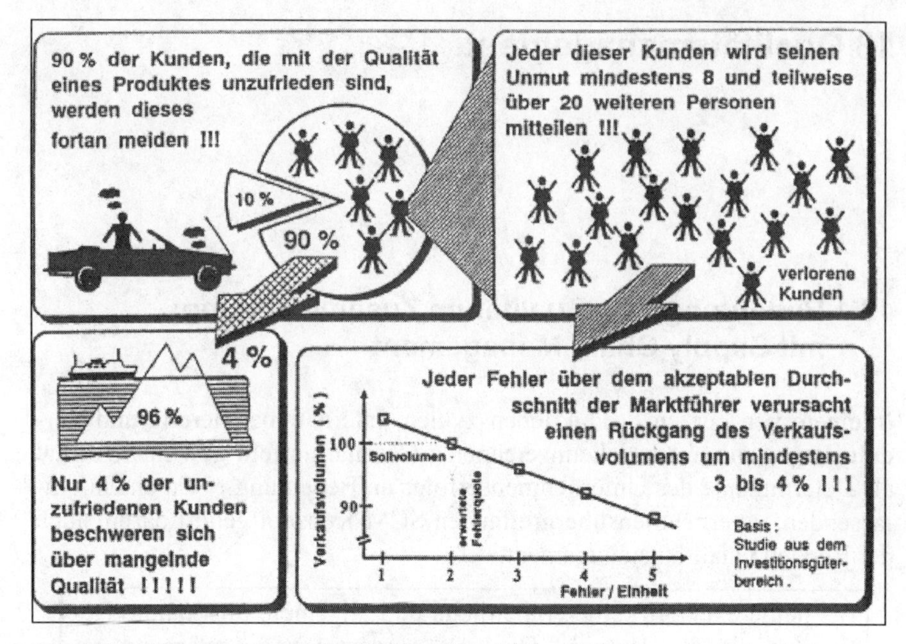

Abb. 13.1. Folgen mangelnder Qualität[411]

Der Einsatz von Qualitätsmanagement-Systemen hat das Ziel, kontinuierliche Verbesserungsprozesse im Unternehmen anzustoßen, die zu fehlerfreien Abläufen und damit zu fehlerfreien Produkten führen sollen.

Bei der Realisierung von QM-Systemen orientieren sich Unternehmen dabei meist an internationalen Regelwerken. Diese beinhalten neben einer Art Leitfaden für den Aufbau bzw. den Betrieb von QM-Systemen auch konkrete Anforderungen an QM-Systeme, die in sog. System-Audits überprüft und auf deren Basis Zertifikate ausgestellt werden.

13.2 Aufbau und Zertifizierung eines QM-Systems

13.2.1 Nutzen und Ziele eines zertifizierten QM-Systems

In der deutschen Industrie sind zertifizierte QM-Systeme zu einer Selbstverständlichkeit geworden. Laut Fraunhofer Institut wird sich der Anteil an zertifizierten Unternehmen im produzierenden Gewerbe 2004 auf 98% erhöhen.[412]

---

[411] Vgl. Wannenwetsch (2004a)
[412] Vgl. Pfeifer, Lorenzi (2003) S. 32

Mit dem Aufbau und der Zertifizierung eines systematischen Qualitätsmanagements (z.B. nach DIN EN ISO 9001:2000) werden folgende Ziele verfolgt:[413]

- Erfüllung von konkreten Kundenforderungen nach einem Zertifikat,
- Instrument der Qualitätssicherung (Darlegung von Maßnahmen des QM),
- Vermeidung von Fehler- und Fehlerfolgekosten: Fehlerhafte Produkte sollen nicht „herauskontrolliert" werden, sondern durch systematische und fehlerfreie Betriebsabläufe erst gar nicht entstehen,
- Abwehr von Schadenersatzansprüchen: Um Regressforderungen im Zusammenhang mit dem Produkthaftungsgesetz und juristischen Implikationen der deliktischen Haftung erfolgreich abwehren zu können, müssen Unternehmen belegen können, dass sämtliche Sorgfaltspflichten bei der Entwicklung, Produktion und Inverkehrbringung von Produkten erfüllt werden,[414]
- Erhöhung der Mitarbeiterzufriedenheit und -motivation durch Verbesserung von Transparenz und Kommunikation.

Dennoch ist ein zertifiziertes Qualitätsmanagementsystem keine Garantie für Qualitätsverbesserung und wirtschaftlichen Erfolg. Es wurde erkannt, dass eine Zertifizierung lediglich die Fähigkeit eines Unternehmens belegt, die Erfüllung von Normanforderungen zum Zeitpunkt des Audits darzulegen. Ein Zertifikat beweist nicht zwangsläufig, dass normkonform dokumentierte Prozesse im Tagesgeschäft tatsächlich im Unternehmen gelebt werden. Somit sind die Qualitäts-bezogenen Aktivitäten eines Unternehmens mit dem Erhalt eines Zertifikats nicht beendet. Das wesentliche Beurteilungskriterium für das Funktionieren eines QM-Systems ist vielmehr der Nachweis einer kontinuierlichen Qualitätsverbesserung.

13.2.2 Ablauf einer Zertifizierung

Unter dem Begriff „Zertifikat" versteht man eine Bescheinigung über den ordnungsgemäßen Zustand des QM-Systems im Unternehmen. Eine Zertifizierung wird meist nach den Richtlinien der DIN EN ISO 9000ff. oder anderer zugrunde liegender Normen durchgeführt. Zur Durchführung von Zertifizierungen werden von den Urhebern dieser Normen zugelassene Zertifizierer akkreditiert. Dies sind beispielsweise DQS, Dekra, Det Norske Veritas, der TÜV oder ca. 80 weitere in- und ausländische Gesell-

[413] Vgl. Binner (2002) S. 69, Brauer (2002) S. 10

[414] Vgl. Schmid (2003) S. 38, Pfeifer (2001) S. 238–245, Brauer (2002) S. 10

schaften. Die Zertifizierung kann sich auf das gesamte Unternehmen oder nur auf einzelne Bereiche beziehen.[415] Im Rahmen von Zertifizierungsaudits wird anhand von Checklisten und Fragebögen geprüft, ob Unternehmen den Anforderungen bestimmter Normenreihen entsprechen. Zweck der Zertifizierung ist es, bei Kunden das Vertrauen in die Qualitätsfähigkeit der Betriebsabläufe von Lieferanten zu stärken.

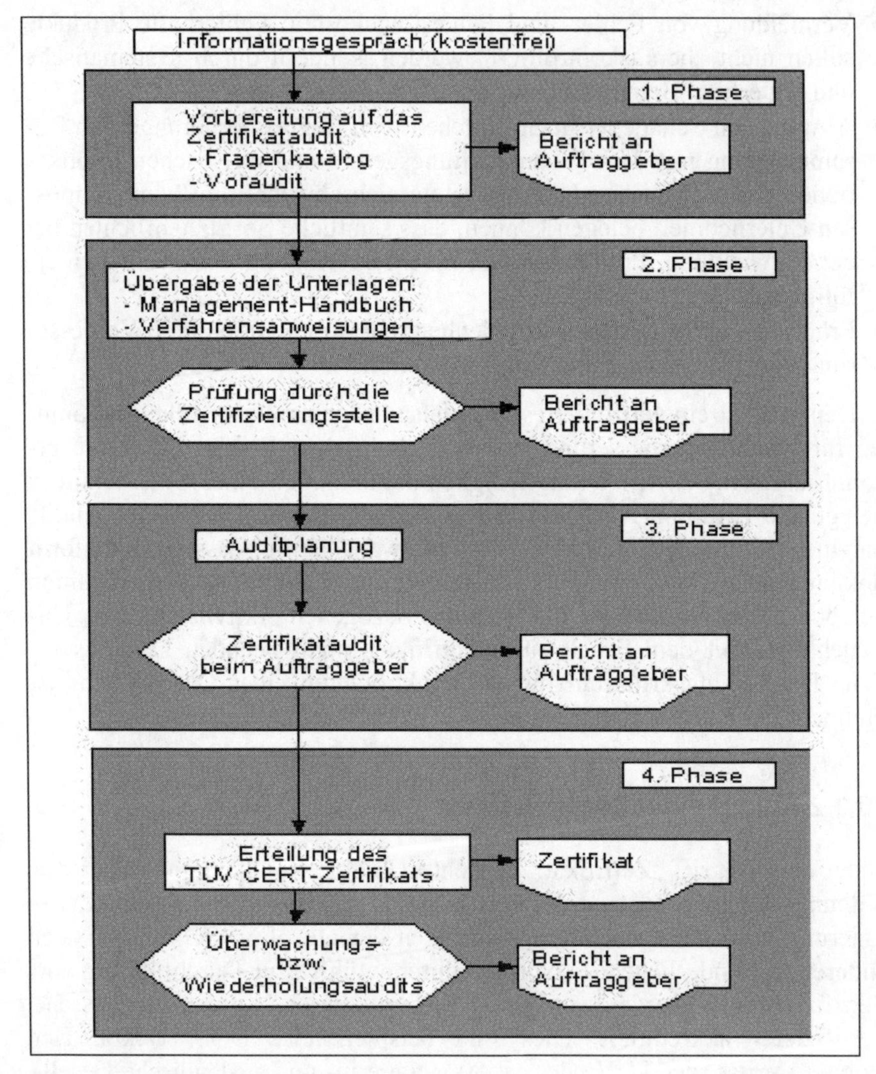

Abb. 13.2. Ablauf einer Zertifizierung[416]

---

[415] Vgl. www.uni-hannover.de

[416] Vgl. www.tuev-club-hessen.de (17.06.2004)

Allgemeine Voraussetzungen

Bevor das eigentliche Zertifizierungsverfahren beginnt, muss das Unternehmen eine staatlich anerkannte akkreditierte Zertifizierungsstelle auswählen und dort einen Antrag auf Zertifizierung stellen. Es kommt zu einem Vertragsschluss, in dem sich der Zertifizierer verpflichtet, das Unternehmen durch das Zertifizierungsverfahren zu begleiten.

Audit-Durchführung in einzelnen Vertragsabschnitten
Die abschnittsweise Durchführung eines Audits ermöglicht es dem Unternehmen, nach jedem erfolgten Vertragsabschnitt zu entscheiden, ob es den nächsten Abschnitt in Auftrag geben möchte. Das geprüfte Unternehmen wird während der Zertifizierung über die Vorgehensweise ausführlich informiert.

a) Auditvorbereitung: Frageliste, Voraudit (1. Vertragsabschnitt)

Die Zertifizierungsstelle macht sich zunächst ein Bild vom Betrieb und seinem Zustand bezüglich des QM-Systems. Hierbei wird auch der Zeitbedarf abgeschätzt. Für ein noch nicht vorbereitetes Unternehmen beträgt er etwa ein bis zwei Jahre. Das Unternehmen erhält einen Fragenkatalog zur Selbstbeurteilung. Dieser dient der Zertifizierungsstelle als Vorbeurteilung, ob die Grundvoraussetzungen für ein Zertifizierungsaudit erfüllt sind. Schwachstellen des QM-Systems sollen so frühzeitig aufgedeckt und das weitere Vorgehen zur Zertifizierung festgelegt werden. In dieser Phase ist es möglich, ein Voraudit zur Klärung noch offener Fragen zu vereinbaren.

b) Prüfung des QM-Handbuches (2. Vertragsabschnitt)

Im nächsten Schritt werden die organisatorischen und technischen Voraussetzungen für die Zertifizierung geschaffen oder vervollständigt sowie die QM-Dokumentation fertig gestellt. Das Unternehmen übergibt Unterlagen wie das QM-Handbuch oder Verfahrensanweisungen an die Zertifizierungsstelle. Der Betrieb erhält einen Bericht und ein Preisangebot zur Durchführung des eigentlichen Zertifizierungsaudits. Eventuell festgestellte Mängel sind vor dem Zertifizierungsaudit zu beheben.

c) Zertifizierungsaudit im Unternehmen (3. Vertragsabschnitt)

Das eigentliche Zertifizierungsaudit erfolgt nun auf der Basis der zugrunde liegenden Forderungsnorm (z.B. ISO 9001:2000). In einer stichprobenartigen Prüfung werden im Rahmen des Zertifizierungsaudits alle Prozesse und Bestandteile des QM-Systems untersucht. Dabei werden insbesondere

Schwachstellen überprüft und Lösungsansätze zur Mangelbeseitigung festgelegt.

d) Erteilung des Zertifikats (4. Vertragsabschnitt)

Nach positivem Abschluss des Audits wird das Zertifikat erteilt. Um die Zertifizierung aufrechtzuerhalten, werden in bestimmten Abständen Überwachungsaudit durchgeführt. Die Zahl der in Deutschland nach diesem Verfahren zertifizierten Unternehmen hat in den letzten Jahren rasant zugenommen. Die Beweggründe der Unternehmen hierfür sind unterschiedlich. Am häufigsten genannt wird der „Druck durch den Kunden", wenn keine Aufträge mehr an nicht-zertifizierte Lieferanten gegeben werden. Andere Gründe sind z.B. Marketing-Vorteile (Vertrauen wecken), Organisation (Überarbeitung des QM-Systems während der Vorbereitungen) und Verbesserung der Qualität.[417]

13.3 Die Normenreihe ISO 9000:2000

Der in der deutschen Industrielandschaft am weitesten verbreite Standard für die Realisierung eines systematischen Qualitätsmanagements ist die Normenreihe DIN EN ISO 9000ff.

Die Struktur dieser Normenreihe bildeten bisher 20 Qualitätselemente, in denen Qualitätsmanagement-Aufgaben einzelnen Funktionsbereichen zugeordnet wurden. Dieser funktionsorientierte Aufbau galt als ein wesentliches Defizit der ersten Fassung von ISO 9000ff., da er nur teilweise den Abläufen in der Praxis entsprach und zu wenig auf abteilungsübergreifende Schnittstellen bei der Realisierung von Leistungsprozessen einging. Darum wurde die elementorientierte Struktur in der zweiten Fassung der ISO 9000ff. durch ein Prozessmodell ersetzt. Außerdem wurden die Forderungen auf ein einheitliches Mindestmaß reduziert und Begriffe vereinfacht, um ein breites Anwendungsspektrum zu ermöglichen.[418]

Der aktuelle Revisionsstand der Norm ist die zweite Fassung aus dem Jahr 2000.

Die einzelnen Bestandteile der ISO 9000:2000-Normenreihe sind:

- ISO 9000:2000 mit Grundlagen, Definitionen und Begriffsklärungen,
- ISO 9001:2000 mit den für eine Zertifizierung relevanten Forderungen,

[417] Vgl. Brauer (2002) S. 37ff
[418] Vgl. Brauer (2002) S. 17, Binner (2002) S. 71

- ISO 9004:2000 mit einem Leitfaden zur Anwendung und Verbesserung des QM-Systems.

Die erste Fassung der ISO 9000ff. aus dem Jahr 1994 hat im Dezember 2003 ihre Gültigkeit verloren. Grundsätzlich werden seither nur noch Zertifikate auf Basis der unter der Bezeichnung „DIN EN ISO 9001:2000“ veröffentlichten Norm ausgestellt.

ISO 9001:2000 setzt sich aus den Kapiteln Qualitätsmanagementsystem, Verantwortung der Leitung, Management von Ressourcen, Produktrealisierung sowie Messung, Analyse und Verbesserung zusammen. Um einen Überblick zu Struktur und Norminhalt zu vermitteln, lässt sich aus diesen Elementen das in Abb. 14.3. dargestellte Prozessmodell bilden. Bei genauerer Analyse des Modells lässt sich sowohl ein externer als auch ein interner Regelkreis erkennen.

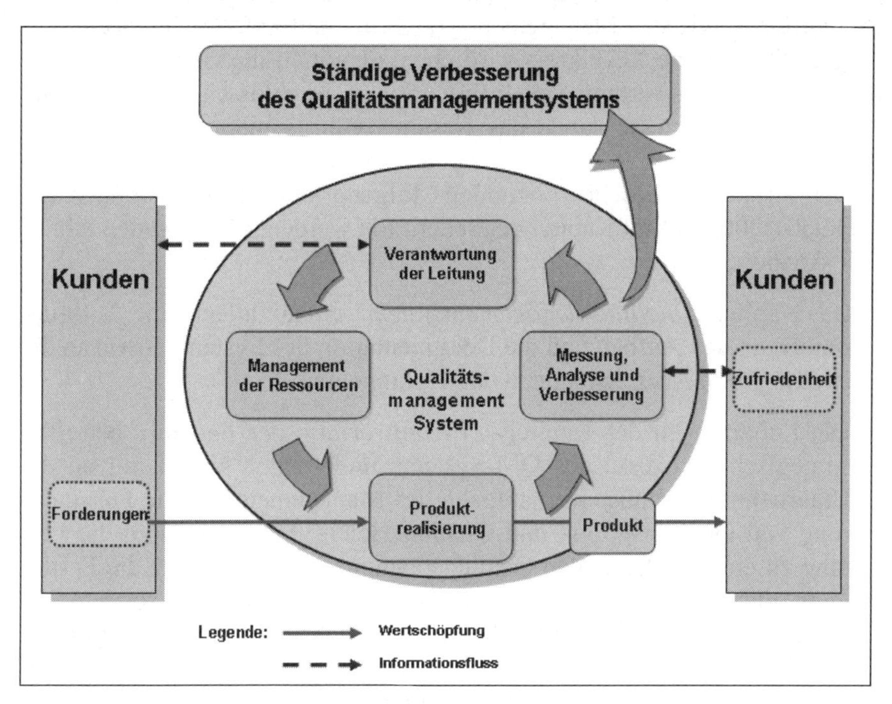

Abb. 13.3. Prozessorientiertes QM nach ISO 9001:2000[419]

Der externe Regelkreis wird von der Unternehmensleitung angestoßen. Das Management legt fest, welche Kunden mit den Unternehmensleistungen bedient werden sollen. Die Forderungen der definierten Zielgruppen

[419] ISO 9000 (2000)

ergeben die wesentlichen Vorgaben für die unternehmensspezifischen Leistungsprozesse der Produktrealisierung. Die Prozessfähigkeit des Unternehmens bei der Produktrealisierung bestimmt die Zufriedenheit der Kunden, die in Analyseprozessen kontinuierlich und systematisch erfasst wird. Als Ergebnis werden Korrekturmaßnahmen abgeleitet, durch die eine Verbesserung der Kundenzufriedenheit und eine Erhöhung der Wirksamkeit des Qualitätsmanagementsystems erreicht werden soll.

Den internen Regelkreis bildet das Qualitätsmanagementsystem mit in gegenseitiger Wechselbeziehung stehenden Prozesselementen: Managementprozesse steuern den internen Regelkreis durch Festlegung von qualitätspolitischen Zielen und die Bereitstellung von Produktionsfaktoren für den reibungslosen Ablauf der Kernprozesse der Produktrealisierung. Die Realisierung der Kernprozesse erfolgt entsprechend der Kundenforderungen und beinhaltet die Teilprozesse Planung, Entwicklung, Beschaffung, Produktion sowie das Management von Prüf- und Überwachungseinrichtungen. Der interne Regelkreis wird ebenfalls durch die Gewinnung, Verdichtung und Auswertung von Informationen geschlossen, mit denen die einzelnen Teilprozesse sowie das Gesamtsystem ständig verbessert werden.

Der Struktur dieses Prozessmodells folgend sind die Forderungen der ISO 9001:2000 in fünf Kapitel gegliedert. Sie werden im Folgenden inhaltlich skizziert.

- Das Kapitel *„Qualitätsmanagementsystem"* enthält allgemeine Anforderungen an den Aufbau und die Dokumentation des Systems sowie an die Lenkung von Aufzeichnungen und Dokumenten.
- Die Forderungen des Kapitels *„Verantwortung der Leitung"* betreffen strategische Prozesse des QM-Systems und richten sich damit an die Unternehmensleitung. Kernaufgabe des Managements ist die Formulierung von Qualitätspolitik und Qualitätszielen. Außerdem wird die Leitung zu einer umfassenden Qualitätsplanung verpflichtet, die die Festlegung aller erforderlichen Verantwortlichkeiten, Befugnisse sowie Maßnahmen und Methoden einschließt. Die Ergebnisse sind in einem QM-Handbuch zu dokumentieren. Des weiteren sind kontinuierlich Bewertungen des QM-Systems durchzuführen.
- Das Kapitel *„Management von Ressourcen"* legt fest, wie die zur kundengerechten Produktrealisierung erforderlichen Mittel identifiziert und verfügbar gemacht werden müssen. Wesentliche Forderungen betreffen die geeignete Auswahl und Schulung von Personal, die Bereitstellung optimaler Einrichtungen wie Maschinen, Anlagen, Werkzeuge,

Vorrichtungen, Hard- bzw. Software und die Schaffung einer förderlichen Arbeitsumgebung.

- Die Qualität der in einem Unternehmen erzeugten Produkte und Dienstleistungen wird wesentlich durch die Leistungsprozesse des Unternehmens bestimmt. Sie sind Gegenstand des Kapitels *„Produktrealisierung“*. Zur Produktrealisierung gehören die Planung, Dokumentation und das Management der Teilprozesse Kundenkommunikation, Entwicklung, Beschaffung und Produktion. Unterstützend wird die Einführung und Pflege eines Prüfmittelmanagementsystems verlangt, mit dem die Prozessfähigkeit der Produktrealisierung sichergestellt werden soll.
- Das Kapitel *„Messung, Analyse und Verbesserung“* schließt sowohl den internen, als auch den externen Regelkreis im QM-System durch die Auswertung sämtlicher Prozessergebnisse. Elementar ist nach ISO 9001:2001 hierbei die Messung der Kundenzufriedenheit und die Durchführung interner Audits zur Bewertung der Wirksamkeit des QM-Systems. Aus der Datenanalyse sind Korrektur- und Vorbeugungsmaßnahmen sowie Maßnahmen zur Lenkung fehlerhafter Produkte und Leistungen abzuleiten. Ziel des erneuten Durchlaufs der Regelkreise des Qualitätsmanagementsystems ist ein kontinuierlicher Verbesserungsprozess.

13.4 QM-Systeme in der Automobilindustrie

Das Geschäftsumfeld in der Automobilbranche ist gekennzeichnet durch den strukturellen Wandel des Verhältnisses zwischen Fahrzeugherstellern und Zulieferern.[420] Vor allem Automobilhersteller (OEMs) konzentrieren sich zunehmend auf Kernkompetenzen wie Design, Marketing und Vertrieb, wohingegen Zulieferer durch die Übernahme immer umfangreicherer Leistungsinhalte immer größeren Einfluss auf die Erfüllung individueller und anspruchsvoller Endkundenwünsche nehmen.[421]

Als Folge dieser Entwicklungen haben OEMs einerseits erhöhte Qualitätsansprüche zu erfüllen, andererseits besitzen sie jedoch immer weniger direkte Einflussmöglichkeiten auf die Qualität der in Fahrzeugen verbauten Teile und Komponenten. Für Automobilhersteller haben wirkungsvolle Maßnahmen der Qualitätslenkung bzw. -sicherung in Zeiten sinkender Fertigungstiefe eine zentrale Bedeutung. Darum wurden im Automobilbereich industriespezifische QM-Standards definiert, die als Ergänzung zur

[420] Vgl. VDA (2002) S. 58
[421] Vgl. Walther (2001) S. 5, Marbacher (2001) S. 226

bewusst branchenneutral gehaltenen Normenreihe ISO 9000ff. auf industriespezifische Anforderungen eingehen.

Größte Bedeutung haben hier neben der französischen EAQF und der italienischen AVSQ vor allem die amerikanische QS 9000, die deutsche VDA 6.1 sowie die internationale ISO/TS16949.

Automobilspezifische Qualitätsmanagement-Standards haben sich auch in Unternehmen außerhalb des Automobil-Sektors (z.B. Textil-, Chemie-, oder Softwareindustrie) bewährt.

Im Folgenden werden die derzeit gängigen QM-Systeme der Automobilbranche mit Ihren wesentlichen Merkmalen dargestellt.

13.4.1 QS 9000

Die QS 9000 ist ein amerikanisches Regelwerk und wurde von den „Big Three" der Automobilhersteller – DaimlerChrysler, General Motors und Ford – entwickelt.

Es basiert auf der elementorientierten Fassung von ISO 9001. Die Norm fordert den Aufbau eines umfassenden QM-Systems, das insbesondere die kontinuierliche Verbesserung, Fehlervermeidung und weniger Ausschuss bei den Zulieferern verlangt. Die Zulassung als Lieferant für die Automobilhersteller Chrysler, Ford und GM und deren Tochtergesellschaften erfolgte bisher auf Basis dieser Norm.

Das Regelwerk QS 9000 besteht aus insgesamt sieben Bänden mit folgendem Inhalt:

- Band 1 mit den konkreten Anforderungen an das QM-System,
- Band 2 definiert das Bewertungsverfahren durch die Hersteller bzw. zugelassene Zertifizierer (3rd Party),
- Die Bände 3–7 beinhalten Leitfäden für die benötigten „QM-Werkzeuge". Dies sind beispielsweise fortschrittliche Qualitätsvorausplanung (APQP), Fehlermöglichkeits- und Einflussanalyse (FMEA), Produktionsteilabnahme (PPAP), statistische Prozessregelung (SPC), und Auswertung von Messsystemen (MSA).

Die QS 9000 hat sich als ein zentraler und international anerkannter Standard im Automobilbereich etabliert. Vor allem die in den Bänden 3–7 definierten „QM-Werkzeuge" sind in identischer oder leicht modifizierter Form in andere Forderungskataloge wie VDA 6.1 oder ISO/TS 16949 eingegangen. Dennoch gibt es keine konkreten Pläne diesen Standard weiter zu entwickeln.

Da die QS 9000 auf ISO 9000ff.:1994 basiert, diese jedoch seit 2003 ausgelaufen ist, enthält ein QS 9000-Zertifikat den Zusatz „System in Übereinstimmung mit dem Standard QS 9000:1998 (basierend auf und inklusive der EN ISO 9001/2:1994)". Somit bleibt es möglich, sich nach der QS 9000 zertifizieren zu lassen, obwohl die zugrunde liegende ISO 9001:1994 formell ungültig geworden ist.[422]

Die letzte und aktuelle Ausgabe – die QS 9000:1998 (3rd Edition) – wird am 14.12.2006 ebenfalls ihre Gültigkeit verlieren und durch die ISO/TS 16949:2002 ersetzt.

13.4.2 VDA 6.1

Ähnlich wie QS 9000 basiert auch der deutsche Qualitätsstandard VDA 6.1 auf der branchenunabhängigen Norm ISO 9001:1994.

Die vom Verband der Deutschen Automobilindustrie (VDA) veröffentlichte Norm definiert erweiterte Anforderungen, die bei der Auditierung eines QM-Systems im Automobilbereich zusätzlich erfüllt sein müssen. In die aktuellste Version vom Dezember 1998 sind Audit-Erfahrungen aus den Vorgänger-Versionen und Forderungen aus QS 9000 bzw. EAQF eingeflossen. Seit 1999 ist die Zertifizierung nach VDA 6.1 verpflichtend für Zulieferer der deutschen Automobilhersteller.

Neben VDA 6.1 beinhaltet die Normenreihe VDA 6 „Qualitätsmanagement in der Automobilindustrie" weitere Veröffentlichungen des VDA, die in Abb. 13.4. dargestellt sind.

VDA 6.1 enthält als Kernstück einen detaillieren Fragenkatalog, der sich im Aufbau an den Elementen der ISO 9001:1994 orientiert. Zu jedem Qualitätselement werden konkretisierende Auditfragen mit Erläuterungen und spezifischen Forderungen aufgeführt. Für die Konformität mit VDA 6.1 kann kein unabhängiges Zertifikat ausgestellt werden. Als Ergebnis eines erfolgreichen System-Audits wird ein Zusatzzertifikat auf Basis der ISO 9001 vergeben.

[422] Vgl. www.dnv.de (09.06.2004)

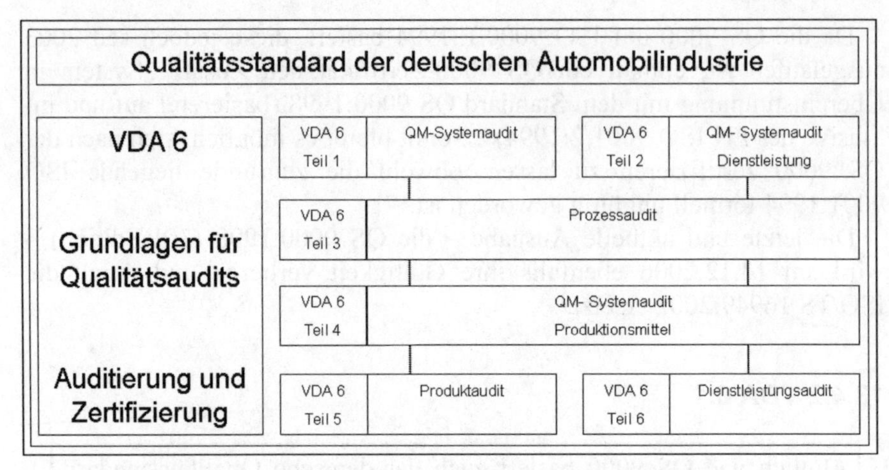

Abb. 13.4. Qualitätsstandard der deutschen Automobilindustrie[423]

13.4.3 ISO/TS 16949

Die Automobilhersteller erwarten von ihren Zulieferern ein immer umfassenderes Qualitätsmanagement. In den letzten Jahren führten die amerikanische und europäische Automobilindustrie hierfür nationale und internationale Branchenstandards für Qualitätsmanagement-Systeme ein. Zulieferer sahen sich hierdurch oftmals mit einer hersteller- und landesspezifischen Normenvielfalt konfrontiert.

> Als Ergebnis globaler Harmonisierungsbemühungen der Arbeitsgruppe International Automotive Task Force (IATF) wurde mit der Technischen Spezifikation ISO/TS 16949:2002 ein weltweit anerkannter technischer Standard erarbeitet, der zukünftig einheitliche Maßstäbe für Qualitätsmanagement-Systeme in der Automobilindustrie setzt.

Die Mitglieder der Arbeitsgruppe wie beispielsweise BMW, DaimlerChrysler, Fiat, Ford, General Motors (mit Opel und Vauxhall), PSA Peugeot Citroen, Renault SA, und Volkswagen stammen größtenteils aus den Reihen der Automobilhersteller. Des weiteren sind die Automobilverbände der USA, Italiens, Frankreichs, Großbritanniens und Deutschlands in der IATF vertreten. Bei der Normentwicklung arbeitete die IATF außerdem eng mit der Japan Automobile Manufacturers Association (JAMA) und der International Organization for Standardization (ISO) zusammen.

---

[423] Vgl. VDA (1998)

Nationale Organisationen realisieren und koordinieren die landespezifische Umsetzung. In Deutschland ist der Verband der Automobilindustrie (VDA) Träger der Norm.

Die unter der Bezeichnung „DIN EN ISO/TS16949:2002“ erschienene Norm enthält neben dem Wortlaut der ISO 9001:2000 automobilspezifische Forderungen an QM-Systeme und vereint alle bisher existierenden und veröffentlichten Forderungen der amerikanischen und europäischen Automobilindustrie wie QS 9000, VDA 6.1, AVSQ, EAQF. Die Norm wird ergänzt um kundenspezifischen Forderungen.

Durch die weltweite Anerkennung können global operierende Automobilzulieferer durch ein ISO/TS 16949:2002-Zertifikat Doppelaufwand für bisher notwendige, hersteller- und landesspezifische Mehrfachzertifizierungen vermeiden.

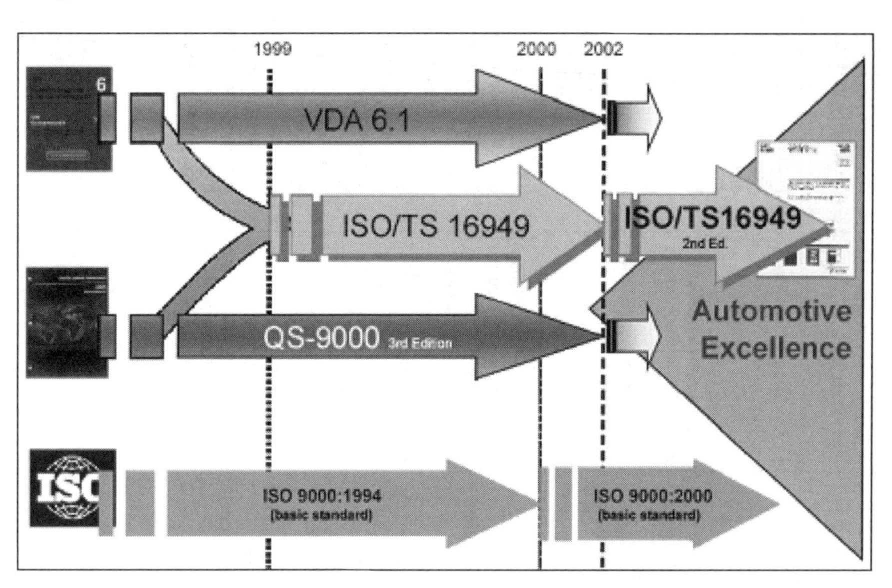

Abb. 13.5. Entwicklung der Technischen Spezifikation ISO/TS 16949[424]

Tabelle 13.8. fasst die inhaltliche Entwicklung von ISO 9001 hin zu ISO/TS 16949 zusammen.

[424] Vgl. Gärtner (2002)

Tabelle 13.1. Entwicklung von ISO 9001 hin zu ISO/TS 16949

Forderungen aus ISO 9001	Zusätzliche Anforderungen in QS 9000	Zusätzliche Anforderungen aus Seite VDA 6.1	Zusätzliche Anforderungen aus ISO/TS 16949
• Verantwortung der Leitung • Vertragsprüfung • Designlenkung • Lenkung von Dokumenten und Daten • Beschaffung • Behandlung der vom Kunden beigestellten Produkte • Kennzeichnung und Rückverfolgbarkeit • Mess- und Prüfmittel • Prüfstatus • Lenkung fehlerhafter Produkte • Prozesslenkung • Korrektur- und Vorbeugemaßnahmen • Lagerung, Wartung und Verpackung • Qualitätsaufzeichnungen • Interne Qualitätsaudits und Schulungen • Statistische Methoden	• Umfassende Bewertung aller Elemente des QM-Systems • Geschäftsplan zu Unternehmenszielen • Ermittlung der Kundenzufriedenheit • Bereichsübergreifende Teams • APQP & Kontrollplan • Liefer-Meldesystem zum Kunden • Entwicklung von Unterauftragnehmern zur QS 9000 • Qualifizierte Entwicklungswerkzeuge • Prüfungsannahmekriterium Null-Fehler • Handhabung gefährlicher Stoffe • Einhaltung und Überwachung von Lieferterminen • Prototypentests • Untersuchungen zur Messmittelfähigkeit • Ständige Verbesserungen • Kundenspezifische Forderungen	• Dokumentation von Korrekturmaßnahmen aus internen Audits • Produkt- und Prozessaudits • Förderung des Mitarbeiter-Qualitätsbewusstseins • Finanzielle Betrachtung des QM-Systems • Produktsicherheit und Produkthaftung • Angebotsgliederung nach technischen und kaufmännischen Aspekten • Einbindung der Marketingfunktion • Feld- und Marktbeobachtungen der Produkte • Frühwarn-Systeme für Produktausfälle • Wirksamkeit von Fertigungsprozessen • Mitarbeiterzufriedenheit • Simultaneous Engineering	• Definition besonderer Produktmerkmale • Verantwortung für Kundenanforderungen auch bei Outsourcing • Einhaltung technischer Vorgaben im Einklang mit der Kundenterminplanung • Kundenbeauftragter • bereichsübergreifender Ansatz zur Entwicklung von Werks-, Anlagen- und Einrichtungsplänen (lean production) • Notfallpläne für Ausfall von Energieversorgung, Arbeitskräften, Betriebsmitteln • Fehlervermeidung statt Fehlerentdeckung • Vertraulichkeit bzgl. kundenspezifischen Produktentwicklungen • Herstellbarkeitsuntersuchungen und Risikoanalyse bzgl. Kundenforderungen • Fähigkeit zur Kommunikation über vom Kunden festgelegte Formate (z.B. EDI) • FMEA (Fehler- Möglichkeits- und Einflussanalyse) • Kennzeichnung kundeneigener Werkzeuge • Kalibrierung und Verifizierung von Messmittel • Q-Ziele und Kennzahlen im Geschäftsplan • Benchmarking und Reviews

13.5 Umweltmanagement-Systeme

Neben Qualitätsmanagement-Systemen, die sich in der Praxis bereits etabliert haben, gewinnen auch Umweltmanagement-Systeme an Bedeutung für die Wettbewerbsfähigkeit von Unternehmen. Gründe hierfür sind die stetig wachsende gesellschaftliche Bedeutung des Umweltschutzes und eine begrenzte Belastbarkeit unserer Umwelt mit limitierten natürlichen Ressourcen, die zu verschärften Umweltauflagen für Industrieunternehmen geführt haben (z.B. „Altautoverordnung“).

Kunden fordern verstärkt umweltfreundliche Produkte sowie deren umweltverträgliche Herstellung. Doch nicht nur Kundenforderungen, sondern auch öffentliche Diskussionen über die Umweltverträglichkeit von Industriestandorten oder Produkten (z.B. Rußpartikelfilter in Diesel-Pkw) sind Gründe für einen gegenüber der Öffentlichkeit nachweisbaren betrieblichen Umweltschutz.

Mit einem Umweltmanagement-System verfolgen Unternehmen das Ziel, die direkten und indirekten Auswirkungen ihrer Tätigkeiten, Produkte oder Dienstleistungen auf die Umwelt (z.B. Luftverschmutzung oder Verkehrsbelastung) systematisch zu erfassen, zu prüfen und durch eine entsprechende Umweltpolitik kontinuierlich zu verbessern.

Ähnlich wie für QM-Systeme existieren auch für den Aufbau und Betrieb von Umweltmanagement-Systemen international anerkannte Standards.

13.5.1 ISO 14001

Der Standard ISO 14001 legt Anforderungen an ein Umweltmanagementsystem fest und schreibt die Elemente einer Zertifizierung vor.

Die ISO 14001 Norm besteht aus den folgenden Elementen, wobei jedes Element weitere Anforderungen enthält:

- allgemeine Forderungen,
- Umweltpolitik,
- Planung,
- Implementierung und Durchführung,
- Kontrolle und Korrekturmaßnahmen.

Die Norm ISO 14001 definiert Begriff und Inhalt eines betrieblichen Umweltmanagements. Gegenstand ist die systematische Verankerung eines Umweltmanagementsystems im Unternehmen, wodurch Umweltaspekte bei Betriebsabläufen und firmenpolitischen Entscheidungen berücksichtigt werden. Mittels ISO 14001 kann ein Unternehmen nachweisen, dass es umweltgerecht wirtschaftet. Betriebe werden durch die Norm beim Aufbau ihres Umweltmanagementsystems nach einem weltweit gültigen Standard unterstützt.

Ein ISO 14001-konformes Umweltmanagement-Systems ist ein wirkungsvolles Instrument zur systematischen Erfassung von Umweltbelastungen und zur ständigen Verbesserung der Umweltsituation. Zur Verringerung von Störfällen sieht die Norm die Bewertung von Umweltrisiken und die Erstellung von Notfallplänen vor. ISO 14001 verlangt die Einhaltung sämtlicher relevanter Umweltvorschriften und -gesetze. Gewährleistet wird dies durch regelmäßige Umwelt-Audits einer unabhängigen Zertifizierungsstelle. ISO 14001 verlangt jedoch keine Veröffentlichung der erzielten Audit-Ergebnisse gegenüber Betriebsfremden.[425]

13.5.2 EMAS: Umweltmanagement nach der EG-Okö-Audit-Verordnung

EMAS ist ein Managementsystem zur eigenverantwortlichen und kontinuierlichen Verbesserung des betrieblichen Umweltschutzes. EMAS steht für die englische Bezeichnung des europäischen Umwelt-Audit-Systems „Eco-Management and Audit Scheme“, synonym wird auch der Begriff „Öko-Audit“ verwendet.

Als modernes umweltpolitisches Instrument sieht EMAS die freiwillige Teilnahme von Unternehmen vor und geht über die gesetzlichen Regelungen hinaus. An EMAS kann sich jede Organisation beteiligen, die ihren betrieblichen Umweltschutz verbessern möchte. Die aktuelle EG-Öko-Audit-Verordnung (EMAS 2) ist 2001 in Kraft getreten. Sie erlaubt EMAS-registrierten Teilnehmern die Verwendung eines spezielles EMAS-Logos.

Nach Aufnahme der ISO 14001 in den Anhang der EMAS-Verordnung stellt die für EMAS obligatorische Erstellung der sog. Umwelterklärung den wesentlichsten Unterschied zwischen ISO 14001 und EMAS dar.[426]

Abb. 13.6. EMAS-Logo

[425] Vgl. www.qm-world.de (07.03.2004)
[426] Vgl. www.emas.org.uk (17.06.2004)

Alle Organisationen, die an EMAS teilnehmen, erstellen regelmäßig eine für die Öffentlichkeit bestimmte Umwelterklärung. Darin werden die eigene Umweltpolitik und Maßnahmen aus dem Umweltprogramm mit den konkreten Zielen für die Verbesserung des betrieblichen Umweltschutzes dargelegt. Des weiteren ist je Standort eine umfassende Darstellung und Bewertung der Umweltauswirkungen und bereits erzielter Verbesserungen in der Erklärung aufzuführen.

Jede Umwelterklärung wird in einem jährlich stattfindenden Audit von unabhängigen, staatlich zugelassenen Umweltgutachtern überprüft. Sofern die Erklärung die strengen Voraussetzungen der EG-Umwelt-Audit-Verordnung erfüllt, wird sie „validiert", d.h. für gültig erklärt. Das geprüfte Unternehmen wird anschließend bei der Industrie- und Handelskammer (IHK) in das EMAS-Register (http://www.emas-register.de) eingetragen.

Das Ziel von EMAS ist die Förderung einer kontinuierlichen Verbesserung der Umweltleistung teilnehmender Unternehmen durch

- die Etablierung und Anwendung von Umweltmanagement-Systemen in Organisationen (aus ISO 14001 übernommen).
- eine systematische, objektive und regelmäßige Bewertung dieser Systeme.
- die Information der Öffentlichkeit und anderer interessierter Kreise über Maßnahmen des betrieblichen Umweltschutzes.
- eine stärkere Einbeziehung der Mitarbeiter.[427]

13.6 Aufgaben

Aufgabe 13–1

Wie kann der Begriff „Qualität" im Sinne des Supply Chain Managements definiert werden?

Aufgabe 13–2

Welche Ziele werden mit der Etablierung eines QM-Systems verfolgt?

Aufgabe 13–3

Nennen Sie typische Vertragsabschnitte für den Ablauf der Zertifizierung eines QM-Systems.

[427] Vgl. www.europa.eu.int (07.03.2004)

Aufgabe 13–4

Welche Ziele verfolgen Unternehmen mit der Etablierung eines systematischen Umweltmanagementsystems?

Lösung 13–1

Qualität im Sinne des Supply Chain Managements kann als die Erfüllung von Kundenanforderungen verstanden werden. Kundenanforderungen können sich als physisch-funktionale Spezifikationen auf Produkte (z.B. Abmessungen) oder als erwartete Ergebnisse auf Logistikprozesse (z.B. Termintreue eines Lieferanten) beziehen.

Lösung 13–2

Mit dem Aufbau und der Zertifizierung eines systematischen Qualitätsmanagements werden folgende Ziele verfolgt:

- Erfüllung von konkreten Kundenforderungen nach einem Zertifikat,
- fehlerfreie Prozesse und Prozessergebnisse (z.B. Produkte),
- kontinuierliche Verbesserung,
- Instrument der Qualitätssicherung,
- Vermeidung von Fehler- und Fehlerfolgekosten,
- Abwehr von Schadenersatzansprüchen,
- Erhöhung der Mitarbeiterzufriedenheit und -motivation durch Verbesserung von Transparenz und Kommunikation.

Lösung 13–3

- Auditvorbereitung: Frageliste, Voraudit
- Prüfung der QM-Dokumentation (QM-Handbuch)
- Zertifizierungsaudit
- Zertifikatserteilung

Lösung 13–4

- Systematische Erfassung und Verbesserung direkter und indirekter Auswirkungen von Tätigkeiten, Produkten oder Dienstleistungen eines Unternehmens auf die Umwelt (z.B. Luftverschmutzung oder Verkehrsbelastung)
- Kontinuierliche Verbesserung der Umweltsituation durch systematische Umweltpolitik
- Einhaltung gesetzlicher Vorschriften
- Nachweis erzielter Verbesserungen bezüglich der Umweltsituation, Imagepflege

14 Entwicklung und Implementierung von SCM-Strategien

14.1 Grundvoraussetzungen für ein vernetztes Supply Chain Management

Vernetztes Supply Chain Management auf Basis von eBusiness-basierten Supply Chain Management Applikationen erfordert strategische und konzeptionelle sowie technische Voraussetzungen. Bei allen Unternehmen jeglicher Größe und gerade bei Klein- und Mittelbetrieben mit begrenzten Ressourcen ist die Erstellung einer eBusiness-Strategie in Verbindung mit einem eBusiness-Geschäfts- und Umsetzungsplan unerlässlich.

14.1.1 Technische Voraussetzungen für ein vernetztes Supply Chain Management

Folgende technische Mindestvoraussetzungen sollten vor der Einführung von eBusiness-basierten SCM Applikationen geschaffen werden.

- Alle Mitarbeiter, für die ein Internetzugang im Rahmen der Aufgaben sinnvoll ist, sind in einem Intranet vernetzt und haben einen Internetzugang.
- Zugangsberechtigte verfügen über einen Web-Browser und können über diesen Webseiten aufrufen.
- Die Mitarbeiter können über ein E-Mail-Programm Mails senden und empfangen.
- Der Betrieb hat eine Internetseite, die Mitarbeitern, Kunden und Geschäftspartnern als Informationsquelle zur Verfügung steht.
- Die Integration der jeweiligen eBusiness-basierten SCM Applikationen in vorhandene ERP-Systeme.
- Sicherheitsmaßnahmen wie die Implementierung einer Firewall, um die Unternehmensapplikationen und -daten zu schützen.

14.1.2 Strategisch, konzeptionelle Voraussetzungen für ein vernetztes Supply Chain Management

In Abhängigkeit der Möglichkeiten, die die einzelnen eBusiness-basierten SCM Komponenten bieten können sowie den gesetzten Unternehmenszielen, ist eine eBusiness-Strategie bezüglich einem vernetzten Supply Chain Management abzuleiten. So sollte sich das Unternehmen vor Beginn jeglicher eBusiness Implementierungen intensiv damit befassen, was mit eBusiness bzw. einer eBusiness-Applikation erreicht werden soll. Dabei sind die Ziele, die innerhalb eines vernetzten Supply Chain Managements erreicht werden sollen, zu definieren und die eBusiness Strategie davon abzuleiten. Als Hilfsmittel zur Ziel und Strategiefindung erweist sich die Strategiepyramide (Abb. 14.4.) als vorteilhaft. Das Unternehmen sollte die jeweiligen Fragen der Strategiepyramide für sich im Vorfeld beantwortet haben.

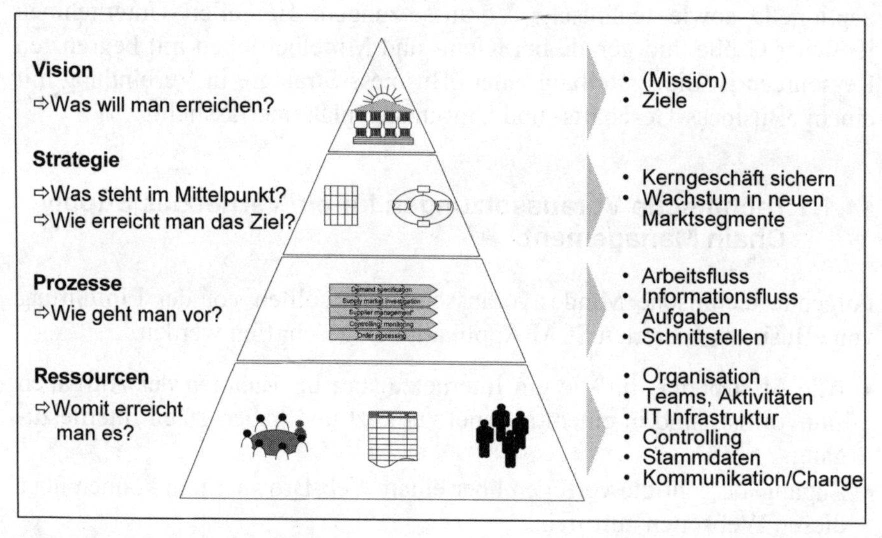

Abb. 14.1. Strategiepyramide

Zunächst ist die eBusiness-Vision bezüglich der Anwendungen für ein vernetztes SCM im Sinne „was will das Unternehmen erreichen?" durch die Festlegung der eBusiness Ziele, abgeleitet von den Unternehmenszielen, zu bestimmen. Die darauf aufbauende eSCM-Strategie sollte deutlich machen, was hierzu im Mittelpunkt für das Unternehmen steht. In der Regel stehen zwei strategische Aspekte im Vordergrund:

- Sicherung des Kerngeschäfts,
- Wachstum in neuen Märkten und/oder mit neuen Produkten.

Dies kann durch folgende Strategiebausteine erreicht werden:

- Erschließung neuer Marktsegmente,
- Kunden- und Serviceorientierung,
- Verbesserung der operativen Leistungsfähigkeit,
- Reduzierung der Bestände und Investitionen,
- Schaffung von Transparenz.

Zur erfolgreichen Umsetzung der Strategie müssen im nächsten Schritt die zukünftigen Prozesse gestaltet und die dementsprechenden Ressourcen bereitgestellt werden. Je nach Anwendungsbereich ist die jeweilige SCM-Komponente zu identifizieren, die die Unternehmensziele und Strategie unterstützt, um das Unternehmen voranzubringen.

14.2 Vorgehensweise zur Entwicklung einer eBusiness-Strategie

Zur Entwicklung der eBusiness-Strategie und der Operationalisierung der Ziele ist ein Vorgehen in vier Phasen zu empfehlen. In Abb. 14.2. werden die Aktionen, die in den jeweiligen Phasen durchzuführen sind, aufgeführt.

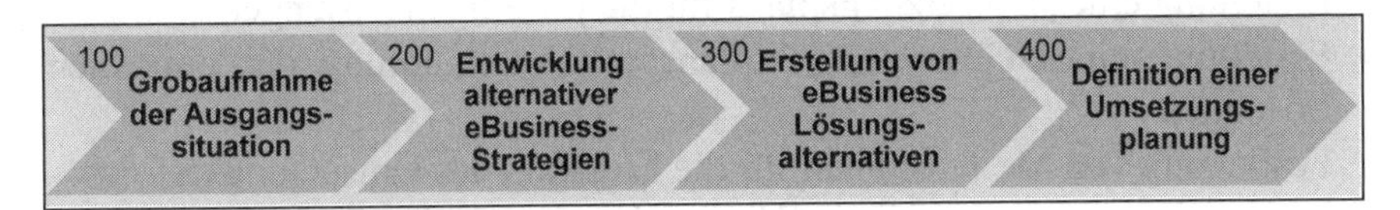

Abb. 14.2. Vorgehensweise Entwicklung eBusiness Strategie

Phase 100: Grobaufnahme der Ausgangssituation

- Erarbeitung und Diskussion einer eBusiness-Vision
- Aufnahme bestehender Kunden- und Lieferantensegmente
- Aufnahme und Analyse der vorhandenen Geschäftsprozesse
- Aufnahme und Analyse der vorhandenen IT-Infrastruktur und IT-Architektur in den SCM-relevanten Bereichen

Phase 200: Entwicklung alternativer eBusiness-Strategien

- Erarbeitung von eBusiness Strategien zur Erschließung neuer Märkte und Kunden, z.B. durch
  - Eintritt in neue Marktsegmente über elektronische Vertriebskanäle.
  - Entwicklung virtueller Produkte und Dienstleistungen.

- Nutzung von elektronischen Plattformen oder Kanälen zur Festigung von 1 : 1 Kundenbeziehungen, etc.

- Erarbeitung von eBusiness Strategien zur Verbesserung der operativen Leistungsfähigkeit, z.B. durch
  - Effizienzsteigerung von Geschäftsprozessen durch elektronische Abbildung.
  - elektronische Vernetzung mit Geschäftspartnern, etc.

Phase 300: Erstellung von eBusiness Lösungsalternativen

- Erarbeiten der Business-to-Business-, Business-to-Consumer-, Business-to-Employee Lösungsalternativen
- Festlegen der zur Strategie passenden eSCM Anwendungen
- Ermittlung der Kostensenkungspotenziale jeder einzelnen eSCM-Anwendung
- Ermittlung der Kosten pro eSCM Anwendung
- Gegenüberstellung der Kosten- und Nutzenaspekte sowie Bewertung der Lösungsalternativen

Phase 400: Definition einer Umsetzungsplanung

- Erstellung eines Umsetzungsplans für die jeweiligen Lösungen
- Erstellung eines Gesamtprojektplans mit Verknüpfung der einzelnen Lösungen
- Festlegung von Meilensteinen für die Messung des Umsetzungserfolgs
- Notwendige Maßnahmen zur Vorbereitung und Umsetzung der eBusiness-Strategie darstellen unter Berücksichtigung
  - intern und extern erforderlicher Ressourcen,
  - der IT-Vorgaben und –Applikationen.

Die hier aufgezeigte Vorgehensweise zeigt eine praxiserprobte eBusiness-Strategie-Entwicklung über alle eSCM Anwendungsbereiche auf. Der Festlegung der Umsetzungsplanung kommt hier besondere Bedeutung zu. In der Regel sind diverse SCM Anwendungen für das jeweilige Unternehmen sinnvoll. Meist empfehlen sich zunächst eProcurement-, eMarketing-, eSales- und eService-Applikationen. Für Klein- und Mittel-Betriebe empfiehlt es sich abhängig von der Kosten-Nutzen Betrachtung und von den internen Ressourcen die Anwendungen sukzessive einzuführen.

Sicherlich kann auch in einem ersten Schritt eine Fokussierung auf bestimmte Anwendungsbereiche vorgenommen werden. Oftmals entsteht die Notwendigkeit zur Einführung von eBusiness-Applikationen aufgrund von Kundendruck. Gerade die Kundenanforderungen steuern alle Supply Chain

Funktionen in der Wertschöpfungskette und erfordern die Bereitstellung verschiedener Applikationen und Informationen (siehe Tabelle 14.1.).

Tabelle 14.1. Ablauf der produktionssynchronen Fertigung bei VDO

Supply Chain Funktion	**eBusiness Anforderung**
Design und Entwicklung	• Unterstützung im Produktlebenszyklus-Management • Planung und Festlegung der Entwicklungs- und Design-Ressourcen • Planung der eigenen und der Lieferantenressourcen für die Entwicklung • Unterstützung des Prototypeneinkaufs • Kollaboration und elektronischer Datenaustausch mit Versionskontrolle während der Entwicklungsphase
Einkauf	• Elektronische Prozesse im operativen Einkauf • Elektronische Lieferantenkataloge • Elektronischer Datenaustausch mit den Lieferanten • Ausschreibungs- und Auktionsplattform für strategischen Einkauf
Produktion	• Material- und Kapazitätsplanung • Ressourcenzuordnung über die Supply Chain hinweg
Distribution	• Online-Bestellungen • Real-Time Verfügbarkeitsprüfung (Available to Promise-(ATP), Capable to Promise- (CTP)Check) • Management von Rücklieferungen • Güter- und Transportwegenachverfolgung (Tracking und Tracing)
Vertrieb und Marketing	• Produkt- und Unternehmenspräsentation • Planung neuer Produkteinführungen • Werbung und Werbungsanalyse • Vorhersage und Nachfrageplanung • Allokation von Produkten auf Basis Kundenpriorität, Profitabilität und Marktanteilsvergrößerung
Kundenservice und -unterstützung	• Online-Bestellungen • Real-Time Verfügbarkeitsprüfung (Available to Promise-(ATP), Capable to Promise- (CTP)Check) • Planung und Festlegung für Wartungen und Reparaturen • Kreditwürdigkeitsüberprüfung • Call Center Unterstützung • Internet-Self-Service • Informationsbereitstellung und FAQ

Supply Chain Funktion	eBusiness Anforderung
Liquidation	• Planung von Produkteinstellungen • Unterstützung bei Produktersatz durch neue Produkte, um Lagerhaltung und -kosten des alten Produktes zu minimieren bzw. gezielt auslaufen zu lassen, den Umsatzwachstum zu unterstützen, sowie den Marktanteil zu schützen

Je nachdem auf welcher Wertschöpfungsstufe innerhalb der Supply Chain das Unternehmen steht, ist das Unternehmen freier die eBusiness Strategie und Umsetzung selbst zu gestalten oder es muss für große Kunden Applikationen bereitstellen, um diese weiter beliefern zu dürfen. Firmen, die in einer nachgelagerten Wertschöpfungsstufe stehen, sind daher oft angehalten eine direkte Einführung bestimmter eSCM Anwendungen durchzuführen.

14.3 Praxisbeispiel: Entwicklung einer eBusiness-Strategie

Folgende Daten liegen dem nachfolgenden Praxisbeispiel zugrunde:

- *Branche:* Maschinenbau und Anlagenbau – 1500 Mitarbeiter
- *Projektziel:* Erarbeitung einer eBusiness Strategie
- *Schwierigkeiten:* Berücksichtigung der gesamten Wertschöpfungsstufen und Marktpositionierung als OEM, Komponenten- und Ersatzteillieferant
- *Projektlaufzeit:* 2 Monate
- *Mitarbeiter im Projekt*: 6 Mitarbeiter
- *Amortisierung:* eBusiness-Strategieprojekt

Das Unternehmen wünschte eine eBusiness-Strategie um mit neuer Technologie auf den enormen Preisdruck des Marktes antworten zu können. Die Wertschöpfungskette erstreckt sich über fünf Fertigungsstufen, wobei das Unternehmen selbst auf jeder Stufe tätig ist und darüber hinaus auf jeder Stufe ca. 60–80% der Veredelungsleistungen am Markt zukauft, bevor die Teile in die eigene Endmontage gehen. Die einzelnen Maschinen bzw. Anlagen sind in Stücklisten und Netzplänen abgebildet. Als Ausschnitt eines solchen Netzplanes soll in Abb. 14.3. der kritische Pfad exemplarisch anhand folgender Supply Chain aufgezeigt werden:

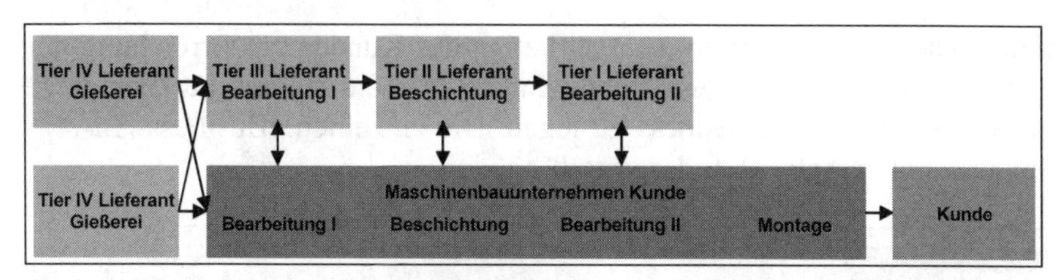

Abb. 14.3. Supply Chain des Unternehmens

Aufgrund der Heterogenität der Supply Chain und der Komplexität der Endprodukte ist das Management der Wertschöpfungskette komplex, die Transparenz innerhalb der Supply Chain ist nicht gegeben und somit sind die Bestände (Work in Progress – WIP) außerordentlich hoch, was zu teuren Absatzpreisen und Lieferverzögerungen führt.

Von Vorteil ist sicherlich, dass das Unternehmen im Einzel- bzw. Kleinserienfertigungsgeschäft tätig ist, was klassischer Weise im „Build-to-order" Sinne durchgeführt wird. Das heißt, es wird erst angefangen zu bestellen und die Maschinen zu montieren, wenn ein Auftrag vorliegt. Da die Vorlaufzeiten relativ lange sind, können auf Basis der Netzpläne und Stücklisten sehr frühe und relativ genaue Planungen der einzelnen Komponenten getätigt werden. Die zu berücksichtigenden Punkte bei der Planung sind die hohen Anteile fremdbezogener Komponenten und somit die Kapazitäten der Lieferanten und die Ausschussquoten, welche nicht planbar sind.

Auf Basis dieser Ausgangssituation wurden zwei strategische Kernziele für den Einsatz von eBusiness erarbeitet:

- Kostenreduktion durch Prozess-Optimierung,
- wertschöpfende Zusatzangebote für Kunden und Lieferanten.

Zur Erreichung dieser Ziele wurden folgende Strategiebausteine für das eBusiness Konzept festgelegt:

- Kostenreduktion durch Reduktion der operativen Kosten und Prozessautomatisierung,
- Reduktion des Umlaufvermögens durch Verringerung der Bestände innerhalb der Supply Chain,
- höhere Transparenz innerhalb der Supply Chain für alle Beteiligten und für den Kunden,
- neue Produkte und Kommunikationswege zur Erhöhung der Kundenzufriedenheit.

Nach der Definition der eBusiness Strategie wurden folgende eSCM-Anwendungen für die einzelnen Funktionsbereiche Beschaffung, Produktion, Distribution, Vertrieb und Marketing des Kunden zur Erreichung der Unternehmensziele vorgeschlagen. Zudem war die technische Grundlage zur Einführung von eBusiness zu legen. Die einzelnen eBusiness-Anwendungen sind in Abb. 14.4. dargestellt.

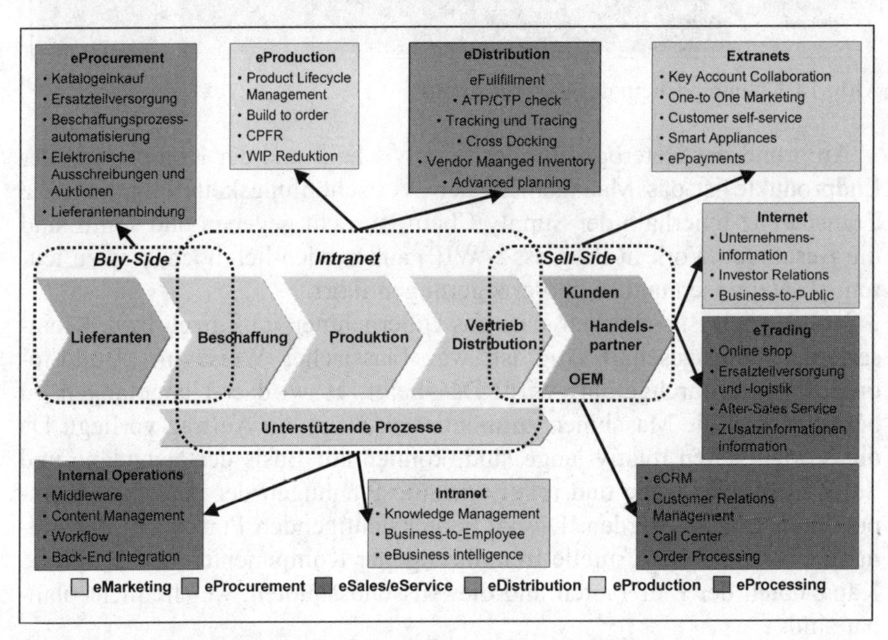

Abb. 14.4. eBusiness Anwendung für einen Maschinenbauer

Für jede einzelne Anwendung wurden die Kosten dem Nutzen gegenübergestellt. Daraufhin wurden die einzelnen Module in Abhängigkeit von der Kosten/Nutzen Relation und den verfügbaren Ressourcen in einem Gesamtprojektplan zusammengestellt. Die dringlichste Aufgabe war eine Lösung zur Transparenzbildung innerhalb der komplexen Lieferketten, um die Überbestände innerhalb der Supply Chain aufgrund der fehlenden Plan-, Kapazitäts- und Produktionszahlen zwischen den Vorlieferanten abzubauen und die Lieferfähigkeit zu erhöhen.

Daher wurde vom Kunden zunächst eine eBusiness Applikation zur Lösung dieser Herausforderung favorisiert. Mit dieser ersten Applikation konnte auch gleichzeitig der Grundstein für das eBusiness Backbone und die Anbindung an das vorhandene ERP-System geschaffen werden.

Die Ausgangssituation wird in Abb. 14.5. nochmals verdeutlicht.

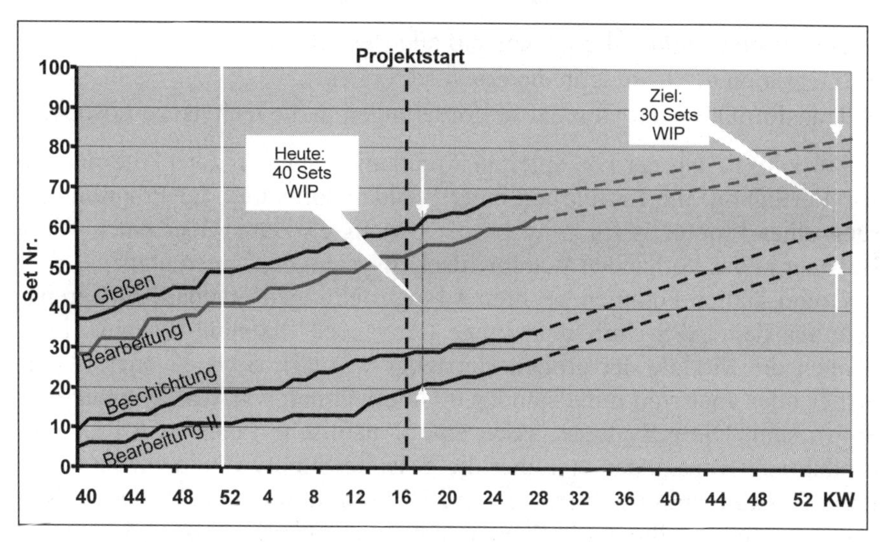

Abb. 14.5. Überbestände in der Supply Chain

Die angestrebte Applikation stellte ein Internet-gestütztes Parts Tracking System zur Teileverfolgung für alle Beteiligten innerhalb der Supply Chain dar. Dadurch sollten folgende Ziele erreicht werden:

- Unterstützung des gesamten Prozesses vom Tier IV Lieferant bis zur Endmontage,
- Schaffung von Transparenz innerhalb der Supply Chain, wodurch jede einzelne Komponente an jeder Stelle und Bearbeitungsstand innerhalb der Supply Chain nachverfolgt werden kann,
- Reduktion des Work in Progress,
- Verringerung der Durchlaufzeiten und somit Senkung der Kosten,
- Sicherstellung und Kommunikation der Planung,
- Sammlung von Daten der Komponenten durch den Prozess und Integration in das Qualitätsmanagement,
- Sicherstellung einer kompletten Supply Chain Integration für die Bestellabwicklung, Kapazitätsplanung und für verschiedene Vorhersagen,
- web-basierte und benutzerfreundliche Applikation, so dass alle beteiligten Unternehmen mühelos auf das System zugreifen können.

Folgende Schlüsselfaktoren wurden zum Erfolg der Lösung erkannt:

- Geschwindigkeit der Implementierung und Umsetzung,
- die Qualität der Lösung, da es sich um geschäftskritische Prozesse handelt,

- die Ausdehnbarkeit der Lösung auf alle Bereiche,
- Integration der Lösung in die Backend-Systeme,
- Transformation der Geschäftsanforderungen in die technische Lösung.

Zur Umsetzung der konzipierten Applikation standen zwei Alternativen zur Verfügung: die Einführung einer Standardsoftware oder Programmierung eines Frontends zur Eingabe der benötigten Daten über einen Web-Browser in das vorhanden Warenwirtschaftsystem des Unternehmens.

Grundsätzlich kommen bei diesen Fragestellungen Standardsoftwarepakete aus dem APS-Umfeld in Frage (Advanced Planning System). Dies können die Module der großen Hersteller wie z.B. SAP, I2 oder Manugistics oder auch von mittelständigen Unternehmen wie Wassermann oder Skyva sein. Diese Systeme lassen eine dynamische Planung in Richtung Produktion, Kapazitäten etc. über die gesamte Supply Chain zu. Jegliches Ereignis kann simuliert werden, wie z.B. Produktionsausfall, übermäßiger Ausschuss etc. wodurch die Planung entsprechend angepasst und kommuniziert wird. Ferner werden hier die Fragestellungen, die in Produktionsplanungs- und Projektplanungssystemen unterstützt werden, wie Auflösung der Stücklisten und Abbildung von Netzplänen bis hin zur automatischen Wiederbeschaffung, ebenfalls eingebunden.

Eine wie oben beschriebene Lösung schien im ersten Schritt nicht zielführend, da die Einführung eines solchen Systems sehr aufwendig ist und die Qualität solcher Systeme auf der zugrunde liegenden Datenqualität basiert, welche zu diesem Zeitpunkt nicht gewährleistet werden konnte.

Somit sollte eine selbst programmierte einfache Lösung eingeführt werden. Hierzu wurde der Projektplan, siehe Tabelle 14.2., festgelegt.

Tabelle 14.2. Ablauf der produktionssynchronen Fertigung bei VDO

Projektphasen	**Beratertage**
Phase 1: Analyse und Prozessdesign • Evaluierung der abzubildenden Prozesse und Design der zukünftigen Prozesse • Evaluierung der vorhandenen Hard- und Software • Analyse der einzubindenden Lieferanten	30 Tage

Projektphasen	Beratertage
Phase 2: Entwicklung • Workflow • Prozess Management Funktionalitäten • E-Mail Integration • Teileverfolgung (Tracking) • Web Enablement • Reporting Funktionalitäten • Back-End Integration	95 Tage
Phase 3: Testen und Feinabstimmung	5 Tage
Phase 4: Training • Training eigene Mitarbeiter • Training Lieferanten	5 Tage
Phase 5: Rollout	5 Tage
Summe	**140 Tage**

Der neue Prozess gestaltet sich wie in Abb. 14.6. dargestellt.

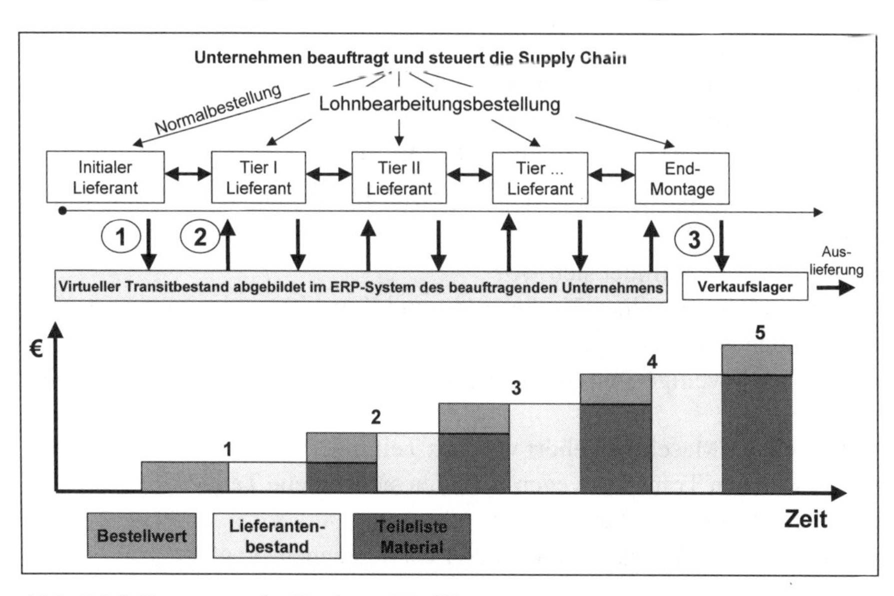

Abb. 14.6. Prozess nach eBusiness-Einführung

Prozessbeschreibung

Die erste Bestellung sendet das Unternehmen an den initialen Lieferant innerhalb der Supply Chain. Die übrigen Lieferanten bekommen jeweils eine Subunternehmerbestellung im Sinne einer Lohnbearbeitung. Der erste Lieferant bucht nach Bearbeitung der Komponente die Komponente mit Anzahl und Teilenummer als Wareneingang in den virtuellen Transitbestand im Warenwirtschaftssystem des beauftragenden Unternehmens und liefert zeitgleich die Ware an den nächsten Lieferanten (Prozessschritt 1). Der nächste Lieferant bucht die Ware aus dem virtuellen Bestand in den Lohnbearbeitungsbestand, jeweils im System des beauftragenden Unternehmens, und bearbeitet die Ware weiter (Prozessschritt 2). Nach Bearbeitung wird die Komponente wieder in den Transitbestand als Wareneingang gebucht und physisch an den nächsten Lieferanten geliefert. Somit sind die (Lohnbearbeitungs-)Bestände und die jeweiligen Werte immer aktuell. Die virtuelle Lieferadresse nach der Endmontage ist dann das Auslieferungslager (Prozessschritt 3).

Alle Buchungen der Lieferanten in den Transitbestand werden über die eBusiness Applikation direkt im ERP-System des Unternehmens vorgenommen. Dabei buchen die Lieferanten jeweils die Bestellnummer, die Maschinennummer und die Seriennummer pro Teil in das System. Alle anderen Lieferanten sehen diese Nummern und bearbeiten die Komponenten daraufhin weiter. Jeder Teilnehmer innerhalb dieser Supply Chain hat somit vollständige Transparenz und kann rechtzeitig sehen, wer wie viel bearbeitet bzw. in Kürze ausliefert. Die Buchungen können auch automatisiert über Lesegeräte wie Barcodescanner durchgeführt werden.

Durch Einführung dieser eBusiness Applikation konnten folgende Informationen und Kennziffern gewonnen werden:

- Wie viele Teile befinden sich wo bzw. bei welchem Lieferant in der Supply Chain?
- Welches Teil befindet sich wo?
- Was sind die einzelnen Vorhersagen und Kapazitäten der Lieferanten?
- Wie hoch ist der Ausschuss?
- Welcher jeweilige Entwicklungsstand bzw. welche Version wird gefertigt?
- Zu welcher Maschine gehört welches Teil innerhalb der Supply Chain?
- Auf welchen Transportwegen befinden sich welche Teile?
- Wie hoch sind die Durchlaufzeiten?
- Welche Teile durchlaufen nicht den vorgegebenen Weg?

Dadurch konnten folgende Ergebnisse erzielt werden:

- Reduktion des Work in Progress, sprich der Bestände innerhalb der Supply Chain,
- Erhöhung der Supply Chain Effizienz und Transparenz,

- frühzeitige Warnung bei Problemen und Reaktionsmöglichkeit zum Umleiten von Gütern oder Nutzung anderer Kapazitäten,
- Reduktion von Pönalen wegen zu später Auslieferung,
- besseres Risikomanagement,
- Verbesserung der Lieferantenbeziehung,
- automatische Rechnungszahlung,
- Know-How Sammlung und Grundlage für kontinuierliche Verbesserung.

Bei der Einführung und Durchführung von eBusiness- und eSCM-Projekten hat sich die Berücksichtigung folgender Regeln und Grundsätze bewährt.

- Die Entscheidungsfindung, ob und wann Sie mit der Einführung von eBusiness/eSCM anfangen wollen, sollte nicht nur Ihre aktuelle Kundenstruktur berücksichtigen sondern die komplette Zielbranche mit den dazugehörigen Wettbewerbern.
- Stellen Sie einen Zeitplan für die Umwandlung Ihres Unternehmens in ein eBusiness-Unternehmen auf.
- Planen Sie eine Integrationsphase für Ihre Mitarbeiter ein, um einen reibungslosen Ablauf zu gewährleisten und die Akzeptanz zu erhöhen.
- Planen Sie die Umwandlung zum eBusiness-Unternehmen in kleinen Schritten, damit technische Weiterentwicklungen und erweiterte Anforderungen in die Lösung eingearbeitet werden können. Ein weiterer Vorteil: Die Kosten bleiben überschaubar.
- Verbinden Sie Ihre eBusiness-Strategie mit Ihrer Geschäftsstrategie.
- Beginnen Sie rechtzeitig mit der Einführung von eBusiness/eSCM, da die Lösungen Zeit brauchen und Sie zu einem späteren Zeitpunkt unter Umständen nicht mehr die Zeit für die Einführung einer kostenreduzierenden, zeit- und prozessoptimierenden Lösung zu haben.
- Klären Sie Unklarheiten direkt, da Veränderungen am Konzept während der Entwicklung in der Regel zeit- und kostenintensiv werden.
- Achten Sie auf die Einhaltung der vereinbarten Meilensteine bzw. auf rechtzeitige Information über Verzögerungen.
- Integrieren Sie die Lösung in Ihr Unternehmen. Funktioniert das System nicht, wie angekündigt, verliert es sehr schnell an Glaubwürdigkeit und Akzeptanz bei Mitarbeitern, Kunden und Lieferanten.
- Schulen Sie Ihre Mitarbeiter, um Ihnen die Chance zu geben, ohne Berührungsängste mit dem neuen System umgehen zu lernen.

Für die erfolgreiche Einführung von eSupply Chain Projekten sind folgende Partner von Bedeutung:

- die Hardwarelieferanten,
- die Softwarelieferanten,
- der Internet Service Provider,
- die Web Designer,
- der externe Berater.

Die Hardwarelieferanten

Die Hardwarelieferanten tragen die Verantwortung für die Installation und die Wartung der EDV-Geräte und des Computernetzwerks, die Installation des Betriebssystems und anderer Systemsoftware (z.B. Sicherheitssoftware, Internetzugangssoftware).

Die Softwarelieferanten

Je nachdem um welche Applikation es sich handelt ist es sinnvoll mit Standard eBusiness Software zu arbeiten. Dies kann für Mittel- und Großbetriebe die eBusiness-Applikationen der großen ERP-System-Hersteller wie SAP oder Oracle sein. Am Markt sind darüber hinaus genügend kleinere leistungsfähige Anbieter von Standardsoftware in jeglichen Preis- und Leistungskategorien vertreten. Die Integration sowie die Verbindung der einzelnen Softwarepakete mit vorhandener Unternehmenssoftware oder anderen eBusiness-Applikationen stellt hierbei die Herausforderung dar. Hier ist der Einsatz einer geeigneten EAI Plattform gefragt (Enterprise Applikation Integration).

Darüber hinaus sind oftmals auch Eigenentwicklungen notwendig, die dann mit Standardentwicklungswerkzeugen erstellt werden sollen. Die Vorteile der Standardsoftware liegt hier in der Release-Fähigkeit und der Wartung durch den Hersteller. Die Kosten sind somit meist besser kalkulierbar als bei Eigenentwicklungen.

Da jegliche eBusiness Anwendung über Web-Browser aufgerufen werden muss, ist hier der Einsatz eines Standard-Browsers wie Microsoft Internet Explorer oder Netscape Navigator, Firefox, Mozilla etc. und ein Standard E-Mail-System wie Microsoft Outlook oder Lotus Notes zu empfehlen.

Der Internet Service Provider

Der Internet Service Provider stellt die Internetverbindung her und stellt ausgewählte Dienste (z.B. Einwahlleitung, Standleitung) zur Verfügung.

Die Web Designer

Die grafische Gestaltung der Benutzeroberfläche trägt dazu bei, die Benutzerführung intuitiv zu gestalten und die Akzeptanz der Benutzer zu erhöhen.

Der externe Berater

Ein externer Berater ist für die Koordination und Realisierung des Projektes verantwortlich. Je nach Aufgabenstellung empfiehlt sich hier ein Management Berater oder ein Systemhaus. Letzterer hat sicherlich die höchste Kompetenz im Aufbau und Realisierung der technischen Lösung. Ersterer hat eindeutige Stärken in Strategieentwicklung, Prozess-Optimierung bzw. Reengineering und Errechnung der Kosten-Nutzen-Relation. Wenige Managementberater haben sicherlich auch Einführungskompetenz. Zu den Aufgaben gehören z.B.

- Bedarfsanalyse und Machbarkeitsstudie, Strategieberatung, Prozessanalyse,
- Methodenberatung, Konzepterstellung, Projektmanagement, Entwicklung, Implementierung und
- Integration, Qualitätssicherung und Test, Inbetriebnahme, Dokumentation und Schulung.

14.4 Aufgaben

Aufgabe 14–1

Über welche technischen Voraussetzungen muss ein Unternehmen für ein vernetztes Supply Chain Management verfügen?

Aufgabe 14–2

Welche Informationen und Kennziffern lassen sich durch eine eBusiness-Applikation gewinnen?

Aufgabe 14–3

Zeigen Sie Strategiebausteine für ein eBusiness Konzept auf.

Lösung 14–1

- Internetzugang für alle Mitarbeiter
- Vernetztes Intranet
- Versenden und empfangen von E-Mails möglich

- Web-Browser für Zugangsberechtigte
- Aussagekräfige Web-Seite des Unternehmens
- Integration der eBusiness-basierten SCM-Applikationen in vorhandene ERP-Systeme
- Sicherheitsmaßnahmen wie Firewall

Lösung 14–2

- Höhe der Durchlaufzeiten
- Ausschussrate
- Wo sind welche Teile innerhalb der Supply Chain
- Kapazitäten und Vorhersagen der Lieferanten
- Transportwege der einzelnen Teile.

Lösung 14–3

- Reduktion des Umlaufvermögens durch Reduzierung der Bestände innerhalb der Supply Chain
- Höhere Transparenz für alle Beteiligten (Lieferant, Kunde, Hersteller)
- Neue Produkte und Kommunikationswege zur Erhöhung der Kundenzufriedenheit

15 Product Lifecycle Management

15.1 Produktlebenszyklus und Product Lifecycle Management

Der Begriff „Product Lifecycle Management" wird im allgemeinen für Software-Tools verwendet, mit denen sich der gesamte Lebenszyklus eines Produkts – vom ersten Entwurf bis zur Auslieferung und Wartung – abbilden lässt.

Was unter einem Produktlebenszyklus zu verstehen ist, wird in der Fachliteratur unterschiedlich interpreticrt, je nachdem, ob mit „Produkt" ein genau identifizierbarer Gegenstand (z.B. der „Berliner Reichstag") oder eine Serie (z.B. „VW-Käfer") gemeint ist. Während bei der Produktserie die Bezeichnung „Zyklus" fraglos gerechtfertigt erscheint, da sie mehrmals die unterschiedlichen Phasen durchläuft, muss man bei konkreten Gegenständen verallgemeinern (z.B. Bauwerke im Allgemeinen), um nicht von einem einmaligen Lebensweg sprechen zu müssen.

Eine eher marketingorientierte Definition des Produktlebenszyklus verfolgt Kotler.[428] Er beschreibt ihn als „den Verlauf des Verkaufs und der Erlöse eines Produkts über die gesamte Lebensspanne hinweg. Dieser lässt sich in fünf Phasen gliedern: Produktentwicklung (product development), Produkteinführung (introduction), Wachstum (growth), Reife (maturity) und der Rückgang/Verfall (decline)."

Die Phasen des Produktlebenszyklus werden allerdings gemeinhin wie in Abb. 15.1. angegeben.[429]

---

[428] Vgl. Kotler, Armstrong, Saunders, Wong (1999) S. 627

[429] Quelle: http://www.projektmagazin.de/glossar/gl-0057.html (08.04.2004)

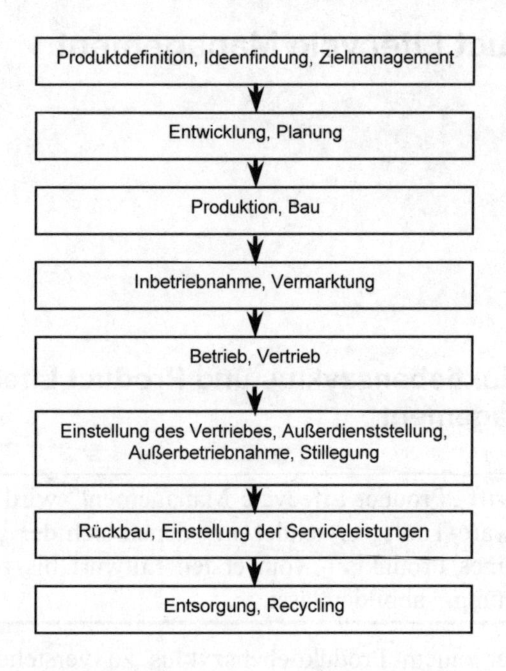

Abb. 15.1. Phasen des Produktlebenszyklus

15.2 Product Lifecycle Management – Wozu?

In vielen Unternehmen arbeiten die Abteilungen noch mit unterschiedlichen Systemen und beschreibenden Daten. In der Entwicklung kommen beispielsweise CAD-Lösungen mit speziellen Stücklisten zum Einsatz, die Produktion arbeitet mit Enterprise Resource Planning (ERP)-Systemen, die sie mit ihren eigenen Produktbezeichnungen füttert, und der Vertrieb verwendet wieder andere Daten und Programme. Ziel des Einsatzes eines PLM-Systems ist es, die beschreibenden Informationen aus allen Abteilungen zu vereinheitlichen und zu konsolidieren. Das gilt für Produkt-, Prozess- und Feedback-Daten sowie für Reklamationen und Garantiefälle. Unternehmen versprechen sich davon Rationalisierungseffekte, kürzere Reaktionszeiten und mehr Innovation.

Um den zukünftigen Erfolg zu sichern, muss ein Unternehmen zu jeder Zeit Überblick über seine Produkte haben und zum richtigen Zeitpunkt neue Produkte auf den Markt bringen. Fragen wie die nachfolgenden in Abb. 15.2. werden durch ein PLM-System beantwortet.[430]

---

[430] Vgl. Obermann (2003) S. 29

Abb. 15.2. Fragen zu Produkten im Unternehmen

Um diese Fragen beantworten zu können, müssen Entwicklung, Engineering, Design, Marketing und Service eng miteinander verzahnt sein. Alle diese Bereiche müssen Zugriff auf die Produktdaten im Unternehmen haben. Und nicht nur auf die Daten innerhalb des Unternehmens. Auch Zulieferer verfügen über Produktinformationen, die für das produzierende Unternehmen von großer Bedeutung sind. Im Zeitalter des Internets ist eine Trennung der internen und externen Anwender entlang der Logistikkette veraltet. Die Zusammenarbeit über Abteilungs- und Unternehmensgrenzen hinweg, mit Kunden und Zulieferern, wird zum entscheidenden Wettbewerbsvorteil.

Produkt- oder projektbezogene Daten entstehen über alle Phasen des Produktlebenszyklus hinweg von der Erfassung der ersten Spezifikation bis zur Änderung einer as-designed- oder as-maintained-Struktur nach einer Servicemaßnahme und unterliegen dabei ständigen Veränderungen durch verschiedene Anwender.

So genügt es heute längst nicht mehr, lediglich dem Entwicklungsbereich Zugriff auf alle produktbezogenen Daten zu gewähren.[431]

[431] Vgl. Eisert, Geiger, Hartmann, Ruf, Schindewolf, Schmidt (2001) S. 18

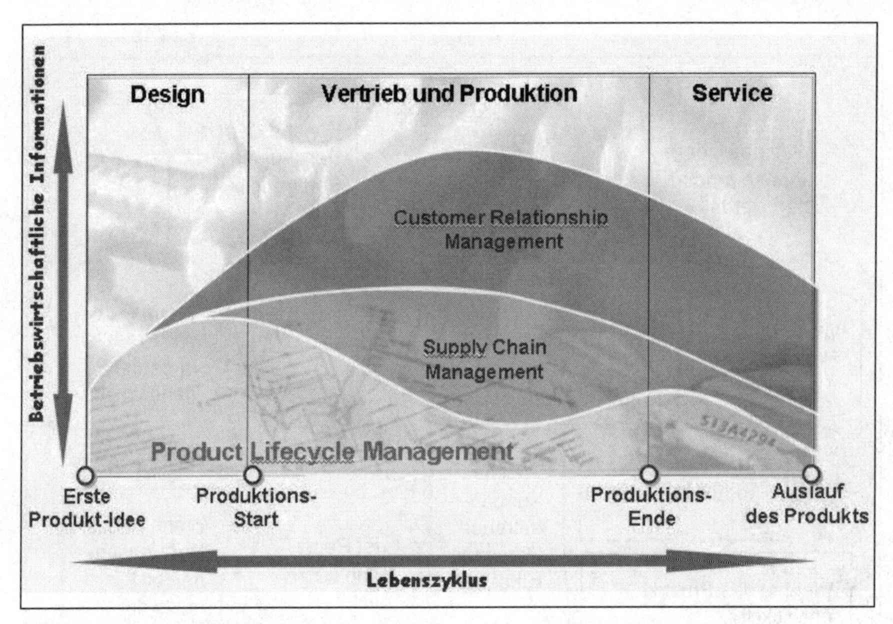

Abb. 15.3. Product Lifecycle Management in der mySAP Business Suite

15.3 Schlüsselbereiche von PLM am Beispiel eines Softwareunternehmens

Der Markt für PLM Software ist dadurch geprägt, dass sich die Mehrzahl der Anbieter auf bestimmte Teilbereiche von Product Lifecycle Management spezialisiert. Nur wenige Anbieter decken ein breiteres Spektrum an Funktionen ab. Zu diesen Unternehmen gehören u.a. EDS, Oracle, IBM/Dassault und SAP. Die Lösungen der SAP werden im nachfolgenden exemplarisch dargestellt.

mySAP™ PLM, die Product Lifecycle Management-Lösung der SAP AG, ist in den unterschiedlichsten Branchen und bei Unternehmen verschiedener Größe im Einsatz. Die Schlüsselbereiche der PLM-Lösung der SAP AG sind

- Produktdaten- und Dokumenten-Management,
- Life-Cycle Collaboration,
- Programm- und Projektmanagement,
- Qualitätsmanagement,
- Technisches Anlagenmanagement,
- Environment, Health and Safety.

15.3.1 Produktdaten- und Dokumenten-Management

Das Produktdaten-Management kann man als Grundlage der Gesamtlösung bezeichnen, denn zu ihm gehören zunächst alle Werkzeuge zur Verwaltung von Produkt-, Prozess- und Ressourcendaten. Dazu gehören

- Spezifikationen,
- Stücklisten,
- Arbeitspläne,
- Ressourcendaten,
- Rezepte,
- CAD-Modelle,
- und technische Dokumentationen.

Neben einem Produktstrukturbrowser, der mithilfe übersichtlicher Baumdarstellung, Bearbeitung per Drag & Drop und integrierten Viewings die Arbeit vereinfacht, ist auch eine internetgestützte Dokumentenverwaltung ein zentraler Bestandteil. Sie verknüpft die Verwaltung und Verteilung aller Dokumente und den damit verbundenen Originaldateien mit dem unternehmensweiten Informationsfluss und integriert dabei unterschiedliche Systeme wie CAD-, Office- und Grafik-Applikationen.

15.3.2 CAD-Integration

Vor 20 Jahren ging es noch darum, mit CAD (Computer Aided Design)-Systemen das Zeichenbrett durch den Bildschirm zu ersetzen. In diesem Bereich hat sich in den letzten Jahren ein Wandel vollzogen.[432] Abgesehen von der Weiterentwicklung der Einzelwerkzeuge werden auch die in der Konstruktion entwickelten Modelle immer intelligenter. CAD-Systeme lassen sich nun einfach mit ERP-Systemen integrieren. Die Synergieeffekte zwischen CAD- und PLM-Systemen sind beachtlich. Beispielsweise heißt das für die Konstruktion, ihre Arbeit transparent zu machen, aber auch jederzeit auf die Arbeit anderer, z.B. des Einkaufs oder der Lagerhaltung, zuzugreifen.

[432] Vgl. CAD/CAM/PLM-Handbuch (2003/2004) S. 8

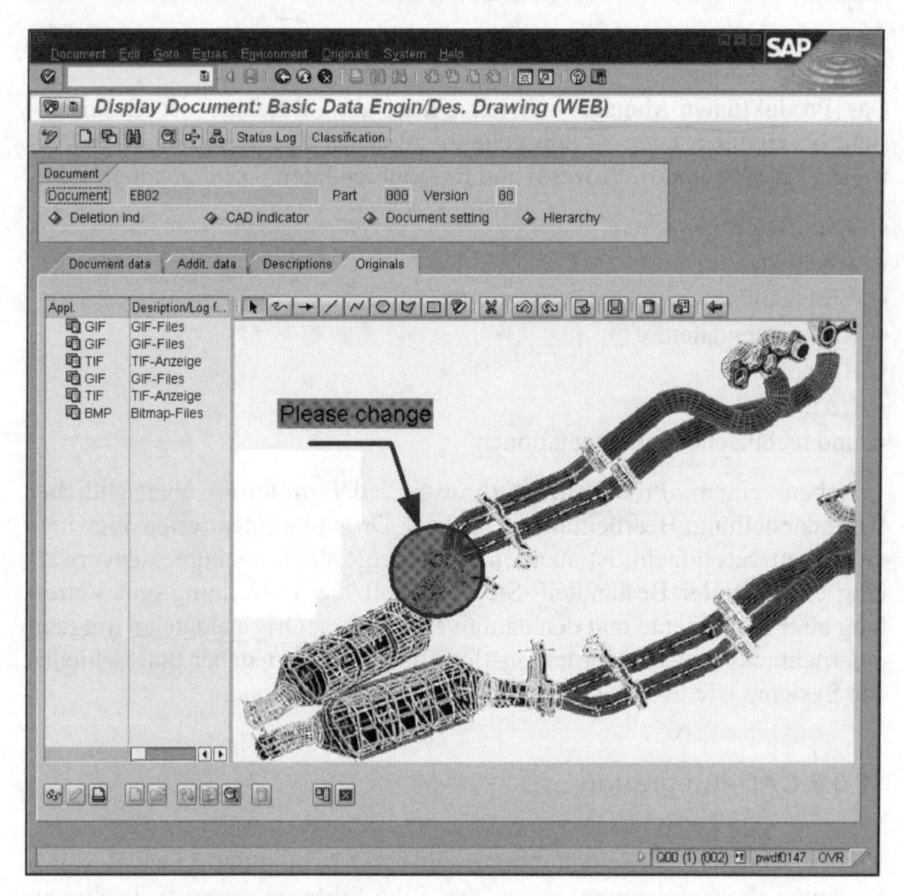

Abb. 15.4. Integrierter Viewer zum Anzeigen von CAD-Dokumenten

15.3.3 Life-Cycle Collaboration

Mit Life-Cycle Collaboration können Daten wie Projektpläne, Dokumente, Serviceblätter, technische Zeichnungen und Produktstrukturen ausgetauscht, weitergeleitet und bearbeitet werden. Dieses Tool dient als Kommunikationsplattform für virtuelle Entwicklungsteams, Geschäftspartner, Kunden und Lieferanten. Dabei fungiert das Internet als globale Infrastruktur.

15.3.4 Programm- und Projektmanagement

Mit Programm- und Projektmanagement-Funktionen lässt sich der gesamte Produktentwicklungsprozess, sowie das Produktportfolio eines Unternehmens verwalten und steuern.

Projektmanager können mit dieser Lösung Projektstrukturen, Terminpläne, Kosten und Ressourcen überwachen. Der gesamte Entwicklungsprozess eines Produkts lässt sich auf professionelle Art planen und steuern. Kernstück ist ein umfassendes Projektsystem, das einen Überblick über alle Kosten, Termine und Ressourcen von Entwicklungs- und Engineering-Vorhaben verschafft. Anhand von Projektstrukturplänen und Netzplänen lassen sich auch große Projekte leicht gliedern und durchführen.

15.3.5 Qualitätsmanagement

Ein QM-System gewährleistet ein integriertes Qualitätsmanagement über den gesamten Produktlebenszyklus und sorgt so von Anfang an für die Gewährleistung der Qualität von Produkten und Anlagen.

Moderne Softwaresysteme bieten ein breites Spektrum an Funktionen, unternehmensübergreifenden Szenarios und mobilen Anwendungen im Qualitätsmanagement. Der Fokus der Lösung liegt dabei auf einer kontinuierlichen Verbesserung der Produktionsprozesse und der Prävention von Problemen. Aber auch Kundenreklamationen können schnell und effizient bearbeitet werden.

Das Qualitätsmanagement beinhaltet die folgenden Schlüsselfunktionen.

- *Quality Engineering*
  hilft in den ersten Phasen des Produktlebenszyklus die passenden Strategien für eine geeignete Qualitätsplanung festzulegen.
- *Qualitätskontrolle und -sicherung*
  gewährleistet die Aufrechterhaltung eines gewünschten Qualitätslevels durch Inspektionen während aller Phasen des Zyklus, sowie das schnelle Einschreiten bei plötzlich auftretenden Problemen.
- *Qualitätsverbesserung*
  unterstützt die kontinuierliche Verbesserung der Prozesse im Qualitätsmanagement.
- *Auditmanagement*
  hilft bei der Durchführung von internen und externen Audits für Prozesse, Systeme und Produkte. Die Prüfungen werden auf der Basis von

Checklisten durchgeführt. Die Softwarelösung zur Unterstützung von Qualitätsaudits hilft Unternehmen, gesetzeskonform zu operieren und Qualitätsstandards einzuhalten.

15.3.6 Technisches Anlagenmanagement

Das technische Anlagenmanagement stellt Funktionen für ein produktorientiertes Instandhaltungsmanagement bereit und ermöglicht ein modernes Kundenbeziehungsmanagement. Mit einer solchen Lösung lassen sich auch technische Anlagen und Ausrüstungen verwalten – von der Planung der Investition (also beispielsweise dem Kauf einer neuen Anlage) über ihren Betrieb der Anlage und ihrer Wartung bis hin zu ihrer Abschaffung und der Ersatzinvestition, also dem Kauf einer neuen Anlage.

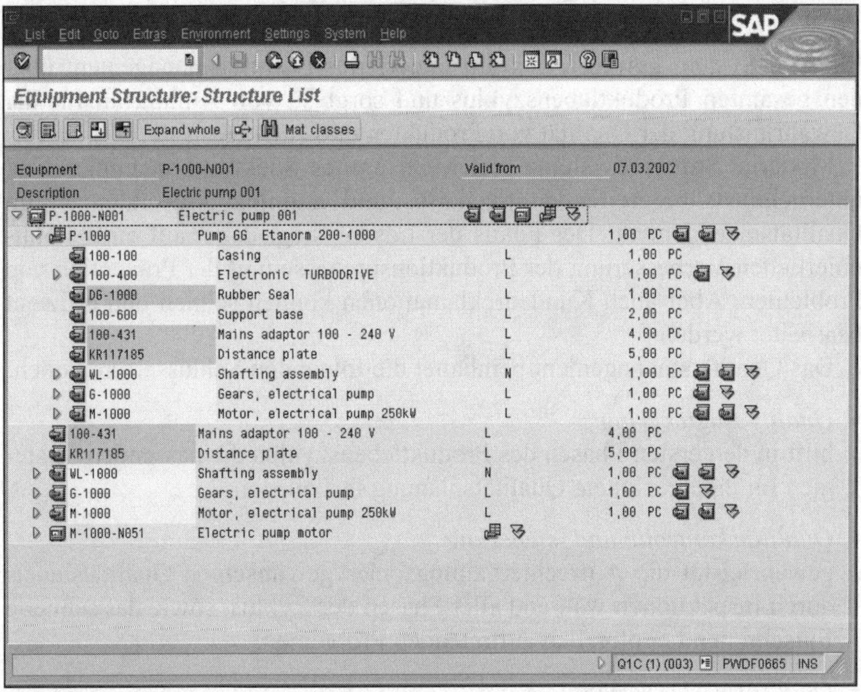

Abb. 15.5. Strukturliste einer technischen Anlage

Für Unternehmen ist es von besonderer Bedeutung, die Leistung einzelner Produktionsstätten und die Verfügbarkeit von technischen Anlagen zu optimieren, denn der Ausfall einer Maschine und ihre Wartung bedeuten Stillstand der Produktion. Wenn es einem Unternehmen gelingt, mit Hilfe der geeigneten Software die Ausfallzeiten zu minimieren, lassen sich erhebliche Kosteneinsparungen erzielen.

15.3.7 Environment, Health and Safety

Aufgabe eines Environment, Health and Safety (EH&S)-Systems ist es, passende Instrumente für alle Aufgaben im Arbeits-, Gesundheits- und Umweltschutz bereitzustellen: Geschäftsprozesse werden optimiert, Vorschriften automatisch eingehalten und Risiken für Mitarbeiter und Umwelt minimiert.

Ein effizientes Sicherheits- und Umweltmanagement senkt erheblich Kosten, erhöht das Image eines Unternehmens und somit seine Marktchancen. Für den Arbeits- und Umweltschutz werden verschiedenste Daten benötigt, die in einer *Spezifikationsdatenbank* abgelegt sind. In dieser Datenbank werden Objekte wie Stoffe (Realstoffe, Zubereitungen, Mischungen etc.), Belastungen (Lärm, Klima, Gefahrstoffe etc.), Verpackungen, Gefahrgutklassifizierungen und Abfallschlüssel ausführlich beschrieben. Die in der Spezifikationsdatenbank gepflegten Arbeits- und Umweltschutzdaten stehen im gesamten Unternehmen zur Verfügung, umfangreiche Such- und Ausgabefunktionen unterstützen bei der Datensuche.

Für den *Transport von Gefahrgütern* werden verschiedene Papiere benötigt. Deren korrekte Erstellung wird durch das System erheblich erleichtert. So ergänzt diese Funktion automatisch Lieferscheine und Packlisten in anderen Lösungen der mySAP Business Suite um die vorgeschriebenen Gefahrgutdaten. Versandpapiere können so schnell und fehlerfrei erstellt werden.

Die Funktionen des *Abfallmanagements* helfen Unternehmen dabei, angefallene Abfälle möglichst günstig zu entsorgen und dabei alle relevanten nationalen und internationalen Vorschriften und Gesetze einzuhalten, etwa den Code of Federal Regulations (40CFR) in den USA, das Kreislaufwirtschafts- und Abfallgesetz (KrW-/AbfG) in Deutschland oder die EU-Verordnung 259/93. Das Abfallmanagement unterstützt dabei die interne und externe Entsorgung jeglicher Abfälle, d.h. sowohl gefährlicher als auch ungefährlicher Stoffe.

Bei der Gesundheitsvorsorge und -betreuung für Mitarbeiter greifen die *Arbeitsmedizinfunktionen* von SAP EH&S. Sie unterstützen Unternehmen z.B. darin, Vorsorgeuntersuchungen durchzuführen und die Ergebnisse und Diagnosen festzuhalten.

15.4 Vorteile einer integrierten PLM Lösung

Tabelle 15.1. Vorteile einer integrierten PLM-Lösung

Vorteil	Erklärung
Schnellere Marktreife	Durch den gemeinsamen Zugriff auf aktuelle Informationen, eine schnellere und präzisere Entscheidungsfindung und eine bessere Steuerung von Produktentwicklung und Produktion.
Kostensenkungen	Schnellere Umsetzung von Änderungen durch effiziente Datenverwaltung. Somit wird eine optimale Steuerung der Instandhaltung von Geräten und eine bessere Auslastung von Geräten und Anlagen erreicht und es besteht die Möglichkeit, Projekte über Produktlinien hinweg zu verfolgen und auszuwerten.
Verbesserung der Produktqualität	Ein integriertes Qualitätsmanagement, das sich über Produktentwicklung, Produktion und Instandhaltung erstreckt, führt zu einer Verbesserung der Produktqualität.
Verbesserung der Kundenzufriedenheit	Produkte, die die Wünsche der Kunden berücksichtigen, und ein hervorragender Instandhaltungsservice (der reibungslos arbeitet, da er auf alle relevanten Daten, wie z.B. die Stückliste, zugreifen kann) führen zur Verbesserung der Kundenzufriedenheit.

15.5 Erfolgreiche Praxisanwendungen von PLM

ERP- und PLM-Systeme wurden bisher sowohl in Mittel- wie auch in Großbetrieben erfolgreich eingeführt. Das folgende Beispiel behandelt einen collaborativen Anfrageprozess in einem Unternehmen der Fahrzeugtechnik.

Die Produktpalette des Unternehmens beinhaltet Fensterheber, Türsysteme, Türschlösser, Sitzverstellungen und Schließsysteme, die an die Automobilindustrie geliefert werden. Vor der Einführung des PLM-Systems fand die Erfassung von Angeboten verschiedener Zulieferer noch manuell statt. Eine solche manuelle Erfassung ist im allgemeinen nicht nur zeitaufwändig – es schleichen sich auch leichter Fehler ein als bei einem automatischen Workflow.

Das Unternehmen realisierte mit mySAP PLM einen kooperativen Anfrageprozess mit seinen externen Zulieferern und seinen drei in die Beschaffung involvierten Bereichen Zentraleinkauf, Kundenteameinkäufer und Werkseinkauf. Die Anfragen gehen nun von den internen Bereichen elektronisch an die potenziellen Lieferanten.

15.5.1 Vorteile nach Implementierung: Transparenz der Auftragsdaten

Seit der Implementierung des PLM-Systems besitzen alle firmeninternen Bereiche Transparenz über den Status und den Inhalt der Anfragen bzw. der Angebote. Manuelle Erfassungen konventioneller Angebote entfallen.

Mit der Entscheidung für die Umsetzung des Anfrageprozesses mit SAP im Februar 2002 wurden alle Lieferanten persönlich angesprochen und um Feedback gebeten. Akzeptanzprobleme gab es nicht, da sich der Prozess für die Lieferanten zunächst nur wenig änderte. Für die Realisierung des neuen Anfrageprozesses integrierte das Unternehmen SAP cFolders (Collaboration Folders) mit der Dokumentenverwaltung von SAP. Über SAP R/3 können nun sämtliche Anfrageunterlagen für alle Beteiligten in der aktuellen Version zentral zur Verfügung gestellt werden. Das Ändern des Bearbeitungsstatus stößt automatisierte Workflows an, etwa die Benachrichtigung von Lieferanten und beteiligten Einkäufern.

15.5.2 Kosten und Nutzen

Das Unternehmen konnte durch die Unterstützung des kollaborativen Anfrageprozesses mit SAP die Prozesszeiten, d.h. den effektiven Arbeitsaufwand, um 25% reduzieren. Die Zeiteinsparungen sind v.a. bei der Terminverfolgung, der Prüfung eingehender Anfragen und deren Zusammenstellung in einem Angebotsspiegel möglich. Dies führt zu einer hohen Akzeptanz der Lösung unter den Einkäufern. Dem Nutzen stehen Projektaufwände von ca. 200 Personentagen gegenüber, davon knapp die Hälfte für die Schulung der Nutzer.[433]

15.6 Aufgaben

Aufgabe 15–1

In welche Phasen lässt sich ein Produktlebenszyklus gliedern?

Aufgabe 15–2

Was sind die Aufgaben von Product Lifecycle Management? Nennen Sie drei Vorteile eines integrierten PLM-Systems.

---

[433] Vgl. Österle, Senger (2003) Fünf Fallstudien

Lösung 15–1

Produktdefinition/Ideenfindung, Entwicklung und Planung, Produktion, Inbetriebnahme/Vermarktung, Betrieb/Vertrieb, Einstellung des Vertriebs/ Stilllegung, Einstellung der Serviceleistungen, Entsorgung/Recycling

Lösung 15–2

Aufgabe eines PLM-Systems ist es, Produkt-, Prozess- und Feedback-Daten aus allen Abteilungen eines Unternehmens zu vereinheitlichen und zu konsolidieren. Das gilt auch für Reklamationen und Garantiefälle.

Vorteile sind u.a. schnellere Marktreife von Produkten, Verbesserung der Produktqualität, sowie Kostensenkungen durch effiziente Datenverwaltung.

16 Controlling in der vernetzten Supply Chain

Die Globalisierung sowie der zunehmende Wettbewerbs- und Kostendruck zwingen Unternehmen sich auf ihre Kernkompetenzen zu reduzieren. Inzwischen liegt die Wertschöpfungstiefe im branchenweiten Schnitt bei ca. 45%. Die Tendenz zur Reduzierung hält an. In den nächsten Jahren soll der Anteil der eigenproduzierten Leistungen zwischen 15–25% liegen. Demnach werden 75–85% aller Produkte und Dienstleistungen eines Unternehmens über Lieferanten bezogen.[434]

Diese Entwicklung hat heute weitreichende Einflüsse auf das Logistikmanagement jedes Unternehmens. Das Supply Chain Management versucht die zunehmende Vernetzung der Waren- und Informationsströme in den komplexen Lieferbeziehungen zwischen Supply Chain Partnern ganzheitlich zu planen, zu steuern und zu optimieren.

Zur Messung der tatsächlichen Effizienzsteigerungen in den Prozessen müssen die Supply Chain Strategien in ein Planungs-, Steuerungs- und Kontrollsystem eingebunden werden. Dabei dient die gemeinsam erbrachte Leistung der Lieferkette als Steuergröße, um Verbesserungsmaßnahmen gezielt an den Schwachstellen der Supply Chain durchzuführen.[435]

Das Controlling im SCM stellt hierbei kein gänzlich neues Paradigma dar, dennoch sind Anpassungen an die spezifischen Anforderungen des neuen Umfeldes unausweichlich, wie z.B. angepasste Kennzahlensysteme.

Im Mittelpunkt des SCM-Controlling stehen weiterhin die klassischen Funktionen der systematischen Planung, Steuerung und eng gekoppelter Kontrolle sowie hinreichender Informationsversorgung des Management.[436]

SCM-Controlling bezeichnet die Beschaffung, Verdichtung und Bereitstellung entscheidungsrelevanter Informationen zur systematischen Planung, Steuerung und Kontrolle im Supply Chain Management.

[434] Vgl. Jahns et al. (2004a) S. 29
[435] Vgl. Jehle (2002) S. 19–25
[436] Vgl. Weber et al. (2001) S. 3

16.1 Ablauf und Instrumente des SCM-Controlling

Der Ablauf des Controllingprozess im Aufgabenumfeld des Supply Chain Management findet zyklisch für eine Planungsperiode statt. Der Zyklus besteht aus einem kontinuierlichen Planungs-, Steuerungs- und Kontrollprozess. Abweichungen bei der Zielerreichung, gemessen an Soll-/Ist-Vergleichen, führen entsprechend zu Anpassungen in der Planung und Steuerung. Der Controllingzyklus im SCM wird wie folgt in Abb. 16.1. dargestellt.

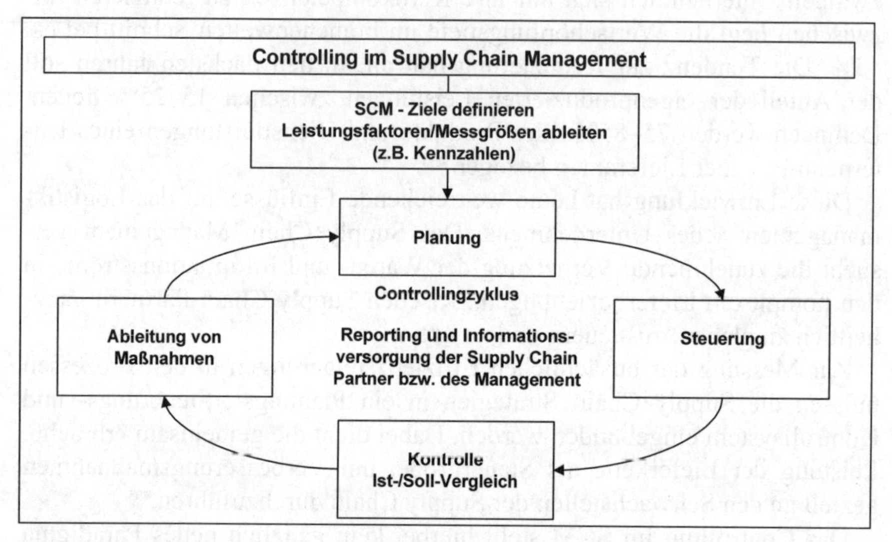

Abb. 16.1. Der Controllingzyklus im Supply Chain Management

Als wichtigste Instrumente im SCM-Controlling eignen sich sowohl die Kosten- und Leistungsrechnung als auch die Bildung von Kennzahlen und Kennzahlensystemen.

Die Budgetierung wird häufig als weiteres Instrument des SCM-Controlling eingesetzt. Bei der Budgetierung werden die Ressourcen Geld, Personal und Investitionsmittel den verbrauchenden Bereichen zugewiesen. Ein Budget stellt dabei eine Vorgabe dar, die zu bestimmten Zeiten mit den Ist-Daten verglichen werden. Bei Abweichungen werden notwendige Maßnahmen zur Vermeidung eingeleitet.[437]

Daneben kommen bekannte und bewährte Techniken und Methoden aus der SCM-Praxis zum Einsatz, wie z.B. Wertanalyse, ABC-Analysen.

[437] Vgl. Wannenwetsch (2004a) S. 318

Tabelle 16.1. bietet einen Fundus verschiedener nebeneinander existierender SCM-Controllinginstrumente aus der Praxis:

Tabelle 16.1. Ausgewählte Controllinginstrumente im SCM[438]

überwiegend finanzwirtschaftliche Instrumente	**nicht rein finanzwirtschaftliche Instrumente**
– Kosten-/Leistungsrechnung	– Target Costing
– Kennzahlensystem (z.B. ROI)	– Wertanalyse, Preisstrukturanalyse
– Cash Flow-Rechnungen	– Portfolio-Analysen
– Erfolgsrechnungen	– Benchmarking, Scoring-Modelle
– Break-Even-Analyse	– ABC-, XYZ-Analysen
– Wirtschaftlichkeitsanalysen	– Quality Function Deployment
– Zero Base Budgeting	– FMEA-Analyse
– Investitions- und Amortisationsrechnung	– Total Cost of Ownership

16.2 Logistikkosten – Ein verdeckter Werttreiber im Unternehmen

Unternehmen, die ihre Supply Chain Fähigkeit geprüft und ganzheitlich optimiert haben, sind häufig erfolgreicher als ihre Wettbewerber. Erfahrungsgemäß liegen die Nutzenpotenziale von SCM für Unternehmen in der Reduzierung der Logistikkosten zwischen 25 und 40 Prozent.

Insbesondere die Bedeutung der Logistikkosten als Werttreiber in Unternehmen wird häufig unterschätzt. Eine 1999 durchgeführte Studie verglich die Logistikkostenanteile am Umsatz in USA, Europa, Tigerstaaten und Japan differenziert nach Branchen.

Die Ergebnisse lagen branchenübergreifend zwischen vier und dreizehn Prozent. Nur die besten und erfolgreichsten Unternehmen haben bereits heute reagiert, indem sie ihre Kostenrechnung/-planung um Logistikkostenstellen erweitert und entsprechende Kostensenkungsprogramme initiiert haben.

Dabei müssten die Zahlen alarmierend für jeden Geschäftsführer sein, die Logistikkosten als Werttreiber im Unternehmen aufzudecken, transparenter zu gestalten und durch SCM-Strategien sukzessive zu optimieren.

Trotz der Signifikanz besteht folglich für viele Unternehmen noch immer ein großes Defizit in der Planung und Kontrolle der Logistikkosten.

---

[438] Vgl. Jahns et al. (2004b) S. 28 u. Wannenwetsch (2004b) S. 16ff

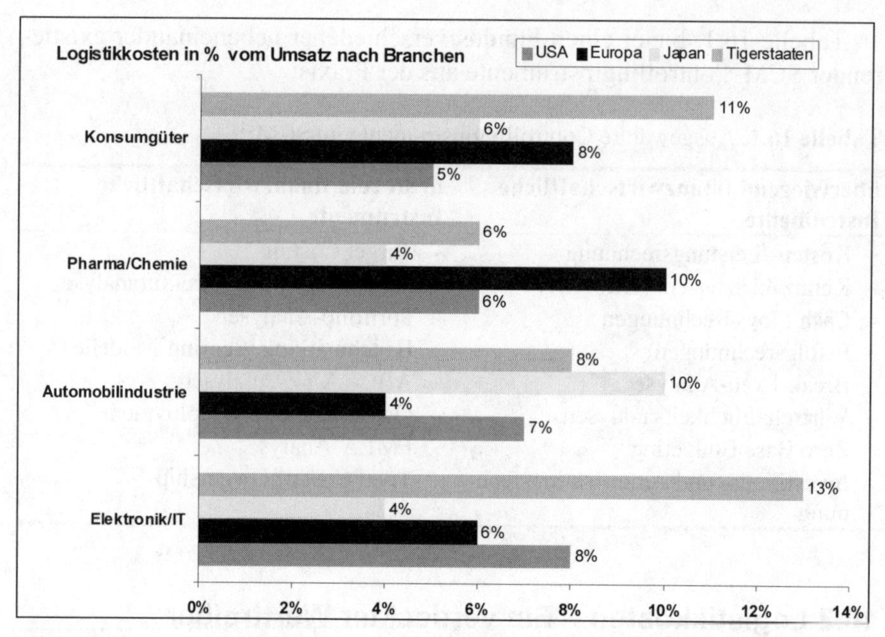

Abb. 16.2. Logistikkostenanteil am Umsatz, differenziert nach Branchen[439]

16.3 Status quo im SCM-Controlling – Einblicke in die Praxis

In der Vergangenheit waren SCM-Initiativen oftmals von geringen Budgets und mäßiger Erfassung von Kosten- und Nutzeneffekten sowie ungezielten Erfolgskontrollen gekennzeichnet. Heute implizieren die kostenintensiven IT-Strukturen im vernetzten Supply Chain Management einen erhöhten Bedarf nach Budgetkontrollen und effizienten Controllinginstrumenten, welche entsprechende Effizienzsteigerungen in den Prozessen und resultierende Umsatz- und Gewinnsteigerungen messen und abbilden können.

Unternehmen die ihre SCM-Aktivitäten planen, steuern und kontrollieren, tun dies meist auf unterschiedliche Weise. Neben fundierten finanzwirtschaftlichen Kennzahlen aus der Bilanz- und GuV-Analyse wie z.B. Cash Flow, ROI, Liquidität, Umsatzrendite existieren in der Regel keine homogenen Kennzahlenmuster – Das ist aufgrund der unterschiedlichen branchen- und unternehmensspezifischen Schwerpunkte auch nicht weiter verwunderlich. Es ist jedoch festzustellen, dass erfolgreiche Unternehmen

[439] Vgl. Pfohl u. Jünemann (2003) S. 52

sich von ihren Wettbewerbern hinsichtlich der Messung von Kennzahlen unterscheiden.

So stellt eine empirische Untersuchung der deutschen Konsumgüterindustrie und des deutschen Einzelhandels fest, dass Supply Chain Champions im Vergleich zu ihren Verfolgern einheitlich die Leistungsdimensionen Qualität, Kosten und Zeit in der Messung heranziehen, um die Leistungsfähigkeit ihrer Supply Chain zu beurteilen.[440] Das magische Dreieck der Supply Chain Leistungsdimensionen stellt sich wie folgt dar.

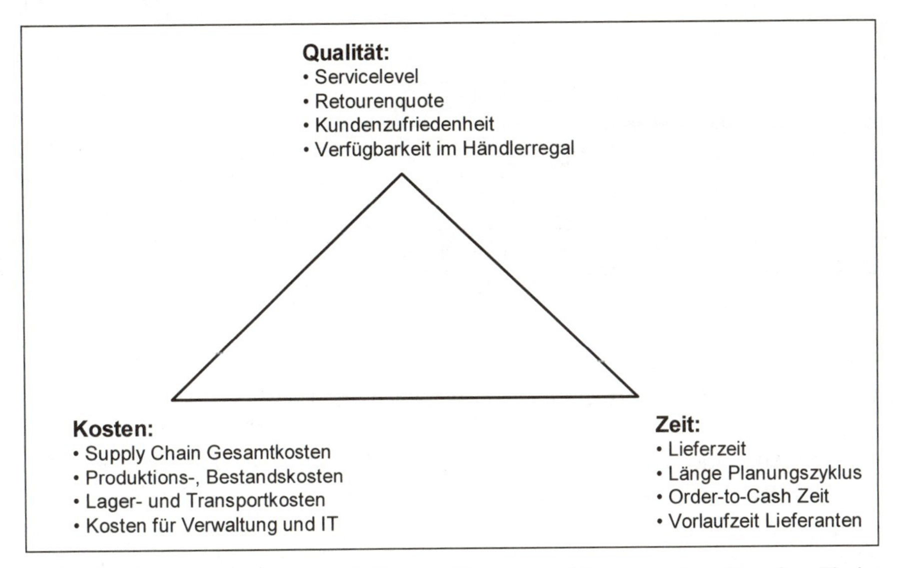

Abb. 16.3. Dimensionen und Kennzahlen zur Messung der Supply Chain-Leistung[441]

In Bezug auf die eingesetzten Kennzahlen in Unternehmen stellt sich heraus, dass 93% der Supply Chain Champions das Servicelevel regelmäßig messen, während die Verfolger die Messung nur zu 76% bestätigen. Da die Lieferbereitschaft eines der zentralen Punkte bei Vertragsverhandlungen darstellt, kann es sich heute kaum noch ein Unternehmen erlauben, keine genaue Aussage zum Servicelevel zu machen.

Ein weiteres Differenzierungsmerkmal in den Kennzahlen von Champions und Verfolgern zeigt sich in der Einbeziehung der Supply Chain Partner, z.B. durch Erhebung der Regalverfügbarkeit oder der Messung der Partnerzufriedenheit. Die Supply Chain Champions haben die Erhebung beider Kenngrößen mit 29% beziffert. Bei den Verfolgern wird gerade mal

440 Vgl. Thonemann et al. (2004) S. 137ff

441 Vgl. Thonemann et al. (2004) S. 134

zu 20% die Regalverfügbarkeit und zu 15% die Partnerzufriedenheit gemessen. Die Werte müssten auf beiden Seiten deutlich höher liegen.[442]

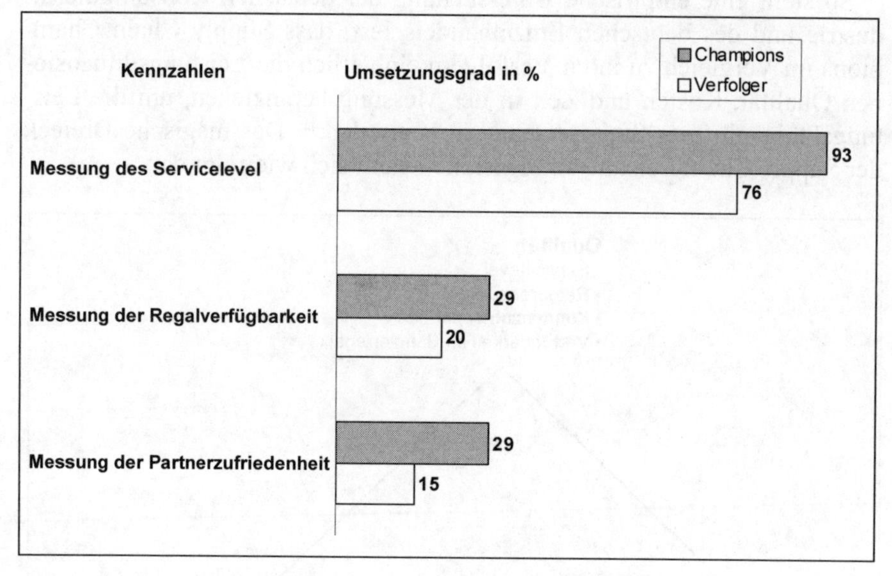

Abb. 16.4. Von Herstellern erhobene Kennzahlen im SCM[443]

Der Status quo im SCM-Controlling verdeutlicht, dass die Mehrheit der Unternehmen nach wie vor zögerlich auf die regelmäßige Erhebung von Kennzahlen über die eigenen Unternehmensgrenzen hinaus eingeht oder auch gänzlich verzichtet. Dies wird sich jedoch im Zuge der angespannten Wettbewerbssituation zunehmend verschieben.

16.4 Anforderungen an das SCM-Controlling

Die Erfolgsmessung von SCM-Konzepten stellt, wie bereits geschildert, keine generell neuen Anforderungen an das Controlling. Dennoch induziert die Realisierung von SCM-Strategien eine Reihe von besonderen Aspekten, die bei der Konzeption von Controllinginstrumenten beachtet und abgedeckt werden müssen. Diese werden folgend skizziert.

---

442 Vgl. Thonemann et al. (2004) S. 137f
443 Vgl. Thonemann et al. (2004) S. 137

Tabelle16.2. Anforderungen an das SCM-Controlling[444]

Bereich	Anforderungen
Planung	– Die Strategien und Ziele für die Supply Chain müssen eindeutig definiert sein – Das Controllingsystem muss flexibel sein. Aufgrund der hohen Umweltdynamik kann sowohl die strategische, als auch die operative Planung häufigen Änderungen unterworfen sein – Auf Basis der Planung werden quantifizierbare Ziele mit Angabe des zeitlichen Horizonts der Realisierung festgelegt – Die Ziele müssen verbindlich, erreichbar und messbar sein – Die Ziele sollen in einer kooperativen Win-Win-Beziehung aller Supply Chain Partner stehen – Die Planung muss auf qualitativ hochwertigen Daten beruhen
Steuerung	– Das Controllingsystem muss in der Lage sein, die Umsetzung der SCM-Strategie ganzheitlich zu steuern und durch Kennzahlen bis auf die operative Ebenen messbar abzubilden – Die Kennzahlen sollten in einem ausgewogenem Verhältnis zwischen finanziellen und nicht-finanziellen Größen stehen – Gewährleistung einer qualitativen Ist-Datenerfassung
Kontrolle	– Die quantifizierten Ziele müssen regelmäßig mit den Ist-Werten verglichen werden – Abweichungen müssen identifizierbar sein – Gewährleistung zur Einleitung von zielorientierten Maßnahmen bei Abweichungen – Es muss eine Rückkopplung zur Planung und Steuerung stattfinden

16.5 Kennzahlen im SCM-Controlling aus der betrieblichen Praxis

Im folgenden werden eine ganze Reihe von betrieblichen Kennzahlen sog. Key Performance Indicators (KPIs) ausgewählter SCM-Bereiche vorgestellt, die oft in der Praxis zum Einsatz kommen. Diese Kennzahlen geben wichtige Informationen über Supply Chain Prozesse im Unternehmen wieder. Verknüpft eignen sie sich insbesondere in SCM-Kennzahlensystemen, wie z.B. in einer Balanced Scorecard. Sie können jedoch auch Einzeln oder in Gruppen für Unternehmens-, Bereichs-, Abteilungs- oder Mitarbeiterziele herangezogen werden.

[444] Vgl. Nienhaus u. Hieber (2002) S. 27–33

Häufig werden die Kennzahlen (KPIs) in eine Kennzahlenhierarchie (Top-Down/Buttom-Up) eingeordnet. Die Erreichung bestimmter strategische Ziele hängt in der Regel von den Ergebnissen operativer Bereiche ab.

Deshalb beeinflussen Kennzahlen operativer Funktionseinheiten die taktischen Kennzahlen von Unternehmensbereichen und diese die strategischen Kennzahlen der Unternehmensführung. Die Anzahl der Kennzahlen pro Ebene nimmt nach oben hin ab – Nur so kann auch der Geschäftsführer die Leistung der Supply Chain im Blick behalten. Die typischen Hierarchieebenen werden folgend in einer Kennzahlenpyramide dargestellt.

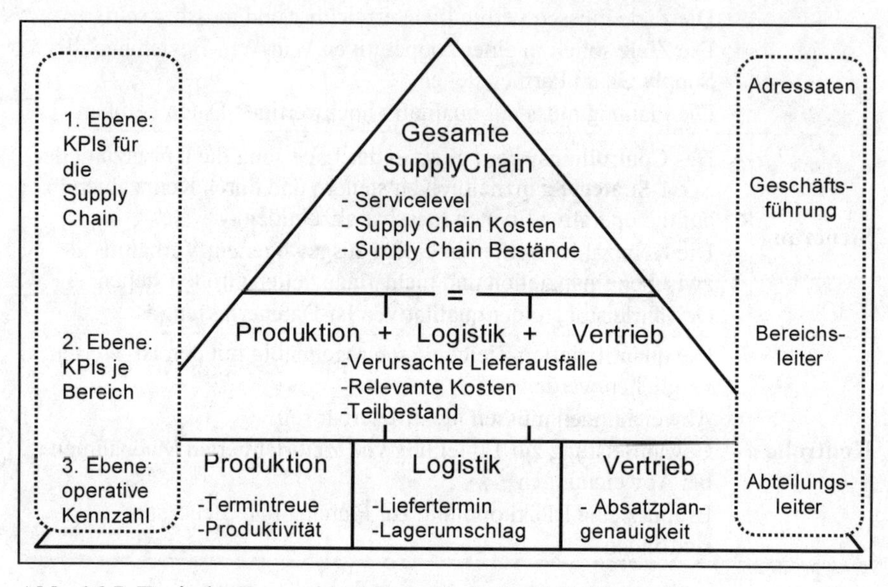

Abb. 16.5. Typische Kennzahlenhierarchie in der SCM Praxis[445]

16.5.1 Kennzahlen im Lagermanagement[446]

Durchschnittlicher Lagerbestand

Der durchschnittliche Lagerbestand lässt sich (wert- und mengenmäßig) aus den folgenden Formeln errechnen.

- Bei regelmäßigen Lagerzugängen und -abgängen:

[445] In Anlehnung an Thonemann et al. (2004) S. 152

[446] Vgl. Wannenwetsch (2004a) S. 325ff

$$= \frac{\text{Jahresanfangsbestand} + \text{Jahresendbestand}}{2} \qquad (13.1)$$

Beispiel: $\frac{2 \text{ Mio. €} + 1{,}0 \text{ Mio. €}}{2} = 1{,}5 \text{ Mio. €}$

- Bei unregelmäßigen Lagerzugängen und -abgängen:

$$= \frac{\text{Anfangsbestand} + 12 \text{ Monatsendbestände}}{13} \qquad (13.2)$$

$$= \frac{\frac{1}{2}\text{Anfangsbestand} + 11 \text{ Monatsendbestände} + \frac{1}{2}\text{Endbestand}}{12} \qquad (13.3)$$

Die Kennzahl gibt das durchschnittlich gebundene Kapital/gelagerte Menge einer Planungsperiode an. Durch ABC-, XYZ-Analysen und der Ableitung entsprechender Bevorratungsstrategien (Kanban, JIT) kann der durchschnittliche Lagerbestand reduziert werden.

Durchschnittliche Lagerdauer

$$= \frac{\text{Ø Lagerbestand} \cdot 365 \text{ (oder 240 Tage)}}{\text{Jahresverbrauch}} \qquad (13.4)$$

Beispiel: $\frac{200 \text{ Stück} \cdot 360 \text{ Tage}}{2.500 \text{ Stück}} = 28{,}8 \text{ Tage}$

Die Kennzahl zeigt, wie viele Verbrauchsperioden (Tage/Wochen) ein durchschnittlicher Lagerbestand abdeckt. Die durchschnittliche Lagerdauer kann verkürzt werden, indem der durchschnittliche Lagerbestand reduziert wird.

Umschlagshäufigkeit

$$= \frac{\text{Verbrauch in der Periode}}{\text{Ø Lagerbestand}} \qquad (13.5)$$

Beispiel: $\frac{500\ \textit{Stück}}{125\ \textit{Stück}} = 4x\ \textit{pro Jahr}$

$$= \frac{365\,(240)\ \text{Tage}}{\text{Ø Lagerdauer (in Tagen)}} \qquad (13.6)$$

Die Kennzahl zeigt an, wie oft sich das Lager in einer Periode umschlägt. Veränderungen beeinflussen die Lagerhaltungs- und Kapitalbindungskosten oder eventuell den Verlust des Materials (z.B. Verderb). Die Umschlagshäufigkeit kann erhöht werden indem die durchschnittliche Lagerdauer verkürzt wird.

Lagerfüllgrad

$$= \frac{\text{belegte Palettenplätze} \cdot 100}{\text{gesamte Palettenplätze}} \qquad (13.7)$$

Beispiel: $\frac{2.000\ \textit{Paletten} \cdot 100}{4.000\ \textit{Paletten}} = 50\%$

Die Kennzahl gibt Informationen zur Auslastung der Lagerfläche wieder. Eine 100-prozentige Auslastung ist nur in seltenen Fällen anzustreben (z.B. als geplante Pufferfunktion oder bei Spekulationskäufen), da das gebundene Kapital hohe Kosten verursacht (z.B. Zinskosten, Opportunitätskosten).

16.5.2 Kennzahlen im Versand und Kommissionierung[447]

Anzahl der Kommissionierpositionen je Auftrag

$$= \frac{\text{Gesamtzahl der Kommisionierpositionen}}{\text{Anzahl Aufträge}} \qquad (13.8)$$

Beispiel: $\frac{1.350\ \textit{Positionen}}{450\ \textit{Aufträge}} = 3\ \textit{Positionen / Auftrag}$

[447] Vgl. Wannenwetsch (2004a) S. 327f

Die Kennzahl gibt die durchschnittliche Anzahl von Kommissionierpositionen pro Auftrag an. Sie wird herangezogen um z.B. den durchschnittlichen Kommissionieraufwand eines Auftrags zu bestimmen.

Fehlerquote (je nach Branche zwischen 0,1% und 0,5%)

$$= \frac{\text{Kommissionierfehler} \cdot 100}{\text{Anzahl Kommissionierungen gesamt}} \qquad (13.9)$$

Beispiel: $\frac{30 \cdot 100}{12.000} = 0{,}25\%$

Die Kennzahl gibt die Wahrscheinlichkeit des Auftretens eines Fehlers bei der Abwicklung eines Kommissionierauftrages an. Eine Reduzierung der Fehlerquote kann durch Automatisierung erreicht werden.

Anzahl abgewickelter Sendungen pro Personalstunde

$$= \frac{\text{Anzahl abgewickelter Sendungen}}{\text{Anzahl der Mitarbeiterstunden}} \qquad (13.10)$$

Beispiel: $\frac{20.000\ \textit{Sendungen}}{100\ \textit{Stunden}} = 200\ \textit{Sendungen pro Stunde}$

Die Kennzahl gibt die Mitarbeiterproduktivität im Versand wieder. Eine Optimierung kann durch Automatisierung der Prozesse erreicht werden

Auslastungsgrad der Transportmittel

$$= \frac{\text{tatsächliche Einsatzstunden} \cdot 100}{\text{mögliche Einsatzstunden der Transportmittel}} \qquad (13.11)$$

Beispiel: $\frac{7.500\ \text{Stunden} \cdot 100}{10.000\ \text{Stunden}} = 75\%$

Die Kennzahl gibt die Auslastung der Transportmittel wieder. Eine Erhöhung der Auslastung ist durch eine verbesserte Planung und durch Reduzierung von Ausfall- und Standzeiten möglich.

16.5.3 Kennzahlen im Marketing und Vertrieb

Kundenakquisitionsrate

$$= \frac{\text{Anzahl der Neukunden} \cdot 100}{\text{Anzahl der Gesamtkunden}} \quad (13.12)$$

Beispiel: $\frac{100 \cdot 100}{2.000} = 5\%$

Die Kundenakquisitionsrate gibt den prozentualen Anteil der Neukunden im Verhältnis zu den Gesamtkunden an. Ein Erfolgsindiz für Effektivität des Marketing. Zur Erhöhung der Kennzahl müssen effektive Marketingstrategien umgesetzt werden.

Lieferzuverlässigkeit (Servicelevel)

$$= \frac{\text{Anzahl termingerechter Auslieferungen} \cdot 100}{\text{Anzahl aller Auslieferungen}} \quad (13.13)$$

Beispiel: $\frac{9.800\ \mathit{Lieferungen} \cdot 100}{10.000\ \mathit{Lieferungen}} = 98\%$

Die Lieferzuverlässigkeit gibt die Wahrscheinlichkeit an mit der die Lieferzeit termingerecht eingehalten wird. Sie gehört zu den wichtigsten Kennzahlen im SCM. Neben dem Preis entscheidet die Einhaltung dieser Kennzahl oft über den Erhalt von Aufträgen/Folgeaufträgen. Die Lieferbereitschaft kann kunden- wie lieferantenseitig gemessen werden. Zur Erhöhung der Kennzahl muss ein aktives Supply Chain Management betrieben werden, das effektive Beschaffungs-, Produktions-, Bevorratungs- und Lagerstrategien definiert.

Lieferbeschaffenheit

$$= \frac{\text{Anzahl nichtreklamierter Auslieferungen} \cdot 100}{\text{Anzahl aller Auslieferungen}} \quad (13.14)$$

Beispiel: $\frac{9.900\ \mathit{Lieferungen} \cdot 100}{10.000\ \mathit{Lieferungen}} = 99\%$

Die Lieferbeschaffenheit gibt die Wahrscheinlichkeit an mit der die Auslieferung nach Art, Menge oder Zustand (z.B. beschädigte Lieferung) mit der Order übereinstimmt. Ziel ist eine 100-prozentige Übereinstimmung. Zur Erhöhung der Kennzahl müssen Qualitätsstandards definiert und eingehalten werden.

Wiederkaufrate

$$= \frac{\text{Wiederholungskäufer} \cdot 100}{\text{Anzahl gesamte Käufer}} \tag{13.15}$$

Beispiel: $\frac{1.500 \cdot 100}{10.000} = 15\%$

Die Kennzahl gibt Auskünfte über die Kundenloyalität zu einem Produkt bzw. zum Unternehmen und mittelbar auch zur Kundenzufriedenheit.

Zur Erhöhung der Kennzahl müssen effektive Marketingstrategien umgesetzt werden.

16.5.4 Kennzahlen im Einkauf und Beschaffung[448]

Durchschnittliche Wiederbeschaffungszeit (WBZ)

Die durchschnittliche WBZ lässt sich wie folgt errechnen:

∅ Auftragsvorbereitungszeit (Bestellauslösung und -abwicklung) + ∅ Lieferzeit + ∅ Prüf- und Einlagerungs- bzw. Bereitstellungszeit	(13.16)

Die Kennzahl zeigt die für die Materialbereitstellung erforderliche Zeitspanne. Veränderungen beeinflussen die Lieferbereitschaft und die Höhe der Lagerbestände. Folgende SCM-Maßnahmen können der Reduzierung bzw. Stabilisierung der Wiederbeschaffungszeit im Einkauf dienen.

[448] Vgl. Wannenwetsch (2004a) S. 26, 326ff

Tabelle 16.3. Checkliste zur Reduzierung der WBZ in KMU

Checkliste zur Reduzierung der WBZ aus der SCM Praxis
– Sind Rahmenaufträge mit Lieferanten abgeschlossen?
– Wurden Vertragsstrafen (Pönalen) bei Schlechtlieferung/Lieferverzug vereinbart?
– Bestehen kurzfristig abrufbare Vorräte bei Lieferanten?
– Sind effektive Bevorratungsstrategien/-konzepte gewählt (JIT, Kanban, Vendor Managed Inventory?
– Existieren Konsignationslager von Lieferanten? Standortnahe Lieferanten?
– Wird eine systematische Lieferantenbewertung/-entwicklung betrieben?
– Werden Bestelldaten automatisch übertragen (Fax, EDI, XML)?
– Wird nach ABC-Materialgruppen differenziert (ABC, XYZ-Analyse)?
– Sind versorgungskritische Engpassartikel bekannt (Risikoanalyse)?
– Wird C-Artikelmanagement betrieben (z.B. Einsatz von Purchasing Cards)?
– Sind eProcurement-Lösungen im Einsatz (z.B. Markplätze, Auktionen)?
– Sind zeiteffiziente Transportmittel gewählt (Bahn, LKW, Flugzeug)?
– Wird auf eine zeit- und kostenintensive WE-Eingangsprüfung verzichtet? Ist die Verantwortung auf die Lieferanten verlagert (Qualitätsgarantie)?
– Wurde der Automatisierungsgrad von Prüf- und Fördermitteln überprüft?

Rahmenvertragsquote

$$= \frac{\text{Materialeinkaufsvolumen über Rahmenverträge} \cdot 100}{\text{Gesamtes Materialeinkaufsvolumen}} \qquad (13.17)$$

Beispiel: $\frac{140\ Mio.\ € \cdot 100}{200\ Mio.\ €} = 70\%$

Die Kennzahl gibt das Ausmaß langfristiger Bindung und Versorgungssicherheit an. Eine Erhöhung der Rahmenvertragsquote kann durch den Einkauf im Verbund erreicht werden (optimale Werte: 80–90%).

Bestellstruktur

$$= \frac{\text{Wert der Bestellungen im Bestellwert bis } 50\ € \cdot 100}{\text{Gesamtwert der Bestellungen}} \qquad (13.18)$$

Beispiel: $\frac{5\text{ Mio. } € \cdot 100}{30\text{ Mio. } €} = 16{,}66\%$

Diese Kennzahl verschafft einen Eindruck über die Struktur von Bestellwerten im Unternehmen. Sie dient als Unterstützung bei Entscheidungen zur Gestaltung von Bestellabwicklungs- und Genehmigungsprozessen.

Durch die Konsolidierung von Bedarfsmengen und Bestellungen können Bestellstrukturen verändert werden. Dies wirkt sich unmittelbar auf die Bestellkosten aus.

Bestellkosten je Bestellung

$$= \frac{\text{Gesamte Bestellkosten}}{\text{Anzahl Bestellungen}} \quad (13.19)$$

Ein Schema zur Berechnung der Bestellkosten im Unternehmen bietet Tabelle 16.4.

Tabelle 16.4. Zusammensetzung der Bestellkosten (Beschaffung Aktuell 7/2000)[449]

Personalkosten für Einkäufer	640.000 €	64,0 %
Personalkosten für Einkaufshilfspersonal	217.000 €	21,7 %
Telefon-, Telefax- und e-Mailkosten	40.000 €	4,0 %
Büromaterial und Formulare	20.000 €	2,0 %
Geringwertige Wirtschaftsgüter	15.000 €	1,5 %
Abschreibungen auf Investitionen im Einkauf	10.000 €	1,0 %
Personalweiterbildung	5.000 €	0,5 %
Mietkosten der EDV	25.000 €	2,5 %
Sonstige Kosten der EDV	5.000 €	0,5 %
Fahrtkosten (ohne Fuhrpark)	15.000 €	1,5 %
Fuhrparkkosten	7.000 €	0,7 %
Bewirtungskosten	1.000 €	0,1 %
Summe Kostenstelle Einkauf	**1.000.000 €**	**100 %**
Anzahl aller Bestellungen: 25.000		

Beispiel: $\frac{1\ \textit{Mio.}\ €}{25.000\ \textit{Bestellungen}} = 40\ €\ \textit{pro Bestellung}$

Hinter dieser Kennzahl verbirgt sich die Kostenintensität der Einkaufs- und Beschaffungsprozesse im Unternehmen. Je höher die Kosten pro Bestellung desto unproduktiver sind die Prozesse gestaltet. Laut Bundesver-

[449] Vgl. Wannenwetsch (2004a) S. 48

band für Materialwirtschaft, Einkauf und Logistik (BME) liegen die durchschnittlichen Bestellkosten bei ca. 100 Euro pro Bestellung.

Die Bestellkosten können u.a. durch ABC-Materialgruppenmanagement, Kontraktmanagement (Rahmenaufträgen), dem Einsatz von eProcurement-Lösungen und der Automatisierung beim Bestellwesen reduziert werden (s.a. Checkliste zur Reduzierung der WBZ).

Fehlteilquote

$$= \frac{\text{Anzahl fehlender Artikel} \cdot 100}{\text{Anzahl aller Artikel}} \tag{13.20}$$

Beispiel: $\frac{5\ \mathit{Artikel} \cdot 100}{500\ \mathit{Artikel}} = 1\%$

Die Fehlteilquote gibt das Verhältnis von Fehlteilen zu allen Beschaffungsteilen wieder. Je niedriger die Quote ist, desto besser ist die Versorgungssicherheit gestreut. Im Gegensatz zum Lieferbereitschaftsgrad wirkt sich hier ein Artikel mit hoher Umschlagshäufigkeit (Dauerläufer) genauso wie das Fehlen eines Exoten aus. Durch verbesserte Bevorratungsstrategien und differenziertes ABC-Materialgruppenmanagement können Versorgungsengpässe reduziert und damit die Fehlteilquote vermindert werden.

16.5.5 Kennzahlen im Produktionsmanagement

Betriebsmittelproduktivität

$$= \frac{\text{verbuchte Maschinenstunden} \cdot 100}{\text{mögliche Maschinenstunden}} \tag{13.21}$$

Beispiel: $\frac{21.480\ \mathit{Stunden} \cdot 100}{24.000\ \mathit{Stunden}} = 89{,}5\%$

Die Betriebsmittelproduktivität bestimmt die tatsächlich verbuchten Fertigungsstunden im Verhältnis zu der theoretisch möglichen Fertigungskapazität. Die durchschnittliche Auslastung in der Industrie liegt zwischen 80–95%. Insbesondere bei Engpassmaschinen steigt die Produktivität mit zunehmender Verfügbarkeit des Betriebsmittels. Zur Erhöhung der Verfügbarkeit müssen deshalb Rüst-, Störungs-, Wartungs- und Stillstandszeiten verkürzt werden. Die Erfassung dieser unproduktiven Zeiten in Form von Maschinenaufschreibungen stellt hierbei die Grundlage für Verbesserungsmaßnahmen dar.

Mitarbeiterproduktivität

$$= \frac{\text{verbuchte Mitarbeiterstunden} \cdot 100}{\text{Anwesenheitszeiten}} \tag{13.22}$$

Beispiel: $\frac{24.180\,\mathit{Stunden} \cdot 100}{26.000\,\mathit{Stunden}} = 93\%$

Die Mitarbeiterproduktivität bestimmt die tatsächlich verbuchten Mitarbeiterstunden im Verhältnis zu den Anwesenheitszeiten abzüglich Pausen. Zur Optimierung dienen eine detaillierte Planung der Personalressourcen (Maschinenbelegungsplan), Reduzierung von Ausfallzeiten von Betriebsmitteln sowie Verteilzeiten von Mitarbeitern.

Zeitgrad

$$= \frac{\text{Soll Zeit fertiggestellter Aufträge einer Periode} \cdot 100}{\text{Ist Zeit fertiggestellter Aufträge einer Periode}} \tag{13.23}$$

Beispiel: $\frac{16.200\,\mathit{Stunden} \cdot 100}{18.000\,\mathit{Stunden}} = 90\%$

Der Zeitgrad ist das Verhältnis von der Soll-Zeit, die sich aus den Vorgabezeiten der Aufträge ergibt und der erzielten Ist-Zeit aus den Rückmeldungen der Aufträge. Für einen Zeitgrad von 90% gilt: Die Vorgabezeiten sind zu 10% überschritten worden. Neben der Stabilisierung von Fertigungsprozessen und der Reduzierung von Ausfallzeiten tragen oft Prämiensysteme für Mitarbeiter und die Einführung von Gruppenorganisation in der Fertigung zur Optimierung des Zeitgrades bei.

16.5.6 Kennzahlen im Qualitätsmanagement

Reklamationsquote

$$= \frac{\text{Zahl der beanstandeten Fehllieferungen} \cdot 100}{\text{Gesamtzahl der Lieferungen}} \qquad (13.24)$$

Beispiel: $\frac{15\,\textit{Lieferungen} \cdot 100}{12.000\,\textit{Lieferungen}} = 0{,}125\%$

Eine hohe Reklamationsquote wirkt sich negativ auf das Geschäft aus. Image-, Kunden- und Umsatzverluste sind resultierende Folgen, wobei Imageschäden häufig nicht zu beziffern sind. Die Reklamationsquote sollte deshalb einen hohen Stellenwert im Unternehmen haben. Sie gibt die Wahrscheinlichkeit an mit dem ein fehlerhaftes Teil zum Kunden ausgeliefert wird. Zur Senkung der Quote müssen standardisierte Qualitätsprüfungen eingehalten werden, die von entsprechenden Prüfeinrichtungen (z.B. Roboter) gestützt sind.

Ausschussquote

$$= \frac{\text{Ausschuss teile} \cdot 100}{\text{Gesamte Fertigungsmenge}} \qquad (13.25)$$

Beispiel: $\frac{1.500\,\textit{Stück} \cdot 100}{200.000\,\textit{Stück}} = 0{,}75\%$

Die Ausschussquote gibt den Anteil fehlerhafter Teile bei der Fertigung einer Produktionsmenge an. Oft liegen vorgegebene Zielwerte unter ein Prozent. Zur Reduzierung des Ausschuss müssen Prozesse stabiler gestaltet, Fertigungseinrichtungen kontinuierlich überprüft und Mitarbeiter qualifiziert werden. Häufig werden Produktionszirkel (z.B. Meister, Fertigungstechnik, Produktionsleiter) gebildet, die über Ursachen beraten und Verbesserungsmaßnahmen einleiten.

Nacharbeitsquote

$$= \frac{\text{Nacharbeitsstunden} \cdot 100}{\text{Gesamte Fertigungsstunden}} \tag{13.26}$$

Beispiel: $\frac{80\ Stunden \cdot 100}{16.000\ Stunden} = 0{,}5\%$

Die Kennzahl zeigt den Anteil von Nacharbeitszeit an der gesamten Fertigungszeit. Eine hohe Nacharbeitsquote ist ein Zeichen für instabile Prozesse hinsichtlich der Verfügbarkeit von Maschine, Material und des Prozess. Zur Optimierung muss folglich die Verfügbarkeit erhöht werden.

16.6 Balanced Scorecard als Controllinginstrument im SCM

Durch die eingangs des Kapitels erläuterten Anforderungen im Aufgabenumfeld des SCM-Controlling erscheint es vorteilhaft, ein Controlling auf Basis des strategischen Managementinstrument „Balanced Scorecard (BSC)" aufzusetzen, welches sich insbesondere durch die Unterstützung einer erfolgreichen Strategierealisierung sowie die Einbeziehung von monetären und nicht monetären Kennzahlen auszeichnet.

Die Balanced Scorecard ist eine Methode zur erfolgreichen Umsetzung von Unternehmensstrategien, deren Kern darin besteht, die strategischen Ziele eines Unternehmens und seiner Bereiche zu konkretisieren und durch Kennzahlen und Maßnahmen steuerbar zu machen.

16.6.1 Historie und Hintergründe

Das strategische Managementkonzept wurde vor rund zehn Jahren von den Amerikanern David Norton und Robert Kaplan mit dem Hintergrund entwickelt, dass in weiten Teilen der Praxis ausschließlich finanzielle Messgrößen (Gewinn, Umsatz, ROI) als Indikatoren zur Performancemessung der Unternehmensleistung herangezogen werden. Im Hinblick auf die derzeitig angespannte Wettbewerbssituation wurde deshalb im BSC-Konzept eine Erweiterung der Kennzahlensysteme um nicht monetäre Größen, wie

Prozesse, Technologien, Mitarbeiter und Kunden berücksichtigt. Bis heute etabliert sich die Balanced Scorecard zunehmend nicht nur international, sondern auch in vielen deutschen Unternehmen wie z.B. Siemens, Bosch oder BASF.[450]

Jüngst ergab eine Studie der Managementberatung Horváth & Partners, bei der mehr als 100 große und mittelgroße Unternehmen in Deutschland, Österreich und in der Schweiz befragt wurden, dass Unternehmen, die mit der Balanced Scorecard (BSC) arbeiten, erfolgreicher sind als ihre Wettbewerber. Danach sind nahezu vier von fünf der befragten Unternehmen der Meinung, dass sie ihre Konkurrenz sowohl hinsichtlich Umsatzwachstum als auch Jahresüberschuss übertreffen. Die Hauptgründe für die Einführung der BSC waren bei nahezu allen Unternehmen die Unterstützung einer erfolgreichen Strategierealisierung (94%), die Schaffung eines gemeinsamen Strategieverständnisses (91%) sowie die Verbesserung der Strategiekommunikation (91%).

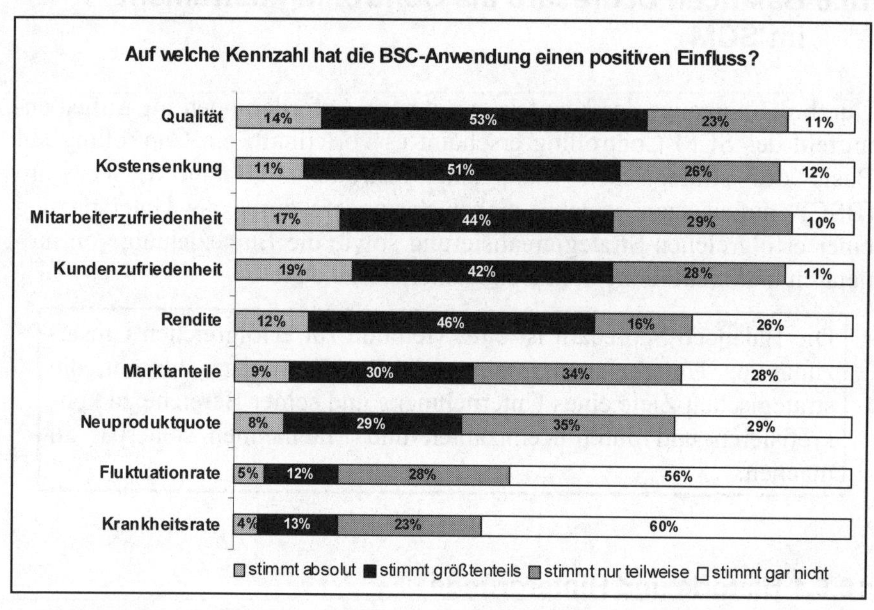

Abb. 16.6. Einfluss der BSC auf bestimmte Kennzahlenbereiche[451]

Auf die Frage, welchen Einfluss die BSC auf die Kennzahlen und Ziele haben, antworteten 67% der Befragten, dass sich der Einsatz der BSC positiv auf die Qualität auswirkt, 62% sehen entsprechende Effekte im Be-

[450] Vgl. Kaplan u. Norton (1992) pp 71–79 u. Werner (2000) S. 200

[451] Quelle: Horváth & Partners (19.04.2004) in: www.horvath-partners.com

reich der Kostensenkung. Auch Mitarbeiter- und Kundenzufriedenheit (je 61%) lassen sich durch den Einsatz dieser Managementmethode steigern. Die BSC wirkt sich zudem positiv auf die Rendite (58%), Marktanteile (39%) und auf die Neuproduktquote (37%) aus. Die Fluktuations- und Krankheitsrate werden dagegen durch die Scorecard nur marginal beeinflusst (je 17%).[452] Zusammenfassend werden die Ergebnisse in Abb. 16.6. dargestellt.

16.6.2 Begriff und Konzept der BSC

Ausgangspunkt der BSC ist die Vision eines Unternehmens. Zur Realisierung dieser Vision werden Unternehmensstrategien formuliert, die in vier Perspektiven auf konkrete strategische Ziele und messbare Kennzahlen heruntergebrochen werden. Durch permanente Soll-/Ist-Kontrollen verspricht die BSC einen ausgewogenen Steuerungsansatz, welcher die einzelnen Perspektiven ins Gleichgewicht „Balance“ bringt und auf einem übersichtlichen Berichtsbogen „Scorecard“ abbildet. Um eine Überladung der BSC zu vermeiden, werden höchstens fünf bis sieben Kennzahlen pro Perspektive abgebildet.[453]

Tabelle 16.5. Bestandteile des BSC-Konzeptes

Bestandteil	Beispiel
Vision	Marktführer für eBusiness-Solutions
Strategien und Ziele	Ausbau des Marktanteils in Nordamerika um 5%
Perspektiven	Kunden, Know-how, Prozesse, Finanzen
Kennzahlen	Marktanteil, Neukundenakquisition, Umsatz etc.

16.6.3 Perspektiven der Balanced Scorecard

Die BSC nach Kaplan/Norton besteht in der Regel aus den vier folgend aufgeführten Perspektiven, welche die Vision und die strategischen Ziele in messbaren Kennzahlen abbilden. Die Kennzahlen werden in verschiedenen Abteilungen, wie Marketing, Vertrieb, Produktion, Logistik, Einkauf, EDV, Finanz- und Rechnungswesen generiert, was eine Konsolidie-

[452] Vgl. Horváth & Partners (19.04.2004) in: www.horvath-partners.com u. o.V. (15.03.2004), in: FAZ, S. 28

[453] Vgl. Kaplan u. Norton (1997) S. 7ff

rung unternehmensübergreifender Performance sicherstellt. Die vier Perspektiven nach Kaplan und Norton werden in Abb. 16.7. dargestellt.

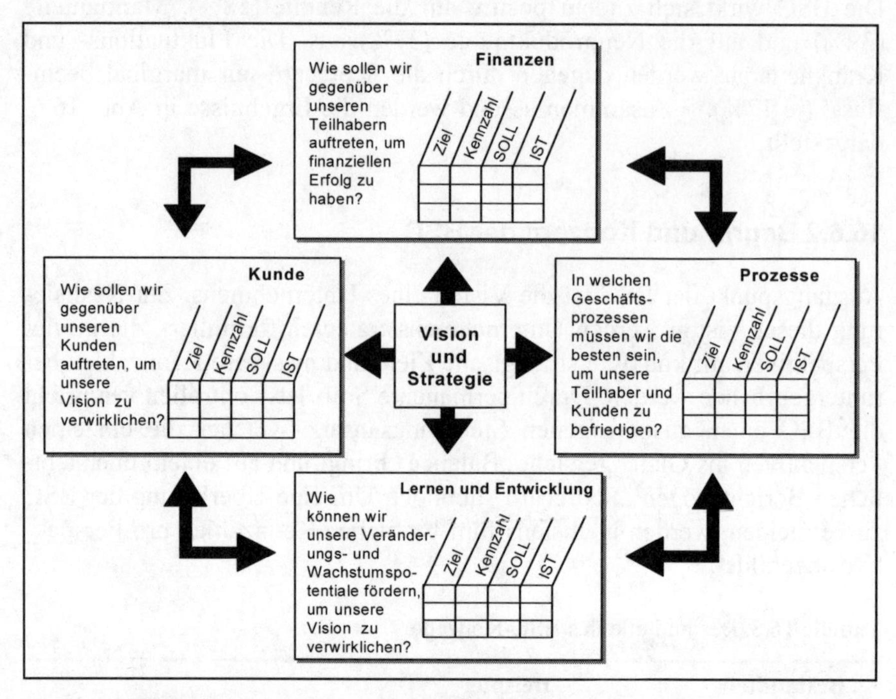

Abb. 16.7. Die vier Perspektiven der Balanced Scorecard[454]

16.6.4 Ursache-Wirkungs-Ketten

Eine weitere Besonderheit im BSC-Konzept sind die Ursache-Wirkungs-Zusammenhänge zwischen den einzelnen Perspektiven. Eine gut konstruierte Scorecard zeichnet die Strategie eines Unternehmens anhand einer Kette von Ursachen und Wirkungen in den Zielen der einzelnen Perspektiven durchgängig ab. Ist zum Beispiel die Strategie eines Unternehmens „Best in Class im Supply Chain Management", so könnten die Ziele und Kennzahlen sich wie folgt darstellen.

[454] In Anlehnung an Kaplan u. Norton (1997) S. 9

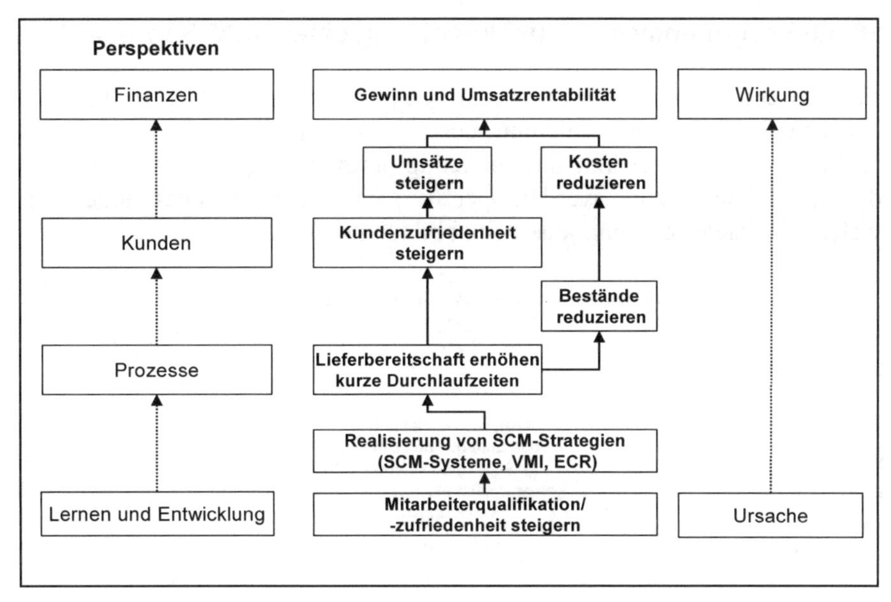

Abb. 16.8. Ursache-Wirkungs-Ketten im Supply Chain Management[455]

- *Lern- und Entwicklungsperspektive:* Steigerung der Qualifikation der Mitarbeiter im Umgang mit eBusiness-Technologien, gemessen an Kennzahlen, wie Schulungsquoten oder Nutzungsraten von eBusiness-Lösungen.
- *Prozessperspektive:* Die Nutzung von eBusiness-Technologien wirkt sich anschließend fördernd auf die Prozessperspektive aus. Die Ziele können hierbei auf die Verkürzung von Durchlaufzeiten und Erhöhung der Lieferbereitschaft sowie auf Bestandsreduzierungen fokussieren.
- *Kundenperspektive:* Die optimierten Prozesse wirken sich wiederum auf strategische Ziele der Kundenperspektive aus, wie die Steigerung der Kundenzufriedenheit, gemessen an Kennzahlen, wie Kundenbindungs- oder Neukundenakquisitionsraten.
- *Finanzperspektive:* Die Ziele der Prozess- und Kundenperspektive schlagen sich anschließend in der Zielerreichung der Finanzperspektive nieder, wie Umsatzsteigerungen und Kostenreduzierung, gemessen an der Umsatzrentabilität.

[455] In Anlehnung an Hug (2001) S. 322

16.6.5 Vorgehensweise zur Umsetzung einer SCM-Scorecard

Zur Umsetzung einer SCM-Scorecard empfiehlt sich die dargestellte Vorgehensweise. Nach der Ableitung der Strategien und Ziele im SCM-Umfeld müssen die Ziele klar und eindeutig definiert werden. Zur Steuerung der Strategieumsetzung werden operativ messbare Kennzahlen abgeleitet, welche die Zielerreichung jederzeit abbilden können.

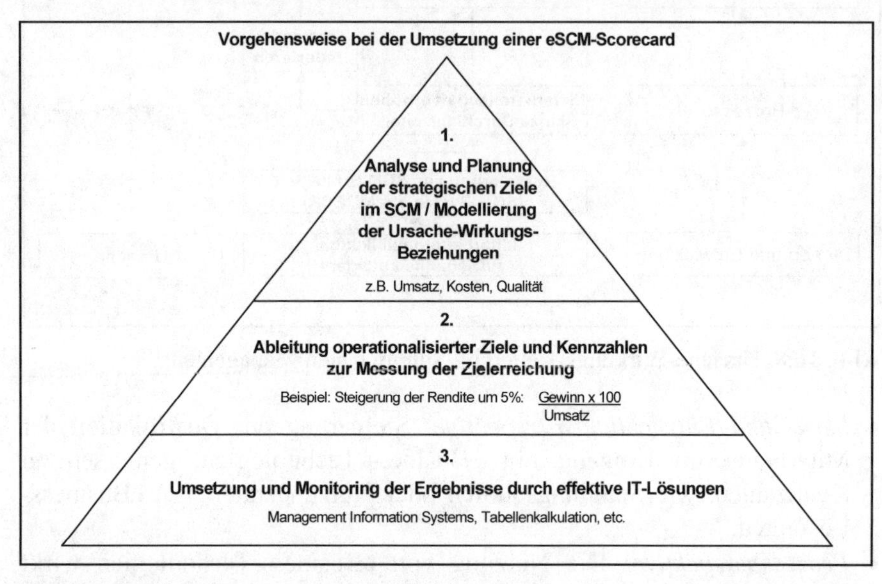

Abb. 16.9. Einführung einer SCM-Scorecard

Der Einsatz von IT-Lösungen vereinfacht die Umsetzung und Erfolgsmessung der Zielerreichung. Hierzu können spezielle Management Information Systems (MIS) oder auch einfache Tabellenkalkulationslösungen dienen.

16.6.6 Ableitung neuer Strategien durch Kontrolle

Die SCM-Scorecard ist ein Managementinstrument, das einer kontinuierlichem Erfolgskontrolle unterliegt. Zur Vereinfachung der Erfolgsbeurteilung verhilft eine grafische Aufbereitung von Soll-/Ist-Zuständen aller relevanten Messgrößen. Mögliche Visualisierungsformen können sein:

- Gant-Chart, Balkendiagramm,
- Kreisdiagramm,
- Spinnendiagramm.

Das sich das Spinnendiagramm in besondere Weise für die Darstellung von mehreren Verhältniszahlen und Soll-Ist-Vergleichen eignet, wird es nachstehend als „SCM-Spinnendiagramm“ abgebildet.

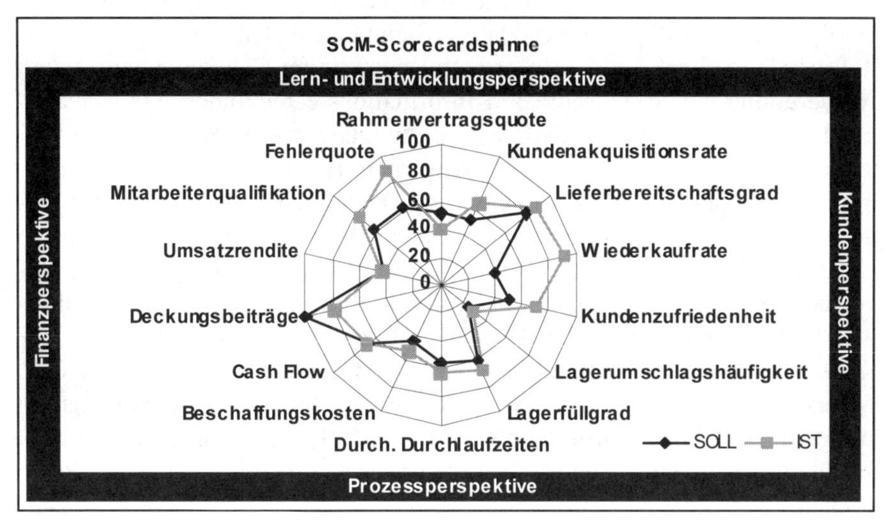

Abb. 16.10. Die SCM-Scorecard im Spinnendiagramm

Auf Basis visualisierter Soll-/Ist-Abweichungen in den planungsrelevanten Kenngrößen können Planungsabweichungen schnell determiniert und umgehend neue Strategien abgeleitet oder Bestehende modifiziert werden. Ist zum Beispiel das Mitarbeiter eBusiness-Know-how zu gering, könnte die Erhöhung von Schulungsmaßnahmen eine strategische Reaktion sein. Die strategische Lücke zwischen den geplanten Zielgrößen und der tatsächlichen Entwicklung kann somit geschlossen werden (eng. closing the gap). Vor diesem Hintergrund beinhaltet das BSC-Konzept in Verbindung mit entsprechenden Visualisierungen (z.B. Spinnendiagramm) und der Durchführung permanenter Kontrollen ein strategisches Frühwarninstrument im SCM-Controlling.

Management Information Systems (MIS)

Ein wesentlicher Bestandteil für eine erfolgversprechende Umsetzung einer SCM-Scorecard ist die softwaretechnische Unterstützung des Instruments. Zurückzuführen ist dies einerseits auf die großen inhomogenen Datenbestände aus unterschiedlichen operativen Vorsystemen (ERP-System, eBusiness-Lösungen, Kalkulationstabellen etc.) und verschiedenen organisatorischen Bereichen, z.B. Marketing, Vertrieb, EDV. Andererseits ist die Notwendigkeit einer IT-Unterstützung durch unzufriedenstellende Dokumentations- und Visualisierungsmöglichkeiten begründet. Eine breite Implementierung einer BSC bis auf Abteilungsebenen fordert daher nach Verwaltungsinstrumenten, die große Mengen unterschiedlicher Daten transformieren, aggregieren und aufbereiten können, um qualitativ hochwertige Ad-hoc-Informationen zur Verfügung zu stellen.

Deshalb sollten für die Informationsversorgung, Dokumentation und Aufbereitung der SCM-Scorecard Informationstechnologien wie Management Information System (MIS) in Verbindung mit einem zentralen Datenpool (Data Warehouse) eingesetzt werden. Das Data Warehouse konsolidiert hierbei alle internen und externen Datenquellen und sichert mit Reporting- und Analyseinstrumenten (Data Mining, OLAP) die wichtige Datenqualität. Die MIS-Softwarelösung fungiert als Trägersystem der Balanced Scorecard. Hier können individuelle Reports, Ad-hoc-Fragestellungen und einfache grafische Visualisierung von Soll-/Ist-Zuständen der Kennzahlenbereiche erzeugt und über ein Monitoring überwacht werden, wie zum Beispiel das bereits vorgestellte Spinnendiagramm. Hieraus resultieren bestimmte Anforderungen an MIS-Systeme, die für eine IT-gestützte Realisierung einer SCM-Scorecard eine entscheidende Rolle spielen.

Tabelle 16.6. Anforderungen an Management Information Systeme (MIS)

Anforderungen	Beispiel
– Einfache Bedienbarkeit	– Anwenderfreundlichkeit
– Analyse Tools	– OLAP, Data Mining
– Schnittstellen zu einer multidimensionalen Datenbank	– Data Warehouse
– Schnelligkeit bei der Datenanalyse	– Ad-hoc-Abfragen
– Soll-/Ist-Vergleichsfunktionen	– Abweichungsanalysen
– Plattformunabhängigkeit	– unabhängig vom ERP-System
– Unterstützung von Tabellenkalkulationsprogrammen	– MS Excel, Lotus
– Aufnahme und Pflegemöglichkeit von Kennzahlensystemen	– Eingabemöglichkeiten
– Visualisierung von Kennzahlensystemen	– Spinnen-, Balkendiagramm

Auf dem IT-Markt finden sich inzwischen zahlreiche Anbieter, die Softwarelösungen für eine IT-gestützte Realisierung der BSC vertreiben, wie u.a. SAS, Oracle, Peoplesoft, SAP. Zusammenfassend stellt sich die IT-Unterstützung der BSC wie folgt dar.

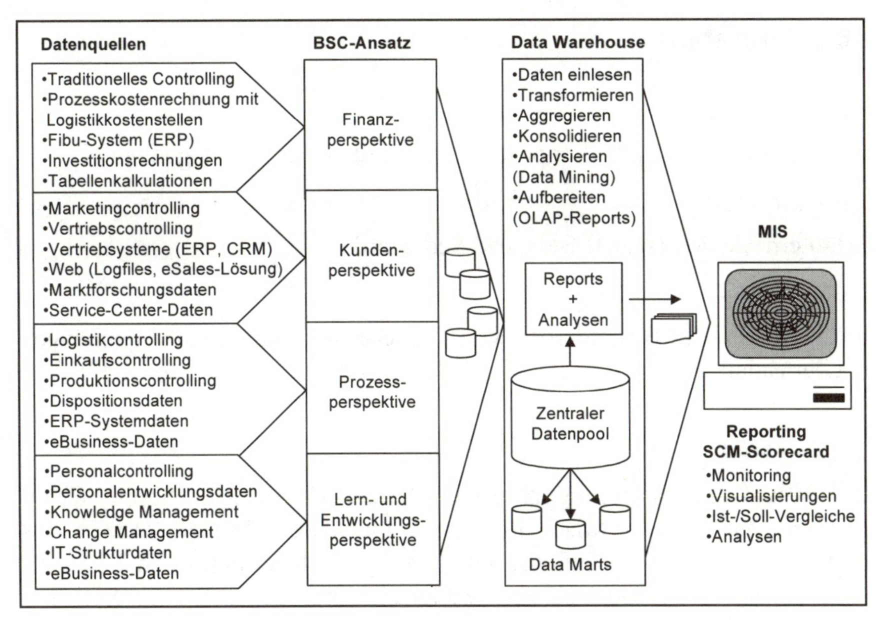

Abb. 16.11. Darstellung einer IT-gestützten SCM-Scorecard

Insgesamt repräsentiert die Balanced Scorecard eine gelungene Symbiose aus Strategierealisierung, strategischer Planung, Steuerung sowie systematischer Kontrolle. Sie kann als Planungs-, Informations-, Frühwarn- sowie als Kontrollinstrument fungieren und in modernsten Softwarelösungen eingebunden werden. Den Erfolg der BSC in der Unternehmenspraxis betont in diesem Zusammenhang eine Studie von Horváth & Partners. Danach schneiden diejenigen Unternehmen am besten ab, welche das vollständige BSC-Modell im Unternehmen umsetzen. Und je länger die BSC in einem Unternehmen eingesetzt wird, desto größer ist die Auswirkung auf dessen Leistung. Die Mehrzahl der befragten Unternehmen betonen, dass der Pay-Back deutlich höher ist als der Aufwand, den sie verursacht. Darüber hinaus zeigt sich der Trend hin zum Einsatz mehrerer Scorecards. So haben knapp zwei Drittel der befragten Unternehmen mehr als fünf BSCs im Einsatz, ein Drittel sogar mehr als 20. Die BSC als Controllinginstrument in der Unternehmenspraxis wird sich demnach weiter etablieren und gerade im SCM vermehrt zum Einsatz kommen.[456]

[456] Vgl. o.V. (2004), in: www.handelsblatt.de (15.03.2004)

16.7 Aufgaben

Aufgabe 16–1

Wie verläuft der Controllingprozess im Supply Chain Management?

Aufgabe 16–2

Erläutern Sie den Begriff Balanced Scorecard.

Aufgabe 16–3

Erläutern Sie die Besonderheit von Ursache-Wirkungs-Zusammenhängen bei der Balanced Scorecard?

Lösung 16–1

Der Ablauf des Controllingprozess im Aufgabenumfeld des Supply Chain Management findet zyklisch für eine Planungsperiode statt. Der Zyklus besteht aus einem kontinuierlichen Planungs-, Steuerungs- und Kontrollprozess. Abweichungen bei der Zielerreichung, gemessen an Soll-/Ist-Vergleichen, führen entsprechend zur Ableitung von Maßnahmen und Anpassungen in der Planung und Steuerung.

Lösung 16–2

Die Balanced Scorecard ist eine Methode zur erfolgreichen Umsetzung von Unternehmensstrategien. Ausgangspunkt ist die Vision eines Unternehmens, die in vier Perspektiven (Prozesse, Technologien, Mitarbeiter, Kunden) auf konkrete strategische Ziele und messbare Kennzahlen heruntergebrochen wird. Durch permanente Soll-/Ist-Vergleiche von monetären und nicht-monetären Kennzahlen verspricht die BSC einen ausgewogenen Steuerungsansatz, welcher die einzelnen Perspektiven ins Gleichgewicht „Balance“ bringt und auf einem übersichtlichen Berichtsbogen „Scorecard“ abbildet.

Lösung 16–3

Die Besonderheit bei der BSC liegt in den Ursache-Wirkungs-Zusammenhänge zwischen den einzelnen Perspektiven. Eine gut konstruierte Scorecard zeichnet die Strategie eines Unternehmens anhand einer Kette von Ursachen und Wirkungen in den Zielen der einzelnen Perspektiven durchgängig ab. Auswirkungen einzelner Ziele auf übergeordnete Ziele sind somit immer transparent.

Literaturverzeichnis

AboutIT (2004), unter http://www.aboutit.de/view.php?ziel=/ (11.02.2004)

ADAC Motorwelt (08/2004)

Aktuelle Studie: Internet und zu viele E-Mails verursachen Stress (April 2002), in: Logistik inside (06/2004)

Albers S (1998) Marketing mit Interaktiven Medien. Frankfurt

Altstadt O, Marlinghaus S (2004) Public eProcurement. Herausforderungen und Erfolgsfaktoren. Navigator Beratungsteam GmbH, Hagen unter www.navigator-gruppe.de

Amor D (2000) Die E-Business (R)Evolution: Das umfassende Executive-Briefing. Bonn

Arnolds H, Heege F, Tussing W (1998) Materialwirtschaft und Einkauf. Gabler, Wiesbaden

Auftragsberatungsstelle Schleswig-Holstein e.V., Öffentliches Auftragswesen (2003) Informationen für die Praxis: Die wichtigsten Ausschreibungsblätter. Kiel

Ballhaus J (2004) Mit den Augen des Kunden sehen, in: absatzwirtschaft, Zeitschrift für Marketing (09/2004)

Ballhaus J, Seibold M (2004) Daten – Die heiße Ware, in: absatzwirtschaft, Zeitschrift für Marketing (09/2004)

Bartsch H, Bickenbach P (2001) Supply Chain Management mit SAP APO, Supply-Chain-Modelle mit dem Advanced Planner & Optimizer 3.1, 2. Aufl. Bonn

Bauer H, Göttgens O, Grether M (2001) eCRM – Customer Relationship Management, in: Helmke, Dangelmaier (Hrsg) Effektives Customer Relationship Management. Wiesbaden

Baumgarten H (2001) Logistik im E-Zeitalter, Die Welt der globalen Logistiknetzwerke. Frankfurt Allgemeine Zeitung Verlagsbereich Buch, Frankfurt

Baumgarten H, Risse J (2001) Logistikbasiertes Management des Produktentstehungsprozesses, in: Hossner R (Hrsg), Jahrbuch der Logistik 2001. Düsseldorf

Bayerisches Staatsministerium für Wirtschaft, Verkehr und Technologie (2001) Vergabe und Nachprüfung öffentlicher Aufträge. München

Beedgen R (1993) Elemente der Informatik. Vieweg, Wiesbaden

Beschaffung Aktuell (12/2000) Recht im E-Commerce; E-mails, Direct Purchasing, Virtuelle Marktplätze. Konradin, Stuttgart

Beschaffung Aktuell (01/2001) Der Allianzvertrag: Innovativer Weg zur Abwicklung von Investitionen. Konradin, Stuttgart

Beschaffung Aktuell (08/2001). Konradin, Stuttgart
Beschaffung Aktuell (01/2002). Konradin, Stuttgart
Beschaffung Aktuell (06/2002). Konradin, Stuttgart
Bichler K (1997) Beschaffungs- und Lagerwirtschaft. Gabler, Wiesbaden
Binner H F (2002) Prozessorientierte TQM-Umsetzung, München, 2. Aufl. Wien
BITKOM, unter http://www.bitkom.org
Bleicher P (2004) e-Business, Der SCM-Markt: Wunsch und Wirklichkeit, unter http://www.e-business.de/texte/4753.asp, Internetabruf am 23.03.2004
Bliemel F, Fassot G, Theobald, A (2000) Electronic Commerce: Herausforderungen – Anwendungen – Perspektiven. Gabler, Wiesbaden
Block, H C (1999) Einführung in das Internet und Internettechnologien, in: Strub M (Hrsg) Der Internet-Guide für Einkaufs- und Beschaffungsmanager. Verlag Moderne Industrie, Landsberg/Lech
BME.de, unter http://www.bme.de
BME-Jahrbuch e-Procurement (2002/2003)
Bock, R (2004) Interview mit Peter Hanser, in: absatzwirtschaft, Zeitschrift für Marketing (09/2004)
Bogaschewsky R (2003) Integrated Supply Management. Deutscher Wirtschaftsdienst
Bogaschewsky R (1999) Electronic Procurement – Neue Wege der Beschaffung, in: Bogaschewsky R (Hrsg) Elektronischer Einkauf: Erfolgspotentiale, Praxisanwendungen, Sicherheits- und Rechtsfragen. Deutscher Betriebswirte-Verlag, Gernsbach
Bogaschewsky R, Kracke, U (1999) Internet–Intranet–Extranet – Strategische Waffen für die Beschaffung. Deutscher Betriebswirte-Verlag, Gernsbach
Bogaschewsky R, Müller, H (2000) b2b-Marktplatzführer – Virtuelle Handelsplattformen für Deutschland. Frankfurt a. M.
Booz Allen Hamilton – Studie „Smart Customization“, Booz Allen Hamilton GmbH, München (2004), in: absatzwirtschaft, Zeitschrift für Marketing (08/2004)
Bovet D, Martha, J (2001) Value Nets – das digitale Business Design für mehr Gewinn. Verlag Moderne Industrie, Landsberg/Lech
Bracket M H (1996) The Data Warehouse Challenge – Taming Data Chaos. New York, Chichester, Brisbane
Brauer J-P, (2002) DIN EN ISO 9000:2000ff. umsetzen, 3. Aufl. München, Wien
Brecht U (2001) Praxis-Lexikon Controlling. Verlag Moderne Industrie, Landsberg/Lech
Brecht U (2004) Controlling für Führungskräfte. Wiesbaden
Bullinger H-J, Berres A (2000) E-Business Handbuch für den Mittelstand: Grundlagen, Rezepte, Praxisberichte. Springer, Heidelberg et al.
Busch A, Dangelmaier W (2002) Integriertes Supply Chain Management – Theorie und Praxis effektiver unternehmensübergreifender Geschäftsprozesse, 1. Aufl. Gabler, Wiesbaden
CAD/CAM Magazin für Computeranwendung in Design und Engineering (2003) Nr. 7, 22. Jahrgang. Hanser Verlag, München
CAD/CAM/PLM-Handbuch (2003/2004)

CAMPARI Deutschland GmbH (2004) Oberhaching, Mail- und Telefonauskunft von Fr. Riehle, September 2004

CCG, CPRF – Gemeinsame Planung, Prognose und Bevorratung (2004) unter http://www.ccg.de/ccg/Inhalt/e3/e652

Chamoni P & Gluchowski P (Hrsg) (1999) Analytische Informationssysteme – Data Warehouse, On-Line Analytical Processing, Data Mining, 2. Aufl. Springer, Berlin et al.

Competence-Site (04.02.2004), unter www.competence-site.de

Computerwoche Online (2004) ERP auf Electronic Payment gefasst, in: www.computerwocheonline.de vom 01.03.2004

Computerwoche (15.08.2003) Elektronischer Einkauf senkt Prozesskosten, Nr. 33, unter www.computerwoche.de

Corsten D, Gabriel C (2004) Supply Chain Management erfolgreich umsetzen: Grundlagen, Realisierung und Fallstudien. Springer, Berlin–Heidelberg–New York

Deutsche Bahn AG (2003) eProcurement – Strategie oder Hysterie? Foliensatz von Heiko Scholz, Leiter Einkaufsstrategien

Deutscher Werbekalender 2003 – Taschenbuch für Marketing und Werbung, 40. Ausgabe. Verlagsgruppe Handelsblatt, Düsseldorf

DIN EN ISO 9000 (2000) Qualitätsmanagementsysteme – Grundlagen und Begriffe (ISO 9000:2000), Europäisches Komitee für Normung, Brüssel

DTE.de (2004) DTE Automation GmbH, unter http://www.dte.de

Dunz M (2002) Grundlagen des E-Business, in: Wannenwetsch H (Hrsg) Integrierte Materialwirtschaft und Logistik. Springer, Berlin–Heidelberg–New York

Duvendag D (2004) Job-Exporte bieten Chancen, in: FAZ vom 22.03.2004

E-Business 2 (2001) Heft 19

EBPP info Portal (01.03.2004) unter www.ebpp.de

ECIN (31.03.2004) Wenn der eShop zur Kasse bittet..., unter http://www.ecin.de

Eco-Verband der deutschen Internetwirtschaft, unter www.eco.de

Ehrmann H (1997) Logistik. Kiehl, Ludwigshafen

Einkauf, Materialwirtschaft, Logistik (05/2003)

Eisert U, Geiger K, Hartmann G, Ruf H, Schindewolf S, Schmidt U (2001) mySAP® Product Lifecycle Management. Galileo Press GmbH, Bonn

EITO (2001) European Information Technology Observatory (Hrsg) ICT market, http://www.eito.com/pages/eito/figures01/index.htm, Abruf: 25.08.2001

Elektroniknet.de (2004) ElektronikNet, Die funkende Jeans verkauft sich besser, abgerufen am 20.01.2004 unter www.elektroniknet.de

e-procure Online-Newsletter Nr. 41 (02.04.2002) unter http://www.e-procure.de

e-procure Online-Newsletter Nr. 42 (15.04.2002) unter http://www.e-procure.de

e-procure Online-Newsletter Nr. 46 (27.05.2002) unter http://www.e-procure.de,

e-procure Online-Newsletter Nr. 47 (10.06.2002) unter http://www.e-procure.de

e-procure Online-Newsletter Nr. 49 (08.07.2002) unter http://www.e-procure.de

e-procure Online-Newsletter Nr. 60 (09.12.2002) unter http://www.e-procure.de

e-procure Online-Newsletter Nr. 62 (08.01.2003) unter http://www.e-procure.de

e-procure Online-Newsletter Nr. 72 (26.05.2003) unter http://www.e-procure.de

e-procure Online-Newsletter (08.12.2003) unter http://www.e-procure.de
e-procure Online-Newsletter (12.01.2004) unter http://www.e-procure.de
e-procure Online-Newsletter (22.02.2004) unter http://www.e-procure.de
e-procure Online-Newsletter Nr. 74 (28.06.2004) Online-Befragung Bundesvereinigung Logistik, unter http://www.e-procure.de
e-procure Online-Newsletter (30.08.2004) unter http://www.e-procure.de
e-procure Online-Newsletter (20.09.2004) unter http://www.e-procure.de
Esch F-R (2003) Strategie und Technik der Markenführung. Vahlen Verlag, München
Eßig M (2004) Von der Einkaufskostenrechnung unter http://www.e-procure.de zum Spend Management, in: BME e.V. (Hrsg) Best Practice in Einkauf und Logistik. Gabler, Wiesbaden (2004)
Financial Times (07.12.2004) Wachstum von Porsche in Gefahr
Forrester Research (2001), in: Scheckenbach, Zeier (Hrsg) Collaborative SCM in Branchen
Fortmann K-M, Kallweit A (2000) Logistik. Kohlhammer, Stuttgart
Frankfurter Allgemeine Zeitung (01.03.2001) Nach der Begeisterung über Branchenplattformen konzentrieren sich die Unternehmen jetzt auf private Online-Marktplätze, Nr. 51
Frankfurter Allgemeine Zeitung (06.08.2001) Informationstechnik bereitet Managern zusätzlich Stress, Nr. 180
Frankfurter Allgemeine Zeitung (21.01.2002) Start-ups haben vor allem Kosten und Liquidität im Visier
Frankfurter Allgemeine Zeitung (12.08.2002) Großkonzerne treiben den Internet-Handel in großen Schritten voran, Nr. 185
Frankfurter Allgemeine Zeitung (16.08.2002)
Frankfurter Allgemeine Zeitung, Im Minenfeld der Autoindustrie (19.08.2002) Nr. 191
Frankfurter Allgemeine Zeitung (04.04.2003) Ein Pakt für die digitale Unterschrift
Frankfurter Allgemeine Zeitung (07.07.2003)
Frankfurter Allgemeine Zeitung (14.07.2003)
Frankfurter Allgemeine Zeitung (27.10.2003) Jamba expandiert nach Asien
Frankfurter Allgemeine Zeitung (03.11.2003) Forschung und Fertigung: Das ist der Sony-Weg, Nr. 255
Frankfurter Allgemeine Zeitung (06.11.2003) Ebay wächst in Deutschland in diesem Jahr um 100 Prozent
Frankfurter Allgemeine Zeitung (17.11.2003)
Frankfurter Allgemeine Zeitung (24.11.2003) 18% Zuwachs im eCommerce
Frankfurter Allgemeine Zeitung (08.12.2003a) E-Government stagniert in Deutschland
Frankfurter Allgemeine Zeitung (08.12.2003b) Krankenhäuser kaufen kaum im Netz ein
Frankfurter Allgemeine Zeitung (13.12.2003) Autohersteller fordern Nachlässe von Zulieferern, Nr. 290
Frankfurter Allgemeine Zeitung (22.01.2004) Weihnachtsgeschäft beflügelt Online-Auktionshaus Ebay

Frankfurter Allgemeine Zeitung (26.01.2004) Internet treibt Preiswettbewerb im Handel an. Allensbacher Computer und Technikanalyse, ACTA 2003, Deutschland Internet Nutzer (14 bis 64 Jahre), Nielsen Netratings

Frankfurter Allgemeine Zeitung (10.02.2004) IBM lenkt sein Augenmerk auf die Wertschöpfungskette, Nr. 34

Frankfurter Allgemeine Zeitung (09.03.2004) Volkswagen-Finanzdienstleister feilt an neuen Produkten, Nr. 58

Frankfurter Allgemeine Zeitung (15.03.2004)

Frankfurter Allgemeine Zeitung (22.03.2004) Nr. 69

Frankfurter Allgemeine Zeitung (23.03.2004) Am gesamten Autoleben beteiligt, Nr. 70

Frankfurter Allgemeine Zeitung (23.04.2004) Bosch will sich noch stärker aufs Ausland konzentrieren, Nr. 95

Frankfurter Allgemeine Zeitung (07.06.2004) Neue Autos brauchen Werbetrommeln, Nr. 130, B&D Forecast

Frankfurter Allgemeine Zeitung (02.09.2004) Wir müssen über das Grazer Becken hinausblicken, Nr. 204

Frankfurter Allgemeine Zeitung (14.09.2004) Autozulieferer streben ins Ausland, Nr. 214

Frankfurter Allgemeine Zeitung (16.09.2004a) In China verdüstert sich die Stimmung der Automobilindustrie, Nr. 216

Frankfurter Allgemeine Zeitung (16.09.2004b) Mercedes-Rückruf kostet Millionen, Nr. 216

Frankfurter Allgemeine Zeitung (27.09.2004) Die Internet-Kriminalität erreicht Europa

Frankfurter Allgemeine Zeitung (18.10.2004) Nr. 243

Frankfurter Allgemeine Zeitung (28.10.2004) Nr. 252

Fraunhofer IML (2000) Studie im Auftrag des Landes Nordrhein-Westfalen, Logistik und E-Commerce Konzepte für Ballungszentren

Fraunhofer Institut (2001) Tower 24: System für dezentrale Pick-up-Points, Kurzpräsentation, Februar 2001

Fraunhofer IML (2002), unter http://www.tower24.de (23.05.2002)

Fraunhofer IPA (2002) eManager-Spezial, Ausgabe April 2002

Frauenhofer IPA, Frauenhofer IML (2003) SCM Marktstudie, SCM Aufgabenmodell, ETH Zürich BWI

Friedrich J-M, Mertens P, Eversheim W, Kampker R (2002) Der CW-SCM-Ansatz. Eine komponentenbasierte Supply-Chain-Management-Software für kleine und mittlere Unternehmen, in: Wirtschaftsinformatik 44, friedrich@forwin.de, mertens@wiso.uni-erlangen.de, w.eversheim@wzl.rwth-aachen.de, kk@fir.rwth-aachen.de

Furche A, Wrightson G (1997) Computer Money, Zahlungssysteme im Internet. Heidelberg

Future-Store (2004) Metro Group, unter www.future-store.org am 19.01.2004

Gartner Consulting (2001) Enterprises Drive Competitive Advantage Through SRM (White Paper), San Jose 16. April 2001

Gärtner K-F (2002) Vortrag: Erwartungen und Anforderungen der Automobilhersteller zur Umsetzung der ISO/TS 16949:2002, siebtes Auditoren-Symposium, Berlin
Gentsch P (2002) Wie aus Daten Wissen wird, in: www.sapinfo.net (22.02.2002)
Hamm V, Brenner W (1999) Potentiale des Internet zur Unterstützung des Beschaffungsprozesses, in: Strub M (Hrsg) Der Internet-Guide für Einkaufs- und Beschaffungsmanager. Verlag Moderne Industrie, Landsberg/Lech
Hammann P, Lohrberg W (1986) Beschaffungsmarketing: eine Einführung. Stuttgart
Handelsblatt (15.03.2004)
Hantschel A (2002) Merkblatt Öffentliche Aufträge in Deutschland. Auftragsberatungsstelle Bayern e.V., München
Hassmann V (2001) CRM ist Strategie, keine Software, in: Sales Business (10/2001)
Heinrich C E (2004) Adaptive Unternehmen: Durch höhere Flexibilität zum Erfolg, in: Best Practice in Einkauf und Logistik, 1. Aufl. Gabler, Wiesbaden
Heise Online (19.01.2004), unter www.heise.de/newsticker/data/ciw-12.01.04-000/, 12.01.2004
Heise Online (19.01.2004) unter www.heise.de/newsticker/data/jk-15.01.04-000/, 15.01.04
Heise Online (19.01.2004) unter www.heise.de/newsticker/data/wst-23.05.03-001/, 23.05.2003
Helmke S, Dangelmaier W (2001) Effektives Customer Relationship Management. Wiesbaden
Hertwig S (2000) Praxis der öffentlichen Auftragsvergabe (VOB/VOL/VOF). NJW-Schriftenreihe, München
Hildebrandt H, Koppelmann U (Hrsg) (2000) Beziehungsmanagement mit Lieferanten, Schaeffer-Pöschel, Stuttgart: 1–23
Hippner H, Küsters U, Meyer M, Wilde K (2001) Handbuch Data Mining im Marketing: Knowledge Discovery in Marketing Databases. Wiesbaden
Holland (2001) Supply Chain Optimization Systems in der Materialwirtschaft, in: Walther J, Bund M (Hrsg) Supply Chain Management: Neue Instrumente zur kundenorientierten Gestaltung integrierter Lieferketten, Frankfurt
Homburg C, Krohmer H (2003) Marketingmanagement. Gabler, Wiesbaden
Horváth & Partners (2004), unter www.horvath-partners.com (19.04.2004)
Hossinger P (2000) Marketingplanung, in: Pepels W (Hrsg) Integratives Marketing. Fortis, Köln
http://osthus.de/service/glossar (27.06.2004) IT-Glossar
http://www.a-obermaier.de/fert.htm (11.05.2002)
http://www.aboutit.de/view.php?ziel=/ (11.02.2004)
http://www.acquisade/news/showNews.cfm?newsID=10638 (22.04.2004)
http://www.adresource.com
http://www.aol.de
http://www.ascet.com (2001) The ASCET-Project Volume 3
http://www.atlet.de (15.09.2004)
http://www.beschaffungswelt.de (16.05.2002)

http://www.beuth.de
http://www.bitkom.org (17.02.2004 u.19.02.2004)
http://www.bme.de (2002) Mittelstand will erhebliche Mittel in die Ausbildung investieren, in: Beschaffung Aktuell, Ausgabe Mai 2002
http://www.bme.de (05.02.2004a) Öffentliche könnten Beschaffungskosten um ein Drittel senken
http://www.bme.de (05.02.2004b) Public eProcurement: Prozesse straffen, Kosten sparen
http://www.centralstation.ch/fourthparty.asp
http://www.competence-site.de (04.02.2004) E-Government – E-Procurement. Accenture
http://www.competence-site.de (20.01.2002) IT-Glossar
http://www.contentmanager.de
http://www.data-mining.de (06.02.2002)
http://www.dnv.de/zertifizierung/automotive/QS9000.asp (09.06.2004)
http://www.dte.de (19.01.2004) DTE
http://www.ebpp.de (01.03.2004) EBPP Info Portal
http://www.e-business.de/texte/4753.asp (23.03.2004) e-Business, Der SCM-Markt: Wunsch und Wirklichkeit
http://www.ecc-handel.de/ (18.05.2002) E-Commerce Handel
http://www.ecc-handel.de/ (16.02.2004a) s.Oliver versendet Coupons per Handy
http://www.ecc-handel.de/ (16.02.2004b) Location Based Services und Mobiles Marketing
http://www.ecc-handel.de/ (15.09.2003) Vodafone und M-Procurement
http://www.ecin.de (15.02.2004) MMS: Kostensenkungen locken neue Nutzer
http://www.ecin.de (31.03.2004) Wenn der eShop zur Kasse bittet...
http://www.eco.de (27.08.2003) Deutschland weit vorn beim Mobile Business, Pressemitteilung
http://www.electronic-commerce.org
http://www.elektroniknet.de (20.01.2004) Die funkelnde Jeans verkauft sich besser
http://www.emarketer.com
http://www.emas.org.uk (17.06.2004)
http://www.e-procure.de
http://www.europa.eu.int (07.03.2004)
http://www.europa.eu.int/comm/environment/emas/index_en.htm (07.03.2004)
http://www.finanzen.aolsvc.de (07.12.2004)
http://www.future-store.org (19.01.2004) Metro Future Store, Metro Group
http://www.gfk.de
http://www.handelsblatt.de (15.03.2004)
http://www.heise.de (12.01.2004, 15.01.2004 u. 23.05.2004) Heise Newsticker
http://www.iab.com
http://www.iaconline.de
http://www.in-medias-res.de
http://www.ivw.de
http://www.kommdesign.de

http://www.logostikinside.de
http://www.modernerstaat.de (04.02.2004) Bundesverwaltung kauft künftig online ein
http://www.offis.de/projekte/hs/picktolight (03.10.2004)
http://www.pago.de
http://www.paybox.net (25.03.2004) Pressearchiv
http://www.presseportal.de/story (09.09.2004)
http://www.probuy.de
http://www.projektmagazin.de/glossar/gl-0057.html (08.04.2004)
http://www.pwcglobal.com
http://www.qm-world.de/000504/index.htm?dummy=nix&word=14001 (07.03.2004)
http://www.regtp.de/reg_post/02167/01/ (17.05.2003)
http://www.sap.de (08.03.2004)
http://www.sap.de/crm (22.04.2004)
http://www.sapinfo.net (22.02.2002)
http://www.science.iao.org.fhg.de/scm (20.01.2002)
http://www.searchenginewatch.com
http://www.ad.siemens.de/fea/ html_00/fhlueneburg.htm
http://www.simon-kucher.com/deutsch/index.html, Publikationen: Datenbank (24.09.2004)
http://www.sozialnetz-hessen.de/ergo-online
http://www.ssi-schaefer-noell.de/leistungen/it_pbv.php (03.10.2004)
http://www.symbol.com/germany/Presse/pr2002-07a.html (03.10.2004)
http://www.team7.purchasing.at
http://www.texasinstruments.com
http://www.theglobeandmail.com (20.01.2004) Radio frequency ID is key to auto industry, The Globe and Mail
http://www.tower24.de (23.05.2002) Fraunhofer IML
http://www.tuev-club-hessen.de/img/ablauf.jpg (17.06.2004)
http://www.uni-hannover.de
http://www.uni.karlsruhe.de
http://www.uni-stuttgart.de
http://www.useit.com
http://www.usingrfid.com (14.01.2004) Using RFID
http://www.virtualpromote.com
http://www.visa.de (01.03.2004)
http://www.w3b.de
http://www.webagency.de (11.02.2002) Internet-Marktplätze und Portale: Hype oder Erfolgskonzept
http://www.werbeformen.de
http://www.winckel.de (20.01.2004) Neuer schneller RFID-Chip von Infineon
http://www.wilken-openshop.de
http://www.yahoo.de (20.01.2004) Yahoo Finanzen
http://www.zdnet.de (20.01.2004) Trotz Probleme: Anwender wollen RFID in der Lieferkette, ZDNet vom 08.07.2003

Hünerberg M, Mann A (2000) Online-Service, in Bliemel et al. (Hrsg) Electronic Commerce: Herausforderungen – Anwendungen – Perspektiven. Gabler, Wiesbaden

Hug W (2001) Konzeption und Implementierung eines kundenorientierten Controllings der Lieferantenbeziehung, in: Belz C, Mühlmeyer J, Key (Hrsg) Supplier Management. Kriftel–Neuwied, St. Gallen

Hurth J (2002) Multi Channel-Marketing und E-Commerce – zwischen Aktionismus und Mehrwert, in: Science Factory (01/2002). Verlagsgruppe Handelsblatt, Düsseldorf

Hurth J (2001) Multi-Channel-Marketing – Novum oder Phrase?, in: Wirtschaftswissenschaftliches Studium Nr. 9

IHK, DVI (1997) 15. Verpackungsseminar, Leipzig

Industrie Anzeiger (25.06.2001), Nr. 26

Industrielle Informationstechnik (08/2001)

Industrielle Informationstechnik (09/2000) Informationstechnik und Logistik

Industrielle Informationstechnik (10–11/2000) IT-Konzepte für den Mittelstand

In Medias Res (2004) in: www.in-medias-res.de (25.03.2004)

INTEL GmbH (2004) Mailkontakt mit Hr. Werner, München, September 2004

Isermann H (Hrsg) (1994) Logistik: Gestaltung von Logistiksystemen. Verlag Moderne Industrie, Landsberg

ISO 9000:2000 (2000) DIN EN ISO 9000, Qualitätsmanagementsysteme – Grundlagen und Begriffe (ISO 9000:2000); Europäisches Komitee für Normung. Brüssel

IT-Glossar (2004), unter http://osthus.de/Service/Glossar (27.06.2004)

IT-Glossar (2002), unter www.competence-site.de (20.01.2002)

Jahns C (2004a) Ein Paradigmenwechsel vom Einkauf zum Supply Management., in: Beschaffung Aktuell (08/2004). Konradin Verlag, Stuttgart

Jahns C (2004b) Kennzahlen, Balanced Scorecard & Benchmarking, in: Beschaffung Aktuell (02/2004). Konradin Verlag, Stuttgart

Jehle E (2002) Netzwerk-Balanced Scorecard als Instrument des Supply Chain Controlling, in: Werner H (Hrsg) Supply Chain Management. Gabler, Wiesbaden

Jünemann R (1989) Materialfluss und Logistik. Springer, Berlin

Kaplan R, Norton, D (1997) Balanced Scorecard – Strategien erfolgreich umsetzen. Stuttgart

Kaplan R, Norton D (1992) The balanced scorecard – measures that drive performance, in: Harvard Business Review, January–February 1992

Kappeller W (2000) Case Studies – Aktuelle Fallbeispiele aus Marketing, Werbung und Verkauf. Verlag Moderne Industrie, Landsberg am Lech

Kilger C (1998) Optimierung der Supply Chain durch Advanced Planning Systems, in: IM – Die Fachzeitschrift für Informations Management & Consulting, Ausgabe 03/98

Kleinecken A (2002) Electronic Procurement, in: Wannenwetsch H, Nicolai S (Hrsg) E-Supply-Chain-Management. Gabler, Wiesbaden

Kliger M, Ascari A (2000) M-Commerce: Die nächste Revolution, in: McKinsey (Hrsg), akzente. Sonderheft, München

Kluck D (1998) Materialwirtschaft und Logistik. Schäffer-Poeschel, Stuttgart

Knolmayer G, Mertens P, Zeier A (2000) Supply Chain Management auf Basis von SAP-Systemen, Perspektiven der Auftragsabwicklung. Springer, Berlin–Heidelberg–New York

Koether R (2000) Taschenbuch der Logistik. Carl Hanser, München, Wien

Koether R (2001) Technische Logistik, 2. Aufl. Carl Hanser, München, Wien

Köhler T, Best, R (1998) Electronic Commerce, Konzipierung und Nutzung in Unternehmen. Bonn et al.

Köhn R (2004) Hersteller rufen die Autos im Wochentakt zurück, in: FAZ vom 20.08.2002 u. FAZ Nr. 204 vom 02.09.2004

Köhn R (2004) Wir müssen über das Grazer Becken hinausblicken, in: FAZ vom 02.09.2004, Nr. 204

Kollmann T (2000) Elektronische Marktplätze, in: Bliemel F et al. (Hrsg) Electronic Commerce: Herausforderungen – Anwendungen – Perspektiven. Gabler, Wiesbaden

Kotler P, Bliemel F (2001) Marketing-Management. Schäffer-Poeschel, Stuttgart

Kotler P, Armstrong G, Saunders J, Wong V (1999) Principles of Marketing. eighth European edition, New Jersey, USA

KPMG Consulting AG (2001) Electronic Procurement in deutschen Unternehmen, Frankfurt a. M.

KPMG Consulting AG (02.01.2002) eSupply Chain Management, unter www.kpmg.de

Kranke A (2003) Image-Ranking: Die Sieger 2003, in: Sonderdruck Logistik Inside (15/2003)

Kuhn A, Hellingrath H (2002) Supply Chain Management. Springer, New York–Berlin–Heidelberg

Lawrenz O, Hildebrand K, Nenninger M (2000) Supply Chain Management. Gabler und Vieweg, Wiesbaden

Leenders M R, Blenkhorn D L (1988) Reverse Marketing – The New Buyer-Supplier Relationship. New York

Logistik für Unternehmen (04/2002)

Logistik heute (09/2002)

Logistik heute (04/2003)

Logistik heute (11/2003)

Logistik Inside (01/2002) Test: Was leisten Paketdienste?

Logistik Inside (02/2002) Handel und Industrie: Hält die neue Verbindung?

Logistik Inside (04/2002a) Logistiker finden sich in allen Abteilungen

Logistik Inside (06/2003)

Logistik Inside (15/2003)

Logistik Inside (08/2004) Die Gewährleistungsfalle

Logistics Management (06/2003)

Lucke J von, Reinermann H (2000) Speyerer Definition von Electronic Government. Forschungsinstitut für öffentliche Verwaltung, Speyer, Online-Publikation unter http://foev.dhv-speyer.de/ruvii

Lufthansa AirPlus (2004) in: www.airplus.de (01.03.2004)

Malone T, Yates J, Benjamin R (1987) Electronic Markets And Electronic Hierarchies, in: Communications of the ACM, 30. Jg., Nr. 6

Marbacher A (2001) Demand & Supply Chain Management. Bern, Stuttgart, Wien

Meding M (2002) Microsoft mischt auf, in: Logistik inside, Ausgabe 06, April 2002 und Ausgabe vom 11.06.2002, Unternehmenssoftware: SAP kombiniert SCM mit CRM

Meier A E (2002) E-Commerce in Einkauf und Beschaffung, in: Wannenwetsch H (Hrsg) (2002b) E-Logistik und E-Business. Kohlhammer, Stuttgart

Meier A E (2004) Analysen zur Kostenreduzierung in der Materialwirtschaft, in: Wannenwetsch H (Hrsg) (2004a) Integrierte Materialwirtschaft und Logistik. Springer, Heidelberg–Berlin–New York

Melzer-Ridinger R (1994) Materialwirtschaft und Einkauf, Bd. 1: Grundlagen und Methoden, 3. Aufl. Oldenbourg, München

Mihm A, Knop C (2004) Bis ich mit der Gewerkschaft klar bin, hat die Konkurrenz schon geliefert, in: FAZ vom 22.03.2004

Missbauer H (1998) Bestandsregelung als Basis für eine Neugestaltung von PPS-Systemen. Physica, Heidelberg

Mocker H, Mocker U (1999) E-Commerce im betrieblichen Einsatz. Frechen–Königsdorf

Moderner Staat (04.02.2004), unter www.modernerstaat.de

Müller H (1999) Elektronische Märkte im Internet, in: Bogaschewsky R (Hrsg) Elektronischer Einkauf: Erfolgspotentiale, Praxisanwendungen, Sicherheits- und Rechtsfragen. Deutscher Betriebswirte-Verlag, Gernsbach

Müller, Priebe, Savda, Schindler (2003) Öffentliches Auftragswesen leicht gemacht. Industrie- und Handelskammer Region Stuttgart, Stuttgart

Nenninger M, Hillek T (2000) eSupply Chain Management, in: Lawrenz, O. et al. (Hrsg) Supply Chain Management: Strategien, Konzepte und Erfahrungen auf dem Weg zum E-Business Networks. Gabler und Vieweg, Braunschweig, Wiesbaden

Nenninger M, Lawrenz O (2001) B2B-Erfolg durch eMarkets. Best Practice: Von der Beschaffung über eProcurement zum Net Market Maker. Vieweg, Braunschweig/Wiesbaden

NEW media nrw (29.01.2003)

Neue Zürcher Zeitung (19.11.2002)

Newell F (2001) Customer Relationsship Management im E-Business – Neue Zielgruppen optimal erschließen, individuell ansprechen, mit E-Strategien langfristig binden. Verlag Moderne Industrie, Landsberg/Lech

Nienhaus J, Hieber R (2002) Supply Chain Controlling – Logistiksteuerung der Zukunft? in: Werner H (Hrsg) Supply Chain Management. Gabler, Wiesbaden

Norris G, Hurley J, Hartley K, Dunleavy J, Balls J (2000) E-Business and ERP – Transforming the Enterprise, John Wiley & Sons, PricewaterhouseCoopers

Obermaier A (2002) unter http://www.a-obermaier.de/fert.htm vom 11.05.2002

Obermann K (2003) „Quo vadis PLM“, CAD/CAM/PLM-Handbuch 2003/04. Hanser Verlag, München, Wien

Oeldorf G, Olfert K (1998) Materialwirtschaft. Kiehl, Ludwigshafen

Österle H, Senger E (2003) Realtime Management – Fünf Fallstudien, Bericht Nr. BE HSG/ BECS/2. Universität St. Gallen, Lehrstuhl Prof. Dr. H. Österle, St. Gallen

Ollmert C (2000) Extensible Markup Language, in: Thome, R, Schinzer, H (Hrsg) Electronic Commerce: Anwendungsbereiche und Potentiale der digitalen Geschäftsabwicklung. München

Openshop (2004) eBusiness, unter www.wilken-openshop.de

o.V., Balanced Scorecard macht erfolgreicher (15.03.2004), in: Frankfurter Allgemeine Zeitung

o.V., Studie: Balanced Scorecard macht erfolgreicher (15.03.2004), in: www.handelsblatt.de

o.V., Deutsche Post – www.marketing-im-mittelstand.com, Cross-Selling: Deutsche Post setzt auf Ökostrom. www.marketing-im-mittelstand.com/pmdocument.asp?cid=533&id=11789&p=1, abgerufen am 13.09.2004

o.V., EV Apolda – www.marketing-im-mittelstand.de, Kundenrückgewinnung mit Telefon und Mailing. www.marketing-im-mittelstand.com/pmdocument.asp?cid=533&id=11300&p=1, abgerufen am 13.09.2004

o.V., Studie (2004) „Der erfolgreiche Weg zum Systemanbieter", Institut für marktorientierte Unternehmensführung (IMU) an der Universität Mannheim und Prof. Homburg & Partner, in: absatzwirtschaft, Zeitschrift für Marketing (01/2004

Pago-Studie (2003) Chancen & Risiken im Online-Handel für den deutschen Mittelstand, in: www.pago.de (31.03.2004)

Paybox (25.03.2004) Pressearchiv, unter www.paybox.net

Payne A & Rapp R (1999) Handbuch Relationship Marketing – Konzeption und erfolgreiche Umsetzung. München

Peters A (2002) E-Procurement: Durch Dickicht der Plattformen, in: Logistik inside, Heft 2

Pfeifer T, Lorenzi P (2003) Wettstreit der Systeme – Studie: Qualitätsmanagement in der produzierenden Industrie hoffähig geworden, in: Qualität und Zuverlässigkeit (QZ) (01/2003)

Pfeifer T (2001) Qualitätsmanagement. Hanser, München

Pfohl H-J, Jünemann R (2003) Logistiksysteme, 5. Aufl. Springer, Berlin–Heidelberg–New York

PHILIPS Consumer Electronics (2004) Mailkontakt mit Hr. Petri, Media Relations, Hamburg, September 2004

Picot A, Reichwald R, Wigand R (2001) Die grenzenlose Unternehmung – Information, Organisation und Management, 4. Aufl. Gabler, Wiesbaden

Piller F T (1998) Kundenindividuelle Massenfertigung: Die Wettbewerbsstrategie der Zukunft. München

Piller F, Stokto Ch (Hrsg) (2003) Mass Customization und Kunden-Integration: Neue Wege zum innovativen Produkt. Symposion, Düsseldorf

Pirron J, Reisch O et al. (1998) Werkzeuge der Zukunft, in: Logistik Heute (11/98)

Polster R, Goerke, S (2002) Strategischer Nutzen des Supply Chain Management, in: Beschaffung Aktuell (01/02) und SCENE SCM-Network des Fraunhofer IAO, in: www.scene.iao.fhg.de/scm vom 20.01.02

Polzin D (2002) Neue Strukturen in der Verkehrslogistik durch E-Business, in: Wannenwetsch H (Hrsg) E-Logistik und E-Business. Kohlhammer, Stuttgart

Polzin D (2003) Logistikdienstleister sollten Benchmarking nutzen: Günstiges Rationalisierungsinstrument für Mittelständler, in: Deutsche Verkehrs-Zeitung DVZ (57) Nr. 117 vom 30.09.2003

Polzin D (2004) Stärken und Schwächen erkennen, in: Logistik Sonderbeilage zum 5. DVZ Logistics Forum 2004 in Duisburg. Deutsche Verkehrs-Zeitung DVZ (58) Nr. 25 vom 02.03.2004

Polzin D Lindemann, M (1999) Evolution elektronischer Märkte in der Verkehrslogistik – Interdisziplinäres Forschungsprojekt LOGEC untersucht Anforderungsprofile und Entwicklungslinien elektronisch unterstützter Marktprozesse in der Logistik, in: Wirtschaftsinformatik 41(1999) Heft 6 Dezember 1999

Präsentation SAP AG (2003) mySAP SCM – Generic Processes

Probuy AG (2002) unter http://www.probuy.de

procurement letter (07/2004)

PSIPENTA (2004) Manufacturing Execution System: Brücken nutzen – zwischen Management und Shopfloor, unter http://www.psipenta.de/mes/doc vom 10.04.2004

Pulic A (2004) Einkauf hat meist keine Kontrolle über Marketing-Ausgaben, in: procurement-letter (07/2004)

Quinn F J (2001) Collaboration – More than just Technology, in: The ASCET-Project Volume 3, http://www.ascet.com

Reichwald R, Piller F T (2000) Mass Customizing Konzepte im Electronic Business, in: Weiber R (Hrsg) Handbuch Electronic Business: Informationstechnologien – Electronic Commerce. Wiesbaden

Reindl M, Oberniedermaier G (2002) eLogistics. Logistiksysteme und Logistikprozesse im Internetzeitalter. Addison-Wesley, München

Rheinpfalz (05.03.2004) Deutsche Autobranche rollt auf der Kriechspur, Nr. 55

Rheinpfalz (29.04.2004) Immer mehr Pkw-Rückrufaktionen, Nr. 100

Rheinpfalz (03.05.2003) Lohnkonkurrenz verschärft sich, Nr. 102

Rheinpfalz (09.09.2004) Frankreich bleibt wichtigster Handelspartner, Nr. 210

Richter M (2002) E-Business: Wo ist die Strategie?, in: www.webagency.de (04.05.2002)

Sackstetter H, Schottmüller R (2001) C-Teile-Management. Umsetzung von C-Teile-Management-Projekten. Deutscher Betriebswirte Verlag, Gernsbach

Sales Business, Ausgabe 10/01

SAP AG (2000a) Supply Network Planning and Deployment. Walldorf

SAP AG (2000b) Funktionen im Detail – PP, SAP Advanced Planner and Optimizer; Demand Planning. Walldorf (01.2000)

SAP AG (2001) Success Story zu BMW Motoren GmbH (13.05.2001)

SAP AG (2003a) Success Story zu Ortlinghaus GmbH (09.2003)

SAP AG (2003b) Success Story zu Pierburg GmbH (11.2003)

SAP AG (2003c) The Pathway to Profit and Competitive Advantage, SAP AG Walldorf, White Paper 2003

Scheckenbach R, Zeier A (2003) Collaborative SCM in Branchen. Galileo Press, Bonn

Schinzer H (1999) Supply Chain Management, in: Das Wirtschaftsstudium, 28. Jahrgang, Heft 6

Schinzer H D & Bange C (1999) Werkzeugarchitektur analytischer Informationssysteme, in: Chamoni P & Gluchowski P (Hrsg) Analytische Informationssysteme – Data Warehouse, On-Line Analytical Processing, Data Mining, 2. Aufl. Springer, Berlin et al.

Schmickler M (2001) Management strategischer Kooperationen zwischen Hersteller und Handel. Gabler, Wiesbaden

Schmid G (2000) Ausgewählte Fragen der Zusammenarbeit zwischen Industrie und Handel, in: Examenswissen Marketing Bd. 5 (2000) Distributions- und Verkaufspolitik. Fortis Verlag FH, Köln

Schmid T (2003) Ober sticht Unter, in: Automobilproduktion (03/2003)

Schmidt H (2001) Nach der Begeisterung über Branchenplattformen konzentrieren sich die Unternehmen jetzt auf private Online-Marktplätze, in: FAZ (01.03.2001), Nr. 51

Schmitz B (2002) Die Säulen des Erfolgs des Beschaffungsportals, in: Wannenwetsch H (Hrsg) E-Logistik und E-Business. Kohlhammer, Stuttgart

Schmitz B (2002) IuK-Systeme als Bausteine der E-Informationslogistik, in: Wannenwetsch H (Hrsg) Integrierte Materialwirtschaft und Logistik, 1. Aufl. Springer, Berlin–Heidelberg–New York

Schneckenburger T (2000) Prognosen und Segmentierung in der Supply Chain: ein Vorgehensmodell zur Reduktion der Unsicherheit. Dissertation, Universität St. Gallen

Schulte C (1999) Logistik – Wege zur Optimierung des Material- und Informationsflusses. Vahlen, München

Schulte G (1996) Material- u. Logistikmanagement. Oldenbourg, München

Schulze, Weber (1987)

Schuster R, Färber J, Eberl M (1997) Digital Cash, Zahlungssysteme im Internet. Springer, Heidelberg et al.

Schwetz W (2000) Customer Relationship Management, Mit dem richtigen CAS/CRM-System Kundenbeziehungen erfolgreich gestalten. Wiesbaden

Sebastian K-H, Kolvenbach C (2000) Wie Sie mit intelligenten Preiskonzepten der Preishölle entkommen, in: absatzwirtschaft – Zeitschrift für Marketing (05/2000)

Sebastian K-H, Maessen A (2003) Optionen im strategischen Preismanagement, unter www.simon-kucher.com/deutsch/index.html, Publikationen: Aktuelle, abgerufen 24.09.2004

Seibold M (2004) Best Practice: Entwicklungsland Deutschland – Drei Kooperationen beim Category Management, in: absatzwirtschaft, Zeitschrift für Marketing (09/2004)

Seifert D (2004) Efficient Consumer Response. Rainer Hampp Verlag, München und Mehring

Seiwert M (2004) Die Mikromarketers – Wie aus Varta ein Innovator wurde, in: absatzwirtschaft – Zeitschrift für Marketing (08/2004)

Selkrik Th R (2000) Maßkonfektion zum günstigen Preis in einem Multi-Channel-System, in: Piller F, Stokto Ch (Hrsg) Mass Customization und Kunden-Integration: Neue Wege zum innovativen Produkt. Symposium, Düsseldorf

Siemens AG (2002) Automation and Drives unter http://www.ad.siemens.de/fea/html_00/fhlueneburg.htm

Simon H, Dolan R (1997) Profit durch Power-Pricing – Strategien aktiver Preispolitik. Campus, Frankfurt

Simon H, Dahlhoff D (1999) Konsequente Ausrichtung auf den Kunden: Price Customization, unter www.simon-kucher.com/deutsch/index.html, Publikationen: Datenbank (24.09.2004)

Simon H, Sebastian K-H, Maessen, A (2003) Balanceakt Pricing – zurück zur Marge in: absatzwirtschaft – Zeitschrift für Marketing (08/2003)

SKYVA International (2002) unter http://www.skyva.de/index.html vom 11.05.2002

Soeffky M (1999) Prozess- und Systemmanagement von Data Warehouse-Systemen, in: Chamoni P & Gluchowski P (Hrsg) Analytische Informationssysteme – Data Warehouse, On-Line Analytical Processing, Data Mining, 2. Aufl. Springer, Berlin et al.

Sommerer (1998) Unternehmenslogistik. Hanser, München

Stippel P (2004a) Agenda 2005 – Was bringt den Konsum in Deutschland voran?, in: absatzwirtschaft – Zeitschrift für Marketing (09/2004)

Stippel P (2004b) Die bessere Erbengeneration, in: absatzwirtschaft – Zeitschrift für Marketing (03/2004)

Stöckl H (2002) Mobile Commerce, in: Wannenwetsch H (Hrsg), E-Business und E-Logistik. Kohlhammer, Stuttgart

Stölzle W (2000) Beziehungsmanagement – Konzeptverständnis und Implikationen für die Beschaffung, in: Hildebrandt H & Koppelmann U (Hrsg) Beziehungsmanagement mit Lieferanten, Stuttgart: 1–23

Stölzle W, Heusler K F, Karrer M (2004) Erfolgsfaktor Bestandsmanagement. Versus Verlag AG, Zürich

Stölzle W, Otto A (Hrsg) (2003) Supply Chain Controlling in Theorie und Praxis. Wiesbaden

Stoltenberg S (2001) Stau kalkuliert, in: E-Business 2 (Heft 19)

Strub M (1999) Der Internet-Guide für Einkaufs- und Beschaffungsmanager: Das World Wide Web optimal nutzen – Angebote weltweit kennen und analysieren – Schneller und günstiger einkaufen. Verlag Moderne Industrie, Landsberg/Lech

Symposion Publishing (03/2003)

Team7, unter http://team7.purchasing.at

Thaler K (1999) Supply Chain Management – Prozessoptimierung in der logistischen Kette. Fortis, Köln

Thaler K (2001) Supply Chain Management – Prozessoptimierung in der logistischen Kette, 3. Aufl. Fortis Verlag FH, Köln–Wien

Thaler K (2003) Supply Chain Management, 4. Aufl. Bildungsverlag EINS 4, Troisdorf

The Globe and Mail, vom 9. Oktober 2003, Radio Frequency ID is key to auto industry, unter www.theglobeandmail.com am 20.01.2004

Thome R, Schinzer H (2000) Electronic Commerce: Anwendungsbereiche und Potentiale der digitalen Geschäftsabwicklung. Vahlen, München

Thonemann U et al. (2003) Supply Chain Champions, 1. Aufl. Gabler, Wiesbaden,

Thonemann U et al. (2004) Supply Chain Champions. Was sie tun und wie Sie einer werden. Gabler, Wiesbaden

Thunig C (2003) Bündnis für Effizienz – CPFR – gut geplant ist halb gewonnen, in: absatzwirtschaft, Zeitschrift für Marketing (02/2003)

TNS Consultants (2003)

Universität Karlsruhe (IZV4) (2004) in: www.iww.uni-karlsruhe.de/izv/izv.html (01.04.2004)

Universität Stuttgart, unter www.uni-stuttgart.de

Uusingrfid.com (2004) unter www.usingrfid.com am 19.01.2004

VDA (1998)

VDA (2002)

VDI (1977) 3590/1,2,3ff

Verband der Automobilindustrie (2002) Jahresbericht 2002, Frankfurt am Main

Verband der Automobilindustrie, Qualitätsmanagement in der Automobilindustrie, Band 6, 4. Aufl

Veröffentlichung des Forschungsinstituts für Rationalisierung der RWTH Aachen

VISA (01.03.2004), unter www.visa.de

Vision (12/2003)

Vogt (1989)

Von Steinaecker J, Kühner M (2000) Supply Chain Management – Revolution oder Modewort?, in: Lawrenz O et al. (Hrsg) Supply Chain Management: Strategien, Konzepte und Erfahrungen auf dem Weg zum E-Business Networks. Braunschweig–Wiesbaden

Walter J, Bund M (2001) Supply Chain Management: Neue Instrumente zur kundenorientierten Gestaltung integrierter Lieferketten. Frankfurt a. M.

Wannenwetsch H (Hrsg) (2002a) Integrierte Materialwirtschaft und Logistik, 1. Aufl. Springer, Berlin–New York–Heidelberg

Wannenwetsch H (Hrsg) (2002b) E-Logistik und E-Business. Kohlhammer, Stuttgart

Wannenwetsch H (Hrsg) (2004a) Integrierte Materialwirtschaft und Logistik, 2. Aufl. Springer, Berlin–Heidelberg–New York

Wannenwetsch H (Hrsg) (2004b) Erfolgreiche Verhandlungsführung in Einkauf und Logistik. Springer, Berlin–Heidelberg–New York

Wannenwetsch H, Nicolai S (Hrsg) (2002) E-Supply-Chain-Management, Grundlagen, Strategien und Praxisanwendungen, 1. Aufl. Gabler, Wiesbaden

Wannenwetsch H, Nicolai S (Hrsg) (2004) E-Supply-Chain-Management, Grundlagen, Strategien und Praxisanwendungen, 2. Aufl. Gabler, Wiesbaden

Weber J, Freise H-U, Schäffer U (2001) E-Business und Controlling, Reihe: Advanced Controlling, 4. Jahrgang, Band 22. Vallendar

Weiber R (2000) Handbuch Electronic Business: Informationstechnologien – Electronic Commerce – Geschäftsprozesse. Wiesbaden

Weiber R, Kollmann T (2000) Wertschöpfungsprozesse und Wettbewerbsvorteile im Marketspace, in: Bliemel F, Fassot G, Theobald, A (Hrsg) Electronic Commerce: Herausforderungen – Anwendungen – Perspektiven. Gabler, Wiesbaden

Werner H (2000) Supply Chain Management: Grundlagen, Strategien, Instrumente und Controlling. Gabler, Wiesbaden

Werner H (2002) Supply Chain Management: Grundlagen, Strategien, Instrumente und Controlling. Gabler, Wiesbaden

Wieking K (2004) Auf der Suche nach einer neuen Identität, in: werben & verkaufen (16.04.2004)

Wilde K (2001) Data Warehouse, OLAP und Data-Mining, in: Hippner H. et al. (Hrsg) Handbuch Data-Mining im Marketing: Knowledge Discovery in Marketing Databases. Gabler, Wiesbaden

Wildemann H (1997) Logistik Prozessmanagement, 1. Aufl. TCW 18, München

Wildemann H (2001) E-Technologien – Wertsteigerung durch E-Technologien in Unternehmen. TCW-Report Nr. 26, München

Wildemann H, Hämmerling A (2001) „Neue Konzepte müssen her", in: CYbiz, Heft 10/2001, Frankfurt

Winckel.de (20.01.04) Neuer Schneller RFID-Chip von Infineon, unter www.winckel.de am 20.01.2004

Wirtz B W (2001) Electronic Business, 2. Aufl. Gabler, Wiesbaden

Wirtz B, Schilke O, Büttner T (2003) Channel-Management „Multi oder Mono?" – das ist nicht mehr die Frage, in: absatzwirtschaft, Zeitschrift für Marketing (02/2004)

Wöhe G (1996) Einführung in die Allgemeine Betriebswirtschaftslehre, 19. Aufl. Vahlen, München

Yahoo.de Finanzen (20.01.2004) http://de.biz.yahoo.com/040113/11/3u47p.html

Zdnet.de (20.01.04) Trotz Probleme: Anwender wollen RFID in der Lieferkette, ZDNet vom 8. Juli 2003 unter www.zdnet.de

Zeier A (2004) Identifikation und Analyse branchenspezifischer Faktoren für den Einsatz von Supply-Chain-Management-Software. Teil III: Evaluation der betriebstypologischen Anforderungsprofile auf Basis des SCM-Kern-Schalen-Modells in der Praxis für die Branchen Elektronik, Automobil, Konsumgüter und Chemie/Pharma, Mertens, P. (Hrsg) Bayrischer Forschungsverbund Wirtschaftsinformatik, Bamberg, Bayreuth, Erlangen–Nürnberg, Regensburg, Würzburg, FORWIN-Bericht Nr. FWN-2002-004, zeier@forwin.de www.forwin.de

Autorenverzeichnis

Dipl.-Betriebswirtin (BA) Sulamith Anstett *(Kapitel 7)*

Studium an der Berufsakademie Mannheim, University of Cooperative Education, mit den Schwerpunkten Materialwirtschaft, Einkauf und Logistik. Erfolgreiche berufliche Tätigkeit bei den Pfaff-Werken in Kaiserslautern im Bereich Logistik und Qualitätsmanagement. Aufbaustudium zum Master of Business Administration (MBA). Seit 2004 in verantwortlicher Stellung im Einkauf beim Robert Bosch Konzern.

Dipl.-Betriebswirt (BA) Ansgar Beyerle *(Kapitel 6, 10, 11)*

Studium der Betriebswirtschaftslehre an der Berufsakademie Mannheim, University of Cooperative Education im Fachbereich Industrie mit den Schwerpunkten Supply Chain Management, eLogistik, Marketing und eCommerce. Verantwortliche Tätigkeit bei ABB Mannheim im Bereich Business Process & Technology Management. Nach Erfahrungen in einer deutsch-amerikanischen Handelsorganisation zur Zeit tätig beim Deutschen Bundestag.

Dipl.-Betriebswirtin (FH) Anja Franke *(Kapitel 9)*

Nach dem Studium der Betriebswirtschaftslehre mit den Schwerpunkten Marketing und Management war Frau Franke über zehn Jahre in leitenden Positionen in Marketing und Vertrieb mittelständischer Unternehmen der Konsumgüterbranche tätig. Ihre Kenntnisse der Markenführung und -kommunikation konnte Frau Franke in einer der Top 10 der inhabergeführten Werbeagenturen in Deutschland vertiefen. Seit 2001 ist Frau Franke mit ihrem Beratungsunternehmen „Success for less“ erfolgreiche Beraterin für Marketing- und Vertriebsfragen speziell im Mittelstand und lehrt als nebenberufliche Dozentin das Fach Marketing an der Berufsakademie Mannheim, University of Cooperative Education.

Dipl.-Betriebswirt (BA) Lajos Eric Forster *(Kapitel 8)*

Studium an der Berufsakademie Mannheim, University of Cooperative Education, mit den Schwerpunkten Marketing, Beschaffung und Verhandlungsführung. Erste Berufserfahrungen im Vertrieb eines mittelständischen Papierverarbeiters. Zurzeit tätig als Gruppenleiter Einkauf Rohstoffe in der Feinpapierindustrie bei einem weltweit agierenden Hersteller von Papieren für die Zigarettenindustrie.

Dipl.-Betriebswirt (BA) Crispin Heringer *(Kapitel 13)*

Studium der Betriebswirtschaftslehre mit Schwerpunkt Fertigungs- und Materialwirtschaft an der Berufsakademie Mannheim, University of Cooperative Education. Herr Heringer war von 1999 bis 2003 in verschiedenen Bereichen der SAP AG und ihrer Tochtergesellschaften tätig. Seit 2003 ist Herr Heringer bei SAP als Quality Engineer in der SCM Softwareentwicklung der Business Solution Group Manufacturing Industries tätig.

Dipl.-Betriebswirt (BA) Stefan G. Hockenberger *(Kapitel 3)*

Studium der Betriebswirtschaftslehre im Fachbereich Industrie an der Berufsakademie Mannheim, University of Cooperative Education. Herr Stefan Hockenberger war von 1999 bis 2002 in verschiedenen Bereichen der SAP AG und ihrer Tochtergesellschaften tätig. Seit 2002 ist Herr Hockenberger bei SAP Deutschland AG & Co. KG als Presales Specialist SCM im Business Development des Industriesektors Automotive beschäftigt.

Dipl.-Betriebswirtin (BA) Katrin Hofmann *(Kapitel 11)*

Studium der Betriebswirtschaftslehre im Fachbereich Industrie mit den Schwerpunkten Materialwirtschaft, Einkauf, Logistik sowie Finanz- und Rechnungswesen an der Berufsakademie Mannheim, University of Cooperative Education. Seit 2001 bei der ALSTOM Power Generation AG in Mannheim tätig.

Dipl.-Ingenieurin Elke Illgner *(Kapitel 2, 4)*

Studium des Bauingenieurwesens an der TH Darmstadt. Danach mehrjährige Erfahrung im Projektmanagement in mittelständigen Unternehmen. Seit 1999 als Trainerin im Bereich IT und eBusiness/eCommerce tätig an der Berufsakademie Mannheim, University of Cooperative Education und in folgenden Unternehmen: ABB-TrainingCenter, L'Oreal, DeTeMedien AG, Siemens Trainingcenter, Alstom Power, IHK Rhein-Neckar, BTZ Mannheim. Daneben Scripterstellung und Bearbeitung umfangreicher Dokumente zur Druckerzeugung, Mitarbeit bei verschiedenen Büchern: Integrierte Materialwirtschaft und Logistik, E-Logistik und E-Business, Erfolgreiche Verhandlungsführung im Einkauf und Logistik sowie E-Supply-Chain-Management.

Herr Andreas Knepper *(Kapitel 5)*

Andreas Knepper studierte in Paderborn Medienwissenschaft, Philosophie und kulturwissenschaftliche Anthropologie. Während und nach dem Studium hat er journalistisch für mehrere Tageszeitungen als freier Mitarbeiter gearbeitet. Für wallmedien ist Herr Knepper seit August 2000 im Bereich Presse- und Öffentlichkeitsarbeit verantwortlich tätig.

Dipl.-Wirtschaftsinformatiker Rainer Metje *(Kapitel 10)*

Herr Metje hat sein Studium der Wirtschaftsinformatik an der TU Braunschweig absolviert und als Diplom-Wirtschaftsinformatiker abgeschlossen. Ab 1998 war Herr Metje bei der Robert Bosch GmbH in Stuttgart als interner Berater tätig und für die europaweiten SAP R/3 Einführung im Ersatzteilehandel mitverantwortlich. Seit 2001 ist er bei der SAP in Walldorf tätig und hat dort die Projektleitung für verschiedene Einführungsprojekte von CRM-Lösungen (Schwerpunkt eSales) bei führenden Kunden unterschiedlicher Branchen übernommen. Aktueller Schwerpunkt seiner Arbeit ist die Konzeption von SAP-Lösungen für die Prozesse im Vertrieb, dem Service und der Ersatzteillogistik für internationale Kunden der Automobilindustrie.

Dipl.-Betriebswirt (BA) Sascha Nicolai *(Kapitel 12, 16)*

Studium der Betriebswirtschaft im Fachbereich Industrie mit den Studienschwerpunkten eLogistik, eBusiness, Materialwirtschaft, Beschaffung und Produktion an der Berufsakademie Mannheim, University of Cooperative Education. Derzeitig in verantwortungsvoller Position im Bereich Beschaffung und Produktionsplanung bei der FRIATEC AG in Mannheim.

Prof. Dr. rer. pol. Dietmar W. Polzin *(Kapitel 11)*

Studium der Volks- und Betriebswirtschaftslehre an der Universität Mannheim und am Institut Commercial de Nancy, Frankreich. Promotion am Lehrstuhl für Allgemeine Betriebswirtschaftslehre und Logistik der Philipps-Universität Marburg. Daneben mehrjährige Beratungstätigkeit für die Schenker Eurocargo AG, Frankfurt/M. Von 1995 bis 1999 wissenschaftlicher Mitarbeiter in der Konzernforschung der DaimlerChrysler AG, Arbeitsbereich Verkehrsmärkte und Mobilität in der Zukunft in Berlin.

Seit 1999 verschiedene Positionen in der Konzernzentrale der DaimlerChrysler AG im Vertrieb Mercedes-Benz PKW, Bereich Markenmanagement und im Geschäftsbereich Mercedes-Benz Nutzfahrzeuge als Zielgruppenmanager Transporter. Seit Mitte 2002 Inhaber der Stiftungsprofessur für Distributionslogistik und Warenwirtschaft und Leiter des Studiengangs Handel an der Berufsakademie Mosbach, University of Cooperative Education. Daneben freiberuflich tätig als Berater für Logistik und Marketingmanagement.

Herr Karsten Rypholz *(Kapitel 5)*

Herr Rypholz war von 2001 bis Mitte 2004 bei der wallmedien AG beschäftigt und hat das content creation center (c^3) – die Hamburger Filiale der wallmedien AG – geleitet. Sein Aufgabengebiet umfasste unter anderem die Bereiche Content- und Prozessmanagement sowie Qualitätssicherung und Datenbankpflege. Herr Rypholz war verantwortlich für die Lieferantenintegration und Contentaufbereitung bei mehreren eProcurement-Projekten, beispielsweise bei der K+S AG, Müller Milch oder British Americam Tobacco. Heute ist Herr Rypholz freier Berater und Dienstleister im Bereich Content- und Prozessmanagement.

Prof. Dr. Christoffer Schneider *(Kapitel 6)*

Studium der Volkswirtschaftslehre an der Universität Heidelberg, von 1986 bis 1990 wissenschaftlicher Mitarbeiter am Lehrstuhl Wirtschaftspolitik am Alfred Weber Institut der Universität Heidelberg mit Promotion zum Dr. rer. pol. Anschließend Tätigkeit bei der IHK Rhein-Neckar mit verschiedenen Aufgaben, zuletzt als Bereichsleiter Industrie. In dieser Funktion vielfältige Beratungstätigkeit für Industrieunternehmen, insbesondere auch zum Öffentlichen Auftragswesen und Finanzierungsfragen. Seit 2001 Professor an der Berufsakademie Mannheim, University of Cooperative Education mit den Schwerpunkten Allgemeine Betriebwirtschaftslehre und Volkswirtschaftslehre.

Dipl.-Kaufmann Wilhelm Schreiner *(Kapitel 14)*

Wilhelm Schreiner ist Manager/Prokurist bei Deloitte, Frankfurt, im Bereich „Operations Excellence and Supply Chain Management". Seine Beratungsschwerpunkte liegen im Bereich Beschaffung, Materialwirtschaft und eProcurement, wo er diverse Einkaufsoptimierungs- sowie eBusiness-Strategie- und Implementierungsprojekte in verschiedenen Branchen geleitet hat. Herr Schreiner war zuvor mehrere Jahre als Einkäufer im technischen Einkauf der BASF AG beschäftigt.

Dipl.-Betriebswirtin (FH) Nadine Schubert *(Kapitel 15)*

Nadine Schubert, absolvierte ein Studium der Betriebswirtschaft mit Schwerpunkt European Business Management an der Fachhochschule Worms und der Universidad de DEUSTO (ESTE) in San Sebastián, Spanien. Sie arbeitet seit 2000 bei der SAP AG. Dort konnte sie zunächst drei Jahre Industrieerfahrung im Marketing für die Branchen Chemie/Pharma, Öl/Gas, Mill Products und Media sammeln. Nadine Schubert ist seit 2003 als Global Marketing Managerin im Bereich Product Lifecycle Management der SAP AG in Walldorf tätig.

Prof. Dr. Helmut H. Wannenwetsch *(Kapitel 1)*

Nach der Lehre Studium und Promotion an den Universitäten München und Augsburg. Über zehn Jahre berufliche Erfahrung und verantwortliche Tätigkeit in Klein- Mittel- und Großbetrieben in den Bereichen Material-Management, Logistik und Projektmanagement im nationalen und internationalen Bereich. Zuletzt war Prof. Dr. Wannenwetsch in der logistischen Programmführung eines großen deutschen Konzerns der Luft- und Raumfahrtindustrie verantwortlich tätig.

Seit 1996 lehrt Prof. Dr. Wannenwetsch an der Berufsakademie Mannheim, University of Cooperative Education, im Fachbereich Industrie. Seine Fachgebiete und Themenschwerpunkte sind Logistik, eSupply Chain Management, Materialwirtschaft, Beschaffung, Produktion und eBusiness. Zahlreiche Veröffentlichungen zum Thema Logistik, Beschaffung, eLogistik u.a. „Integrierte Materialwirtschaft und Logistik“, Springer 2004, 2. Auflage sowie „Erfolgreiche Verhandlungsführung in Einkauf und Logistik“, Springer 2004.

Dr. Alexander Zeier

Dr. Alexander Zeier absolvierte erfolgreich ein betriebswirtschaftliches Studium an der Universität Würzburg als auch ein technisches Studium an der TU Chemnitz, Promotion an der Universität Erlangen-Nürnberg. Bei SAP AG Walldorf als Director Strategic Projects, Application Solution Management, BSG Manufacturing Industries erfolgreich tätig. Schwerpunkte seiner Tätigkeit sind die Einführung von SAP-Systemen und die Reorganisation von Geschäftsprozessen. Autor zahlreicher Publikationen, darunter auch mehrerer Bücher zum Thema SCM und SAP. Lehrbeauftragter an einer bayerischen Hochschule.

Weiterhin bin ich folgenden Personen zu Dank verpflichtet:

- **Herrn Direktor Helmut Beck**, Verkehrsinstitut Heidelberg, VDI,
- **Herrn Andreas Blume**, M.A. Referent Schwerpunkt China, Industrie- und Handelskammer für die Pfalz und Rhein-Neckar, Ludwigshafen, BME,

- **Herrn Prof. Dr. Ulrich Brecht**, Fachhochschule Heilbronn, University of Applied Siences,
- **Herrn Dipl.-Ing. Ernst Fritzemeier**, Leiter Konstruktion und Entwicklung, Ringspann GmbH, Bad Homburg, VDI,
- **Herrn Dipl.-Betriebswirt (BA) Sven Herberg,** Produktionscontroller, Märkisches Werk GmbH Halver, Lüdenscheid,
- **Prof. Dr. Hans Peter Hossinger**, Berufsakademie Mannheim, University of Cooperative Education,
- **Herrn Dipl.-Ing. Dipl.-Wirtschaftsing. Franz Hummel**, Beschaffung Produktionsanlagen/Produktionstechnik, MTU Aero Engines, München,
- **Herrn Dipl.-Kfm. Thomas Klein**, Director, Logistics Distribution, Corporate Logistics Europe, Tenneco Automotive, Edenkoben, Germany,
- **Herrn Dr. Volker Knabe**, Senior Vice-President, Technical Procurement, BASF AG, Ludwigshafen, BME,
- **Herrn Dipl.-Kfm. Kai-Uwe Köhler**, Fachbereichsleiter, BME-Akademie, Bundesverband Materialwirtschaft und Einkauf (BME), Frankfurt/M.,
- **Herrn Dipl.-Ing. Theo Krauss**, Manager Entwicklung, Knorr Bremse AG, München,
- **Herrn Dipl.-Ing. Roland Lederer**, Gesamtkoordination Nationale Technologieprogramme, MTU Aero Engines, München,
- **Herrn Klaus Linska**, Leiter der Einheit Logistikservice, Lagerverbund und Umschlag, BASF AG, Ludwigshafen,
- **Prof. Dr. Gerhard Moroff**, Berufsakademie Mannheim, University of Cooperative Education,
- **Herrn Dipl.-Betriebswirt (BA) Eicko Schulz-Hanßen**, EMEA Central Management Office, SAP Deutschland AG & Co.KG,
- **Herrn Dipl.-Kfm. Alexander Sehr**, Projektleiter, BME-Akademie,
- **Herrn Dipl.-Kfm. Jochen Treuz**, Unternehmensberatung, Senior Consultant, Akademie Bad Harzburg,
- **Frau Sabine Ursel**, Pressesprecherin/Leitung Kommunikation Bundesverband Materialwirtschaft, Einkauf und Logistik e.V. (BME).

Stichwortverzeichnis

J

K